21世纪高等学校规划教材

# 电工学（少学时）

主　编　孙陆梅　于　军
编　写　张慧颖　刘　峰
主　审　梁贵书

第二版



中国电力出版社
CHINA ELECTRIC POWER PRESS

## 内 容 提 要

本书为21世纪高等学校规划教材。

全书分为两篇，共十一章。第一篇为电工技术，主要内容包括直流电路、正弦交流电路、电路的暂态分析、磁路与变压器、三相异步电动机等；第二篇为电子技术，主要内容包括半导体器件、基本放大电路、集成运算放大器及其应用、直流稳压电源、组合逻辑电路、时序逻辑电路等。每章都配有相应的例题和习题。附录中介绍了EWB-5.0仿真软件，并给出了部分习题参考答案。

本书可作为高等院校本、专科非电类专业的电工学课程教材，也可以作为工程技术人员和业余爱好者的参考书。

图书在版编目（CIP）数据

电工学：少学时/孙陆梅，于军主编．—2版．—北京：中国电力出版社，2011.6（2016.3重印）

21世纪高等学校规划教材

ISBN 978-7-5123-1294-4

Ⅰ.①电…　Ⅱ.①孙…②于…　Ⅲ.①电工学-高等学校-教材　Ⅳ.①TM1

中国版本图书馆CIP数据核字（2011）第002832号

中国电力出版社出版、发行

（北京市东城区北京站西街19号 100005 http://www.cepp.sgcc.com.cn）

汇鑫印务有限公司印刷

各地新华书店经售

*

2007年7月第一版

2011年6月第二版　　2016年3月北京第十次印刷

787毫米×1092毫米　16开本　18.125印张　441千字

定价 32.50 元

# 前　言

在科学技术飞速发展的今天，各个学科领域之间相互渗透、相互影响。电工学更是渗透到了科学技术的各个领域，因此电工学是高等学校非电类专业的一门专业基础课程。考虑到为培养适应21世纪发展需要的工程技术人才，本书在满足教学基本要求的前提下，精选内容，适当地增加了与现代先进技术相关的内容，在第一版的基础上总结提高，修订编写而成。

本书在编写过程中，以应用型人才培养目标为依据，结合编者多年教学和工程经验，并参考了国内外教材，旨在使学生通过该门课程的学习，获得电工电子技术方面必备的基本理论、基本知识、基本技能，了解电工学的发展概况，掌握简单的电气设备、电子器件、电子线路的原理及应用，为学习后续课程以及今后从事工程技术工作和科学研究工作打下理论和实践基础。本书在取材及内容安排上具有以下特点：

（1）教学内容丰富，篇幅紧凑，基本概念和基本原理以讲清为度，主次分明，详略得当，突出实践性和实用性。

（2）层次结构由浅入深，重点内容详细交代，过深内容点到为止，使少学时课程能够做到“好教易学”。

（3）力求做到简练与易懂相结合，语言流畅，通俗易懂，易于学生学习和理解。精心编排了工程实际中有较高实用价值的电路作为例题和习题，难度适中，便于学生自学提高。

本书由孙陆梅主编，并编写了第六～九章；于军编写了第二～五章和附录A；张慧颖编写了第十、十一章和附录B；刘峰编写了第一章。全书由孙陆梅统稿和校稿。

华北电力大学梁贵书教授担任本书主审，并对本书进行了认真仔细的审阅，提出了许多具有建设性的宝贵意见和修改建议。本书在编写的过程中还得到了吉林化工学院的翟玉文教授和电工电子教学与实验中心全体教师的积极支持和帮助。在此谨向他们致以衷心的感谢。

本书获得2006年吉林化工学院教材出版基金资助。

限于作者水平，书中难免有疏漏和不妥之处，殷切期望广大读者给予批评指正。

编者

2011年5月

# 第一版前言

在科学技术飞速发展的今天，各个学科领域之间互相渗透、互相影响、互相促进，任何一项现代工程都是多个学科综合的产物。电工学更是渗透到了科学技术的各个领域，推动着科学技术的发展。电工学是面向以培养应用型人才为主的普通高等工科院校本科、专科非电类专业的一门技术基础课程，该课程是非电类专业学生了解电工电子技术的窗口

编写本书的目的是使非电类专业学生通过学习，可以获得电工电子技术方面的基本理论、基本知识、基本技能，了解电工学的发展概况，掌握简单的电气设备、电子器件、电子线路以及它们的应用，为学生今后从事工程技术工作打下一定的理论基础和实践基础。

本书由孙陆梅组织编写，并编写了第六章、第七章、第八章和第九章，于军编写了第一章、第二章、第三章和第四章，杨潇编写了第五章、第十章、第十一章和附录中的内容。全书由孙陆梅统稿和校稿。

本书在编写的过程中得到了吉林化工学院翟玉文教授、马爱生副教授和刘刚副教授的关心与帮助，在此表示感谢。

本书获得 2006 年吉林化工学院教材出版基金资助。

受作者水平所限，书中难免存在不妥和疏漏之处，敬请读者批评指正。

编者

# 目　录

## 第二篇　电　子　技　术

# 第一篇　电　工　技　术

## 第一章　直　流　电　路

电在工农业生产、科学研究和日常生活等各方面的应用十分广泛，有的利用电能变换为其他形式的能量，如机械能、热能等，使生产设备运转和正常工作；有的利用电信号进行通信或实现自动控制。无论是输送电能还是传递电信号，一般总要构成这样或那样的电路，因此学习电工技术通常总是从掌握电路理论入手。电路基本理论是电工学课程的基础。

本章主要结合直流电路介绍一般电路所遵循的基本规律和基本的电路分析方法。电路遵循的基本规律包含着相对独立的两方面内容：一是组成电路的各个元件的约束关系，二是整个电路中各个元件之间必须服从的约束关系。前者决定于元件内部遵循的电磁学规律，由元件端电压和流过元件的电流之间的数学关系来描述，在本章中只介绍直流电源和电阻元件的特性；后者遵循基尔霍夫电流定律和基尔霍夫电压定律，在这一章中主要介绍该定律的数学表达式，以及应用该定律分析计算电路的基本方法。

本章以直流电路为研究的对象，但是只要把所涉及的这些基本理论和分析方法稍加扩展，就可以用来分析和计算交流电路。所以本章的内容也是分析和计算其他电路的理论基础。

### 第一节　电 路 和 电 路 图

#### 一、电路的作用与组成

电路或网络，简单地说就是电流流通的路径。它是由某些电气设备（如电动机、变压器）和元器件（如晶体管、电容）组成的，目的是为了实现能量的输送和转换，或者实现信号的传递和处理。

常见的各种照明电路和动力电路就是用来输送和转换能量的。例如图 1-1 所示为一种最简单的照明电路。在该电路中，干电池把化学能转换成电能供给电珠，电珠再将其转换成光能作为照明之用。对于这一类电路而言，一般要求其具有较小的能量损耗和较高的效率。

在电子技术和非电量的测量中，还会遇到另一类以传递和处理信息（如语音、音乐、文字、图像、温度、压力、湿度等）为主要目的的电路。例如图 1-2 所示的用热电偶构成的简单测量温度电路，左边的热电偶将信息（温度）转换成电信号（热电动势），但数量很微弱，不能作为电源，而所生温差电动势可以作为反应热端温度的信号，因此是一种信号源；右边

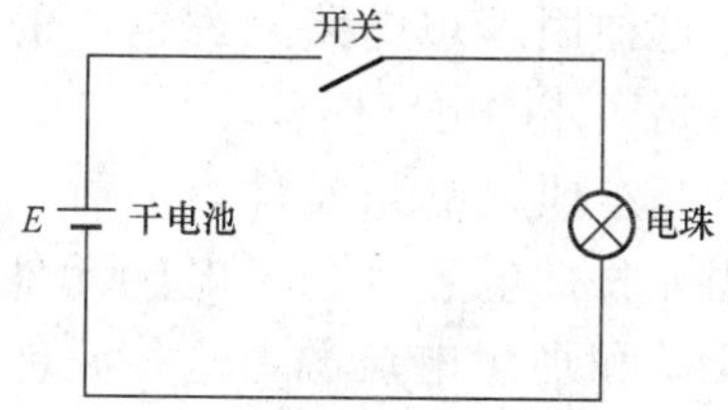

图 1-1　简单的照明电路

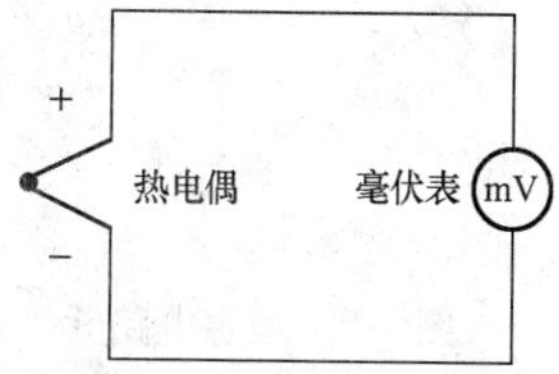

图 1-2　简单的测温电路

的毫伏表则将电能转换成机械能，使毫伏表的指针偏转以作指示，是接受信号的负载，它能指示温差电动势，从而间接指示热电偶所测量的温度。这类电路的作用主要是尽可能准确地传递信号和处理信号（如语音信号的处理系统、数字式测温仪），虽然也有能量的输送和转换问题，但其数量很小，故一般不是人们所关心的问题。

前面是两个实际电路的举例，随着电工技术的发展，电路的形式和功能是多种多样的，有的十分复杂，但总的来说，一个完整的电路应该由三部分组成，分别是电源（信号源）、负载和连接导线。虽然在实际的电路中，还常常根据实际需要增添一些辅助设备，如开关、继电器、熔断器等，但任何一个实际电路都不可缺少这三个组成部分。电源是将非电形态的能量转换为电能的供电设备，如干电池、发电机和信号源等。负载是将电能转换成非电形态能量的用电设备，如白炽灯、信号灯和电阻炉等。负载的大小通常用负载取用功率的大小来衡量。连接导线则起着连通电路、输送电能的作用。

从电源来看，电源本身的电流通路称为内电路，电源以外的电流通路称为外电路。当电路中的电流是不随时间变化的直流电流时，这种电路称为直流电路；当电路中的电流是随时间按正弦规律变化的交流电流时，这种电路称为正弦交流电路。

电源和负载等电气设备在工作时，电流、电压和功率都有一定的限额，这些限额是用来表示它们的正常工作条件和工作能力的，称为电气设备的额定值。

额定电流是指电气设备在一定的环境温度下长期连续工作时（或在规定的时间内），所允许通过而不会引起设备损坏的最大电流。

额定电压是指电气设备正常工作时的端电压。

额定功率是指电气设备正常工作时的输出功率或输入功率。

额定值通常在铭牌上标出，也可以从产品目录中查到。在使用时必须遵循这些规定，否则会引起电气设备的损坏，或者降低其使用寿命，或者不能发挥正常的效能。通常当实际值等于额定值时，电气设备的工作状态称为额定状态；当实际功率或电流大于额定值时称为过载；小于额定值时称为欠载。

实际电路的外部结构、具体功能及设计方法各不相同，但遵循同一理论基础，即电路理论。电路理论是一门研究网络分析和网络综合或设计的基础工程基础学科，它与近代系统理论有密切的关系。本章的主要内容是电路分析，探讨电路的基本定律和定理，并讨论各种计算方法，为学习电气工程技术、电子和信息工程技术等建立必要的理论基础。

**二、电路模型和电路图**

由实际电路元件组成的电路称为电路实体。由于电路实体的形式和种类多种多样不胜枚举，为了找出它们的共同规律，为研究具体电路建立分析和计算的方法，通常用电路部件的实体模型来代替。电路部件的模型由一些具有单一物理性质的理想电路元件构成，这种用理想电路元件组成的电路称为电路实体的电路模型。

基本理想电路元件有五种，分别是电阻元件、电容元件、电感元件、理想电压源和理想电流源，这些元件的符号如图 1-3 所示。

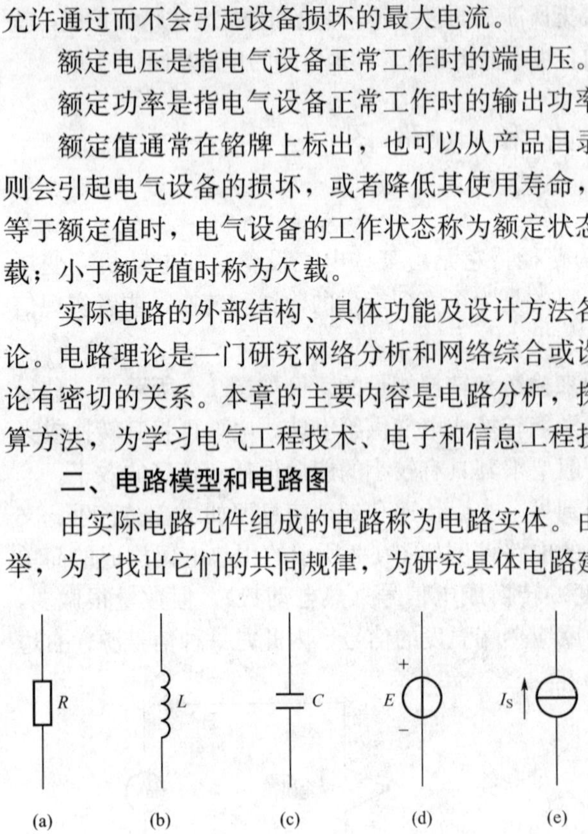


图 1-3　理想电路元件符号

(a)电阻；(b)电感；(c)电容；(d)理想电压源；(e)理想电流源

在电力和电信工程上，通常按照国家统一规定的各种电气设备和器件的符号绘制电路图，如图 1-1 和图 1-2 所示的电路图。按照用模型代替实体的原则，各种实际电路都可以近似地看作是由理想电路元件组成的理想化的电路，这就是所谓的电路模型，可以通过分析电路模型来揭示实际电路的性能。在从工作原理上讨论电路问题时，所画电路图一般都是电路模型图，也叫原理电路图，即由各种电气设备和理想电路元件的符号组成的电路图。

## 第二节 电路中的物理量

电路中涉及的物理量主要有电流、电压、电荷、功率和电能，通常分别用字母 $i$、$u$、$q$、$p$ 和 $W$ 表示。磁通和磁通链用 $\Phi$ 和 $\Psi$ 表示。在电路分析中人们主要关心的物理量是电流、电压和功率。现在对这几个物理量的表示法和有关问题作些必要的说明。

### 一、电流

电流是带电粒子有规则的定向运动。电流强度定义为单位时间内通过导体横截面的电荷量，其数学表达式为

$$i=\frac{\mathrm{d}q}{\mathrm{d}t} \tag{1-1}$$

电流的国际制单位是 A（安培），常用单位有 kA、mA、μA。换算关系为

$$1\mathrm{kA}=10^{3}\mathrm{A},\ 1\mathrm{mA}=10^{-3}\mathrm{A},\ 1\mu\mathrm{A}=10^{-6}\mathrm{A}$$

电流是有方向和大小的，那么怎样来描述直流电路中电流的大小和方向呢?

电流沿电路流动的方向和大小，在电路分析中一般用参考方向结合代数量来表示。电流的参考方向是假定正电荷在电路中流动的方向。例如，若图 1-4 所示某个电路中电阻的电流的实际方向是从 C 点流向 D 点，大小为 5A，要表达这个事实，既可以像图 1-4（a）那样标注参考方向，并写明 $I=5\mathrm{A}$；也可以像图 1-4（b）那样标注参考方向，但写明 $I=-5\mathrm{A}$。就是说，电流实际方向与参考方向一致时，代表电流的代数量 $I$ 为正值；电流实际方向与参考方向相反时，$I$ 为负值。因此有时参考方向也叫正值方向或正方向。

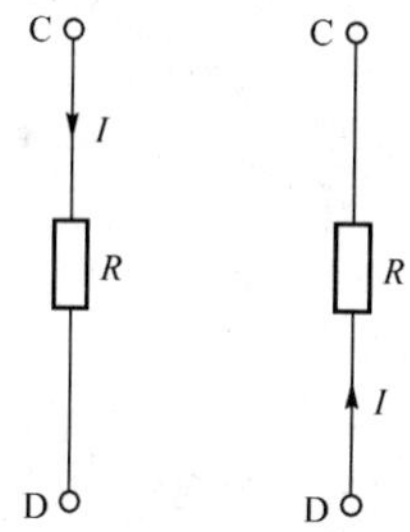

图 1-4 电流的表示方法

对于简单电路，电流实际方向根据电源极性很容易判断，当然可以直接标注实际方向，电流 $I$ 自然是正值。然而实际电路往往比较复杂，各元件电流的实际方向在分析计算以前不能预先知道，需要采用参考方向结合代数量来表示的方法，才能列出代数方程求解。另外，对于电流的表示还有一种方法，那就是采用双下标的方式来表示，例如，图 1-4（a）所示的电路，流过电阻的电流可以表示为 $I_{\mathrm{CD}}$，表示电流的参考方向是从 C 点流向 D 点。因此必须明确，在进行电路分析时，电路图中标注的电流方向都是参考方向，不是实际方向。参考方向可以任意规定，电流的实际方向和大小是结合参考方向的代数量 $I$ 的正负来说明。

### 二、电压

电压定义为单位正电荷 $q$ 从电路中一点移至另一点时电场力做功（$W$）的大小，其数学表达式为

$$u=\frac{\mathrm{d}W}{\mathrm{d}q} \tag{1-2}$$

电压的国际制单位是 V（伏特），常用单位有 kV、mV、μV。换算关系为

$$1\mathrm{kV}=10^{3}\mathrm{V}，1\mathrm{mV}=10^{-3}\mathrm{V}，1\mu\mathrm{V}=10^{-6}\mathrm{V}$$

在分析电路时，和电流一样，对电路中两点之间的电压也可以指定参考方向或参考极性。两点之间的电压参考方向可以用正（+）、负（−）极性表示，正极指向负极的方向就是电压的参考方向，如图 1-5 所示。指定电压的参考方向后，电压即成为一个代数量。在图 1-5 中，如果电压的实际方向就是由 A 点指向 B 点，大小为 10V，要表明这一事实，既可以像图 1-5（a）那样标注参考方向，并写明 $U=10\mathrm{V}$；也可以像图 1-5（b）那样标注参考方向，但写明 $U=-10\mathrm{V}$。就是说，电压的实际方向与参考方向一致时，代表电压的代数量 $U$ 为正值；电压实际方向与参考方向相反时，$U$ 为负值。有时为了图示方便，可用一个箭头表示电压的参考方向，箭头方向表示电压的参考方向是由高电位指向低电位；还可以用双下标表示电压的参考方向，如 $U_{AB}$ 表示 A 和 B 之间电压参考方向由 A 指向 B。

一个元件的电流或电压的参考方向可以独立地任意指定。如果指定流过元件的电流的参考方向是从该元件标以电压正极性的一端指向负极性的一端，即两者采用相同的参考方向，则把该元件的电流和电压的参考方向称为关联参考方向或正方向，如图 1-6（a）所示；当两者不一致时，称为非关联参考方向，如图 1-6（b）所示。

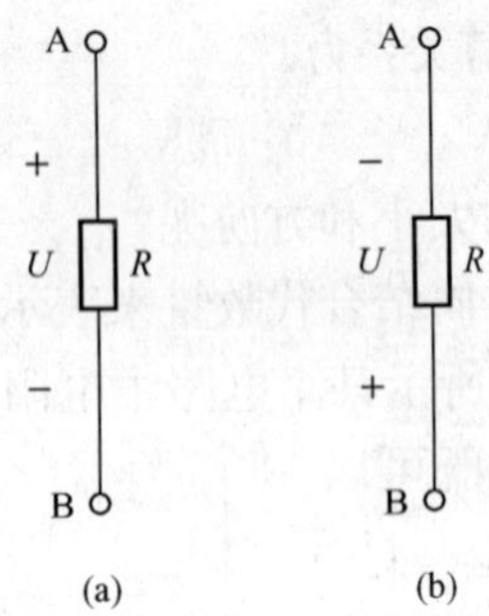


图1-5　电压的表示方法

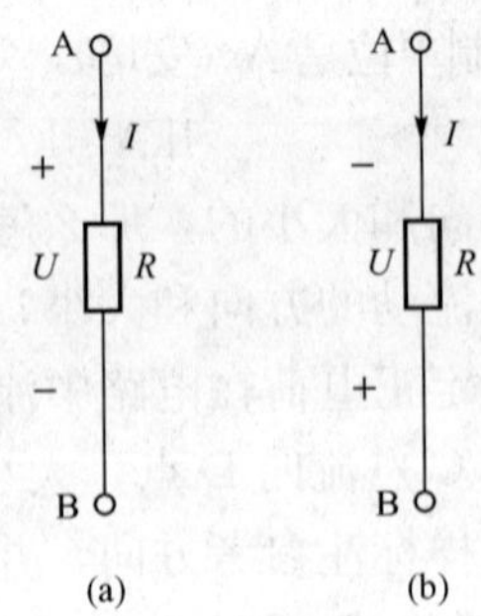


图 1-6　电流和电压的参考方向

（a）关联；（b）非关联

### 三、功率

功率定义为单位时间内电场力所做的功，其数学表达式为

$$p=\frac{\mathrm{d}W}{\mathrm{d}t} \tag{1-3}$$

功率的国际制单位是 W（瓦特），常用单位有 kW、W、mW、μW。换算关系为

$$1\mathrm{kW}=10^{3}\mathrm{W}，1\mathrm{mW}=10^{-3}\mathrm{W}，1\mu\mathrm{W}=10^{-6}\mathrm{W}$$

电功率与电压和电流的关系为

$$u=\frac{\mathrm{d}W}{\mathrm{d}q}$$

$$i=\frac{\mathrm{d}q}{\mathrm{d}t}$$

$$p=\frac{\mathrm{d}W}{\mathrm{d}t}=\frac{\mathrm{d}W}{\mathrm{d}q}\times\frac{\mathrm{d}q}{\mathrm{d}t}=ui$$

功率表征电路元件中能量变换的速度，其值等于单位时间内元件所发出或吸收的电能。

因此，功率有电源发出的功率（产生功率）或负载吸收的功率（消耗功率）两种含义，而且也是代数量。那么，如何判断某电路元件的功率是电源发出的功率还是负载吸收的功率，也就是说该电路元件在电路中起到的是电源的作用还是负载的作用呢？

若某电路元件的电压和电流取关联参考方向，如图 1-6（a）所示。则 $p=ui$ 表示元件吸收的功率。$p>0$ 吸收正功率（实际吸收），$p<0$ 吸收负功率（实际发出）。

若某电路元件的电压和电流取取非关联参考方向，如图 1-6（b）所示。则 $p=ui$ 表示元件发出的功率。$p>0$发出正功率（实际发出），$p<0$ 发出负功率（实际吸收）。

需要指出的是，对一完整的电路，发出的功率等于吸收的功率，满足功率平衡。

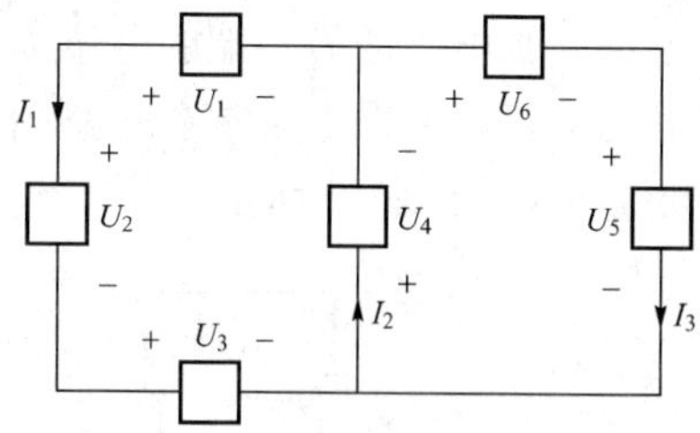

图 1-7 ［例 1-1］图

**【例 1-1】** 求图 1-7 所示电路中各方框所代表的元件吸收或发出的功率。已知 $U_1=1V$，$U_2=-3V$，$U_3=8V$，$U_4=-4V$，$U_5=7V$，$U_6=-3V$，$I_1=2A$，$I_2=1A$，$I_3=-1A$。

**解：**

$$P_1=U_1I_1=1\times 2=2(\text{W})(\text{实际发出})$$

$$P_2=U_2I_1=-3\times 2=-6(\text{W})(\text{实际发出})$$

$$P_3=U_3I_1=8\times 2=16(\text{W})(\text{实际吸收})$$

$$P_4=U_4I_2=-4\times 1=-4(\text{W})(\text{实际发出})$$

$$P_5=U_5I_3=7\times(-1)=-7(\text{W})(\text{实际发出})$$

$$P_6=U_6I_3=-3\times(-1)=3(\text{W})(\text{实际吸收})$$

$$P_{\text{吸收}}=16+3=19(\text{W})$$

$$P_{\text{发出}}=2+6+4+7=19(\text{W})$$

可见，$P_{\text{吸收}}=P_{\text{发出}}$。本题说明：对一完整的电路，发出的功率等于吸收的功率。

**四、电路中的参考点和电位的计算**

在分析和计算电路时，特别是在电子技术中，常常将电路中的某一点选作参考点，并规定其电位为零。于是电路中其他任何一点与参考点之间的电压便是该点的电位。

电位 $V$ 的定义是单位正电荷 $q$ 从电路中一点移至参考点（$V=0$）时电场力做功的大小。例如在图 1-8 所示的电路中，若选择点 d 为参考点，则其电位为

$$V_d=0$$

而 a、b、c、e 各点的电位分别为

$$V_a=U_{ad}$$

$$V_b=U_{bd}$$

$$V_c=U_{cd}$$

$$V_e=U_{ed}$$

当电路的结构和组成电路的设备、元器件一定时，电路中的各点之间的电压是一定的，而各点的电位只有在参考点选定以后才有确定的数值，这就是所谓的电位的单值性。在分析

和计算电路时，原则上电路中电位参考点可任意选择，但在工程上常选大地作为参考点，在电路图中用“⊥”表示。另外，参考点一经选定，电路中各点的电位值就是唯一的；但是，当选择不同的电位参考点时，电路中各点电位值将改变，但任意两点间电压保持不变。例如，$U_{ab}=V_a-V_b$。

在如图 1-8 所示的电子电路中，由于电源的一端接地，其电位为零，若电源的内电阻忽略不计，则电源的另一端的电位为一固定的数值，即等于电源的电动势。为了画图的简便和图面的清晰，习惯上常常在电路图中不画出电源来，而在电源非连接“地”的一端注明其电位的数值，如图 1-9 所示。

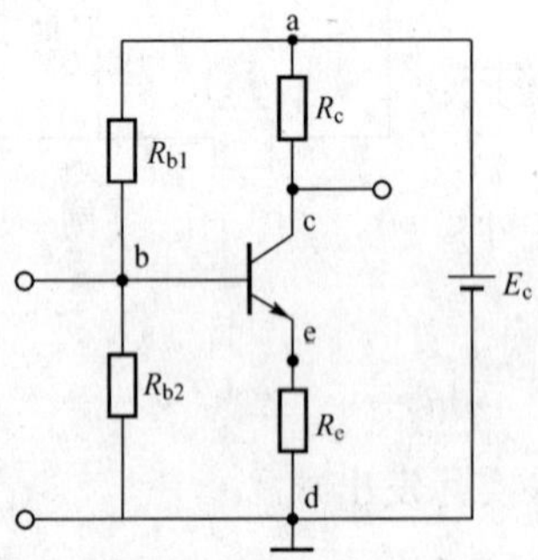


图 1-8 晶体管稳定静态工作点电路

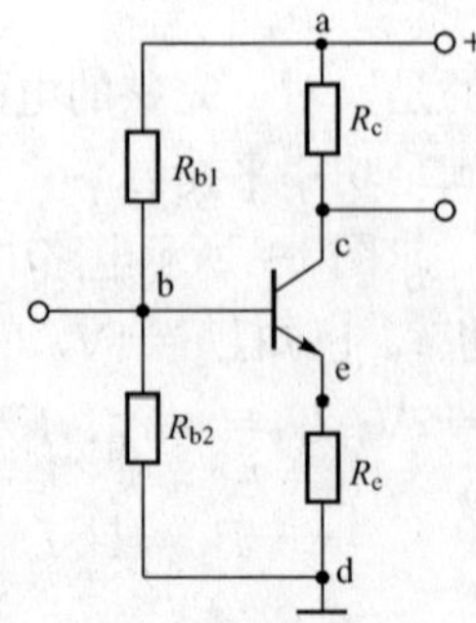


图 1-9 图 1-8 电路的简化画法

**【例 1-2】** 求图 1-10 所示电路中开关 S 合上和断开时 a 点的电位。

**解：** 开关合上时，有

$$I=\frac{12}{4+26}=0.4(\text{mA})$$

$$V_a=U_{ab}=4\times0.4=1.6(\text{V})$$

开关断开时，有

$$I=\frac{12+12}{2+4+26}=0.75(\text{mA})$$

$$V_a=12-26\times0.75=-7.5(\text{V})$$

**【例 1-3】** 如图 1-11 所示电路，已知 4C（库仑）正电荷由 a 点均匀移动至 b 点电场力做功 8J（焦耳），由 b 点移动到 c 点电场力做功为 12J。

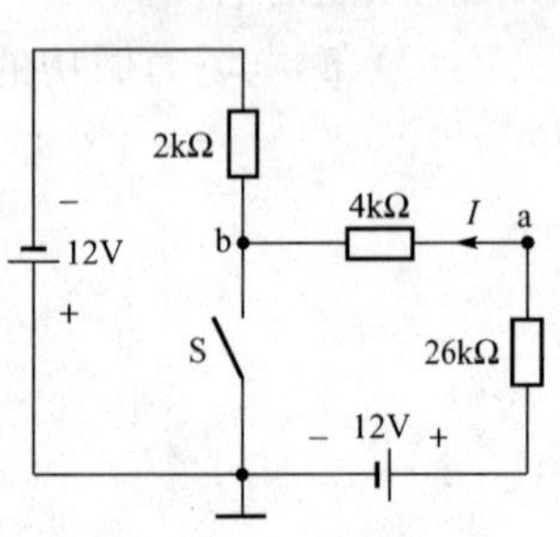


图 1-10 ［例 1-2］图

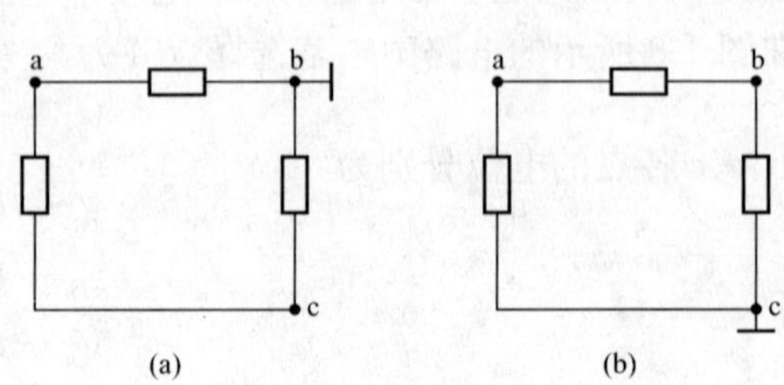


图 1-11 ［例 1-3］图

（1）若以 b 点为参考点［见图 1-11（a）］，求 a、b、c 点的电位和电压 $U_{ab}$、$U_{bc}$；

（2）若以 c 点为参考点［见图 1-11（b）］，再求以上各值。

**解：**（1）以 b 点为电位参考点，则有

$$V_b = 0$$

$$V_a = \frac{W_{ab}}{q} = \frac{8}{4} = 2(\text{V})$$

$$V_c = \frac{W_{cb}}{q} = -\frac{W_{bc}}{q} = -\frac{12}{4} = -3(\text{V})$$

$$U_{ab} = V_a - V_b = 2 - 0 = 2(\text{V})$$

$$U_{bc} = V_b - V_c = 0 - (-3) = 3(\text{V})$$

（2）以 c 点为电位参考点，则有

$$V_c = 0$$

$$V_a = \frac{W_{ac}}{q} = \frac{8+12}{4} = 5(\text{V})$$

$$V_b = \frac{W_{bc}}{q} = \frac{12}{4} = 3(\text{V})$$

$$U_{ab} = V_a - V_b = 5 - 3 = 2(\text{V})$$

$$U_{bc} = V_b - V_c = 3 - 0 = 3(\text{V})$$

本题说明：①电路中电位参考点可任意选择；参考点一经选定电路中各点的电位值就是唯一的；②当选择不同的电位参考点时，电路中各点电位值将改变，但任意两点间电压保持不变。

## 第三节 理 想 电 路 元 件

理想电路元件就是用来表征单一物理性质的元件。根据实际电路元件的物理性质，从能量转换的角度来看，有电能的产生、电能的消耗以及电场能量和磁场能量的储存和释放。常用的基本理想电路元件有五种，即电阻元件、电容元件、电感元件、理想电压源和理想电流源。下面介绍两类常用的理想电路元件。

### 一、理想无源元件

理想无源元件包括电阻元件、电容元件和电感元件三种。电阻元件消耗电能（变换为热能、光能）；电容元件以电场形式储存能量；电感元件以磁场形式储存能量。电阻元件又称耗能元件，电容元件和电感元件又统称储能元件。它们的性质可用电路参数的物理量来表示，线性电阻元件遵循欧姆定律，其端电压和流过的电流是正比关系，比例常数叫做电阻 $R$，它既是这种元件的名称，又是表示其物理性质的电路参数。电容元件和电感元件的性质及其参数电容和电感的含义将在第二章中讨论。

本章主要介绍电阻元件，因此本章所讨论的直流电路是以电阻元件和下面即将讨论的理想电源元件组成的电路模型为研究对象的。

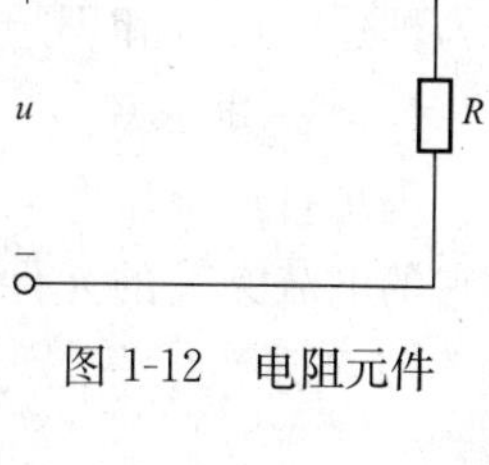

图 1-12 电阻元件

当电路的某一部分只存在电能的消耗而没有电场能量和磁场能量的储存的话，那么这一部分电路就可以用理想电阻元件来代替，如图 1-12 所示。图 1-12 中的电压和电流都用小写字母表示，以示

它们可以是任意波形的电压和电流。

根据电阻元件的电压电流关系，图 1-12 所示电阻元件两端的电压与通过的电流应成正比。在图 1-12 中所示的参考方向下，有

$$R = \frac{u}{i} \tag{1-4}$$

该比值是一个大于零的常数，称为这一部分电路的电阻。电阻的单位是 Ω（欧姆）。因此，电阻两端的电压和通过电阻的电流之间的关系是

$$u = Ri$$

$$i = \frac{u}{R}$$

在直流电路中，电阻的电压和电流的关系为

$$R = \frac{U}{I}$$

电阻的电压和电流是同时存在、同时消失的，是无源性、无记忆性、双向性的元件。

在直流电路中，电阻消耗的电功率可以表示为

$$P = UI = RI^2 = \frac{U^2}{R} \tag{1-5}$$

在 $t$ 时间内消耗的电能为

$$W = Pt \tag{1-6}$$

电能 $W$ 的国际制单位是 J（焦耳）。工程上电能的计算单位为 kW · h（千瓦 · 小时），1kW · h即 1 度电，它与焦耳的换算关系为 1kW · h=$3.6\times10^6$J。这些电能或变成热能散失于周围的空间，或转换成其他形态的能量作有用功。因此，电阻消耗电能的过程是不可逆的能量转换过程。

在本书中今后所讨论的三种理想无源元件电阻元件、电容元件和电感元件都满足以下两点：第一，这些元件都只具有一种参数，即所谓的单一参数元件；第二，元件的参数都是恒定不变的常数，不随电流和电压的变化而变化，即所谓的线性元件。

实际的电阻元件及电阻器，严格地说都不是理想电阻元件。由于制作材料的电阻率与温度有关，实际电阻器通过电流后因发热会使温度改变，因此，电阻器带有非线性因素。但在一定条件下，许多实际部件如金属膜电阻器、绕线电阻器等，它们的伏安特性近似为一条直线。所以用线性电阻元件作为它们的理想模型是合适的。

**二、理想电源元件**

理想电源元件是从实际电源元件中抽象出来的。当实际电源本身的功率损耗可以忽略不计，而只起产生电能的作用时，这种电源便可以用一种理想电源元件来表示。理想电源元件分为理想电压源和理想电流源两种，统称为独立电源。

1. 理想电压源

理想直流电压源（简称恒压源）是指电压源两端电压总能保持恒定值，且端电压值与流过它的电流无关的元件，如图 1-13 所示。理想电压源的电压、电流关系，即伏安特性，如图 1-14 所示。

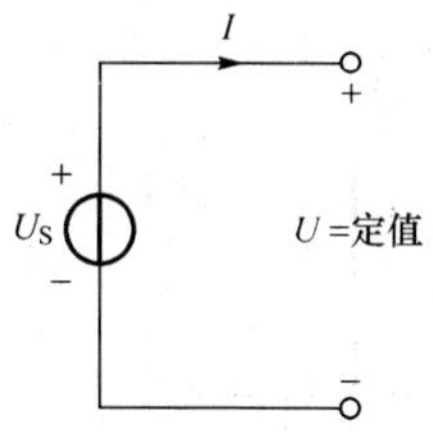


图 1-13 理想电压源

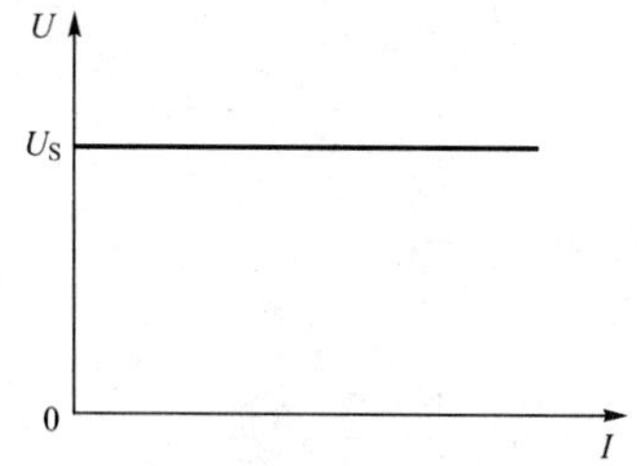


图 1-14 理想电压源的伏安特性

理想电压源的特点：

（1）理想电压源两端电压由电源本身决定，与外电路无关，与流经它的电流方向、大小无关。

（2）通过电压源的电流由电源及外电路共同决定，其值随外电路而变化。例如当空载时，输出电流 $I=0$；当短路时，流过电压源的电流 $I\rightarrow\infty$；当输出端接有电阻 $R$ 时，流过电压源的电流 $I=\dfrac{U}{R}$。而电压源的电压 $U$ 却始终保持不变。任何一个电路元件（包括理想电流源）与理想电压源并联，其两端的电压都等于理想电压源的电压，即 $U=U_S$，如图 1-15 所示。

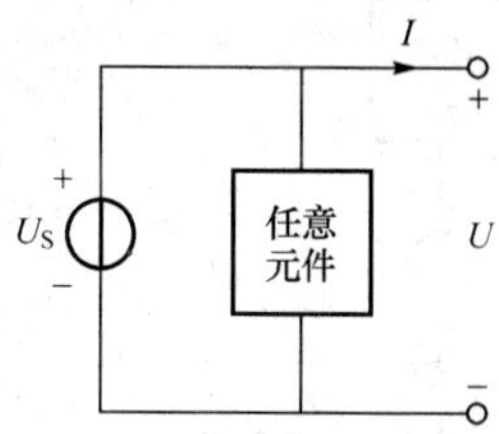


图 1-15 电压源与任意元件并联电路

实际的电压源，如干电池和蓄电池，在其内部功率损耗即电池的内电阻可以忽略不计时，便可以用理想电压源来代替。

考虑到实际电压源有损耗，其电路模型可以用理想电压源和电阻的串联组合来表示，这个电阻称为实际电压源的内阻，如图 1-16 所示。实际电压源的电压、电流关系，即伏安特性，如图 1-17 所示。

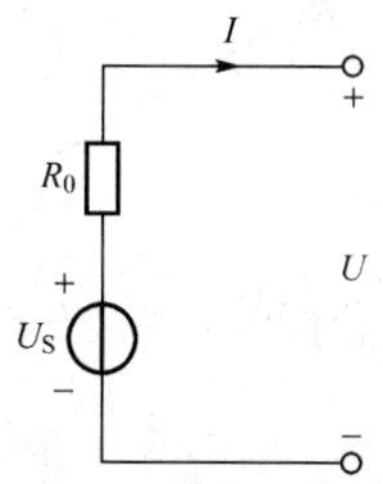


图 1-16 实际电压源模型

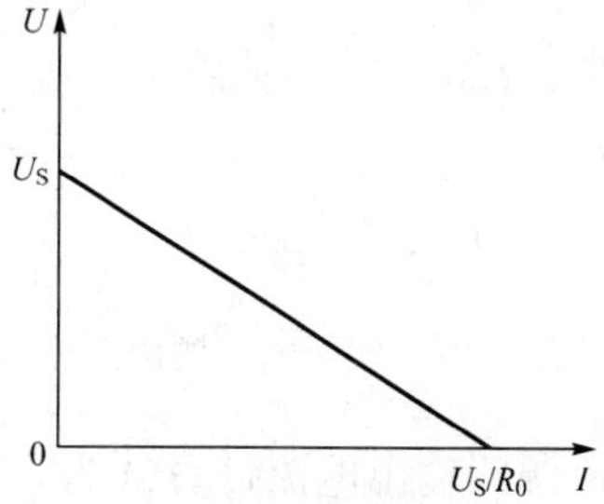


图 1-17 实际电压源伏安特性

实际电压源端电压计算式为

$$U=U_S-R_0I$$

实际电压源的端电压在一定范围内随着输出电流的增大而逐渐下降。因此，一个好的电压源的内阻 $R_0\rightarrow 0$。注意：电压源不允许短路，因其内阻小，短路时电流很大，可能烧毁电源。

2. 理想电流源

理想直流电流源（简称恒流源）是指不管外部电路如何，其输出电流总能保持恒定值，且其电流值与它的两端电压无关的元件，如图 1-18 所示。理想电流源的电压、电流关系即伏安特性，如图 1-19 所示。

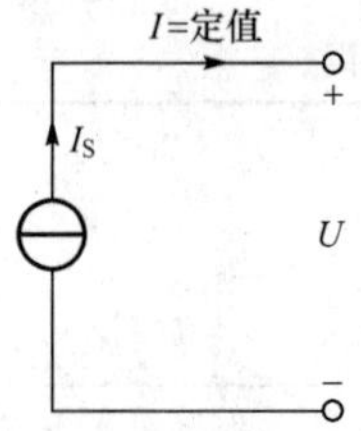


图 1-18　理想电流源符号

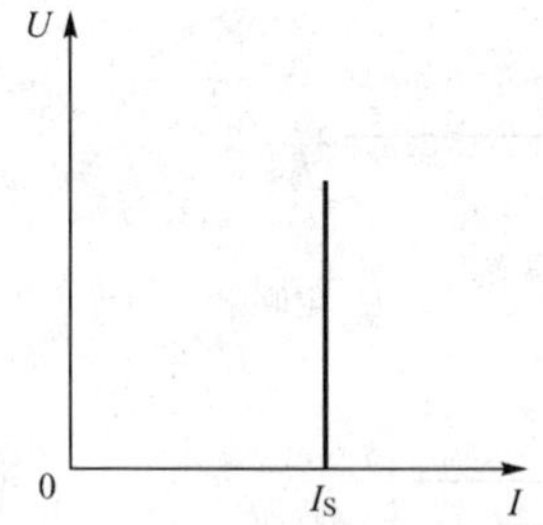


图 1-19　理想电流源的伏安特性

理想电流源的特点：

(1) 理想电流源的输出电流由电源本身决定，与外电路无关，与它两端电压的方向、大小无关。

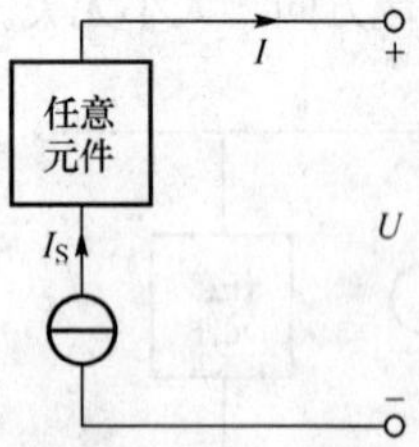


图 1-20　与任意元件串联

(2) 电流源两端的电压由其本身输出电流及外部电路共同决定，其值随外电路而变化。例如当空载时，输出电压 $U\to\infty$；当短路时，电流源两端的电压 $U=0$；当输出端接有电阻 $R$ 时，电流源两端的电压 $U=RI$。而电流源的电流 $I$ 却始终保持不变。任何一个电路元件（包括理想电压源）与理想电流源串联，流过该电路元件的电流都等于理想电流源的电流，即 $I=I_S$，如图 1-20 所示。

考虑到实际电流源有损耗，其电路模型用理想电流源和电阻的并联组合表示（见图1-21），这个电阻称为电流源的内阻（$R_0$）。实际电流源的电压、电流特性，即伏安特性，如图 1-22 所示。

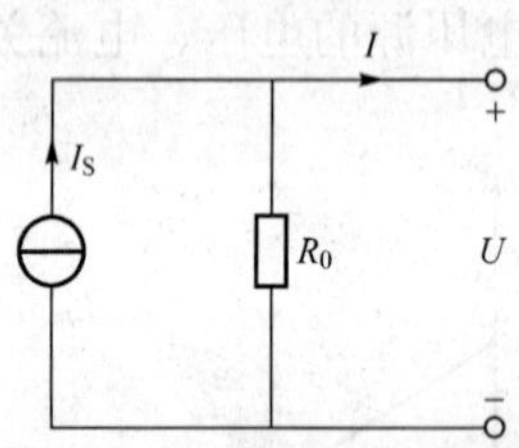


图 1-21　实际电流源电路模型

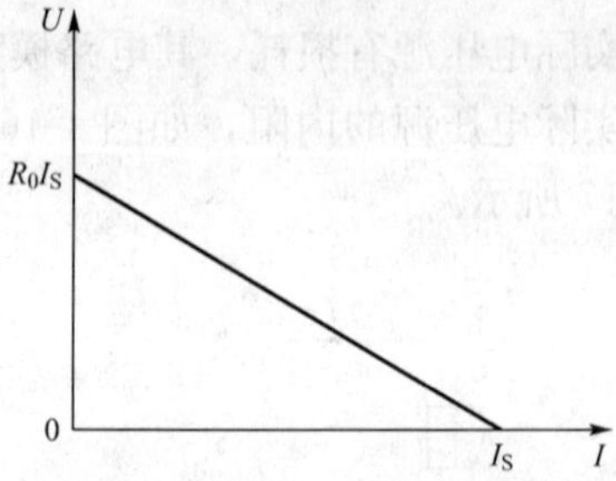


图 1-22　实际电流源伏安特性

实际电流源的输出电流计算式为

$$I=I_S-\frac{U}{R_0}$$

实际电流源的输出电流在一定范围内随着端电压的增大而逐渐下降。因此，一个好的电流源的内阻 $R_0=\infty$。注意：实际电流源也不允许开路，因其内阻很大，开路时端电压很大，可能烧毁电源。

3. 电压源与电流源的等效变换

在进行电路分析中，实际电压源可以等效为实际电流源；反之，实际电流源也可以等效为实际电压源，如图 1-23（a）所示。这里所说的等效是指对外部电路的等效，即对外部电路输出的电压和电流保持不变。例如在图 1-23（a）所示的两个电路中，流过电阻 $R_L$ 的电流和电阻 $R_L$ 两端电压是保持不变的。

实际电压源和实际电流源对外部电路相互等效的条件，就是它们具有完全相同的外特性（伏安特性），如图 1-23（b）所示。由于它们的外特性均为直线，只要二者的开路电压 $U_{OC}$ 和短路电流 $I_{SC}$ 相同即可。

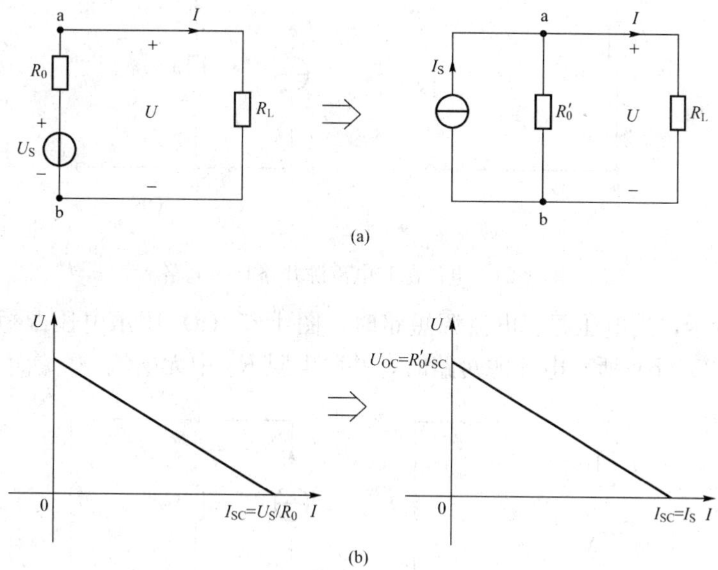


图 1-23 电压源和电流源的等效变换

按照这样的条件，对比图 1-23 所示两种电源的电路和外特性，可以看出，由实际电压源模型得输出电压 $U$ 和输出电流 $I$ 关系为

$$U = U_S - R_0 I \tag{1-7}$$

由实际电流源模型得输出电压 $U$ 和输出电流 $I$ 关系为

$$I = I_S - \frac{U}{R'_0}$$

或

$$U = R'_0 I_S - R'_0 I \tag{1-8}$$

比较式（1-7）和式（1-8），如果有

$$U_S = R'_0 I_S \tag{1-9}$$

$$R_0 = R'_0 \tag{1-10}$$

则实际电压源和电流源的输出特性将完全相同。因此，根据电路等效的概念，当满足式(1-9)和式（1-10）时，实际电压源和电流源可以进行等效变换。等效变换的条件为：

电压源变换为电流源

$$I_S = \frac{U_S}{R_0},\ R'_0 = R_0$$

电流源变换为电压源

$$U_S = I_S R'_0,\ R_0 = R'_0$$

需要说明的是：

（1）变换关系既要满足上述参数间的关系，还要满足方向关系。

（2）电压源和电流源的等效变换是电路等效变换的一种方法。这种等效是对电源以外部分的电路等效，对电源内部电路并不是等效的。具体表现为：

如图 1-24 所示，当电压源、电流源开路时，图 1-24（a）所示开路的电压源中无电流流过 $R_0$；图 1-24（b）所示开路的电流源可以有电流流过并联电阻 $R'_0$。

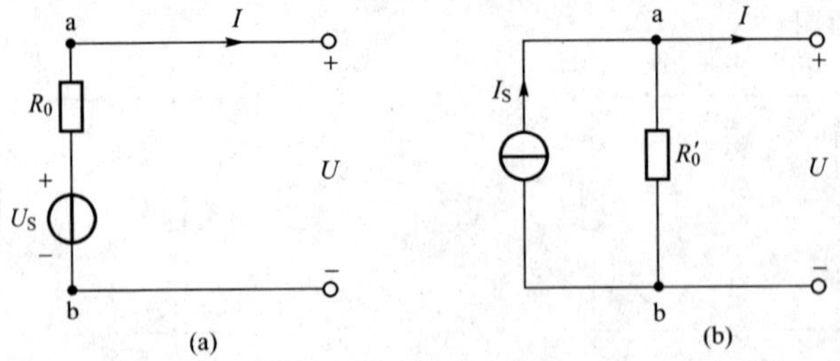


图 1-24　电压源和电流源开路时的电路

如图 1-25 所示，当电压源、电流源短路时，图 1-25（a）所示电压源短路时，电阻 $R_0$ 中有电流；图 1-25（b）所示电流源短路时，并联电阻 $R'_0$ 中无电流。

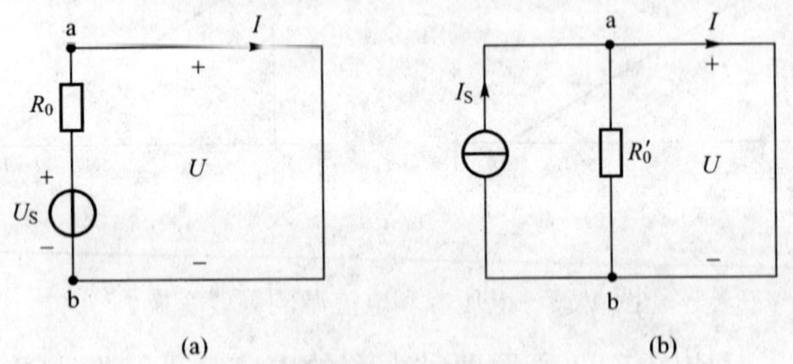


图 1-25　电压源和电流源短路时的电路

（3）理想电压源与理想电流源不能相互转换，因为两者的定义本身是不同的，不具有相同的电压与电流关系。

（4）实际电压源和实际电流源可以相互等效互换。

**【例 1-4】**　利用电源等效互换简化电路并计算图 1-26 所示电路中流过电阻 $R_3$ 的电流 $I$。已知 $I_{S1}=5A$，$I_{S2}=2A$，$R_1=3\Omega$，$R_2=4\Omega$，$R_3=7\Omega$。

**解：**根据实际电流源变换为实际电压源的等效方法，可将图 1-26 所示电路等效为图 1-27所示的电路。把图 1-26 中电流源和电阻的并联组合变换为电压源和电阻的串联组合（注意电压源的极性），可得

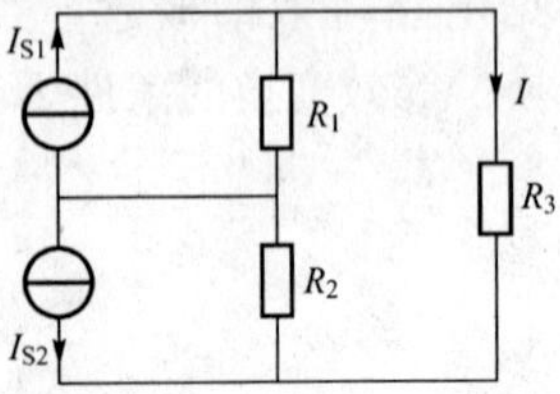


图 1-26　［例 1-4］图

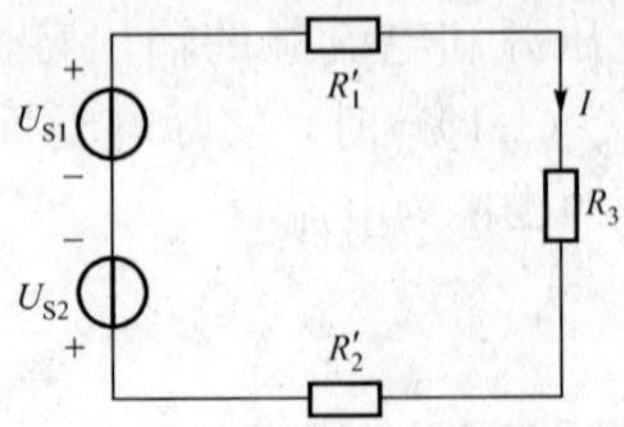


图 1-27　［例 1-4］解图

$$U_{S1}=I_{S1}R_1=15V$$
$$R'_1=R_1=3\Omega$$
$$U_{S2}=I_{S2}R_2=8V$$
$$R'_2=R_2=4\Omega$$

所以有

$$I=\frac{U_{S1}-U_{S2}}{R'_1+R'_2+R_3}=\frac{15-8}{3+4+7}=\frac{7}{14}=0.5(A)$$

**【例 1-5】** 利用电源等效互换的方法计算图 1-28 所示电路中的电压 $U$。

**解：** 将 5Ω 电阻作为外电路，10V 电压源和 5Ω 电阻的串联电路变换为 2A 电流源和 5Ω 电阻的并联电路，6A 电流源和 10V 电压源的串联等效为 6A 电流源，如图 1-29 所示。则有

$$U=(2+6)\times(5//5)=20(V)$$

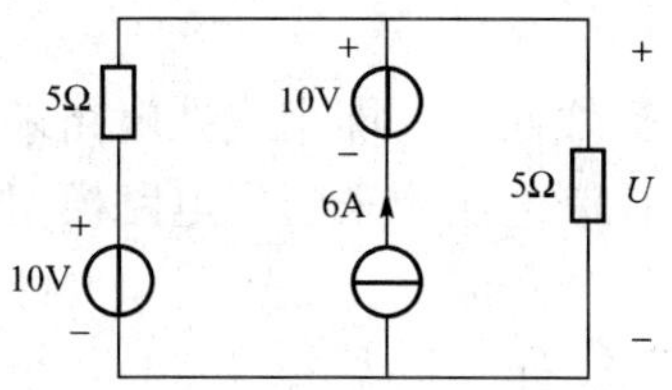


图 1-28 ［例 1-5］图

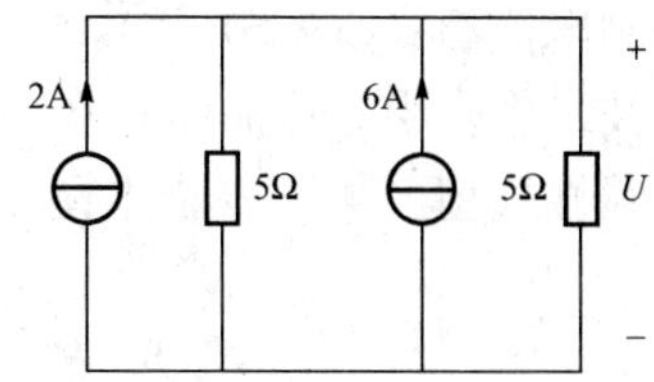


图 1-29 ［例 1-5］解图

4. 受控电源

前面提到的电压源和电流源都是独立电源。所谓独立电源，就是电压源的电压或电流源的电流与外电路无关而独立存在。而受控电源又称“非独立”电源，分为受控电压源和受控电流源，如图 1-30 所示。为了与独立电源相区别，用菱形符号表示其电源部分。

受控电压源的电压或受控电流源的电流与独立电压源的电压或独立电流源的电流不同，前者是受电路中的某部分电压或电流的控制。因此，受控电压源或受控电流源根据控制量是电压或电流可分为电压控制电压源（VCVS）、电流控制电压源（CCVS）、电压控制电流源（VCCS）、电流控制电流源（CCCS），这四种受控电源的电路模型如图 1-31 所示。图

图 1-30 受控电源图形符号

（a）受控电压源；（b）受控电流源

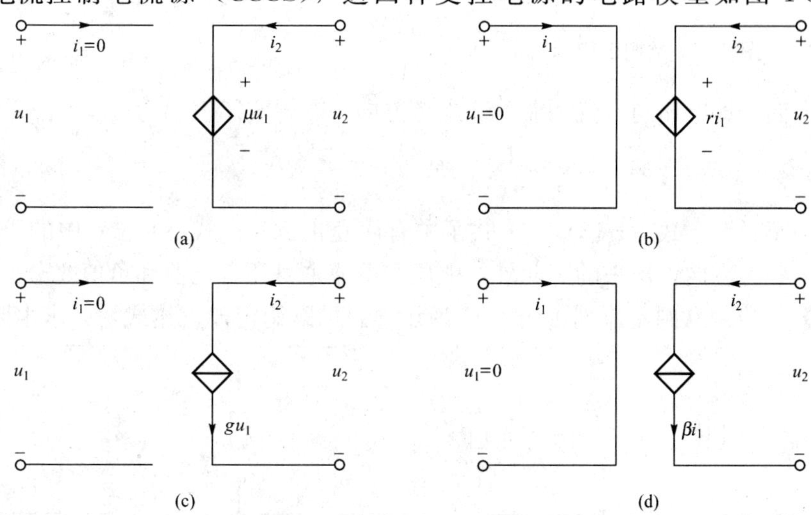


图 1-31 理想受控电源模型

（a）VCVS；（b）CCVS；（c）VCCS；（d）CCCS

1-31（a）、(c)中的 $u_1$ 表示控制电压，图 1-31（b）、(d）中的 $i_1$ 表示控制电流，$\mu$、$r$、$g$、$\beta$ 是控制系数，其中 $\mu$ 和 $\beta$ 是无量纲的量，$r$ 和 $g$ 分别是具有电阻和电导的量纲。这些系数为常数时，被控制量和控制量成正比，这种受控电源为线性受控电源。

图 1-31 中所示受控源的特性方程分别为：

电压控制电压源（VCVS）　　$u_2 = \mu u_1$

电流控制电压源（CCVS）　　$u_2 = r i_1$

电压控制电流源（VCCS）　　$i_2 = g u_1$

电流控制电流源（CCCS）　　$i_2 = \beta i_1$

在电子技术中，半导体晶体管在一定条件下可进行线性化，即用线性电路来描述非线性特性，建立线性模型。半导体晶体管可以用一个电流控制电流源来建立电路模型。

## 第四节　电路的基本定律

### 一、欧姆定律

通常流过电阻的电流与电阻两端的电压成正比，这就是欧姆定律，是分析电路的基本定律之一。在直流电路中欧姆定律可用下式表示

$$\frac{U}{I} = R \tag{1-11}$$

式中：$R$ 为该段电路的电阻。

由式（1-11）可见，当所加电压 $U$ 一定时，电阻 $R$ 越大，则电流 $I$ 越小。显然，电阻具有对电流起阻碍作用的物理性质。

根据图 1-32（a）所示电路的电压和电流参考方向，即电压与电流为关联参考方向，欧姆定律表示为

$$\frac{U}{I} = R \text{ 或 } U = RI \tag{1-12}$$

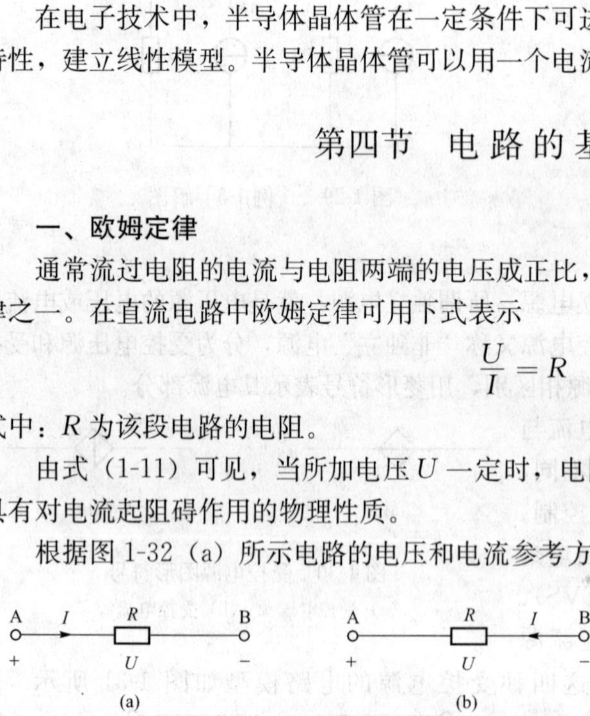


图 1-32　欧姆定律的表示

根据图 1-32（b）所示电路的电压和电流的参考方向，即电压与电流为非关联参考方向，欧姆定律表示为

$$-\frac{U}{I} = R \text{ 或 } U = -RI \tag{1-13}$$

这里应注意：对于式（1-13）一个式子中有两套正负号。式（1-13）中的正负号是根据电压和电流的参考方向得出来的。此外，电压和电流本身还有正值和负值之分。

**【例 1-6】**　应用欧姆定律列出图 1-33 所示电路的欧姆定律表达式，并求电阻 $R$。

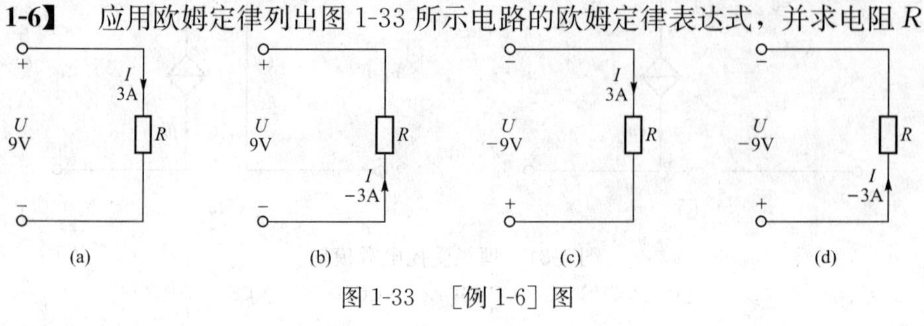


图 1-33　［例 1-6］图

**解：** 图 1-32（a）中

$$R=\frac{U}{I}=\frac{9}{3}=3(\Omega)$$

图 1-32(b) 中

$$R=-\frac{U}{I}=-\frac{9}{-3}=3(\Omega)$$

图 1-32(c) 中

$$R=-\frac{U}{I}=-\frac{-9}{3}=3(\Omega)$$

图 1-32(d) 中

$$R=\frac{U}{I}=\frac{-9}{-3}=3(\Omega)$$

## 二、基尔霍夫定律

分析与计算电路的基本定律，除了欧姆定律外，还有基尔霍夫定律。基尔霍夫定律是集总参数电路的基本定律，包括基尔霍夫电流定律（KCL）和基尔霍夫电压定律（KVL）。

什么是集总参数电路呢？集总电路是由集总元件组成的电路，或具有集总参数的电路。集总参数元件是这样规定的：在任何时刻，流入二端元件的一个端子的电流一定等于从另一端子流出的电流，两个端子之间的电压为单值量。

集总电路由集总元件相互连接而成。为了便于讨论，先介绍几个名词。

（1）支路。电路中流过同一电流的一个分支称为一条支路。图 1-34 所示电路中共有三条支路，分别是 acb、ab、adb。

（2）节点。三条或三条以上支路的连接点称为节点。图 1-34 所示电路中共有两个节点，分别是 a、b。

（3）回路。由若干支路组成的闭合路径，其中每个节点只经过一次，这条闭合路径称为回路。图 1-34 所示电路中共有三个回路，分别是 adbca、abca、abda。

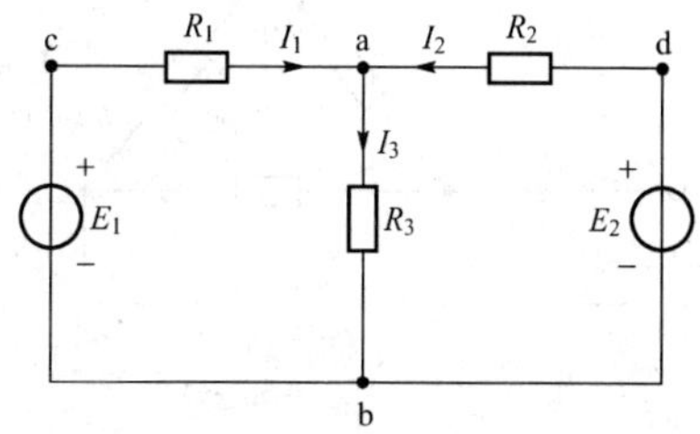


图 1-34 电路举例

（4）网孔。网孔是回路的一种。将电路画在平面上，在回路内部不另含有支路的回路称为网孔。图 1-34 所示电路中共有两个网孔，分别是 abca、abda。

### （一）基尔霍夫电流定律（KCL）

基尔霍夫电流定律可用于确定集总参数电路中各支路电流之间的关系。

#### 1. 基尔霍夫电流定律的内容

由于电流的连续性，电路中任何一点（包括节点在内）均不能堆积电荷。因此，在集总参数电路中，在任一瞬间，流入某一个节点电流之和等于流出该节点电流之和，数学表达式为

$$\sum I_{\mathrm{i}}=\sum I_{\mathrm{o}} \tag{1-14}$$

对图 1-34 所示电路中的节点 a，流入该节点的电流和为

$$\sum I_{\mathrm{i}}=I_1+I_2$$

流出该节点的电流和为

$$\sum I_{\mathrm{o}}=I_3$$

应用 KCL 则有

$$I_1 + I_2 = I_3 \tag{1-15}$$

将式（1-15）改写成

$$-I_1 - I_2 + I_3 = 0$$

即

$$\sum I = 0 \tag{1-16}$$

因此，基尔霍夫电流定律的另一种表述是：在集总参数电路中，在任一瞬间，流出（或流入）一个节点的所有支路电流的代数和恒等于零。如果规定参考方向流出节点的电流取正号，则流入节点的就取负号。

根据计算结果可知，有些支路的电流可能是负值，这是由于所选定的电流的参考方向与实际方向相反所致。

2. 基尔霍夫电流定律的应用

基尔霍夫电流定律不仅适用于电路中的任一节点，而且也可以推广应用于包围部分电路的任一假设的闭合面。例如图 1-35 所示，闭合面包围的是一个三角形电路，它有三个节点。应用 KCL 可列出：

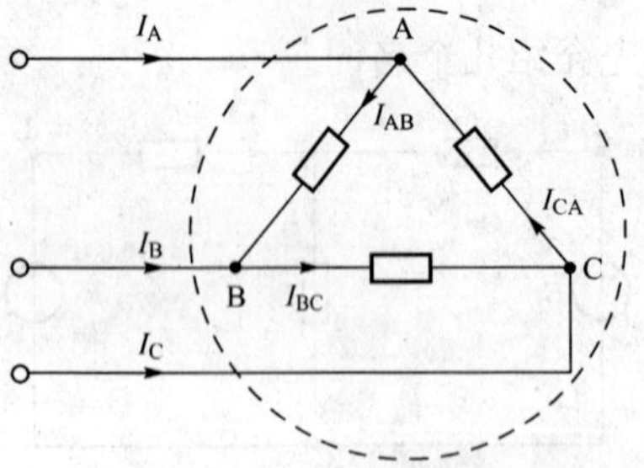


图 1-35 基尔霍夫电流定律的推广应用

节点 A

$$I_A = I_{AB} - I_{CA}$$

节点 B

$$I_B = I_{BC} - I_{AB}$$

节点 C

$$I_C = I_{CA} - I_{BC}$$

上列三式相加，便得

$$I_A + I_B + I_C = 0$$

或

$$\sum I = 0$$

可见，在任意时刻，通过任意闭合面的电流的代数和也恒等于零。

**【例 1-7】** 在图 1-35 所示电路中，已知 $I_A=3A$、$I_{AB}=-5A$、$I_{BC}=8A$，试求 $I_B$、$I_C$、$I_{CA}$。

**解：** 根据图 1-35 所示电路中标出的电流参考方向，应用基尔霍夫电流定律，分别由节点 A、B、C 求得。

$$I_{CA} = I_{AB} - I_A = -5 - 3 = -8(A)$$
$$I_B = I_{BC} - I_{AB} = 8 - (-5) = 13(A)$$
$$I_C = I_{CA} - I_{BC} = -8 - 8 = -16(A)$$

在求得 $I_B$ 后，$I_C$ 也可以由广义节点求得，即

$$I_C = -I_A - I_B = -3 - 13 = -16(A)$$

（二）基尔霍夫电压定律（KVL）

基尔霍夫电压定律用来确定回路中各支路电压之间的关系。

1. 基尔霍夫电压定律的内容

由于电位的单值性，若从一点出发，沿回路循行一周又回到该点，电位的变化应等于零。因此，在集总参数电路中，在任一瞬间，从回路中任意一点出发，以顺时针方向或逆时针方向沿回路循行一周，则在这个方向上的电位降之和应该等于电位升之和，即

$$\Sigma U_{down} = \Sigma U_{up} \quad (1\text{-}17)$$

以图 1-36 所示回路为例，图中电源电动势、电流和各支路电压的参考方向均已标出。按照虚线所示方向（逆时针方向）循行一周，根据电压的参考方向可列出：

电位降之和为

$$\Sigma U_{down} = U_1 + U_4$$

电位升之和为

$$\Sigma U_{up} = U_2 + U_3$$

所以

$$U_1 + U_4 = U_2 + U_3 \quad (1\text{-}18)$$

将式（1-18）改写为

$$U_1 - U_2 - U_3 + U_4 = 0 \quad (1\text{-}19)$$

即

$$\Sigma U = 0 \quad (1\text{-}20)$$

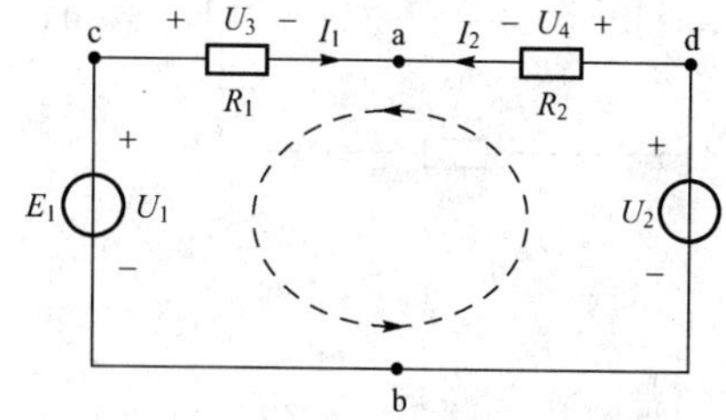

图 1-36 回路

因此，基尔霍夫电压定律存在另一种表述：在集总参数电路中，在任一瞬间，沿任意回路循行方向（顺时针方向或逆时针方向），回路中各支路电压的代数和恒等于零。如果规定沿循行方向电位降取正号，则电位升就取负号。

如果回路是由电源电动势和电阻构成的，则式（1-19）可改写成

$$-E_1 - (-E_2) - R_1 I_1 + R_2 I_2 = 0$$

或

$$-E_1 + E_2 = R_1 I_1 - R_2 I_2$$

即

$$\Sigma E = \Sigma RI \quad (1\text{-}21)$$

因此，基尔霍夫电压定律在电阻电路中的第三种表述是：在集总参数电路中，任一瞬间，沿任意回路循行方向上，回路中的电动势的代数和等于电阻上电压降的代数和。在这里，凡是电动势的参考方向与所选回路循行方向一致者，则取正号；相反者，则取负号。凡是电流的参考方向与回路循行方向一致者，则该电流在电阻上所产生的电压降取负号；相反者，则取正号。

2. 基尔霍夫电压定律的应用

基尔霍夫电压定律不仅适用于电路中某一闭合回路，而且也可以推广应用于回路中的部分电路。

以图 1-37 所示电路为例，根据基尔霍夫电压定律可列出

$$E - RI - U = 0 \text{ 或 } U = E - RI$$

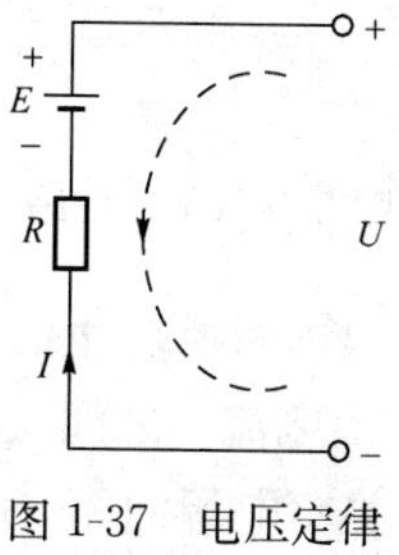

图 1-37 电压定律的推广应用

不论元件是线性的还是非线性的，电流、电压是直流的还是交流的，只要是集总参数电路，KCL 和 KVL 总是成立的。

需要注意的是，不论是应用欧姆定律还是基尔霍夫定律列方程时，首先要在电路图上标出电压、电流或电动势的参考方向，因为所列方程中各项前的正负号是由它们的参考方向决定的，如果参考方向选的相反，则会相差一个负号。

**【例 1-8】** 有一闭合回路如图 1-38 所示，已知 $U_{AD}=-3V$，$U_{CB}=$

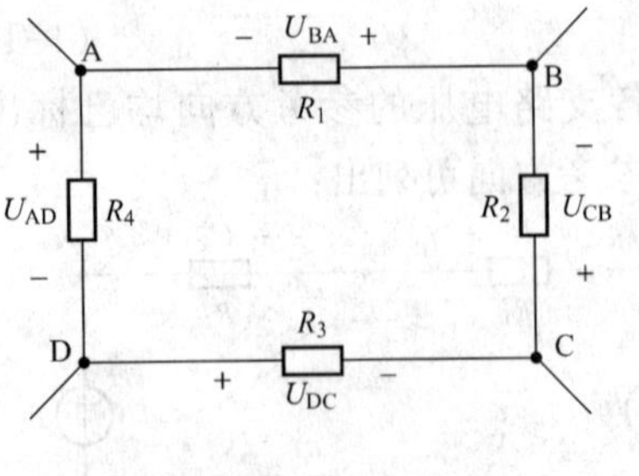


图 1-38 ［例 1-8］图

$-4V$，$U_{BA}=5V$。试求 $U_{DC}$、$U_{AC}$、$U_{BD}$ 的值。

**解：**（1）由基尔霍夫电压定律可列出

$$U_{AD}+U_{DC}+U_{CB}+U_{BA}=0$$

即

$$-3+U_{DC}+(-4)+5=0$$

可得

$$U_{DC}=2V$$

（2）ADCA 不是闭合回路，但应用基尔霍夫电压定律可得

$$U_{AD}+U_{DC}-U_{AC}=0$$

即

$$-3+2-U_{AC}=0$$

可得

$$U_{AC}=-1$$

（3）BADB 不是闭合回路，应用基尔霍夫电压定律有

$$U_{BA}+U_{AD}-U_{DB}=0$$

即

$$5+(-3)-U_{BD}=0$$

可得

$$U_{BD}=2V$$

## 第五节 电路的工作状态

电路在不同的工作条件下，会处于不同的状态，并具有不同的特点。电路的状态主要有三种，下面将予以介绍。

### 一、电源有载工作

如图 1-39 所示电路，当开关合上，接通电源与负载，这就是电源有载工作。

当电路处于有载工作状态时，应用基尔霍夫电压定律可求出电路中电压和电流的关系。电路中电流

$$I=\frac{E}{R_0+R_L}$$

负载电阻两端的电压

$$U=R_LI$$

于是就有

$$U=E-R_0I \tag{1-22}$$

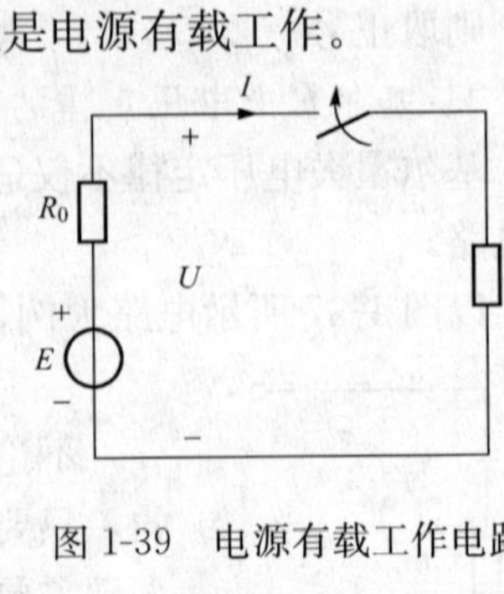


图 1-39 电源有载工作电路

由式（1-22）可见，电源端电压小于电动势，两者之差为电流通过电源内阻所产生的电压降 $R_0I$。电流越大，则电源端电压下降得越多。表示电源端电压 $U$ 与输出电流 $I$ 之间关系的曲线，称为电源的外特性曲线，如图 1-40 所示，其斜率与电源内阻有关。电源内阻一般很小，当 $R_0 \ll R_L$ 时，则

$$U \approx E \tag{1-23}$$

式（1-23）表明，当电流（负载）变动时，电源的端电压变动不大，这说明它带负载能力强。

## 二、电源开路

在图 1-39 所示的电路中，当开关断开时，电源则处于开路状态，如图 1-41 所示。电源开路时的特征可用数学表达式表示为

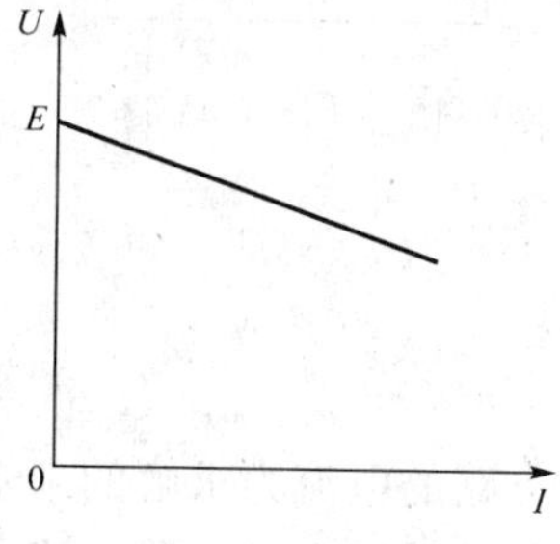


图 1-40　电源的外特性曲线

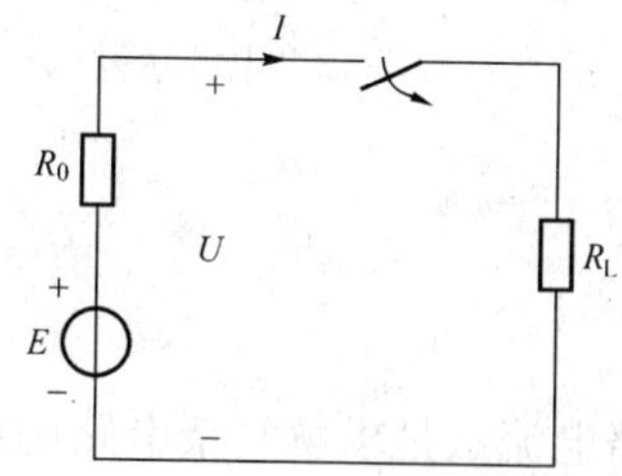


图 1-41　电源开路

$$\begin{cases} I = 0 \\ U = U_0 = E \\ P = 0 \end{cases}$$

此时，电路中没有电流，电源不输出功率，电源两端电压称为空载电压（也叫开路电压），它与电源电动势相等（即 $U=U_0=E$）。

## 三、电源短路

图 1-39 所示电路中，当电源的输出端由于某种原因而连在一起时，电源则处于短路状态，如图 1-42 所示。电源短路时的特征可用数学表达式表示为

$$\begin{cases} U = 0 \\ I = I_{sc} = \dfrac{E}{R_0} \\ P_E = \Delta P = R_0 I^2 \\ P = 0 \end{cases} \tag{1-24}$$

通过式（1-24）可以看出，短路电流远远超过电源和导线的额定电流，如不及时切断电源，将引起剧烈发热而使电源、导线及电流流过的仪表等设备损坏。因此电源短路是需要避免的电路故障，为了防止短路所引起的事故，通常在电路中接入熔断器或自动断路器，一旦发生短路，能迅速将事故电路自动切断，保护用电设备及仪表等。

**【例 1-9】** 试计算图 1-43 所示电路在开关 S 闭合与断开两种情况下的电压 $U_{ab}$ 和 $U_{cd}$。

**解：** 当开关 S 闭合时

$$U_{ab} = 0$$

$$U_{cd} = \frac{12}{1+11} \times 11 = 11(\text{V})$$

当开关 S 断开时

$$U_{ab} = 12\text{V}, U_{cd} = 0$$

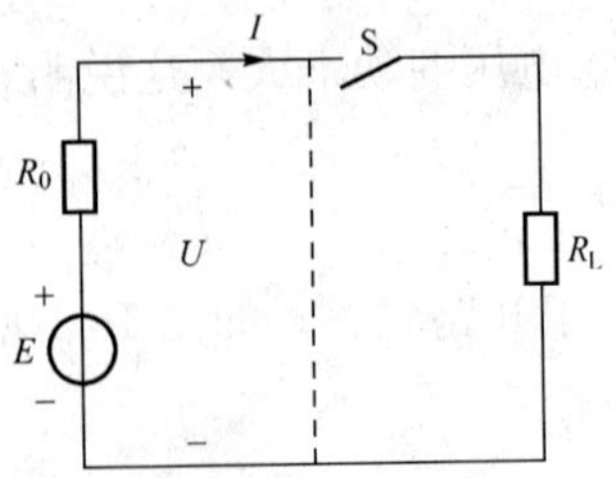


图 1-42 电源短路

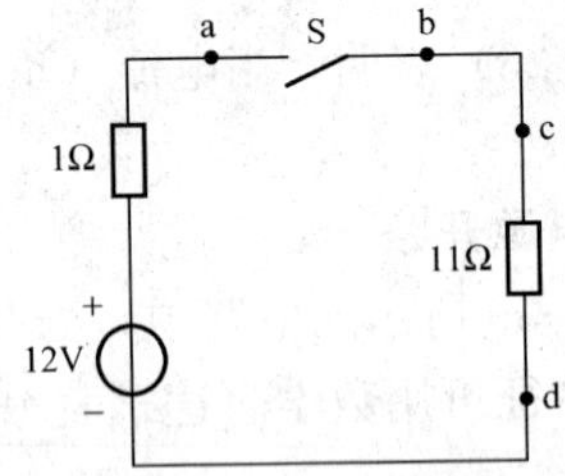


图 1-43 ［例 1-9］图

## 第六节 支 路 电 流 法

支路电流法是求解复杂电路的最基本方法，它是以每个支路的电流为求解的未知量，直接应用基尔霍夫定律，分别对节点和回路列出所需的方程组，然后解出各支路电流。

现在以图 1-44 所示的电路为例来说明支路电流法的应用。

图 1-44 所示的电路中，支路数 $b=3$，节点数 $n=2$，回路数 $l=3$，网孔数 $m=2$。

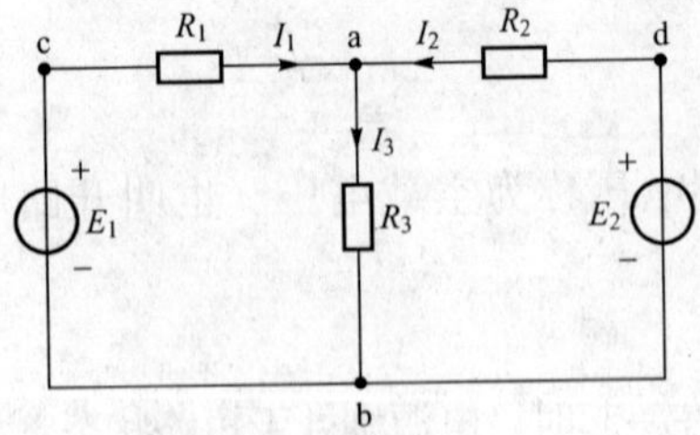


图 1-44 支路电流法

对节点 a 列写 KCL 方程

$$-I_1-I_2+I_3=0 \tag{1-25}$$

对节点 b 列写 KCL 方程

$$I_1+I_2-I_3=0 \tag{1-26}$$

比较式（1-25）和式（1-26）可以看出这是两个相同的方程，这说明只有一个方程是独立的。可见两个节点只能列出一个独立的方程式。

一般来说，如果节点数为 $n$ 的电路中，根据 KCL 列出的节点电流方程只有（$n-1$）个是独立的。所以，在解题时可在 $n$ 个节点中任选其中（$n-1$）个节点列出电流方程式。

按顺时针方向绕行，对左面的网孔 cabc 列写 KVL 方程

$$R_1I_1+R_3I_3=E_1 \tag{1-27}$$

按顺时针方向绕行，对右面的网孔 adba 列写 KVL 方程

$$R_2I_2+R_3I_3=E_2 \tag{1-28}$$

按顺时针方向绕行，对回路 adbca 列写 KVL 方程

$$-R_2I_2+R_1I_1=E_1-E_2 \tag{1-29}$$

可见，式（1-27）和式（1-28）两边相减就得到了式（1-29），也就是说，这三个方程式并不都是独立的。另外，由于本电路的支路数 $b=3$，所以需要也只能再列出两个独立的回路电压方程，这样就可以求出每条支路的电流。该怎样选取回路呢？

一般来说，平面电路若有 $m$ 个网孔，那么就只能、也一定能列出 $m$ 个独立的回路电压方程，因此，平面电路可选取网孔作为独立的回路，列出独立的回路电压方程。所以，对具有 $n$ 个节点、$b$ 条支路的平面电路，应用基尔霍夫电压定律只能列出 $m=b-(n-1)$ 个独立电压方程。

将式（1-25）～式（1-28）联立，列出支路电流法的方程，解联立方程式，求出各支路电流的数值。

综上所述，支路电流法分析计算电路的一般步骤如下：

(1) 在电路中标出各支路（$b$ 个）电流的参考方向，并设定各支路电流；

(2) 根据基尔霍夫电流定律对独立节点列出 $n-1$ 个电流方程；

(3) 选定 $m$ 个网孔，设定各网孔绕行方向，根据基尔霍夫电压定律列出 $m=b-(n-1)$ 个电压方程；

(4) 联立求解上述 $b$ 个独立方程，便得出待求的各支路电流；

(5) 利用欧姆定律求出各支路电压。

**【例 1-10】** 已知电路如图 1-44 所示，其中 $E_1=15\text{V}$，$E_2=65\text{V}$，$R_1=5\Omega$，$R_2=R_3=10\Omega$。试用支路电流法求电阻 $R_1$、$R_2$、$R_3$ 上的电压。

**解：** 在电路图上标出各支路电流的参考方向，如图 1-44 所示。

对节点 a 应用 KCL 列方程

$$I_1+I_2-I_3=0$$

对左网孔选取顺时针绕行方向，应用 KVL 列方程

$$I_1R_1+I_3R_3=E_1$$

对右网孔选取逆时针绕行方向，应用 KVL 列方程

$$I_2R_2+I_3R_3=E_2$$

代入已知数据得

$$I_1+I_2-I_3=0$$
$$5I_1+10I_3=15$$
$$10I_2+10I_3=65$$

解方程可得

$$I_1=-\frac{7}{4}\text{A},\ I_2=\frac{33}{8}\text{A},\ I_3=\frac{19}{8}\text{A}$$

三个电阻上的电压电流方向选取为关联参考方向，则三个电阻上的电压分别为

$$U_1=I_1R_1=-\frac{7}{4}\times 5=-\frac{35}{4}(\text{V})$$

$$U_2=I_2R_2=\frac{33}{8}\times 10=\frac{165}{4}(\text{V})$$

$$U_3=I_3R_3=\frac{19}{8}\times 10=\frac{95}{4}(\text{V})$$

**【例 1-11】** 试用支路电流法列写图 1-45 所示电路中的电流 $I_1$、$I_2$、$I_3$、$I_4$ 和 $I_5$ 的方程（只列方程不需求解）。

**解：** 在电路上标出各支路电流的参考方向，如图 1-45 所示。应用 KCL 列方程，对节点 a

$$I_1-I_2-I_3=0$$

对节点 b

$$I_2+I_4-I_5=0$$

左、中、右网孔回路均选取顺时针绕行方向，

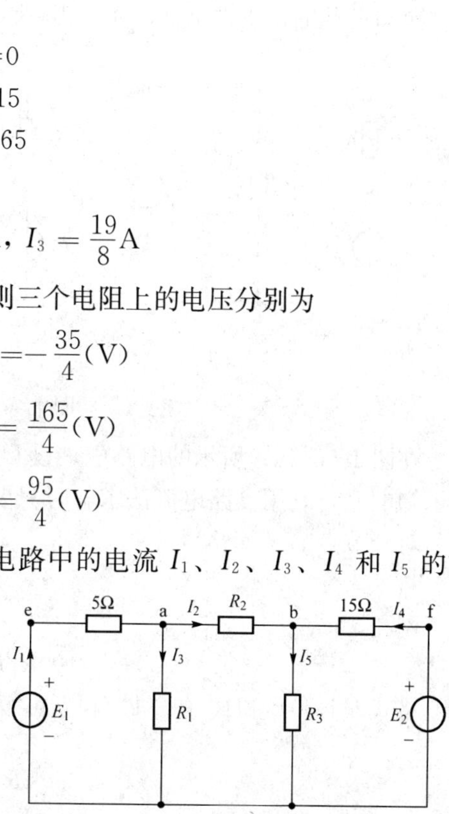


图 1-45 ［例 1-11］图

应用 KVL 列方程，对左网孔 eace

$$5I_1+I_3R_1-E_1=0$$

中网孔 abdca

$$I_2R_2+I_5R_3-I_3R_1=0$$

右网孔 bfdb

$$-I_5R_3-15I_4+E_2=0$$

如给定参数，代入已知，联立方程求解即可得到各支路电流。

## 第七节 叠 加 定 理

叠加定理是线性电路的一个基本定理，是分析线性电路的最基本的方法之一。

由线性元件和独立电源元件组成的电路称为线性电路。线性电路具有的性质包括：①当电路中的激励（电压或电流）增大 $k$ 倍时，所引起的响应（电压或电流）也随之增大 $k$ 倍，这称为比例性或齐次性；②当同时施加两个激励于电路时，所引起的响应是单独施加这两个激励于电路时所分别引起的响应之和，这称为可加性或叠加性。

叠加定理内容可表述如下：在线性电路中，当有两个或两个以上的独立电源共同作用时，任意支路的电流或电压，都可以看成是电路中各个电源单独作用而其他电源不作用时，在该支路中产生的各电流或电压的叠加。

叠加定理的正确性下面以图 1-46 所示电路为例加以说明。

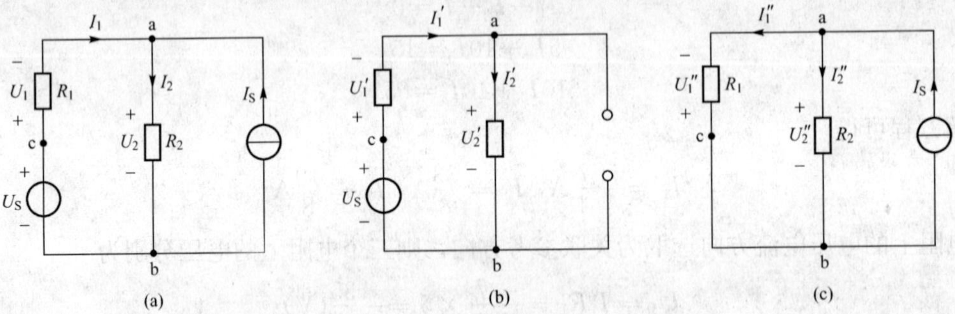


图 1-46 叠加定理举例电路

在图 1-46（a）所示的电路中，设 $U_S$、$I_S$、$R_1$、$R_2$ 已知，求电流 $I_1$ 和 $I_2$。由于只有两个未知电流，利用支路电流法求解时只要列出两个方程式即可。

对于节点 a

$$I_1+I_S=I_2 \tag{1-30}$$

网孔 abca

$$R_1I_1+R_2I_2=U_S \tag{1-31}$$

将式（1-30）和式（1-31）联立可解得

$$I_1=\frac{U_S}{R_1+R_2}-\frac{R_2}{R_1+R_2}I_S \tag{1-32}$$

$$I_2=\frac{U_S}{R_1+R_2}+\frac{R_1}{R_1+R_2}I_S \tag{1-33}$$

可见，电流 $I_1$ 和 $I_2$ 是由两个分量组成的。

由图 1-46（b）可分别求得 $I'_1$ 和 $I'_2$（$I'_1$ 和 $I'_2$ 是在理想电压源 $U_S$ 单独作用、理想电流源 $I_S$ 开路时，产生的电流），即

$$I'_1 = I'_2 = \frac{U_S}{R_1 + R_2} \tag{1-34}$$

由图 1-46（c）可分别求得 $I''_1$ 和 $I''_2$（$I''_1$ 和 $I''_2$ 是在理想电压源 $U_S$ 短路、理想电流源 $I_S$ 单独作用时，产生的电流），即

$$I''_1 = \frac{R_2}{R_1 + R_2} I_S \tag{1-35}$$

$$I''_2 = \frac{R_1}{R_1 + R_2} I_S \tag{1-36}$$

由式（1-32）～式（1-36）可知

$$I_1 = I'_1 - I''_1$$

$$I_2 = I'_2 + I''_2$$

同样，叠加定理也适用于电压，如

$$U_1 = R_1 I_1 = R_1(I'_1 - I''_2) = U'_1 - U''_2$$

$$U_2 = R_2 I_2 = R_2(I'_1 + I''_2) = U'_2 + U''_2$$

这样，利用叠加定理可以使一个多电源的电路简化成若干个单电源的电路。

从图 1-46 所示电路可以看出，在应用叠加定理时应保持电路的结构不变，在考虑某一电源单独作用时，应将其他电源中的理想电压源用短路代替，理想电流源用开路代替。同时，在进行最后叠加时，还应注意各电流分量或电压分量的参考方向是否一致，若电流分量和电压分量的参考方向与总电流和总电压的参考方向一致，叠加时前面取正号；不一致叠加时，则取负号。叠加即是指代数和。

使用叠加定理时，应注意以下几点：

（1）叠加定理只能用来计算线性电路的电流和电压，对非线性电路则不适用。

（2）叠加时要注意电流分量和电压分量的参考方向，求其代数和。

（3）一个多电源的电路简化为几个单电源的电路来进行计算时，所谓理想电压源不作用，就是在该电压源处用短路代替；理想电流源不作用，就是在该电流源处用开路代替。

（4）叠加的方式是任意的，可以一次使用一个独立源单独作用，也可以一次使用几个独立源同时作用，方式的选择取决于分析问题的方便。

（5）叠加定理只能用来分析和计算电流和电压，一般不能用叠加定理直接来计算功率。以图 1-46（a）中电阻 $R_2$ 上消耗的功率为例，显然

$$P_2 = R_2 I_2^2 = R_2(I'_2 + I''_2)^2 \neq R_2 I'^2_2 + R_2 I''^2_2$$

这是因为电流与功率不成正比，它们之间不是线性关系，而是平方关系。

**【例 1-12】** 已知电路如图 1-47（a）所示，试应用叠加定理计算支路电流 $I$ 和电流源的电压 $U$。

**解：**（1）先计算 18V 电压源单独作用时的电流和电压，电路如图 1-47（b）所示。

$$I' = \frac{18}{2+1} = 6(\mathrm{A})$$

$$U' = 1 \times 6 = 6(\mathrm{V})$$

（2）再计算 6A 电流源单独作用时的电流和电压，电路如图 1-47（c）所示。

$$I'' = \frac{1}{2+1} \times 6 = 2(\mathrm{A})$$

$$U'' = 6 \times \frac{3 \times 6}{3+6} + 2 \times 2 = 16(\mathrm{V})$$

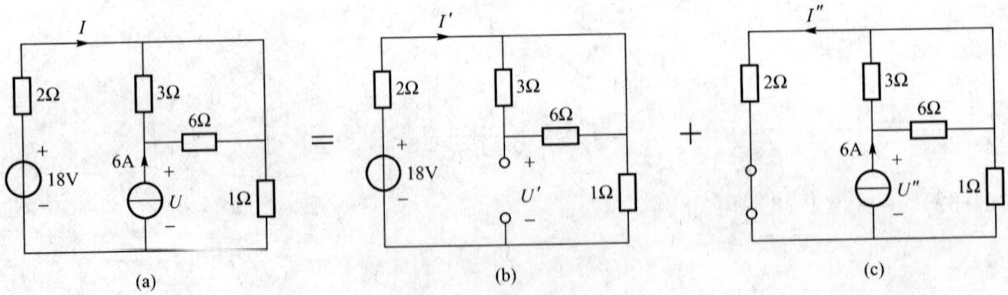

图 1-47　［例 1-12］图

（3）两电源同时作用的电流和电压为电源分别作用时的叠加。根据叠加定理可得

$$I = I' - I'' = 6 - 2 = 4(\mathrm{A})$$

$$U = U' + U'' = 6 + 16 = 22(\mathrm{V})$$

**【例 1-13】**　电路如图 1-48（a）所示，试应用叠加定理，求电路中的电流 $I_1$、$I_2$ 及 36Ω 电阻消耗的电功率 $P$。

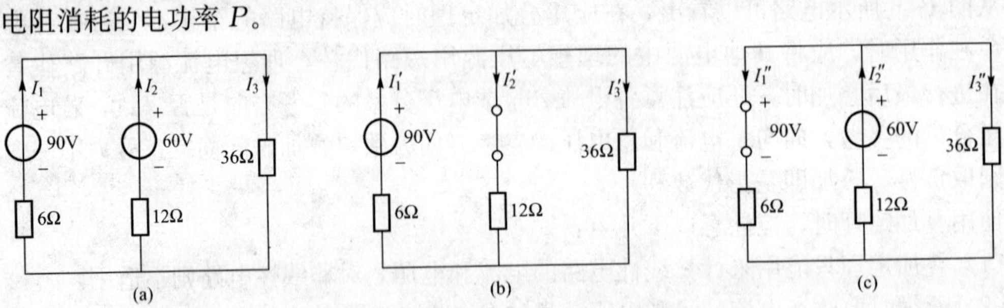

图 1-48　［例 1-13］图

**解：**（1）计算 90V 电压源单独作用时的电流，电路如图 1-48（b）所示。

$$I'_1 = \frac{90}{6 + \frac{12 \times 36}{12+36}} = \frac{90}{15} = 6(\mathrm{A})$$

$$I'_2 = 6 \times \frac{36}{12+36} = 4.5(\mathrm{A})$$

$$I'_3 = 6 \times \frac{12}{12+36} = 1.5(\mathrm{A})$$

（2）计算 60V 电压源单独作用时的电流，电路如图 1-48（c）所示。

$$I''_2 = \frac{60}{12 + \frac{6 \times 36}{6+36}} = 3.5(\mathrm{A})$$

$$I''_1 = 3.5 \times \frac{36}{6+36} = 3(\text{A})$$

$$I''_3 = 3.5 \times \frac{6}{6+36} = 0.5(\text{A})$$

(3) 两电源同时作用的电流和电压为电源分别作用时的叠加。根据叠加定理可得

$$I_1 = I'_1 - I''_1 = 6 - 3 = 3(\text{A})$$

$$I_2 = -I'_2 + I''_2 = -4.5 + 3.5 = -1(\text{A})$$

$$I_3 = I'_3 + I''_3 = 1.5 + 0.5 = 2(\text{A})$$

(4) 36Ω 电阻消耗的电功率为

$$P = I_3^2 R_3 = 2^2 \times 36 = 144(\text{W})$$

综上所述，应用叠加定理进行分析和计算电路的一般步骤如下：

(1) 根据叠加定理将电路分解为单个电源作用的电路（电压源被短路，电流源被开路），同时标出各支路电流分量的参考方向或每个元件的电压分量的参考方向。

(2) 计算各电流分量或电压分量。一般先要对电路进行简化，然后求出各电流分量和电压分量。

(3) 根据叠加定理，计算出支路电流或元件上电压的代数和。注意：分量的参考方向与原电路的参考方向相同取正号，参考方向相反取负号。

## 第八节 等 效 电 源 定 理

在有些情况下，只需要计算一个复杂电路中流过某一支路的电流或某一支路两端的电压，如果用前面介绍的方法来计算时，必然会引出一些不需要的电流或电压来。为了使计算简便些，常常应用等效电源的方法来求解。

现在来说明一下什么是等效电源。如果只需要计算复杂电路中的一个支路时，就可以将这条支路去掉（如图 1-49 所示的 ab 支路，其中 $R_L$ 为负载电阻），而把其余部分看作一个含源二端网络（如图 1-49 所示的方框部分）。所谓二端网络，是指只有一个输入或输出端口的电路。而内部含有独立电源的称为含源二端网络，不含有独立电源的二端网络称为非含源二端网络。在图 1-49 中，对负载电阻 $R_L$ 而言，含源二端网络相当于它的电源。

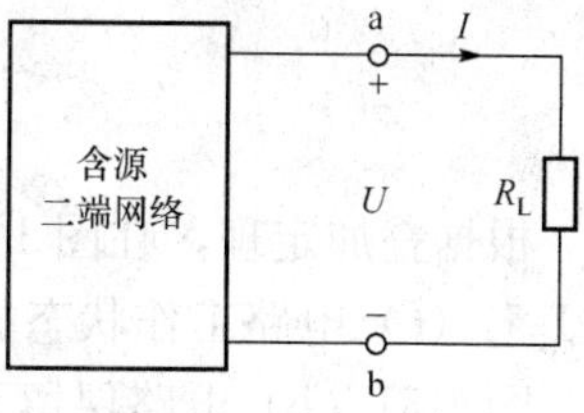


图 1-49 含源二端网络

含源二端网络不仅产生电能，本身还消耗电能。在对外部电路等效的条件下，即保持输出电压和电流不变的条件下，它们产生电能的作用可以用一个总的理想独立电源元件来表示，消耗电能的作用可以用一个总的理想电阻元件来表示，这就是等效电源定理所要叙述的内容。由于理想独立电源元件有理想电压源和理想电流源两种，因此，若将含源二端网络等效为一个理想电压源和一个理想电阻元件的串联，称为戴维南定理；若将含源二端网络等效为一个理想电流源和一个理想电阻元件的并联，称为诺顿定理。所以等效电源定理又分为戴维南定理和诺顿定理。

### 一、戴维南定理

戴维南定理指出：任何一个含源二端线性网络都可以用一个电动势为 $E$ 的理想电压源

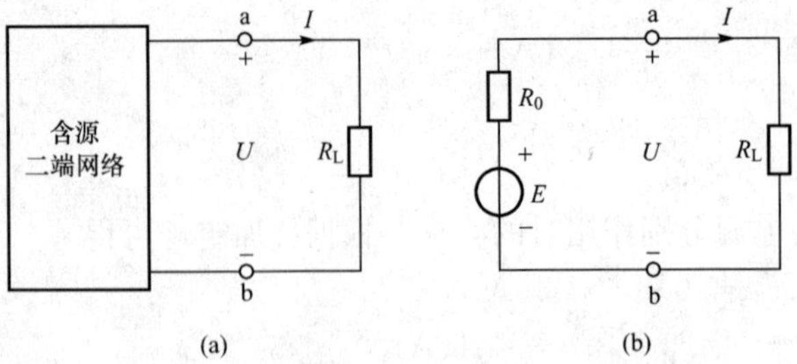


图 1-50　戴维南定理

和一个内阻 $R_0$ 串联的电源来等效代替，如图 1-50 所示。等效电源的电动势 $E$ 就是含源二端网络的开路电压 $U_{abo}$，即将负载 $R_L$ 断开后 a，b 两端之间的电压；等效电源的内阻 $R_0$ 等于含源二端网络中所有电源均为零（将各个理想电压源短路，即其电动势为零；将各个理想电流源开路，即其电流为零）后所得到的非含源网络 a、b 两端之间的等效电阻。

下面对戴维南定理加以证明。

电源的等效指的是对外电路等效，对内电路不一定是等效的，即具有相同的外特性。从图 1-50（b）所示电路可以看出，当外部电路开路时，等效电压源的开路电压

$$U_{oc} = E$$

它应当和此时原含源二端网络［见图 1-50（a）］的开路电压 $U_{abo}$ 相等，因此有

$$E = U_{oc} = U_{abo}$$

当外部电路接通而输出一定的电流 $I$ 时，图 1-50（b）所示电路等效电源的端电压

$$U = E - R_0 I = U_{abo} - R_0 I \tag{1-37}$$

它应当和此时原含源二端网络［见图 1-50（a）］的端电压相等。这个端电压可以这样来分析：设想在含源二端网络两端接一个电流为 $I_S = I$ 的理想电流源来代替它的外部电路，如图 1-51（a）所示，这同样能实现它在输出电流 $I$ 时的工作状态，因为这不会改变原含源二端网络各支路的电流和电压。

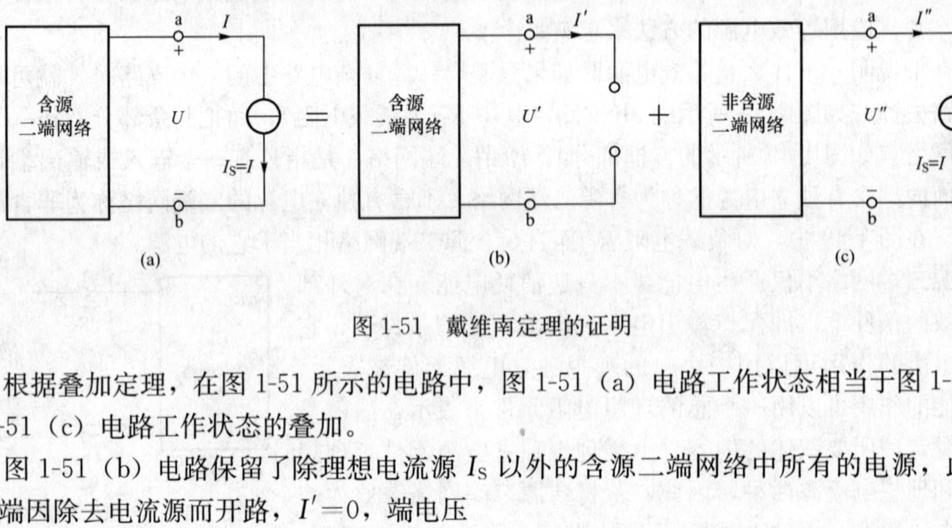


图 1-51　戴维南定理的证明

根据叠加定理，在图 1-51 所示的电路中，图 1-51（a）电路工作状态相当于图 1-51（b）和 1-51（c）电路工作状态的叠加。

图 1-51（b）电路保留了除理想电流源 $I_S$ 以外的含源二端网络中所有的电源，此时 a、b 两端因除去电流源而开路，$I' = 0$，端电压

$$U' = U_{abo}$$

图 1-51（c）电路中，只有理想电流源 $I_S$ 起作用，含源二端网络中各电源被除去成为非含源二端网络，此时 $I'' = I$，端电压 $U''$ 等于 $I$ 乘以非含源二端网络的等效电阻（用 $R_{abo}$ 代表），即

$$U'' = R_{abo} I$$

按照图 1-51 所示电路中的叠加关系，含源二端网络输出电流 $I$ 时的端电压为

$$U = U' - U'' = U_{abo} - R_{abo} I \tag{1-38}$$

对比式（1-37）和式（1-38），可以看出

$$R_0 = R_{abo}$$

以上就是戴维南定理的证明。

**【例 1-14】** 试用戴维南定理求图 1-52 所示电路中 $R_3$ 支路的电流 $I_3$。已知 $E_1=110\text{V}$，$R_1=1\Omega$，$E_2=90\text{V}$，$R_2=2\Omega$，$R_3=20\Omega$。

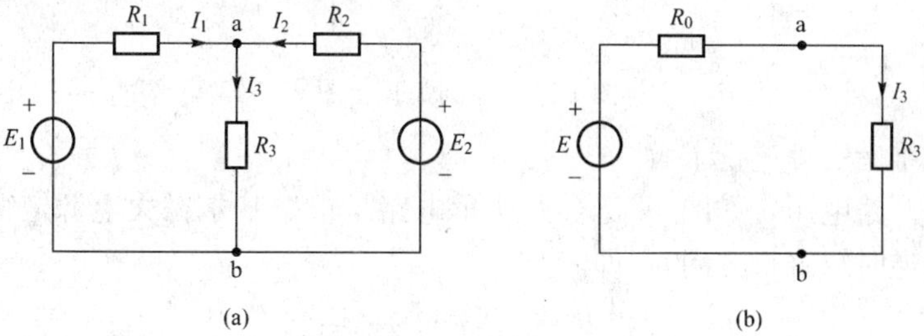


图 1-52 ［例 1-14］图

（a）电路；（b）等效电路

**解：** 运用戴维南定理进行求解。

（1）等效电源的电动势 $E$ 可从图 1-53（a）电路求出。因为

$$I_1 = - I_2 = \frac{E_1 - E_2}{R_1 + R_2}$$

$$U_{abo} = E_1 - R_1 I$$

所以

$$E = U_{abo} = E_1 - R_1 \frac{E_1 - E_2}{R_1 + R_2}$$

$$= \frac{R_2 E_1 + R_1 E_2}{R_1 + R_2} = \frac{2 \times 110 + 1 \times 90}{1 + 2} = \frac{310}{3}(\text{V})$$

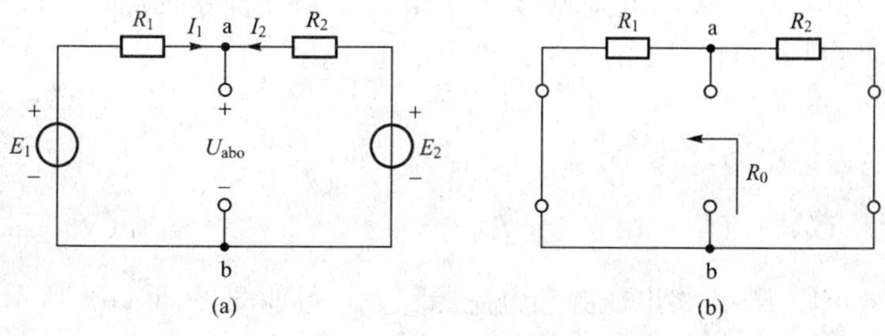


图 1-53 ［例 1-14］解图

（2）等效电压源内阻 $R_0$ 可由图 1-53（b）电路求出，即

$$R_0 = R_1 // R_2 = \frac{R_1 R_2}{R_1 + R_2} = \frac{1 \times 2}{1 + 2} = \frac{2}{3}(\Omega)$$

（3）流过电阻 $R_3$ 的电流 $I_3$ 可从图 1-52（b）电路求出，即

$$I_3 = \frac{E}{R_0 + R_3} = \frac{\frac{310}{3}}{\frac{2}{3} + 20} = 5(\text{A})$$

**【例 1-15】** 运用戴维南定理计算图 1-54 所示电路中的电流 $I$。

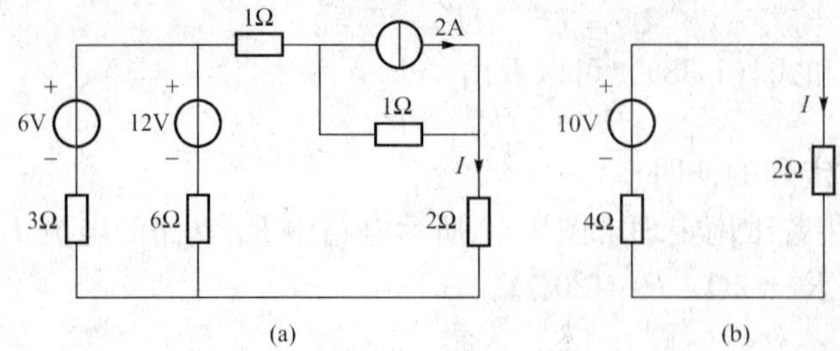

图 1-54 ［例 1-15］图

**解：** 采用戴维南定理进行求解。

（1）先计算开路电压，如图 1-55（a）所示电路。根据基尔霍夫电源定律，可列左网孔的电压方程（设逆时针绕行方向），即

$$6 + 3 \times I_1 + 6 \times I_1 - 12 = 0$$

$$I_1 = \frac{12-6}{3+6} = \frac{2}{3}(\mathrm{A})$$

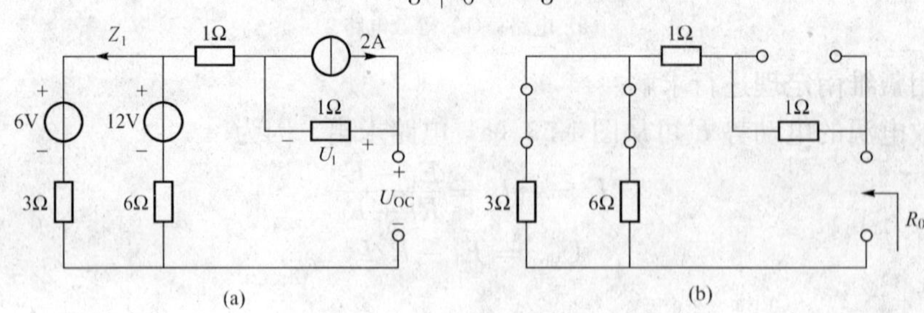

图 1-55 ［例 1-15］解图

（a）计算开路电压的电路；（b）计算等效电阻的电路

由图 1-55（a）可知，2A 的电流源与 1Ω 的电阻元件组成了回路，所以电流源的电流全部流过 1Ω 的电阻元件，可得 1Ω 的电阻元件上的电压为

$$U_1 = 1 \times 2 = 2(\mathrm{V})$$

所以开路电压 $U_{OC}$ 为

$$U_{OC} = U_1 + 12 - 6 \times I_1 = 2 + 12 - 6 \times \frac{2}{3} = 10(\mathrm{V})$$

（2）再求等效电阻 $R_{ab}$。将电压源和电流源除去，得如图 1-55（b）所示电路，则有

$$R_{ab} = \frac{3 \times 6}{3+6} + 1 + 1 = 4(\Omega)$$

（3）由戴维南定理可知，该含源二端网络等效电路如图 1-54（b）所示，则有

$$I = \frac{10}{4+2} = \frac{5}{3}(\mathrm{A})$$

## 二、诺顿定理

诺顿定理的内容：任何一个含源二端线性网络都可以用一个电流为 $I_S$ 的理想电流源和内阻 $R_0$ 并联的电源来等效代替，如图 1-56 所示。等效电源的电流 $I_S$ 就是含源二端网络的短路电流，即将 a、b 两端短接后其中的电流。等效电源的内阻 $R_0$ 等于含源二端网络中所有

电源均除去（理想电压源短路，理想电流源开路）后，所得到的非含源网络 a、b 两端之间的等效电阻。

由图 1-56（b）所示的等效电路，可计算电流，计算式为

$$I=\frac{R_0}{R_0+R_L}I_S$$

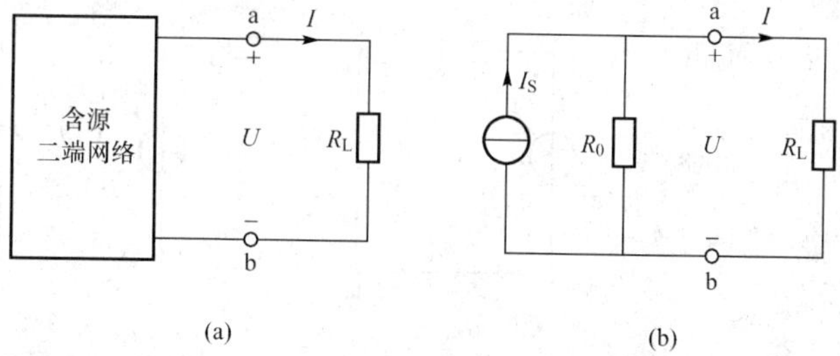


图 1-56　诺顿定理

无论是戴维南定理还是诺顿定理，都需要计算含源二端网络中所有电源均除去（理想电压源短路，理想电流源开路）后，所得到的非含源网络 a、b 两端之间的等效电阻。对于等效电阻的计算方法有以下三种：

（1）设含源二端网络内所有电源为零，用电阻串、并联变换加以化简，计算端口 a、b 的等效电阻；

（2）设含源二端网络内所有电源为零，在端口 a、b 处施加一电压 $U$，计算或测量输入端口的电流 $I$，则等效电阻 $R_0=U/I$；

（3）用实验方法测量，或用计算方法求得该含源二端网络开路电压 $U_{OC}$ 和短路电流 $I_{sc}$，则等效电阻 $R_0=U_{OC}/I_{sc}$。

由上述可知，一个含源二端网络可先等效为理想电压源和理想电阻元件相串联（即戴维南定理），再等效为理想电流源和理想电阻元件相并联（即诺顿定理），如图 1-57 所示。

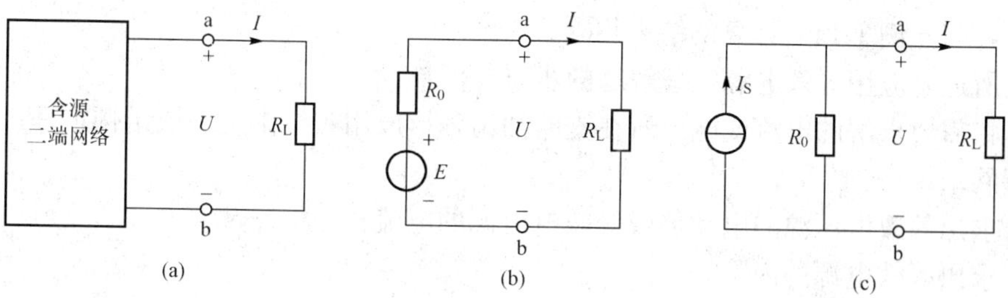


图 1-57　等效电源定理

（a）含源二端网络；（b）戴维南等效电路；（c）诺顿等效电路

电压源和电流源既然都可以用来等效代替同一个含源二端网络，因此在对外等效的条件下，它们之间亦存在等效变换，也就是说一个理想电压源和一个理想电阻相串联（称为实际电压源）可以等效为一个理想电流源和一个理想电阻相并联（称为实际电流源），或者一个理想电流源和一个理想电阻相并联可以等效为一个理想电压源和一个理想电阻相串联。由等效电源定理可知，实际电压源和实际电流源的电阻是相同的。电压源的电动势 $E$ 和电流源的电流 $I_S$ 的关系是

$$E=R_0I_S \text{ 或 } I_S=\frac{E}{R_0}$$

注意：在实际电压源和实际电流源之间进行相互等效时，内电阻 $R_0$ 不变，电压源的电动势 $E$ 的参考方向与电流源的电流 $I_S$ 是相同的，正如本章第三节所述。

**【例 1-16】**　利用诺顿定理计算［例 1-14］中的支路电流 $I_3$。

**解：** 运用诺顿定理进行计算。

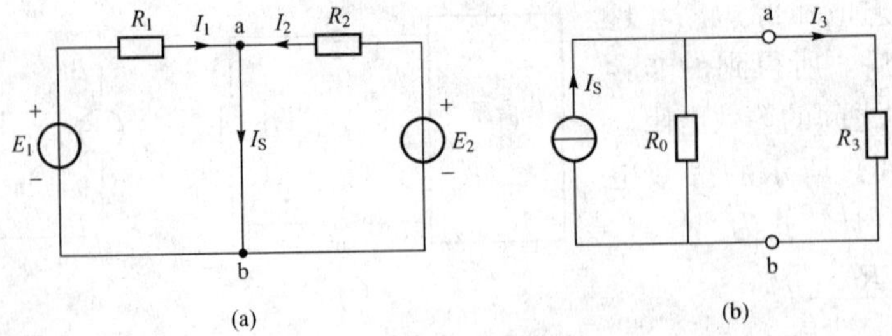


图 1-58 ［例 1-16］解图

(1) 计算等效电源的电流 $I_S$，电路如图 1-58（a）所示，则有

$$I_S = I_1 + I_2 = \frac{E_1}{R_1} + \frac{E_2}{R_2} = \frac{110}{1} + \frac{90}{2} = 155\,(\text{A})$$

(2) 计算等效电阻 $R_0$。可由图 1-53（b）电路求出

$$R_0 = R_1 // R_2 = \frac{R_1 \times R_2}{R_1 + R_2} = \frac{1 \times 2}{1 + 2} = \frac{2}{3}(\Omega)$$

(3) 计算支路电流 $I_3$，电路如图 1-58（b）所示，则有

$$I_3 = I_S \frac{R_0}{R_0 + R_3} = 155 \times \frac{\frac{2}{3}}{\frac{2}{3} + 20} = 5\,(\text{A})$$

可见，与［例 1-14］计算的结果相同。

综上所述，应用等效电源定理解题的步骤如下：

(1) 将需要求解的电流或电压所在支路抽出，形成用戴维南定理或诺顿定理进行简化的含源二端网络；

(2) 求出等效电压源的电动势或等效电流源的电流；

(3) 求出等效电源的内阻；

(4) 根据已经简化的等效电路求其电流或电压。

**三、等效电源定理的应用**

戴维南定理和诺顿定理在电路分析中的应用十分广泛。有时对线性电阻电路中部分电路的求解没有要求，而这部分电路又构成一个含源二端网络，在这种情况下就可以应用等效电源定理把这部分电路仅用两个电路元件的简单组合等效，不影响其余部分的求解。特别是当仅对电路的某一元件感兴趣时，例如分析电路中某一电阻元件的电压或流过的电流，或者分析电路中某一电阻元件在什么值时获得的功率最大等问题时，等效电源定理显得尤为适用。

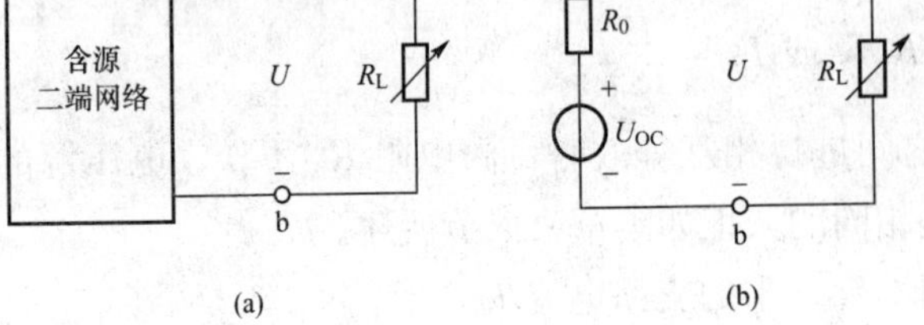


图 1-59 最大功率传输定理

现将含源二端网络根据戴维南定理等效成一个电压源与一个电阻串联的电路，如图1-59所示。一个含源线性二端网络，当所接负载不同时，电源传输给负载的功率是不同，讨论负载为何值时能从电源获取最大功率，以及最大功率的值是多少的问题就是最大功率传输定理。

由图 1-59 可知，电源传给负载 $R_L$ 的功率为

$$P=\left(\frac{U_{OC}}{R_0+R_L}\right)^2 R_L \tag{1-39}$$

由式（1-39）可以看出，功率 $P$ 随负载 $R_L$ 变化而变化，存在一极大值点。为了找这一极大值点，对 $P$ 求导且令导数为零，即

$$P'=U_{OC}^2\frac{(R_0+R_L)^2-2R_L(R_0+R_L)}{(R_0+R_L)^4}=0$$

解得

$$R_L=R_0$$

综上所述，含源线性二端网络传输给负载的最大功率条件是，负载电阻 $R_L$ 等于二端网络的等效内阻 $R_0$，称这一条件为最大功率匹配条件。将该条件代入式（1-39）中，得负载获取的最大功率为

$$P_{max}=\frac{U_{OC}^2}{4R_0}$$

**【例 1-17】** 电路如图 1-60（a）所示，问当含源二端网络的外接可调负载电阻 $R_L$ 等于多少时，它可以从电路中获得的功率最大？最大功率是多少？

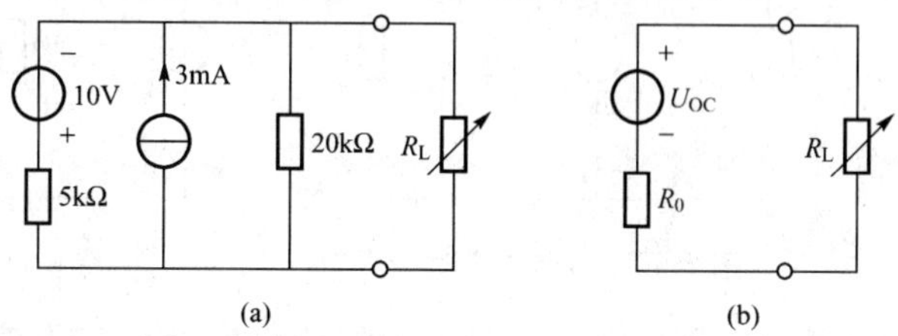


图 1-60 ［例 1-17］图

**解：** 根据戴维南定理，可将含源二端网络等效为如图 1-60（b）所示电路，其中

$$U_{OC}=4V, R_0=4k\Omega$$

根据最大功率传输定理可知，当 $R_L=R_0$ 时，可获得最大功率。这时负载电阻获得的最大功率为

$$P_{max}=\frac{U_{OC}^2}{4R_0}=\frac{16}{16\times10^3}=1(mW)$$

## 习 题

1-1 图 1-61 所示元件吸收的功率为 10W，$U=5V$，试求流入 ab 段的电流 $I$。

1-2 试画出图 1-62 所示电路的原电路，并计算 B 点的电位。已知 $R_1=75\Omega$，$R_2=50\Omega$。

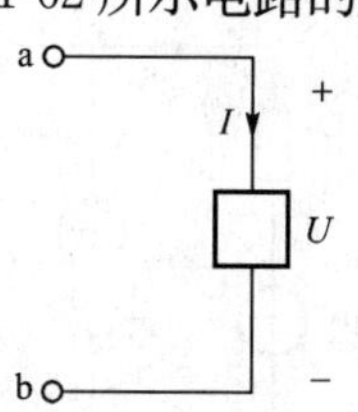


图 1-61 习题 1-1 图

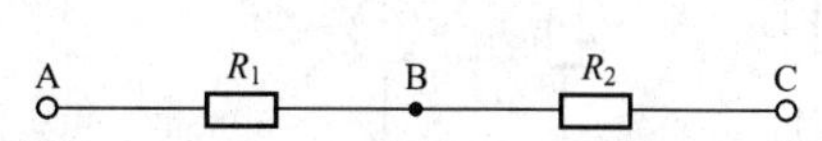


图 1-62 习题 1-2 图

1-3 电路如图 1-63 所示，已知 $U_{ab}=8V$，$U_{ac}=3V$。(1) 若取 a 点为参考点，则 b 点和 c 点的电位是多少？(2) 若取 b 点为参考点，则 a 点和 c 点的电位是多少？

1-4 电路如图 1-64 所示，试计算 a 点和 b 点之间的电压。

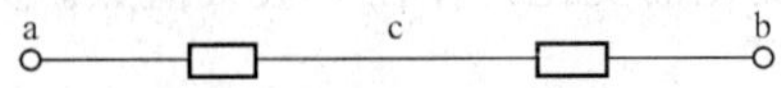


图 1-63 习题 1-3 图

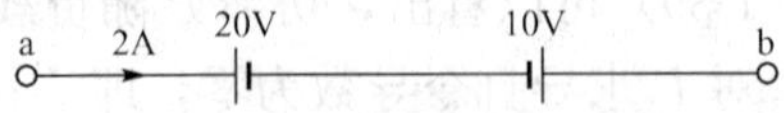


图 1-64 习题 1-4 图

1-5 电路如图 1-65 所示，试计算：(1) 当开关 S 闭合时，a 点和 c 点的电位以及 a 点和 b 点之间的电压。(2) 当开关 S 断开时，a 点和 c 点的电位以及 a 点和 b 点之间的电压。

1-6 电路如图 1-66 所示，已知 $U_{S1}=15V, U_{S2}=5V, I_S=1A, R=5\Omega$，求各元件的功率值，并说明各元件是吸收功率还是发出功率。

1-7 电路如图 1-67 所示，利用电源等效的方法求 $U$。

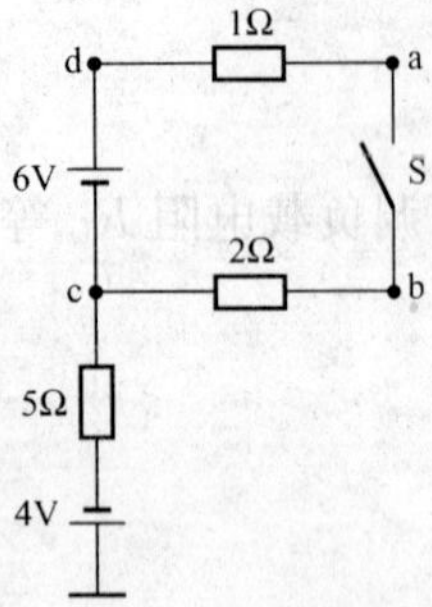


图 1-65 习题 1-5 图

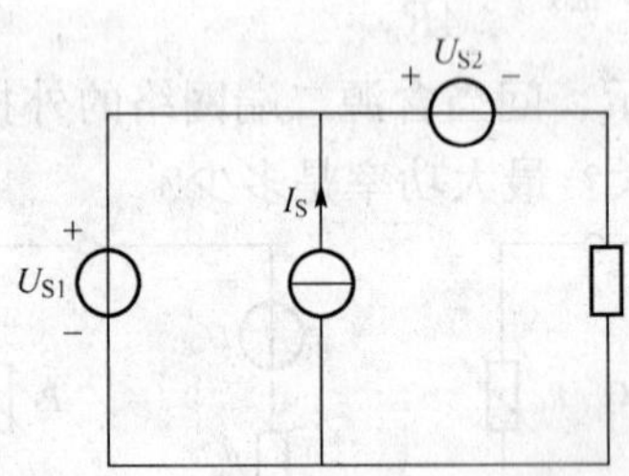


图 1-66 习题 1-6 图

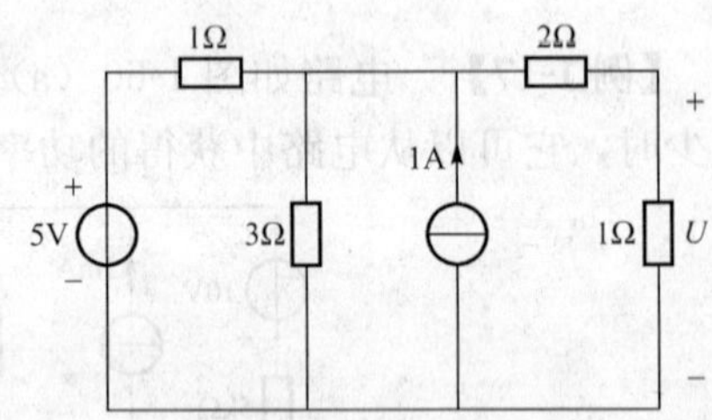


图 1-67 习题 1-7 图

1-8 电路如图 1-68 所示，利用电源等效互换简化电路并计算电路中流过电阻 $R_3$ 的电流 $I$。已知 $I_{S1}=15A$，$I_{S2}=6A$，$R_1=9\Omega$，$R_2=12\Omega$，$R_3=21\Omega$。

1-9 电路如图 1-69 所示，利用电源等效的方法求 $U$。

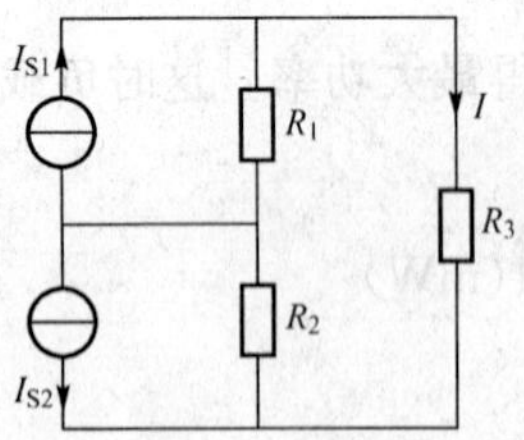


图 1-68 习题 1-8 图

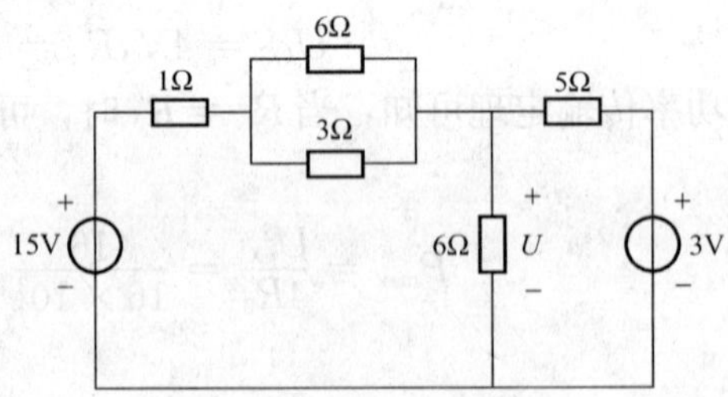


图 1-69 习题 1-9 图

1-10 电路如图 1-70 所示，试计算各支路电流。

1-11 电路如图 1-71 所示，试计算支路电流 $I_1$、$I_2$、$I_3$。

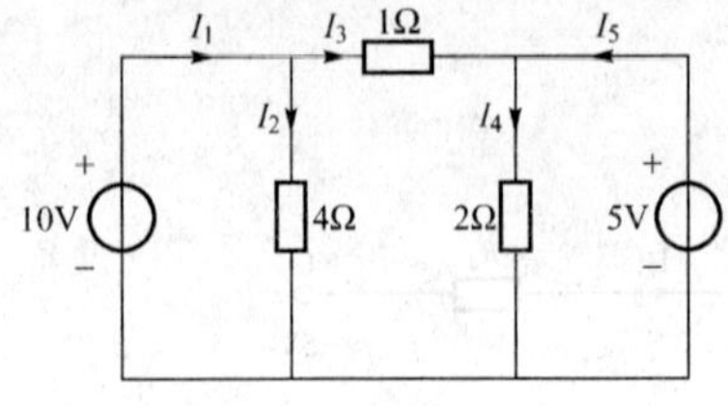


图 1-70 习题 1-10 图

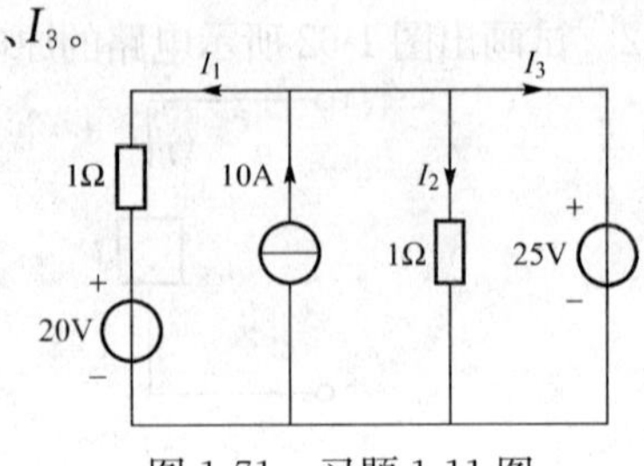


图 1-71 习题 1-11 图

1-12 电路如图 1-72 所示，若 5Ω 电阻两端的电压为 20V，试计算 $R$ 的值和支路电流 $I_1$、$I_2$、$I_3$。

1-13 电路如图 1-73 所示，试利用叠加定理计算电路中的电压 $U_1$、$U_2$ 和电流 $I_1$、$I_2$。

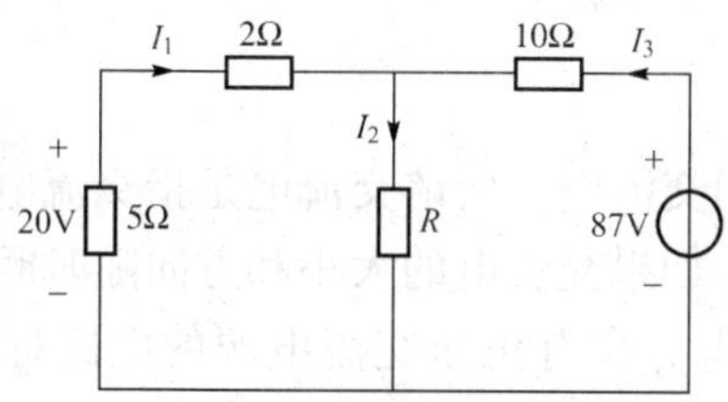

图 1-72 习题 1-12 图

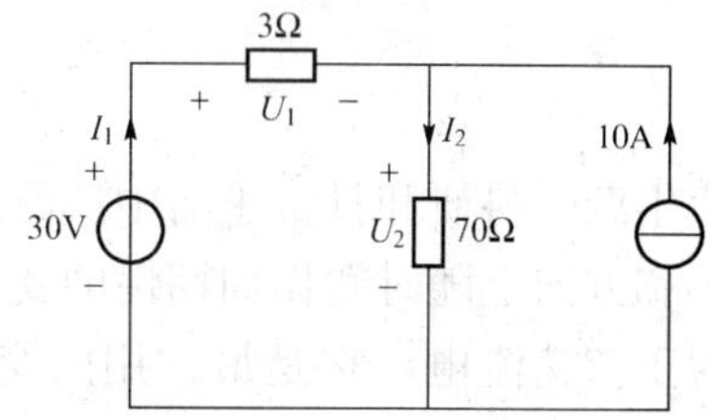

图 1-73 习题 1-13 图

1-14 电路如图 1-74 所示，试利用叠加定理计算 3Ω 电阻两端的电压 $U$。

1-15 电路如图 1-75 所示，试利用叠加定理计算电流 $I$。

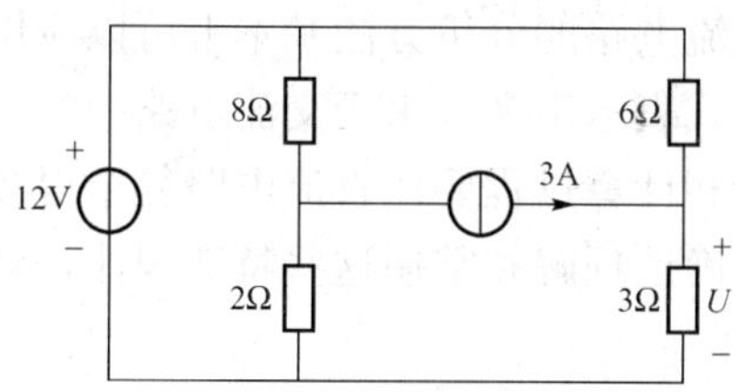

图 1-74 习题 1-14 图

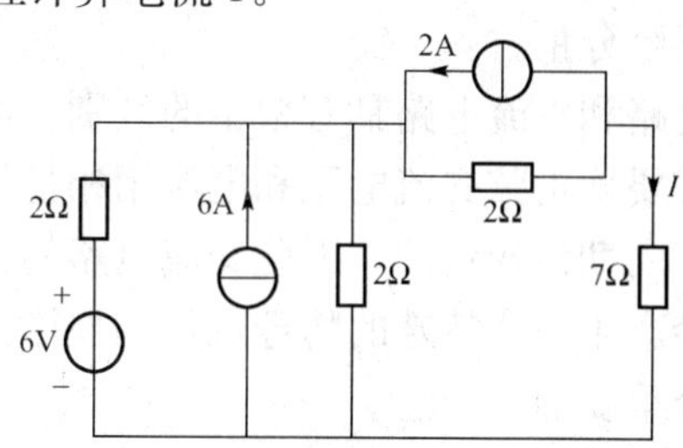

图 1-75 习题 1-15 图

1-16 电路如图 1-76 所示，试分别利用戴维南定理和诺顿定理计算电流 $I$。

1-17 电路如图 1-74 所示，试分别利用戴维南定理和诺顿定理计算 3Ω 电阻两端的电压 $U$。

1-18 电路如图 1-77 所示，试分别利用戴维南定理和诺顿定理计算 1Ω 电阻两端的电压 $U$。

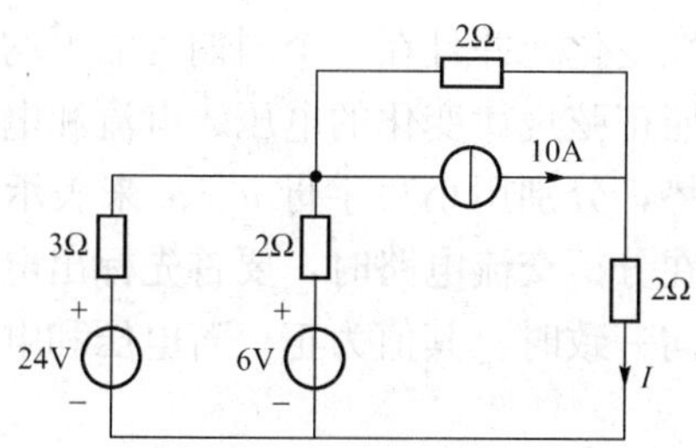

图 1-76 习题 1-16 图

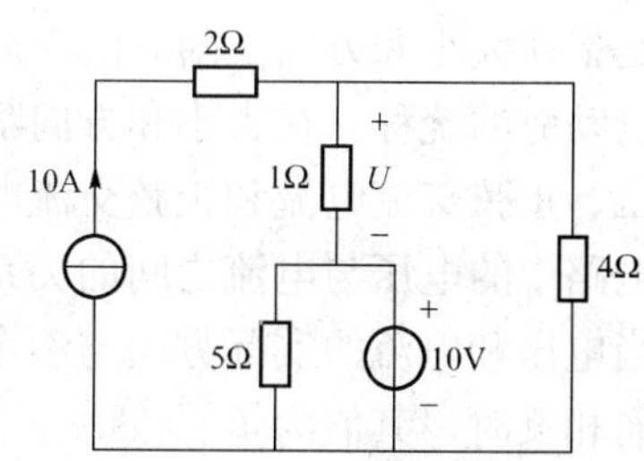

图 1-77 习题 1-18 图

# 第二章 正弦交流电路

现代工业生产、科研和日常生活中广泛应用交流电。所谓交流电是指交流电路中的电压和电流在大小和方向上随时间作周期性的变化。如果交流电的大小和方向随时间按正弦规律变化，则称为正弦交流电，它是最常用的交流电。含有正弦交流电源的电路称为正弦交流电路。

正弦交流电是目前供电和用电的主要形式。这是因为正弦交流电在发电、输电和供电方面比直流效率高，交流电压的大小又可以通过变压器比较方便地进行变换。在电子技术中，正弦信号的应用也是十分广泛的，因为非正弦周期信号通过傅里叶级数可以分解为一系列不同频率的正弦分量。

交流电路和直流电路具有根本的区别，但直流电路的分析方法基本上可以应用于交流电路，只是需要把正弦交流电压和电流用相量的形式表示出来。由于交流电路中的一些物理量是随时间作周期性变化的，因此交流电路的分析和计算过程要比直流电路复杂得多，且交流电路中将会产生一些特殊的物理现象和规律。正确地理解和掌握这些特殊规律，对学习交流电路是十分重要的。

本章首先介绍正弦交流电，然后讨论稳态正弦交流电路及功率因数的提高，最后简要地介绍一下三相交流电路。

## 第一节 正弦交流电的基本概念

正弦交流电在电工和电子技术中占有很重要的地位，也是电工学中要重点讨论的内容。那什么是正弦交流电呢?

交流电是指在大小和方向上随时间作周期性变化，并且在一个周期内的平均值为零的电压、电流和电动势的统称。在大小和方向都按照正弦规律变化的电压、电流和电动势则称为正弦交流电压、正弦交流电流和正弦交流电动势，分别用小写字母 $u$、$i$、$e$ 来表示。为了正确地描绘交流电路中的电压与电流之间的关系，在分析交流电路时，要首先标出电压和电流的参考方向。当电压和电流的实际方向与参考方向一致时，其值为正；若电压和电流的实际方向与参考方向相反时，其值为负。

### 一、正弦交流电的三要素

正弦交流电压、电流和电动势等物理量，统称为正弦量。

工程上所用的交流电主要是指正弦交流电，所以一般也把正弦交流电简称为交流电。以正弦交流电压为例，其数学表达式为

$$u = U_{\mathrm{m}}\sin(\omega t + \psi) \tag{2-1}$$

式中：$u$ 称为正弦交流电压的瞬时值，用小写字母来表示；$U_{\mathrm{m}}$ 称为正弦交流电压最大值；$\omega$ 称为角频率；$\psi$ 称为初相位或初相角。

当最大值、角频率和初相位一定时，正弦交流电与时间的函数关系也就被唯一地确定

了。正弦交流电随时间变化的过程，可以由最大值、角频率和初相位三个特征量来描述，通常称为正弦交流电的三要素。正弦交流电压的波形及其三要素如图 2-1 所示。在分析正弦交流电时一般要从三要素入手。

（一）最大值（振幅值）

最大的正弦交流电瞬时值称为最大值，又称振幅值，有时也叫峰值，用大写字母带下标“m”表示。例如 $U_m$、$I_m$ 等，如图 2-1 所示。

（二）角频率

交流电变化一个循环所需要的时间称为周期，用字母 $T$ 表示，单位是 s（秒）。周期 $T$ 越大，表示波形变化得就越慢；反之，周期 $T$ 越小，表示波形变化得就越快。

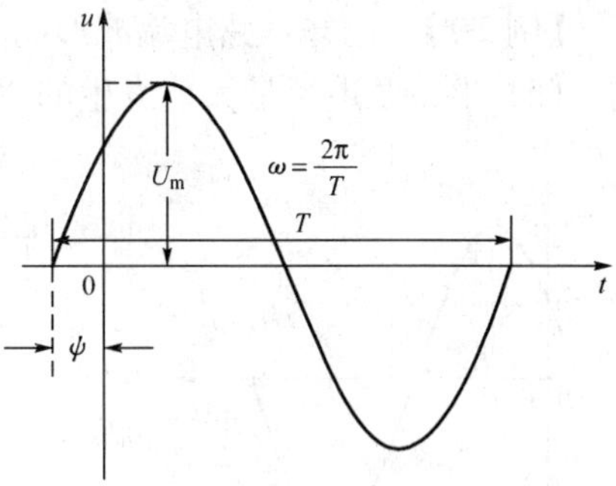

图 2-1 正弦交流电压的波形及其三要素

单位时间内，即每秒内完成的周期数称为频率，用字母 $f$ 表示，单位是 Hz（赫兹）。频率 $f$ 越大，表示波形变化得就越快；反之，频率 $f$ 越小，表示波形变化得就越慢。

单位时间内变化的弧度数称为角频率，用字母 $\omega$ 表示，单位是 rad/s（弧度每秒）。

交流电随时间变化的快慢除了可以用周期来描述外，还可以用频率和角频率来描述。交流电每变化一次，相当于变化了 $2\pi$ 弧度，所以角频率与周期的关系为

$$\omega=\frac{2\pi}{T} \tag{2-2}$$

周期与频率的关系为

$$f=\frac{1}{T} \tag{2-3}$$

周期、频率和角频率的关系为

$$\omega=\frac{2\pi}{T}=2\pi f \tag{2-4}$$

我国电力系统的正弦交流电的频率为 50Hz，这一频率称为工业标准频率（简称工频）。其对应的周期为

$$T=\frac{1}{f}=\frac{1}{50}=0.02\ (\mathrm{s})$$

角频率为

$$\omega=2\pi f=2\pi\times 50=100\pi=314\ (\mathrm{rad/s})$$

世界上很多国家（如欧洲各国）的工业标准频率也是 50Hz，只有少数国家（如美国、日本等）为 60Hz。除工频外，某些领域还需要采用其他的频率，如无线电通信的频率为 $30\mathrm{kHz}\sim 3\times 10^4\mathrm{MHz}$，在电子技术中常用的音频信号是 $20\mathrm{Hz}\sim 20\mathrm{kHz}$ 的交流信号。

（三）初相位

交流电在不同的时刻 $t$ 具有不同的角度 $\omega t+\psi$，同时也对应不同的瞬时值。所以 $\omega t+\psi$ 代表了交流电的变化进程，常称其为相位或相位角。相位反映了正弦量在交变过程中瞬时值的变化进程。

$t=0$ 时正弦量的相位称为初相位，简称初相，用字母 $\psi$ 来表示。初相位一般都用绝对值小于 180° 的角度来表示，即主值范围为 $|\psi| \leqslant 180°$，如图 2-1 所示。显然，初相位与所选时间的起点有关，原则上计时的起点是可以任意选择的，但是在进行交流电路的分析和计算时，同一个电路中所有的电压、电流只能有一个共同的计时起点。因此在一般情况下，只能任选其中某一个正弦量的初相位为零作为计时的起点，并把这个量称为参考量，这时其他各量的初相位就不一定等于零了。

**【例 2-1】** 已知正弦电流波形如图 2-2 所示，已知 $\omega=10^3\,\text{rad/s}$：(1) 写出正弦 $i(t)$ 表达式；(2) 求正弦电流最大值发生的时间 $t_1$。

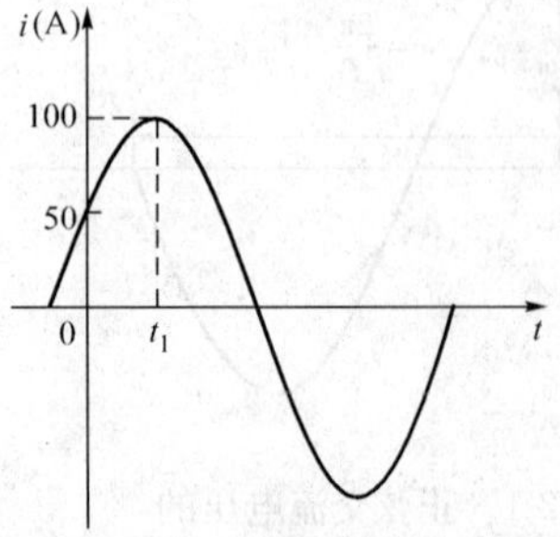


图 2-2 ［例 2-1］图

**解：** 根据图 2-2 所示可知，电流的最大值为 100A，$t=0$ 时，电流为 50A。因此有

$$i(t)=100\sin(10^3t+\psi)$$

$$i(0)=50=100\sin\psi$$

解得

$$\psi=\frac{\pi}{6} \text{ 或 } \psi=\frac{5\pi}{6}$$

由于最大值发生在计时起点的右侧，故取

$$\psi=\frac{\pi}{6}$$

所以

$$i(t)=100\sin\left(10^3t+\frac{\pi}{6}\right)$$

当 $10^3t_1+\dfrac{\pi}{6}=\dfrac{\pi}{2}$ 时，电流取得最大值，即

$$t_1=\frac{\frac{\pi}{3}}{10^3}=1.047(\text{ms})$$

**二、相位差**

在分析交流电路时，经常要进行两个同频率正弦量之间的计算，其相位差是一个关键参数。所谓相位差就是指两个同频率正弦量之间的相位之差，用字母 $\varphi$ 表示。例如，两个同频率的正弦交流电压 $u_1=U_{m1}\sin(\omega t+\psi_1)$ 和 $u_2=U_{m2}\sin(\omega t+\psi_2)$ 之间的相位差

$$\varphi=(\omega t+\psi_1)-(\omega t+\psi_2)=\psi_1-\psi_2 \tag{2-5}$$

式 (2-5) 表明，两个同频率正弦量的相位差就是二者的初相位之差，是一个常数。

分析交流电路时，常用超前和滞后两个术语来描述两个同频率正弦量经过零点（或最大值点）的先后顺序，即称先经过的正弦量为超前，后经过的为滞后，超前或滞后多少一般用角度来表示。例如图 2-3 (a) 所示的电压 $u_1$ 和 $u_2$ 的曲线，在相位上电压 $u_1$ 超前于电压 $u_2$ 一个 $\varphi$ 角，或者说在相位上电压 $u_2$ 滞后于电压 $u_1$ 一个 $\varphi$ 角，其中

$$\varphi=\psi_1-\psi_2$$

下面对相位差 $\varphi$ 进行讨论。

(1) $\varphi=\psi_1-\psi_2>0$ 且 $|\varphi|\leqslant\pi$，说明在相位上电压 $u_1$ 超前于电压 $u_2$ 一个 $\varphi$ 角，如图 2-3 (a)所示。

(2) $\varphi=\psi_1-\psi_2<0$ 且 $|\varphi|\leqslant\pi$，说明在相位上电压 $u_1$ 滞后于电压 $u_2$ 一个 $|\varphi|$ 角，如图

2-3（b）所示。

（3）$\varphi=\psi_1-\psi_2=0$，说明在相位上电压 $u_1$ 与电压 $u_2$ 两个正弦量同相，如图 2-3（c）所示。

（4）$\varphi=\psi_1-\psi_2=\pm\pi$，说明在相位上电压 $u_1$ 与电压 $u_2$ 两个正弦量反相，如图 2-3（d）所示。

（5）$\varphi=\psi_1-\psi_2=\frac{\pi}{2}$，说明在相位上电压 $u_1$ 与电压 $u_2$ 两个正弦量正交，如图 2-3(e)所示。

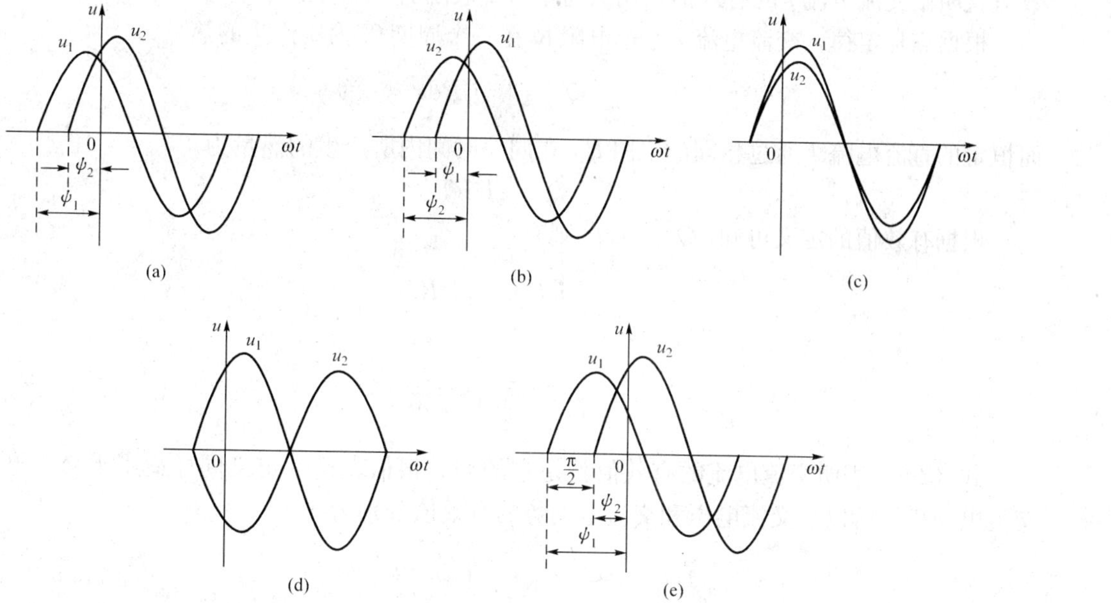


图 2-3　同频率正弦量的几种相位关系

**【例 2-2】** 计算下列两正弦量的相位差：

（1）$i_1(t)=10\sin\left(100\pi t+\frac{3\pi}{4}\right)$，$i_2(t)=10\sin\left(100\pi t-\frac{\pi}{2}\right)$；

（2）$i_1(t)=10\sin(100\pi t+130°)$，$i_2(t)=10\cos(100\pi t-15°)$；

（3）$i_1(t)=10\sin(100\pi t+30°)$，$i_2(t)=10\sin(200\pi t+45°)$；

（4）$i_1(t)=5\sin(100\pi t-30°)$，$i_2(t)=-3\sin(100\pi t-50°)$。

**解：**（1）$\varphi=\psi_1-\psi_2=\frac{3\pi}{4}-(-\frac{\pi}{2})=\frac{5\pi}{4}$，转化为相位差范围为 $\varphi=\frac{5\pi}{4}-2\pi=-\frac{3\pi}{4}$，说明 $i_1$ 滞后 $i_2$ $\frac{3\pi}{4}$。

（2）先把 $i_2$ 变为正弦函数，即 $i_2(t)=10\sin(100\pi t+75°)$，则 $\varphi=130°-75°=55°$，说明 $i_1$ 超前 $i_2$ 55°。

（3）因为两个正弦量的角频率 $\omega_1\neq\omega_2$，故不能比较相位差。

（4）$i_2(t)=-3\sin(100\pi t-50°)=3\sin(100\pi t+130°)$，则 $\varphi=-30°-130°=-160°$，说明 $i_1$ 滞后 $i_2$ 160°。

本例说明两个正弦量进行相位比较时应满足同频率、同函数、同符号，且在相位差的范围内进行比较。

### 三、有效值的定义

交流电压和电流的瞬时值是随时间而变化的，为了衡量交流电路中元件消耗电能和做功的能力，在工程上常采用有效值来表示。

交流电的有效值是根据它的热效应定义的，即设交流电流 $i$ 通过电阻 $R$，在一个周期内所产生的热量是 $Q_a$，和一恒定的直流电流 $I$ 通过同一电阻 $R$，在相同时间内所产生的热量 $Q_d$ 相等，就可以说这个直流电流 $I$ 与交流电流 $i$ 在发热方面是等效的，把这个直流电流 $I$ 的数值就叫做交流电流 $i$ 的有效值，用大写字母 $I$ 表示。

根据焦耳定律，交流电流 $i$ 通过电阻 $R$ 在一个周期 $T$ 内所产生的热量为

$$Q_a = \int_0^T i^2 R\mathrm{d}t$$

而恒定的直流电流 $I$ 通过相同的电阻 $R$，在同一时间内所产生的热量为

$$Q_d = I^2 RT$$

根据有效值的定义可知，$Q_a = Q_d$，则有

$$\int_0^T i^2 R\mathrm{d}t = I^2 RT$$

即

$$I = \sqrt{\frac{1}{T}\int_0^T i^2 \mathrm{d}t} \tag{2-6}$$

式（2-6）表明交流电流的有效值就是它的均方根值。这一定义同样适用于交流电压和交流电动势。所以，交流电压和交流电动势的有效值分别为

$$U = \sqrt{\frac{1}{T}\int_0^T u^2 \mathrm{d}t}$$

$$E = \sqrt{\frac{1}{T}\int_0^T \mathrm{e}^2 \mathrm{d}t}$$

设正弦交流电流为 $i = I_m \sin \omega t$，根据有效值的定义，则该正弦交流电流的有效值为

$$\begin{aligned} I &= \sqrt{\frac{1}{T}\int_0^T i^2 \mathrm{d}t} = \sqrt{\frac{1}{T}\int_0^T I_m^2 \sin^2 \omega t \,\mathrm{d}t} \\ &= \sqrt{\frac{I_m^2}{T}\int_0^T \frac{1-\cos 2\omega t}{2}\mathrm{d}t} \\ &= \sqrt{\frac{I_m^2}{2T}\left(\int_0^T \mathrm{d}t - \int_0^T \cos 2\omega t \,\mathrm{d}t\right)} \\ &= \frac{I_m}{\sqrt{2}} = 0.707 I_m \end{aligned} \tag{2-7}$$

由式（2-7）便得到了正弦交流电流的有效值与最大值之间的关系：正弦交流电流的有效值为其最大值的 $\frac{1}{\sqrt{2}}$。同理，正弦交流电压和正弦交流电动势的有效值与它们的最大值之间的关系为

$$U = \frac{U_m}{\sqrt{2}} = 0.707 U_m$$

$$E = \frac{E_m}{\sqrt{2}} = 0.707 E_m$$

若一正弦交流电压有效值为 $U = 220\text{V}$，则其最大值为

$$U_{\rm m} = 220\sqrt{2} = 311\ (\text{V})$$

需要说明的是：

(1) 在工程上所说的正弦交流电压、电流一般均指有效值，如电气设备铭牌额定值、电网的电压等级等。但绝缘水平、耐压值指的却是最大值，因此，在考虑电气设备的耐压水平时应按最大值考虑。

(2) 在测量仪器中所指示的电压和电流的读数一般均为有效值。

(3) 在分析交流电路时，要注意区分交流电压和电流的瞬时值 $u$、$i$ 和它们的最大值 $U_{\rm m}$、$I_{\rm m}$，以及它们的有效值 $U$、$I$ 的符号。

**【例 2-3】** 设正弦交流电压的表达式为 $u = 141.4\sin(100\pi t + 50^\circ)\text{V}$，求此电压的有效值。

**解：** 由题中的条件可知，此电压的最大值为 141.4V，根据有效值与最大值之间的关系有

$$U = \frac{U_{\rm m}}{\sqrt{2}} = \frac{141.4}{\sqrt{2}} = 100\ (\text{V})$$

## 四、正弦交流电的相量表示法

在正弦交流线性电路中，各支路的电压和电流响应与激励都是同频率的正弦量，因此应用基尔霍夫定律分析正弦交流电路时将会遇到正弦量的运算，这些正弦量用三角函数表达式和波形图来描述时是很直观的，但如果在时域里对这些正弦量进行运算却十分复杂，很不方便。而通过借用复数来表示正弦量，则可以使这些运算变得简单易行，从而使正弦交流电路的分析得到简化，这就是在正弦交流电路中采用的相量表示法。

### （一）复数的表示

在数学上，复平面中的任意矢量都可以用复数来表示。这时直角坐标要改为复数坐标，横轴称为实轴，单位为 $+1$；纵轴称为虚轴，单位为 $+\text{j}(\text{j} = \sqrt{-1})$。长度为 $r$、与实轴夹角为 $\psi$ 的复数 $A$ 就可以用实部为 $a$、虚部为 $b$ 的复数来表示，如图 2-4 所示，即

$$A = a + \text{j}b = r\cos\psi + \text{j}r\sin\psi = r(\cos\psi + \text{j}\sin\psi) \quad (2\text{-}8)$$

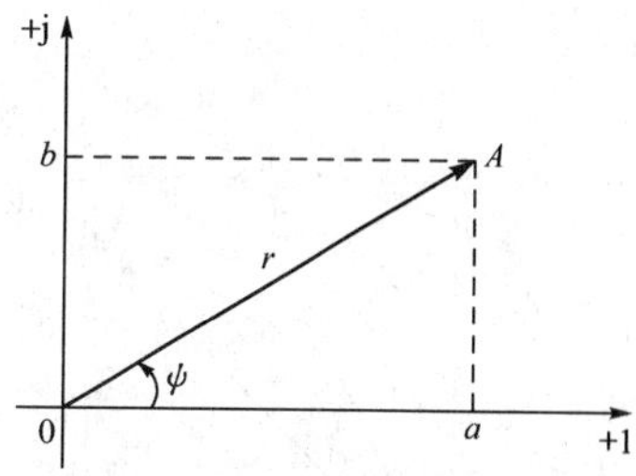


图 2-4 矢量的复数表示法

从式 (2-8) 可以看出

$$r = \sqrt{a^2 + b^2}$$

$$\psi = \arctan\frac{b}{a}$$

式中：$r$ 表示复数 $A$ 的大小，称为复数的模；$\psi$ 表示复数 $A$ 与实轴的夹角，称为复数的辐角。

根据欧拉公式

$$\cos\psi = \frac{\text{e}^{\text{j}\psi} + \text{e}^{\text{j}\psi}}{2}, \sin\psi = \frac{\text{e}^{\text{j}\psi} - \text{e}^{\text{j}\psi}}{2\text{j}}$$

式 (2-8) 可以写成

$$A = r\text{e}^{\text{j}\psi}$$

或改写成极坐标形式

$$A = r\angle\psi$$

复数 $A$ 表示的形式有以下四种

$$A = a + \mathrm{j}b = r(\cos\psi + \mathrm{j}\sin\psi) = r\mathrm{e}^{\mathrm{j}\psi} = r\angle\psi$$

依次分别称为复数的代数式、三角式、指数式和极坐标式。

（二）复数的运算

1. 加减运算

若 $A_1 = a_1 + \mathrm{j}b_1$，$A_2 = a_2 + \mathrm{j}b_2$，则

$$A = A_1 \pm A_2 = (a_1 + \mathrm{j}b_1) \pm (a_2 + \mathrm{j}b_2) = (a_1 \pm a_2) + \mathrm{j}(b_1 \pm b_2)$$

即复数的加、减运算满足实部和实部相加减，虚部和虚部相加减，因此采用代数形式比较方便。复数的加、减运算也可以在复平面上按平行四边形法，用相量的相加和相减求得，如图 2-5 所示。

2. 乘除运算

若 $A_1 = |A_1|\mathrm{e}^{\mathrm{j}\theta_1} = |A_1|\angle\theta_1$，$A_2 = |A_2|\mathrm{e}^{\mathrm{j}\theta_2} = |A_2|\angle\theta_2$，则

$$A = A_1A_2 = |A_1|\mathrm{e}^{\mathrm{j}\theta_1}\,|A_2|\mathrm{e}^{\mathrm{j}\theta_2} = |A_1||A_2|\mathrm{e}^{\mathrm{j}(\theta_1+\theta_2)} = |A_1|\,|A_2|\angle(\theta_1+\theta_2)$$

$$\frac{A_1}{A_2} = \frac{|A_1|\mathrm{e}^{\mathrm{j}\theta_1}}{|A_2|\mathrm{e}^{\mathrm{j}\theta_2}} = \frac{|A_1|\angle\theta_1}{|A_2|\angle\theta_2} = \frac{|A_1|}{|A_2|}\mathrm{e}^{\mathrm{j}(\theta_1-\theta_2)} = \frac{|A_1|}{|A_2|}\angle(\theta_1-\theta_2)$$

即复数的乘法运算满足模相乘，辐角相加；除法运算满足模相除，辐角相减，因此，采用指数形式或极坐标形式比较方便，如图 2-6 所示。

3. 旋转因子

由复数的乘除法运算可以得出，任意一个复数 $A$ 乘以（或除以）复数 $\mathrm{e}^{\mathrm{j}\theta}$ 时，相当于复数 $A$ 逆时针（或顺时针）旋转一个角度 $\theta$，其模不变，如图 2-7 所示。通常把复数 $\mathrm{e}^{\mathrm{j}\theta}$ 称为旋转因子。

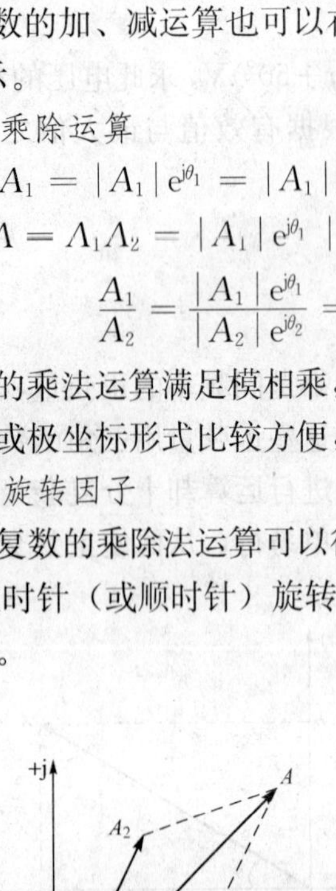


图 2-5　复数相加

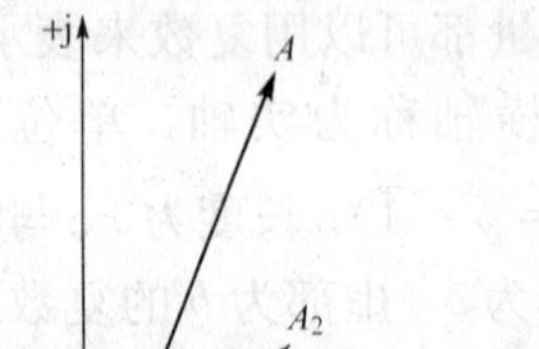


图 2-6　复数相乘

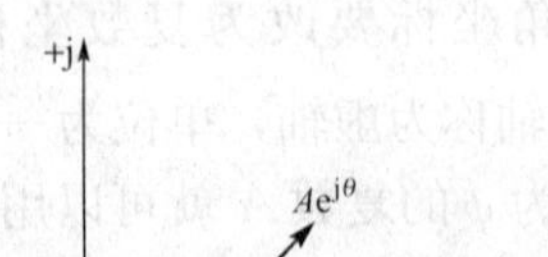


图 2-7　旋转因子

当 $\theta = \pm\dfrac{\pi}{2}$ 时，$\mathrm{e}^{\mathrm{j}(\pm\frac{\pi}{2})} = \cos\dfrac{\pi}{2} \pm \mathrm{j}\sin\dfrac{\pi}{2} = \pm\mathrm{j}$；

当 $\theta = \pm\pi$ 时，$\mathrm{e}^{\mathrm{j}(\pm\pi)} = \cos(\pm\pi) + \mathrm{j}\sin(\pm\pi) = -1$。

故 $+\mathrm{j}$、$-\mathrm{j}$ 和 $-1$ 都可以看成是旋转因子。

（三）相量表示法

首先建立正弦交流电流的相量表示。构造一个复函数

$$A(t) = \sqrt{2}I\mathrm{e}^{\mathrm{j}(\omega t+\psi_\mathrm{i})} = \sqrt{2}I\cos(\omega t + \psi_\mathrm{i}) + \mathrm{j}\sqrt{2}I\sin(\omega t + \psi_\mathrm{i}) \tag{2-9}$$

对复函数 $A(t)$ 取虚部得正弦交流电流

$$\mathrm{Im}\left[A(t)\right]=\sqrt{2}I\sin(\omega t+\psi_{\mathrm{i}})=i(t) \tag{2-10}$$

式（2-9）和式（2-10）表明对于任意一个正弦交流电流都有一个唯一的复函数与其对应，即

$$i(t)=\sqrt{2}I\sin(\omega t+\psi_{\mathrm{i}})\Leftrightarrow A(t)=\sqrt{2}I\mathrm{e}^{\mathrm{j}(\omega t+\psi_{\mathrm{i}})} \tag{2-11}$$

式（2-11）中的复函数 $A(t)$ 还可以写成 $A(t)=\sqrt{2}I\mathrm{e}^{\mathrm{j}\psi_{\mathrm{i}}}\mathrm{e}^{\mathrm{j}\omega t}=\sqrt{2}\dot{I}\mathrm{e}^{\mathrm{j}\omega t}$，其中复常数 $\dot{I}=I\angle\psi_{\mathrm{i}}$ 被称为正弦交流电流 $i(t)$ 对应的有效值相量，因为它包含了正弦交流电流 $i(t)$ 的有效值 $I$ 和初相位 $\psi_{\mathrm{i}}$ 两个要素。

另外 $A(t)$ 还可以写成 $A(t)=\sqrt{2}I\mathrm{e}^{\mathrm{j}\psi_{\mathrm{i}}}\mathrm{e}^{\mathrm{j}\omega t}=\dot{I}_{\mathrm{m}}\mathrm{e}^{\mathrm{j}\omega t}$，称复常数 $\dot{I}_{\mathrm{m}}=I_{\mathrm{m}}\angle\psi_{\mathrm{i}}$ 为正弦交流电流 $i(t)$ 对应的最大值相量，因为它也包含了正弦交流电流 $i(t)$ 的最大值 $I_{\mathrm{m}}$ 和初相位 $\psi_{\mathrm{i}}$ 两个要素。

所以任意一个正弦时间函数都有一个唯一与其对应的有效值（或最大值）相量，这个相量就是正弦交流电流有效值（或最大值）相量，即

$$i(t)=\sqrt{2}I\sin(\omega t+\psi_{\mathrm{i}})\Leftrightarrow\dot{I}=I\angle\psi_{\mathrm{i}} \tag{2-12}$$

或

$$i(t)=\sqrt{2}I\sin(\omega t+\psi_{\mathrm{i}})\Leftrightarrow\dot{I}_{\mathrm{m}}=I_{\mathrm{m}}\angle\psi_{\mathrm{i}} \tag{2-13}$$

正弦交流电流的有效值（或最大值）相量表示方法如图 2-8 所示。

应该注意的是，相量的模为正弦量的有效值（或最大值），相量的辐角为正弦量的初相位。由于相量是用来表示正弦交流电的复数，为了不与一般的复数相混淆，在代表正弦交流电有效值（或最大值）符号的顶部加一圆点，以示区别。例如用 $\dot{U}$、$\dot{I}$ 分别表示正弦交流电压、电流的有效值相量。另外，相量用复数表示也有四种形式，即代数式、三角式、指数式和极坐标式。

类似地，同样可以建立正弦交流电压与有效值（或最大值）相量之间的对应关系，即

$$u(t)=\sqrt{2}U\sin(\omega t+\psi_{\mathrm{u}})\Leftrightarrow\dot{U}=U\angle\psi_{\mathrm{u}} \tag{2-14}$$

或

$$u(t)=\sqrt{2}U\sin(\omega t+\psi_{\mathrm{u}})\Leftrightarrow\dot{U}_{\mathrm{m}}=U_{\mathrm{m}}\angle\psi_{\mathrm{u}} \tag{2-15}$$

正弦交流电压有效值（或最大值）相量如图 2-9 所示。

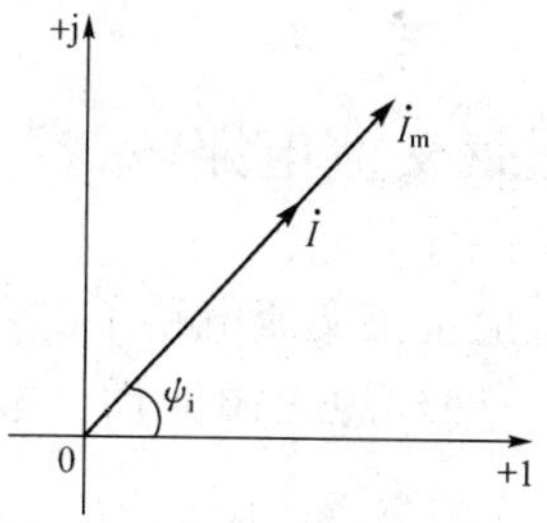


图 2-8 正弦交流电流的有效值（或最大值）相量表示法

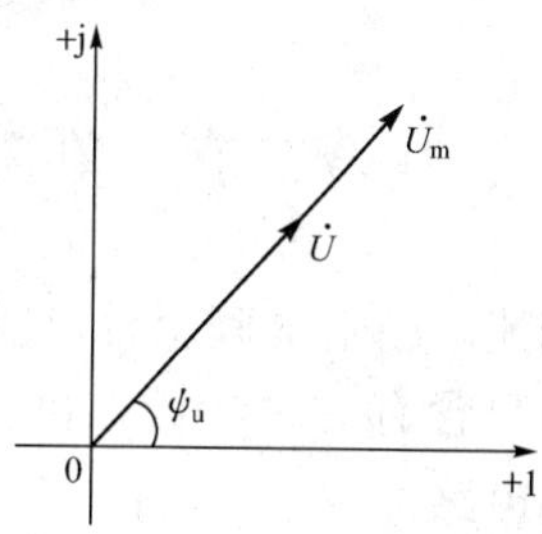


图 2-9 正弦交流电压的有效值（或最大值）相量表示法

相量法的实质是将各种同频率的正弦量变换为复数形式，因此相量法只是一种分析交流电路的数学工具。具体地说，相量分析法包括两个方面的内容：一是相量图，它把同频率的电压、电流等相量画在同一个复平面内，借助相量图对其进行分析；二是相量式计算，它是

利用复数的四则运算方法，来计算正弦量之间的变换。

在电路理论中，用复数来表示的正弦量，称为相量。相量不仅简化了正弦量的加减运算，而且简化了正弦交流电路（特别是复杂电路）的分析与计算。相量和正弦量是对应的关系，而不是完全相等的关系，即相量只是对应正弦量的一种表示形式。

相量图中各相量的初相位与正弦量开始计时时刻的选择有关，但是各相量之间的相位差是固定的。为了分析与计算的方便，在画相量图时，往往使其中的一个相量的初始相位设为0°，称其为参考相量，其余各相量均按照对参考相量的相位差定出它们的初相位。

例如若已知正弦交流电流和电压分别为

$$i(t)=141.4\sin(314t+30^\circ)\text{A}$$
$$u(t)=311.1\sin(314t-60^\circ)\text{V}$$

则对应的相量分别为

$$\dot{I}=100\angle 30^\circ\text{A}$$
$$\dot{U}=220\angle -60^\circ\text{V}$$

若正弦交流电流的相量 $\dot{I}=50\angle 15^\circ\text{A}$，$f=50\text{Hz}$，则对应的正弦交流电流为

$$i(t)=50\sqrt{2}\sin(314t+15^\circ)\text{A}$$

**【例 2-4】** 已知 $u_1=3\sqrt{2}\sin(\omega t+30^\circ)\text{V}$，$u_2=4\sqrt{2}\sin(\omega t-60^\circ)\text{V}$。求电压 $u=u_1+u_2$。

**解**：由瞬时表达式 $u=\sqrt{2}U\sin(\omega t+\psi_u)$ 推出相量表达式 $\dot{U}=U\text{e}^{\text{j}\psi_u}$，且 $u_1$、$u_2$ 均为同频率正弦量，则有

$$\dot{U}_1=3\text{e}^{\text{j}30^\circ}=3(\cos 30^\circ+\text{j}\sin 30^\circ)=2.6+\text{j}1.5\quad(\text{V})$$
$$\dot{U}_2=4\text{e}^{-\text{j}60^\circ}=4[\cos(-60^\circ)+\text{j}\sin(-60^\circ)]=2-\text{j}3.46\quad(\text{V})$$

故总电压相量表达式为

$$\dot{U}=\dot{U}_1+\dot{U}_2=2.6+\text{j}1.5+(2-\text{j}3.46)=4.6-\text{j}1.96=5\text{e}^{-\text{j}23.1^\circ}(\text{V})$$

即总电压有效值是5V，初相位是$-23.1^\circ$。于是可得到对应的总电压瞬时表达式为

$$u=5\sqrt{2}\sin(\omega t-23.1^\circ)\text{ V}$$

## 第二节 单一参数的正弦交流电路

了解了正弦交流电的基本概念后，现在就可以讨论正弦交流电路了。首先讨论最简单的正弦交流电路，即只含有一种参数，也就是只含有一种理想无源元件（电阻元件、电感元件、电容元件）的电路。

### 一、电阻元件交流电路

#### （一）正弦交流电路中电压与电流的关系

在图 2-10 中，$u_R$ 和 $i_R$ 的参考方向相同，根据欧姆定律得出

$$u_R=Ri_R\quad 或\quad i_R=\frac{u_R}{R}\tag{2-16}$$

即电阻元件上的电压与通过的电流成线性关系。

例如白炽灯、电阻炉等实际电路元件接在交流电源上工作时，都可以看成是电阻元件的交流电路。

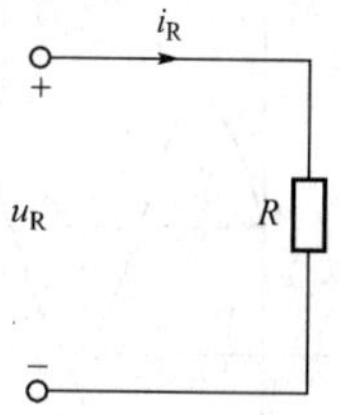

图 2-10 电阻元件

在正弦交流电路中，设流过电阻的电流为

$$i_R = I_{Rm}\sin\omega t \tag{2-17}$$

则在图 2-10 中所示参考方向一致的情况下有

$$u_R = Ri_R = RI_{Rm}\sin\omega t = U_{Rm}\sin\omega t \tag{2-18}$$

可见，流过电阻的电流为正弦量时，加在电阻上的电压也是正弦量，反之亦然。比较式（2-17）和式（2-18），便可以知道电阻两端的电压 $u_R$ 和通过电阻的电流 $i_R$ 之间有如下关系：

（1）电阻的电压 $u_R$ 和电流 $i_R$ 是同频率的正弦量；

（2）电阻的电压 $u_R$ 和电流 $i_R$ 的相位相同。

在电阻元件的交流电路中，电流 $i_R$ 和电压 $u_R$ 是同相的（相位差 $\varphi = 0°$）。表示电阻的电压 $u_R$ 和电流 $i_R$ 的正弦波形如图 2-11（a）所示，相量图如图 2-11（b）所示。它们的大小关系可以表示为：

最大值之间的关系

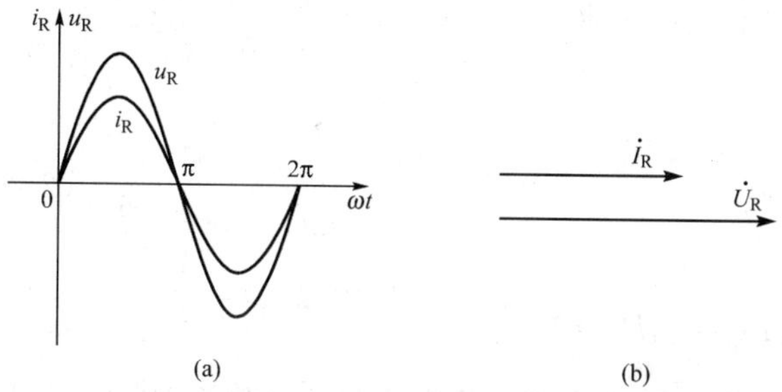

图 2-11 电阻元件上电流与电压之间的关系

（a）波形图；（b）相量图

$$U_{Rm} = RI_{Rm} \tag{2-19}$$

有效值之间的关系

$$U_R = RI_R \tag{2-20}$$

若采用有效值相量来表示电阻的电压 $u_R$ 与电流 $i_R$，则有

$$\dot{I}_R = I_R\angle 0°$$

$$\dot{U}_R = U_R\angle 0°$$

$$\frac{\dot{U}_R}{\dot{I}_R} = \frac{U_R\angle 0°}{I_R\angle 0°} = \frac{U_R}{I_R} = R$$

因此，电阻欧姆定律的相量表示形式为

$$\dot{U}_R = R\dot{I}_R \tag{2-21}$$

（二）功率

1. 瞬时功率

如将 $u_R = Ri_R$ 两边乘以 $i_R$，并积分之，则得

$$\int_0^t u_R i_R \mathrm{d}t = \int_0^t Ri_R^2 \mathrm{d}t \tag{2-22}$$

式（2-22）表明电能全部消耗在电阻上，并转换为热能。

在交流电路中，任一瞬间，元件上电压的瞬时值与电流的瞬时值的乘积叫做该元件的瞬时功率，用小写字母 $p$ 表示，即

$$p = ui \tag{2-23}$$

根据瞬时功率的定义，可得电阻元件上的瞬时功率为

$$p_R = u_R i_R$$

$$= U_{Rm}\sin\omega t \cdot I_{Rm}\sin\omega t = U_{Rm}I_{Rm}\sin^2\omega t$$

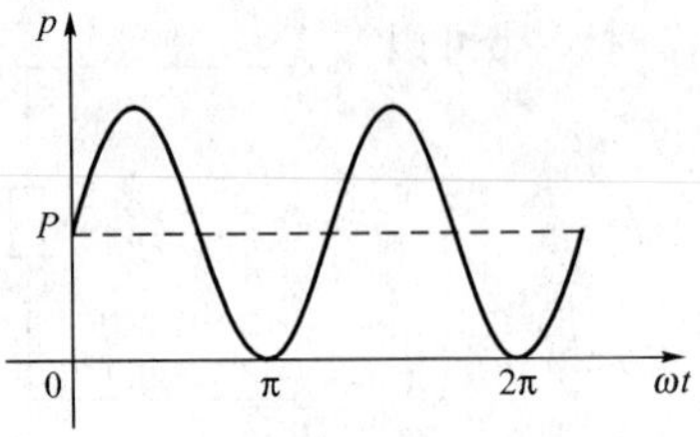


图 2-12 电阻电路功率的变化曲线

$$= \frac{U_{\mathrm{Rm}} I_{\mathrm{Rm}}}{2}(1 - \cos 2\omega t)$$

$$= U_{\mathrm{R}} I_{\mathrm{R}}(1 - \cos 2\omega t) \tag{2-24}$$

电阻电路功率的变化曲线如图 2-12 所示。由式（2-24）可知，$p_{\mathrm{R}} \geqslant 0$，所以电阻总是在吸收功率，并不断地将电能转换为热能。

2. 平均功率

由于瞬时功率是随时间周期变化的，因此，在工程上都是计算瞬时功率的平均值，即平均功率，用大写字母 $P$ 表示。交流电路中的平均功率就是其瞬时功率在一个周期内的平均值，即

$$P = \frac{1}{T}\int_0^T p\mathrm{d}t \tag{2-25}$$

根据平均功率的定义，可得电阻元件上的平均功率为

$$\begin{aligned} P_{\mathrm{R}} &= \frac{1}{T}\int_0^T p_{\mathrm{R}}\mathrm{d}t = \frac{1}{T}\int_0^T U_{\mathrm{R}} I_{\mathrm{R}}(1 - \cos 2\omega t)\mathrm{d}t \\ &= \frac{U_{\mathrm{R}} I_{\mathrm{R}}}{T}\left(\int_0^T 1\mathrm{d}t - \int_0^T \cos 2\omega t\,\mathrm{d}t\right) \\ &= \frac{U_{\mathrm{R}} I_{\mathrm{R}}}{T}(T - 0) \\ &= U_{\mathrm{R}} I_{\mathrm{R}} \end{aligned} \tag{2-26}$$

由式（2-20）可得

$$P_{\mathrm{R}} = U_{\mathrm{R}} I_{\mathrm{R}} = I_{\mathrm{R}}^2 R = \frac{U_{\mathrm{R}}^2}{R} \tag{2-27}$$

由于平均功率是实际消耗的功率，故又称为有功功率。平均功率的单位为 W（瓦），工程上也常使用 kW（千瓦），即 1kW = 1000W。

**【例 2-5】** 今有一个额定值为 220V/1000W 的电阻炉：

（1）若将其接到 $u = 220\sqrt{2}\sin \omega t$ V 的交流电源上，试求流过电阻炉的电流有效值。

（2）若将其接到 $u' = 380\sqrt{2}\sin \omega t$ V 的交流电源上，试求流过电阻炉的电流有效值，并计算电阻炉消耗的有功功率。

**解：**（1）当 $U = 220$V 时，电流有效值为

$$I = \frac{P}{U} = \frac{1000\mathrm{W}}{220\mathrm{V}} = 4.55 \quad (\mathrm{A})$$

（2）当 $U' = 380$V 时，因加在电阻炉上的电压不等于电阻炉的额定电压 220V，其消耗的功率不再是 1000W。设电阻炉电阻阻值恒定，则有

$$R = \frac{U_{\mathrm{N}}^2}{P_{\mathrm{N}}} = \frac{220^2}{1000} = 48.4 \quad (\Omega)$$

在 380V 电源电压作用时有

$$I' = \frac{U'}{R} = \frac{380}{48.4} = 7.85 \quad (\mathrm{A})$$

$$P' = U'I' = 380 \times 7.85 = 2983 \quad (\mathrm{W})$$

由计算结果可以看出，电阻炉在超过额定电压下工作，其电流和功率都将超过额定值，这是不允许的。实际上这样电阻炉也会烧坏。因此，在使用电气设备时一定要使其工作在额定状态下。

## 二、电感元件交流电路

### （一）电感元件的基本概念

电感是用来表征产生磁场、存储磁场能这一物理性质的理想电路元件。例如当电路中有电感（线圈器）存在时，电流通过线圈就会产生比较集中的磁场，因而必须考虑磁场能储存的影响。

在图 2-13 中，设线圈的匝数为 $N$，电流 $i$ 所产生的磁通 $\Phi$ 全部链绕线圈的匝数，则磁通 $\Phi$ 与匝数 $N$ 的乘积为

$$\Psi = N\Phi \tag{2-28}$$

式中：$\Psi$ 称为线圈的磁链。

磁链的单位与磁通的单位都是 V・s（伏・秒），又称 Wb(韦伯)。

在图 2-13 中，磁通 $\Phi$ 的正方向与电流 $i$ 的正方向应符合右手螺旋定则。在这一规定下，磁链与电流的比值为

$$L = \frac{\Psi}{i} \tag{2-29}$$

式（2-29）是一个大于零的数值，称为线圈的电感。式（2-29）中，磁链 $\Psi$ 的单位是 Wb(韦伯)，电流 $i$ 的单位是 A（安培），电感 $L$ 国际制单位为 H(亨[利])，即 1H = 1Wb/A。电感的常用单位有 mH(毫亨) 和 $\mu$H(微亨)，换算关系为

$$1\text{mH} = 10^{-3}\text{H},\ 1\mu\text{H} = 10^{-6}\text{H}$$

如果线圈不具有铁磁物质构成的磁路，周围物质的导磁系数 $\mu \approx \mu_0$ 为常数，则 $\Psi = N\Phi$ 正比于电流 $i$，故 $L$ 是常数，即为线性电感，可用图 2-14 所示的理想电感元件来代替。

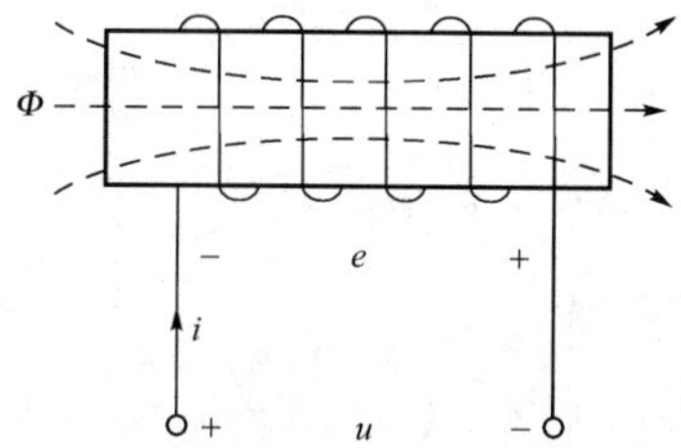


图 2-13 电感线圈的磁通和磁链

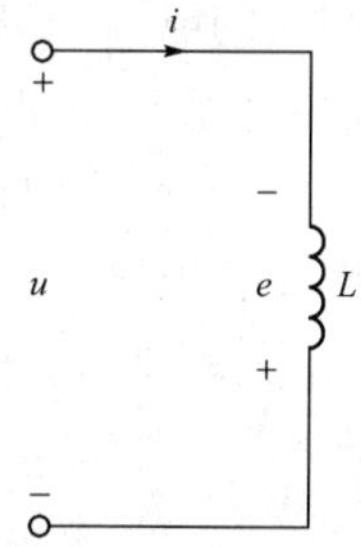


图 2-14 线性电感元件

在图 2-13 中，当通过电感线圈的电流 $i$ 发生变化时，线圈中磁通 $\Phi$ 和磁链 $\Psi$ 将随之发生变化。根据电磁感应定律，这时在电感线圈内将产生感应电动势 $e$，如图 2-13 所示。感应电动势 $e$ 的表达式为

$$e = -N\frac{\mathrm{d}\Phi}{\mathrm{d}t} \tag{2-30}$$

将式（2-28）和式（2-29）代入式（2-30）中，便得到了理想电感元件中感应电动势的另一计算公式，即

$$e = -N\frac{\mathrm{d}\Phi}{\mathrm{d}t} = -\frac{\mathrm{d}(N\Phi)}{\mathrm{d}t} = -\frac{\mathrm{d}(Li)}{\mathrm{d}t} = -L\frac{\mathrm{d}i}{\mathrm{d}t} \tag{2-31}$$

当电感线圈两端的电压 $u$ 和流过的电流 $i$ 为关联参考方向时，如图 2-14 所示，根据基尔霍夫电压定律可得

$$u=-e$$

所以，电感两端的电压和流过电感电流的关系为

$$u=-e=-\left(-\frac{\mathrm{d}\Psi}{\mathrm{d}t}\right)=-\left[-\frac{\mathrm{d}(Li)}{\mathrm{d}t}\right]=L\frac{\mathrm{d}i}{\mathrm{d}t} \tag{2-32}$$

由式（2-32）可以得出电感元件伏安关系的特点：

（1）任一时刻电感元件两端的电压 $u$ 取决于同一时刻电感电流 $i$ 的变化率 $\frac{\mathrm{d}i}{\mathrm{d}t}$，而与该时刻电感电流 $i$ 的数值无关；

（2）当流过电感的电流 $i$ 为恒定值时，由于电感电流 $i$ 不随时间变化了，即 $\frac{\mathrm{d}i}{\mathrm{d}t}=0$，使得 $u=0$，所以在直流电路中电感相当于短路；

（3）若任意时刻电感电压为有限值时，由式（2-32）可知，电感电流 $i$ 不能突变。

（二）正弦交流电路中电压与电流的关系

电路如图 2-15 所示，设流过电感的电流为

$$i_{\mathrm{L}}=I_{\mathrm{Lm}}\sin\omega t \tag{2-33}$$

根据电感的电压和电流关系有

$$\begin{aligned}u_{\mathrm{L}}&=L\frac{\mathrm{d}i_{\mathrm{L}}}{\mathrm{d}t}=\omega LI_{\mathrm{Lm}}\cos\omega t\\&=\omega LI_{\mathrm{Lm}}\sin(\omega t+90^\circ)\\&=U_{\mathrm{Lm}}\sin(\omega t+90^\circ)\end{aligned} \tag{2-34}$$

可见，电流为正弦量时，电压也是正弦量，反之亦然。比较式（2-33）和式（2-34），便可以知道电感两端的电压 $u_{\mathrm{L}}$ 和通过电感的电流 $i_{\mathrm{L}}$ 之间有如下关系：

（1）电压 $u_{\mathrm{L}}$ 和电流 $i_{\mathrm{L}}$ 的频率相同；

（2）在相位上电压 $u_{\mathrm{L}}$ 比电流 $i_{\mathrm{L}}$ 超前 90°（相位差 $\varphi=\psi_{\mathrm{u}}-\psi_{\mathrm{i}}=90^\circ$）。

在电感元件的交流电路中，表示电压 $u_{\mathrm{L}}$ 和电流 $i_{\mathrm{L}}$ 的正弦波形如图 2-16 所示。

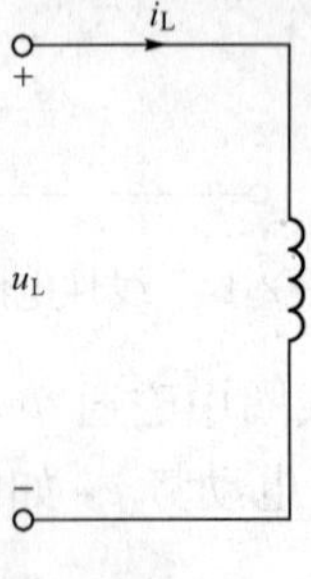


图 2-15　电感元件的交流电路

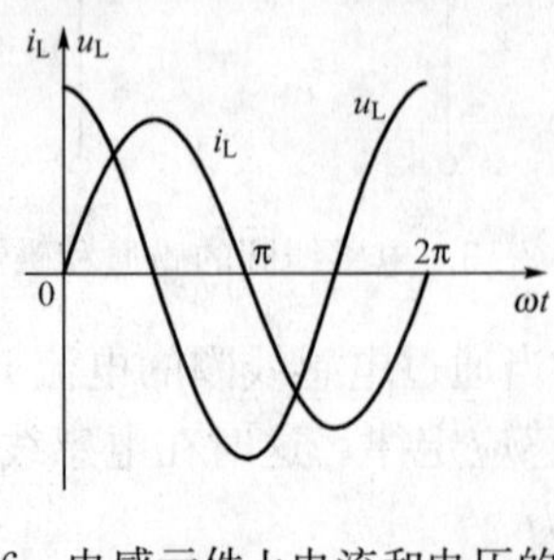


图 2-16　电感元件上电流和电压的波形图

由式（2-34）可得，电压 $u_{\mathrm{L}}$ 和电流 $i_{\mathrm{L}}$ 的最大值之间的关系分别为

$$U_{\mathrm{Lm}}=I_{\mathrm{Lm}}\omega L$$

有效值之间的关系为

所以　$$U_{\mathrm{L}}=I_{\mathrm{L}}\omega L$$

$$I_L = \frac{U_L}{\omega L} = \frac{U_L}{X_L}$$

$$X_L = \omega L = 2\pi f L \tag{2-35}$$

式中：$X_L$ 称为感抗。

当 $\omega$ 的单位为 rad/s，$L$ 的单位为 H 时，$X_L$ 的单位为 Ω。$X_L$ 的大小与 $L$ 和 $f$ 成正比，$L$ 越大，$f$ 越高，感抗就越大。在直流电路中，$f=0$，$X_L=0$，故电感可视作短路，起短直作用。

由此可知，在电感元件电路中，电压的幅值（或有效值）与电流的幅值（或有效值）之比值为 $X_L = \omega L$。

若采用有效值相量来表示电感的电压 $u_L$ 和电流 $i_L$，则有

$$\dot{I}_L = I_L\angle 0^\circ$$

$$\dot{U}_L = U_L\angle 90^\circ$$

$$\frac{\dot{U}_L}{\dot{I}_L} = \frac{U_L\angle 90^\circ}{I_L\angle 0^\circ} = \frac{U_L}{I_L}\angle 90^\circ = \mathrm{j}\omega L = \mathrm{j}X_L$$

因此，电感元件伏安关系的有效值相量表示形式为

$$\dot{U}_L = \mathrm{j}X_L\dot{I}_L \tag{2-36}$$

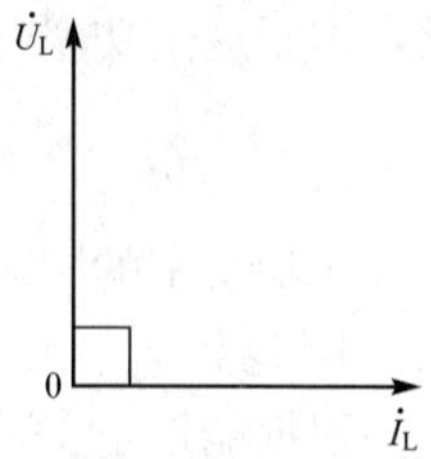

图 2-17　电流和电压相量图

其相量图如图 2-17 所示。

在交流电感电路中，电感两端的电压 $u_L$ 超前电感电流 $i_L$ 90°。

（三）功率和能量

1. 瞬时功率

如图 2-15 所示，在电压 $u_L$ 和电流 $i_L$ 关联参考方向下，电感元件的瞬时功率为

$$p = u_L i_L = i_L L\frac{\mathrm{d}i_L}{\mathrm{d}t} \tag{2-37}$$

设通过电感元件的电流为

$$i_L = I_{Lm}\sin\omega t$$

则电感元件的电压为

$$u_L = U_{Lm}\sin(\omega t + 90^\circ)$$

所以电感元件的瞬时功率为

$$\begin{aligned} p = u_L i_L &= U_{Lm}\sin(\omega t+90^\circ)I_{Lm}\sin\omega t \\ &= \frac{1}{2}U_{Lm}I_{Lm}\sin 2\omega t \\ &= U_L I_L \sin 2\omega t \end{aligned} \tag{2-38}$$

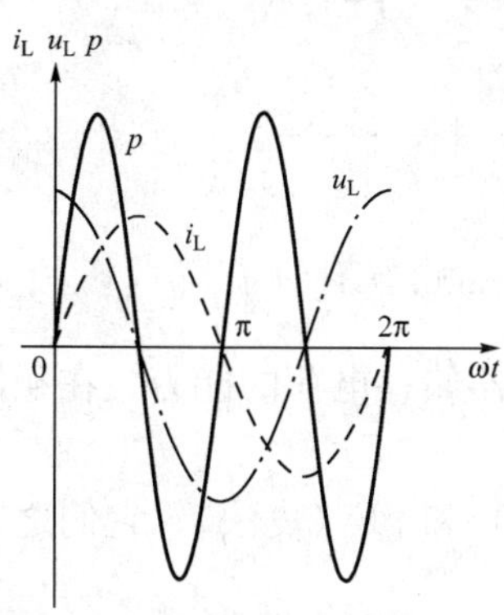

图 2-18　电感元件的瞬时功率波形图

由式（2-38）可见，$p$ 是一个幅值为 $U_L I_L$ 并以 $2\omega$ 的角频率随时间而变化的交变量，其变化波形如图 2-18 所示。由波形可见，在第一个和第三个 1/4 周期内，由于 $u_L$ 和 $i_L$ 的方向相同，故其乘积为正值，即 $p_L > 0$，在此期间电流 $i_L$ 的绝对值增加，表示电感中存储的磁场能增加，因此需从电源吸取功率以便把电能转换为磁场能；在第二个和第四个 1/4 周期内，由于 $u_L$ 和 $i_L$ 的方向相反，故其乘积为负值，即 $p_L < 0$，在此期

间电流 $i_L$ 的绝对值减少，表示电感中存储的磁场能减少，因此磁场能又转换为电能送回电源。并且，在一个周期内，吸收的磁场能等于送出的磁场能。磁场能的这种可逆变化过程，说明电感不消耗能量，而只是与电源往复不断地交换能量。所以电感元件是一个储能元件。

2. 平均功率（有功功率）

根据平均功率的定义，可得电感元件的平均功率（即有功功率）为

$$P = \frac{1}{T}\int_0^T p\,\mathrm{d}t = \frac{1}{T}\int_0^T u_L i_L \sin 2\omega t\,\mathrm{d}t = 0 \tag{2-39}$$

3. 无功功率

电感元件与电源之间有能量交换的作用，交换功率的大小通常用瞬时功率的最大值来衡量，由于这个功率并没有被消耗掉，故称为无功功率，用大写字母 $Q$ 来表示，即

$$Q_L = U_L I_L = I_L^2 X_L = \frac{U_L^2}{X_L} \tag{2-40}$$

无功功率的国际制单位为 var（乏），工程中也常使用 kvar（千乏），1kvar = 1000var。

4. 能量

根据能量定义，电感元件从 $t_0$ 到 $t$ 时间内吸收的能量为

$$W_L = \int_{t_0}^{t} p\,\mathrm{d}\tau = L\int_{i(t_0)}^{i(t)} i\,\mathrm{d}i = \frac{1}{2}Li^2(t) - \frac{1}{2}Li^2(t_0) \tag{2-41}$$

若选取 $t_0$ 为电流等于零的时刻，即 $i(t_0) = 0$ 时，则电感元件存储的能量为

$$W_L = \frac{1}{2}Li^2(t) \tag{2-42}$$

## 三、电容元件

### （一）电容元件的基本概念

电容器是由两块金属薄板及其中间隔有的绝缘介质组成。当电容器的两个极板间加上电压时，两个极板上就聚集起上下等量的异性电荷，如图 2-19 所示，介质内将出现较强的电场，储存着电场能量。

绝大多数的电容器都是线性的。线性电容元件是实际电容器的理想化模型，是一个理想的二端元件，其符号如图 2-20 所示。电容器极板上所储存的电荷 $q$ 与其上电压 $u_C$ 成正比，即

$$C = \frac{q}{u_C} \text{ 或 } q = Cu_C \tag{2-43}$$

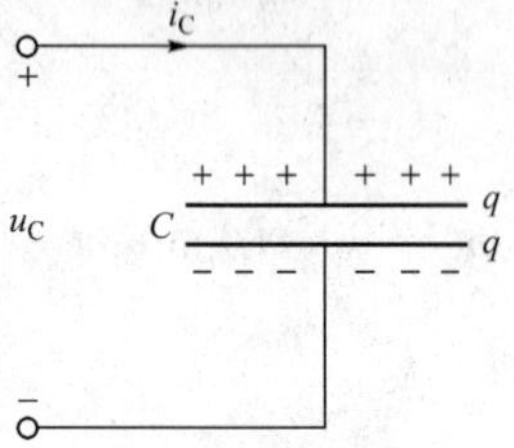


图 2-19 电容器充电

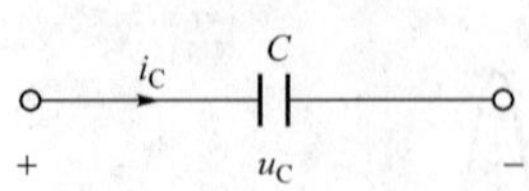


图 2-20 线性电容元件的符号

其中，$C$ 就是电容器的电容量，简称电容，它代表一个电容器储存电荷的能力。在相同的电压下，电容越大，电容器所储存的电荷就越多。

电容的国际制单位为 F（法［拉］），常用单位有 μF（微法）和 pF（皮法）。它们之间的换算关系为

$$1\mu\mathrm{F} = 10^{-6}\mathrm{F},\ 1\mathrm{pF} = 10^{-12}\mathrm{F}$$

当电容器上所加的电压 $u_C$ 随时间发生变化时，储存在电容器极板上的电荷随之变化，

其连接导线内将连续流过充电或放电的电流。导线中电流 $i_C$ 决定于单位时间内通过导线的电荷量，即

$$i_C=\frac{dq}{dt} \tag{2-44}$$

如果线性电容元件在电路中的电流 $i_C$ 和电容器两端的电压 $u_C$ 的参考方向如图 2-20 所示，则根据电流的定义有

$$i_C=\frac{dq}{dt}=C\frac{du_C}{dt} \tag{2-45}$$

由式（2-45）可以得出电容元件伏安关系的特点：

（1）任一时刻流过电容元件的电流 $i_C$ 取决于同一时刻电容电压 $u_C$ 的变化率 $\frac{du_C}{dt}$，而与该时刻电容电压 $u_C$ 的数值无关。

（2）当电容电压 $u_C$ 为恒定值时，由于电容电压 $u_C$ 不随时间变化了，也就没有了电荷的移动，所以就没有电流流过电容，即 $i_C=0$，此时电容相当于开路。因此电容器在直流电路中是不导通的，所以电容元件具有通交流、隔直流的作用。

（3）若任意时刻电容电流为有限值，由式（2-45）可知，电容电压 $u_C$ 不能突变。

（二）正弦交流电路中电压和电流的关系

在图 2-20 所示的电容元件交流电路中，设电容电压

$$u_C=U_{Cm}\sin\omega t \tag{2-46}$$

根据电容元件的电压、电流关系，可得流过电容元件的电流为

$$i_C=C\frac{du_C}{dt}=\omega CU_{Cm}\cos\omega t=\omega CU_{Cm}\sin(\omega t+90^\circ)=I_{Cm}\sin(\omega t+90^\circ) \tag{2-47}$$

可见，当电容两端电压为正弦量时，流过电容的电流也是正弦量，反之亦然。比较式（2-46）和式（2-47），便可以知道电容电压 $u_C$ 和通过电容电流 $i_C$ 之间有如下关系：

（1）电容电压 $u_C$ 和流过电流 $i_C$ 的频率相同；

（2）电容电压 $u_C$ 在相位上滞后电流 $i_C$ 90°（相位差 $\varphi=\psi_u-\psi_i=-90^\circ$）。

在电容元件的交流电路中，电压 $u_C$ 和电流 $i_C$ 的正弦波形如图 2-21（a）所示。

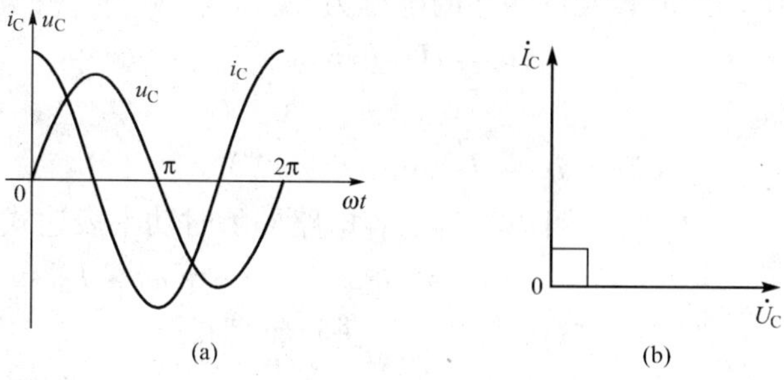


图 2-21　电容元件电压和电流的正弦波形及相量图

（a）波形图；（b）相量图

由式（2-47）可得，电容电压 $u_C$ 和电流 $i_C$ 的最大值之间的关系分别为

$$I_{Cm}=\omega CU_{Cm} \tag{2-48}$$

有效值之间的关系为

$$I_C = \omega C U_C \tag{2-49}$$

所以有

$$I_C = \frac{U_C}{\dfrac{1}{\omega C}} = \frac{U_C}{X_C}$$

$$X_C = \frac{1}{\omega C} = \frac{1}{2\pi f C} \tag{2-50}$$

式中：$X_C$ 称为容抗。

当 $\omega$ 的单位为 1/s，$C$ 的单位为 F 时，$X_C$ 的单位为 Ω。$X_C$ 的大小与 $C$ 和 $f$ 成反比，$C$ 越大，$f$ 越高，容抗就越小。在直流电路中，$f=0, X_C \to \infty$，故电容可视作开路，起隔直作用。

由此可知，在电容元件电路中，电压的幅值（或有效值）与电流的幅值（或有效值）之比值为 $X_C = \dfrac{1}{\omega C}$。

若采用有效值相量来表示电容电压 $u_C$ 和电流 $i_C$，则有

$$\dot{I}_C = I_C\angle 90^\circ,\ \dot{U}_C = U_C\angle 0^\circ$$

$$\frac{\dot{U}_C}{\dot{I}_C} = \frac{U_C\angle 0^\circ}{I_C\angle 90^\circ} = \frac{U_C}{I_C}\angle -90^\circ = -\mathrm{j}\,\frac{1}{\omega C} = -\mathrm{j}X_C$$

因此电容电压与电流之间的相量关系为

$$\dot{U}_C = -\mathrm{j}X_C\dot{I}_C \tag{2-51}$$

其相量图如图 2-21（b）所示。

（三）功率和能量

1. 瞬时功率

如图 2-20 所示，在电容电压和电流关联的参考方向下，电容元件的瞬时功率为

$$p_C = u_C i_C = u_C C\frac{\mathrm{d}u_C}{\mathrm{d}t} \tag{2-52}$$

在正弦交流电路中，设电容元件两端的电压为

$$u_C = U_{Cm}\sin\omega t$$

则

$$i_C = I_{Cm}\sin(\omega t + 90^\circ)$$

可以得到电容电路的瞬时功率表达式为

$$p_C = u_C i_C = U_{Cm}\sin\omega t \cdot I_{Cm}\sin(\omega t + 90^\circ) \tag{2-53}$$

对式（2-53）进行整理得

$$p_C = U_C I_C \sin 2\omega t \tag{2-54}$$

由式（2-54）可知，在正弦交流电路中，电容元件的瞬时功率 $p_C$ 是一个幅值为 $U_C I_C$，并以 $2\omega$ 的角频率随时间而变化的正弦量，其变化波形如图 2-22 所示。由图 2-22 可见，在第一个和第三个 1/4 周期内，电压的绝对值增加，表示电容充电，$p_C > 0$，电容器从电源吸取能量，而储于电容器的电场内；在

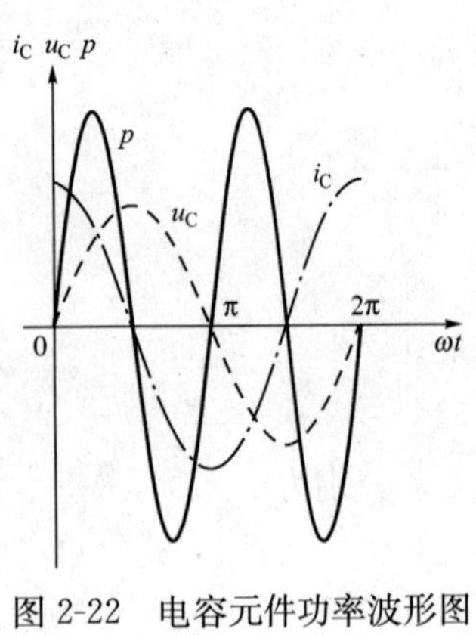


图 2-22 电容元件功率波形图

第二个和第四个 1/4 周期内，电压的绝对在减少，表示电容放电，$p_C<0$，电容器放出能量，电场能量转换为送回电源的电能。并且，在一个周期内，吸收的电场能等于放出的电场能。电场能的这种可逆变化过程，说明电容不消耗能量，而只与电源往复不断地交换能量。

2. 平均功率

根据平均功率的定义，可得电容元件的平均功率（即有功功率）为

$$P=\frac{1}{T}\int_0^T p\,dt=\frac{1}{T}\int_0^T u_C i_C \sin 2\omega t\,dt=0 \tag{2-55}$$

式（2-55）说明电容元件不消耗能量，是储能的元件。

3. 无功功率

虽然电容不消耗能量，但它在存储能量和放出能量的过程中，也与电感一样，在不断地与电源进行能量交换，通常也用无功功率来描述电容和电源交换能量的大小，其定义也是用电容瞬时功率的最大值 $U_C I_C$ 来表示，即

$$Q_C=U_C I_C=I_C^2 X_C=\frac{U_C^2}{X_C} \tag{2-56}$$

电容无功功率的单位与电感的完全相同。

4. 能量

从 $t_0$ 到 $t$ 这段时间里，电容元件的电压从 $u(t_0)$ 增大到 $u(t)$，则电容吸收的能量为

$$\begin{aligned}W_C&=\int_{t_0}^t p_C d\tau=\int_{t_0}^t Cu_C\frac{du_C}{d\tau}d\tau=C\int_{u(t_0)}^{u(t)}u_C du_C\\&=\frac{1}{2}Cu_C^2(t)-\frac{1}{2}Cu_C^2(t_0)\end{aligned} \tag{2-57}$$

若选取 $t_0$ 时刻电容电压等于零，即 $u_C(t_0)=0$，所以电容元件存储的能量为

$$W_C=\frac{1}{2}Cu^2(t) \tag{2-58}$$

## 四、基尔霍夫定律的相量形式

同频率的正弦量加减可以用对应的相量形式来进行计算。因此，在正弦交流电路中，KCL 和 KVL 也可用相应的相量形式表示。

对电路中任一节点，根据 KCL 有 $\sum i(t)=0$，由于

$$\sum i(t)=\sum \mathrm{Im}\sqrt{2}(\dot{I}_1+\dot{I}_2+\cdots)e^{j\omega t}=0$$

故得 KCL 的相量形式为

$$\sum \dot{I}=0 \tag{2-59}$$

同理，对电路中任一回路，根据 KVL 有 $\sum u(t)=0$，对应的相量形式为

$$\sum \dot{U}=0 \tag{2-60}$$

式（2-59）表明，流入某一节点的所有正弦交流电流用相量表示时仍满足 KCL；而式（2-60）表明，任一回路所有支路正弦交流电压用相量表示时仍满足 KVL。

**【例 2-6】** 试判断下列表达式的对错，并给出正确结果。

(1) $u=j\omega Li$；(2) $i=5\sin\omega t=5\angle 0°$；(3) $\dot{I}_m=j\omega C U_m$；(4) $\dot{U}_L=j\omega L\dot{I}_L$；(5) $\dfrac{\dot{U}_C}{\dot{I}_C}=$

$j\omega C$；(6) $X_L=\frac{\dot{U}_L}{\dot{I}_L}$；(7) $u=C\frac{di}{dt}$。

**解：**(1) 错，正弦交流电压与电流的瞬时值表达式与相量表示法混淆，正确写法为 $\dot{U}=j\omega L\dot{I}$。

(2) 错，瞬时值表达式和相量表达式不是相等的关系，正确写法为 $i=5\sin\omega t\Leftrightarrow 5\angle 0°$。

(3) 错，有效值和相量混淆，正确写法为 $\dot{I}_m=j\omega C\dot{U}_m$。

(4) 对。

(5) 错，感抗和容抗混淆，正确写法为 $\frac{\dot{U}_C}{\dot{I}_C}=\frac{1}{j\omega C}$。

(6) 错，有效值和相量混淆，正确写法为 $X_L=\frac{U_L}{I_L}$。

(7) 错，电容和电感的电压与电流之间的关系混淆，正确写法为 $u=L\frac{di}{dt}$ 或 $i=C\frac{du}{dt}$。

**【例 2-7】** 图 2-23 所示电路中电流表的读数为：$A_1=8A$，$A_2=6A$，试求：

(1) 若 $Z_1=R$、$Z_2=-jX_C$，则电流表 PA0 的读数为多少？

(2) 若 $Z_1=R$，$Z_2$ 为何参数时电流表 PA0 的读数最大？$I_{0max}=?$

(3) 若 $Z_1=jX_L$，$Z_2$ 为何参数时电流表 PA0 的读数最小？$I_{0min}=?$

(4) 若 $Z_1=jX_L$，$Z_2$ 为何参数时可以使电流表 PA0 和 PA1 的读数相等且最小，此时电流表 PA2 的读数是多少？

**解：**(1) 设元件两端的电压相量为参考相量，根据元件电压和电流相量的关系画相量图如图 2-24 所示，则

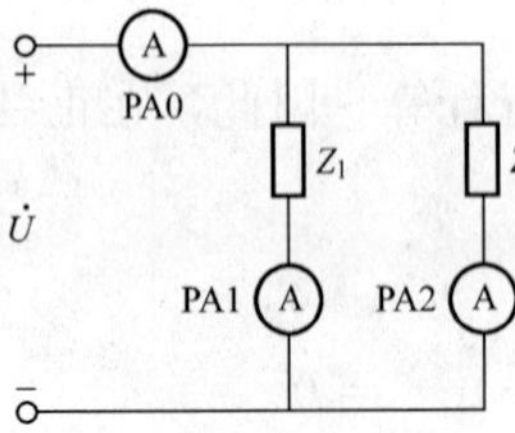


图 2-23 [例 2-7]图

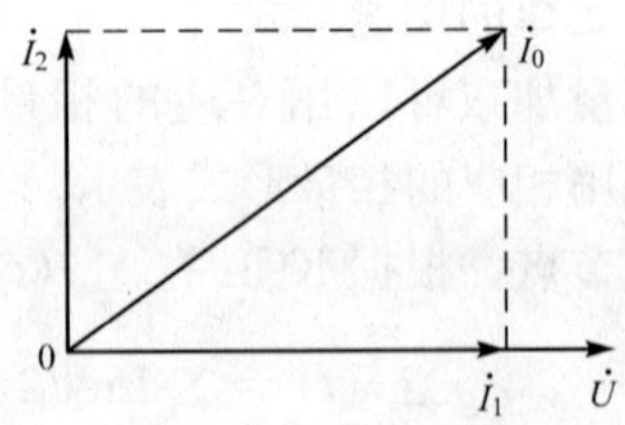


图 2-24 [例 2-7]解图

$$I_0=\sqrt{8^2+6^2}=10\ (A)$$

(2) 因为 $Z_1=R$ 是电阻，所以当 $Z_2$ 也是电阻时，总电流的有效值为两个分支路电流有效值之和，达到最大值，即

$$I_{0max}=8+6=14\ (A)$$

(3) 因为 $Z_1=jX_L$ 是电感元件，所以当 $Z_2$ 是电容元件时，总电流的有效值为两个分支路电流有效值之差，达到最小值，即

$$I_{0min}=8-6=2\ (A)$$

(4) $Z_1=jX_L$ 是电感元件，所以当 $Z_2$ 是电容元件 $I_2=16A$ 时，满足

$$I_0 = I_2 - I_1 = 8\text{A}$$

## 第三节　R、L、C 串联正弦交流电路的分析

### 一、R、L、C 串联正弦交流电路的电压与电流关系

电路如图 2-25（a）所示，电阻 $R$、电感 $L$ 和电容 $C$ 串联，流过同一电流。电流 $i$ 与各个电压之间的参考方向如图 2-25（a）所示。根据基尔霍夫电压定律可列出

$$u = u_R + u_L + u_C = Ri + L\frac{di}{dt} + \frac{1}{C}\int i dt$$

以电流 $i$ 为参考相量，令 $i = I_m \sin \omega t$，则电阻元件上的电压 $u_R$ 与电流 $i$ 同相，即

$$u_R = RI_m \sin \omega t = U_{Rm} \sin \omega t$$

电感元件上的电压 $u_L$ 比电流 $i$ 超前 90°，即

$$u_L = I_m \omega L \sin(\omega t + 90°) = U_{Lm} \sin(\omega t + 90°)$$

电容元件上的电压 $u_C$ 比电流 $i$ 滞后 90°，即

$$u_C = \frac{I_m}{\omega C}\sin(\omega t - 90°) = U_{Cm}\sin(\omega t - 90°)$$

在以上各式中

$$\frac{U_{Rm}}{I_m} = \frac{U_R}{I} = R$$

$$\frac{U_{Lm}}{I_m} = \frac{U_L}{I} = \omega L = X_L$$

$$\frac{U_{Cm}}{I_m} = \frac{U_C}{I} = \frac{1}{\omega C} = X_C$$

同频率的正弦量相加，所得的结果仍为同频率的正弦量。所以电压 $u$ 为

$$u = u_R + u_L + u_C = U_m \sin(\omega t + \varphi)$$

式中：$U_m$ 为电压 $u$ 的最大值；$\varphi$ 为电压 $u$ 与电流 $i$ 之间的相位差为 $\varphi$。

利用相量图来求最大值 $U_m$（或有效值 $U$）和相位差 $\varphi$ 最为方便。如果将电压 $u_R$、$u_L$、$u_C$ 分别用相量 $\dot{U}_R$、$\dot{U}_L$、$\dot{U}_C$ 表示，则应用相量相加即可得出电压 $u$ 的相量 $\dot{U}$，如图 2-25（b）所示。

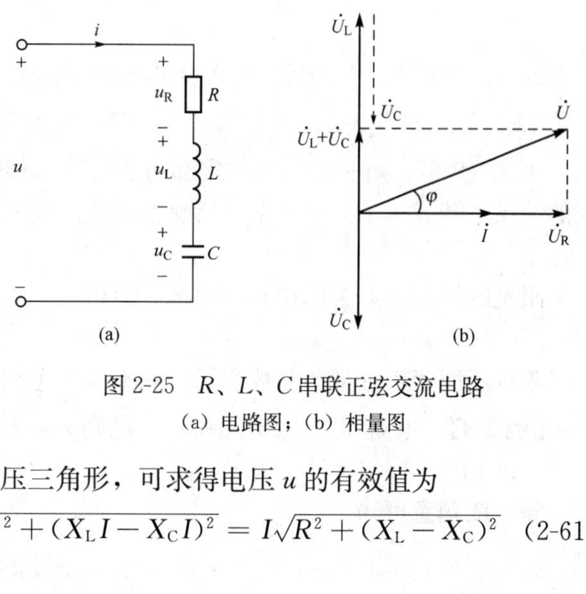


图 2-25　R、L、C 串联正弦交流电路
（a）电路图；（b）相量图

在图 2-25（b）所示的相量图中，由电压相量 $\dot{U}$、$\dot{U}_R$、$\dot{U}_L + \dot{U}_C$ 所组成的直角三角形，称为电压三角形。利用这个电压三角形，可求得电压 $u$ 的有效值为

$$U = \sqrt{U_R^2 + (U_L - U_C)^2} = \sqrt{(RI)^2 + (X_L I - X_C I)^2} = I\sqrt{R^2 + (X_L - X_C)^2} \quad (2\text{-}61)$$

也可写为

$$\frac{U}{I}=\sqrt{R^2+(X_L-X_C)^2} \tag{2-62}$$

由式（2-62）可见，电路中电压与电流的有效值（或幅值）之比为$\sqrt{R^2+(X_L-X_C)^2}$，其单位是Ω，对电流起阻碍作用，称为电路的阻抗模，用$|Z|$表示，即

$$|Z|=\sqrt{R^2+(X_L-X_C)^2}=\sqrt{R^2+\left(\omega L-\frac{1}{\omega C}\right)^2} \tag{2-63}$$

由式（2-63）可见，$|Z|$、$R$、$X_L-X_C$三者之间的关系也可用一个直角三角形，即阻抗三角形来表示。

电压$u$与电流$i$之间的相位差$\varphi$也可从电压三角形得出，即

$$\varphi=\arctan\frac{U_L-U_C}{U_R}=\arctan\frac{X_L-X_C}{R} \tag{2-64}$$

因此，阻抗模$|Z|$、电阻$R$、感抗$X_L$、容抗$X_C$不仅表示了电压$u$及其分量$u_R$、$u_L$、$u_C$与电流$i$之间的大小关系，而且也表示了它们之间的相位关系。电路参数不同，电压$u$与电流$i$之间的相位差$\varphi$也就不同。因此，$\varphi$角的大小是由电路（负载）的参数决定的。

当频率一定时，不仅相位差$\varphi$的大小决定于电路的参数，而且电流$i$滞后还是超前于电压$u$也与电路的参数有关：

（1）如果$X_L>X_C$，即$\varphi>0$，则在相位上电压$u$比电流$i$超前$\varphi$角，这种电路呈电感性；

（2）如果$X_L<X_C$，即$\varphi<0$，则在相位上电压$u$比电流$i$滞后$|\varphi|$角，这种电路呈电容性；

（3）如果$X_L=X_C$，即$\varphi=0$，则在相位上电压$u$与电流$i$同相，这种电路呈电阻性。

## 二、R、L与C串联正弦交流电路电压与电流的相量关系

电阻、电感与电容串联的交流电路中电压与电流的相量关系为

$$\dot{U}=\dot{U}_R+\dot{U}_L+\dot{U}_C=R\dot{I}+jX_L\dot{I}-jX_C\dot{I}=[R+j(X_L+X_C)]\dot{I} \tag{2-65}$$

式（2-65）为$R$、$L$、$C$串联电路基尔霍夫电压定律的相量形式。式（2-65）可写成

$$\frac{\dot{U}}{\dot{I}}=R+j(X_L-X_C) \tag{2-66}$$

式（2-66）中，$R+j(X_L-X_C)$称为电路的阻抗，用大写的字母$Z$代表，即

$$Z=R+j(X_L-X_C)=\sqrt{R^2+(X_L-X_C)^2}\,e^{j\arctan\frac{X_L-X_C}{R}}=|Z|e^{j\varphi} \tag{2-67}$$

由式（2-67）可见，阻抗的实部为“阻”，虚部为“抗”，它表示了电路中电压与电流之间的关系，既表示了大小关系（反映在阻抗的模$|Z|$上），又表示了相位关系（反映在辐角$\varphi$上）。

阻抗的辐角$\varphi$即为电压$u$与电流$i$的相位差。对于电感性电路，$\varphi$为正；对于电容性电路，$\varphi$为负。

阻抗不同于正弦量的复数表示，它不是一个相量，而是一个复数计算值。

**【例2-8】** 电路如图2-25(a)所示，已知$u=5\sqrt{2}\sin(\omega t+60°)$，$R=15\Omega$，$L=0.3\text{mH}$，$C=0.2\text{mF}$，$f=3\times10^4\text{Hz}$。求$i$、$u_R$、$u_L$、$u_C$。

**解：** 依题意可知

$$\dot{U}=5\angle60°$$

$$\mathrm{j}\omega L = \mathrm{j}2\pi \times 3 \times 10^{4} \times 0.3 \times 10^{-3} = \mathrm{j}56.5\ (\Omega)$$

$$-\mathrm{j}\frac{1}{\omega C} = -\mathrm{j}\frac{1}{2\pi \times 3 \times 10^{4} \times 0.2 \times 10^{-6}} = -\mathrm{j}26.5\ (\Omega)$$

因此总阻抗为

$$Z = R + \mathrm{j}\omega L - \mathrm{j}\frac{1}{\omega C} = 15 + \mathrm{j}56.5 - \mathrm{j}26.5 = 33.54\angle 63.4^\circ\ (\Omega)$$

总电流为

$$\dot{I} = \frac{\dot{U}}{Z} = \frac{5\angle 60^\circ}{33.54\angle 63.4^\circ} = 0.149\angle -3.4^\circ\ (\mathrm{A})$$

电感电压为

$$\dot{U}_{\mathrm{L}} = \mathrm{j}\omega L\dot{I} = 56.5\angle 90^\circ \times 0.149\angle -3.4^\circ = 8.42\angle 86.4^\circ\ (\mathrm{V})$$

电阻电压为

$$\dot{U}_{\mathrm{R}} = R\dot{I} = 15 \times 0.149\angle -3.4^\circ = 2.235\angle -3.4^\circ\ (\mathrm{V})$$

电容电压为

$$\dot{U}_{\mathrm{C}} = \mathrm{j}\frac{1}{\omega C}\dot{I} = 26.5\angle -90^\circ \times 0.149\angle -3.4^\circ = 3.95\angle -93.4^\circ\ (\mathrm{V})$$

各量的瞬时表达式为

$$\begin{aligned} i &= 0.149\sqrt{2}\sin(\omega t - 3.4^\circ)\mathrm{A} \\ u_{\mathrm{R}} &= 2.235\sqrt{2}\sin(\omega t - 3.4^\circ)\mathrm{V} \\ u_{\mathrm{L}} &= 8.42\sqrt{2}\sin(\omega t + 86.4^\circ)\mathrm{V} \\ u_{\mathrm{C}} &= 3.95\sqrt{2}\sin(\omega t - 93.4^\circ)\mathrm{V} \end{aligned}$$

应当注意：$U_{\mathrm{L}} = 8.42 > U = 5$，说明正弦电路中分电压的有效值有可能大于总电压的有效值，这是电路中电感和电容之间能量交换的结果。

### 三、*R*、*L* 与 *C* 串联正弦交流电路的功率计算

电路如图 2-25（a）所示，令电流 $i = I_{\mathrm{m}}\sin\omega t$，电压 $u = U_{\mathrm{m}}\sin(\omega t + \varphi)$，下面分别讨论 $R$、$L$、$C$ 串联正弦交流电路的瞬时功率、平均功率、无功功率、视在功率及功率三角形。

1. 瞬时功率 $p$

根据瞬时功率的定义，得瞬时功率 $p$ 为

$$p = ui = U_{\mathrm{m}}I_{\mathrm{m}}\sin(\omega t + \varphi)\sin\omega t = UI\cos\varphi - UI\cos(2\omega t + \varphi) \tag{2-68}$$

2. 平均功率 $P$（有功功率）

根据平均功率的定义，得其表达式为

$$P = \frac{1}{T}\int_0^T p\mathrm{d}t = \frac{1}{T}\int_0^T [UI\cos\varphi - UI\cos(2\omega t + \varphi)]\mathrm{d}t = UI\cos\varphi \tag{2-69}$$

对于纯电阻电路，$\cos\varphi = 1$，所以电阻消耗的平均功率为

$$P = UI = \frac{U^2}{R} = RI^2 \tag{2-70}$$

3. 无功功率 $Q$

在 $R$、$L$、$C$ 串联的正弦交流电路中，储能元件 $L$ 和 $C$ 虽然不消耗能量，但存在能量的吞吐，吞吐的规模用无功功率来表示。由于 $L$ 和 $C$ 流过的是同一电流 $i = I_m \sin \omega t$，所以在 $L$ 和 $C$ 上产生的电压 $u_L$ 和电压 $u_C$ 方向相反，如图 2-25（b）所示，电感元件和电容元件与电源进行能量交换的方向也是相反的。若规定电感元件与电源进行能量交换的方向为正，则 $R$、$L$、$C$ 串联的正弦交流电路的无功功率大小为

$$Q = Q_L - Q_C = U_L I - U_C I = (U_L - U_C) I \tag{2-71}$$

根据电压三角形可知

$$U_L - U_C = U \sin \varphi$$

所以，$R$、$L$、$C$ 串联的正弦交流电路的无功功率为

$$Q = UI \sin \varphi \tag{2-72}$$

4. 视在功率 $S$

视在功率定义为电路中总电压与总电流有效值的乘积，即

$$S = UI = |Z| I^2 \tag{2-73}$$

其单位有 V · A（伏 · 安）、kV · A（千伏 · 安）

注：$S = UI$ 可用来衡量发电机可能提供的最大功率（额定电压×额定电流）。

5. 功率三角形

由式（2-69）可知，有功功率为

$$P = UI \cos \varphi$$

由式（2-72）可知，无功功率为

$$Q = UI \sin \varphi$$

由式（2-73）可知，视在功率为

$$S = UI$$

所以

$$S = \sqrt{P^2 + Q^2} \tag{2-74}$$

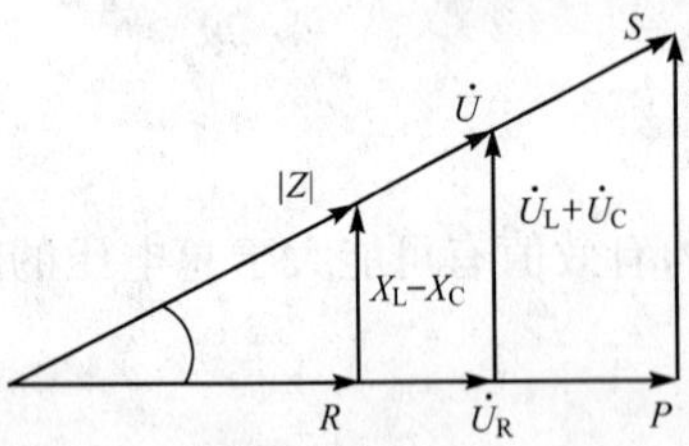

图 2-26 功率、电压和阻抗三角形

由式（2-74）可以看出，视在功率 $S$、平均功率 $P$、无功功率 $Q$ 构成了直角三角形的关系，这个三角形被称为功率三角形。显然，阻抗三角形、电压三角形和功率三角形是相似的，它们之间的关系如图 2-26 所示。

应当注意，有功功率 $P$、无功功率 $Q$ 和视在功率 $S$ 都不是正弦量，所以不能用相量表示。

## 第四节 阻抗的串联与并联

### 一、阻抗的串联

图 2-27 所示电路，根据基尔霍夫电压定律可写出其相量表示式，即

$$\dot{U} = \dot{U}_1 + \dot{U}_2 = \dot{I} Z_1 + \dot{I} Z_2 = \dot{I}(Z_1 + Z_2) = \dot{I} Z \tag{2-75}$$

所以

$$Z = Z_1 + Z_2 \tag{2-76}$$

阻抗串联等效电路如图 2-28 所示。

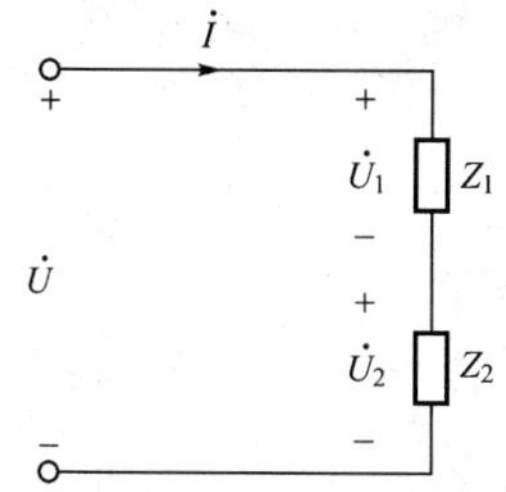


图 2-27 阻抗串联

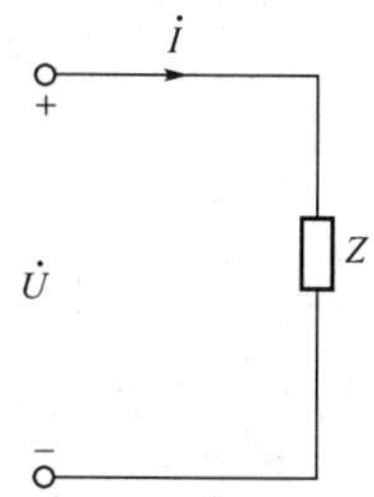


图 2-28 阻抗串联等效电路

因为一般情况下

$$U \neq U_1 + U_2$$

即

$$|Z|I \neq |Z_1|I + |Z_2|I$$

所以

$$|Z| \neq |Z_1| + |Z_2|$$

一般情况下，等效阻抗可写为

$$Z = \sum Z_k = \sum R_k + j\sum X_k = |Z|e^{j\varphi} \tag{2-77}$$

其中

$$|Z| = \sqrt{(\sum R_k)^2 + (\sum X_k)^2},\ \varphi = \arctan\frac{\sum X_k}{\sum R_k}$$

## 二、阻抗并联

图 2-29 所示电路，根据基尔霍夫电流定律可写出其相量表示式，即

$$\dot{I}_1 = \dot{U}_1/Z_1 = \dot{U}/Z_1$$

$$\dot{I}_2 = \dot{U}_2/Z_2 = \dot{U}/Z_2$$

$$\dot{I}_1 = \dot{I}_1 + \dot{I}_2 = \dot{U}(1/Z_1 + 1/Z_2) = \dot{U}/Z \tag{2-78}$$

所以

$$\frac{1}{Z} = \frac{1}{Z_1} + \frac{1}{Z_2} \text{ 或 } Z = \frac{Z_1Z_2}{Z_1 + Z_2} \tag{2-79}$$

阻抗并联等效电路如图 2-30 所示。

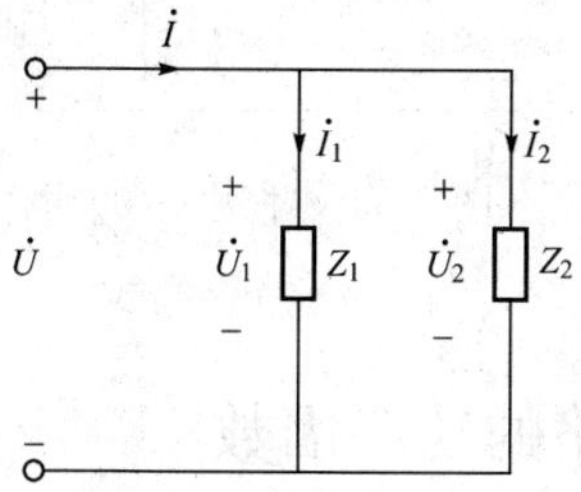


图 2-29 阻抗并联

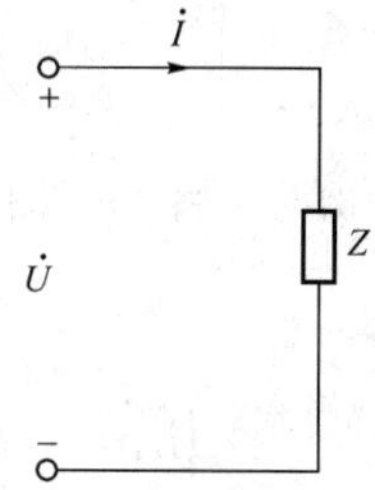


图 2-30 阻抗并联等效电路

因为一般情况下

$$I \neq I_1 + I_2$$

即

$$\frac{U}{|Z|} \neq \frac{U}{|Z_1|} + \frac{U}{|Z_2|}$$

所以

$$\frac{1}{|Z|} \neq \frac{1}{|Z_1|} + \frac{1}{|Z_2|}$$

由此可见，等效阻抗的倒数等于各个并联阻抗的倒数之和，在一般情况下可写为

$$\frac{1}{Z} = \Sigma \frac{1}{Z_k} \tag{2-80}$$

**【例 2-9】** 求图 2-31 所示电路的等效阻抗，已知 $\omega = 10^5\,\text{rad/s}, R_1 = 30\Omega, R_2 = 100\Omega, L = 1\text{mH}, C = 0.1\mu\text{F}$。

**解：** 感抗和容抗分别为

$$X_C = \frac{1}{\omega C} = \frac{1}{10^5 \times 0.1 \times 10^{-6}} = 100\ (\Omega)$$

$$X_L = \omega L = 10^5 \times 10 \times 10^{-3} = 100\ (\Omega)$$

所以电路的等效阻抗为

$$Z = R_1 + \frac{jX_L \times (R_2 - jX_C)}{jX_L + R_2 - jX_C} = 30 + \frac{j100 \times (100 - j100)}{j100 + 100 - j100} = 130 + j100(\Omega)$$

**【例 2-10】** 试判断图 2-32 所示电路对外呈现感性还是容性？

**解：** 图 2-32 所示电路的等效阻抗为

$$Z = 3 - j6 + \frac{5 \times (3 + j4)}{5 + 3 + j4} = 3 - j6 + \frac{25\angle 53.1}{8 + j4} = 5.5 - j4.75\ (\Omega)$$

所以电路对外呈现容性。

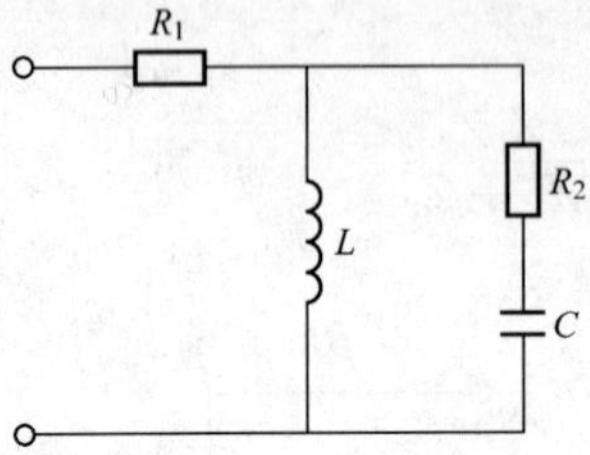


图 2-31　[例 2-9] 图

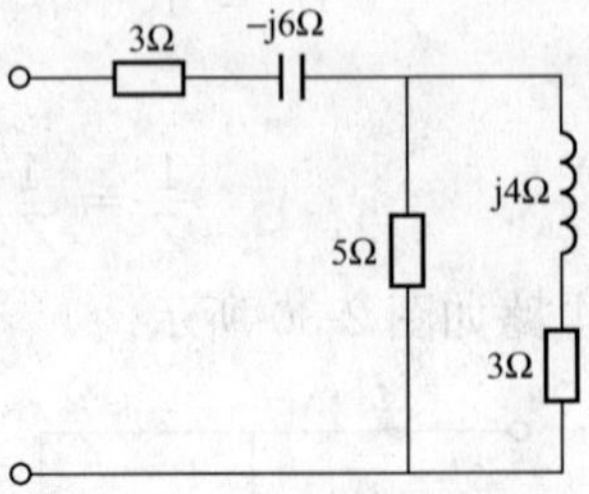


图 2-32　[例 2-10] 图

## 第五节　正弦交流电路的功率因数

### 一、提高功率因数的意义

在交流电路中，根据平均功率的公式可得

$$P = UI\cos\varphi$$

所以

$$\lambda = \frac{P}{S} = \cos\varphi$$

式中：$\lambda$ 称为电路的功率因数；$\varphi$ 是电压与电流的相位差，称为功率因数角，它由电路的参数决定的。

在纯电容和纯电感电路中，$P=0$，$\lambda=0$，功率因数最低；在纯电阻电路中，$P=S$，$\lambda=1$，功率因数最高。功率因数介于 0～1 之间。

功率因数是一项重要的力能经济指标，功率因数太低会引起下述两个方面的不良后果。

（1）电源设备的容量不能得到充分的利用。设有一台容量为 $S_N$ 的供电设备，根据有功功率的公式可计算出其输出的有功功率为

$$P = S_N\cos\varphi$$

$\cos\varphi$ 越低，$P$ 越小，设备越得不到充分利用。

（2）增加了输电线路及电源内阻的功率损耗。由公式 $I = \frac{P}{U\cos\varphi}$ 可知，当电源电压 $U$ 和输出有功功率 $P$ 一定时，功率因数越低，输出线路的电流越大，则使线路和电源内阻上的损耗的电功率就越大。

综上所述，提高功率因数既能使电源设备的容量得到充分的利用，又能提高效率、节约能量。

## 二、提高功率因数的方法

供电系统功率因数低的根本原因是由于电路中有感性负载存在，使电流滞后于电压，有一个滞后电压 90°的电流垂直分量。因此，提高功率因数的方法就是在感性负载两端并联电容器，从而产生一个超前电压 90°的电流以补偿感性负载的电流垂直分量，使总的线路电流减小，同时减小了总电压和总电流的相位差。常用提高功率因数的电路和对应相量图如图 2-33 所示。

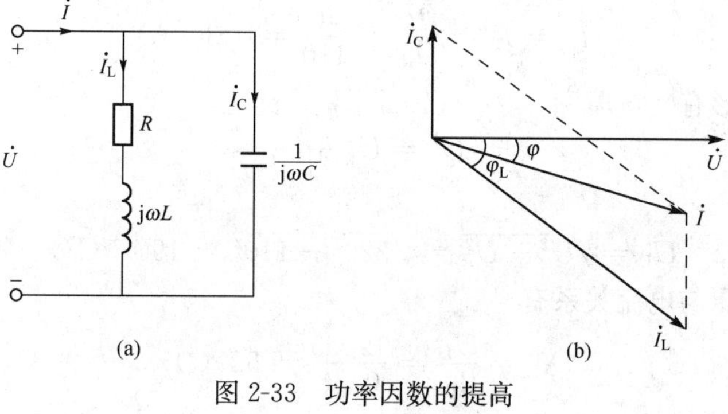


图 2-33 功率因数的提高

（a）电路图；（b）相量图

并联电容前有

$$P = UI_L\cos\varphi_L，I_L = \frac{P}{U\cos\varphi_L}$$

并联电容后有

$$P = UI\cos\varphi，I = \frac{P}{U\cos\varphi}$$

由图 2-33（b）可以看出

$$I_C = I_L\sin\varphi_L - I\sin\varphi = \frac{P\sin\varphi_L}{U\cos\varphi_L} - \frac{P\sin\varphi}{U\cos\varphi} = \frac{P}{U}(\tan\varphi_L - \tan\varphi)$$

又知
$$I_C = \frac{U}{X_C} = \omega CU$$

代入上式可得
$$\omega CU = \frac{P}{U}(\tan\varphi_L - \tan\varphi)$$

即
$$C = \frac{P}{\omega U^2}(\tan\varphi_L - \tan\varphi)$$

因为
$$Q_C = I^2 X_C = \frac{U^2}{X_C} = \omega CU^2$$

所以
$$C = \frac{Q_C}{\omega U^2}$$

代入 $C = \frac{P}{\omega U^2}(\tan\varphi_L - \tan\varphi)$ 中，可得

$$Q_C = P(\tan\varphi_L - \tan\varphi) \tag{2-81}$$

需要说明的是，这里的提高功率因数是指提高电源的功率因数，而不是感性负载的功率因数。

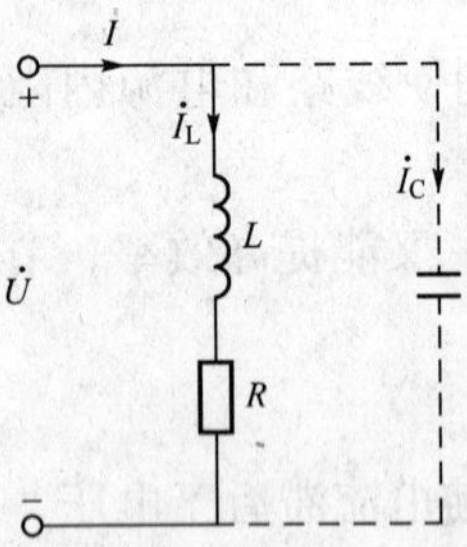

图 2-34　[例 2-11] 图

**【例 2-11】**　有一个 40W 的日光灯，使用时灯管与镇流器（可近似将镇流器看作纯电感）串联在电压为 220V、频率为 50Hz 的电源上。已知灯管工作时属于纯电阻负载，灯管两端的电压等于 110V，试求镇流器上的感抗和电感。这时电路的功率因数等于多少？若将功率因数提高到 0.8，问应并联多大的电容？

**解：** 根据已知题意有

$$P = 40\text{W},\ U_R = 110\text{V},\ \omega = 314\text{rad/s}$$

所以有

$$I_L = I_R = \frac{P}{U_R} = \frac{40}{110} = 0.36(\text{A})$$

根据电压三角形有

$$U^2 = U_R^2 + U_L^2$$

所以有

$$U_L = \sqrt{U^2 - U_R^2} = \sqrt{220^2 - 110^2} = 190.5(\text{V})$$

根据电感的电压与电流关系有

$$X_L = \frac{U_L}{I_L} = \frac{190.5}{0.36} = 529(\Omega)$$

$$L = \frac{X_L}{\omega} = \frac{529}{314} = 1.69(\text{H})$$

由于灯管与镇流器是串联的，所以电路的功率因数

$$\cos\varphi = \frac{U_R}{U} = \frac{110}{220} = 0.5$$

设并联电容前功率因数角为 $\varphi_1$，并联后为 $\varphi_2$，则

$$\tan\varphi_1 = \sqrt{3},\ \tan\varphi_2 = \frac{3}{4}$$

所以，若将功率因数提高到0.8，应并联的电容为

$$C=\frac{P}{\omega U^2}(\tan\varphi_1-\tan\varphi_2)=\frac{40}{314\times220^2}\times\left(\sqrt{3}-\frac{3}{4}\right)=2.58(\mu\text{F})$$

**【例2-12】** 一个负载的额定电压为220V，功率为10kW，功率因数为0.6，欲将功率因数提高到0.9，试求所需并联电容的值。

**解：** 当$\cos\varphi_1=0.6$时，$\varphi_1=53.1°$；当$\cos\varphi_2=0.9$时，$\varphi_2=25.8°$。因此所需并联电容的值为

$$C=\frac{P}{\omega U^2}(\tan\varphi_1-\tan\varphi_2)=\frac{10\times10^3}{314\times220^2}\times(1.33-0.48)=559(\mu\text{F})$$

## 第六节 三相交流电路

三相电路在生产上应用极为广泛，发电和输配电一般都采用三相制。供电系统的主要负载是交流电动机，而交流电动机多数是三相的。前面讨论的交流电路，只是三相供电系统中的一相电路。

电力系统中的供电方式几乎全是采用三相正弦交流电。三相电路是由三个频率相同、幅值相同、相位彼此相差120°的正弦电动势作为供电电源的电路。三相电力系统由三相电源、三相负载和三相输电线路三部分组成。

### 一、对称三相电源

通常由三相交流发电机产生对称三相电源。图2-35所示为三相交流发电机的结构示意图。它的定子内部装有铁心，铁心内圆周表面冲有很多槽，放置有三组相同的绕组，图2-35中用三个集中的线圈代表，始端是A、B、C，末端是X、Y、Z，三个始端（或末端）在空间位置上互差120°。定子铁心及其绕组称作电枢。发电机的转子上装有磁极，上绕励磁绕组，通入直流电流励磁，可在磁极表面的空气隙中产生较强的磁场。由于磁通具有连续性，磁力线经由磁极铁心和定子铁心而完成闭合路径，如图2-35中虚线所示。

当转子以均匀角速度$\omega$转动时，定子绕组便切割磁力线产生正弦变化的感应电动势。由于定子绕组对称，三相绕组中产生的感应电动势$e_A$、$e_B$、$e_C$（参考方向均由末端指向始端）将是幅值相等、相位互差120°、同频率的三个正弦量。当磁极顺时针旋转时，磁力线依次先切割A绕组，再切割B绕组和C绕组，因此，$e_A$先达到正最大值，然后$e_B$和$e_C$依次达到正最大值，从而形成图2-36所示的对称三相电源。其中A、B、C三端称为始端，X、Y、Z三端称为末端。对称三相电源是指三个频率相同、幅值相同、相位彼此相差120°的正弦交流电源。

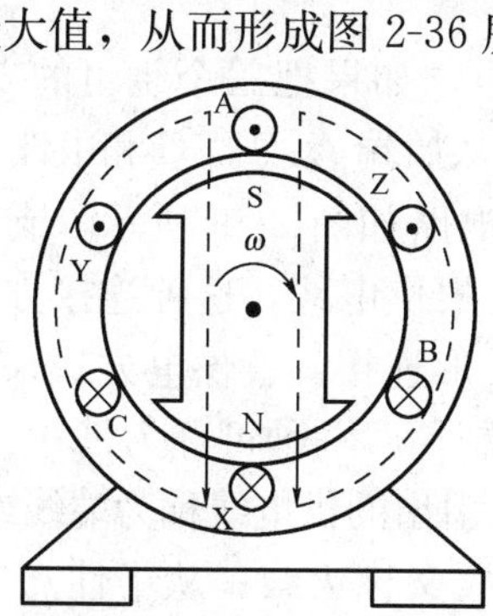


图2-35 三相交流发电机结构示意图

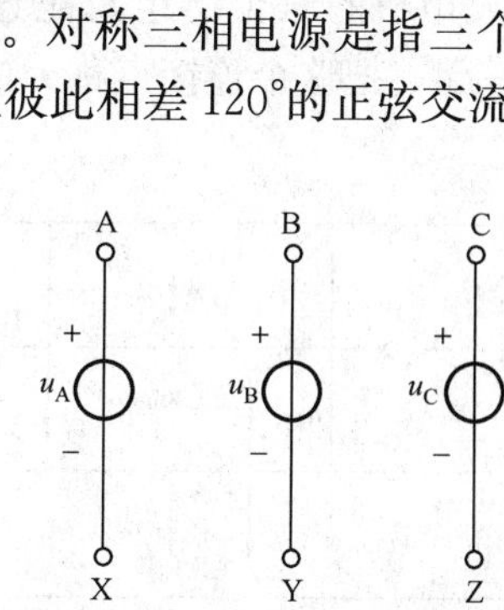


图2-36 三相对称电源

如以 $u_A$ 为参考正弦交流电源，则对称三相电源的电压表达式分别为

$$\begin{cases} u_A(t) = \sqrt{2}U\sin\omega t \\ u_B(t) = \sqrt{2}U\sin(\omega t - 120°) \\ u_C(t) = \sqrt{2}U\sin(\omega t + 120°) \end{cases}$$

对称三相电源电压的有效值相量表示为

$$\begin{cases} \dot{U}_A = U\angle 0° \\ \dot{U}_B = U\angle -120° \\ \dot{U}_C = U\angle 120° \end{cases}$$

对称三相电源电压波形图如图 2-37 所示。对称三相电源的相量图如图 2-38 所示。

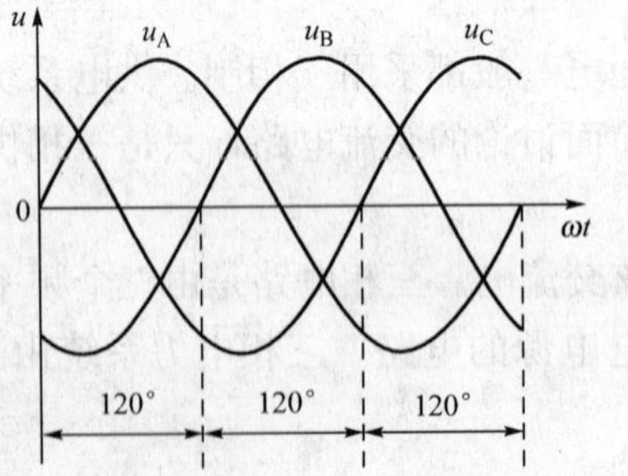


图 2-37 对称三相电源电压波形图

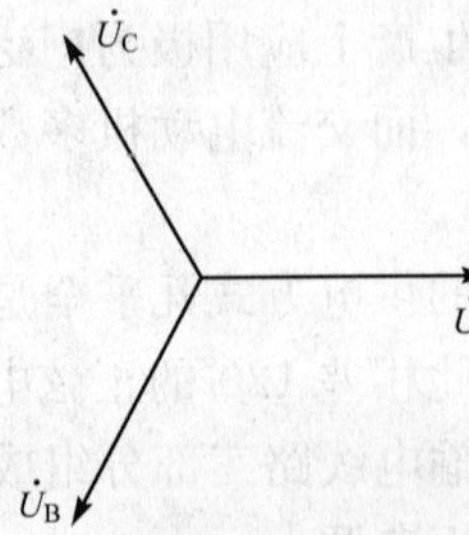


图 2-38 对称三相电源电压相量图

根据对称三相电源电压的瞬时值表达式和相量的表示式可以得出

$$u_A + u_B + u_C = 0$$

$$\dot{U}_A + \dot{U}_B + \dot{U}_C = 0$$

即对称三相电源电压的瞬时值之和（或相量之和）总是为零。

对称三相电源中各相电压经过同一值（如正最大值）的先后顺序称为三相电源的相序。上述三相电源的相序称为正序（或顺序），即三相电源的相序为 A→B→C。反之，若 B 相超前 A 相 120°，C 相超前 B 相 120°，这种相序称为负序（或逆序），即三相电源的相序为 C→B→A。以后如果不加说明，都认为是正序。

## 二、三相电源的星形连接

实际上发电机的三个绕组总是连成一个整体对负载供电。如果把三个绕组的末端 X、Y、Z 接在一起，把这个连接点称为中性点（用 N 表示）；而从始端 A、B、C 和中性点 N 向外引出四根供电线，电路如图 2-39 所示，或者只从始端 A、B、C 引出三根供电线，这种连接方法就构成三相电源的星（Y）形连接。就供电方式来说，前一种可称为三相四线制，后一种可称为三相三线制。其中从始端 A、B、C 引出的供电线称为端线或相线，端线对地有电位差，故又称火线；从中性点 N 引出的供电线称为中性线，中性线通常接地，故又称地线或零线。

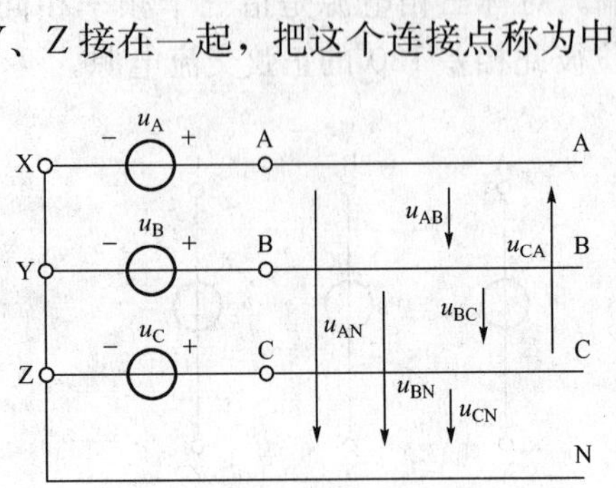


图 2-39 三相电源星形连接电路

A、B、C 三根端线对中性线 N 的电压分别为 $u_{AN}$、$u_{BN}$、$u_{CN}$（即每相绕组的端电压），称为三相电源的相电压；三根端线之间的电压分别为 $u_{AB}$、$u_{BC}$、$u_{CA}$，称为三相电源的线电压，如图 2-39 所示。

根据图 2-39 所示连接电路的参考方向，可以得到如下的表达式

$$\begin{cases} u_{AN} = u_A = \sqrt{2}U\sin\omega t \\ u_{BN} = u_B = \sqrt{2}U\sin(\omega t - 120°) \\ u_{CN} = u_C = \sqrt{2}U\sin(\omega t + 120°) \end{cases} \tag{2-82}$$

式（2-82）用有效值相量表示为

$$\begin{cases} \dot{U}_{AN} = \dot{U}_A = U\angle 0° \\ \dot{U}_{CN} = \dot{U}_B = U\angle -120° \\ \dot{U}_{CN} = \dot{U}_C = U\angle 120° \end{cases} \tag{2-83}$$

根据基尔霍夫电压定律可知，线电压与相电压之间的关系式为

$$\begin{cases} u_{AB} = u_{AN} - u_{BN} \\ u_{BC} = u_{BN} - u_{CN} \\ u_{CA} = u_{CN} - u_{AN} \end{cases} \tag{2-84}$$

线电压与相电压之间的有效值相量关系式为

$$\begin{cases} \dot{U}_{AB} = \dot{U}_{AN} - \dot{U}_{BN} \\ \dot{U}_{BC} = \dot{U}_{BN} - \dot{U}_{CN} \\ \dot{U}_{CA} = \dot{U}_{CN} - \dot{U}_{AN} \end{cases} \tag{2-85}$$

其相量图如图 2-40 所示。从图 2-40 中分析可知，当三相电源的相电压对称时，其线电压也是对称的。如果用 $U_{ph}$ 表示相电压的有效值，用 $U_l$ 表示线电压的有效值，则线电压 $U_l$ 与相电压 $U_{ph}$ 在数量上的关系为

$$\frac{1}{2}U_l = U_{ph}\cos 30° = \frac{\sqrt{3}}{2}U_{ph} \tag{2-86}$$

即

$$U_l = \sqrt{3}U_{ph} \tag{2-87}$$

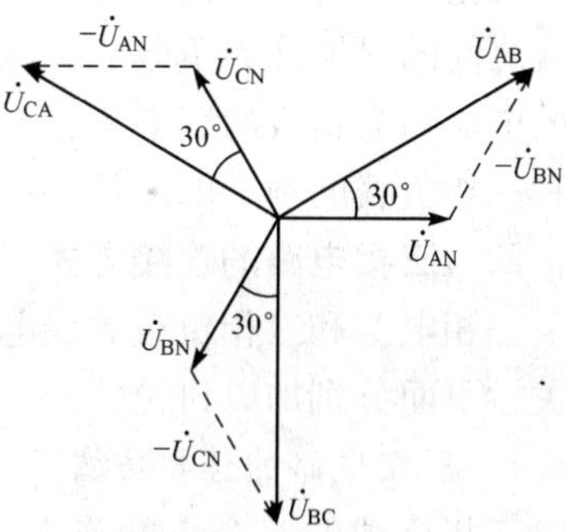


图 2-40 三相电源星形连接时相电压、线电压的相量图

由图 2-40 中的相位关系上看，$U_{AB}$ 超前 $\dot{U}_{AN}$ 30°，$\dot{U}_{BC}$ 超前 $\dot{U}_{BN}$ 30°，$\dot{U}_{CA}$ 超前 $\dot{U}_{CN}$ 30°。如用相量表示，各线电压与相电压之间的关系为

$$\begin{cases} \dot{U}_{AB} = \sqrt{3}\dot{U}_{AN}e^{j30°} \\ \dot{U}_{BC} = \sqrt{3}\dot{U}_{BN}e^{j30°} \\ \dot{U}_{CA} = \sqrt{3}\dot{U}_{CN}e^{j30°} \end{cases} \tag{2-88}$$

由式（2-88）可知，对于星形接法的对称三相电源：

（1）三相电源相电压对称，则线电压也对称。

（2）三相电源线电压 $U_l$ 是相电压 $U_{ph}$ 的 $\sqrt{3}$ 倍。

（3）三相电源线电压在相位上领先于对应的相电压 30°角。这里所谓的对应相电压是指用线电压的第一个下标字母标出的相电压。

三相电源通常都是对称的，我国通用的低压供电线路的相电压 $U_{ph}=220V$，线电压 $U_l=\sqrt{3}U_{ph}=380V$。

**三、三相负载**

由三相电源供电的负载称为三相负载。三相负载一般可分为两类：一类负载必须接在三相电源上才能正常工作，如三相交流电动机、大功率三相电阻炉等，这类负载的特点是三个相的阻抗相同，称为对称三相负载；另一类负载如电灯、家用电器等，只需由单相电源供电即可正常工作，但为了使三相电源供电均衡，许多这样的负载实际上是大致平均分配到三相电源的三个相上，这类负载三个相的阻抗一般不可能相等，属于不对称三相负载。三相电源供电电路如图 2-41 所示。

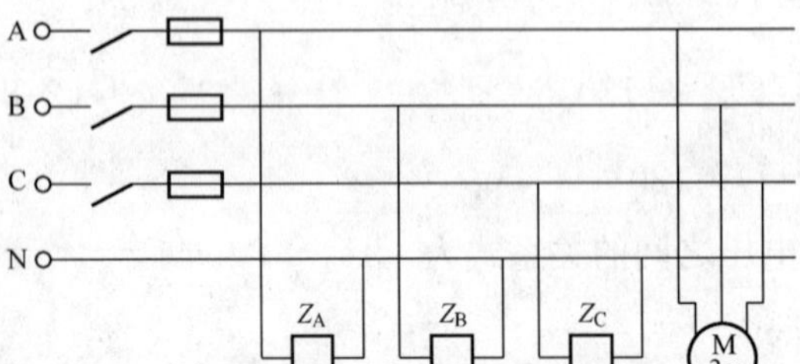


图 2-41 三相电源供电电路

三相电路的负载由三部分组成，其中每一部分叫做一相负载。三相负载的连接方式也有星形（Y）连接和三角形（△）连接两种方式。三相电路就是由对称三相电源和三相负载连接起来所组成的系统。工程上，根据实际需要可以组成 Y－Y 连接方式或 Y－△连接方式等。当组成三相电路的电源和负载都对称时，称为对称三相电路。

无论采用哪种连接方式，每相负载首端与末端之间的电压称为负载的相电压，两相负载首端之间的电压称为负载的线电压，每相负载中通过的电流称为负载的相电流，流过每根端线的电流称为负载的线电流。至于三相负载应该采取什么样的连接方式，应该根据电源的电压和三相负载的额定电压的大小而决定。

**四、三相电路的连接方式**

三相电源和三相负载的线电压和相电压、线电流和相电流之间的关系与负载的连接方式有关，下面分别加以讨论。

1. 三相电路的连接方式

三相负载的三个末端连在一起，接到电源的中性线上，三相负载的三个首端分别接到三相星形电源的三根端线上，这种连接方式就是三相电路的 Y－Y 连接方式，如图 2-42 所示。在这种接法中，电源与负载之间是通过四根导线连接起来的，所以又将这种连接方式称为三相四线制。

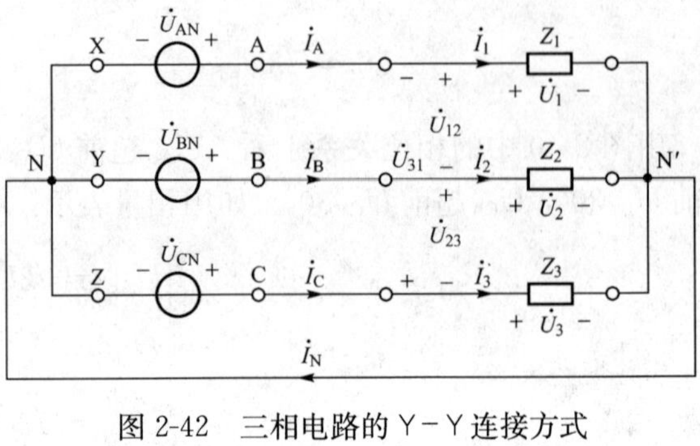


图 2-42 三相电路的 Y－Y 连接方式

设三相电源为对称三相电源，负载

星形连接，则各相瞬时值表达式为

$$\begin{cases} u_{AN}=\sqrt{2}U\sin\omega t \\ u_{BN}=\sqrt{2}U\sin(\omega t-120°) \\ u_{CN}=\sqrt{2}U\sin(\omega t+120°) \end{cases}$$

采用有效值相量表示为

$$\begin{cases} \dot{U}_{AN}=U\angle 0° \\ \dot{U}_{BN}=U\angle -120° \\ \dot{U}_{CN}=U\angle 120° \end{cases}$$

令三相负载的每相负载分别为 $Z_1=|Z_1|\angle\varphi_1$，$Z_2=|Z_2|\angle\varphi_2$，$Z_3=|Z_3|\angle\varphi_3$，采用星形连接的方式。

由图 2-42 可知

$$\begin{cases} \dot{U}_1=\dot{U}_{AN}=U\angle 0° \\ \dot{U}_2=\dot{U}_{BN}=U\angle -120° \\ \dot{U}_3=\dot{U}_{CN}=U\angle 120° \end{cases} \tag{2-89}$$

式（2-89）表明，星形连接三相负载的相电压 $U_{LphY}$ 等于星形连接三相电源的相电压 $U_{phY}$，即

$$U_{LphY}=U_{phY}=U$$

在图 2-42 所示电路的参考方向下，有

$$\begin{cases} \dot{U}_{12}=\dot{U}_1-\dot{U}_2=\dot{U}_{AN}-\dot{U}_{BN}=\dot{U}_{AB} \\ \dot{U}_{23}=\dot{U}_2-\dot{U}_3=\dot{U}_{BN}-\dot{U}_{CN}=\dot{U}_{BC} \\ \dot{U}_{31}=\dot{U}_3-\dot{U}_1=\dot{U}_{CN}-\dot{U}_{AN}=\dot{U}_{CA} \end{cases} \tag{2-90}$$

式（2-90）表明，星形连接三相负载的线电压 $U_{LlY}$ 等于星形连接三相电源的线电压 $U_{lY}$，即

$$U_{LlY}=U_{lY}=\sqrt{3}U$$

将数据代入式（2-90）中，整理得

$$\begin{cases} \dot{U}_{12}=U\angle 0°-U\angle(-120°)=\sqrt{3}\dot{U}_1\angle 30°=\sqrt{3}U\angle 30° \\ \dot{U}_{23}=U\angle(-120°)-U\angle 120°=\sqrt{3}\dot{U}_2\angle 30°=\sqrt{3}U\angle(-90°) \\ \dot{U}_{31}=U\angle 120°-U\angle(-120°)=\sqrt{3}\dot{U}_3\angle 30°=\sqrt{3}U\angle 150° \end{cases} \tag{2-91}$$

利用图 2-43 所示的相量图也可以得到以上相电压和线电压之间的关系。

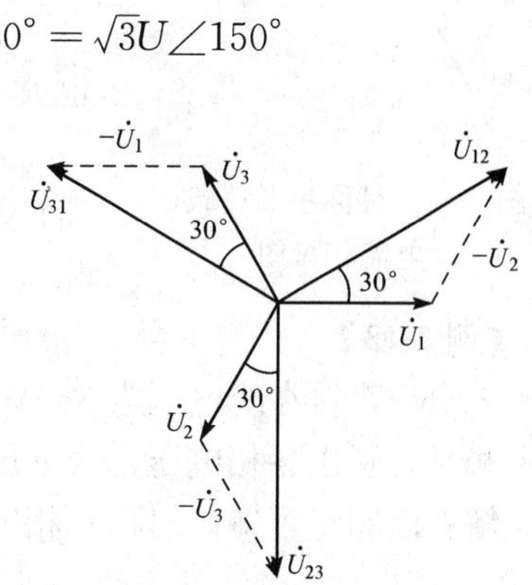


图 2-43　三相负载星形连接的电压相量图

由此得出，对于 Y－Y 接法的对称三相电路：

（1）三相负载的相电压对称，则三相负载的线电压也对称；

（2）三相负载的线电压 $U_{LlY}$ 是相电压 $U_{LphY}$ 的 $\sqrt{3}$ 倍；

（3）三相负载的线电压相位超前对应相电压 30°。这里所谓的对应相电压是指用线电压的第一个下标字母标出。

三相负载相电压与相电流的关系，由图 2-42 可知

$$\dot{I}_1=\frac{\dot{U}_1}{Z_1}=\frac{U\angle 0^\circ}{|Z_1|\angle\varphi_1}=\frac{U}{|Z_1|}\angle-\varphi_1$$

$$\dot{I}_2=\frac{\dot{U}_2}{Z_2}=\frac{U\angle(-120^\circ)}{|Z_2|\angle\varphi_2}=\frac{U}{|Z_2|}\angle(-120^\circ-\varphi_2)$$

$$\dot{I}_3=\frac{\dot{U}_3}{Z_3}=\frac{U\angle 120^\circ}{|Z_3|\angle\varphi_3}=\frac{U}{|Z_3|}\angle(120^\circ-\varphi_3)$$

由图 2-42 还可以看出

$$\dot{I}_A=\dot{I}_1,\ \dot{I}_B=\dot{I}_2,\ \dot{I}_C=\dot{I}_3$$

所以，当三相电路为Y－Y接法时，流过三根端线的线电流 $I_{LlY}$ 等于相电流 $I_{LphY}$，记作

$$I_{LlY}=I_{LphY} \tag{2-92}$$

中性线的电流为

$$\dot{I}_N=\dot{I}_1+\dot{I}_2+\dot{I}_3=\dot{I}_A+\dot{I}_B+\dot{I}_C$$

当三相负载为对称负载时，即 $Z_1=Z_2=Z_3=Z=|Z|\angle\varphi$，每相负载的相电流为

$$\dot{I}_1=\frac{\dot{U}_1}{Z_1}=\frac{U\angle 0^\circ}{|Z|\angle\varphi}=\frac{U}{|Z|}\angle-\varphi$$

$$\dot{I}_2=\frac{\dot{U}_2}{Z_2}=\frac{U\angle(-120^\circ)}{|Z|\angle\varphi}=\frac{U}{|Z|}\angle(-120^\circ-\varphi)=\dot{I}_1\angle-120^\circ$$

$$\dot{I}_3=\frac{\dot{U}_3}{Z_3}=\frac{U\angle 120^\circ}{|Z|\angle\varphi}=\frac{U}{|Z|}\angle(120^\circ-\varphi)=\dot{I}_1\angle 120^\circ$$

其有效值

$$I_1=I_2=I_3=I_{ph}=\frac{U_{ph}}{|Z|}$$

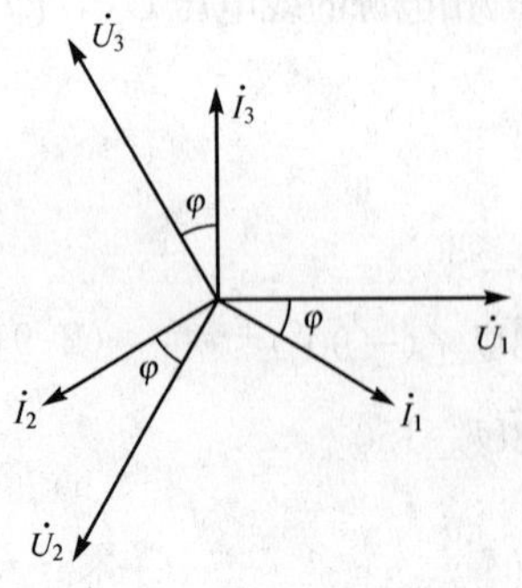


图 2-44 对称星形负载的电流相量图

其相量图如图 2-44 所示。

当负载对称时，其中性线的电流为

$$\dot{I}_N=\dot{I}_1+\dot{I}_2+\dot{I}_3=0 \tag{2-93}$$

即三相负载对称时，中性线电流等于零，因此中性线可以去掉，这使得三相四线制电源电路就变为三相三线制电源电路。

注意，如果负载不对称，中性线的电流不等于零，中性线也就不能省去。

通过上面的分析可知，在计算对称负载的三相电路时，只需计算一相即可，其他各相电压和电流都是对称的，大小相等，相位互差 120°，可以直接写出。

**【例 2-13】** 有一台三相电动机，额定电压是 380V，星形连接，每相等效阻抗 $Z=22\angle 60^\circ$，接在线电压为 380V 星形连接的对称三相电源上，求各相电流？以 A 相电压为参考相量，画出各相电压、线电压和各相电流的相量图。

**解：** 由题意可知，对称三相电源的相电压为

$$U_{ph}=\frac{1}{\sqrt{3}}U_l=220(\text{V})$$

如果以 A 相电压为参考相量，则对称三相电源各相电压为

$$\dot{U}_{AN} = 220\angle 0°V$$

$$\dot{U}_{BN} = 220\angle -120°V$$

$$\dot{U}_{CN} = 220\angle 120°V$$

由于采用的是 Y－Y 接法，所以有

$$\begin{cases} \dot{U}_1 = \dot{U}_{AN} \\ \dot{U}_2 = \dot{U}_{BN} \\ \dot{U}_3 = \dot{U}_{CN} \end{cases}$$

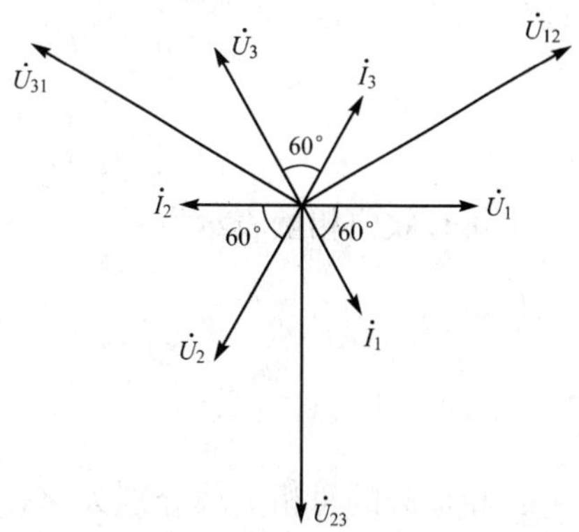

图 2-45　［例 2-13］电压、电流相量图

每相阻抗的相电流为

$$\dot{I}_1 = \frac{\dot{U}_1}{Z_1} = \frac{220\angle 0°}{22\angle 60°} = 10\angle -60°(A)$$

$$\dot{I}_2 = \frac{\dot{U}_2}{Z_2} = \frac{220\angle -120°}{22\angle 60°} = 10\angle(-120° - 60°) = \dot{I}_1\angle -120°$$

$$\dot{I}_3 = \frac{\dot{U}_3}{Z_3} = \frac{220\angle 120°}{22\angle 60°} = 10\angle(120° - 60°) = \dot{I}_1\angle 120°$$

各线电压为

$$\dot{U}_{12} = \sqrt{3}\dot{U}_{AN}\angle 30° = 380\angle 30°(V)$$

$$\dot{U}_{23} = \sqrt{3}\dot{U}_{BN}\angle 30° = 380\angle -90°(V)$$

$$\dot{U}_{31} = \sqrt{3}\dot{U}_{CN}\angle 30° = 380\angle 150°(V)$$

上述电流、电压的相量图如图 2-45 所示。

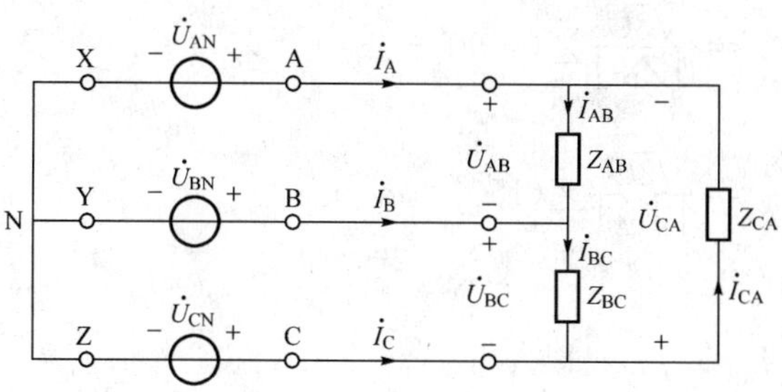

图 2-46　三相电路的 Y－△连接方式

2. 三相电路的 Y－△连接方式

三相负载的每相负载的首端都依次与另一相负载的末端连接在一起，形成闭合回路，然后，将三个连接点分别接到星形连接的对称三相电源的三根端线上，这种连接方式就是三相电路的 Y－△连接方式，如图 2-46 所示。

设三相电源为对称三相电源，星形连接，则各相瞬时值表达式为

$$\begin{cases} u_{AN} = \sqrt{2}U\sin\omega t \\ u_{BN} = \sqrt{2}U\sin(\omega t - 120^\circ) \\ u_{CN} = \sqrt{2}U\sin(\omega t - 120^\circ) \end{cases}$$

采用有效值相量表示为

$$\begin{cases} \dot{U}_{AN} = U\angle 0^\circ \\ \dot{U}_{BN} = U\angle -120^\circ \\ \dot{U}_{CN} = U\angle 120^\circ \end{cases}$$

三相负载的每相负载分别为 $Z_{AB} = |Z_{AB}|\angle\varphi_{AB}$，$Z_{BC} = |Z_{BC}|\angle\varphi_{BC}$，$Z_{CA} = |Z_{CA}|\angle\varphi_{CA}$，采用三角形连接方法。

由图 2-46 可知，在图示参考方向下，则有

$$\dot{U}_{AB} = \dot{U}_{AN} - \dot{U}_{BN} = U\angle 0^\circ - U\angle -120^\circ = \sqrt{3}\dot{U}_{AN}\angle 30^\circ = \sqrt{3}U\angle 30^\circ$$

$$\dot{U}_{BC} = \dot{U}_{BN} - \dot{U}_{CN} = U\angle -120^\circ - U\angle 120^\circ = \sqrt{3}\dot{U}_{BN}\angle 30^\circ = \sqrt{3}U\angle -90^\circ$$

$$\dot{U}_{CA} = \dot{U}_{CN} - \dot{U}_{AN} = U\angle 120^\circ - U\angle 0^\circ = \sqrt{3}\dot{U}_{CN}\angle 30^\circ = \sqrt{3}U\angle 150^\circ$$

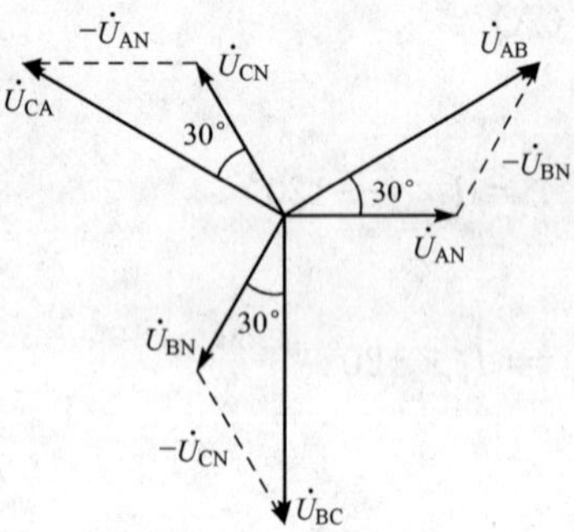


图 2-47 三相负载三角形连接的电压相量图

相量图如图 2-47 所示。

由图 2-46 的分析可知，三相负载为三角形连接时，无论负载是否对称，其相电压 $U_{Lph\triangle}$ 总是对称的，且在三角形接法下的线电压 $U_{Ll\triangle}$ 等于相电压 $U_{Lph\triangle}$，等于星形连接对称三相电源相电压 $U_{phY}$ 的 $\sqrt{3}$ 倍，即

$$U_{Ll\triangle} = U_{Lph\triangle} = \sqrt{3}U_{phY} \tag{2-94}$$

利用图 2-47 所示的相量图也可以得到以上三相负载的相电压 $U_{Lph\triangle}$（线电压 $U_{Ll\triangle}$）与星形连接对称三相电源相电压 $U_{phY}$ 之间的关系。

此时，每相负载中的相电流为

$$\dot{I}_{AB} = \frac{\dot{U}_{AB}}{Z_{AB}} = \frac{\sqrt{3}U\angle 30^\circ}{|Z_{AB}|\angle\varphi_{AB}} = \frac{\sqrt{3}U}{|Z_{AB}|}\angle(30^\circ - \varphi_{AB})$$

$$\dot{I}_{BC} = \frac{\dot{U}_{BC}}{Z_{BC}} = \frac{\sqrt{3}U\angle -90^\circ}{|Z_{BC}|\angle\varphi_{BC}} = \frac{\sqrt{3}U}{|Z_{BC}|}\angle(-90^\circ - \varphi_{BC})$$

$$\dot{I}_{CA} = \frac{\dot{U}_{CA}}{Z_{CA}} = \frac{\sqrt{3}U\angle 150^\circ}{|Z_{CA}|\angle\varphi_{CA}} = \frac{\sqrt{3}U}{|Z_{CA}|}\angle(150^\circ - \varphi_{CA})$$

根据基尔霍夫电流定律可求出其线电流

$$\dot{I}_{A} = \dot{I}_{AB} - \dot{I}_{CA}$$

$$\dot{I}_{B} = \dot{I}_{BC} - \dot{I}_{AB}$$

$$\dot{I}_{C} = \dot{I}_{CA} - \dot{I}_{BC}$$

由此可知，三相负载在三角形连接时，其相电流 $I_{Lph\triangle}$ 和线电流 $I_{Ll\triangle}$ 是不相等的。

当三相负载为对称负载时，即

$$Z_{AB}=Z_{BC}=Z_{CA}=Z=|Z|\angle\varphi$$

则每相负载的相电流为

$$\dot{I}_{AB}=\frac{\dot{U}_{AB}}{Z_{AB}}=\frac{\sqrt{3}U\angle 30^\circ}{|Z|\angle\varphi}=\frac{\sqrt{3}U}{|Z|}\angle(30^\circ-\varphi)$$

$$\dot{I}_{BC}=\frac{\dot{U}_{BC}}{Z_{BC}}=\frac{\sqrt{3}U\angle(-90^\circ)}{|Z|\angle\varphi}=\frac{\sqrt{3}U}{|Z|}\angle(-90^\circ-\varphi)=\dot{I}_{AB}\angle-120^\circ$$

$$\dot{I}_{CA}=\frac{\dot{U}_{CA}}{Z_{CA}}==\frac{\sqrt{3}U\angle 150^\circ}{|Z|\angle\varphi}=\frac{\sqrt{3}U}{|Z|}\angle(150^\circ-\varphi)=\dot{I}_{AB}\angle 120^\circ$$

由此可知，当三相负载为对称负载时，三相负载的相电流大小相等，相位互差 120°。

若以 $\dot{I}_{AB}$为参考相量，即 $\dot{I}_{AB}=I\angle 0^\circ$，根据对称性可得到另外两相的相电流，即

$$\dot{I}_{BC}=I\angle-120^\circ,\quad \dot{I}_{CA}=I\angle 120^\circ$$

则每根端线的线电流为

$$\dot{I}_{A}=\dot{I}_{AB}-\dot{I}_{CA}=I\angle 0^\circ-I\angle 120^\circ=\sqrt{3}\dot{I}_{AB}\angle-30^\circ=\sqrt{3}I\angle-30^\circ$$

$$\dot{I}_{B}=\dot{I}_{BC}-\dot{I}_{AB}=I\angle-120^\circ-I\angle 0^\circ=\sqrt{3}\dot{I}_{BC}\angle-30^\circ=\sqrt{3}I\angle-150^\circ$$

$$\dot{I}_{C}=\dot{I}_{CA}-\dot{I}_{BC}=I\angle 120^\circ-I\angle-120^\circ=\sqrt{3}\dot{I}_{CA}\angle-30^\circ=\sqrt{3}I\angle 90^\circ$$

对于 Y—△连接的对称三相电路，三相负载的相电流与线电流的相量图如图 2-48 所示。由此得出，在 Y—△连接的对称三相电路中：

（1）三相负载的相电流对称，则三相负载的线电流也对称；

（2）三相负载的线电流 $I_{Ll\triangle}$是相电流 $I_{Lph\triangle}$的$\sqrt{3}$倍；

（3）三相负载的线电流相位滞后对应相电流 30°。这里所谓的对应相电流是指用线电流的第一个下标字母标出。

**【例 2-14】**　如图 2-49 所示电路中，对称三相负载三角形连接，已知电源电压对称，$U_l=220\text{V}$，每个电阻丝的额定电压为 $U_N=220\text{V}$，$P_N=100\text{W}$。求对称三相负载的相电流和线电流各为何值？

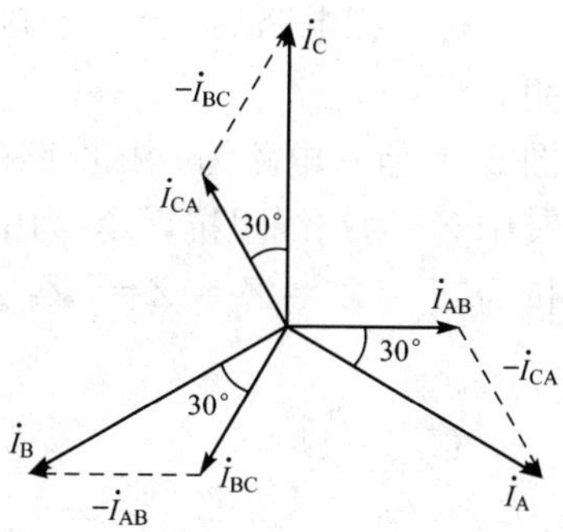


图 2-48　Y—△连接的对称三相电路中，三相负载相电流与线电流相量图

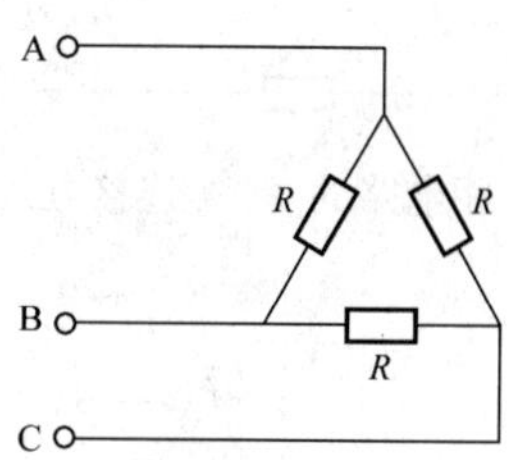


图 2-49　［例 2-14］图

**解：**

$$I_{ph}=\frac{P_N}{U_N}=\frac{100}{220}=0.455\ (\text{A})$$

$$I_l=\sqrt{3}I_{ph}=0.788\ (\text{A})$$

设$\dot{U}_{AB}=220\angle 0°V$，则相电流为

$$\dot{I}_{AB}=0.455\angle 0°A$$

$$\dot{I}_{BC}=0.455\angle -120°A$$

$$\dot{I}_{CA}=0.455\angle 120°A$$

线电流为

$$\dot{I}_{A}=\sqrt{3}\dot{I}_{AB}e^{-j30°}=0.788\angle -30°\ (A)$$

$$\dot{I}_{B}=\sqrt{3}\dot{I}_{BC}e^{-j30°}=0.788\angle -150°\ (A)$$

$$\dot{I}_{C}=\sqrt{3}\dot{I}_{CA}e^{-j30°}=0.788\angle 90°\ (A)$$

3. 三相负载连接方法的确定

三相负载的星形和三角形连接方法在实际中是经常遇到的，我国日常生活中的低压电力系统共有三根端线和一根中性线，其线电压是 380V，相电压是 220V。

在实际应用中，负载应该接成星形还是三角形，要根据它的额定电压和三相电源所提供的线电压来确定。例如一台三相电动机，如果它的每相额定电压是 380V，那么当它与 380V 电网连接时，就不能接成星形，而应当接成三角形；如果三相电动机的每相额定电压是 220V 则与 380V 电网连接时，就必须接成星形。

在星形三相四线制供电系统中，电网所提供的中性线一般是供给额定电压为 220V 的单相负载用的，单相负载的额定电压如果是 220V，则可连接到供电系统中的某一个端线与中性线之间，在连接时要尽量使接到每相上的负载对称。如果单相负载的额定电压是 380V，则可连接到供电系统的两个端线之间。

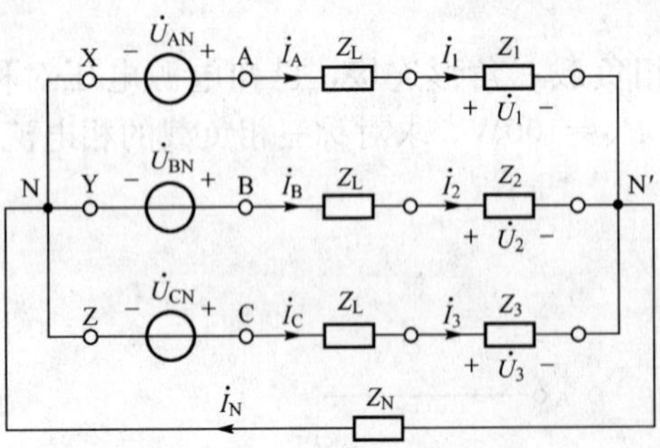


图 2-50 三相电路的 Y－Y 连接方式

## 五、对称三相电路的计算

对称三相电路由于电源对称、负载对称、线路对称，因而可以引入一种特殊的计算方法，从而简化三相电路的计算。

以对称三相电路的 Y－Y 连接方式为例来加以说明。

图 2-50 所示电路为三相电路的 Y－Y 连接方式，其中 $Z_L$ 为端线阻抗，$Z_N$ 为中性线阻抗，负载阻抗为 $Z_1=Z_2=Z_3=Z=|Z|\angle\varphi$。由图 2-50 可知

$$\dot{I}_A=\dot{I}_1=\frac{\dot{U}_{AN}-\dot{U}_{N'N}}{Z_L+Z_1}=\frac{\dot{U}_{AN}-\dot{U}_{N'N}}{Z_L+Z}$$

$$\dot{I}_B=\dot{I}_2=\frac{\dot{U}_{BN}-\dot{U}_{N'N}}{Z_L+Z_2}=\frac{\dot{U}_{AN}-\dot{U}_{N'N}}{Z_L+Z}$$

$$\dot{I}_C=\dot{I}_3=\frac{\dot{U}_{CN}-\dot{U}_{N'N}}{Z_L+Z_3}=\frac{\dot{U}_{AN}-\dot{U}_{N'N}}{Z_L+Z}$$

$$\dot{I}_N=\frac{\dot{U}_{N'N}}{Z_N}$$

根据基尔霍夫电流定律可得

$$\dot{I}_A+\dot{I}_B+\dot{I}_C=\dot{I}_N$$

即

$$\frac{\dot{U}_{AN}-\dot{U}_{N'N}}{Z_L+Z}+\frac{\dot{U}_{AN}-\dot{U}_{N'N}}{Z_L+Z}+\frac{\dot{U}_{AN}-\dot{U}_{N'N}}{Z_L+Z}=\frac{\dot{U}_{N'N}}{Z_N}$$

$$\left(\frac{1}{Z_N}+\frac{3}{Z_L+Z}\right)\dot{U}_{N'N}=\frac{1}{Z_L+Z}(\dot{U}_{AN}+\dot{U}_{BN}+\dot{U}_{CN})$$

由于

$$\dot{U}_{AN}+\dot{U}_{BN}+\dot{U}_{CN}=0$$

所以中性点 N′、N 之间的电压 $\dot{U}_{N'N}=0$，即 N′、N 两点等电位，中性线的电流为零。因此可将中性点短路，这样就使各相彼此独立，就可将三相电路的计算简化为单相电路的计算。

图 2-51 为 Y－Y 连接方式三相电路中 A 相计算电路，其中相电流为

$$\dot{I}_A=\frac{\dot{U}_{AN}}{(Z_L+Z)}$$

同理可得 B、C 相的相电流

$$\dot{I}_B=\frac{\dot{U}_{BN}}{(Z_L+Z)},\ \dot{I}_C=\frac{\dot{U}_{CN}}{(Z_L+Z)}$$

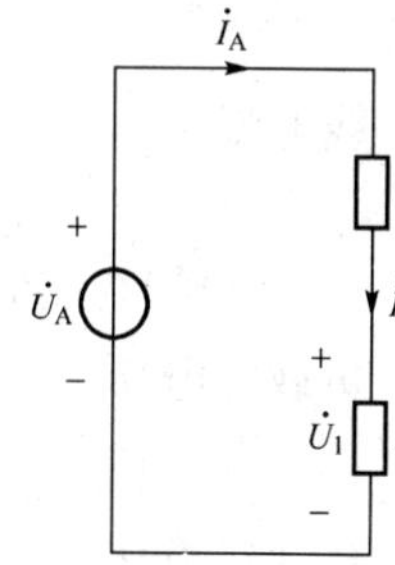

图 2-51 Y－Y 连接方式三相电路中的 A 相

根据三相电路的 Y－Y 连接方式的特点可知，流过端线的线电流等于流过每相负载的相电流。

由此得出结论：

(1) 在对称三相电路的 Y－Y 连接方式中，电源中性点与负载中性点等电位，有无中性线对电路没有影响；

(2) 在三相电路对称的情况下，各相电压、电流都是对称的，因此可归结为一相电路的（如 A 相）计算，即只要算出一相电路的电压、电流，则其他两相的电压、电流可按对称关系直接写出。

对称三相电路的 Y－△连接方式可以采取类似的方法计算。

已知对称三相电路的参数时求其电流的思路是先“相”后“线”、由“相”到“线”，即先求各相的相电流，再借助于相电流去求相应的线电流。一般解题的步骤为：

(1) 根据题意画出电路图，或在给定的电路图中，按照 A－B－C 的相序（或按照一定的顺序），在电路中标出各个电压和电流的参考方向；

(2) 当已知电源电压为三相对称电压时，一般先要画出三相电压的相量图（相量运算），或者列出三相电压的复数表达式（复数运算）；

(3) 根据相电压和阻抗值计算各相的相电流；

(4) 若为三角形连接的负载电路，还要求出各端线的线电流。

**【例 2-15】** 图 2-52（a）所示电路中，已知对称三相电源线电压为 380V，负载阻抗 $Z=6.4+j4.8\Omega$，端线阻抗 $Z_l=3+j4\Omega$。求负载 $Z$ 的相电压、线电压和电流。

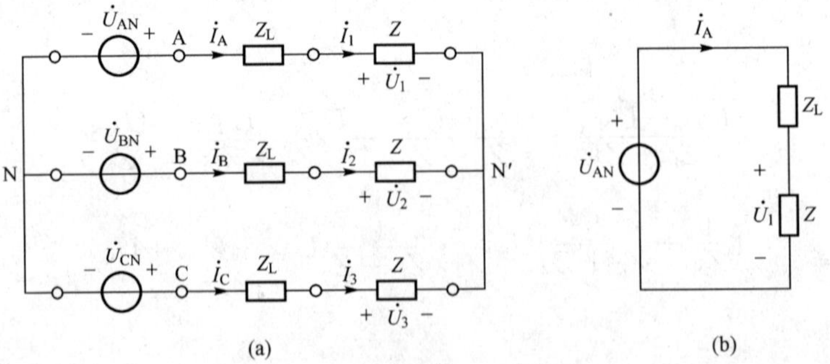

图 2-52 ［例 2-15］图
（a）［例 2-15］电路图；（b）［例 2-15］解图

**解：** 画出一相计算图如图 2-52（b）所示。设线电压为 $\dot{U}_{AB}=380\angle 0°V$，则电源相电压为

$$\dot{U}_{AN}=220\angle -30°V$$

线电流

$$\dot{I}_A=\frac{\dot{U}_{AN}}{Z_l+Z}=\frac{220\angle -30°}{9.4+j8.8}=\frac{220\angle -30°}{12.88\angle 43.1°}=17.1\angle -73.1°(A)$$

负载相电压

$$\dot{U}_1=\dot{I}_A Z=17.1\angle -73.1°\times 8\angle 36.9°=136.8\angle -36.2°(V)$$

负载线电压

$$\dot{U}'_{AB}=\sqrt{3}\dot{U}_1\angle 30°=\sqrt{3}\times 136.8\angle -36.2°\angle 30°=236.9\angle -6.2°(V)$$

**【例 2-16】** 一对称三相负载分别接成星形和三角形，如图 2-53 所示。分别求各线电流。

**解：** 设电源相电压为 $U_{AN}$，则负载为星形连接时，相电流为

$$I_{phY}=\frac{U_{AN}}{|Z|}$$

线电流为

$$I_{lY}=I_{phY}=\frac{U_{AN}}{|Z|}$$

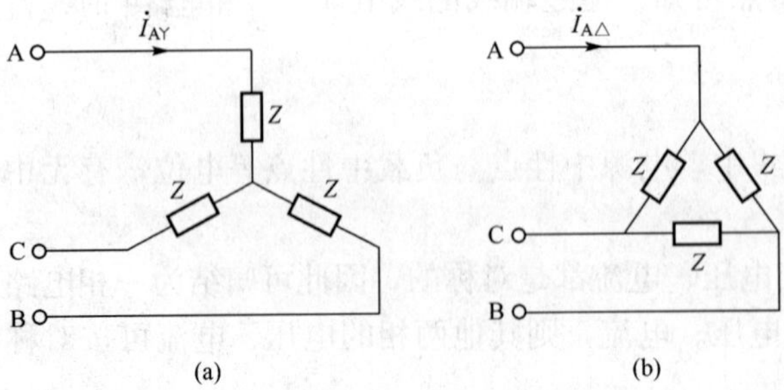

图 2-53 ［例 2-16］图
（a）星形连接；（b）三角形连接

负载为三角形连接时，相电流为

$$I_{ph\triangle}=\frac{\sqrt{3}U_{AN}}{|Z|}$$

线电流为

$$I_{l\triangle}=\sqrt{3}I_{ph\triangle}=\sqrt{3}\frac{\sqrt{3}U_{AN}}{|Z|}=3\frac{U_{AN}}{|Z|}$$

即 $I_{l\triangle}=3I_{lY}$。

注意：上述结果在工程实际中用于电动机的降压起动，其原理是电动机起动时将其定子绕组连成星形，等到转速接近额定值时再换接成三角形，这样，起动时定子每相绕组上的电压为正常工作电压的 $1/\sqrt{3}$，降压起动时的电流为直接起动时的 1/3，所以起动转矩也减小到直接起动时的 1/3。

**【例 2-17】** 在线电压为 $U_l=380\text{V}$ 的三相电源上，接两组电阻性对称负载，如图2-54所示。已知 $R_1=380\Omega$，$R_2=220\Omega$，试求电路的线电流 $\dot{I}_A$。

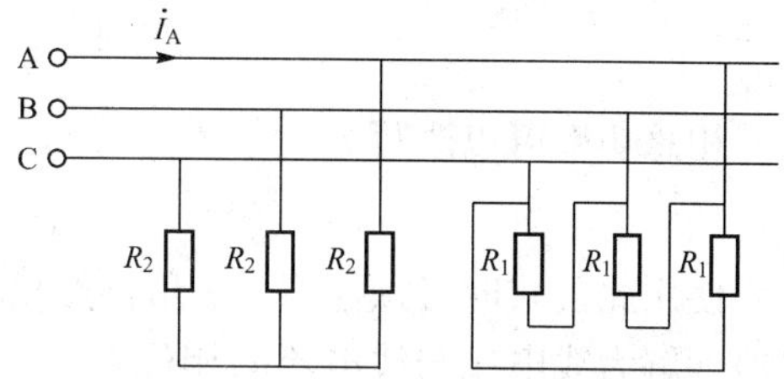

图 2-54 ［例 2-17］图

**解**：因为电源和负载都是对称的，所以计算一相即可。设线电压 $\dot{U}_{AB}=380\angle 0°\text{V}$，则相电压 $\dot{U}_A=220\angle -30°\text{V}$。

对于星形连接负载，其线电流等于相电流，即

$$\dot{I}_{Al\text{Y}}=\dot{I}_{Aph\text{Y}}=\frac{\dot{U}_A}{R_2}=\frac{220\angle -30°}{220}=1\angle -30°(\text{A})$$

对于三角形连接负载，其相电流为

$$\dot{I}_{Aph\triangle}=\frac{\dot{U}_{AB}}{R_1}=\frac{380\angle 0°}{380}=1\angle 0°(\text{A})$$

则其线电流为

$$\dot{I}_{Al\triangle}=\sqrt{3}\dot{I}_{Aph\triangle}\angle -30°=1.73\angle -30°(\text{A})$$

线路总电流为

$$\dot{I}_A=\dot{I}_{Al\text{Y}}+\dot{I}_{Al\triangle}=1\angle -30°+1.73\angle -30°=2.73\angle -30°(\text{A})$$

## 六、三相电路的功率

前面讨论了三相电路在负载星形或三角形连接两种情况下的电压和电流关系，下面将进一步学习三相电路的功率计算。

1. 有功功率的计算

三相负载无论接成星形或三角形，其总的有功功率（平均功率）都等于各相负载的有功功率（平均功率）之和，即

$$\begin{aligned}P&=P_A+P_B+P_C\\&=U_{Aph}I_{Aph}\cos\varphi_A+U_{Bph}I_{Bph}\cos\varphi_B+U_{Cph}I_{Cph}\cos\varphi_C\end{aligned}\tag{2-95}$$

式中：电压和电流分别是各相电压和电流的有效值；$\varphi_A$、$\varphi_B$、$\varphi_C$ 分别是各相电压和该相电流之间的相位差。

对于对称三相负载，各相电压和电流的有效值相等、相位差相同，因而各相吸收的有功功率也相等。所以三相负载总的有功功率为

$$P=3U_{ph}I_{ph}\cos\varphi\tag{2-96}$$

式中：$U_{ph}$、$I_{ph}$为负载上的相电压和相电流；$\varphi$ 为相电压与相电流的相位差。

当对称三相负载为星形连接时，负载的线电压 $U_l=\sqrt{3}U_{ph}$，线电流 $I_l=I_{ph}$，代入式（2-96)中有

$$P = 3\frac{1}{\sqrt{3}}U_l I_l \cos\varphi = \sqrt{3}U_l I_l \cos\varphi$$

当对称三相负载为三角形连接时，负载的线电压 $U_l = U_{ph}$，线电流 $I_l = \sqrt{3}I_{ph}$，代入式（2-96）中有

$$P = 3U_l \frac{1}{\sqrt{3}}I_l \cos\varphi = \sqrt{3}U_l I_l \cos\varphi$$

故三相总功率可以改写为

$$P = \sqrt{3}U_l I_l \cos\varphi \tag{2-97}$$

使用此公式时必须注意，$\varphi$ 角仍然代表某相的相电压与该相的相电流的相位差，不能错误地理解为线电压与线电流的相位差。$\varphi$ 为负载阻抗的阻抗角，与负载的连接方式无关。

2. 无功功率的计算

同样地，三相负载所接受的总的无功功率 $Q$ 等于各相负载接受的无功功率的代数和，即

$$\begin{aligned} Q &= Q_A + Q_B + Q_C \\ &= U_{Aph}I_{Aph}\sin\varphi_A + U_{Bph}I_{Bph}\sin\varphi_B + U_{Cph}I_{Cph}\sin\varphi_C \end{aligned}$$

对于对称三相电路，无论三相负载是星形连接还是三角形连接，三相负载的无功功率均等于

$$Q = 3U_{ph}I_{ph}\sin\varphi = \sqrt{3}U_l I_l \sin\varphi \tag{2-98}$$

3. 视在功率的计算

三相负载的总的视在功率可以按功率三角形关系计算，即

$$S = \sqrt{P^2 + Q^2} \tag{2-99}$$

对于对称三相电路，无论三相负载是星形连接还是三角形连接，三相负载总的视在功率为

$$S = \sqrt{P^2 + Q^2} = 3U_{ph}I_{ph} = \sqrt{3}U_l I_l \tag{2-100}$$

**【例 2-18】** 设三相电阻炉的每相电阻是 $R$。试求：

（1）电阻炉作三角形连接，并接在线电压为 $U_l$ 的对称三相电源上时，电阻炉从电网吸收多少有功功率?

（2）电阻炉作星形连接，并仍接在线电压为 $U_l$ 的对称三相电源上时，电阻炉从电网吸收多少有功功率?

**解：**（1）由于三相电阻炉作三角形连接，所以每相电阻的线电压和相电压相等，且等于对称三相电源的线电压，所以流过每相电阻的相电流为

$$I_{ph} = \frac{U_l}{R}$$

线电流为

$$I_l = \sqrt{3}I_{ph} = \sqrt{3}\frac{U_l}{R}$$

因为 $\cos\varphi = 1$，所以

$$P_\triangle = \sqrt{3}U_l I_l \cos\varphi = \sqrt{3} \times U_l \times \sqrt{3}\frac{U_l}{R} \times 1 = \frac{3U_l^2}{R}$$

(2) 由于三相电阻炉作星形连接，所以电阻的线电压等于对称三相电源的线电压，电阻的线电压是电阻相电压的$\sqrt{3}$倍，所以电阻的相电压为

$$U_{ph}=\frac{U_l}{\sqrt{3}}$$

流过每相电阻的相电流为

$$I_{ph}=\frac{U_{ph}}{R}=\frac{U_l}{\sqrt{3}R}$$

由于 $I_l=I_{ph}$，$\cos\varphi=1$，所以有

$$P_Y=\sqrt{3}\times U_l\times I_l\times\cos\varphi=\sqrt{3}\times U_l\times\frac{U_l}{\sqrt{3}R}\times 1=\frac{U_l^2}{R}$$

通过分析和计算可知，$P_\triangle=3P_Y$。所以在实际使用电阻炉时，应该按照产品说明书的规定连接，否则可能会因过载而使电阻炉烧坏。

## 习　　题

2-1　已知正弦电流 $i=200\sin(100\pi t+60°)$A，试回答下列问题：

(1) 其频率、周期、幅值、有效值、初相位各为多少？

(2) 画出 $i$ 的波形图；

(3) 如果 $i'$与 $i$ 反相，试写出 $i'$的瞬时值表达式。

2-2　已知 $i=10\sin(100\pi t+15°)$A，$u=220\sin(100\pi t+30°)$V，试回答下列问题：

(1) 求 $u$ 与 $i$ 的相位差，并指出哪个超前，哪个滞后；

(2) 画出 $u$ 与 $i$ 的波形图。

2-3　某正弦电流 $i$ 的波形如图 2-55 所示，试回答下列问题：

(1) 说明 $i$ 的最大值、有效值、频率、周期和初相位；

(2) 试写出 $i$ 的瞬时值表达式。

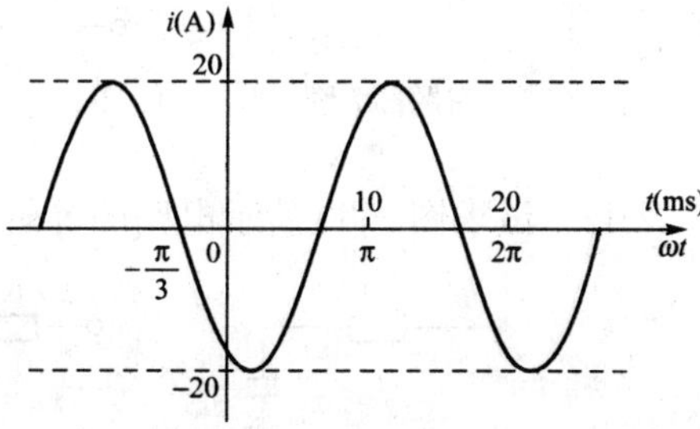


图 2-55　习题 2-3 图

2-4　试写出正弦电压 $u_2$ 超前于 $u_1$ 的相位差为何值？

(1) $u_1=20\cos(100t-40°)$ V，$u_2=8\sin(100t+40°)$ V；

(2) $u_1=16\sin(100\pi t-180°)$ V，$u_2=-8\cos(100\pi t-120°)$ V。

2-5　试将下列复数的代数式、三角式、指数式和极坐标式变换成其他几种形式，画出它们在复平面上的位置。

(1) $3+j4$；(2) $20\ (\cos30°+j\sin30°)$；(3) $2e^{j30°}$；(4) $4\angle-60°$。

2-6　设有正弦电压 $u_1=28.28\sin(314t-60°)$V，$u_2=14.14\cos(314t-50°)$V，试写出它们最大值和有效值的相量表达式，并画出相应的相量图。

2-7　电路如图 2-56 所示，已知 $i_1=3\sqrt{2}\sin(314t-30°)$A，$i_2=4\sqrt{2}\sin(314t+60°)$A，

试求 $i_3$ 和三块电流表的读数（电流表的读数是有效值）。

2-8　在图 2-57 的电阻元件的正弦交流电路中，$R=10\Omega$，$f=50\text{Hz}$。

（1）已知 $u=220\sqrt{2}\sin\omega t$ V，试求电流 $i$；

（2）已知 $\dot{I}=10\angle-60°$ A，试求 $\dot{U}$ 并画出其相量图。

2-9　在图 2-58 所示电感元件的正弦交流电路中，$L=100\text{mH}$，$f=50\text{Hz}$。

（1）已知 $i=10\sqrt{2}\sin\omega t$A，试求电压 $u$；

（2）已知 $\dot{U}=100\angle-60°$ V，试求 $\dot{I}$ 并画出其相量图。

2-10　试判断下列表达式的正、误，并给出正确结果。

（1）$\dfrac{u}{i}=X_L$；（2）$\dfrac{U}{I}=\text{j}\omega t$；（3）$\dot{I}_m=\text{j}\omega\dot{C}U_m$；（4）$U_L=\omega LI_L$；（5）$\dfrac{\dot{U}_C}{\dot{I}_C}=\omega C$；（6）$\dfrac{U_L}{I_L}=\text{j}\omega L$；（7）$i=C\dfrac{\text{d}u}{\text{d}t}$。

2-11　在图 2-59 所示的电容元件的正弦交流电路中，$C=100\mu\text{F}$，$f=50\text{Hz}$。

（1）已知 $u=220\sqrt{2}\sin\omega t$ V，试求电流 $i$；

（2）已知 $\dot{I}=1\angle60°$A，试求 $\dot{U}$ 并画出其相量图。

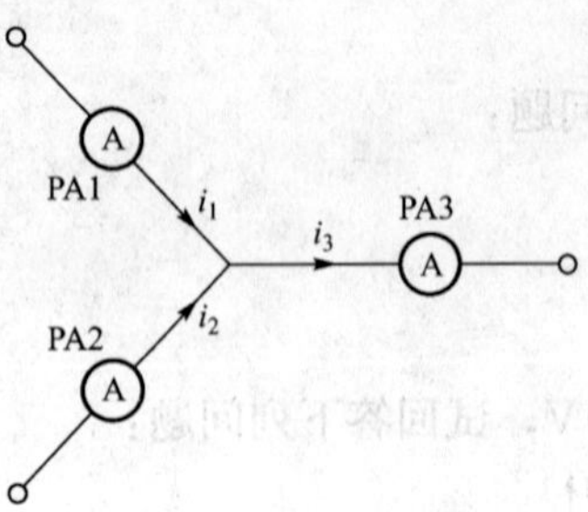


图 2-56　习题 2-7 图

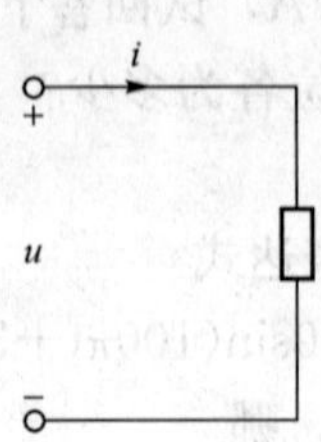


图 2-57　习题 2-8 图

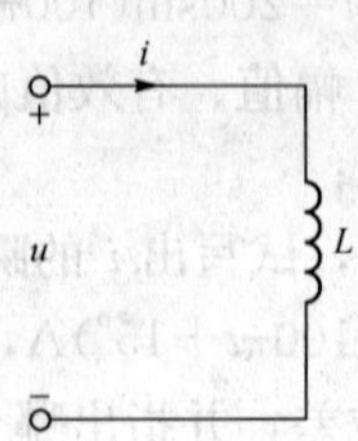


图 2-58　习题 2-9 图

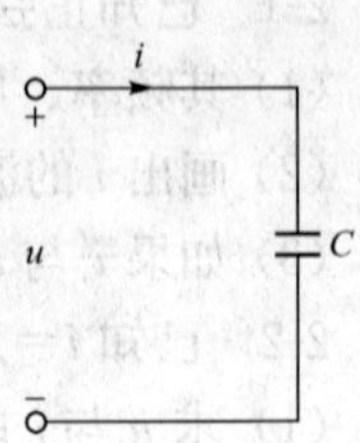


图 2-59　习题 2-11 图

2-12　试求图 2-60 所示电路的等效阻抗。

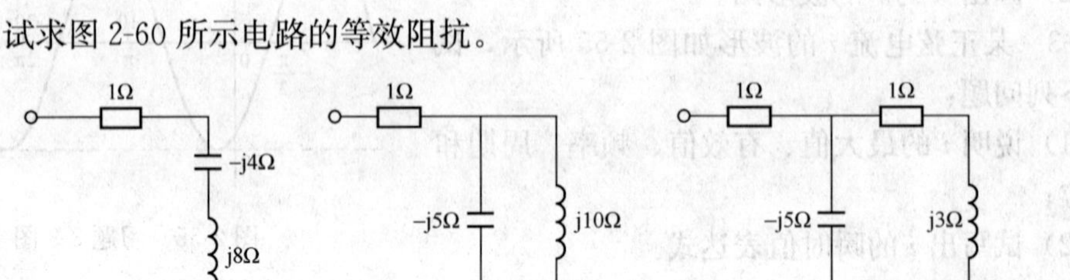


图 2-60　习题 2-12 图

2-13　电路如图 2-61 所示，已知 $R=20\Omega$，$C=50\mu\text{F}$，$L=40\text{mH}$，当外加电压为 $U=220\text{V}$、$f=50\text{Hz}$ 时，求各支路电流和总电流，并绘出相量图。

2-14　电路如图 2-62 所示，已知 $\dot{U}=24\angle0°\text{V}$，$Z_1=300+\text{j}120\Omega$，$Z_2=180-\text{j}460\Omega$，求支路电流 $\dot{I}_1$、$\dot{I}_2$ 和总电流 $\dot{I}$，并绘出相量图。

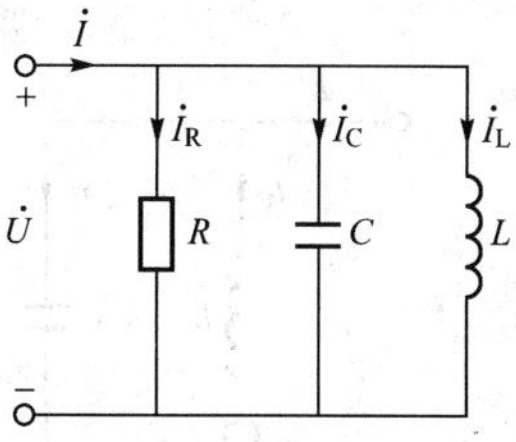


图 2-61 习题 2-13 图

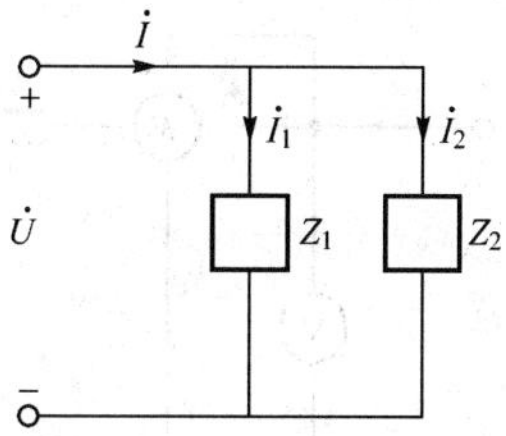


图 2-62 习题 2-14 图

2-15 电路如图 2-63 所示，已知 $R=X_C=X_L=10\Omega$，$I=1A$，试求各电压表的读数是多少？

2-16 电路如图 2-64 所示，已知 $Z_1=3\angle 45°\Omega$，$Z_2=10+j10\Omega$，$Z_3=-j5\Omega$，$Z_1$ 的电压 $\dot{U}_1=27\angle -10°V$，试求 $\dot{U}_2$、$\dot{U}_3$、$\dot{U}$，并绘出相量图。

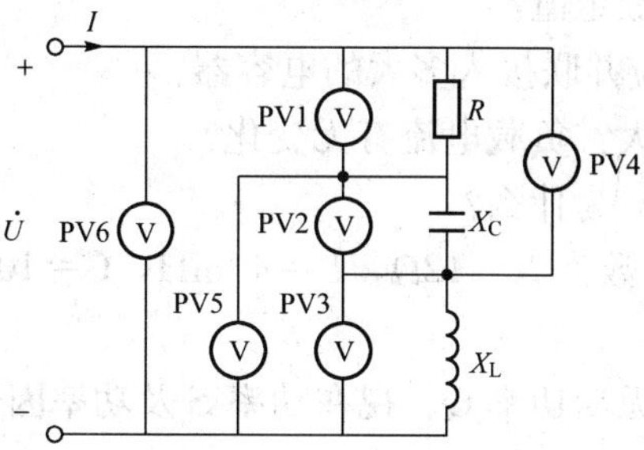


图 2-63 习题 2-15 图

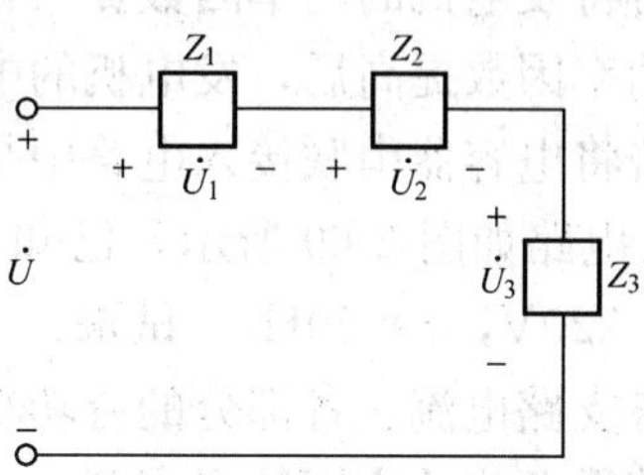


图 2-64 习题 2-16 图

2-17 电路如图 2-65 所示，已知 $U=100V$，$f=50Hz$，$R=10\Omega$，$C=31.8\mu F$，$L=63.7mH$，试求电流 $\dot{I}$、有功功率 $P$、无功功率 $Q$、视在功率 $S$ 及功率因数 $\cos\varphi$。

2-18 电路如图 2-66 所示，已知 $R_1=6\Omega$，$X_C=4.5\Omega$，$R_2=5\Omega$，$X_L=8.66\Omega$，$I_2=22A$，求 $\dot{I}_1$、$\dot{I}$ 和 $\dot{U}$，并计算总有功功率 $P$、总无功功率 $Q$ 及功率因数 $\cos\varphi$？

2-19 用三表法（电压表、功率表和电流表）测量线圈的参数 $R$ 和 $L$，电路如图 2-67 所示。已知各表测得的数据为 $U=50V$，$P=30W$，$I=1A$，电源频率 $f=50Hz$，试求线圈的电阻 $R$ 和电感 $L$。

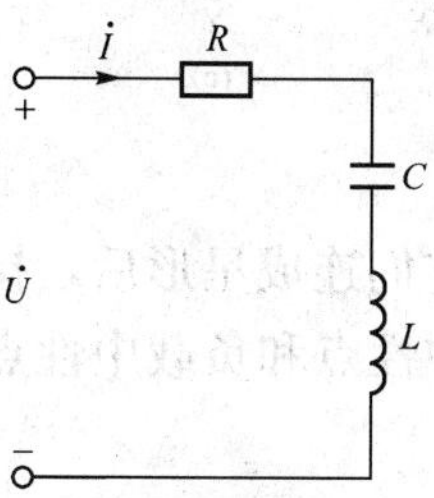


图 2-65 习题 2-17 图

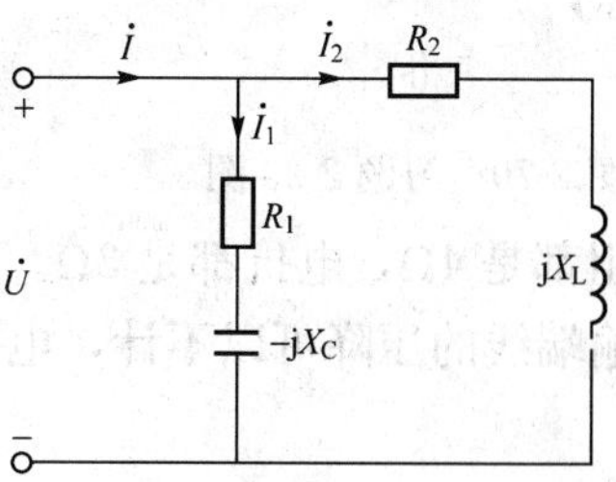


图 2-66 习题 2-18 图

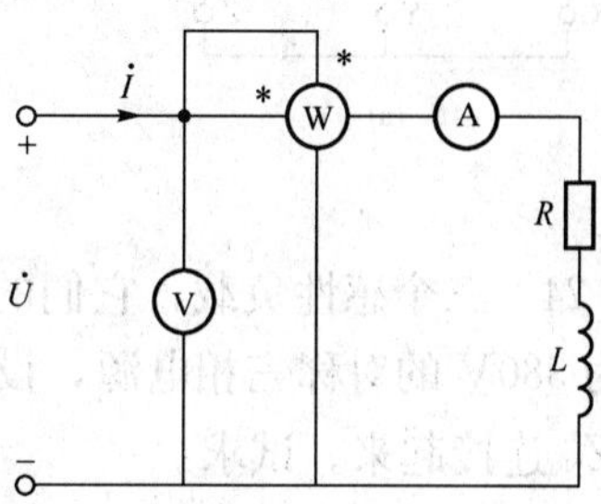


图 2-67 习题 2-19 图

2-20 电路如图 2-68 所示，现将该电路接于交流电源时，已知各表的读数如下：电压表为 220V，电流表为 5A，功率表为 940W。已知电阻 $R_1=22\Omega$，试根据已测得的数据计算出电阻 $R_2$ 和感抗 $X_L$ 的数值。

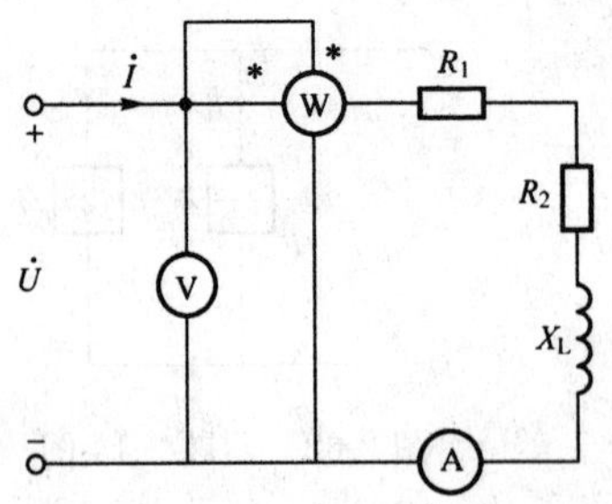


图 2-68 习题 2-20 图

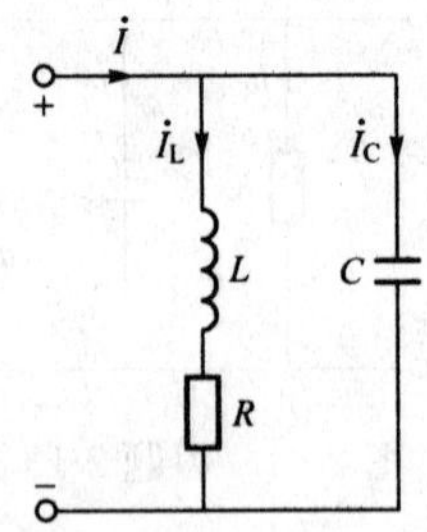


图 2-69 习题 2-22 图

2-21 有一台额定容量为 100kW 的小型发电机，额定电压为 200V，频率为 50Hz，若接一电感性负载，它的有功功率为 80kW，功率因数为 0.6。试求：

(1) 发电机发出的电流，该电流是否超过额定值?

(2) 若将发电机的功率因数提高到 0.9，应并联接入多大的电容器?

(3) 功率因数提高后，发电机的电流为多大? 负载电流有无变化?

(4) 若将电容器串联接入电路中是否可以? 为什么?

2-22 电路如图 2-69 所示，已知电路的参数为 $R=12\Omega$，$L=40\text{mH}$，$C=100\mu\text{F}$，电源电压为 $U=220\text{V}$，$f=50\text{Hz}$。试求：

(1) 各支路电流、各部分的有功功率 $P$、无功功率 $Q$、视在功率 $S$ 及功率因数 $\cos\varphi$?

(2) 若需要将功率因数提高到 1，应增加多少电容?

2-23 三个单相变压器的二次绕组接线如图 2-70 (a) 所示。相电压的有效值都是 220V 相位也是对称的，如图 2-70 (b) 所示。如果由于接线错误，把绕组 AX 的始端和末端接倒了，如图 2-70 (c) 所示。试画出电压相量图，求出各个线电压。

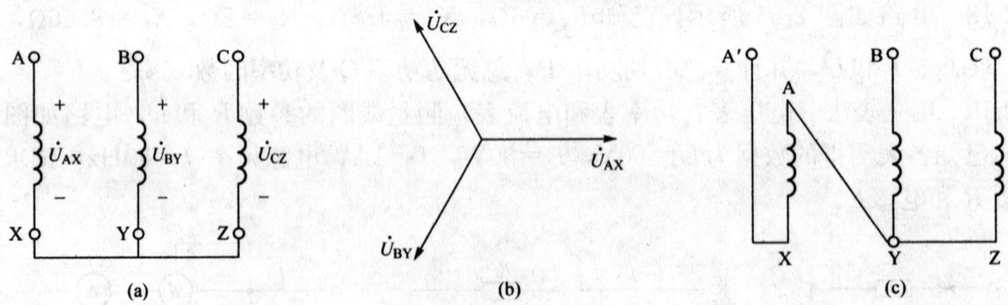


图 2-70 习题 2-23 图

2-24 三个感性负载，它们的电阻都是 4Ω，电抗都是 3Ω。将它们连成星形后，接在线电压为 380V 的对称三相电源，设传输端线的压降可以不计，电源中性点和负载中性点通过阻抗 $Z_N$ 连接起来。试求：

(1) 负载电流与 $Z_N$ 有无关系?

(2) 负载的相电压、线电压、相电流、线电流，并绘出三相完整的相量图。

2-25 有一对称三相负载，每相负载为 $Z=30+\text{j}40\Omega$，将它们连接成三角形接在三相对称电源上。已知三相电源的线电压为 380V，试求：

(1) 负载的相电压、线电压、相电流、线电流，并绘出三项完整的相量图；

（2）每相负载吸收的有功功率和无功功率。

2-26 阻抗为 $Z=30+\mathrm{j}40\Omega$ 的三相对称负载，试计算在下列两种情况下负载的相电流、线电流及负载所消耗的功率：

（1）负载连接成星形，接于线电压 $U_l=380\mathrm{V}$ 的三相对称电源上；

（2）负载连接成三角形，接于线电压 $U_l=220\mathrm{V}$ 的三相对称电源上。

2-27 某三相异步电动机，每相的等效阻抗为 $Z$，可把它们由星形连接改成三角形连接，其电路如图 2-71 所示。试计算该三相异步电动机在星形连接时与三角形连接时线电流之比，以及有功功率之比。

2-28 图 2-72 所示电路为对称三相电路，三相电源星形连接，线电压为 380V，负载阻抗 $|Z_1|=10\Omega$，$\cos\varphi_1=0.6$（感性），$Z_2=-\mathrm{j}50\Omega$。试求线电流、相电流。

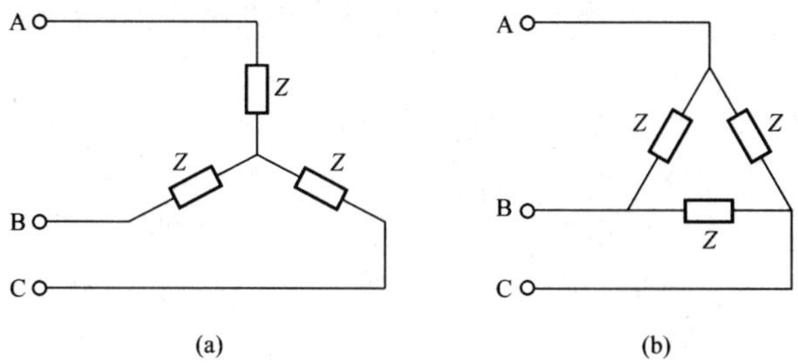


图 2-71 习题 2-27 图

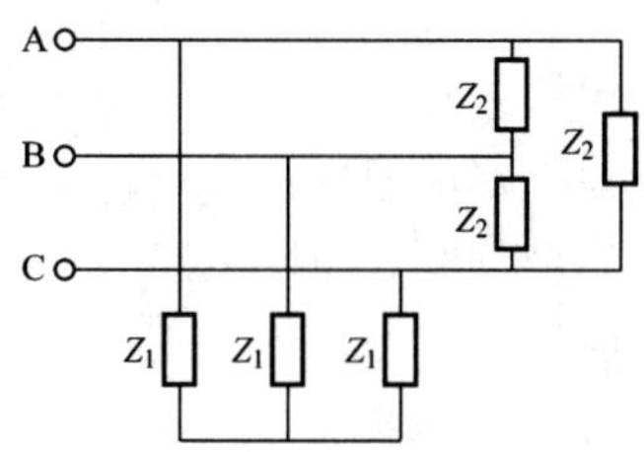


图 2-72 习题 2-28 图

2-29 图 2-73 所示电路为 Y－Y 连接，并带有中性线。设负载阻抗 $Z=9+\mathrm{j}9\Omega$，端线阻抗为 $Z_\mathrm{L}=1+\mathrm{j}1\Omega$，中性线阻抗为 $Z_\mathrm{N}=2+\mathrm{j}2\Omega$，电源对称 $\dot{U}_\mathrm{AN}=220\angle0°\mathrm{V}$。试计算负载的相电流、相电压、线电压和负载的有功功率？

2-30 三相供电线路如图 2-74 所示，已知对称三相电源为星形连接，线电压 $U_l=380\mathrm{V}$，三相负载分别为 $Z_1=38\Omega$，$Z_2=19+\mathrm{j}19\sqrt{3}\Omega$，$Z_3=38\Omega$。试计算：

（1）负载的各个相电流、线电流，并绘出相量图；

（2）负载总有功功率、无功功率和视在功率。

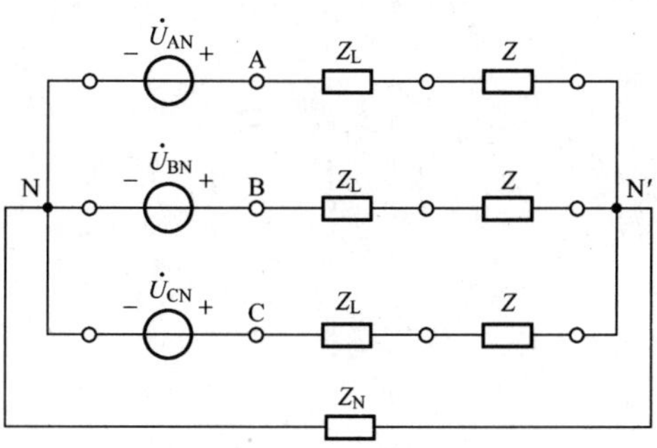


图 2-73 习题 2-29 图

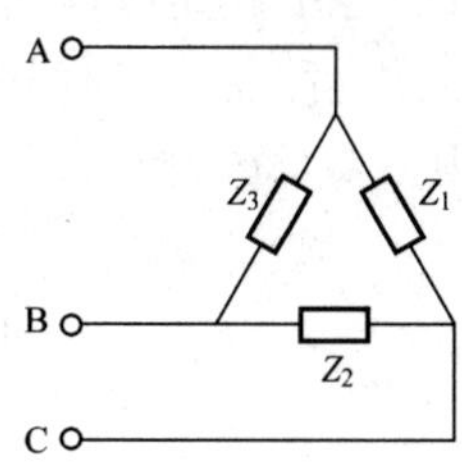


图 2-74 习题 2-30 图

# 第三章　电路的暂态分析

当电路的结构和元件的参数一定时，电路的工作状态是一定的，电压和电流不会改变，这时电路所处的状态称为稳定状态，简称稳态。

当电路的结构发生变化（如电路的接通、断开），元件参数或电源突然发生改变时，可能会使电路改变原来的稳定工作状态，转变到另一个稳定工作状态，这种转变往往需要经历一个过程，该过程称为电路的过渡过程。该过程中电路的工作状态称为过渡状态（或称暂态）。将电路的结构、元件参数和电源的改变等引起电路的变化的诸多因素统称为电路的换路。

电路为什么在换路后会存在过渡过程呢？这是因为电路元件中能量的储存和释放往往需要经过一定的时间，能量的变化是不能够发生跃变的。

众所周知，电阻电路一旦接通或断开电源时，电路立即处于稳定状态，此时电路中的物理量（电流、电压等）到达了给定条件下的稳态值。对于直流电路，各物理量数值将稳定不变；对于正弦交流电路，各物理量的幅值、频率和变化规律将稳定不变。所以电阻电路的过渡过程是瞬间阶跃的形式，是一个没有随时间逐渐变化的跳变过程，不存在过渡过程，一般不作分析。

但在实际电路中还存在电容元件和电感元件，二者是储能元件。由于电路的换路，可能会引起电容元件中的电场能或电感元件中的磁场能发生变化，储存或释放能量的过程就是一个过渡过程。可见，换路是引起过渡过程的外因，而电容元件中的电场能和电感元件中的磁场能的不能跃变，则是引起过渡过程的内因。

分析电路的过渡过程，就是要找出过渡过程的规律，求出电路过渡过程中电流、电压等各物理量的时间函数。研究过渡过程的目的是，一方面在于利用它解决某些电工技术问题（如电路器件的延时动作），根据它来改善某些电路（如传递脉冲信号的电路）的性能；另一方面还在于研究过渡过程中可能发生的过电压、过电流等有害现象，并据此提出防护措施。因此，学习电路的暂态分析有着重要意义。

本章首先介绍换路定律，然后采用经典法讨论 RC 电路的暂态过程、电容元件的充放电规律及影响一阶电路暂态过程快慢的电路时间常数，再归纳出一阶电路暂态分析的三要素法，最后采用三要素法讨论 RL 电路的暂态过程。

## 第一节　换　路　定　律

在第二章已经讲过，电容元件和电感元件是储能元件。电容元件中储存的电场能为

$$W_{\mathrm{C}} = \frac{1}{2}Cu_{\mathrm{C}}^{2}$$

电感元件中储存的磁场能为

$$W_{\mathrm{L}} = \frac{1}{2}Li_{\mathrm{L}}^{2}$$

储能元件中能量不能在一瞬间发生跃变（否则电源在该瞬间将提供的功率为无穷大），因此电容元件两端的电压 $u_C$ 和流过电感元件的电流 $i_L$ 不能发生跃变，只能逐渐趋近它们换路后的稳态值。这就是含有电容元件和电感元件的电路从一个稳定状态变化到另一个稳定状态产生过渡过程的原因。

根据上面的分析可知，电路在换路后瞬间，电容元件两端的电压 $u_C$ 和流过电感元件的电流 $i_L$ 都应当保持换路前一瞬间的稳态值，而不可能发生跃变。因此，电容元件的电压 $u_C$ 和流过电感元件的电流 $i_L$ 在换路后的初始值都应该等于电路换路前的稳态值，这一规律就称为换路定律。如果把电路发生换路的时刻记作 $t=0$，换路前的终了时刻记作 $t=0_-$，换路后的初始时刻记作 $t=0_+$，电容元件的电压 $u_C(t)$ 和流过电感元件的电流 $i_L(t)$ 的换路定律数学表达式为

$$u_C(0_+) = u_C(0_-) \tag{3-1}$$

$$i_L(0_+) = i_L(0_-) \tag{3-2}$$

换路定律仅适用于电路换路瞬间。利用换路定律，可以由换路前的电路来确定换路后电路中电容电压 $u_C$ 的初始值 $u_C(0_+)$ 和电感电流 $i_L$ 的初始值 $i_L(0_+)$，再根据 $u_C(0_+)$ 和 $i_L(0_+)$ 可以确定电路其他元件和支路电流在换路后一瞬间的电压和电流的初始值。

电路换路后经过一定时间将会达到新的稳定状态，此时，电路中的电压和电流的数值就是换路后的稳态值。电路换路后的稳态值可由换路后的电路，根据稳态电路的分析方法求解。一般用 $t=\infty$ 表示换路后的稳态时刻。需要说明的是，在直流稳态电路中，电容元件相当于开路，电感元件相当于短路。

**【例 3-1】**　确定图 3-1（a）所示电路中各电压和电流的初始值和稳态值。设开关 S 闭合前电容元件未储能。

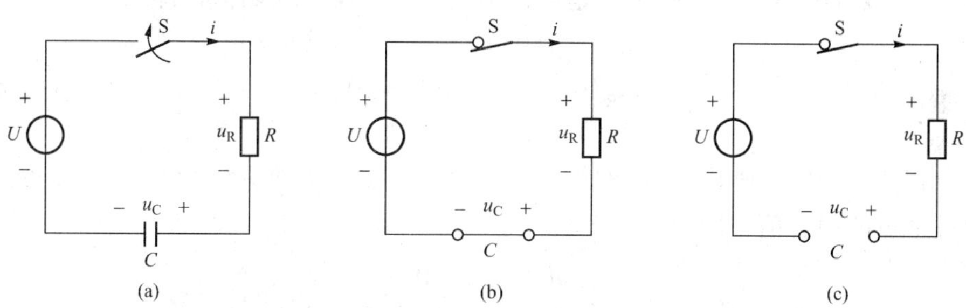


图 3-1　［例 3-1］图

（a）$t=0_-$ 时的等效电路；（b）$t=0_+$ 时的等效电路；（c）$t=\infty$ 时的等效电路

**解：**（1）电容电压初始值 $u_C(0_+)$ 的确定。

$t=0_-$ 时的电路，即为图 3-1(a)所示开关 S 未闭合时的电路。此时电容元件未储能，所以 $u_C(0_-)=0$。因此，根据换路定律 $u_C(0_+)=u_C(0_-)$，可得 $u_C(0_+)=0$。

（2）其他各个量初始值的确定。画出 $t=0_+$ 时的电路，如图 3-1（b）所示。由于 $u_C(0_+)=0$，所以将电容元件短路，于是可得出其他各个量的初始值，即

$$u_R(0_+) = U - u_C(0_+) = U$$

$$i(0_+) = \frac{u_R(0_+)}{R} = \frac{U}{R}$$

（3）稳态值的确定。画出 $t=\infty$时的电路，如图 3-1（c）所示，将电容元件开路，于是得出其他各个量的稳态值，即

$$i(\infty)=0$$

$$u_{\mathrm{R}}(\infty)=Ri(\infty)=0$$

$$u_{\mathrm{C}}(\infty)=U-u_{\mathrm{R}}(\infty)=U$$

**【例 3-2】**　确定图 3-2 所示电路中各电流和电压的初始值和稳态值。设开关 S 闭合前电感元件未储能。

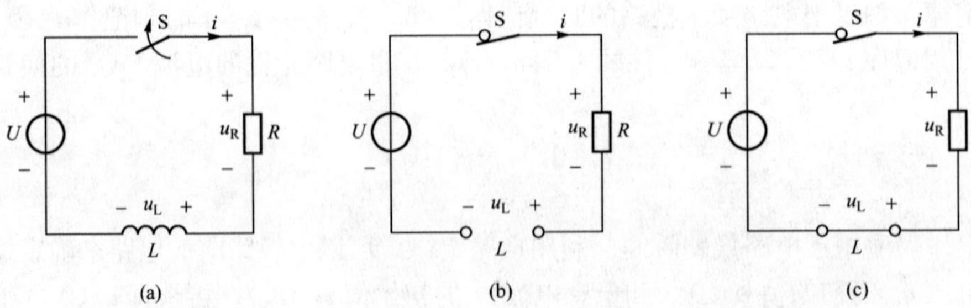

图 3-2　［例 3-2］图

(a) $t=0_-$时的等效电路；(b) $t=0_+$时的等效电路；(c) $t=\infty$时的等效电路

**解：**（1）电感电流初始值 $i_{\mathrm{L}}(0_+)$的确定。$t=0_-$时的电路，即为图 3-2（a）所示开关 S 未闭合时的电路。此时电感元件未储能，所以 $i_{\mathrm{L}}(0_-)=0$。因此，根据换路定律$i_{\mathrm{L}}(0_+)=i_{\mathrm{L}}(0_-)$，可得 $i_{\mathrm{L}}(0_+)=0$。

（2）其他各个量初始值的确定。画出 $t=0_+$时的电路，如图 3-2（b）所示。由于 $i_{\mathrm{L}}(0_+)=0$，所以将电感元件开路，于是可得出其他各个量的初始值，即

$$i(0_+)=0$$

$$u_{\mathrm{R}}(0_+)=Ri(0_+)=0$$

$$u_{\mathrm{L}}(0_+)=U-u_{\mathrm{R}}(0_+)=U$$

（3）稳态值的确定。画出 $t=\infty$时的电路，如图 3-2（c）所示。将电感元件短路，于是得出其他各个量的稳态值，即

$$u_{\mathrm{L}}(\infty)=0$$

$$u_{\mathrm{R}}(\infty)=U-u_{\mathrm{L}}(\infty)=U$$

$$i(\infty)=\frac{u_{\mathrm{R}}(\infty)}{R}=\frac{U}{R}$$

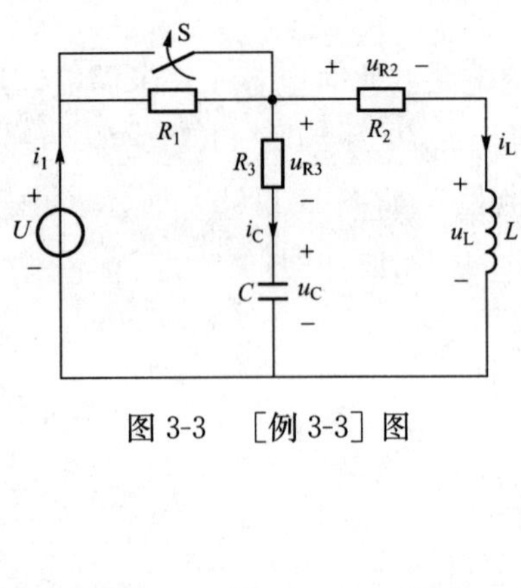

图 3-3　［例 3-3］图

**【例 3-3】**　图 3-3 所示电路，开关 S 闭合前已达到稳态，试确定开关 S 闭合后电路中各电流和电压的初始值和稳态值。已知 $U=20\mathrm{V}$，$R_1=3\Omega$，$R_2=2\Omega$，$R_3=4\Omega$，$L=2\mathrm{mH}$，$C=250\mu\mathrm{F}$。

**解：**（1）电容电压初始值 $u_{\mathrm{C}}(0_+)$和电感电流初始值 $i_{\mathrm{L}}(0_+)$的确定。画出 $t=0_-$的电路，如图 3-4(a)所示。开关 S 未闭合，电容 $C$ 开路，电感 $L$ 短路，所以

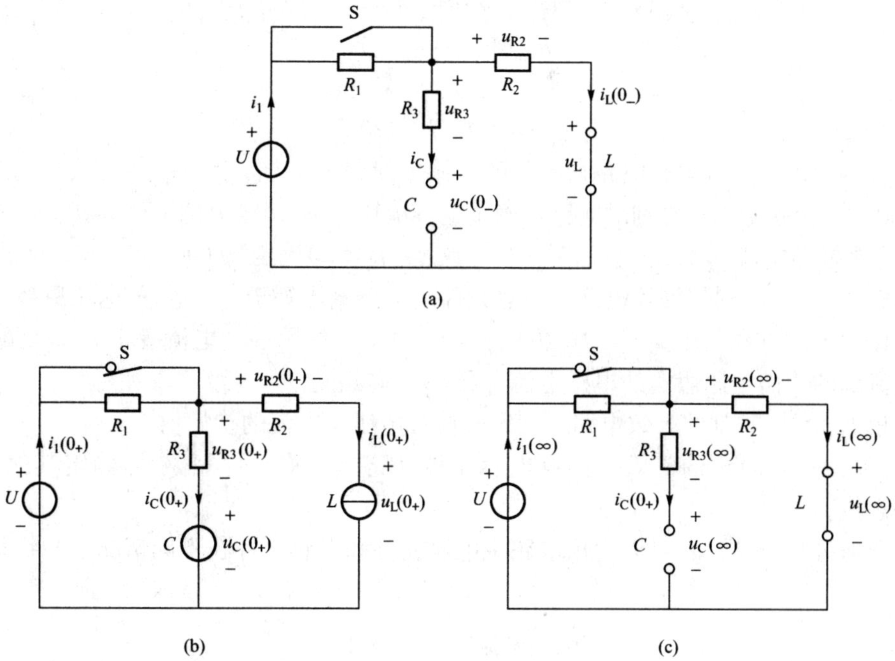


图 3-4　［例 3-3］解图

（a）$t=0_-$时的等效电路；（b）$t=0_+$时的等效电路；（c）$t=\infty$时的等效电路

$$i_L(0_-)=\frac{U}{R_1+R_2}=\frac{20}{3+2}=4(\text{A})$$

$$u_C(0_-)=R_2 i_L(0_-)=2\times 4=8(\text{V})$$

因此，根据换路定律可得

$$i_L(0_+)=i_L(0_-)=4\ \text{A},\ u_C(0_+)=u_C(0_-)=8\ \text{V}$$

（2）其他各个量初始值的确定。画出 $t=0_+$ 时的等效电路，由于电容电压初始值 $u_C(0_+)=8\text{V}$，故将电容元件用一个 8V 电压源来代替；电感电流初始值 $i_L(0_+)=4\text{A}$，故将电感元件用一个 4A 电流源来代替，如图 3-4（b）所示。于是得出其他各个量的初始值，即

$$i_C(0_+)=\frac{U-u_C(0_+)}{R_3}=\frac{20-8}{4}=3(\text{A})$$

$$i_1(0_+)=i_L(0_+)+i_C(0_+)=4+3=7(\text{A})$$

$$u_{R2}(0_+)=R_2 i_L(0_+)=2\times 4=8(\text{V})$$

$$u_{R3}(0_+)=R_3 i_C(0_+)=4\times 3=12(\text{V})$$

$$u_L(0_+)=U-u_{R2}(0_+)=U-R_2 i_2(0_+)=20-2\times 4=12(\text{V})$$

（3）稳态值的确定。画出 $t=\infty$时的电路，如图 3-4（c）所示。将电容元件开路，电感元件短路，于是得出其他各个量的稳态值，即

$$i_C(\infty)=0$$

$$i_1(\infty)=i_L(\infty)=\frac{U}{R_2}=\frac{20}{2}=10(\text{A})$$

$$u_{R2}(\infty) = R_2 i_L(\infty) = 2 \times 10 = 20(\mathrm{V})$$
$$u_{R3}(\infty) = 0(\mathrm{V})$$
$$u_L(\infty) = 0\mathrm{V}$$
$$u_C(\infty) = U = 20\mathrm{V}$$

由此可得出确定直流动态电路初始值的具体步骤：

（1）画出换路前 $t=0_-$ 时刻的电路，确定电容电压 $u_C(0_-)$ 或电感电流 $i_L(0_-)$。

（2）根据换路定律 $u_C(0_+)=u_C(0_-)$、$i_L(0_+)=i_L(0_-)$ 确定 $u_C(0_+)$ 和 $i_L(0_+)$。

（3）画出 $t=0_+$ 时刻的等效电路。电容元件用一个电压等于 $u_C(0_+)$ 的电压源替代，电压源方向与原假定的电容电压 $u_C(0_+)$ 的方向相同；电感元件用一个电流等于 $i_L(0_+)$ 的电流源替代，电流源的方向与原假定的电感电流 $i_L(0_+)$ 方向相同。

（4）根据 $t=0_+$ 时刻的等效电路，确定其他各电压、电流的初始值。

（5）画出 $t=\infty$ 时刻的等效电路（电容元件开路、电感元件短路），确定其他各电压、电流的稳态值。

综合前面分析的结果，可以得出电路中电容元件和电感元件在不同情况下的状态，见表 3-1。

**表 3-1　电路中储能元件的各种状态**

<table>
<tr><th colspan="2">时刻</th><th colspan="2">电容元件</th><th colspan="2">电感元件</th></tr>
<tr><td>换路前</td><td>$t=0_-$</td><td>$u_C(0_-)=0$</td><td>$u_C(0_-)\neq 0$</td><td>$i_L(0_-)=0$</td><td>$i_L(0_-)\neq 0$</td></tr>
<tr><td rowspan="2">换路后</td><td>$t=0_+$<br>（初始值）</td><td>$u_C(0_+)=0$<br>零初始值<br>相当于短路</td><td>$u_C(0_+)\neq 0$<br>非零初始值<br>相当于电压源<br>$U_S=u_C(0_+)$</td><td>$i_L(0_+)=0$<br>零初始值<br>相当于开路</td><td>$i_L(0_+)\neq 0$<br>非零初始值<br>相当于电流源<br>$i_S=i_L(0_+)$</td></tr>
<tr><td>$t=\infty$<br>（直流稳态值）</td><td colspan="2">开路<br>$i_C(\infty)=0$</td><td colspan="2">短路<br>$u_L(\infty)=0$</td></tr>
</table>

# 第二节　RC 电路的响应

## 一、RC 电路的零输入响应

RC 电路的零输入响应是指电路换路后在无外部激励的情况下，仅由电路中电容元件储存的初始能量所引起的响应。分析 RC 电路的零输入响应，实际上就是分析电容元件的放电过程。图 3-5 所示电路，开关 S 合在位置①时已达到稳定状态。在 $t=0$ 时刻，开关 S 由位置①合向位置②，使电路断开电压源，输入激励为零。由图 3-5 所示的电路分析可知：

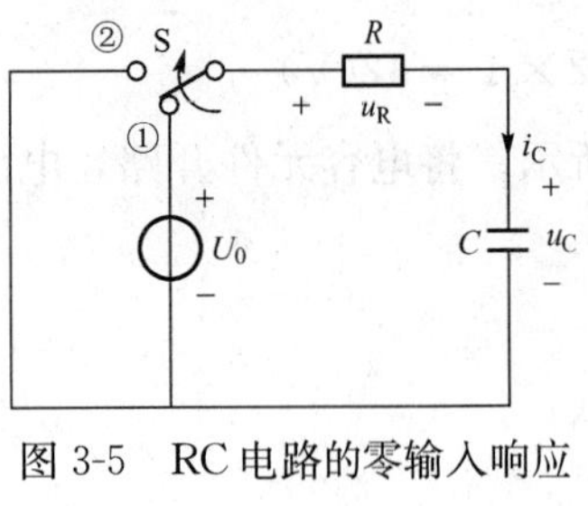

图 3-5　RC 电路的零输入响应

（1）换路前，电容元件电压的稳态值 $u_C(0_-)=U_0$，电容元件的储能为 $\frac{1}{2}CU_0^2$；

（2）换路后，电容元件电压的初始值 $u_C(0_+)=u_C(0_-)=U_0$，稳态值 $u_C(\infty)=0$。

开关 S 由位置①合向位置②后，即 $t \geqslant 0_+$ 时，根据基尔霍夫电压定律可得

$$u_R + u_C = 0 \tag{3-3}$$

根据电阻元件和电容元件的电压、电流关系可得

$$u_R = Ri_C \tag{3-4}$$

$$i_C = C\frac{du_C}{dt} \tag{3-5}$$

将式（3-4）和式（3-5）代入式（3-3）中，可得

$$RC\frac{du_C}{dt} + u_C = 0 \tag{3-6}$$

这是一个一阶常系数线性齐次微分方程。

式（3-6）对应的特征方程为

$$RCp + 1 = 0$$

特征根为

$$p = -\frac{1}{RC}$$

式（3-6）的通解 $u_C$ 的形式为

$$u_C = Ae^{pt} = Ae^{-\frac{1}{RC}t} \tag{3-7}$$

取 $t=0_+$，将初始值代入式（3-7）中可以定出积分常数 $A$。

$$u_C(0_+) = Ae^{p\cdot 0_+} = Ae^{-\frac{1}{RC}\cdot 0_+} = A$$

即

$$A = u_C(0_+)$$

所以齐次微分方程通解 $u_C$ 的表达式为

$$u_C = u_C(0_+)e^{pt} = u_C(0_+)e^{-\frac{1}{RC}t} = u_C(0_+)e^{-\frac{t}{\tau}} \tag{3-8}$$

在式（3-8）中

$$\tau = RC \tag{3-9}$$

当 $R$ 的单位 Ω，$C$ 的单位是 F 时，$\tau$ 的单位是 s（秒）。$\tau$ 是具有时间的量纲，故称其为 RC 电路的时间常数。

利用初始条件 $u_C(0_+)=U_0$，可得电容电压 $u_C$ 的表达式为

$$u_C = U_0e^{pt} = U_0e^{-\frac{1}{RC}t} = U_0e^{-\frac{t}{\tau}} \tag{3-10}$$

这就是电容元件在放电过程中电压 $u_C$ 的表达式，变化曲线如图 3-6 所示。

利用电容元件的电压、电流关系，可得电容电流 $i_C$ 为

$$i_C = C\frac{du_C}{dt} = -\frac{U_0}{R}e^{-\frac{1}{RC}t} = -\frac{U_0}{R}e^{-\frac{t}{\tau}} \tag{3-11}$$

利用电阻元件的电压、电流关系或基尔霍夫电压定律，可得电阻电压 $u_R$ 为

$$u_R = Ri_C = -U_0e^{-\frac{1}{RC}t} = -U_0e^{-\frac{t}{\tau}} \tag{3-12}$$

或

$$u_R = -u_C = -U_0e^{-\frac{1}{RC}t} = -U_0e^{-\frac{t}{\tau}} \tag{3-13}$$

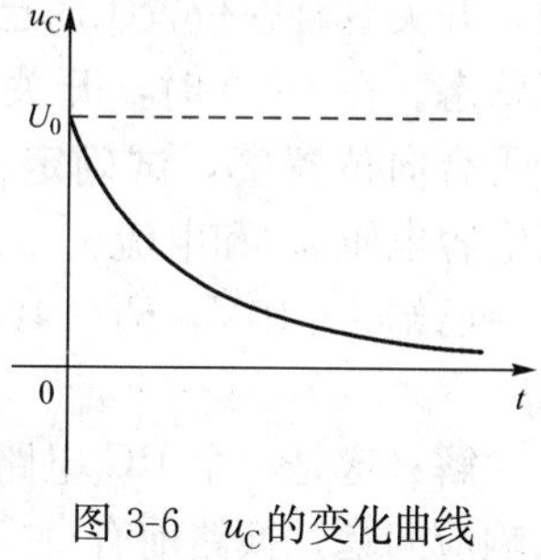

图 3-6 $u_C$ 的变化曲线

式（3-11）～式（3-13）中的负号表明电容电流 $i_C$、电阻

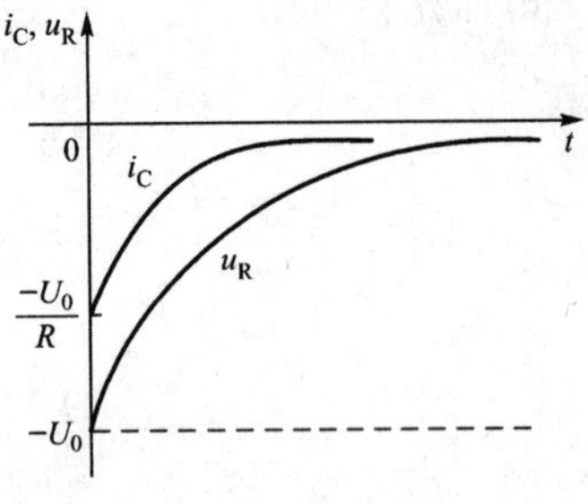

图 3-7 $i_C$、$u_R$的变化曲线

电压 $u_R$ 的实际方向与图 3-12 中的参考方向相反，变化曲线如图 3-7 所示。

综上所述，电容元件在放电时，电容电压 $u_C$ 是由初始值 $u_C(0_+)=U_0$ 随时间按指数规律进行衰减，最终趋近于稳态值 $u_C(\infty)=0$；电容电流 $i_C$ 在 $t=0$ 时发生跃变，由零跃变到 $-\dfrac{U_0}{R}$，然后随时间按照指数规律进行负向衰减，最终趋近于稳态值 $i_C(\infty)=0$；电阻电压 $u_R$ 是由初始值 $u_R(0_+)=-U_0$ 随时间按指数规律进行负向衰减，最终趋近于稳态值 $u_R(\infty)=0$。

由式（3-10）～式（3-13）可知，$u_C$、$i_C$、$u_R$ 均随时间按同一指数规律进行变化，衰减的快慢取决于电路的时间常数 $\tau$。

当 $t=0$ 时　　$u_C(0)=U_0e^{-\frac{t}{\tau}}=U_0e^0=U_0$

当 $t=\tau$ 时　　$u_C(\tau)=U_0e^{-\frac{t}{\tau}}=U_0e^{-1}=0.368U_0$

当 $t=t_0$ 时　　$u_C(t_0)=U_0e^{-\frac{t_0}{\tau}}$

当 $t=t_0+\tau$ 时　　$u_C(t_0+\tau)=U_0e^{-\frac{t_0+\tau}{\tau}}=U_0e^{-\frac{t_0}{\tau}}e^{-1}=u_C(t_0)e^{-1}=0.368u_C(t_0)$

通过以上分析可知，RC 一阶电路的时间常数 $\tau$ 等于电容电压 $u_C$ 由任意时刻 $t_0$ 的值 $u_C(t_0)$衰减到 $u_C(t_0)$的 36.8%所需要的时间。

从理论上讲，电路需要经过无穷大时间才能完全达到稳定状态，但在工程上通常在 $t\geqslant(3\sim5)\tau$ 以后，即可认为电路已经趋于稳定状态，过渡过程基本结束。时间常数 $\tau$ 越大，过渡过程就越长。

在放电过程中，电容元件不断释放出能量为电阻元件所消耗。最后，原来储存在电容元件中的电场能量全部被电阻元件吸收而转换成热能。电阻元件转换的能量为

$$W_R=\int_0^\infty Ri_C^2(t)dt=\int_0^\infty R\left(\frac{U_0}{R}e^{-\frac{t}{RC}}\right)^2dt$$

$$=\frac{U_0^2}{R}\int_0^\infty e^{-\frac{2t}{RC}}dt=-\frac{1}{2}CU_0^2(e^{-\frac{2t}{RC}})\Big|_0^\infty$$

$$=\frac{1}{2}CU_0^2$$

**【例 3-4】** 图 3-8（a）所示电路，开关 S 合在位置①时已达到稳定状态。在 $t=0$ 时，开关 S 由位置①合向位置②，试确定 $t\geqslant0$ 以后电容电压 $u_C$ 和电流 $i_C$ 的变化规律。已知$U=10$V，$R_1=4\Omega$，$R_2=8\Omega$，$R_3=8\Omega$，$C=1$F。

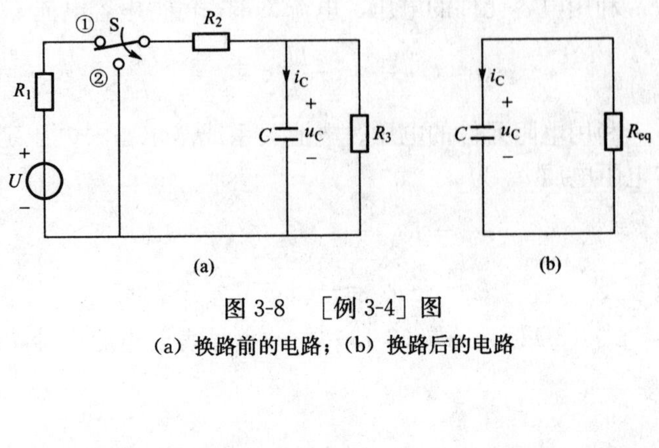

图 3-8 ［例 3-4］图

(a) 换路前的电路；(b) 换路后的电路

**解：**这是一个 RC 电路的零输入响应问题。换路前有

$$u_C(0_-)=\frac{U}{R_1+R_2+R_3}\times R_3=\frac{10}{4+8+8}\times 8=4(\text{V})$$

根据换路定律，可知

$$u_C(0_+)=u_C(0_-)=4(\text{V})$$

换路后，电容 $C$ 通过电阻 $R_2$ 和 $R_3$ 放电，由于电阻 $R_2$ 和 $R_3$ 并联，等效电路如图 3-8（b）所示。设等效电阻为 $R_{eq}$，有

$$R_{eq}=\frac{R_2R_3}{R_2+R_3}=\frac{8\times 8}{8+8}=4(\Omega)$$

时间常数 $\tau$ 为

$$\tau=R_{eq}C=4\times 1=4(\text{s})$$

由式（3-8）可得电容电压 $u_C$ 的表达式为

$$u_C=u_C(0_+)\text{e}^{-\frac{t}{\tau}}=4\text{e}^{-\frac{t}{4}}=4\text{e}^{-0.25t}(\text{V})$$

利用电容电压、电流的关系可以得到电容电流 $i_C$ 的表达式为

$$i_C=C\frac{\text{d}u_C}{\text{d}t}=-\text{e}^{-0.25t}(\text{A})$$

**二、RC 电路的零状态响应**

RC 电路的零状态响应是指在电路换路时，电容元件未储存能量的情况下，仅由外部激励所引起的响应。分析 RC 电路的零状态响应，实际上就是分析电容元件的充电过程。

图 3-9 所示电路，开关 S 合在位置①时已达到稳定状态，电容元件未储存能量。在 $t=0$ 时刻，开关 S 由位置①合向位置②，即电路接通一恒定电压为 $U_S$ 的电压源。由图3-9所示的电路分析可知：

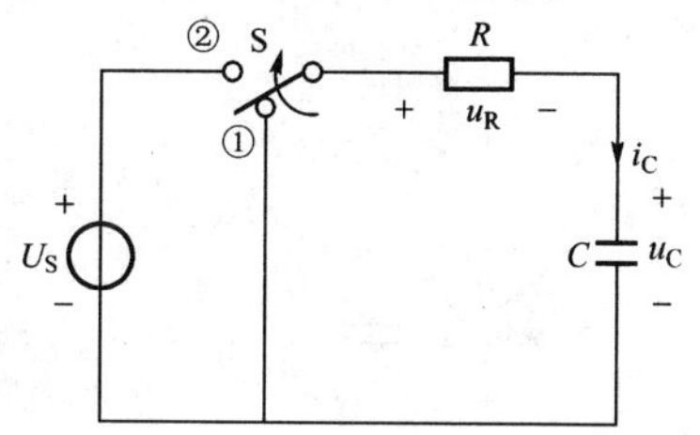

图 3-9　RC 电路的零状态响应

（1）换路前，电容元件电压的稳态值 $u_C(0_-)=0$，电容元件的储能为零；

（2）换路后，电容元件电压的初始值 $u_C(0_+)=u_C(0_-)=0$，稳态值 $u_C(\infty)=U_S$。

开关 S 由位置①合向位置②后，即 $t\geqslant 0_+$ 时，根据基尔霍夫电压定律可得

$$u_R+u_C=U_S$$

将 $u_R=Ri_C$ 和 $i_C=C\frac{\text{d}u_C}{\text{d}t}$ 代入上式，整理可得

$$RC\frac{\text{d}u_C}{\text{d}t}+u_C=U_S \tag{3-14}$$

这是一个一阶常系数线性非齐次微分方程，其解 $u_C$ 为特解 $u''_C$ 加上对应齐次微分方程的通解 $u'_C$，即

$$u_C=u''_C+u'_C$$

特解 $u''_C$ 取换路后的稳态值，即

$$u''_C=u_C(\infty)$$

对应齐次微分方程的通解 $u'_C$ 为

$$u'_C=A\text{e}^{pt}=A\text{e}^{-\frac{1}{RC}t}$$

所以非齐次微分方程解 $u_C$ 为

$$u_C = u''_C + u'_C = u_C(\infty) + Ae^{-\frac{1}{RC}t} \tag{3-15}$$

取 $t=0_+$，将初始值代入式（3-15），可以计算出积分常数 $A$，即

$$u_C(0_+) = u_C(\infty) + Ae^{-\frac{1}{RC}\cdot 0_+}$$
$$A = u_C(0_+) - u_C(\infty)$$

由于电容元件未储存能量，$u_C(0_+)=0$，所以

$$A = -u_C(\infty)$$

非齐次微分方程解 $u_C$ 的表达式为

$$u_C = u_C(\infty) - u_C(\infty)e^{-\frac{1}{RC}t} = u_C(\infty)(1-e^{-\frac{t}{\tau}}) \tag{3-16}$$

利用稳态值 $u_C(\infty)=U_S$ 的条件，可得电容电压 $u_C$ 的表达式为

$$u_C = U_S - U_S e^{-\frac{1}{RC}t} = U_S(1-e^{-\frac{t}{\tau}}) \tag{3-17}$$

电容电流 $i_C$ 的表达式为

$$i_C = C\frac{du_C}{dt} = \frac{U_S}{R}e^{-\frac{t}{\tau}} \tag{3-18}$$

电阻电压 $u_R$ 的表达式为

$$u_R = Ri_C = U_S e^{-\frac{t}{\tau}} \tag{3-19}$$

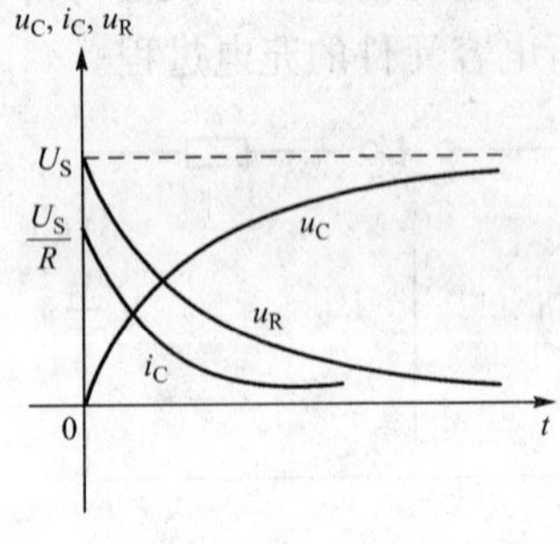

图 3-10 $u_C$、$i_C$、$u_R$的变化曲线

$u_C$、$i_C$、$u_R$ 的变化曲线如图 3-10 所示。

可见，电容元件在充电时，电容电压 $u_C$ 是由初始值 $u_C(0_+)=0$ 随时间按指数规律进行增长，最终趋近于稳态值 $u_C(\infty)=U_S$；电容电流 $i_C$ 在 $t=0$ 时发生跃变，由零跃变到 $\frac{U_S}{R}$，然后随时间按照指数规律进行衰减，最终趋近于稳态值 $i_C(\infty)=0$；电阻电压 $u_R$ 是由初始值 $u_R(0_+)=U_S$ 随时间按指数规律进行衰减，最终趋近于稳态值 $u_R(\infty)=0$。

由式（3-17）～式（3-19）可知，$u_C$、$i_C$、$u_R$ 均随时间按照同一指数规律变化，变化的快慢取决于电路的时间常数 $\tau$。

当 $t=0$ 时 $\quad u_C(0) = U_S(1-e^{-\frac{t}{\tau}}) = U_S(1-e^{-\frac{0}{\tau}}) = 0$

当 $t=\tau$ 时 $\quad u_C(0) = U_S(1-e^{-\frac{t}{\tau}}) = U_S(1-e^{-\frac{\tau}{\tau}}) = 0.632U_S$

由此可知，一阶电路的时间常数 $\tau$ 也等于电容电压 $u_C$ 由初始值 $u_C(0_+)=0$ 增长到稳态值 $u_C(\infty)=U_S$ 的 63.2%所需要的时间。

在工程上通常在 $t\geqslant(3\sim5)\tau$ 以后，即可认为电路已经趋于稳定状态，过渡过程基本结束。

在充电过程中，电容元件不断吸收能量。最后，电容元件中储存的电场能量为

$$W_C = \frac{1}{2}Cu_C^2(\infty) = \frac{1}{2}CU_S^2$$

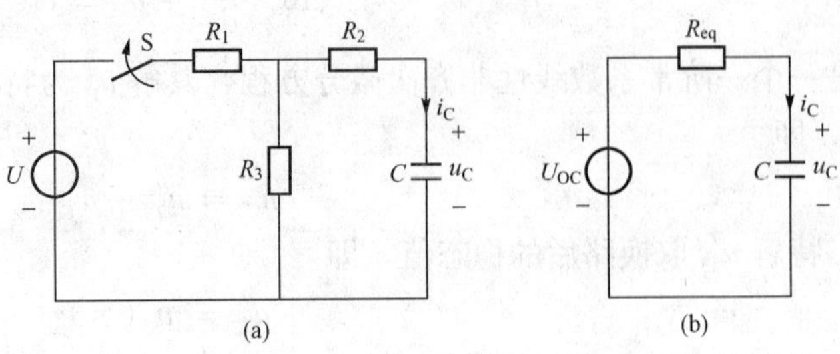

图 3-11 ［例 3-5］图
（a）换路前的电路；（b）换路后的等效电路

**【例 3-5】** 图 3-11 所示电

路，开关 S 断开且已处于稳态。在 $t=0$ 时，开关 S 闭合，试确定 $t\geqslant 0$ 以后电容电压 $u_C$ 和电流 $i_C$ 的变化规律。已知 $U=10V$，$R_1=5\Omega$，$R_2=6\Omega$，$R_3=20\Omega$，$C=1F$。

**解：** 这是一个 RC 电路零状态响应问题。换路后的电路根据戴维南定理可进行等效，电路如图 3-11（b）所示，其中

$$U_{OC}=\frac{U}{R_1+R_3}R_3=\frac{10}{5+20}\times 20=8(V)$$

$$R_{eq}=R_2+\frac{R_1R_3}{R_1+R_3}=6+\frac{5\times 20}{5+20}=10(\Omega)$$

换路后稳态值为 $$u_C(\infty)=8V$$

时间常数 $\tau$ 为 $$\tau=R_{eq}C=10\times 1=10(s)$$

由式（3-17）可得电容电压 $u_C$ 的表达式为

$$u_C=u_C(\infty)(1-e^{-\frac{t}{\tau}})=8(1-e^{-\frac{t}{10}})$$

利用电容电压、电流的关系，可以得到电容电流 $i_C$ 的表达式为

$$i_C=C\frac{du_C}{dt}=\frac{8}{10}e^{-\frac{t}{10}}=0.8e^{-\frac{t}{10}}(A)$$

### 三、RC 电路的全响应

全响应是指电路在换路时，电容元件储存能量且又有外部激励加入的情况下，所引起的响应。

图 3-12 所示电路，开关 S 合在位置①时已达到稳定状态，电容元件已储存能量。在 $t=0$ 时刻，开关 S 由位置①合向位置②，即电路接通一恒定电压为 $U_S$ 的电压源。由图 3-12 所示电路分析可知：

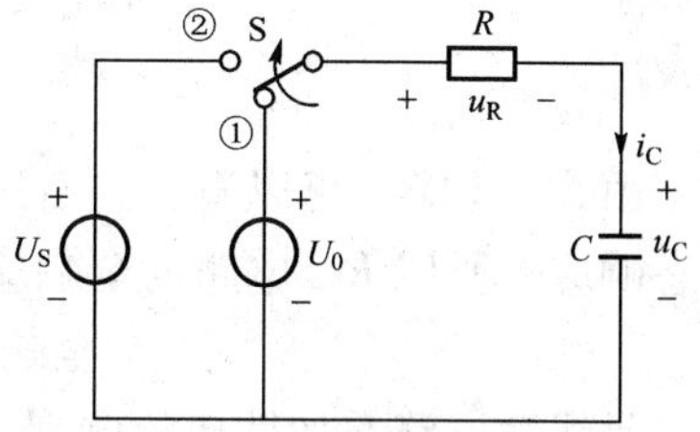

图 3-12 RC 电路的全响应

（1）换路前，电容元件电压的稳态值 $u_C(0_-)=U_0$，电容元件初始储能为 $\frac{1}{2}CU_0^2$；

（2）换路后，电容元件电压的初始值 $u_C(0_+)=u_C(0_-)=U_0$，稳态值 $u_C(\infty)=U_S$。

开关 S 由位置①合向位置②后，列出 $t\geqslant 0_+$ 时，根据基尔霍夫电压定律可得

$$u_R+u_C=U_S$$

将 $u_R=Ri_C$ 和 $i_C=C\frac{du_C}{dt}$ 代入上式，整理可得

$$RC\frac{du_C}{dt}+u_C=U_S$$

全响应的电路微分方程与零状态响应的微分方程相同，解 $u_C$ 为特解 $u_C''$ 加上对应的齐次微分方程的通解 $u_C'$，即

$$u_C=u_C''+u_C'$$

特解 $u_C''$ 可取换路后的稳态值，即

$$u_C''=u_C(\infty)$$

对应齐次微分方程的通解 $u_C'$ 的表达式为

$$u_C'=Ae^{pt}=Ae^{-\frac{1}{RC}t}$$

所以非齐次微分方程的解 $u_C$ 的表达式为

$$u_C = u_C(\infty) + Ae^{-\frac{1}{RC}t} \tag{3-20}$$

取 $t = 0_+$，将初始值代入式（3-20），可以计算出积分常数 $A$，即

$$u_C(0_+) = u_C(\infty) + Ae^{-\frac{1}{RC}\cdot 0_+}$$

$$A = u_C(0_+) - u_C(\infty)$$

所以非齐次微分方程的解 $u_C$ 的表达式为

$$u_C = u_C(\infty) + [u_C(0_+) - u_C(\infty)]e^{-\frac{1}{RC}t} = u_C(\infty) + [u_C(0_+) - u_C(\infty)]e^{-\frac{t}{\tau}} \tag{3-21}$$

利用初始值 $u_C(0_+) = U_0$ 和稳态值 $u_C(\infty) = U_S$ 的条件，可得电压 $u_C$ 的表达式为

$$u_C = U_S + (U_0 - U_S)e^{-\frac{t}{\tau}} \tag{3-22}$$

由式（3-20）可以看出，右边的第一项是电路的稳态分量，它等于外部施加的直流电压源电压；右边的第二项是电路的暂态分量，它随时间的增长而按指数规律逐渐衰减到零。所以 RC 电路的全响应可以表示为

全响应＝稳态分量＋暂态分量

将式（3-21）改写为

$$u_C = u_C(\infty) + [u_C(0_+) - u_C(\infty)]e^{-\frac{t}{\tau}} = u_C(0_+)e^{-\frac{t}{\tau}} + u_C(\infty)(1 - e^{-\frac{t}{\tau}})$$

即

$$u_C = U_0 e^{-\frac{t}{\tau}} + U_S(1 - e^{-\frac{t}{\tau}}) \tag{3-23}$$

由式（3-23）可以看出，右边的第一项是电路的零输入响应，右边的第二项是电路的零状态响应。所以 $RC$ 电路的全响应又可以表示为

全响应＝零输入响应＋零状态响应

这正是线性电路叠加性质的体现。

电容电流 $i_C$ 的表达式为

$$i_C = C\frac{du_C}{dt} = \frac{U_S}{R}e^{-\frac{t}{\tau}} - \frac{U_0}{R}e^{-\frac{t}{\tau}} = \frac{U_S - U_0}{R}e^{-\frac{t}{\tau}}$$

电容电压 $u_C$ 和电流 $i_C$ 的变化规律与 $U_0$ 和 $U_S$ 的大小有关。以电容电压 $u_C$ 为例，当 $U_0 > U_S$ 时，电容放电，变化曲线如图3-13所示；当 $U_0 < U_S$ 时，电容充电，变化曲线如图3-14所示。当 $U_S = 0$ 时，则电路为零输入响应；当 $U_0 = 0$ 时，则电路为零状态响应。所以，零输入响应和零状态响应是全响应的特例。

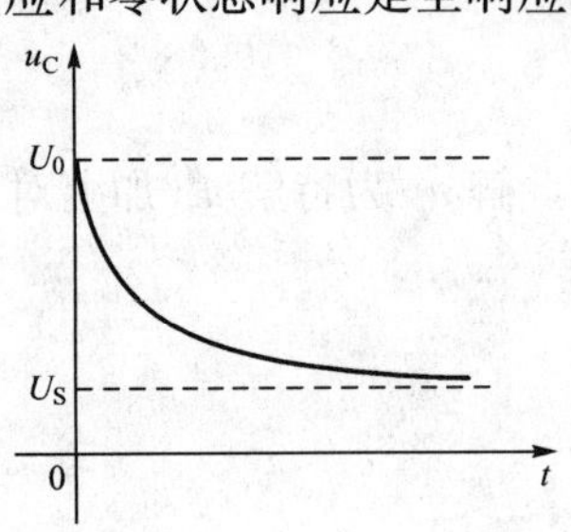


图 3-13 $U_0 > U_S$时，$u_C$的曲线

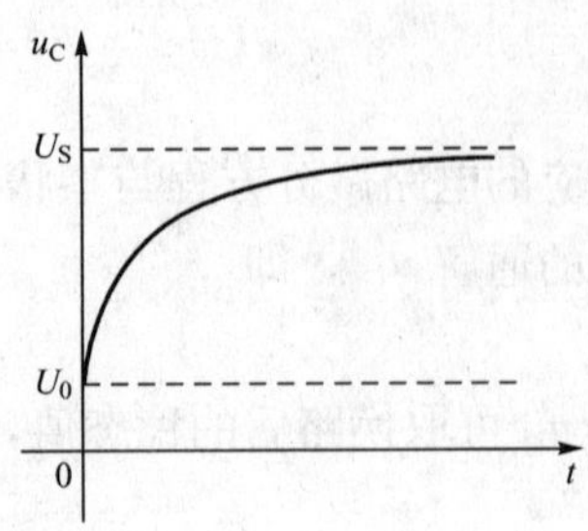


图 3-14 $U_0 < U_S$时，$u_C$的曲线

电容元件中储存电场能量变化为

$$\Delta W_C = \frac{1}{2}CU_S^2 - \frac{1}{2}CU_0^2$$

当 $\Delta W_C < 0$，即 $U_0 > U_S$ 时，电容元件在放电；当 $\Delta W_C > 0$，即 $U_0 < U_S$ 时，电容元件在充电。

**【例 3-6】** 图 3-15（a）所示电路，开关 S 合在位置①时已达到稳定状态。在 $t=0$ 时，开关 S 由位置①合向位置②，试确定 $t \geqslant 0$ 以后电容电压 $u_C$ 和流过电容电流 $i_C$ 的变化规律。已知 $U_0 = 20V$，$U_S = 10V$，$R_1 = 15\Omega$，$R_2 = 5\Omega$，$R_3 = 20\Omega$，$C = 1F$。

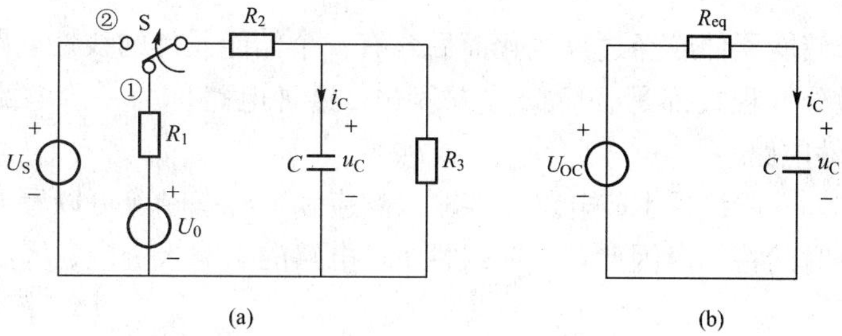


图 3-15 ［例 3-6］图

（a）换路前电路；（b）换路后的等效电路

**解：** 这是一个 RC 电路全响应问题。换路前，稳态值

$$u_C(0_-) = \frac{U_0}{R_1+R_2+R_3}R_3 = \frac{20}{15+5+20} \times 20 = 10(V)$$

由换路定律可得

$$u_C(0_+) = u_C(0_-) = 10V$$

换路后的电路根据戴维南定理可进行等效，电路如图 3-15（b）所示。其中

$$U_{OC} = \frac{U_S}{R_2+R_3}R_3 = \frac{10}{5+20} \times 20 = 8(V)$$

$$R_{eq} = \frac{R_2R_3}{R_2+R_3} = \frac{5\times 20}{5+20} = 4(\Omega)$$

换路后，稳态值

$$u_C(\infty) = U_{OC} = 8V$$

时间常数 $\tau$ 为

$$\tau = R_{eq}C = 4\times 1 = 4(s)$$

由式（3-21）可得电容电压 $u_C$ 的表达式为

$$u_C = u_C(0_+)e^{-\frac{t}{\tau}} + u_C(\infty)(1-e^{-\frac{t}{\tau}}) = 10e^{-\frac{t}{4}} + 8(1-e^{-\frac{t}{4}}) = 2e^{-0.25t} + 8 \quad (V)$$

利用电容电压、电流的关系，可以得到电容电流 $i_C$ 的表达式为

$$i_C = C\frac{du_C}{dt} = -0.5e^{-0.25t} \quad A$$

综上所述，采用经典法讨论 RC 电路暂态分析的步骤如下：

（1）按照换路前的电路，计算出稳态值 $u_C(0_-)$；

（2）根据换路定律，计算出 $u_C(0_+)$；

（3）按照换路后的电路列出微分方程式；

（4）求微分方程式的特解，即稳态分量；

（5）求微分方程式的通解，即暂态分量；

（6）根据换路后的初始值计算出积分常数。

分析较为复杂的电路的暂态过程，也可以应用戴维南定理将换路后的电路化简为一个简单的等效电路，而后利用上述的经典法所得到的结果进行计算。

## 第三节 一阶线性电路暂态分析的三要素法

凡是含有一个储能元件或经过等效化简后含有一个储能元件的线性电路，在进行暂态分析时，所列出的微分方程式都是一阶微分方程式，这种电路称为一阶电路。上一节讨论的RC电路是一阶线性电路。

由上一节可知，一阶线性RC电路的零输入响应和零状态响应可以看成全响应在初始值为零和稳态值为零时的特例。因此，一阶线性RC电路的零输入响应、零状态响应和全响应都可以写为

$$u_C = u_C(\infty) + [u_C(0_+) - u_C(\infty)]e^{-\frac{t}{\tau}}$$

式中：$u_C$ 为电容电压；$u_C(0_+)$ 为电容电压的初始值；$u_C(\infty)$ 为电容电压的稳态值；$\tau$ 为电路的时间常数。

可见，只要确定初始值 $u_C(0_+)$、稳态值 $u_C(\infty)$ 和时间常数 $\tau$，就可以确定电容电压 $u_C$ 的表达式，故称初始值 $u_C(0_+)$、稳态值 $u_C(\infty)$ 和时间常数 $\tau$ 为电容电压 $u_C$ 的三个要素。该方法不仅可计算电容电压 $u_C$ 的表达式，同样也可计算一阶线性RC电路中其他电压和电流的表达式，一般表达式为

$$f(t) = f(\infty) + [f(0_+) - f(\infty)]e^{-\frac{t}{\tau}} \tag{3-24}$$

式中：$f(t)$ 为待求的响应；$f(0_+)$ 为待求响应的初始值；$f(\infty)$ 为待求响应的稳态值；$\tau$ 为电路的时间常数。

只要将求出的 $f(0_+)$、$f(\infty)$ 和 $\tau$ 代入式（3-24）中，便可计算出待求响应，这种方法称为一阶线性RC电路暂态分析的三要素法。

一阶线性RC电路 $f(0_+)$ 和 $f(\infty)$ 的计算方法在第一节中已经讨论过了，不再赘述。现在介绍RC电路时间常数 $\tau$ 的计算方法。时间常数 $\tau$ 是由一阶线性RC电路参数决定的，与激励无关。因此计算时间常数 $\tau$ 的方法是：一阶线性RC电路只要在换路后将电容元件从电路中除去，使剩下的电路成为含源二端网络；再利用除源等效法将电源除去（即电压源短路，电流源开路）得到非含源二端网络，计算出从电容元件两端看进去的等效电阻 $R_{eq}$，然后利用公式

$$\tau = R_{eq}C$$

即可计算出时间常数 $\tau$。

需要说明的是，式（3-24）表示的是一阶线性RC电路暂态分析的三要素法，该方法同样适用于一阶线性RL电路的零输入响应、零状态响应和全响应的求解，只是时间常数 $\tau$ 的计算方法不同而已。所以称式（3-24）为一阶线性电路暂态分析的三要素法。

**【例3-7】** 图3-16（a）所示电路，开关S合在位置①时已达到稳定状态。在 $t=0$ 时，

开关 S 由位置①合向位置②，试应用三要素法确定 $t \geqslant 0$ 以后电容电压 $u_C$ 和流过电容电流 $i_C$ 的变化规律。已知 $U_0 = 20\text{V}$，$U_S = 10\text{V}$，$R_1 = 15\Omega$，$R_2 = 5\Omega$，$R_3 = 20\Omega$，$C = 1\text{F}$。

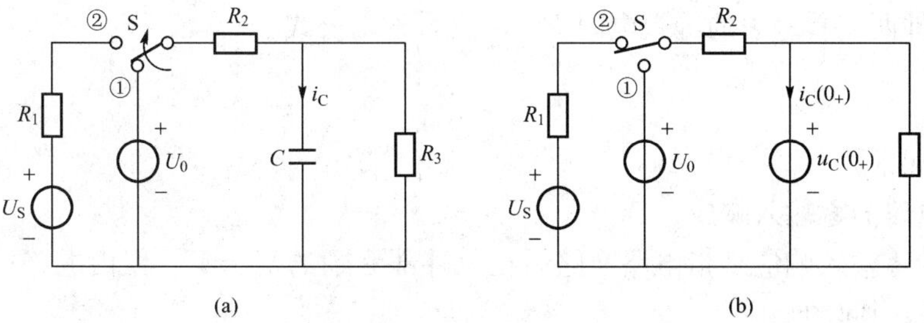


图 3-16　［例 3-7］图

(a) 换路前电路；(b) $t=0_+$ 时的等效电路

**解：** 这是一个 RC 电路全响应问题，应用三要素法来进行求解。

(1) 初始值的计算。换路前，稳态值

$$u_C(0_-) = \frac{U_0}{R_2 + R_3}R_3 = \frac{20}{5+20} \times 20 = 16(\text{V})$$

由换路定律可得，$u_C(0_+) = u_C(0_-) = 16\text{V}$。$t = 0_+$ 时的等效电路如图 3-16 (b) 所示。

$$i_C(0_+) = \frac{U_S - u_C(0_+)}{R_1 + R_2} - \frac{u_C(0_+)}{R_3} = \frac{10-16}{15+5} - \frac{16}{20} = -1.1(\text{A})$$

(2) 稳态值的计算。

$$u_C(\infty) = \frac{U_S}{R_1 + R_2 + R_3}R_3 = \frac{10}{15+5+20} \times 20 = 5(\text{V})$$

$$i_C(\infty) = 0$$

(3) 时间常数的计算。根据换路后的电路，除去电容元件得到含源二端网络，再将电压源 $U_S$ 短路，计算出从电容元件两端看进去的等效电阻 $R_{eq}$，即

$$R_{eq} = \frac{(R_1 + R_2)R_3}{(R_1 + R_2) + R_3} = \frac{(15+5) \times 20}{(15+5)+20} = 10(\Omega)$$

所以时间常数 $\tau$ 为

$$\tau = R_{eq}C = 10 \times 1 = 10(\text{s})$$

(4) 将数据代入式 (3-24) 中，可得

$$u_C = u_C(\infty) + [u_C(0_+) - u_C(\infty)]e^{-\frac{t}{\tau}} = 5 + (16-5)e^{-\frac{t}{10}} = 5 + 11e^{-\frac{t}{10}}(\text{V})$$

$$i_C = i_C(\infty) + [i_C(0_+) - i_C(\infty)]e^{-\frac{t}{\tau}} = 0 + (-1.1-0)e^{-\frac{t}{10}} = -1.1e^{-\frac{t}{10}}(\text{A})$$

## 第四节　RL 电路的响应

由上一节可知，一阶线性电路暂态分析的三要素法也同样适用于一阶线性 RL 电路的零输入响应、零状态响应和全响应的求解。因此，本节主要介绍采用三要素法来分析 RL 电路的零输入响应、零状态响应和全响应。

一阶线性 RL 电路的初始值和稳态值的计算方法参见第一节中，不再赘述。下面介绍一阶线性 RL 电路时间常数 $\tau$ 的计算方法。

将换路后得到的一阶线性 RL 电路中的电感元件除去，使剩下的电路成为含源二端网络；再利用除源等效法将电源除去（即电压源短路、电流源开路）得到非含源二端网络，计算出从电感元件两端看进去的等效电阻 $R_{eq}$ ，然后利用公式

$$\tau = \frac{L}{R_{eq}} \tag{3-25}$$

即可计算出时间常数 $\tau$ 。

**一、RL 电路的零输入响应**

RL 电路的零输入响应是指电路换路后在无外部激励的情况下，仅由电路中电感元件储存的初始能量所引起的响应。

图 3-17 所示电路，开关 S 合在位置①时已达到稳定状态。在 $t=0$ 时刻，开关 S 由位置①合向位置②，使电路断开电压源，输入激励为 0。由图 3-17 所示的电路分析可知：

（1）换路前，电感元件电流的稳态值 $i_L(0_-)=\dfrac{U_0}{R}$ ；

（2）换路后，电感元件电流的初始值 $i_L(0_+)=i_L(0_-)=\dfrac{U_0}{R}$ ，稳态值 $i_L(\infty)=0$ 。

计算时间常数 $\tau$，由式（3-25）可得

$$\tau = \frac{L}{R}$$

由式（3-24）可得电感电流 $i_L$ 的表达式为

$$i_L = i_L(\infty) + [i_L(0_+) - i_L(\infty)]e^{-\frac{t}{\tau}} = 0 + \left(\frac{U_0}{R} - 0\right)e^{-\frac{t}{\frac{L}{R}}} = \frac{U_0}{R}e^{-\frac{R}{L}t}$$

电感元件的电压 $u_L$ 的表达式为

$$u_L = L\frac{di_L}{dt} = -U_0 e^{-\frac{R}{L}t}$$

电感电流、电压的变化曲线如图 3-18 所示。

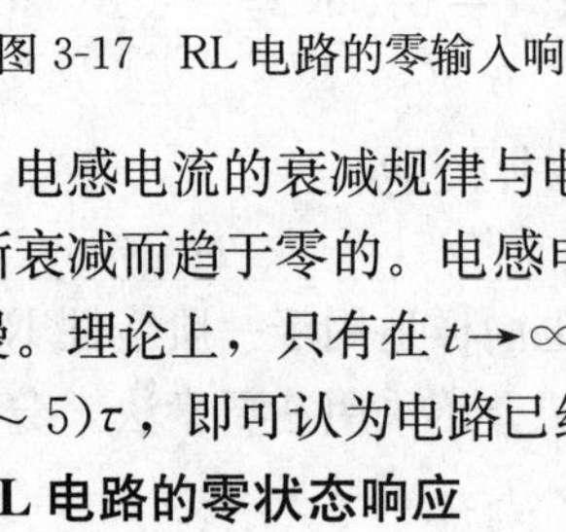


图 3-17　RL 电路的零输入响应

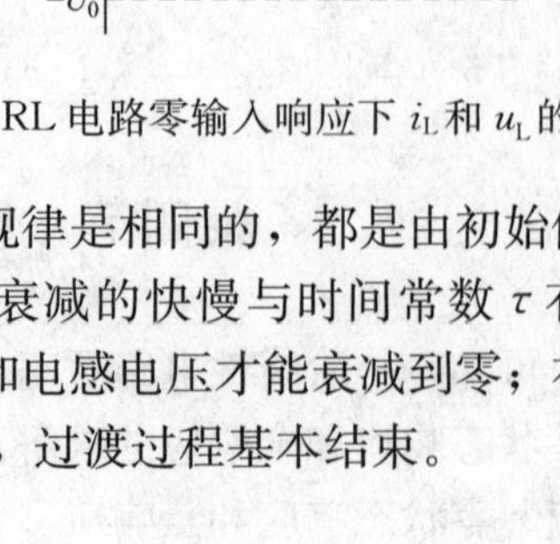


图 3-18　RL 电路零输入响应下 $i_L$ 和 $u_L$ 的变化曲线

可见，电感电流的衰减规律与电容电压的衰减规律是相同的，都是由初始值随时间按指数规律逐渐衰减而趋于零的。电感电流和电感电压衰减的快慢与时间常数 $\tau$ 有关，$\tau$ 越大，衰减得越慢。理论上，只有在 $t\to\infty$ 时，电感电流和电感电压才能衰减到零；在工程上，只要 $t\geqslant(3\sim5)\tau$ ，即可认为电路已经趋于稳定状态，过渡过程基本结束。

**二、RL 电路的零状态响应**

RL 电路的零状态响应是指在电路换路时电感元件未储存能量的情况下，仅由外部激励所引起的响应。

图 3-19 所示电路，开关 S 合在位置①时已达到稳定状态，电感元件未储存能量。在 $t=0$ 时刻，开关 S 由位置①合向位置②，即电路接通一恒定电压为 $U_S$ 的电压源。由图 3-19 所示的电路分析可知：

（1）换路前，电感元件电流的稳态值 $i_L(0_-)=0$；

（2）换路后，电感元件电流的初始值 $i_L(0_+)=i_L(0_-)=0$，稳态值 $i_L(\infty)=\dfrac{U_S}{R}$。

计算时间常数 $\tau$，由式（3-25）可得

$$\tau=\frac{L}{R}$$

由式（3-24）可得电感电流 $i_L$ 的表达式为

$$i_L=i_L(\infty)+[i_L(0_+)-i_L(\infty)]e^{-\frac{t}{\tau}}=\frac{U_S}{R}+\left(0-\frac{U_S}{R}\right)e^{-\frac{t}{\frac{L}{R}}}=\frac{U_S}{R}(1-e^{-\frac{R}{L}t})$$

电感元件的电压 $u_L$ 的表达式为

$$u_L=L\frac{di_L}{dt}=U_Se^{-\frac{R}{L}t}$$

电感电流、电压的变化曲线如图 3-20 所示。

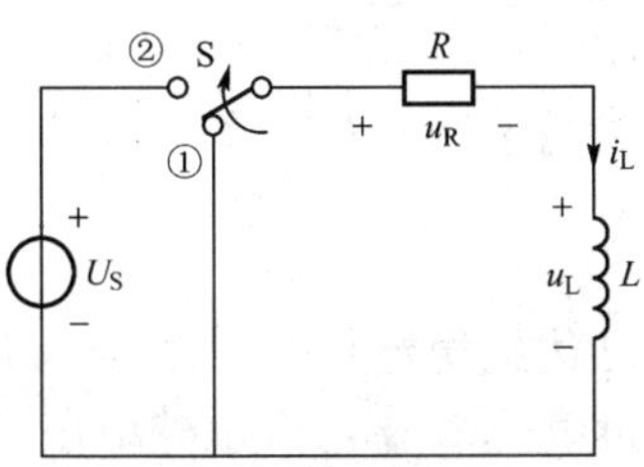

图 3-19　RL 电路的零状态响应

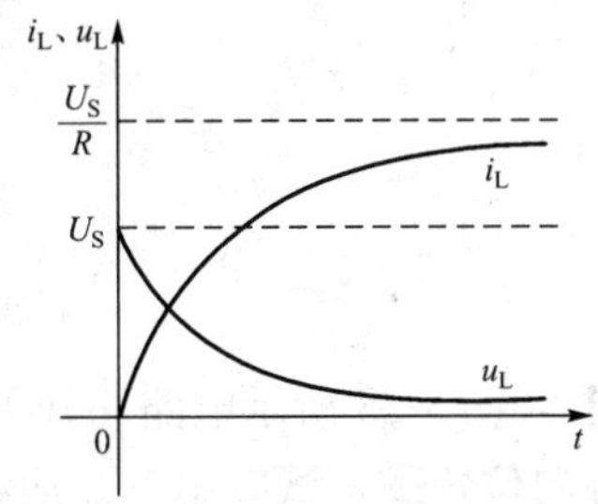

图 3-20　RL 电路零状态响应下 $i_L$ 和 $u_L$ 的变化曲线

可见，电感电流与电容电压的增长规律是相同的，都是按指数规律由初始值零随时间逐渐增长到稳态值。电感电流和电感电压变化的快慢与时间常数 $\tau$ 有关，$\tau$ 越小，变化得越快；在工程上，只要 $t\geqslant(3\sim5)\tau$，即可认为电路已经趋于稳定状态。

**三、RL 电路的全响应**

全响应是指电路在换路时电感元件储存能量，同时又有外部激励加入的情况下所引起的响应。

图 3-21 所示电路，开关 S 合在位置①时已达到稳定状态，电感元件已储存能量。在 $t=0$ 时刻，开关 S 由位置①合向位置②，即电路接通一恒定电压为 $U_S$ 的电压源。由图 3-21 所示的电路分析可知：

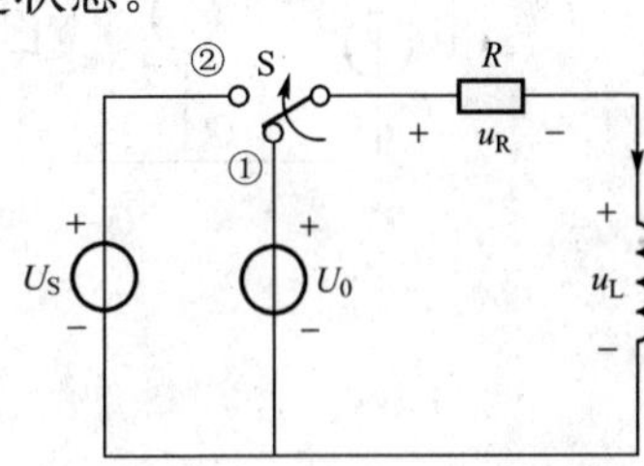

图 3-21　RL 电路的全响应

（1）换路前，电感元件电流的稳态值 $i_L(0_-)=\dfrac{U_0}{R}$；

（2）换路后，电感元件电流的初始值 $i_L(0_+)=i_L(0_-)=\dfrac{U_0}{R}$，稳态值 $i_L(\infty)=\dfrac{U_S}{R}$。

由式（3-25）可得时间常数为

$$\tau = \frac{L}{R}$$

由式（3-24）可得电感电流 $i_L$ 的表达式为

$$i_L = i_L(\infty) + [i_L(0_+) - i_L(\infty)]e^{-\frac{t}{\tau}} = \frac{U_S}{R} + \left(\frac{U_0}{R} - \frac{U_S}{R}\right)e^{-\frac{t}{\frac{L}{R}}} = \frac{U_S}{R} + \left(\frac{U_0}{R} - \frac{U_S}{R}\right)e^{-\frac{R}{L}t}$$

电感元件的电压 $u_L$ 的表达式为

$$u_L = L\frac{di_L}{dt} = (U_S - U_0)e^{-\frac{R}{L}t}$$

RL 电路全响应下，电感电流、电压的变化曲线与 $U_0$ 和 $U_S$ 的相对大小有关，以 $i_L$ 为例，其变化曲线如图 3-22 所示。

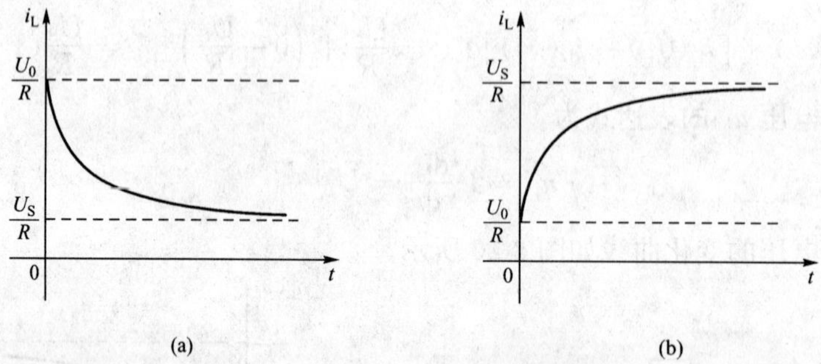


图 3-22 $i_L$ 的变化曲线

(a) $U_0 > U_S$；(b) $U_0 < U_S$

**【例 3-8】** 图 3-23 所示电路，开关 S 合在位置①时已达到稳定状态。在 $t = 0$ 时，开关 S 由位置①合向位置②，试应用三要素法确定 $t \geqslant 0$ 后流过电感电流 $i_L$ 和电感电压 $u_L$ 的变化规律。已知 $I_0 = 3A$，$U_S = 10V$，$R_1 = 15\Omega$，$R_2 = 5\Omega$，$R_3 = 10\Omega$，$L = 1H$。

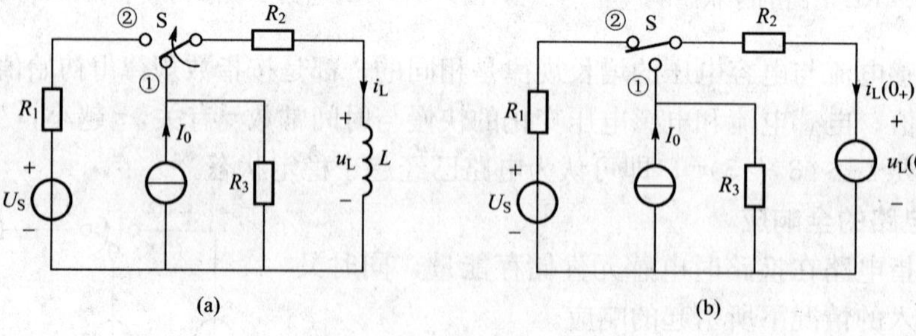


图 3-23 ［例 3-8］图

(a) 换路前电路；(b) $t=0_+$ 时的等效电路

**解：** 这是一个 RL 电路全响应问题，应用三要素法求解过程如下：

(1) 初始值的计算。换路前，电感电流稳态值

$$i_L(0_-) = I_0\frac{R_3}{R_2 + R_3} = 3 \times \frac{10}{5 + 10} = 2(A)$$

由换路定律可得 $i_L(0_+) = i_L(0_-) = 2A$。$t = 0_+$ 时的等效电路如图 3-23（b）所示。

$$u_L(0_+) = U_S - i_L(0_+)(R_1 + R_2) = 10 - 2 \times (15 + 5) = -30(V)$$

(2) 稳态值的计算。

$$i_L(\infty)=\frac{U_S}{R_1+R_2}=\frac{10}{15+5}=0.5(\mathrm{A})$$

$$u_L(\infty)=0$$

(3) 时间常数的计算。

$$\tau=\frac{L}{R_1+R_2}=\frac{1}{15+5}=\frac{1}{20}(\mathrm{s})$$

(4) 由式 (3-24) 可得

$$i_L=i_L(\infty)+[i_L(0_+)-i_L(\infty)]e^{-\frac{t}{\tau}}=0.5+(2-0.5)e^{-\frac{t}{\frac{1}{20}}}=0.5+1.5e^{-20t}(\mathrm{A})$$

$$u_L=u_L(\infty)+[u_L(0_+)-u_L(\infty)]e^{-\frac{t}{\tau}}=0+(-30-0)e^{-\frac{t}{\frac{1}{20}}}=-30e^{-20t}(\mathrm{V})$$

## 习　　题

3-1　图 3-24 所示电路，开关 S 闭合前已处于稳态，试确定开关 S 闭合后各电流和电压的初始值和稳态值。

3-2　图 3-25 所示电路，开关 S 合在位置①时已达到稳定状态。在 $t=0$ 时，开关 S 由位置①合向位置②，试确定 $t\geqslant 0$ 以后电感电流 $i_L$ 和电感电压 $u_L$ 的初始值和稳态值。

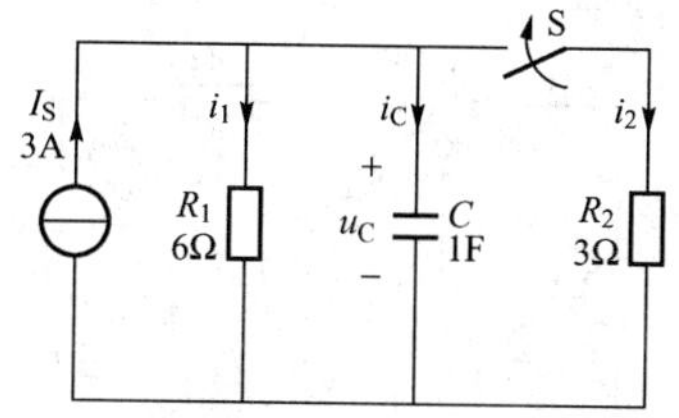


图 3-24　习题 3-1 图

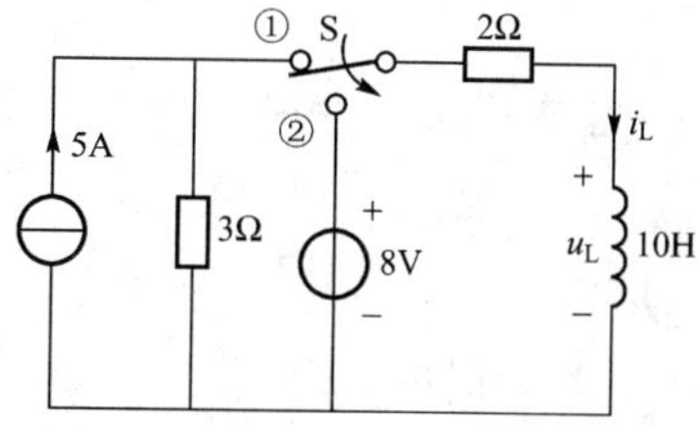


图 3-25　习题 3-2 图

3-3　图 3-26 所示电路，开关 S 合在位置①时已达到稳定状态。在 $t=0$ 时，开关 S 由位置①合向位置②，试确定 $t\geqslant 0$ 以后电容电压 $u_C$ 和流过电容电流 $i_C$ 的变化规律。已知 $U_0=10\mathrm{V}$，$R=10\mathrm{k}\Omega$，$C=25\mu\mathrm{F}$。

3-4　图 3-27 所示电路，开关 S 合在位置①时已达到稳定状态。在 $t=0$ 时，开关 S 由位置①合向位置②，试确定 $t\geqslant 0$ 以后电容电压 $u_C$ 和流过电容电流 $i_C$ 的变化规律。已知 $U_S=10\mathrm{V}$，$R=10\Omega$，$C=2\mathrm{F}$。

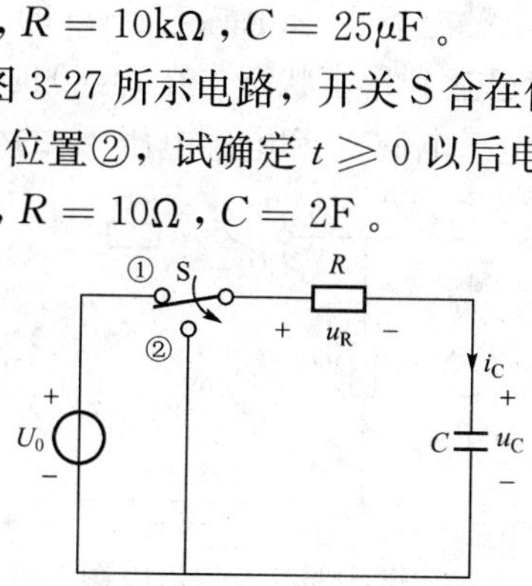


图 3-26　习题 3-3 图

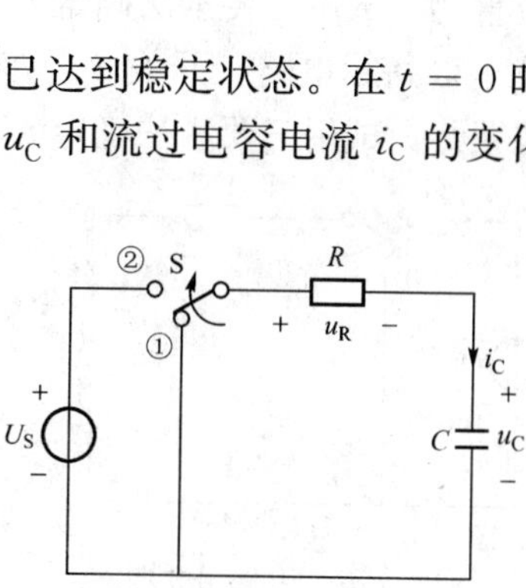


图 3-27　习题 3-4 图

3-5　图 3-28 所示电路，开关 S 合在位置①时已达到稳定状态。在 $t=0$ 时，开关 S 由位置①合向位置②，试确定 $t\geqslant 0$ 以后电容电压 $u_C$ 和流过电容电流 $i_C$ 的变化规律。已知

$U_S = 20\text{V}$ , $U_0 = 10\text{V}$ , $R = 100\Omega$ , $C = 100\mu\text{F}$ 。

3-6　图 3-29 所示电路，开关 S 闭合前已处于稳态，应用三要素法确定开关 S 闭合后 $u_C$ 和 $i_C$ 的变化。

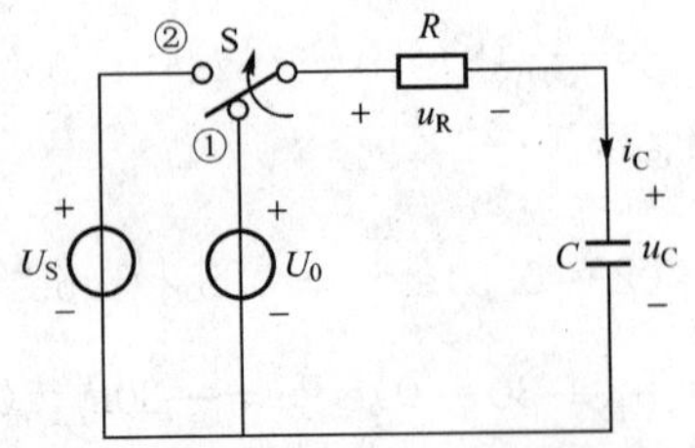


图 3-28　习题 3-5 图

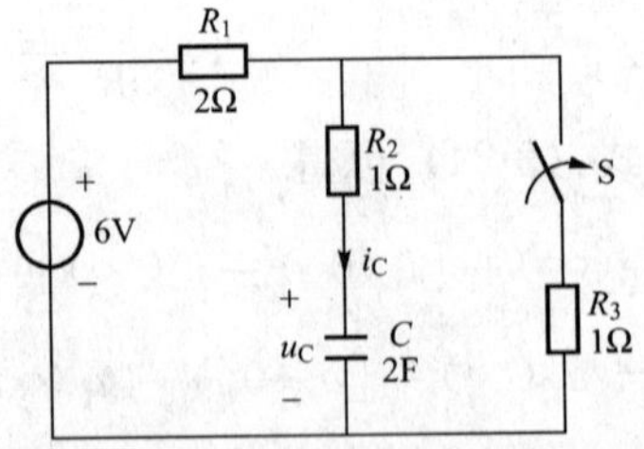


图 3-29　习题 3-6 图

3-7　图 3-30 所示电路已处于稳态，在 $t = 0$ 时开关 S 断开，应用三要素法确定后 $t \geqslant 0$ 以后 $u_C$ 、$i_C$ 和 $i$ 的变化规律。

3-8　图 3-31 所示电路，开关 S 合在位置①时已达到稳定状态。在 $t = 0$ 时，开关 S 由位置①合向位置②，试用三要素法确定 $t \geqslant 0$ 以后电感电流 $i_L$ 和电感电压 $u_L$ 的变化规律。

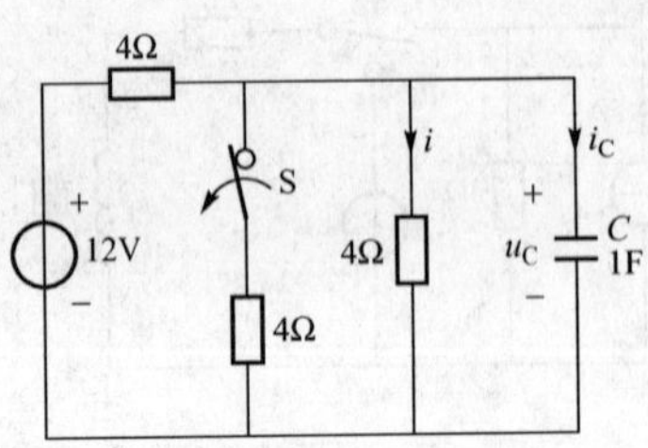


图 3-30　习题 3-7 图

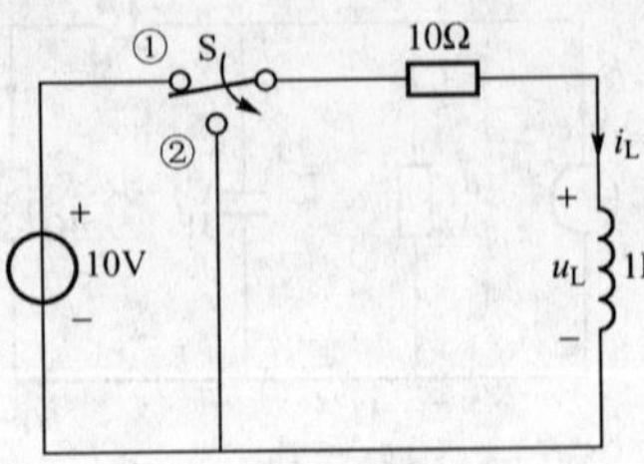


图 3-31　习题 3-8 图

3-9　图 3-32 所示电路，开关 S 合在位置①时已达到稳定状态。在 $t = 0$ 时，开关 S 由位置①合向位置②，试用三要素法确定 $t \geqslant 0$ 以后电感电流 $i_L$ 和电感电压 $u_L$ 的变化规律。

3-10　图 3-33 所示电路，开关 S 合在位置①时已达到稳定状态。在 $t = 0$ 时，开关 S 由位置①合向位置②，试用三要素法确定 $t \geqslant 0$ 以后电感电流 $i_L$ 和电感电压 $u_L$ 的变化规律。

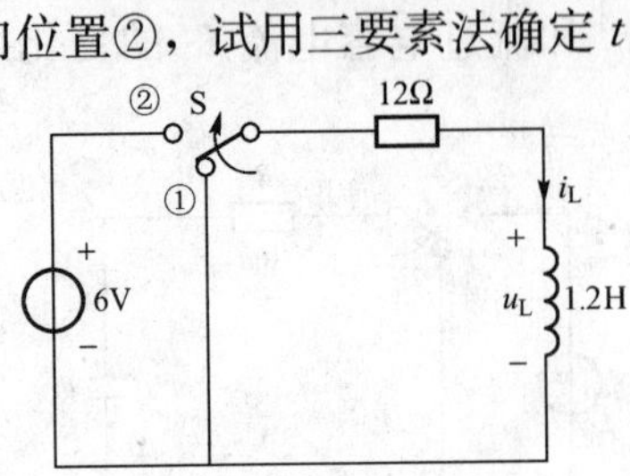


图 3-32　习题 3-9 图

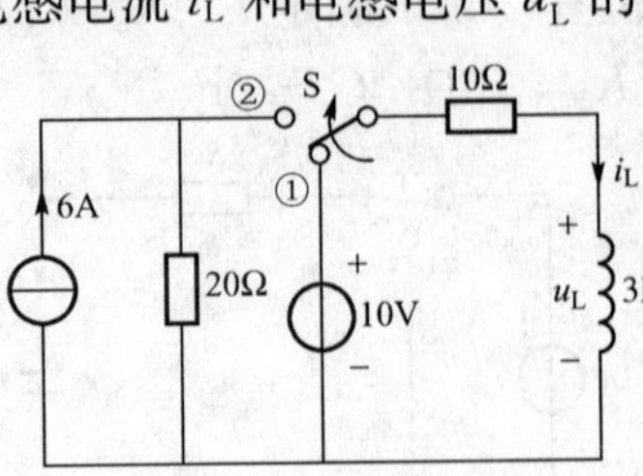


图 3-33　习题 3-10 图

3-11　图 3-34 所示电路已处于稳态，在 $t = 0$ 时，开关 S 闭合，已知 $u_{o1} = (3 - e^{-\frac{t}{9}})\text{V}$ ，试确定 $u_{o2}$ 。

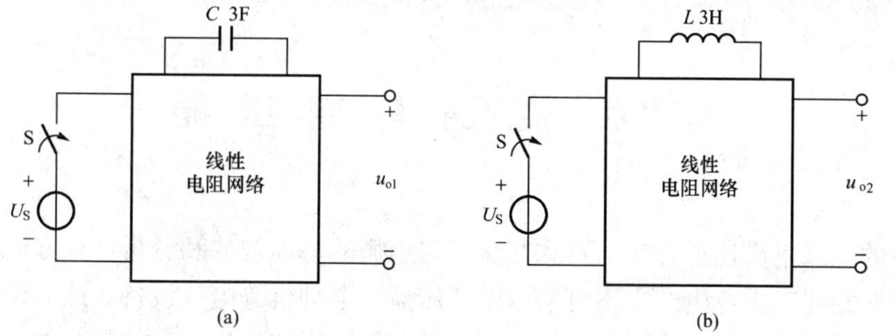


图 3-34 习题 3-11 图

# 第四章　磁路与变压器

在前面的三章里讲述了直流电路和交流电路遵循的基本规律和分析计算方法，在下面的三章里简要介绍在工农业生产中不可缺少的变压器、电动机等电气设备。这类设备都是利用电磁相互作用进行工作的。为了产生较强的磁场并把磁场约束在一定的空间内加以运行，常采用导磁性能良好的铁磁材料做成一定形状的铁心，使这类设备中的磁场集中分布于主要由铁心构成的闭合路径内，这样的路径通常称为磁路。

为了更好地了解变压器和电动机的运行特性，不仅要分析它们的电路，而且还要分析它们的磁路，以及二者之间的关系。因此，在本章中主要介绍有关磁路的基本知识和基本规律，并简述交流铁心线圈内部的基本电磁关系，为分析电动机的工作原理打下良好的基础；然后在此基础上讲解变压器的基本结构、工作原理、运行特性和主要额定值。

## 第一节　磁路及其基本知识和基本规律

### 一、磁场的基本物理量

磁路问题是局限在一定路径内的磁场问题。磁场是物质存在的基本属性之一，是由电流产生的。通常人们采用磁力线形象地表示磁场的方向和强弱。磁力线上某点的切线方向表示该点的磁场方向；磁力线越密的地方表示磁场越强，反之越弱。若磁力线是一组间距相等的平行线时，这样的磁场称为匀强磁场。习惯上，人们常用磁通 $\Phi$ 这一物理量来表示通过某一截面积的磁力线总数。磁力线是闭合的曲线，磁力线的方向与产生该磁场电流的方向符合右螺旋定则。因此磁场的特性可用下面两个基本物理量来描述。

1. 磁感应强度

磁感应强度（又叫磁通密度）是描述磁场的力的特性的物理量，是个矢量，符号是 $B$。其常见的定义有：

（1）在匀强磁场中，若通过与磁力线垂直的某一面积 $S$ 的磁通为 $\Phi$，则

$$B=\frac{\Phi}{S} \tag{4-1}$$

式（4-1）说明，磁感应强度在数值上就是与磁场方向垂直的单位面积上通过的磁通。在国际单位制中，$\Phi$ 的单位为 Wb（韦［伯］）；$S$ 的单位为 $m^2$（平方米）；$B$ 的单位为 T（特［斯拉］，简称特），即 $Wb/m^2$（韦伯/米$^2$）。

在非匀强磁场中，磁感应强度为

$$B=\frac{\Phi}{S\cos\theta} \tag{4-2}$$

式中：$\Phi$ 为磁通量；$S$ 为线圈所围面积；$\theta$ 为线圈平面与垂直磁力线的平面间的夹角。

（2）根据磁场对通电导线的作用力（$F=BLI$）来定义。在磁场中垂直于磁场方向的通电导线，所受的磁场力跟电流强度和导线长度的乘积的比值叫做通电导线所在处的磁感应强

度，即

$$B=\frac{F}{IL} \tag{4-3}$$

磁感应强度与电流和作用力之间的方向关系可用左手定则来确定。

2. 磁场强度

磁场强度是用来描述计算磁场时所引用的一个基本物理量，也是个矢量，符号是 $H$，单位是 A/m（安［培］每米）。

当通过线圈的电流一定时，它所产生的磁场中的任一点的磁场强度 $H$ 就是一定的。磁感应强度 $B$ 与磁场强度 $H$ 之间的关系为

$$B=\mu H \tag{4-4}$$

式中：$\mu$ 为物质的磁导率。

磁导率 $\mu$ 是一个用来表示磁场物质磁性的物理量，也就是用来衡量物质导磁能力的物理量。磁导率的单位是 H/m（亨［利］每米）。

我们知道，真空的磁导率为一常数，用 $\mu_0$ 来表示，其值为

$$\mu_0=4\pi\times10^{-7}\,\text{H/m}$$

非铁磁物质的磁导率近似地等于真空的磁导率，而铁磁物质的磁导率则远大于非铁磁物质的磁导率，两者之比一般约为 $10^3\sim10^4$。铁磁物质的导磁率不是一个常数，即 $B$ 和 $H$ 不是直线关系，而且没有准确的数学表达式，只能用 $B-H$ 曲线来表示。图 4-1 所示为用实验方法在反复磁化的情况下测得的 $B-H$ 曲线，称为基本磁化曲线，它表明铁磁材料在磁化时有磁饱和现象。

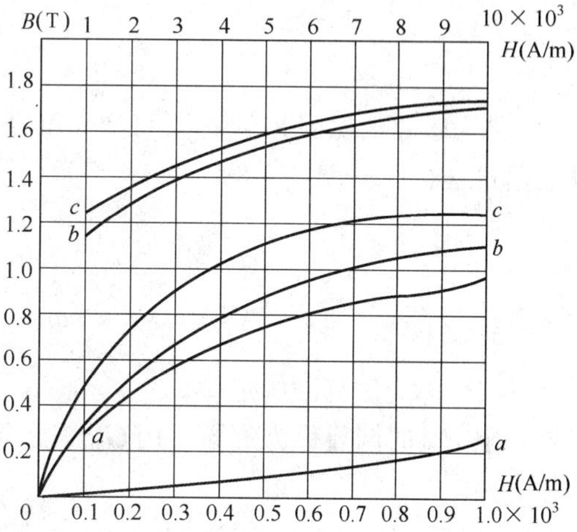


图 4-1　基本磁化曲线

$a$—铸铁；$b$—铸钢；$c$—硅钢片

## 二、磁路的基本定律

在磁场中，磁场强度和电流的关系遵循物理电磁学中的安培环路定律（在电工学中又称全电流定律），该定律的内容是：在磁场中沿任何闭合回线，磁场强度向量的线积分等于穿过此闭合回线所包围面积的电流的代数和。其数学表达式为

$$\oint \vec{H}\cdot \mathrm{d}\vec{l}=\Sigma I \tag{4-5}$$

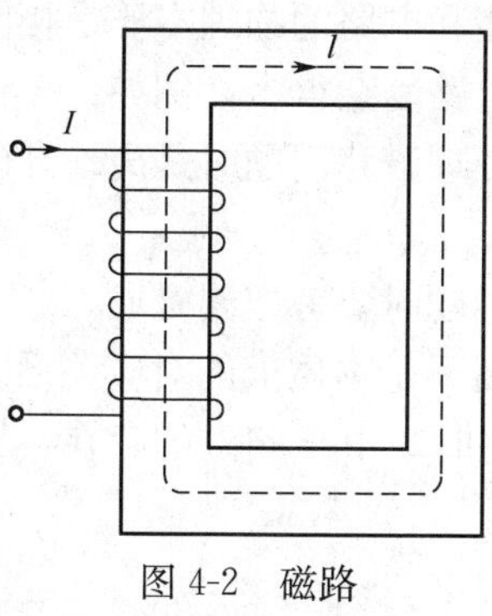


图 4-2　磁路

式中：$H$ 为磁场强度，A/m；$l$ 为闭合回线长度 m。

应用这个公式计算电流的代数和 $\Sigma I$ 时，以闭合回线的绕行方向为准，当电流方向与所选积分回线方向之间符合右螺旋定则时，该电流取正号；否则取负号。

以图 4-2 所示磁路为例，取其中心线即平均长度的磁力线回路为积分回线，由于中心线上各点的磁场强度矢量的大小相同，其方向又与 $\mathrm{d}\vec{l}$ 的方向一致，所以有

$$\oint \vec{H}\,\mathrm{d}\vec{l} = \oint H\mathrm{d}l = H\oint \mathrm{d}l = Hl$$

而电流的代数和$\sum I$则等于线圈的匝数$N$与电流$I$的乘积，因此可得出

$$Hl = NI$$

式中：$N$是线圈的匝数；$l$是磁路（闭合回线）的平均长度；$H$是磁路铁心的磁场强度。

式中的线圈匝数与电流的乘积$NI$称为磁通势，用字母$F$表示，即

$$F = NI \tag{4-6}$$

磁通就是由磁通势产生的，其单位是A（安［培］）。

根据式（4-1）和式（4-4）可得

$$Hl = \frac{B}{\mu}l = \frac{\Phi}{\mu S}l = \Phi\frac{l}{\mu S} \tag{4-7}$$

式中：$S$为磁路的截面积；$\mu$为磁导率。

令

$$R_{\mathrm{m}} = \frac{l}{\mu S} \tag{4-8}$$

把$R_{\mathrm{m}}$称为磁路的磁阻，单位是$\mathrm{H}^{-1}$（每亨利），其大小取决于磁路的材料和几何尺寸。所以根据式（4-6）～式（4-8）可得

$$F = \Phi R_{\mathrm{m}} \tag{4-9}$$

或者

$$\Phi = \frac{F}{R_{\mathrm{m}}} = \frac{NI}{R_{\mathrm{m}}} \tag{4-10}$$

式（4-10）称为磁路欧姆定律。

磁阻$R_{\mathrm{m}}$的倒数称为磁导，用$G_{\mathrm{m}}$表示，即

$$G_{\mathrm{m}} = \frac{1}{R_{\mathrm{m}}} \tag{4-11}$$

单位为H（亨［利］）。因此，磁路欧姆定律又可以写成

$$\Phi = G_{\mathrm{m}}F = G_{\mathrm{m}}NI \tag{4-12}$$

通过分析可知，式（4-9）～式（4-12）与电路中在形式上均有相似的，所以磁路与电路之间具有对偶关系。两者的对照见表4-1。

应当指出，磁路虽然与电路具有对偶关系，但绝不意味着磁路和电路的物理本质是相同的。虽然两者之间有很多相似之处，但分析与处理磁路问题要比电路复杂得多，例如：

（1）在处理电路问题时，一般情况下不涉及电场问题，但在处理磁路问题时是离不开磁场的基本概念。

（2）在处理电路问题时，一般不考虑漏电流，但在处理磁场问题时要考虑漏磁通。

（3）电路的欧姆定律与磁路的欧姆定律只是在形式上相似，而不是本质上的对应关系。

（4）在分析电路问题，当$E=0$时，$I=0$；但在处理磁路问题时，由于剩磁的存在，当$F=0$时，$\Phi\neq 0$。

（5）在学习时，应该注意磁路中基本物理量的单位。

**表 4-1** **磁路与电路对照**

| 对照内容 | 磁路 | 电路 |
|---|---|---|
| 典型结构 | 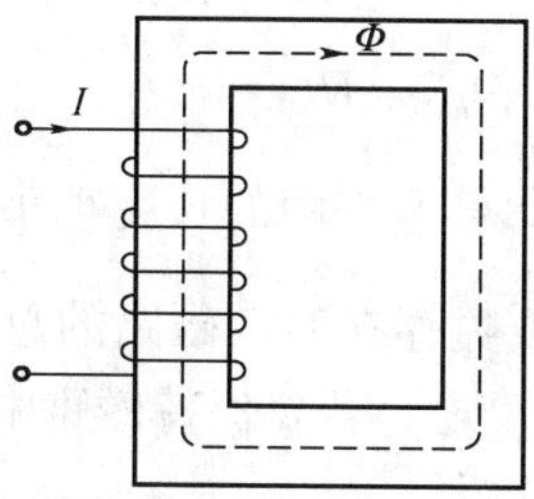 | 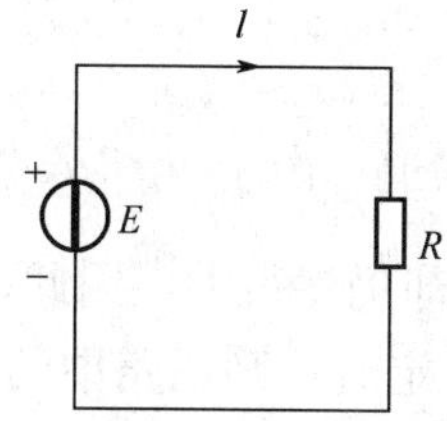 |
| 物理量 | 磁通势 $F$<br>磁通 $\Phi$<br>磁通密度 $B$<br>磁阻 $R_m$<br>磁导 $G_m$ | 电动势 $E$<br>电流 $I$<br>电流密度 $J$<br>电阻 $R$<br>电导 $G$ |
| 关系式 | 磁阻 $R_m=\mu\dfrac{l}{S}$<br>欧姆定律 $\Phi=\dfrac{F}{R_m}=\dfrac{NI}{\mu\dfrac{l}{S}}$ | 电阻 $R=\rho\dfrac{l}{S}$<br>欧姆定律 $I=\dfrac{E}{R}=\dfrac{E}{\rho\dfrac{l}{S}}$ |

在工程上，经常遇到的磁路并不都是用同一种铁磁物质构成的，各处截面积也不一定完全相同。例如图 4-3 所示的磁路，由磁导率分别为 $\mu_1$、$\mu_2$ 的两种不同的铁磁物质以及它们之间的一段不大的空气隙所组成，即磁路由不同磁阻的几段串联而成，所以根据安培环路定律可以得到计算磁路的基本公式为

$$NI = H_0 l_0 + H_1 l_1 + H_2 l_2 = \Sigma(Hl) \qquad (4\text{-}13)$$

式中：$H_0 l_0$、$H_1 l_1$、$H_2 l_2$ 也常称为磁路各段的磁压降。

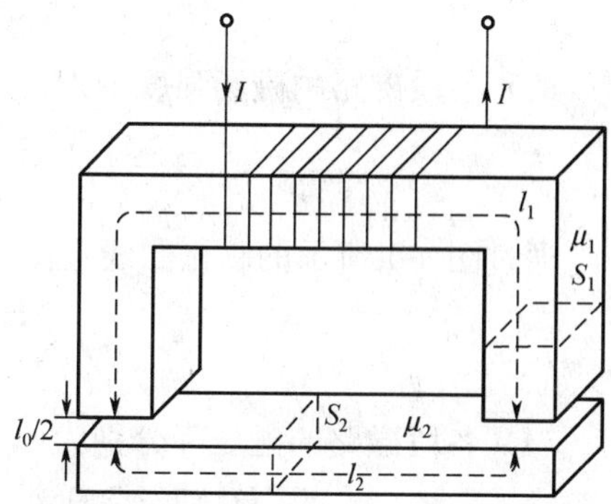


图 4-3 不同材料及有空气隙的磁路

对于图 4-3 所示的磁路，根据式（4-13）可以得出

$$H_0 l_0 + H_1 l_1 + H_2 l_2 = NI$$

对于图 4-3 所示的磁路，如果按照磁导率和截面积之不同将磁路分成数段，则各段的磁阻和磁路的总磁阻分别如下。

空气隙的磁阻

$$R_{m0} = \frac{l_0}{\mu_0 S_0} \approx \frac{l_0}{\mu_0 S_1}$$

式中：$S_0$ 为空气隙的截面积。

磁导率为 $\mu_1$ 的磁阻

$$R_{m1} = \frac{l_1}{\mu_1 S_1}$$

磁导率为 $\mu_2$ 的磁阻

$$R_{m2}=\frac{l_2}{\mu_2 S_2}$$

总的磁阻

$$R_m=R_{m0}+R_{m1}+R_{m2}$$

我们知道，由于 $\mu_0 \ll \mu$，即 $\frac{1}{\mu_0} \gg \frac{1}{\mu}$，所以尽管空气隙的长度很小，但其磁阻 $R_{m0}$ 与 $R_{m1}$、$R_{m2}$ 相比，却仍然很大。因此，当磁路中有空气隙存在时，磁路的总磁阻将明显增加。若磁通势 $NI$ 一定时，则磁路中的磁通 $\Phi$ 将减小；反之，若要保持磁路中的磁通一定，则要增加磁通势。可见，磁路中应尽量减少空气隙的长度。

**【例 4-1】**　图 4-3 所示的磁路，是由两块铸钢铁心及它们之间的一段空气隙构成的。各部分的尺寸分别是：$l_0=1\text{cm}$，$l_1=30\text{cm}$，$l_2=12\text{cm}$，$S_0=S_1=10\ \text{cm}^2$，$S_2=8\ \text{cm}^2$。今要求在空气隙处的磁感应强度达到 $B_0=1\text{T}$，问需要多大的磁通势？

**解：**(1) 磁路中的磁通为

$$\Phi=B_0 S_0=1\times 0.001=0.001(\text{Wb})$$

(2) 各段磁路的磁感应强度分别为

$$B_0=1\text{T}$$

$$B_1=\frac{\Phi}{S_1}=\frac{0.001}{0.001}=1(\text{T})$$

$$B_2=\frac{\Phi}{S_2}=\frac{0.001}{0.0008}=1.25(\text{T})$$

(3) 各段磁路的磁场强度分别为

$$H_0=\frac{B_0}{\mu_0}=\frac{1}{4\pi\times 10^{-7}}=796\,000(\text{A/m})$$

通过图 4-1 所示的磁化曲线查得

$$H_1=0.7\times 10^3\,\text{A/m}$$

$$H_2=1.6\times 10^3\,\text{A/m}$$

(4) 各段磁路的磁压降分别为

$$H_0 l_0=7.96\times 10^5\times 1\times 10^{-2}=7.96\times 10^3(\text{A})$$

$$H_1 l_1=0.7\times 10^3\times 30\times 10^{-2}=210(\text{A})$$

$$H_2 l_2=1.6\times 10^3\times 12\times 10^{-2}=192(\text{A})$$

(5) 磁通势为

$$F=NI=H_0 l_0+H_1 l_1+H_2 l_2=8362(\text{A})$$

通过上例计算可以得出，在已知磁通和各段的材料及尺寸时，可按下面的步骤去求磁通势：

(1) 由于在磁路中通过的是同一个磁通，根据各段磁路截面积的不同计算出各段的磁感应强度。基本计算公式为

$$B=\frac{\Phi}{S}$$

(2) 根据各段磁路材料的磁化曲线，查出不同材料磁感应强度 $B$ 所对应的磁场强度 $H$。

(3) 计算各段磁路的磁压降 $Hl$。

(4) 根据式 (4-13) 计算出磁通势。

## 第二节 交流铁心线圈电路

铁心线圈分为两种：一种是直流铁心线圈，该线圈是通直流来励磁的，如直流电动机的励磁线圈、直流电磁铁及各种直流电器的线圈；另一种是交流铁心线圈，该线圈是通交流来励磁的，如变压器、交流电机及各种交流电器的线圈。

本节中主要介绍交流铁心线圈的电磁关系、电压电流关系及功率损耗。直流铁心线圈分析较为简单，因为直流铁心线圈的励磁电流是直流，产生的磁通是恒定的，在线圈和铁心中不会感应出电动势来。故直流铁心线圈电路的分析不再赘述。

### 一、电磁关系

图 4-4 所示是交流铁心线圈电路的原理图。设线圈的匝数为 $N$，当加交流电压 $u$ 时，线圈中通过交流电流 $i$，要在线圈中产生交变的磁通，绝大部分是通过铁心闭合的，只有很少的一部分是通过空气闭合的。所以把通过铁心闭合的磁通称为主磁通 $\Phi$，通过空气闭合的磁通称为漏磁通 $\Phi_\sigma$，如图 4-4 中虚线所示。根据电磁感应定律，这两个磁通要在线圈中产生两个感应电动势，即主磁电动势 $e$ 和漏磁电动势 $e_\sigma$。$e$ 和 $e_\sigma$ 的参考方向与 $\Phi$ 和 $\Phi_\sigma$ 的参考方向符合右螺旋关系，因此与电流 $i$ 的参考方向一致，在图 4-4 中已标出。这个电磁关系可表示为

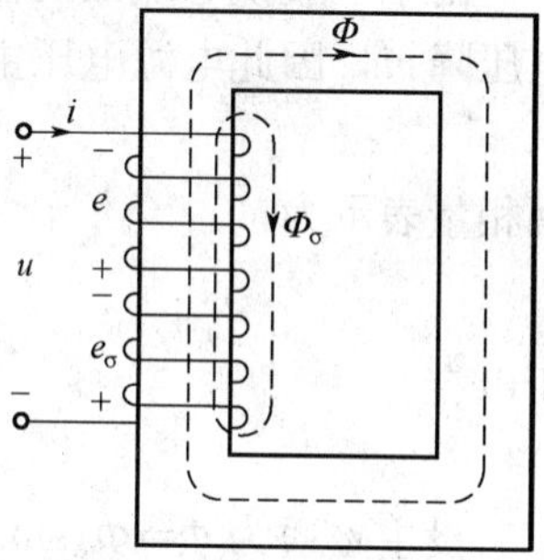


图 4-4 交流铁心线圈电路原理图

$$u \longrightarrow i(Ni) \begin{cases} \Phi \longrightarrow e \\ \Phi_\sigma \longrightarrow e_\sigma \end{cases}$$

其中主磁通所产生的感应电动势 $e$ 为

$$e = -N\frac{\mathrm{d}\Phi}{\mathrm{d}t}$$

漏磁通所产生的感应电动势 $e_\sigma$ 为

$$e_\sigma = -N\frac{\mathrm{d}\Phi_\sigma}{\mathrm{d}t} \tag{4-14}$$

由于漏磁通是通过空气闭合的，所以励磁电流 $i$ 与 $\Phi_\sigma$ 之间可以认为呈线性关系，故上式可以写成

$$e_\sigma = -N\frac{\mathrm{d}\Phi_\sigma}{\mathrm{d}t} = -L_\sigma\frac{\mathrm{d}i}{\mathrm{d}t} \tag{4-15}$$

式中：$L_\sigma = \dfrac{N\Phi_\sigma}{i}$ 称为铁心线圈的漏磁电感。

因为漏磁通 $\Phi_\sigma$ 主要通过空气闭合，与电流 $i$ 成正比，$L_\sigma$ 为常数，故 $e_\sigma$ 可用漏电感电动势表示。

### 二、电压电流关系

图 4-4 所示交流铁心线圈电路中，电压和电流之间的关系可根据基尔霍夫定律得出，电

压和电流的参考方向如图 4-4 中所示，所以有

$$u+e+e_{\sigma}-ri=0$$

或

$$u=(-e)+(-e_{\sigma})+ri=(-e)+L_{\sigma}\frac{\mathrm{d}i}{\mathrm{d}t}+ri \tag{4-16}$$

式中：$L_{\sigma}$ 为交流铁心线圈的漏磁电感；$r$ 为交流铁心线圈的电阻。

当 $u$ 是正弦交流电压时，式（3-16）中的各量可近似为正弦量，所以式（4-16）可用相量表示，即

$$\dot{U}=(-\dot{E})+\mathrm{j}X_{\sigma}\dot{I}+r\dot{I}$$

式中：$X_{\sigma}$ 称为漏磁感抗，简称漏抗，$X_{\sigma}=\omega L_{\sigma}$，它是由漏磁通所引起的。

由于一般铁心线圈的主磁通 $\Phi$ 远大于漏磁通 $\Phi_{\sigma}$，所感应的电动势 $e$ 又远大于线圈电阻电压降 $ri$，因此电源电压主要由主磁通的感应电动势来平衡，即

$$u\approx-e$$

用相量表示为

$$\dot{U}\approx-\dot{E}$$

所以有

$$U\approx E$$

设主磁通为 $\Phi=\Phi_{\mathrm{m}}\sin\omega t$，则

$$\begin{aligned}e=-N\frac{\mathrm{d}\Phi}{\mathrm{d}t}=-N\frac{\mathrm{d}(\Phi_{\mathrm{m}}\sin\omega t)}{\mathrm{d}t}&=-N\omega\Phi_{\mathrm{m}}\cos\omega t\\&=2\pi fN\Phi_{\mathrm{m}}\sin(\omega t-90^{\circ})\\&=E_{\mathrm{m}}\sin(\omega t-90^{\circ})\end{aligned} \tag{4-17}$$

式（4-17）表明，在相位上，主磁通 $\Phi$ 超前主磁感应电动势 $e$ 90°。其中 $E_{\mathrm{m}}=\omega N\Phi_{\mathrm{m}}=2\pi fN\Phi_{\mathrm{m}}$，是主磁感应电动势的幅值（最大值），其有效值为

$$E=\frac{E_{\mathrm{m}}}{\sqrt{2}}=\frac{2\pi fN\Phi_{\mathrm{m}}}{\sqrt{2}}=4.44fN\Phi_{\mathrm{m}} \tag{4-18}$$

由此可见，当 $f$、$N$ 一定时，交流铁心线圈中主磁通最大值基本上决定于电源电压，其值为

$$\Phi_{\mathrm{m}}=\frac{E}{4.44fN}\approx\frac{U}{4.44fN}$$

或

$$U\approx E=4.44fN\Phi_{\mathrm{m}}=4.44fNB_{\mathrm{m}}S \tag{4-19}$$

上述关系式普遍适用于交流电机和电器。其中 $B_{\mathrm{m}}$ 是铁心中磁感应强度的最大值，$S$ 是铁心的截面积。

铁心线圈中磁通 $\Phi$ 由电流 $i$ 产生，$i$ 的最大值 $I_{\mathrm{m}}$ 和磁通最大值 $\Phi_{\mathrm{m}}$ 相对应，根据安培环路定律，可写成

$$\sum H_{\mathrm{m}}l=NI_{\mathrm{m}}$$

$$H_{\mathrm{m}}=\frac{B_{\mathrm{m}}}{\mu},B_{\mathrm{m}}=\frac{\Phi_{\mathrm{m}}}{S}$$

当电流 $i$ 近似正弦变化时，其有效值可按下式计算

$$I\approx\frac{I_{\mathrm{m}}}{\sqrt{2}}=\frac{\sum H_{\mathrm{m}}l}{\sqrt{2}N}$$

### 三、功率损耗

交流铁心线圈加交流电压时输入功率 $P$ 包括两部分：一部分是供给线圈电阻的功率损耗称为铜损耗 $P_{Cu}$，简称铜损，其大小为

$$P_{Cu}=rI^2$$

它与 $I^2$ 成正比；另一部分是交变的磁通在铁心中产生的功率损耗，称为铁损耗 $P_{Fe}$，简称铁损。铁损主要是指铁心通过交变磁通时所产生的磁滞损耗 $P_h$ 和涡流损耗 $P_e$。铁损的大小为

$$P_{Fe}=P_h+P_e$$

磁滞损耗 $P_h$ 是指由磁滞所产生的铁损。可以证明，交变磁化一周在铁心的单位体积内所产生的磁滞损耗能量与磁滞回线所包围的面积成正比。为了减少磁滞损耗，通常选用磁滞回线较窄的硅钢片作铁心。

涡流损耗 $P_e$ 是指由涡流所产生的铁损。在图 4-5 中，当线圈中通有交流电时，它所产生的磁通也是交变的。因此，不仅要在线圈中产生感应电动势，而且在铁心内也要产生感应电动势和感应电流，这种感应电流称为涡流，它在垂直于磁通方向的平面内环流着。为了减少涡流损耗，铁心由彼此绝缘且顺着磁场方向的硅钢片叠成。

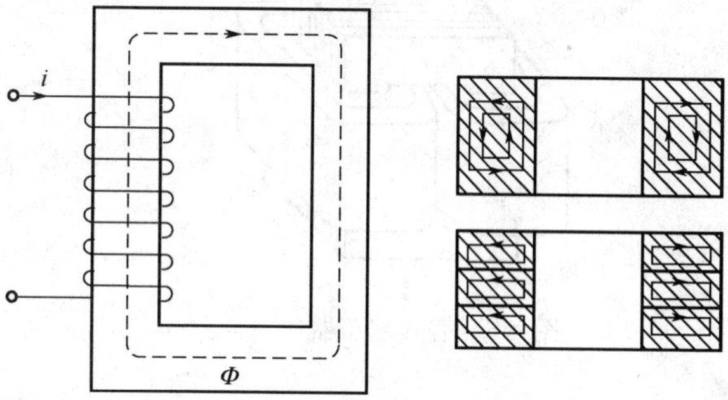


图 4-5 涡流损耗

综上所述，交流铁心线圈的功率损耗为

$$P=P_{Cu}+P_{Fe}=rI^2+P_h+P_e$$

**【例 4-2】** 有一铁心线圈，两端加上 10V 直流电压时，电流为 1A；两端加上 110V 交流电压时，电流为 2A，消耗的功率为 88W。试求在后一种情况下线圈的铜损、铁损和功率因数。

**解：** 由直流电压和直流电流可求得线圈的电阻为

$$R=\frac{U}{I}=\frac{10}{1}=10(\Omega)$$

由交变电流求得铜损为

$$P_{Cu}=RI^2=10\times 2^2=40(\mathrm{W})$$

根据功率损耗公式可得铁损为

$$P_{Fe}=P-P_{Cu}=88-40=48(\mathrm{W})$$

根据有功功率公式可得

$$\cos\varphi=\frac{P}{UI}=\frac{88}{110\times 2}=0.4$$

## 第三节 变 压 器

变压器是一种人们常见的电气设备。它是将某一等级电压的交流电变换成频率相同的另

一等级电压的交流电的一种变换装置。变压器在电力系统和电子电路中获得了广泛应用。在电力系统中，常用来升高或降低交流电压；在电子电路中，除了用电源变压器外，还用来耦合电路，传递信号和实现阻抗匹配。

## 一、变压器的基本结构

变压器的种类很多，尽管各种变压器的用途、电压等级和容量不同，但它们的基本结构是相同的，都由铁心和绕组所组成。变压器常见的结构型式有两种。一种是心式变压器，如图 4-6 所示，其特点是绕组包围着铁心。心式变压器用铁量比较少，结构简单，绕组的安装和绝缘比较容易，因此多用于容量较大的变压器中。另一种是壳式变压器，如图 4-7 所示，其特点是铁心包围着绕组。壳式变压器的用铜量较少，多用于小容量的变压器中。

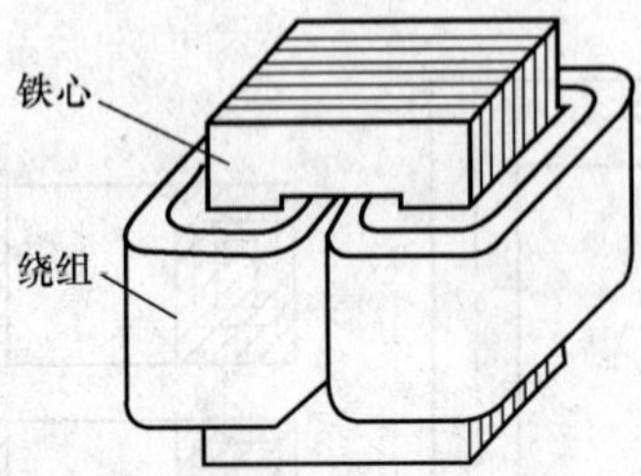


图 4-6　心式变压器

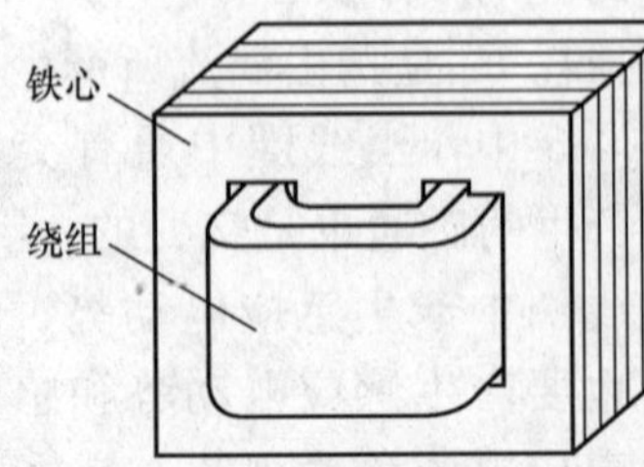


图 4-7　壳式变压器

变压器在工作时，铁心和绕组都要发热，故需要考虑冷却问题。对于小容量的变压器可采用空气自冷式，即通过铁心和绕组直接将热量散失到周围空气中去。大、中容量的变压器则需要采用专门的冷却措施。

## 二、变压器的工作原理

图 4-8（a）所示为变压器工作原理图。为了便于分析电路和标注物理量，通常将绕组分别画在两边的心柱上。工作时，变压器接电源的绕组称为一次绕组（或初级绕组、原绕组），匝数为 $N_1$，一次绕组电路称为一次电路。接负载的绕组称为二次绕组（或次级绕组、副绕组），匝数为 $N_2$，二次绕组电路称为二次电路。为了便于区分一次绕组和二次绕组中的物理量，在一次绕组的物理量中注有“1”的下标，在二次绕组的物理量中注有“2”的下标，如图 4-8（a）所示。电压、电流、感应电动势和磁通的参考方向在图 4-8（a）中已标出，电流和磁通的参考方向符合右螺旋关系。图 4-8（b）所示为变压器的电路符号。

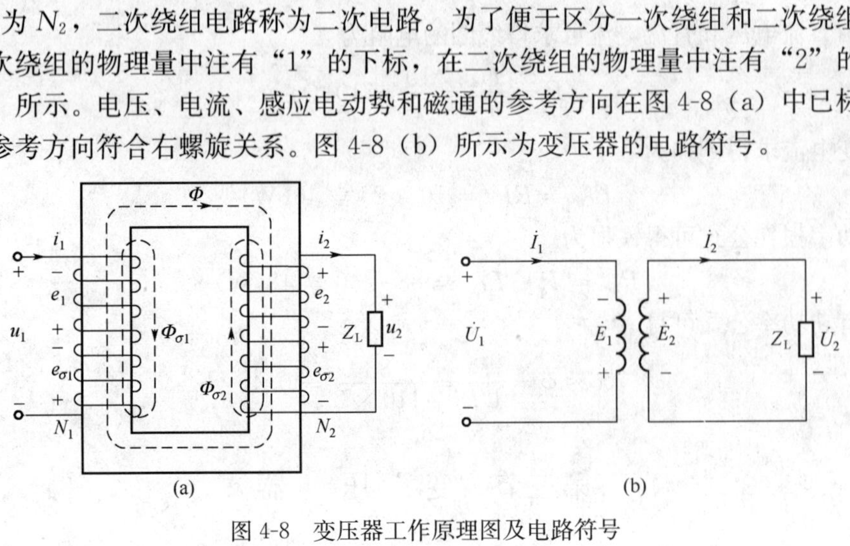


图 4-8　变压器工作原理图及电路符号

（a）原理图；（b）电路符号

下面分别讨论变压器的电压变换、电流变换和阻抗变换的作用。

1. 空载运行和电压变换

当一次绕组接上交流电压 $u_1$ 而二次绕组不接通负载 $Z_l$ 时，一次绕组中就有电流 $i_1$ 通过，二次绕组中电流 $i_2=0$，这时变压器处于空载运行状态，如图 4-9 所示。一次绕组中的电流 $i_1$ 称为空载电流。一次绕组的磁通势 $N_1i_1$ 将产生磁通，一部分磁通通过铁心闭合称为主磁通 $\Phi$，另一部分磁通通过空气闭合称为漏磁通 $\Phi_{\sigma1}$。主磁通 $\Phi$ 是交变的，同时穿过一、二次绕组，所以将分别在一、二次绕组中产生感应电动势 $e_1$ 和 $e_2$，如图 4-9 所示。这时电磁关系可表示为

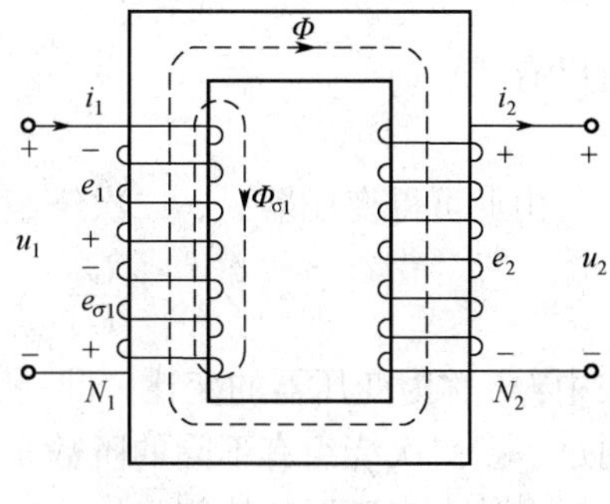


图 4-9 变压器空载运行

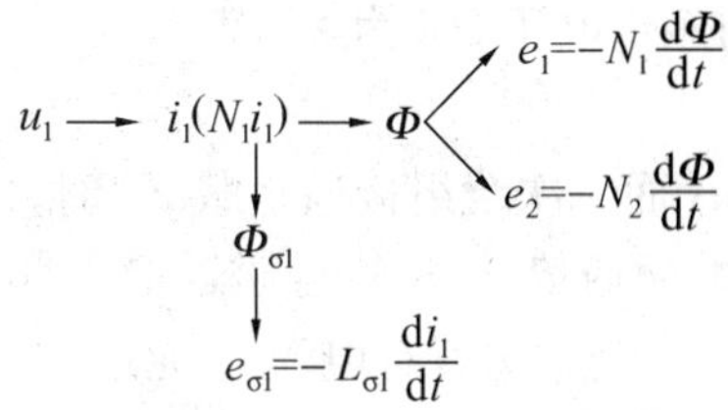


变压器空载时，变压器的一次绕组电路的分析与交流铁心线圈电路的情况相同。根据基尔霍夫电压定律，可得一次绕组电路的电压方程

$$u_1+e_1+e_{\sigma1}-r_1i_1=0$$

或

$$u_1=-e_1+(-e_{\sigma1})+r_1i_1=(-e_1)+L_{\sigma1}\frac{di_1}{dt}+r_1i_1 \tag{4-20}$$

式中：$L_{\sigma1}$ 是变压器一次绕组的漏磁电感；$r_1$ 是变压器一次绕组的电阻。

一般情况下，一次绕组所加的电压是正弦电压 $u_1$。在正弦电压作用的情况下，式(4-20)可用相量来表示，表达式为

$$\dot{U}_1=-\dot{E}_1+(-\dot{E}_{\sigma1})+r_1\dot{I}_1=(-\dot{E}_1)+jX_1\dot{I}_1+r_1\dot{I}_1 \tag{4-21}$$

式中：$X_1$ 为变压器一次绕组的漏磁感抗，$X_1=\omega L_{\sigma1}$。

由于一次绕组的电阻 $r_1$ 和漏磁感抗 $X_1$ 较小，所以一次绕组的电阻电压降和漏电感电压降数值也很小，与主磁通势 $E_1$ 相比，可以忽略不计。于是就有

$$\dot{U}_1\approx-\dot{E}_1$$

根据前面分析的结果，可得

$$U_1\approx E_1=4.44fN_1\Phi_m \tag{4-22}$$

式中：$f$ 为电源频率；$\Phi_m$ 为主磁通的最大值。

通过上式可知，当变压器在电源频率 $f$ 和一次绕组匝数 $N_1$ 一定时，铁心中主磁通的最大值基本上决定于电源电压 $U_1$。

同理，对二次绕组电路可列电压方程为

$$u_2+(-e_2)=0$$

或

$$u_2=e_2$$

用相量表示为

$$\dot{U}_2 = \dot{E}_2$$

所以有

$$U_2 = E_2 = 4.44 f N_2 \Phi_m \tag{4-23}$$

由此可得变压器一、二次绕组电压比为

$$\frac{U_1}{U_2} \approx \frac{E_1}{E_2} = \frac{4.44 f N_1 \Phi_m}{4.44 f N_2 \Phi_m} = \frac{N_1}{N_2} = k \tag{4-24}$$

式中：$k$ 称为变压器的变比，即一、二次绕组的匝数比。可见，式（4-24）表明变压器可以通过一、二次绕组有不同的匝数来实现电压的变化。

变比在变压器的铭牌上标注，它表示的是一、二次绕组的额定电压之比。一般情况下是一分数的形式标注。例如某变压器的铭牌上标注为“10000/220V”，这表示原绕组的额定电压 $U_{1N}$ 为 10 000V，二次绕组的额定电压 $U_{2N}$ 为 220V。

2. 负载运行和电流变换

当一次绕组接上交流电压 $u_1$ 而二次绕组接通负载 $Z_L$ 时，如图 4-8（a）所示，一次绕组中就有电流 $i_1$ 通过。一次绕组的磁通势 $N_1 i_1$ 产生磁通绝大部分通过铁心闭合，就在二次绕组中产生感应电动势 $e_2$，那么二次绕组中就有电流 $i_2$ 通过。二次绕组的磁通势 $N_2 i_2$ 也将产生磁通，其绝大部分也通过铁心闭合。所以这时铁心中的磁通是一个由一、二次绕组的磁通势共同产生的合成磁通，称其为主磁通 $\Phi$。主磁通 $\Phi$ 穿过一、二次绕组而产生的感应电动势分别为 $e_1$ 和 $e_2$。此外，一、二次绕组的磁通势还分别产生漏磁通 $\Phi_{\sigma1}$ 和 $\Phi_{\sigma2}$，从而各自分别产生感应电动势 $e_{\sigma1}$ 和 $e_{\sigma2}$。这时电磁关系可表示为

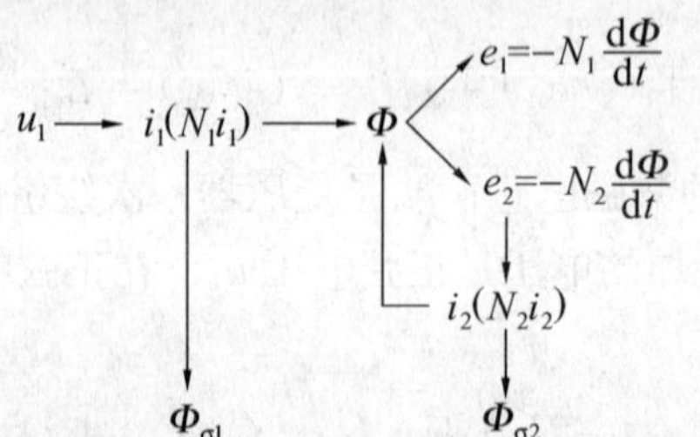


根据式（4-22）可知，当电源电压 $U_1$ 和频率 $f$ 不变时，$E_1$ 和 $\Phi_m$ 也就近似于常数。也就是说负载运行和空载运行时，铁心主磁通的最大值基本不变。所以负载运行时产生主磁通的一、二次绕组的合成磁通势和空载运行时产生主磁通的一次绕组的磁通势差不多相等，即

$$N_1 i_1 + N_2 i_2 \approx N_1 i_{10} \tag{4-25}$$

式中：$i_{10}$ 表示变压器空载运行时的空载电流。式（3-25）称为变压器的磁通势平衡方程式，用相量表示为

$$N_1 \dot{I}_1 + N_2 \dot{I}_2 \approx N_1 \dot{I}_{10} \tag{4-26}$$

变压器的空载电流 $i_{10}$ 是励磁用的。由于铁心的磁导率高，空载电流一般是很小的，其有效值 $I_{10}$ 在一次绕组额定电流的 $I_{1N}$ 的 2%～3%。因此和 $N_1 I_1$ 相比较，$N_1 I_{10}$ 经常被忽略。于是就有

$$N_1\dot{I}_1 + N_2\dot{I}_2 \approx 0 \tag{4-27}$$

或

$$N_1\dot{I}_1 \approx -N_2\dot{I}_2 \tag{4-28}$$

由式（4-28）可知，负载运行时一、二次绕组电流的关系式为

$$\frac{I_1}{I_2} \approx \frac{N_2}{N_1} = \frac{1}{k} \tag{4-29}$$

这表明，变压器一、二次绕组电流与其匝数是反比关系（空载、轻载除外），这与电压比$\frac{U_1}{U_2}\approx\frac{N_1}{N_2}=k$正好相反。可见，变压器中的电流虽然由负载的大小确定，但是一、二次绕组中的电流比值是不变的。当二次绕组的负载电流 $I_2$ 增大时，一次绕组的输入电流 $I_1$ 必然随之增大，即 $I_1$ 决定于 $I_2$，而且同时达到额定值 $I_{1N}$和 $I_{2N}$。

根据视在功率的计算公式 $S=UI$，可得变压器一次绕组的视在功率为

$$S_1 = U_1 I_1$$

变压器二次绕组的视在功率为

$$S_2 = U_2 I_2$$

根据变压器的电压和电流关系可知

$$S_1 \approx S_2$$

这符合功率守恒。铭牌上给出的变压器的容量通常是二次绕组的额定视在功率。一般情况下，一次绕组的额定视在功率也设计成与二次绕组的额定视在功率相同，即

$$S_N = U_{2N} I_{2N} = U_{1N} I_{1N} \tag{4-30}$$

变压器从电源输入的有功功率为

$$P_1 = U_1 I_1 \cos\varphi_1 \tag{4-31}$$

变压器向负载输出的有功功率为

$$P_2 = U_2 I_2 \cos\varphi_2 \tag{4-32}$$

式（4-31）、式（4-32）之差为变压器的损耗，包括铜损耗和铁损耗两部分，即

$$P = P_1 - P_2 = P_{Cu} + P_{Fe} \tag{4-33}$$

3. 阻抗变换

变压器不仅有变换电压和电流的作用，还有变换负载阻抗的作用，以实现“匹配”。

当变压器处于负载运行时，在变压器的二次绕组两端接有负载 $Z_L$，如图 4-10（a）所示。如果此时忽略一、二次绕组的漏阻抗，则

$$|Z_L| = \frac{U_2}{I_2} = \frac{\frac{U_1}{k}}{kI_1} = \frac{U_1}{k^2 I_1}$$

$U_1$ 与 $I_1$ 之比可以看成是从变压器一次绕组看进去的等效阻抗 $Z'_L$ 的模$|Z'_L|$，如图 4-10（b）所示。所以有

$$|Z'_L| = \frac{U_1}{I_1} = k^2 |Z_L| \tag{4-34}$$

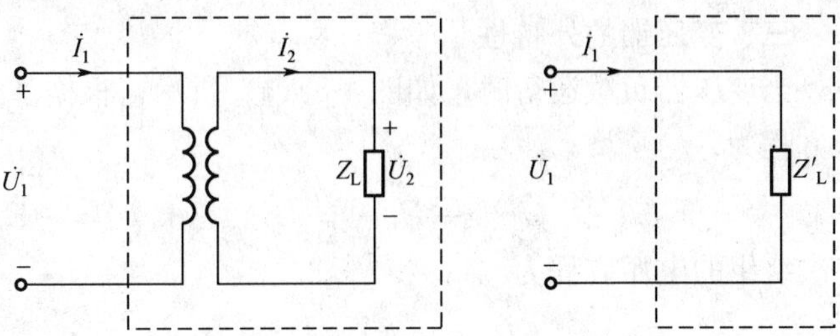


(a)　　(b)

图 4-10　变压器的阻抗变换

（a）等效前的电路；（b）等效后的电路

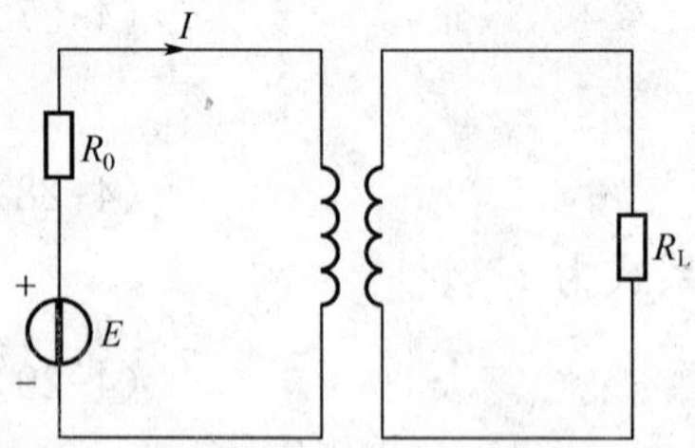

图 4-11　［例 4-3］图

可见，该负载直接接通电源时，其阻抗模为$|Z_L|$；当通过变压器接通电源时，相当于将阻抗模增加到$|Z_L|$的$k^2$倍。在电子线路中，经常用变压器实现阻抗匹配，使负载得到最大功率。应当注意，此时实际的负载阻抗$Z_L$并没有改变。

**【例 4-3】**　已知某交流信号源的电动势$E=120V$，内阻$R_0=1k\Omega$，负载电阻$R_L=10\Omega$。(1) 将负载直接接到信号源，求负载获得的功率；(2) 若通过变压器将负载连接到该交流信号源上，如图 4-11 所示，试计算使负载获得最大功率时变压器的变比，并计算此时变压器二次侧电压、电流和负载功率。

**解：**(1) 根据题意可得

$$P_L=\left(\frac{E}{R_0+R_L}\right)^2R_L=\left(\frac{120}{1000+10}\right)^2\times10=0.141(W)$$

(2) 负载获得最大功率的条件是当$R_L$折算到一次绕组侧的等效电阻$R'_L=R_0$，即

$$R'_L=k^2R_L=R_0$$

所以变压器变比应为

$$k=\sqrt{\frac{R_0}{R_L}}=\sqrt{\frac{1000}{10}}=10$$

当负载获得最大功率时，可得变压器一次绕组的电压为

$$U_1=\frac{E}{R_0+R'_L}\times R'_L=\frac{120}{1000+1000}\times1000=60(V)$$

根据变压器一、二次绕组的电压关系可得

$$U_2=\frac{U_1}{k}=\frac{60}{10}=6(V)$$

一、二次绕组的电流分别为

$$I_1=\frac{E}{R_0+R'_L}=\frac{120}{1000+1000}=60\times10^{-3}(A)=60(mA)$$

$$I_2=\frac{I_1}{1/k}=10\times I_1=10\times60\times10^{-3}(A)=600(mA)$$

负载获得的最大功率为

$$P_{Lmax}=U_2I_2=6\times600\times10^{-3}=3.6(W)$$

**三、变压器的外特性**

当变压器负载运行时，如图 4-8 (a) 所示，根据基尔霍夫电压定律可得，一次绕组的电压方程为

$$\dot{U}_1=-\dot{E}_1+(-\dot{E}_{\sigma1})+r_1\dot{I}_1=-\dot{E}_1+jX_1\dot{I}_1+r_1\dot{I}_1 \tag{4-35}$$

二次绕组的电压方程为

$$\dot{E}_2=r_2\dot{I}_2+(-\dot{E}_{\sigma2})+\dot{U}_2=r_2\dot{I}_2+jX_2\dot{I}_2+\dot{U}_2 \tag{4-36}$$

式中：$r_2$和$X_2=\omega L_{\sigma2}$分别为二次绕组的电阻和感抗；$\dot{U}_2$为二次绕组的端电压；$\dot{E}_{\sigma2}$为二次绕组的漏感应电动势。

由式（4-35）和式（4-36）可以看出，变压器在电源电压 $U_1$ 一定时，随着输出给负载的电流 $I_2$ 的增加，$I_1$ 也随之增加，一、二次绕组的电阻电压降和漏感抗电压降亦随着增加，这样使得一、二次绕组的电动势 $E_1$ 和 $E_2$ 也要变化，因而输出给负载的电压 $U_2$ 要发生变化。当电源电压 $U_1$ 和负载功率因数 $\lambda_2=\cos\varphi_2$ 为常数时，$U_2$ 和 $I_2$ 的变化关系可用所谓的外特性曲线 $U_2=f(I_2)$来表示，如图 4-12 所示。对于常见的阻性负载和感性负载而言，电压 $U_2$ 随电流 $I_2$ 的增加而略有下降，从空载到满载（$I_2=I_{2N}$），$U_2$ 从 $U_{20}$ 约下降 2%～3%。

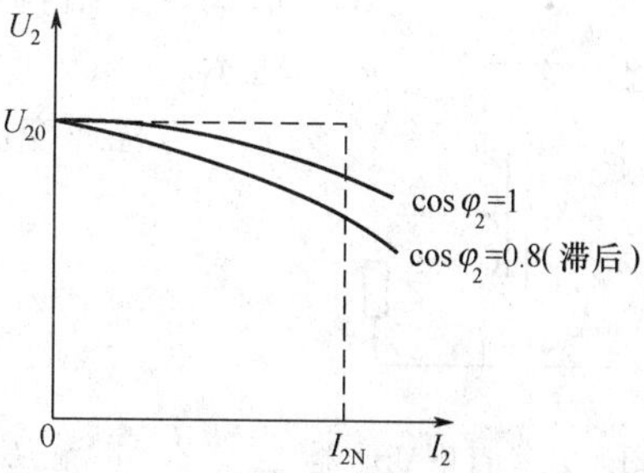


图 4-12 变压器的外特性曲线 $U_2=f(I_2)$

**四、变压器绕组的极性**

变压器绕组的极性，指的是一、二次绕组端子在瞬时极性上的对应关系。两个绕组具有相同瞬时极性的端子称为同极性端或同名端，通常标以小圆点“·”或其他的符号。

变压器一、二次绕组端子在瞬时极性上的对应关系，要从绕组的方向说起。因为分析和比较两个或两个以上绕组中电流所产生的磁场方向，以及磁场变化所产生的感应电动势的方向时都涉及绕组的方向。根据电流的方向和绕组的绕向，利用右螺旋定则可以判断出绕组端子的瞬时极性，具有相同瞬时极性的端子即为同名端。例如在图 4-13（a）中，两个绕组绕向相同，经判断 $u_{11}$ 和 $u_{21}$ 是一组同名端，$u_{12}$ 和 $u_{22}$ 是另一组同名端；在图 4-13（b）中，两个绕组绕向相反，经判断 $u_{11}$ 和 $u_{22}$ 是一组同名端，$u_{12}$ 和 $u_{21}$ 是另一组同名端。而这两个绕组中的非对应端称为异名端。由此可知图 4-13（a）中的 $u_{11}$ 和 $u_{22}$ 是一组异名端，$u_{12}$ 和 $u_{21}$ 是另一组异名端；由图 4-13（b）中的 $u_{11}$ 和 $u_{21}$ 是一组异名端，$u_{12}$ 和 $u_{22}$ 是另一组异名端。图 4-14 给出了两个绕组极性的标记。

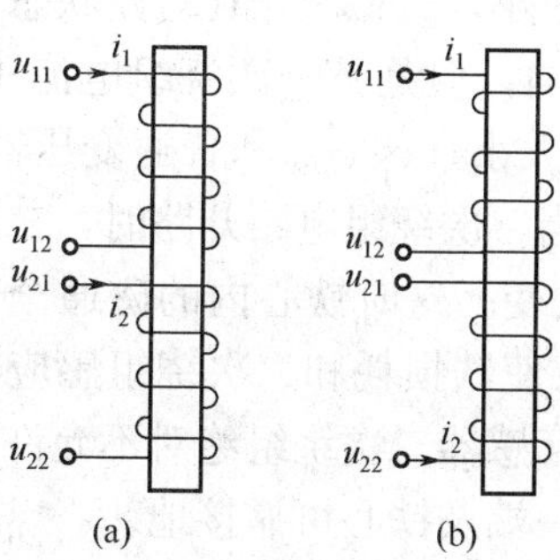


图 4-13 绕组的极性
（a）绕向相同；（b）绕向相反

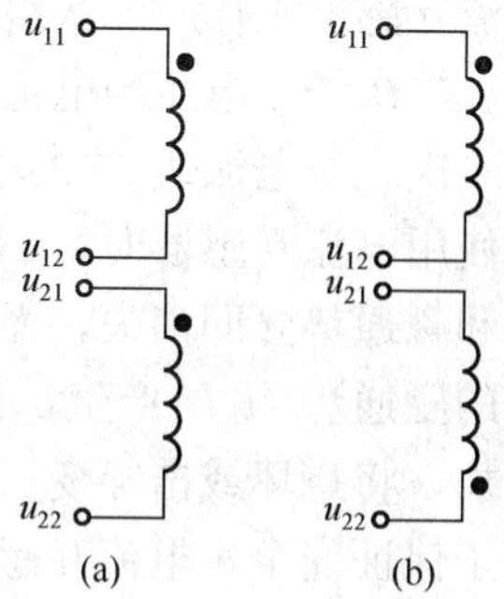


图 4-14 绕组极性的标记
（a）绕向相同；（b）绕向相反

**五、特殊的变压器**

根据使用场合的不同，使用者要求有一些特殊用途的变压器。下面主要介绍自耦变压器和电流互感器。

1. 自耦变压器

自耦变压器是实验室和车间里常用的一种交流调压设备，分为连续可调和固定抽头两种形式。其结构特点是二次绕组为一次绕组的一部分，电路如图 4-15 所示。

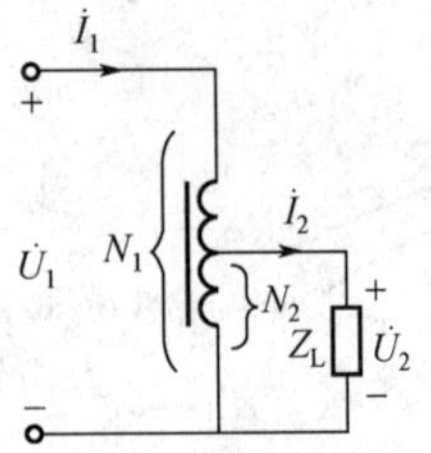


图 4-15 自耦变压器

与普通变压器原理相同，一、二次绕组的电压和电流的关系为

$$\frac{U_1}{U_2}=\frac{N_1}{N_2}=k$$

$$\frac{I_1}{I_2}=\frac{N_2}{N_1}=\frac{1}{k}$$

2. 电流互感器

电流互感器是根据变压器的原理制成的。它主要是用来扩大测量交流电流的量程。因为要测量交流电路的大电流时，通常电流表的量程是不够的。

电流互感器的作用是将大电流变换为小电流，以便于测量。电流互感器的接线图及其图形符号如图 4-16 所示。其特点是一次绕组的匝数少（只有一匝或几匝），并串联在被测的电路中；二次绕组的匝数较多，并与电流表或其他仪表及继电器的电流线圈相连接。通常选择适当的变比使二次绕组的额定电流为 5A 或 1A。

根据变压器的工作原理，可以得出

$$\frac{I_1}{I_2}=\frac{N_2}{N_1}=\frac{1}{k}$$

或

$$I_1=\frac{N_2}{N_1}I_2=\frac{1}{k}I_2$$

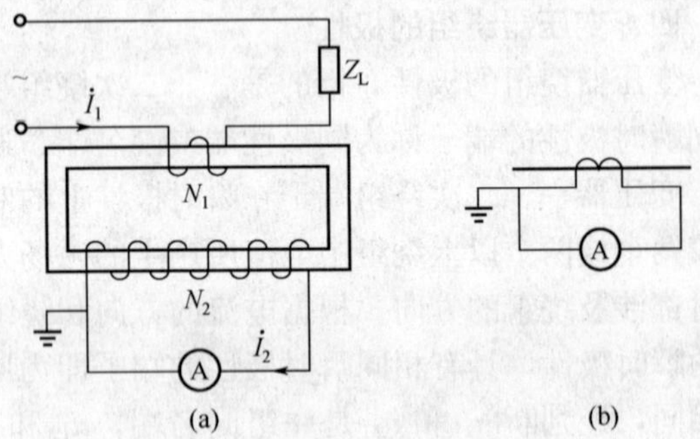


图 4-16 电流互感器

(a) 接线图；(b) 图形符号

式中：$k$ 为电流互感器的变比。

电流互感器工作时二次绕组连接的是电流表，其内阻很小，近似工作在短路状态。虽然它的一、二次绕组电压与电流的变换关系与普通变压器相同，但是其一次绕组电流 $I_1$ 的大小不由二次绕组电流 $I_2$ 的大小来决定，而是取决于负载的大小，这一点和普通变压器不同。因此在使用电流互感器时，二次绕组电路是不能开路的。当二次绕组电路开路时，二次绕组的电流和磁通势立即消失，而一次绕组的电流 $I_1$ 却没有改变。这时铁心内的磁通全部由一次绕组的磁通势 $N_1I_1$ 产生，使铁心中的磁通大大增加，致使铁损耗和二次绕组感应电动势大大增加，将烧坏或击穿变压器。因此，在使用时，电流互感器二次绕组绝对不允许开路。

为了保证安全，电流互感器在使用时要将二次绕组的一端及铁心可靠接地。

## 习 题

4-1 在铸钢制成的闭合铁心上绕一线圈，其匝数为 1000，铁心的截面积 $S=20\text{cm}^2$，铁心的平均长度 $l=50\text{cm}$，如果要在铁心中产生 $\Phi=0.002\text{Wb}$ 的磁通，试计算磁通势及线圈中应通入多大的电流？

4-2 图 4-3 所示的磁路，铁心由硅钢片叠成，各部分尺寸是：$l_1=35\text{cm}$，$l_2=15\text{cm}$，$l_0=0.4\text{cm}$，$S_0=S_1=12\text{cm}^2$，$S_2=8\text{cm}^2$。试求：(1) 当空气隙中磁感应强度 $B_0=0.5\text{T}$ 时所

需的磁通势；（2）励磁线圈的电流为 1A 时线圈的匝数。

4-3 图 4-17 所示的线圈及其磁路，硅钢片的几何尺寸为：$h_1=6\text{cm}$、$h_2=10\text{cm}$、$a=2\text{cm}$，铁心净厚度 $b=3\text{cm}$，气隙 $\sigma=0.1\text{mm}$，线圈匝数 $N=200$ 匝。已知铁心中磁通 $\Phi=6\times10^{-4}\text{Wb}$，分别求下列两种情况下线圈所需励磁电流 $I$：（1）不考虑空气隙；（2）考虑空气隙。

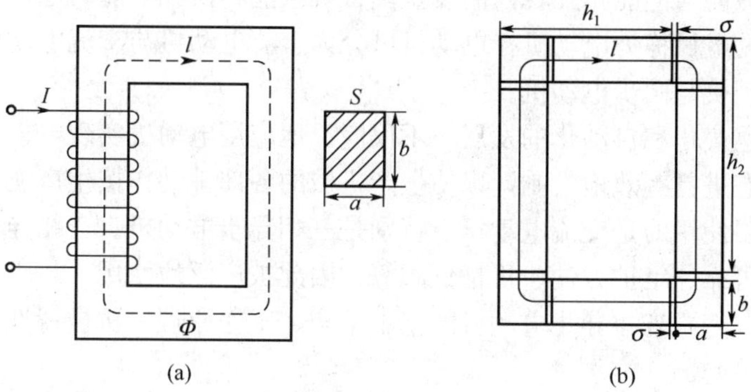


图 4-17 习题 4-3 图

（a）线圈；（b）磁路

4-4 为了求出某铁心线圈的铁损，先将它接在 1.5V 的直流电源上，测得电流为 1A，再将它接在 220V 的交流电源上，测得电流为 2A，消耗功率为 100W。试计算铁损耗和线圈的功率因数。

4-5 一只电阻为 10Ω 的扬声器，需要把电阻提高到 1000Ω 方才可以接入半导体收音机的输出端，问应采用多大变比的变压器？

4-6 某台变压器的额定容量为 10kVA，额定电压为 3300/220V。试求：（1）一、二次绕组的额定电流。（2）满载时可接 220V、40W 的白炽灯多少盏？（3）满载时可接 220V、40W、$\cos\varphi=0.44$ 的日光灯多少盏？（4）若已接 100 盏 220V、40W 的白炽灯，在不过载的情况下，还能接 220V、40W、$\cos\varphi=0.44$ 的日光灯多少盏？

# 第五章　三相异步电动机

电机是实现机械能与电能相互转换的装置。将机械能转换成电能的电机称为发电机；将电能转换成机械能的电机称为电动机。电动机可分为直流电动机与交流电动机，其中交流电动机又分为异步电动机与同步电动机。

随着生产机械电气化和自动化的发展，不仅广泛地应用电动机实现电力拖动，还要对电动机的各种工作状态进行有效地控制，以使生产机械的各部件动作按生产或工艺的要求顺序进行。在生产上主要使用的是交流电动机，特别是三相异步电动机。三相异步电动机的特点是结构简单、运行可靠、维护方便、价格低廉等，因此被广泛地使用。

本章主要介绍鼠笼式三相异步电动机的基本结构、工作原理、机械特性、起动、正反转控制、调速和制动等问题。

## 第一节　三相异步电动机的基本结构

三相异步电动机的主要部件可分为两部分：一部分是固定不动的定子，另一部分是可以转动的转子。图 5-1 所示为三相异步电动机的基本结构。

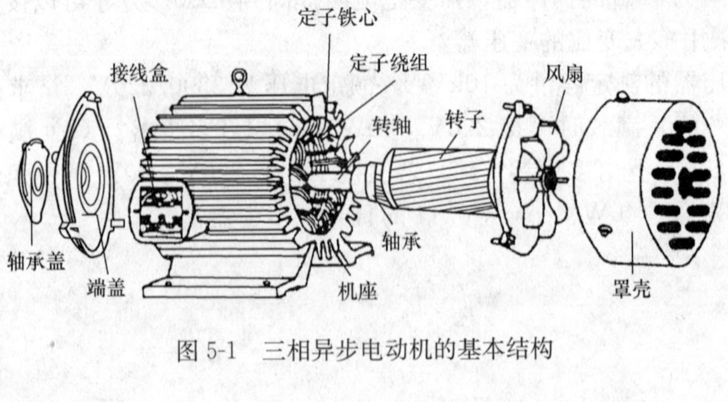


图 5-1　三相异步电动机的基本结构

### 一、定子

三相异步电动机的定子是电动机的固定不动部分，由机座、端盖、定子铁心和定子绕组等组成。

机座和端盖是电动机的外壳，由铸铁或铸钢制成，起支撑作用。

定子铁心是由相互绝缘的硅钢片叠装而成的圆筒状物体，安装在机座的内壁上。其内表面冲有均匀分布的槽，用以放置定子绕组。图 5-2 所示为定子和转子的铁心片。

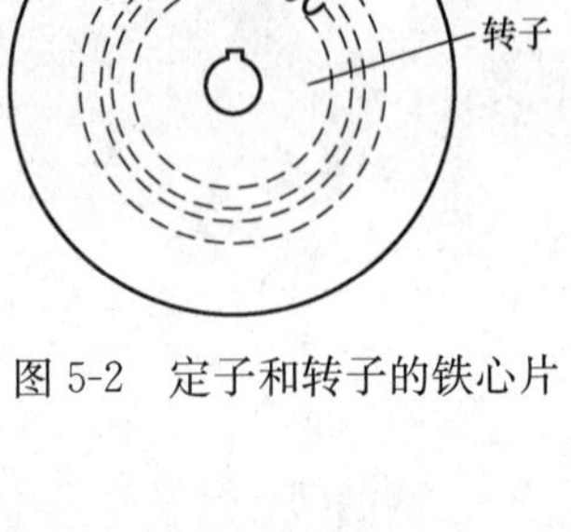


图 5-2　定子和转子的铁心片

定子绕组由绝缘铜导线绕制而成，共有相同的绕组三组，称为三相对称定子绕组。定子绕组接入三相电源后，将有电流通过而输入电能，所以定子绕组是一个三相对称负载，可连接成星形（Y）或三角形（△）。

### 二、转子

三相异步电动机的转子是电动机的转动部分，由转子铁心、转子绕组和轴等组成。

转子铁心也是由相互绝缘的硅钢片叠装而成的圆柱状物体，固定在转轴上，转轴上可加机械负载。转子铁心的外圆周冲有均匀分布的槽，用以放置转子绕组，如图 5-2 所示。

转子绕组有两种型式。一种是鼠笼式绕组，它是在转子铁心槽内穿入铜条作为导体，两端焊上铜环（叫做端环），自成闭合路径，由铜条与铜环构成的绕组，其形状如同鼠笼，所以称其为鼠笼式绕组，如图 5-3（a）所示。为了节省铜材和工时，一般将铝熔化后，用铸造方法将转子导体、端环及通风冷却用的风扇一同铸成。图 5-3（b）所示为带局部剖面的铸铝转子的外形。具有鼠笼式转子绕组的三相异步电动机称为鼠笼式电动机。另一种是绕线式绕组，绕组结构与定子三相绕组相同，接成星形后，三个出线端通过轴上的三个滑环及固定的电刷引至电动机的外部，可以和外部变阻器相接。具有绕线式转子绕组的三相异步电动机称为绕线式电动机。

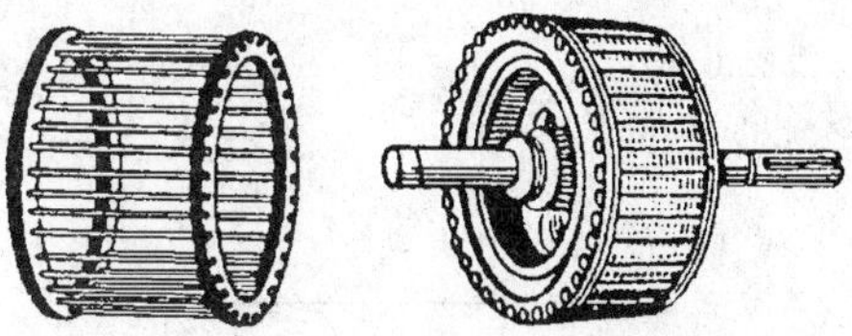

(a) (b)

图 5-3 鼠笼式异步电动机的转子

（a）嵌铜条的转子；（b）铸铝转子

## 第二节 三相异步电动机的工作原理

### 一、异步电动机的工作原理

图 5-4 所示为异步电动机的工作原理图。图 5-4（a）表示一个装有手柄的马蹄形磁铁，磁极之间放置一个可以自由转动的鼠笼式转子，磁极与转子间无机械联系。若用手柄转动磁铁，就会发现鼠笼转子也跟着磁铁一起转动。手柄摇得快，转子也转得快；如果磁铁反向旋转，转子也跟着反转。

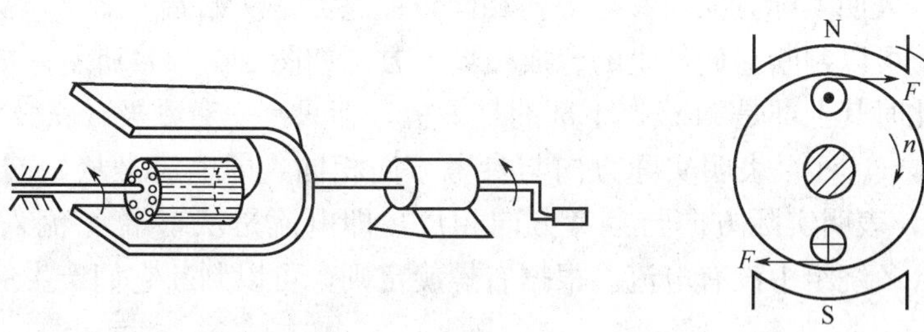


(a) (b)

图 5-4 异步电机工作原理图

由图 5-4（b）可看出，当磁铁以 $n_0$ 的转速转动时，鼠笼转子铜条切割磁力线产生感应电动势，其方向由右手定则判定。在感应电动势的作用下，短路的转子铜条内就产生电流。这些载流导体在磁场作用下受电磁力作用，其方向依据左手定则确定。这个电磁力产生电磁转矩，使转子随着磁场转动方向以 $n$ 的转速转动。

三相异步电动机的转动原理与此相同，也是在旋转磁场的作用下使转子转动的。但是三相异步电动机中的旋转磁场不是由永久磁铁产生的，而是由三相电流产生的。

## 二、旋转磁场的产生

三相异步电动机的定子铁心中放有三相对称定子绕组 AX、BY、CZ，其中 A、B、C 是定子绕组的始端，X、Y、Z 是定子绕组的末端。三相对称定子绕组 AX、BY、CZ 结构相同，在空间互差 120°。设三相定子绕组 AX、BY、CZ 星形连接［见图 5-5（a)］，加在三相电源上，绕组中则通入对称三相电流

$$i_A = I_m \sin\omega t$$
$$i_B = I_m \sin(\omega t - 120°)$$
$$i_C = I_m \sin(\omega t + 120°)$$

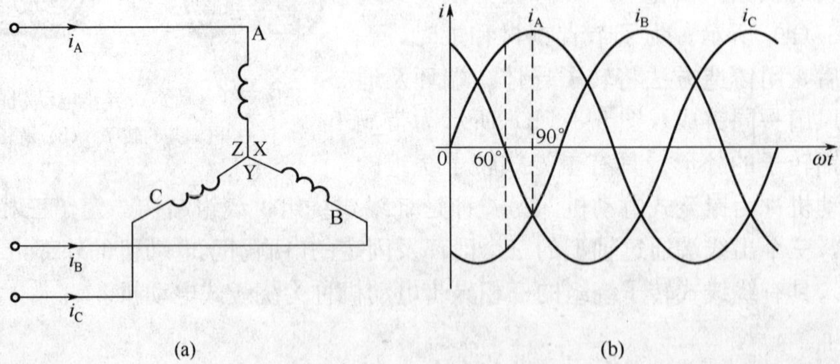


图 5-5　三相对称电流

（a）星形连接；（b）三相对称电流波形图

取电流参考方向由绕组的始端（A、B、C）指向末端（X、Y、Z），三相对称电流的波形图如图 5-5（b）所示。绕组中电流产生的磁场方向依据右螺旋定则确定。

当 $\omega t=0°$时，$i_A=0$，表明 AX 绕组中没有电流；$i_B<0$ 表明实际方向与参考方向相反，即电流是从末端 Y 流入（用符号⊕表示电流流入纸面），从始端 B 流出（用符号⊙表示电流流出纸面）；$i_C>0$ 表明实际方向与参考方向相同，即电流是从始端 C 流入，从末端 Z 流出。根据右螺旋定则，可以判断它们产生的合成磁场的方向如图 5-6（a）所示。如果把定子铁心看成电磁铁，则此时其上部是 N 极，下部的是 S 极，即只有一对磁极（磁极对数 $p=1$）。

当 $\omega t=60°$时，$i_A>0$，表明实际方向与参考方向相同，即电流是从始端 A 流入，从末端 X 流出；$i_B<0$，表明实际方向与参考方向相反，即电流是从末端 Y 流入，从始端 B 流出；$i_C=0$，表明 CZ 绕组中没有电流。根据右螺旋定则，可以判断它们产生的合成磁场的方

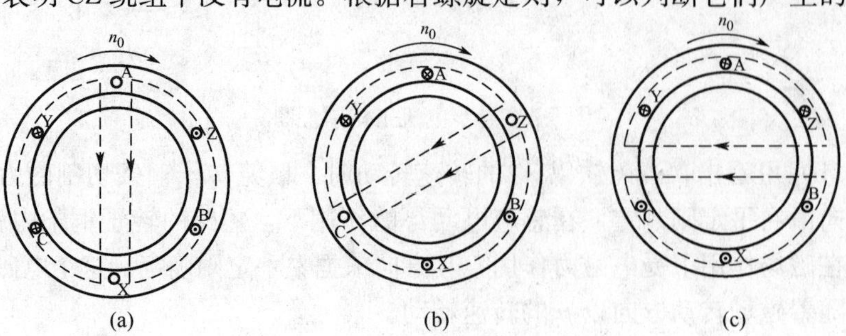


图 5-6　三相电流产生的旋转磁场

（a）$\omega t=0°$；（b）$\omega t=60°$；（c）$\omega t=90°$

向如图 5-6（b）所示，仍然是一个一对磁极的磁场。这时的合成磁场已经在空间上旋转了 60°。

同理，可以得到当 $\omega t=90°$时的合成磁场，它比 $\omega t=60°$时的合成磁场在空间上又转过了 30°，如图 5-6（c）所示。

按照上述的分析方法，还可以继续得到其他时刻的合成磁场，从而证明了合成磁场是在空间旋转的，三相对称电流时间上每经过一个周期 $T$，合成磁场将按照顺时针方向转过 360°，即合成磁场变化了一圈。

## 三、旋转磁场的转向

图 5-5（a）中，三相对称绕组 AX、BY、CZ 中依次通入三相电流 $i_A$、$i_B$、$i_C$ 的，则产生顺时针方向的旋转磁场；反之，三相对称绕组 AX、BY、CZ 中依次通入三相电流的顺序改成为 $i_A$、$i_C$、$i_B$，如图 5-7（a）所示，则就可以得到逆时针方向的旋转磁场。仍用上述方法画出了 $\omega t=0°$和 $\omega t=60°$时刻合成磁场的情况，如图 5-7（b）、（c）所示。

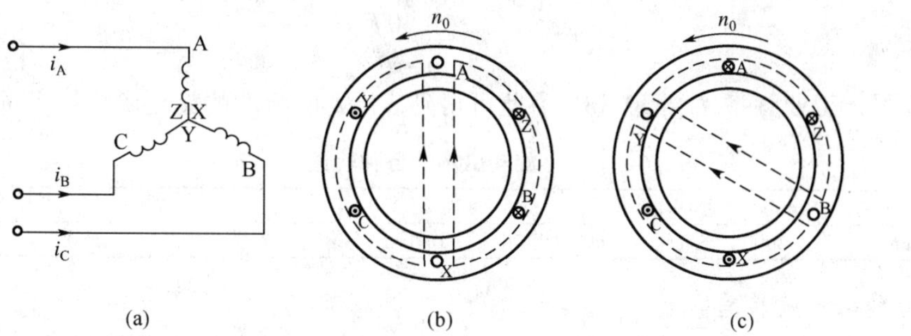


图 5-7 旋转磁场的反转

（a）星形连接；（b）$\omega t=0°$；（c）$\omega t=60°$

由此可见，旋转磁场的转向决定于通入定子三相电流的相序，这只要将定子绕组接电源的三根导线中的任意两根导线互换，即可改变三相异步电动机的转动方向。异步电动机的转向总是由电流超前的那相绕组向电流滞后的绕组方向旋转。

## 四、旋转磁场的转速和转差率

1. *旋转磁场的转速*

图 5-5 表示的是一对磁极的三相异步电动机，当电流变化一个周期时，旋转磁场也正好转了一圈。如果电流的频率为 $f_1$，则每秒钟旋转磁场就转了 $f_1$ 圈，即每分钟旋转磁场的转速为

$$n_0 = 60f_1 \tag{5-1}$$

如果定子绕组如图 5-8 所示连接，即每相绕组由两个线圈串联，三相绕组的始端在空间上相差 60°。当通入三相对称电流时，则产生具有两对磁极的旋转磁场。在图 5-9 中分别给出了当 $\omega t=0°$和 $\omega t=60°$时由三相对称电流产生旋转磁场的方向。由此可以看出当电流从 $\omega t=0°$变化到 $\omega t=60°$时旋转磁场方向转动了 30°。若三相对称电流变化一个周期 $T$，则旋转磁场只转了 1/2 圈，比一对磁极旋转磁场的转速慢了一半。

同理，若旋转磁场为三对磁极，则三相对称电流变化一个周期时，旋转磁场只转 1/3 圈。

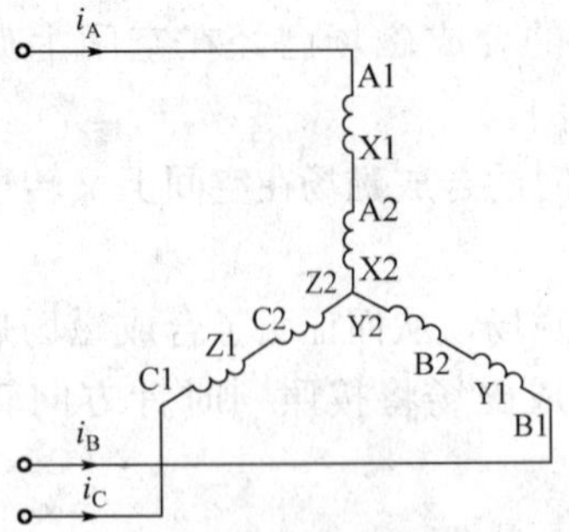


图 5-8 两对磁极的定子绕组

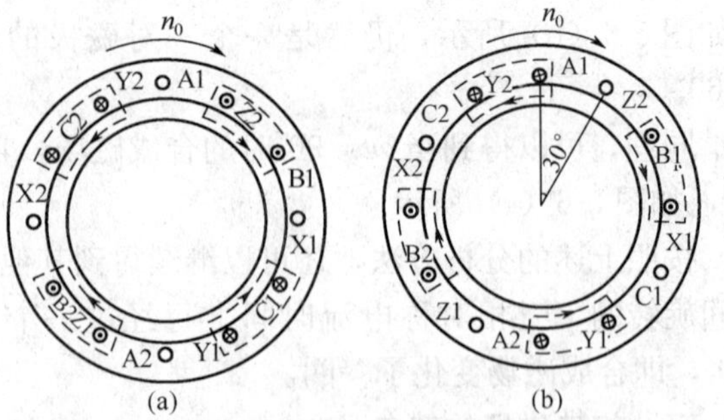


图 5-9 两对磁极的旋转磁场

(a) $\omega t=0°$；(b) $\omega t=60°$

由此类推，若有 $p$ 对磁极，则三相对称电流变化一个周期时，旋转磁场转过 $1/p$ 圈。因此，旋转磁场的转速 $n_0$ 与三相对称电流的频率 $f_1$ 和旋转磁场磁极对数 $p$ 之间关系为

$$n_0=\frac{60f_1}{p} \tag{5-2}$$

在我国，工业频率 $f_1=50\text{Hz}$，由此可得到表 5-1 所给出的旋转磁场的各种转速。

**表 5-1** **旋转磁场的各种转速**

| $p$ | 1 | 2 | 3 | 4 | 5 | 6 |
|---|---|---|---|---|---|---|
| $n_0$ (r/min) | 3000 | 1500 | 1000 | 750 | 600 | 500 |

2. 旋转磁场的转差率

定子旋转磁场的转速 $n_0$ 是恒定的，异步电动机转子的转速 $n$ 总是略低于旋转磁场的转速 $n_0$。因为转子导体中的电流是靠电磁感应产生的，如果转子与定子旋转磁场同步旋转，则二者之间不会有相对运动，转子就不会产生感应电动势，也就不会产生电流和电磁转矩。因此，转子转速 $n$ 不等于旋转磁场的转速 $n_0$。这就是异步电动机名称的来由。异步电动机又称为感应电动机，因为它是靠电磁感应原理而工作的。

旋转磁场的转速 $n_0$ 又称为同步转速，它与转子转速 $n$ 之差 $\Delta n=n_0-n$ 称为转差，其相对值则称为转差率，用 $s$ 表示，即

$$s=\frac{n_0-n}{n_0}\times 100\% \tag{5-3}$$

由式（5-3）可知，当异步电动机起动初始瞬间，即 $n=0$，$s=1$，这时转差率最大。因此，转子转速为

$$n=(1-s)n_0 \tag{5-4}$$

转差率是异步电动机的一个重要物理量。在额定负载下正常运行时，$s=(1\sim4)\%$。

**【例 5-1】** 有一台三相异步电动机，其额定转速 $n=1470\text{r/min}$。试计算电动机的极数和额定负载时的转差率。已知电源频率 $f_1=50\text{Hz}$。

**解：** 由于异步电动机转子的转速 $n$ 总是略低于旋转磁场的转速 $n_0$，根据表 5-1 所给出的旋转磁场的转速。显然，与 1470r/min 最接近的同步转速 $n_0=1500\text{r/min}$，与之相对应的磁极对数 $p=2$。因此，额定负载时的转差率为

$$s=\frac{n_0-n}{n_0}\times 100\%=\frac{1500-1470}{1500}\times 100\%=2\%$$

## 第三节　三相异步电动机的电磁转矩与机械特性

三相异步电动机的基本用途是带动生产机械转动。因此，在各种转速下，电动机能产生多大的电磁转矩是研究三相异步电动机的重要问题。

**一、电磁关系**

三相异步电动机是根据电磁感应原理工作的，为了分析它的电磁转矩和机械特性，必须先弄清它的电磁关系。

从电磁原理上看，三相异步电动机可看作是二次侧转动而且短接的变压器。定子相当于变压器的一次侧，转子相当于变压器的二次侧。定子绕组和转子绕组是三相对称的，故只对其中一相进行分析即可。其等效电路如图 5-10 所示。

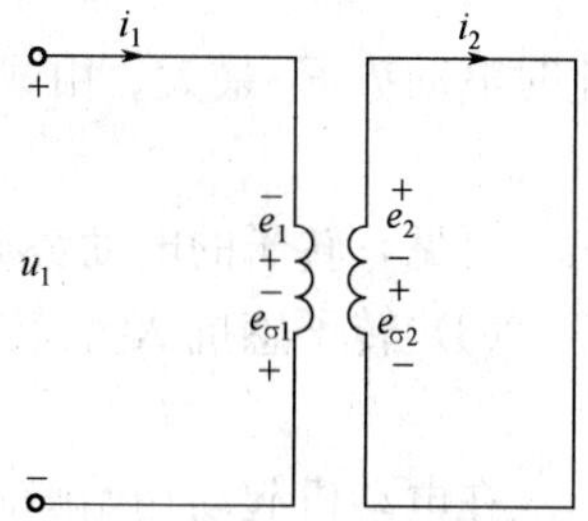


图 5-10　三相异步电动机的每相等效电路

（一）定子电路

与第四章讨论的变压器等效电路相似，若忽略绕组电阻和漏感抗的电压降，则定子每相电源电压与主磁通在绕组中产生的感应电动势相平衡，即

$$U_1 \approx E_1 = 4.44 f_1 N_1 \Phi \tag{5-5}$$

式中：$f_1$ 为电源的频率；$N_1$ 为每相定子绕组的匝数；$\Phi$ 为旋转磁场每个极面下的主磁通，也就是穿过每相定子绕组主磁通的最大值。

（二）转子电路

转子每相电路的电压方程为

$$e_2 = R_2 i_2 + (-e_{\sigma2}) = R_2 i_2 + L_{\sigma2}\frac{\mathrm{d}i_2}{\mathrm{d}t} \tag{5-6}$$

如用相量表示为

$$\dot{E}_2 = R_2\dot{I}_2 + (-\dot{E}_{\sigma2}) = R_2\dot{I}_2 + \mathrm{j}X_2\dot{I}_2 \tag{5-7}$$

式中：$R_2$ 和 $X_2$ 分别为转子每相绕组的电阻和感抗。

因为电动机在正常运行时，转子和旋转磁场都在转动，而影响感应电动势 $e_2$ 的决定因素是两者之间的转差。所以转子电路中每个物理量，如频率 $f_2$、电动势 $E_2$、感抗 $X_2$，电流 $I_2$ 和功率因数 $\cos\varphi_2$ 等都与转差率 $s$ 有关。下面分别讨论转子电路中的各个物理量对电动机性能的影响。

(1) 转子频率 $f_2$。因为旋转磁场和转子间的相对转速为 $n_0-n$，所以转子频率为

$$f_2 = \frac{p(n_0-n)}{60} \tag{5-8}$$

式（5-8）也可以写成

$$f_2 = \frac{p(n_0-n)}{60} = \frac{n_0-n}{n_0}\times\frac{pn_0}{60} = sf_1 \tag{5-9}$$

可见，转子电流的频率 $f_2$ 与转差率 $s$ 成正比，也就是与转子转速 $n$ 有关。

在电动机起动初始瞬间，即 $n=0$，$s=1$，转子与旋转磁场间的相对转速最大。所以这

时 $f_2$ 最高，即 $f_2=f_1$。

（2）转子电动势 $E_2$。转子电动势 $e_2$ 的有效值为

$$E_2 = 4.44 f_2 N_2 \Phi$$

因为

$$f_2 = s f_1$$

所以有

$$E_2 = 4.44 f_2 N_2 \Phi = 4.44 s f_1 N_2 \Phi \tag{5-10}$$

在电动机起动初始瞬间，即 $n=0$，$s=1$，$f_2=f_1$，转子电动势为

$$E_{20} = 4.44 f_1 N_2 \Phi \tag{5-11}$$

此时电动势 $E_2$ 最大。由式（5-10）和式（5-11）可得出

$$E_2 = s E_{20} \tag{5-12}$$

可见，转子的电动势 $E_2$ 与转差率 $s$ 有关。

（3）转子感抗 $X_2$。转子感抗 $X_2$ 为

$$X_2 = 2\pi f_2 L_{\sigma 2} = 2\pi s f_1 L_{\sigma 2} \tag{5-13}$$

在电动机起动初始瞬间，即 $n=0$，$s=1$，$f_2=f_1$，转子感抗为

$$X_{20} = 2\pi f_1 L_{\sigma 2} \tag{5-14}$$

此时转子感抗 $X_2$ 最大。由式（5-13）和式（5-14）可得出

$$X_2 = s X_{20} \tag{5-15}$$

可见，转子感抗 $X_2$ 与转差率 $s$ 有关。

（4）转子电流 $I_2$。转子每相电路的电流可由式（5-7）得出

$$I_2 = \frac{E_2}{\sqrt{R_2^2 + X_2^2}} = \frac{sE_{20}}{\sqrt{R_2^2 + (sX_{20})^2}} \tag{5-16}$$

可见，转子电流 $I_2$ 与转差率 $s$ 有关。

（5）转子电路的功率因数 $\cos\varphi_2$。转子电路的功率因数 $\cos\varphi_2$ 为

$$\cos\varphi_2 = \frac{R_2}{\sqrt{R_2^2 + X_2^2}} = \frac{R_2}{\sqrt{R_2^2 + (sX_{20})^2}} \tag{5-17}$$

可见，它与转差率 $s$ 有关。

转子电流 $I_2$ 和功率因数 $\cos\varphi_2$ 随转差率 $s$ 变化的规律如图5-11所示。

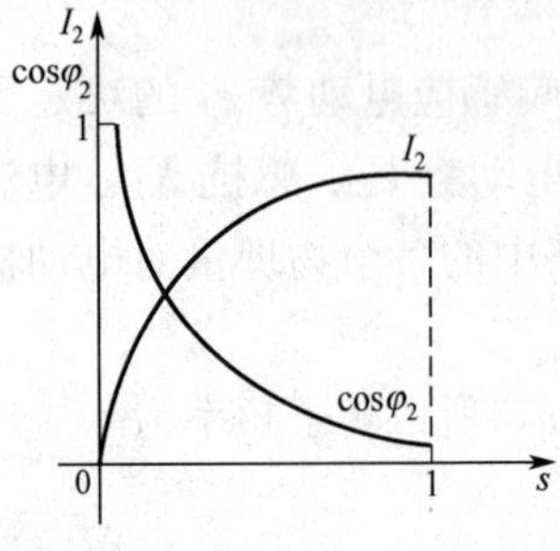


图 5-11　$I_2$、$\cos\varphi_2$ 与 $s$ 的关系

## 二、电磁转矩

异步电动机的电磁转矩，是由转子电流 $I_2$ 和旋转磁场的每极磁通 $\Phi$ 相互作用形成的。由于转子电路中有感抗 $X_2$ 存在，所以 $I_2$ 滞后 $E_2$ 一个角度 $\varphi_2$，而电磁转矩是反映电动机做功能力的物理量，只有 $I_2$ 的有功分量才能产生电磁转矩，因此电磁转矩的公式为

$$T = K_T \Phi I_2 \cos\varphi_2 \tag{5-18}$$

式中：$K_T$ 为常数，取决于电动机的结构；$\Phi$ 为每个磁面下的主磁通；$I_2\cos\varphi_2$ 为转子电流 $I_2$ 的有功分量。

根据 $U_1 \approx E_1 = 4.44 f_1 N_1 \Phi$ 可知

$$\Phi = \frac{E_1}{4.44 f_1 N_1} \approx \frac{U_1}{4.44 f_1 N_1} \tag{5-19}$$

将式（5-16）、式（5-17）、式（5-19）等关系代入式（5-18），则得出电磁转矩与电动机参数的关系，即

$$T = KU_1^2 \frac{sR_2}{R_2^2 + (sX_{20})^2} \tag{5-20}$$

式中：$K$ 为常数，由电机结构决定；$U_1$ 为电源的相电压。

由此可见，电磁转矩与电源电压 $U_1$ 的平方成正比，所以电源电压波动时，对异步电动机的运行影响较大。

## 三、机械特性

### （一）机械特性曲线

当电源电压 $U_1$ 和转子电阻 $R_2$ 一定时，电磁转矩 $T$ 与转差率 $s$ 之间的关系曲线称为电动机的机械特性曲线，如图 5-12 所示。

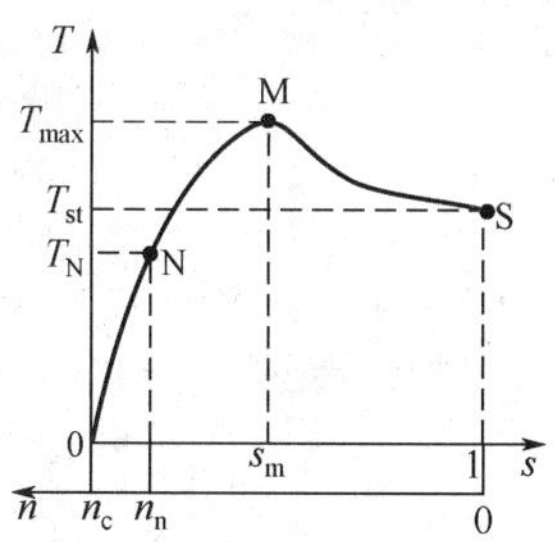


图 5-12　三相异步电动机的 $T=f(s)$ 曲线

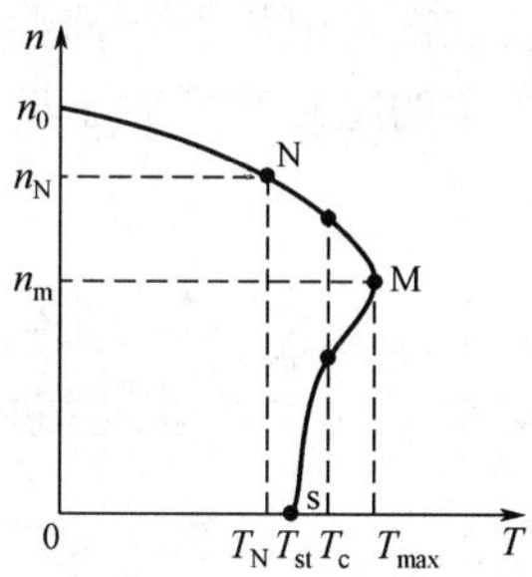


图 5-13　三相异步电动机的 $n=f(T)$ 曲线

由于转差率

$$s = \frac{n_0 - n}{n} \times 100\%$$

所以

$$n = (1-s)n_0$$

可将转差率 $s$ 转换成相应的转速 $n$，则可把图 5-12 的转矩 $T$ 与转差率 $s$ 的曲线 $T=f(s)$ 变换成转速与转矩的关系曲线 $n=f(T)$，如图 5-13 所示。这就是表征三相异步电动机的转速与电磁转矩之间关系的机械特性曲线。

### （二）三个重要转矩

1. 起动转矩 $T_{st}$

电动机接通电源后，电动机尚未转动（$n=0$，$s=1$）时，由电动机产生的电磁转矩称为起动转矩 $T_{st}$。

将 $s=1$ 代入式（5-20）可得

$$T_{st} = K\frac{R_2 U_1^2}{R_2^2 + X_{20}^2} \tag{5-21}$$

由式（5-21）可见，$T_{st}$ 与 $U_1$ 及 $R_2$ 有关。$T_{st}$ 值大，电动机才能重载起动；$T_{st}$ 值小，电动机只能轻载，甚至空载起动。

2. 最大转矩 $T_{max}$

从特性曲线上可见，三相异步电动机的电磁转矩有一个最大值 $T_{max}$，称为最大转矩（也称临界转矩）。对应于最大转矩时的转差率为 $s_{max}$，称为临界转差率。

由式（5-20）取 $\frac{dT}{ds}=0$ 求得

$$s_{max}=\frac{R_2}{X_{20}}$$

当 $s_{max}=\frac{R_2}{X_{20}}$ 时，则得到最大转矩

$$T_{max}=K\frac{U_1^2}{2X_{20}} \tag{5-22}$$

由式（5-22）可见，$T_{max}$ 与 $U_1$ 有关，而与转子的电阻 $R_2$ 无关。而 $s_{max}$ 与 $R_2$ 有关，$R_2$ 越大，$s_{max}$ 就越大。

3. 额定转矩 $T_N$

电动机接在额定电压下，轴端带额定负载运转，称为额定运行。此时若不计电动机的机械损耗，则产生的电磁转矩等于输出额定转矩 $T_N$，所以

$$T_N=\frac{P_N\times 10^3}{2\pi n_N/60}=9550\frac{P_N}{n_N} \tag{5-23}$$

式中：转矩的单位为 N·m；功率的单位为 kW；转速的单位为 r/min。

例如，某车床的主轴电动机的额定功率为 4.5kW，额定转速为 1440r/min，则额定转矩为

$$T_N=9550\frac{P_N}{n_N}=29.8\text{N}\cdot\text{m}$$

最大转矩 $T_{max}$ 与额定转矩 $T_N$ 的比值，称为过载系数，用 $\lambda$ 表示，即

$$\lambda=T_{max}/T_N \tag{5-24}$$

过载系数表示电动机的过载能力，为了可靠运行，通常三相异步电动机的 $\lambda=1.8\sim2.2$。

（三）电源电压 $U_1$ 对机械特性的影响

由式（5-21）、式（5-22）可见，当电源电压 $U_1$ 降低时，电动机的最大转矩 $T_{max}$ 和起动转矩 $T_{st}$ 都迅速减小，使电动机的过载能力降低，起动性能变差，如图 5-14 所示。若电源电压 $U_1$ 下降到使电动机最大转矩 $T_{max}$ 小于负载阻转矩，电动机将被卡住而停转（堵转），造成所谓“闷车”现象。这时转子电动势 $E_{20}$、转子电流 $I_{20}$ 很大，定子电流 $I_1$ 也很大，很容易烧坏电动机。

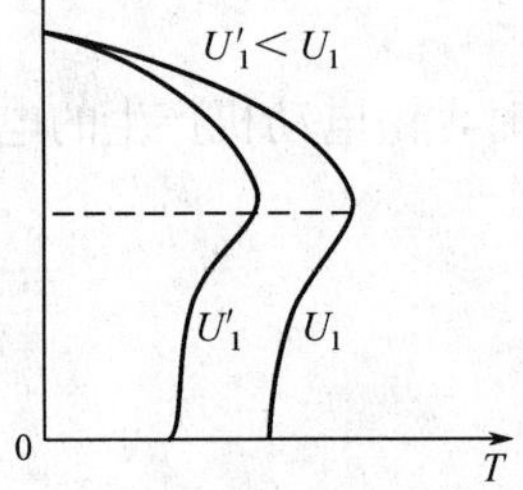

图 5-14　对应于不同电源电压 $U_1$ 的 $n=f(T)$ 曲线（$R_2$=常数）

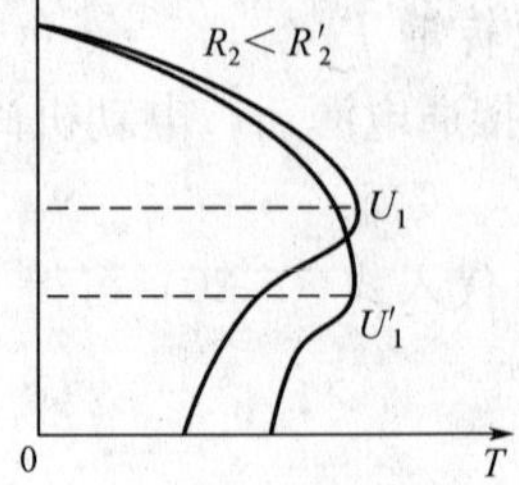

图 5-15　对应于不同转子电阻 $R_2$ 的 $n=f(T)$ 曲线（$U_1$=常数）

（四）转子电阻 $R_2$ 对机械特性的影响

由 $s_{max}=\dfrac{R_2}{X_{20}}$ 可见，转子电阻 $R_2$ 增大，临界转差率 $s_{max}$ 增大，临界转速 $n_{max}=(1-s_{max})n_0$ 下降，而最大转矩 $T_{max}$ 不变。图 5-15 所示为不同转子电阻的 $n=f(T)$ 曲线。选择适当的转子电阻（$R_2=X_{20}$），可使起动转矩 $T_{st}$ 等于最大转矩 $T_{max}$，这时 $n_{max}=0$。

## 第四节 三相异步电动机的铭牌与选择

### 一、三相异步电动机的铭牌数据

电动机的外壳上都有一块铭牌，在上面印有这台电动机一些主要技术数据，以便按照这些数据正确使用。图 5-16 所示为一台三相异步电动机铭牌的一个实例。

×××电机厂　　编号×××

**三相异步电动机**

| | | | | | |
|---|---|---|---|---|---|
| 型　　号 | Y160M-4 | 功率 | 15 千瓦 | 频　　率 | 50 赫兹 |
| 电　　压 | 380 伏 | 电流 | 30.3 安 | 接　　法 | △ |
| 转　　速 | 1460 转/分 | 温升 | 75℃ | 绝缘等级 | E |
| 功率因数 | 0.88 | 重量 | 150 千克 | 工作方式 | 连续 |
| 防护等级 | P144 | | 出厂日期 | ××年××月 | |

图 5-16 三相异步电动机铭牌实例

现将铭牌上主要数据说明如下。

1. 型号

型号用来表示电动机的系列。例如：

Y 160 M 4—IP

- IP——外壳防护（国际防护的英文缩写）
- 4——磁极数
- M——机座长度代号（S— 短机座；M— 中机座；L— 长机座）
- 160——机座中心高度（mm）
- Y——三相异步电动机

国产异步电动机常用系列代号及其主要用途见表 5-2。

**表 5-2　国产异步电动机常用系列代号及其主要用途**

| 产品名称 | 新代号 | 汉字意义 | 老代号 |
|---|---|---|---|
| 异步电动机 | Y | 异 | J，JO |
| 绕线型异步电动机 | YR | 异绕 | JR，JRO |
| 防爆型异步电动机 | YB | 异爆 | JB，JBS |
| 高起动转矩异步电动机 | YQ | 异起 | JQ，JQO |

2. 功率

铭牌上标定的功率表示电动机在额定状态下运行时轴端输出的机械功率。

3. 电压

铭牌上标定的电压表示电动机在额定运行时定子绕组上应加的线电压。

4. 电流

铭牌上标定的电流表示电动机在额定电压下，轴端输出额定功率时，电动机定子绕组的线电流。

5. 接法

接法指定子三相绕组的接法。一般鼠笼式三相异步电动机的按线盒里有六根引出线，标有U1、V1、W1；U2、V2、W2，其中U1、U2是第一相绕组的两端；V1、V2是第二相绕组的两端；W1、W2是第三相绕组的两端。

如果U1、V1、W1作为绕组的始端，则U2、V2、W2就是绕组的末端。连接方法有星形连接和三角形连接两种，如图5-17所示。通常3kW以下者接成星形，4kW以上者接成三角形。不论是哪种连接，绕组的始末端均不能接错。

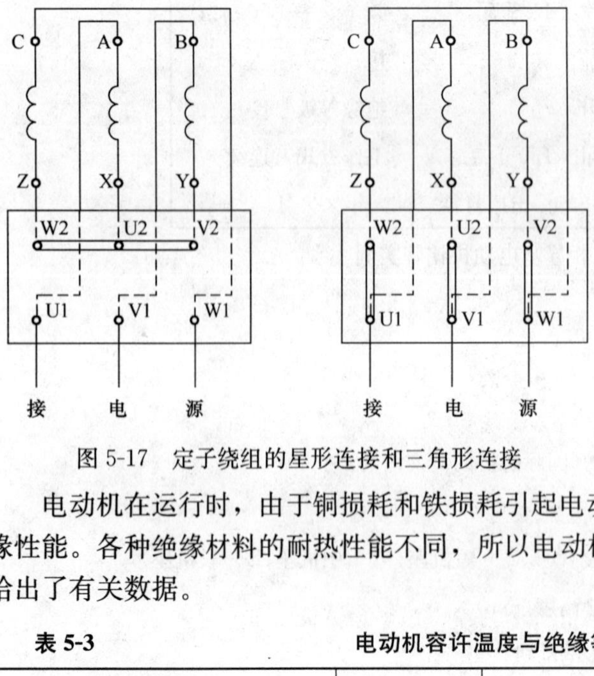


图5-17 定子绕组的星形连接和三角形连接

6. 转速

铭牌上标定的转速是指在额定运行情况下的转速。

7. 功率因数

铭牌上标定的功率因数是指电动机在额定运行时定子电路的功率因数。三相异步电动机的功率因数较低，在额定负载时为0.7～0.9，而在轻载和空载时更低，空载时只有0.2～0.3，因此要尽避免电动机长时间处在空载或轻载状态下运行。

8. 绝缘等级

电动机在运行时，由于铜损耗和铁损耗引起电动机发热，温度升高将影响绝缘材料的绝缘性能。各种绝缘材料的耐热性能不同，所以电动机的容许温度与绝缘的等级有关，表5-3给出了有关数据。

**表5-3 电动机容许温度与绝缘等级的关系**

| 绝缘等级 | A | E | B | F | H |
|---|---|---|---|---|---|
| 容许温度（℃） | 105 | 120 | 130 | 155 | 180 |

## 二、三相异步电动机的选择

合理选择电动机是正确使用电动机的前提，对于提高生产效率及改善技术经济指标有着重大的意义。选择电动机主要考虑以下几个方面。

1. 类型的选择

一般情况时选择鼠笼式电动机；要求适当调速的，选择绕线式或多速电机。在调速性能要求高时，选用直流电动机。

2. 结构型式的选择

三相异步电动机的结构型式有开启式、防护式、封闭式、防爆式等，应根据不同环境条件来选择。

3. 电压的选择

电动机电压的选择，要根据电动机类型、功率及使用地点的电源电压情况来决定。一般来说，100kW 以下的小型交流电动机的额定电压为 380V，大、中型的约为 6000V 和 3000V。

4. 转速的选择

型式和容量相同的电动机，额定转速越低，尺寸越大，价格也就越高，要根据生产机械对速度的要求选择。选择高速电动机时，则需另配适当的减速装置。

## 第五节　三相异步电动机的运行

### 一、起动

电动机接通电源后，转速从零开始直到稳定为止的过程称为起动过程，简称起动。常用的起动方法有以下几种。

（一）直接起动

直接给电动机加上额定电压的起动方法叫直接起动（或全压起动）。这种起动方法简单、经济，但使用时是有条件的。一般原则是：电动机的功率应满足起动时引起的电网电压降不大于额定值的 10%。若有照明负载时，应不大于 5%。由专用变压器供电时，对频繁起动的电动机，其容量不超过电源变压器容量的 20%；对不频繁起动的电动机，其容量不超过电源变压器容量的 30%；30kW 以下的异步电动机一般都采用直接起动的方法。

（二）降压起动

对不允许直接起动的大、中型鼠笼式异步电动机，采用降压起动。降压起动就是在起动时，降低加在定子绕组上的电压，以减小起动电流。但是，这时的起动转矩也随之减小。常用的降压起动方法有 Y—△换接起动和自耦降压起动等。

1. Y—△换接起动

对工作时采用三角形连接的三相异步电动机，在起动时可把它接成星形，待转速增加到接近稳定转速时，再换接成三角形。这样，在起动时就把定子每相绕组上的电压降到正常工作电压的 $1/\sqrt{3}$。

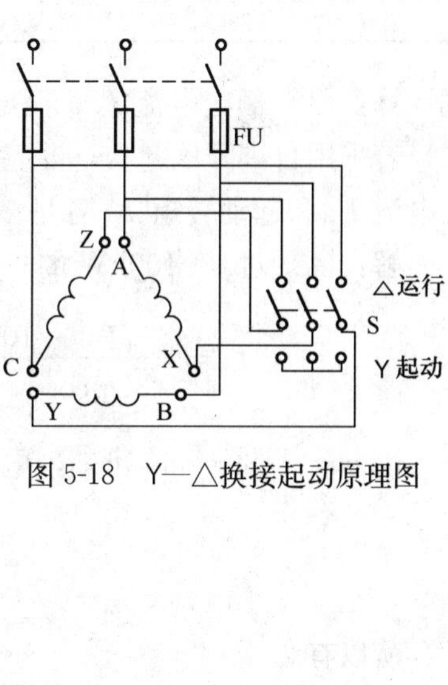

图 5-18　Y—△换接起动原理图

图 5-18 表示为用三刀双掷开关 S 进行 Y—△换接起动的原理图。起动时开关 S 合到星形侧，运行时开关 S 合到三角形侧。

设电源线电压为 $U_l$，定子每相绕组等效阻抗为 $Z$，定子绕组线电流为 $I_l$。

当定子绕组为星形连接降压起动时的线电流为

$$I_{lY} = I_{phY} = \frac{U_l/\sqrt{3}}{|Z|}$$

当定子绕组为三角形连接直按起动时的线电流为

$$I_{l\Delta}=\sqrt{3}I_{ph\Delta}=\sqrt{3}\,\frac{U_l}{|Z|}$$

比较上两式，可得

$$\frac{I_{lY}}{I_{l\Delta}}=\frac{1}{3}$$

即用Y—△换接起动时的定子绕组的线电流只有三角形直接起动时的1/3。

由于电磁转矩与电压的平方成正比，所以采用Y—△换接起动时的起动转矩也只有直接起动时的1/3。因此，这种起动方法只适用于空载或轻载起动。

实际上Y—△换接起动，除了使用双掷开关外，还可以用接触器、继电器组成的控制电路自动切换，也有专门的Y—△起动器供选用。

2. 自耦降压起动

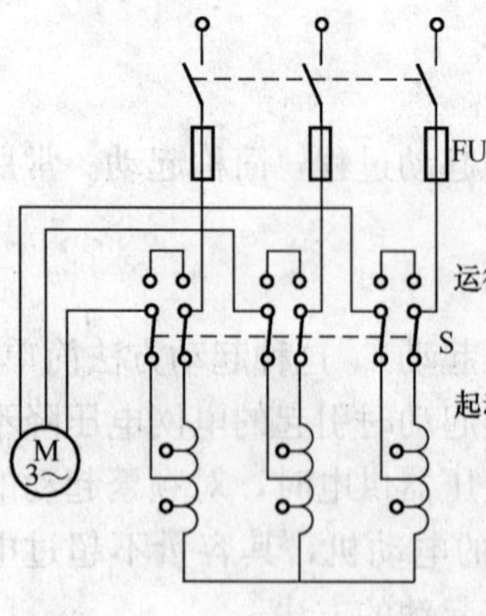

图5-19 自耦降压起动电路原理图

自耦降压起动是利用三相自耦变压器来降低电动机起动时的端电压，其原理电路如图5-19所示。起动时，先将开关S（手柄）扳到“起动”位置，电源电压经变压器降低后加到电动机三相定子绕组上，使起动电流减小。当转速达到接近稳定值后，再将开关S扳向“运行”位置，切除自耦变压器，使电动机定子绕组换接到电源上，在额定电压下运行。

降压起动时用的三相自耦变压器也称作起动补偿器。它的低压侧有三组抽头可供选择，其输出电压分别为电源电压的40%、60%和80%（或55%、64%和73%）。可根据对起动转矩的要求选用。

自耦降压起动适用于容量较大的或正常运行时接成星形而不能采用Y—△换接起动的鼠笼式异步电动机。

**【例5-2】** Y225M-4型三相异步电动机，其部分额定数据如下：

| 功率 | 电压 | 转速 | 效率 | 功率因数 | $I_{st}/I_N$ | $T_{st}/T_N$ | $T_{max}/T_N$ |
|---|---|---|---|---|---|---|---|
| 45kW | 380V | 1480r/min | 92.3% | 0.88 | 4.0 | 1.9 | 2.2 |

试计算：(1) 额定电流$I_N$、额定转差率$S_N$、额定转矩$T_N$、起动转矩$T_{st}$和最大转矩$T_{max}$；(2) 若采用自耦降压起动，设起动时电动机的端电压降到电源电压的64%，这时线路的起动电流$I'_{st}$和起动转矩$T'_{st}$各是多少？

**解：**(1) 对4～100kW的三相异步电动机一般都是380V、三角形连接方式，则有

$$I_N=\frac{P_N\times10^3}{\sqrt{3}U_N\cos\varphi_N\cdot\eta_N}=\frac{45\times10^3}{\sqrt{3}\times380\times0.88\times0.923}=84.2(\mathrm{A})$$

由$n_N=1480\mathrm{r/min}$可知，电动机是两对磁极的，即$p=2$，则定子的转数为

$$n_0=\frac{60f_1}{p}=\frac{60\times50}{2}=1500(\mathrm{r/min})$$

所以有

$$s_N = \frac{n_0 - n_N}{n_0} = \frac{1500 - 1480}{1500} = 0.013$$

根据额定转矩计算公式可得

$$T_N = 9550\frac{p_N}{n_N} = 9550 \times \frac{45}{1480} = 290.4(\text{N} \cdot \text{m})$$

由已知条件可得

$$T_{st} = \left(\frac{T_{st}}{T_N}\right)T_N = 1.9 \times 290.4 = 551.8(\text{N} \cdot \text{m})$$

$$T_{max} = \left(\frac{T_{max}}{T_N}\right)T_N = 2.2 \times 290.4 = 638.9(\text{N} \cdot \text{m})$$

（2）全压起动电流

$$I_{st} = 4I_N = 4 \times 84.2 = 589.4(\text{A})$$

由于电动机的端电压降为电源电压的64%，又由于变压器一、二次绕组电流关系，所以起动时电流为

$$I'_{st} = I_{st} \times (64\%)^2 = 589.4 \times (64\%)^2 = 241.4(\text{A})$$

起动转矩为

$$T'_{st} = T_{st} \times (64\%)^2 = 551.8 \times (64\%)^2 = 266(\text{N} \cdot \text{m})$$

由上述计算结果可见，如果此电动机带额定负载，由于 $T'_{st} < T_N$，这时将无法起动。

## 二、反转

三相异步电动机的转动方向取决于旋转磁场的转向，而旋转磁场的转向又取决于引入电动机三相定子绕组的电流相序。因此，只要把接在定子绕组上的三根电源线的任意两根对调，电动机就会反转。

## 三、调速

调速就是在同一负载下，人为地改变电动机的转速，以满足生产过程的要求。例如，各种切削机床的主轴运动，为获得最高的生产效率和保证加工质量，在不同的工件、刀具、加工工艺等情况下，要求其转速不同，这就要求主轴电动机的转速能够调节。

异步电动机的转子转速公式为

$$n = (1 - s)n_0 = (1 - s)\frac{60f_1}{p} \tag{5-25}$$

所以改变转速的方法有三种，即改变电源频率 $f_1$、极对数 $p$ 和转差率 $s$。现在分别介绍如下。

### （一）变频调速

由于电子技术的飞快发展，逆变电源日益广泛地得到应用，交流变频调速已经获得了具体应用。图5-20所示为变频调速系统的框图。先由整流器将工频交流电整流成直流，再经逆变器变换为频率、电压可调的三相交流电，给三相异步电动机供电，实现变频调速。

一般情况下，频率调节范围是0.5～320Hz。

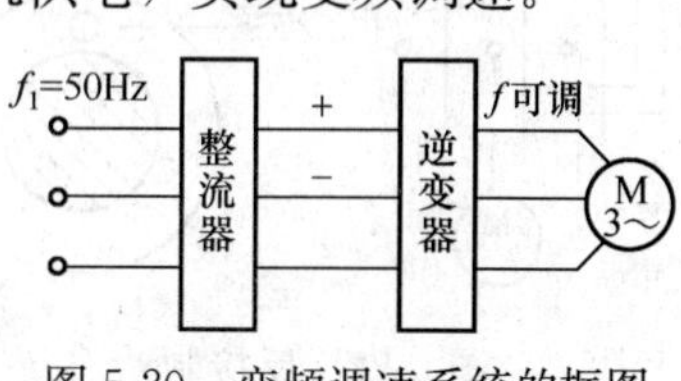

图5-20　变频调速系统的框图

### （二）变极对数调速

异步电动机的转速 $n$ 接近于旋转磁场的转速 $n_0$，而 $n_0 = 60f_1/p$，所以若极对数增加一倍，旋转磁场的转速 $n_0$ 将减小一倍，转子转速也差不多减小一倍。可见，改变定

子绕组的接法可以改变磁极对数。

图 5-21 表示定子绕组的两种不同接法（图中只画出 A 相绕组）。把 A 相绕组分成两段；线圈 A1X1 与 A2X2。其中图 5-21（a）所示为两段线圈串联，得出 $p=2$；图 5-21（b）所示为两段线圈并联（头尾相连），得出 $p=1$。在换极时，一个线圈中的电流方向不变，而另一个线圈中的电流必须改变方向。这种调整速方法是有级的。

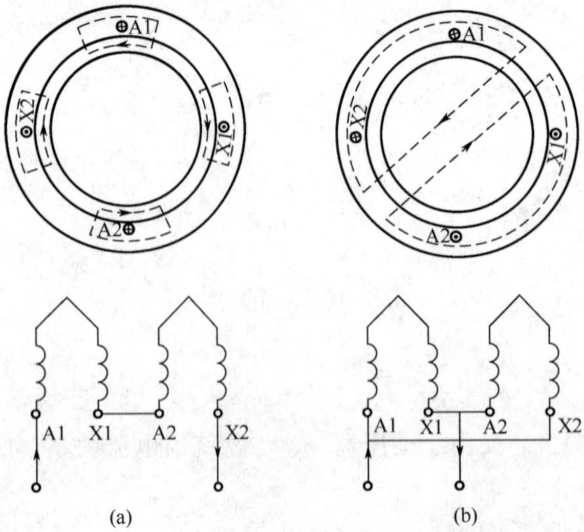


图 5-21　变极调速方法

(a) $p=2$；(b) $p=1$

（三）变转差率调速

变转差率调速只适用于绕线式异步电动机。对于绕线式异步电动机，只要在转子电路中串联不同电阻就可以平滑调速。这种调速方法的特点是结构简单、投资少，但调速电阻消耗电能较大。

## 四、制动

由于转动部分有惯性，在切断电源后，电动机会继续转动一些时间。为了缩短辅助工时、提高生产率，有时还为了安全生产的要求，电动机切断电源后应迅速而准确地停转，所以要采取制动措施。下面介绍异步电动电动机的常用制动方法。

（一）反接制动

在电动机切断电源后，立即调换定子绕组接电源的任意两根线，再迅速接通电源，如图 5-22 所示。这时电动机所产生的电磁转矩，将与原来的转动方向相反，所以对转子来说是一个阻转矩，起到制动作用。

这种制动方法的制动效果好，但制动电流比起动电流还大，要串入适当限流电阻。同时，当速度迅速降低接近于零时，应断开电源，否则电动机将继续反转。

（二）能耗制动

能耗制动是在定子绕组切断三相电源后，迅速接通直流电源，如图 5-23 所示。由于直流电流产生的磁场是恒定的，当转子继续转动时，产生感应电动势和电流，转子电流与固定磁场相互作用产生的转矩与转子转动方向相反，是阻转矩，其大小与直流电流的大小有关。

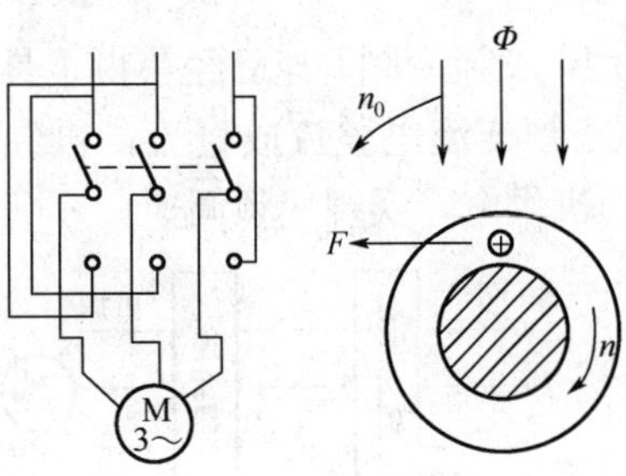


图 5-22　反接制动

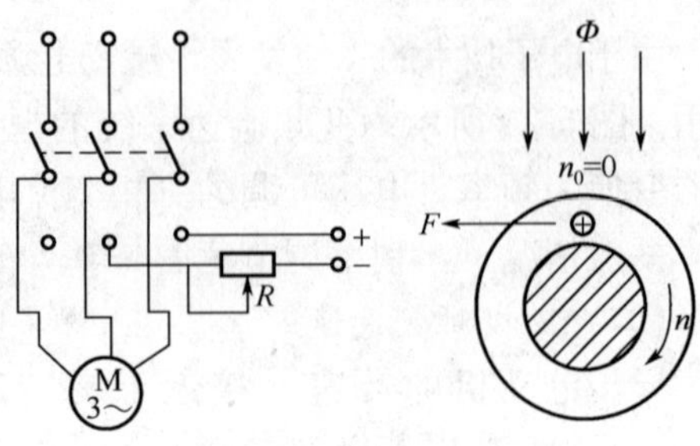


图 5-23　能耗制动

因为这种方法是用消耗转子的动能来进行制动的，所以称为能耗制动。其特点是能量消耗小、制动平稳，但需要直流电源。

（三）发电反馈制动

当转子的转速 $n$ 超过旋转磁场的转速 $n_0$ 时，转子导体与旋转磁场相对运动的方向发生了变化，将产生与转动方向相反的转矩，此转矩也是制动的，如图 5-24 所示。这时三相异步电动机作为发电机运行，向电网输送电能，所以称为发电反馈制动。

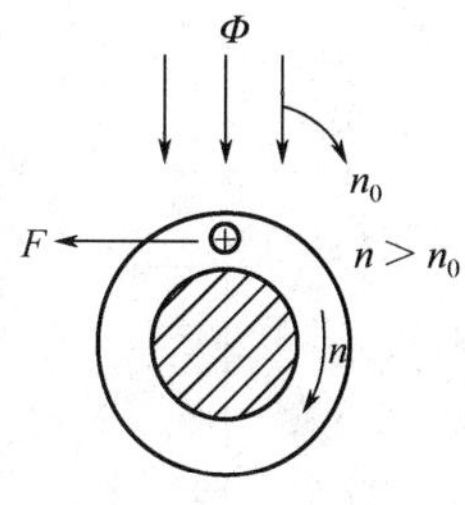

图 5-24　发电反馈制动

这种制动情况只有在特定的条件下才可能出现。例如当起重机快速下放重物，由于重物拖动转子，可能使 $n>n_0$。另外，当多速电动机改变磁极对数调速，从高速调到低速时，就会发生 $n>n_0$ 的情况。

## 第六节　三相异步电动机的控制电路

在现代的生产过程中，电动机作为主要动力，拖动各种生产机械去完成一定的动作。为了满足生产工艺的要求，必须对电动机进行自动控制，如控制电动机起动、停车、正转或反转、制动，另外还有按照顺序、行程、时间等对电动机进行自动控制。

### 一、常用低压控制电器

常用低压控制电器一般分为手动电器和自动电器两类。例如，刀开关、转换开关、空气开关和按钮等属于手动电器，它们需要人去直接操作；而各种继电器、接触器、行程开关等属于自动电器，它们是在控制信号或物理量（电磁量、机械量等）的作用下动作的。

在生产实际中，常常需要对三相异步电动机进行过压或过流保护等，因此需要保护电器，常用的保护电器有熔断器、热继电器等。

在表 5-4 中给出了一些常用设备、装置和元器件的基本文字符号。在表 5-5 中给出了一些常用低压控制电器的名称和符号。

**表 5-4　常用设备、装置和元器件的基本文字符号**

| 设备、装置和元器件种类 | 基本文字符号 | 设备、装置和元器件种类 | | 基本文字符号 | |
|---|---|---|---|---|---|
| | | | | 单字母 | 双字母 |
| 电阻器 | R | 控制、信号电路的开关器件 | 控制开关 | S | SA |
| 电容器 | C | | 按钮开关 | | SB |
| 电感器 | L | | 行程开关 | | SQ |
| 变压器 | T | 保护器件 | 熔断器 | F | FU |
| 电动机 | M | | 热继电器 | | FR |
| 发电机 | G | 接触器<br>继电器 | 接触器 | K | KM |
| 电力电路开关器件 | Q | | 时间继电器 | | KT |

**表 5-5　　常用低压控制电器的名称和符号**

| 名称 | 符号 | 名称 | 符号 | 名称 | 符号 |
|---|---|---|---|---|---|
| 开关 | 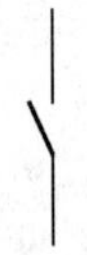 | 交流接触器 线圈 | 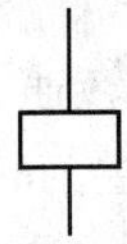 | 时间继电器 线圈 | 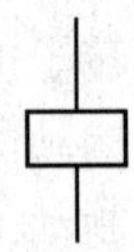 |
| 组合开关 | 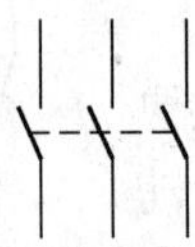 | 交流接触器 动合主触点 | 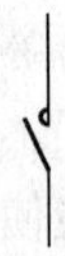 | 时间继电器 延时闭合动合触点 | 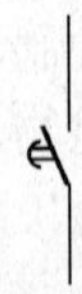 |
| 熔断器 |  | 交流接触器 动断主触点 | 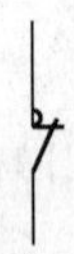 | 时间继电器 延时断开动合触点 | 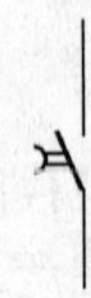 |
| 按钮开关 动合按钮 |  | 交流接触器 动合辅助触点 |  | 时间继电器 延时闭合动断触点 |  |
| 按钮开关 动断按钮 | 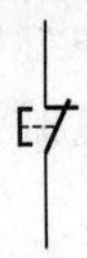 | 交流接触器 动断辅助触点 | 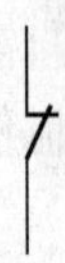 | 时间继电器 延时断开动断触点 |  |
| 热继电器 热继电器 |  | 行程开关 动合触点 |  | 时间继电器 延时闭合和延时断开动合触点 | 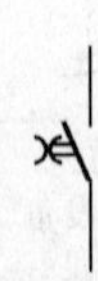 |
| 热继电器 动断触点 | 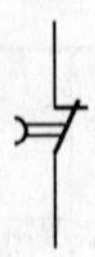 | 行程开关 动断触点 | 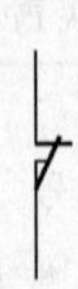 | | |

下面对一些较为复杂的低压控制电器作以介绍。

1. 空气开关

空气开关是一种手动操作电器，同时也是一种自动保护电器，所以又称为自动空气断路器或自动开关。它在低压配电电路中可用作电路的短路保护和过载保护。图 5-25 所示为空气开关的结构示意图，用手动操作机构可以使主触点接通或断开。当主触点闭合后，连杆装置使锁钩锁住，电路接通。当电路发生短路或严重过载时，由于电流很大，电磁铁克服反作用力弹簧的拉力吸下衔铁，锁钩被推向上，松开拉杆，触点在开断弹簧的作用下迅速断开而完成保护。只要调整反作用力弹簧的拉力，就可以调整动作电流的大小。空气开关在动作后，不必像熔断器那样更换熔体，故障排除后，若需要重新起动电动机，只要通过操作手柄合上触点即可。空气开关内装有灭弧装置，切断电流的能力大，开断时间短，工作安全可靠，体积小，因此应用非常广泛。

2. 按钮 SB

按钮主要用来接通或断开电流较小（5A 以下）的控制电路，以实现对电动机或其他电气设备进行控制的目的。

在图 5-26（a）中，动触点与上面的一组静触点相接触而闭合，而动触点与下面一组静触点不接触，即处于断开状态。这种在无外力（或其他外因）作用时处于闭合的触点称为动断触点，而处于断开状态的触点称为动合触点。其表示图形符号如图 5-26（b）所示，动断触点的动触点向上或向右画出，动合触点的动触点向下或向左画出。

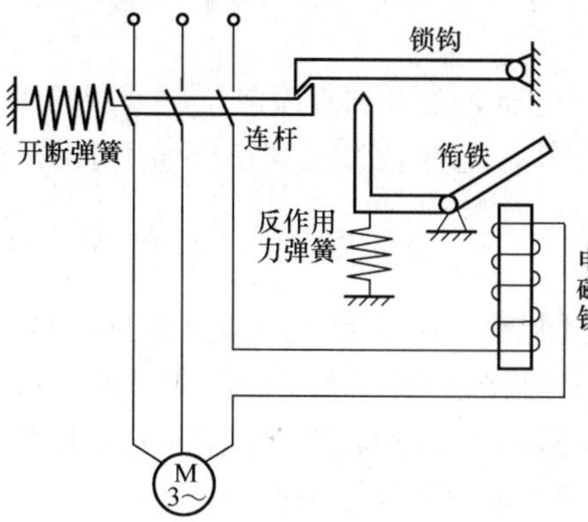


图 5-25 空气开关结构示意图

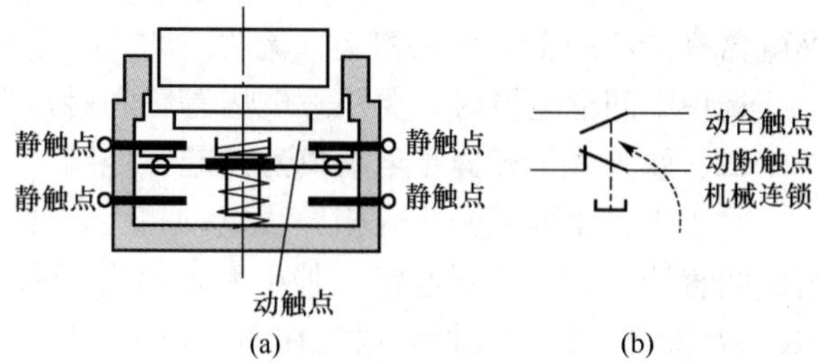


图 5-26 按钮的结构和图形符号

（a）结构示意图；（b）图形符号

当按下按钮帽时，动断触点先断开，动合触点后闭合；松开后触点又恢复到原来状态。这种按钮称为组合按钮或复式按钮，使用时根据需要经常选用其中一种触点（动断或动合）。

3. 交流接触器 KM

交流接触器主要用作操作开关，用于接通或断开电动机或其他电气设备的主电路。交流接触器的特点是流过的电流大，通断的操作也很频繁。

交流接触器是利用电磁铁的吸力来操作的电磁开关，它主要由电磁铁和触点两部分组成，其结构如图 5-27（a）所示。

当接触器线圈通电（或外因作用）时，产生电磁吸力，将动铁心（或衔铁）吸下，并带动动触点下移，使动断触点断开，而动合触点闭合。当线圈断电时，各触点回复到原来的状态。

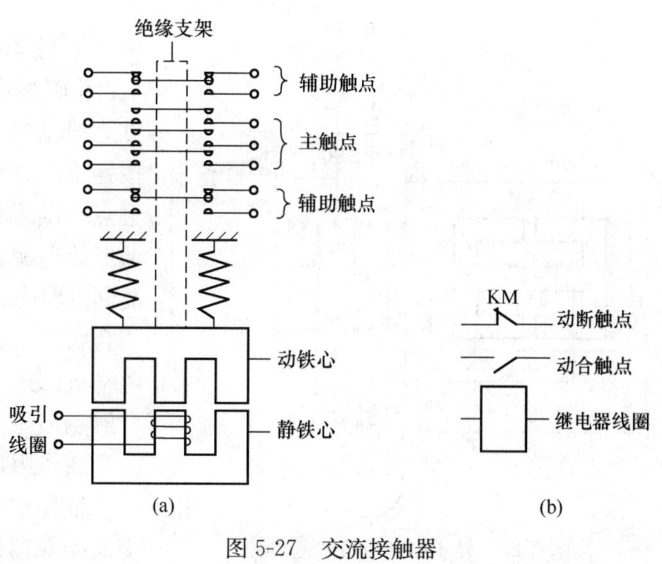


图 5-27 交流接触器

（a）结构示意图；（b）图形符号

接触器触点分主触点和辅助触点。主触点通常是三对或四对，为动合触点，触点允许通过较大电流，并附有灭弧装置，用于被控制设备的主电路中。辅助触点最多有三对动合触点和三对动断触点，触点允许通过5A以下的小电流，用于控制电路中。

选择交流接触器时，通常主触点的额定电流应大于电动机的额定电流，而用于电动机正、反转时，主触点额定电流应比电动机额定电流大一倍。接触器线圈的额定电压通常为380V或220V，也有低压36V的，应根据电源电压选用。

4. 中间继电器

当控制电路较复杂时，接触器的辅助触点将不够用。为此，人们专门生产了一种多触点的继电器，称为中间继电器。

中间继电器的原理与结构和接触器相同，只是触点较多，触点允许通过电流较小，不设灭弧装置。

中间继电器分交流和直流两类，前者的线圈加交流电压，后者加直流电压。常用的中间继电器有交流的JZ7系列和交直流两用的JZ8系列。此外，还有JZX系列小型通用继电器。

选用中间继电器时，要注意电压等级和触点数目。

## 二、鼠笼式三相异步电动机直接起停控制

对于中、小型鼠笼式三相异步电动机可以采用直接起动。图5-28所示为利用控制电器组成的直接起、停控制电路，其中用了组合开关Q、交流接触器KM、按钮SB、热继电器FR及熔断器FU等几种电器。在图5-28中属于同一电器的各个部件都集中在一起，这种电路图称为控制电路的结构图。图5-28包括两大部分，即主电路和控制电路。

主电路中各控制电器的连接顺序为

三相电源—Q—FU—KM(主触点)—FR—M

控制电路中各控制电器连接顺序为

1—SB1——SB2—— KM（线圈）—FR（动断触点）—2

（SB2两端并联：KM2（动合触点））

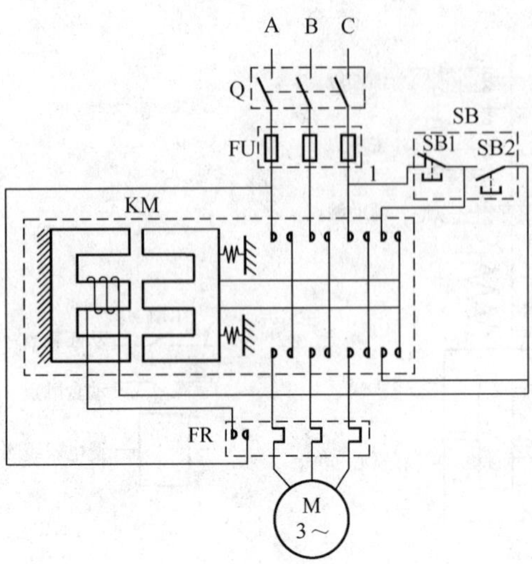


图5-28 异步电动机直接起、停控制电路结构图

控制电路是用来控制和保护主电路的，关键是控制接触器电磁铁线圈KM的接通和断开。在图5-28中，组合开关Q起隔离作用，闭合Q为电动机起动做好准备。只要按下动合起动按钮SB2，交流接触器线圈KM通电，它的主触点和辅助触点的动合触点均闭合，电动机接通三相电源而起动。松开起动按钮SB2，SB2恢复断开状态，但与SB2并联的辅助动合触点处于闭合状态，保证交流接触器KM线圈继续通电，电动机则连续运行。交流接触器用自己的辅助动合触点锁住自己的线圈电路不断电，这种作用称为自锁作用，其辅助动合触点称为自锁触点。

欲使电动机停车，只要按下动断按钮SB1，交流接触器线圈KM就断电，它的动合触点均断开，电动机脱离三相电源而停车。

交流接触器本身还具有失压保护作用。当电网电压过低或突然停电时，按触器线圈中电流过小或消失，电磁铁吸力不足，接触器动合触点断开，电动机停车。当电网电压恢复正常时，电动机不会自行起动，因为动合自锁触点也已断开。欲使电动机再起动，必须重按起动按钮。

短路保护利用熔断器 FU。一旦发生短路事故，熔丝立即熔断，电动机立即停车。

过载保护利用热继电器 FR。热继电器串联在电动机主电路中，动断触点 FR 串联在控制电路中。当过载时，它的热元件发热，将动断触点断开，使继电器线圈断电，主触点断开，电动机也就停下来了。

图 5-28 所示控制电路结构图的优点是同一电器的各部件集中在一起，便于识别电器，也便于安装和检修。但是，同一电器的各部件在机械结构上虽然连在一起，而在电路上却是互不关联的。因此当控制电路功能较多、结构较复杂时，所用电器也增多，控制电路多次交叉就在所难免。这样，电路图就不容易看清楚。为此，目前都采用控制电路的原理图，即按控制电路的作用原理来画图，原理图舍去了电器机械上的关联，只求各电器部件在电路上的关联。阅读和设计控制电路时需注意下列几点。

(1) 熟悉各种控判电器的原理、结构、图形与文字符号。了解被控制生产机械对控制电路的要求。

(2) 原理图分主电路和控制电路两部分，各种电器都用其图形符号表示。同一电器的各部件分散在主电路和控制电路中，为便于识别，用同样的文字符号加英文字母、数字来表示。

(3) 原理图中各电器均处于不通电或不受力的状态。分析控制电路时，先假定隔离组合开关 Q 闭合，按下起动按钮 SB2，然后按自左向右、由上向下的顺序逐一进行。

根据以上所述，则可将图 5-28 的控制电路结构图画成图 5-29 所示的原理图。显然，原理图具有简洁明了的优点。

在图 5-29 中，如果去掉自锁触点，则按下起动按钮 SB2，电动机工作。手一松，SB2 断开，电动机则停车，这种控制称为点动控制。点动控制在控制电路的调整和生产实践中也是经常需要的。

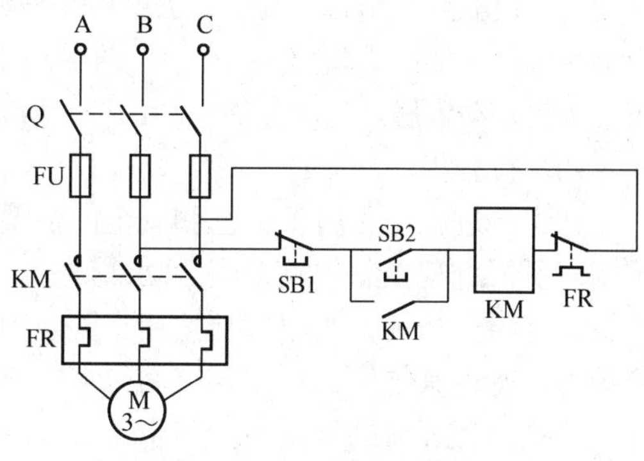


图 5-29 异步电动机直接起、停控制电路原理图

### 三、异步电动机的正反转控制

有些生产机械需要正反两个方向的运动，如刨床的进刀与退刀、卷扬机的提升和下降、电动阀门的开启和闭合等，这就要求带动这些生产机械的电动机能进行正转与反转运行。

由于三相异步电动机转向取决于电源的相序，所以外加一个反转接触器 KMR，将主电路中任意两根电源线对调即可实现，如图 5-30 (a) 所示。当正转按触器 KMF 接通时，电源相序为 A—B—C，电动机正转；反转接触器 KMR 接通时，电源相序为 C—B—A，电动机则反转。但是，两个接触器绝不允许同时接通，否则通过它们的主触点，将 A 相和 C 相电源短路。

图 5-30 (a) 中，两个接触器分别由各自的控制电路控制，它们相互并联，但是停车按钮和热继电器公用。为防止两个接触器同时接通，电路中设有互锁触点，即把正转接触器的动断辅助触点 KMF2 串联到反转接触器线圈 KMR 的电路中。当正转接触器线圈 KMF 通电

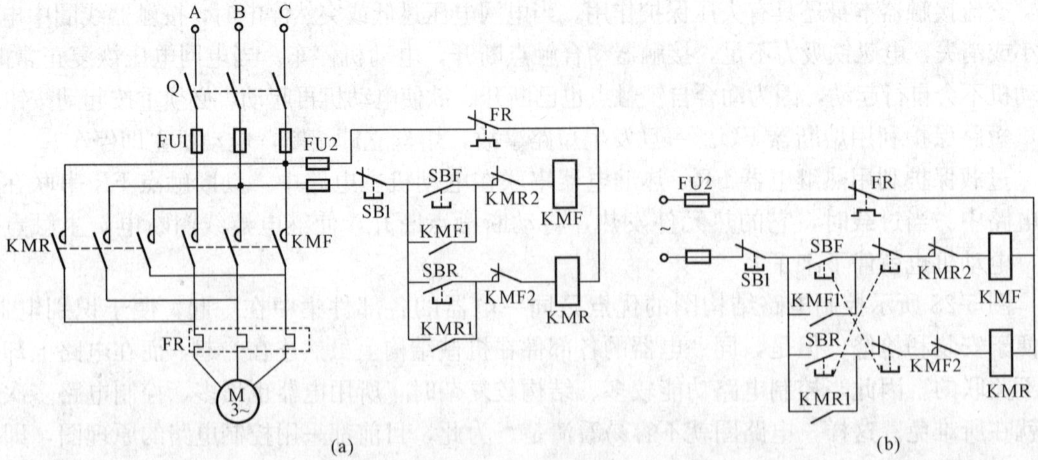


图 5-30 三相鼠笼式电动机正反转控制电路

时，其动断触点 KMF2 断开，保证反转接触器线圈 KMR 不能通电。同理，把 KMR 的动断触点 KMR2 也串联到线圈 KMF 电路中。这种利用接触器的动断触点去封锁另一条控制电路的作用，称为互锁作用。

由于互锁触点的作用，电动机从正转到反转，或从反转到正转，都必须先按停车按钮 SB1 让动断互锁触点先闭合。为了省去按停车按钮这步操作，只需把复式按钮的动断触点也当成互锁触点即可，如图 5-30（b）所示。图中用虚线相连的复式按钮的两对触点，在机械上联动。按下按钮，动断触点先断开被互锁的控制电路，然后动合触点再闭合本身的控制电路。

## 四、行程控制

在生产过程中，由于工艺和安全的需要，要求控制生产机械的行程和位置，这就是行程控制。所谓行程控制，就是当运动部件达到一定行程位置时采用行程开关来进行控制。行程开关又称限位开关，其原理与按钮相同。但是，行程开关是由生产机械运动部件上的挡块来撞动的，所以其结构比按钮要牢固得多。例如，刨床的工作台要求在一定范围内自动往返，这只要把行程开关的触点连接到带动工作台运动的电动机控制电路中即可实现。

图 5-31 所示为一种行程开关的外形、结构和图形符号。目前随着电子技术的发展，出现了无机械碰撞的电子式接近开关，具有寿命长、体积小、灵敏度高的特点，有逐步取代机

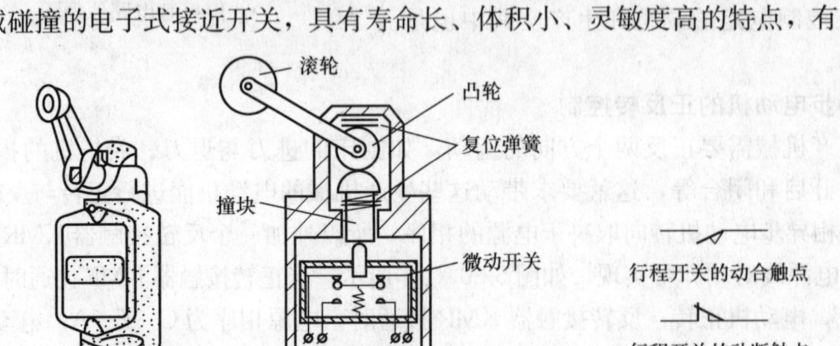


图 5-31 行程开关的结构和图形符号

（a）外形图；（b）结构图；（c）图形符号

械触点式行程开关的趋势。

图 5-32（a）为异步电动机自动返回的行程开关位置安装示意图。行程开关 SQL 和 SQR 分别装在工作台的原位和终点，由装在工作台的挡块来撞动。工作台由电动机 M 带动。设电动机正转时，传动机构使工作台连同挡块向左运动，由行程开关 SQL 限定向左运动的位置；电动机反转时，传动机构使工作台连同挡块向右运动，由行程开关 SQR 限定向右运动的位置（即原位）。

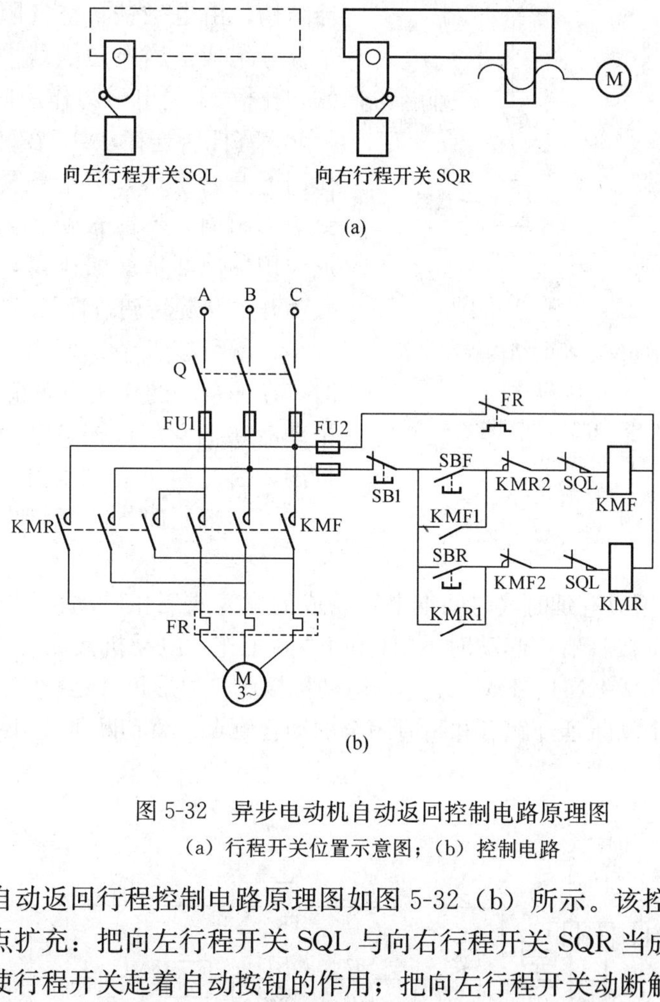


图 5-32　异步电动机自动返回控制电路原理图

（a）行程开关位置示意图；（b）控制电路

异步电机自动返回行程控制电路原理图如图 5-32（b）所示。该控制电路在图 5-30（a）基础上作了两点扩充：把向左行程开关 SQL 与向右行程开关 SQR 当成机械上联动的复式按钮一样连接，使行程开关起着自动按钮的作用；把向左行程开关动断触点串联在正转继电器 KMF 线圈电路中，而向右行程开关动断触点串联在反转继电器线圈 KMR 电路中。

欲使电动机起动，按下正转起动按钮。若电动机正转，工作台向左运动到一定位置，挡块碰撞向左行程开关 SQL，先使正转继电器 KMF 线圈断电，再接通反转继电器 KMR 线圈，电动机则自动反转，一直退到原位，挡块撞动向右行程开关 SQR。将串接在反转控制电路中的动断触点断开，于是电动机在原位停止。

行程开关的应用非常灵活，根据生产过程的不同要求，可设计出满足这些要求的相应控制电路。

**五、时间控制**

在生产过程中要求按时间顺序进行控制的情况很多，如三相异步电动机采用 Y－△换接起动时，电动机定子三相绕组先接成星形降压起动，经过一段时间，再换接成三角形正常运行。

时间控制需要使用时间继电器，其种类很多，主要有空气阻尼式、电动机式、摆式等时间继电器。图 5-33 所示为空气阻尼式时间继电器的结构和图形符号。

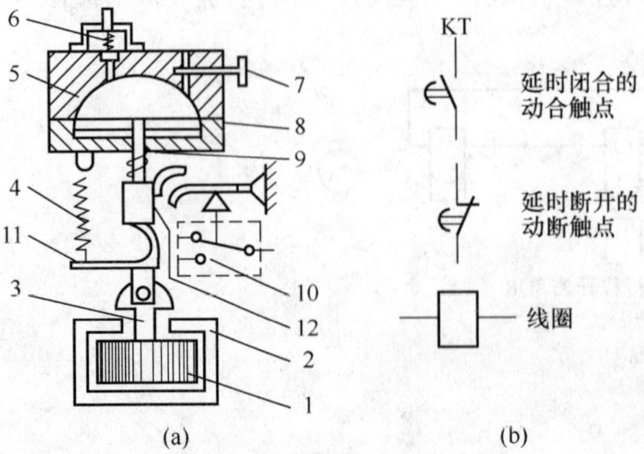


图 5-33 空气阻尼式时间继电器的结构和图形符号

(a) 结构；(b) 图形符号

1—线圈；2—铁心；3—衔铁；4、9—弹簧；5—气室；6—空气阀门；7—调节螺钉；8—活塞；10—微动开关；11—托板；12—撞块

图 5-33（a）所示为通电时延时动作（还有断电时延时）的空气阻尼式时间继电器结构，由电磁铁、空气阻尼室和触点三个部分组成。当电磁铁线圈 1 通电后，衔铁和托板 11 受电磁力作用向下移动，活塞 8 和活塞杆所连撞块 12 在弹簧 9 及自重的作用下开始下落，但空气受进气孔调节螺钉 7 的阻碍，不能很快流入气室，形成阻尼作用，使活塞缓慢下降，撞块延时触动微动开关。旋转调节螺钉 7，改进进气孔的大小，就可以调节延时时间。当线圈断电时，在弹簧 4 的作用下，衔铁和托板上升，推动活塞把空气阀门 6 压开，空气可顺利排出，因此撞块立刻上升，微动开关立即动作，不带延时。时间继电器的图形符号如图 5-33（b）所示。

图 5-34 所示为采用通电延时式时间继电器构成的鼠笼式三相电动机 Y－△换接起动控制电路。图中用了三个接触器，起动时 KM1 和 KM3 工作，电动机接成星形；经过时间继电器 KT 延时后，转换成 KM1、KM2 工作，电动机接成三角形正常运行。控制电路中用了时间继电器 KT 的一个动断延开触点和瞬时闭合的动合触点，将动断延开触点串联在接触器 KM1 的线圈电路中。

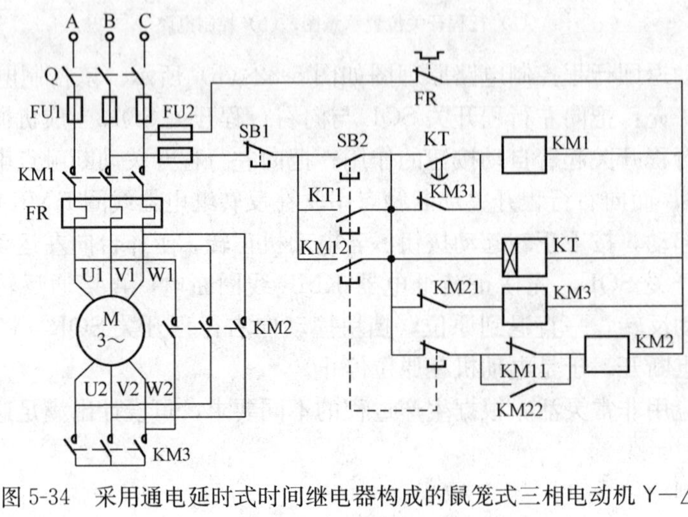


图 5-34 采用通电延时式时间继电器构成的鼠笼式三相电动机 Y－△换接起动控制原理图

只要按下起动按钮 SB2，电动机的 Y—△换接起动就自动完成。下面介绍换接起动的大致过程。按下起动按钮 SB2，时间继电器线圈 KT 通电，瞬时闭合的动合触点 KT1 同时开始延时；接触器 KM1 线圈通电，接触器 KM1 主触点接通三相电源，接触器 KM1 的动断触点 KM11 断开，使接触器 KM2 不接通，接触器 KM2 的动断触点 KM21 闭合，动合触点 KM22 断开，这时接触器 KM3 线圈通电，接触器 KM3 主触点将电动机定子接成星形，使电动机作星形起动，此时接触器 KM3 的动断触点 KM31 断开。经过一段延时之后，时间继电器动断延开触点 KT1 断开，使接触器 KM1 线圈断电，其主触点与三相电源断开，接触器 KM1 的动断触点 KM11 闭合，使接触器 KM2 线圈通电，接触器 KM2 的动合触点 KM21 则断开，使接触器 KM3 线圈断电，接触器 KM3 的动断触点 KM31 则闭合，接触器 KM1 线圈通电，其主触点接通三相电源，这时接触器 KM2 仍接通，电动机则接成三角形正常运行。

按下停止按钮 SB1，电动机停车。各接触器和时间继电器的触点复位，为下次起动做好准备。

## 习　　题

5-1　某三相异步电动机定子电压的频率 $f_1=50\text{Hz}$，极对数 $p=1$，转差率 $s=0.01$。求同步转速 $n_0$，转子转速 $n$ 和转子电流频率 $f_2$。

5-2　某三相异步电动机 $f_1=50\text{Hz}$，$p=1$，$s=0.015$，$P_2=30\text{kW}$。求：(1) 同步转速；(2) 转子转速；(3) 输出转矩。

5-3　Y180M-2 型三相异步电动机，$P_N=22\text{kW}$，$U_N=380\text{V}$，三角形连接，$I_N=42.2\text{A}$，$\lambda_N=0.89$，$f_N=50\text{Hz}$，$n_N=2940\text{r/min}$。求额定运行时的：(1) 转差率；(2) 定子绕组的相电流；(3) 输入有功功率；(4) 效率。

5-4　已知 Y100L1-4 型三相异步电动机的技术数据如下：$P_N=2.2\text{kW}$，$U_N=380\text{V}$，星形连接，$n_N=1420\text{r/min}$，功率因数 $\cos\varphi=0.82$，$\eta=81\%$。试计算：(1) 相电流和线电流的额定值及额定负载时的转矩；(2) 额定转差率及额定负载时的转子电流频率。已知电源频率为 50Hz。

5-5　Y132S-4 型三相异步电动机的额定技术数据如下：

| 功率 | 转速 | 电压 | 效率 | 功率因数 | $I_{st}/I_N$ | $T_{st}/T_N$ | $T_{max}/T_N$ |
|---|---|---|---|---|---|---|---|
| 5.5kW | 1440r/min | 380V | 85.5% | 0.84 | 7 | 1.9 | 2.2 |

已知电源频率为 50Hz。试计算额定状态下的转差率 $s_N$、电流 $I_N$ 和转矩 $T_N$，以及起动电流 $I_{st}$、起动转矩 $T_{st}$、最大转矩 $T_{max}$。

5-6　Y225S-8 型鼠笼式三相异步电动机的技术数据如下：

| 功率 | 转速 | 电压 | 效率 | 功率因数 | $I_{st}/I_N$ | $T_{st}/T_N$ | $T_{max}/T_N$ |
|---|---|---|---|---|---|---|---|
| 18.5kW | 730r/min | 380V | 89.5% | 0.76 | 6.0 | 1.7 | 2.0 |

试计算：(1) 这台电动机直接起动时的起动电流、起动转矩和最大转矩；(2) 如果电源电压

降为额定电压的 80%，这时电动机的起动电流、起动转矩和最大转矩为多大？

5-7 某实验室有一台三相异步电动机，其铭牌数据如下：

型号：Y180L-6  50Hz  15kW  380V  31.4A  970r/min

又已知其满载时功率因数为 0.88，该实验室的电源线电压为 380V。(1) 问电动机的定子绕组应采取何种接法？(2) 求电动机满载运行时的输入电功率、效率和转差率；(3) 求电动机的额定转矩。

5-8 试指出图 5-35 所示的三相异步电动机直接起动控制电路中的错误。

5-9 试画出鼠笼式三相电动机既能连续工作，又能点动工作的继电接触器控制线路。

5-10 某工厂一加料小车有一台三相异步电动机带动，图 5-36 为其工作示意图。为实现下列工艺要求，试画出电动机的控制电路：(1) 在原位 A 和终点 B 各装一个行程开关；(2) 小车在 A 和 B 点之间自动往返运动。

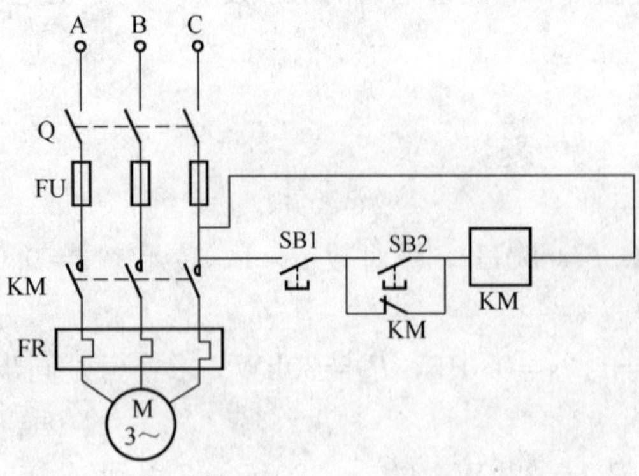


图 5-35 习题 5-8 图

图 5-36 习题 5-10 图

# 第二篇　电　子　技　术

## 第六章　半 导 体 器 件

半导体器件是电子技术的重要组成部分，它具有体积小、重量轻、能耗低的特点。本章介绍最基本的半导体器件——二极管、三极管和MOS场效应管的基本结构、工作原理、外部特性及主要参数。

### 第一节　半导体的基本知识

半导体是导电能力介于导体和绝缘体之间的材料。半导体不仅在导电能力方面与导体和绝缘体不同，而且还具有独特的光敏和热敏特性，即当受到外界光照或所处环境的温度发生变化时，其导电能力会发生显著变化。常用的半导体材料有硅、锗、砷化镓和磷砷化镓等，其中硅和锗是最常用的半导体材料。

**一、半导体的共价键结构**

半导体硅和锗都是四价元素，它们的外层轨道上都有四个电子，称为价电子。经过一定的工艺过程将其制造成晶体结构，使其原子形成有序的排列，邻近原子之间的电子不仅围绕自身的原子核运动，而且还围绕相邻的原子核运动，成为共用电子，这种结构称为共价键结构，共价键中的电子又称为束缚电子或价电子。硅和锗的共价键结构二维示意图如图6-1所示。

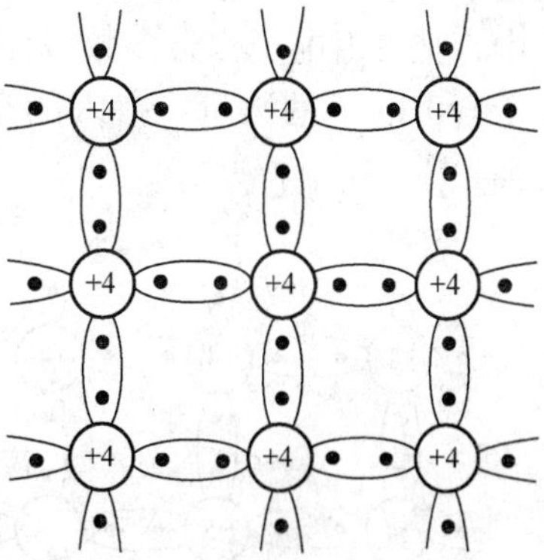


图6-1　硅和锗的共价键结构二维示意图

**二、本征半导体**

1. 本征半导体

本征半导体就是指纯净的半导体。由于本征半导体中的共价键具有很强的结合力，因此，在常温下仅有极少数的价电子因分子热运动而获得足够的能量挣脱共价键的束缚成为自由电子，这种现象称为热激发，也叫做本征激发。由于受本征激发而产生的自由电子的数量非常少，因此本征半导体的导电能力是很弱的。

2. 半导体中的两种载流子

半导体中具有两种载流子，一种是自由电子，另一种是空穴。在本征半导体中当价电子因本征激发而成为自由电子时，同时在共价键中留下一个空位，这个空位被称为空穴。本征半导体受热激发后，自由电子和空穴是成对出现的，二者数量相等，被称为电子—空穴对。自由电子在杂乱无章的热运动下还可以回到共价键中，使得电子和空穴同时消失，这种现象被称为复合。当电子和空穴复合时，会释放出能量。空穴因其能够接收电子，所以把它看作是带有正电的粒子。也就是说，半导体中有两种载流子，一种是带负电的电子，另一种是带有正电的空穴。

空穴与自由电子一样在电场的作用下可以参与导电。在外加电场的作用下，一方面自由电子可以做定向移动；另一方面自由电子或束缚电子还能在电场的作用下填补空穴，使得这些束缚电子在原来的位置上留下了新的空穴，或者使得另外一些束缚电子在电场的作用下，激发为自由电子而形成新的空穴，这就形成了空穴的定向移动。在电场中，空穴移动的方向和自由电子移动的方向是相反的，但因它们带电的极性也相反，所以二者形成的电流方向是相同的。

需要指出的是在本征半导体中，由于电子—空穴对的数量很少，所以其导电性能很差，其导电能力受环境的影响又很大。但是半导体对热和光的敏感性很强，当温度变化或半导体受到光照时，它的导电能力都会有很大的变化，利用这一点可以用半导体制作热敏和光敏器件。

### 三、杂质半导体

由于本征半导体中载流子的数量很少，其导电能力很差，所以常常在本征半导体中采用扩散的工艺掺入少量的其他元素，形成杂质半导体。根据掺入杂质类型的不同，又可以把杂质半导体分为N型半导体和P型半导体两类。

1. N型半导体

在本征半导体硅中掺入少量的五价元素（如磷），其杂质就会取代原来晶体中的部分硅元素的位置，形成N型半导体。由于杂质是五价元素，外层有五个价电子，其中的四个电子与周围的硅元素中的电子形成共价键结构，另一个价电子就变成了自由电子，其共价键结构如图6-2所示。在N型半导体中，除了由杂质产生的自由电子以外，还有本征激发而产生的电子—空穴对，显然N型半导体中的自由电子的数量远远大于空穴的数量。在N型半导体中，把自由电子称为多数载流子，空穴称为少数载流子。N型半导体的导电能力主要取决于自由电子的数量，掺入的杂质数量越多，自由电子的数量就越多，其导电能力也就越强。

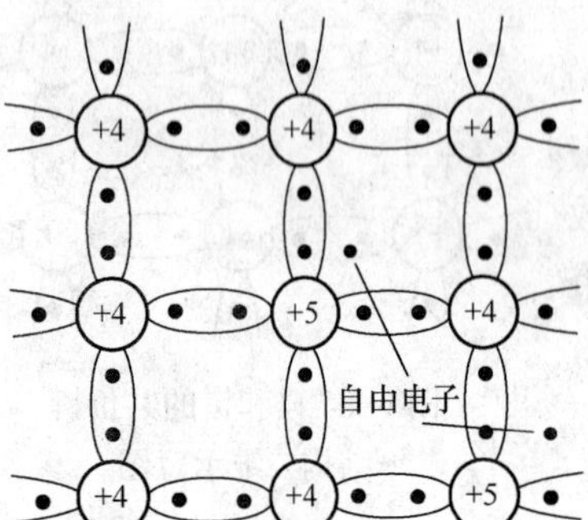


图6-2 N型半导体共价键结构

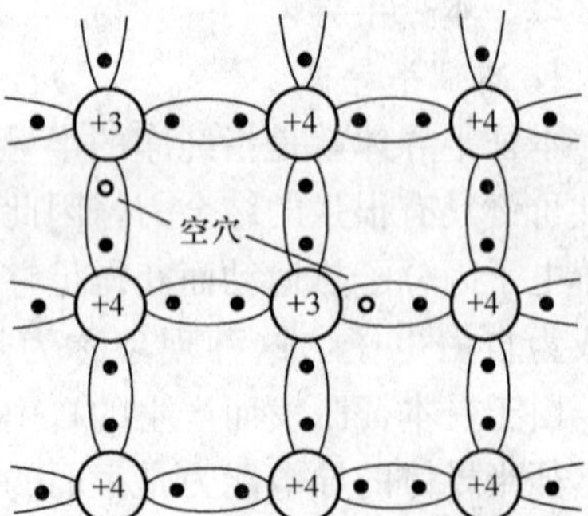


图6-3 P型半导体共价键结构

2. P型半导体

在半导体硅中掺入少量的三价元素（如硼），形成的杂质半导体称为P型半导体。三价元素在与周围硅元素形成共价键时，因其外层只有三个电子，所以每个杂质都会产生一个空穴，使得空穴的数量远远大于自由电子的数量，其共价键结构如图6-3所示。因此P型半导体的多数载流子是空穴，少数载流子是自由电子，掺入的杂质数量越多，空穴的数量就越多，导电能力就越强。

虽然杂质半导体的导电能力取决于多数载流子的数量，但少数载流子对其导电性能的影响是不可忽视的。少数载流子是本征激发产生的，它对温度和光照特别敏感，因此当环境发生变化时，其导电能力会有很大的变化，这是造成半导体器件和由其组成的电子线路性能不稳定的主要因素。

## 第二节 半导体二极管

### 一、PN 结及其单向导电特性

采用不同的掺杂工艺，将 P 型半导体和 N 型半导体制作在一块硅片上，在它们的交界面附近就形成了 PN 结。PN 结具有单向导电特性。

（一）PN 结的形成

当把 P 型半导体和 N 型半导体制作在一块硅片上时，在交界面附近电子和空穴的浓度相差很大，P 区空穴浓度高，N 区电子浓度高，因此 P 区的空穴就要向 N 区运动，而 N 区的电子也要向 P 区运动。这种由于浓度的差异而引起的载流子由浓度高向浓度低的方向运动，被称为扩散运动。由于扩散运动，P 区的空穴到达 N 区就要与 N 区的电子复合，同样 N 区的电子到达 P 区也会与 P 区的空穴复合，这就使得交界面附近多数载流子的浓度下降，且因 P 区失去空穴，使得 P 区在交界面附近会出现负离子区，N 区失去电子在交界面附近出现正离子区。这些正、负离子是由杂质的原子核形成的，因此它们是不能够移动的，被称为空间电荷区，这个空间电荷区会产生内电场，显然内电场的方向是由 N 区指向 P 区的。随着扩散运动的进行，空间电荷区也会加宽，内电场就会增强，而内电场增强又会阻止多数载流子的扩散运动，使得扩散运动不能一直进行下去。

此外，在内电场作用下 P 区的少数载流子——电子也会向 N 区运动，同样 N 区的少数载流子——空穴也会向 P 区运动，这种少数载流子在内电场的作用下而产生的运动被称为漂移运动。显然多数载流子的扩散运动与少数载流子的漂移运动是相反的，随着扩散运动的进行，内电场一方面会阻止多数载流子的扩散运动，另一方面又会加强少数载流子的漂移运动，从而使多数载流子的扩散运动与少数载流子的漂移运动最终达到动态平衡，使空间电荷区达到相对稳定，这就形成了 PN 结，如图 6-4 所示。

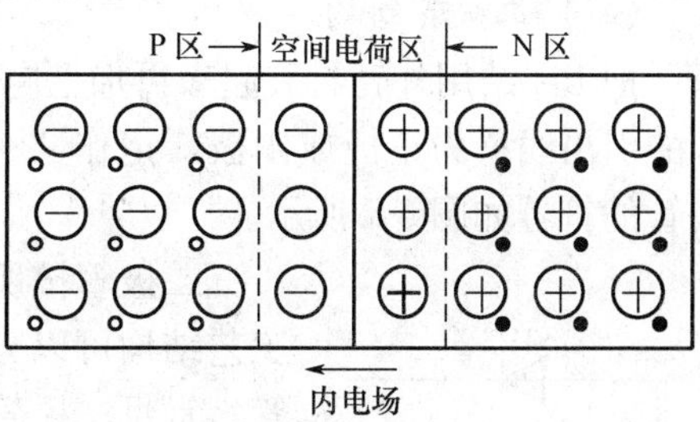


图 6-4 PN 结的形成

（二）PN 结的单向导电特性

PN 结加不同方向的电压，其导电性能也不同。加正向电压时导通，而加反向电压时截止，这就是 PN 结的单向导电特性。

1. PN 结加正向电压导通

PN 结加正向电压是指 P 区接电源的正极，N 区接电源的负极。当 PN 结接正向电压时，外接电源产生的外电场和 PN 结产生的内电场的方向相反，因此外电场会使 PN 结的空

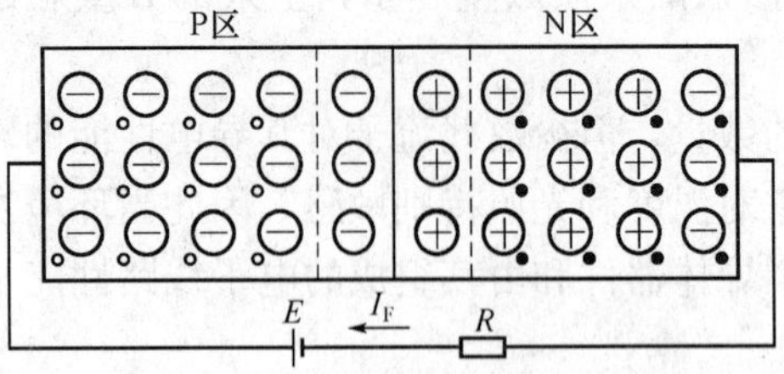


图 6-5　PN 结加正向电压

间电荷区变窄，这会使多数载流子的扩散运动被加强，少数载流子的漂移运动被削弱，使得多数载流子的扩散运动大于少数载流子的漂移运动。因此流过 PN 结的电流是由多数载流子形成的，其电流的方向就是多数载流子运动的方向，即 P 区的空穴向 N 区运动、N 区的电子向 P 区运动，二者共同产生的电流都是由 P 区流向 N 区，这就是 PN 结加正向电压所产生的电流方向，如图 6-5 所示，这个电流被称为 PN 结的正向导通电流，记作 $I_F$。当外加正向电压增大时，流过 PN 结的正向电流 $I_F$ 也会增大。

2. PN 结加反向电压截止

PN 结加反向电压是指 P 区接电源的负极，N 区接电源的正极，此时电源产生的外电场与 PN 结产生的内电场方向相同，这使得空间电荷区变宽，使多数载流子的扩散运动被阻止，而少数载流子的漂移运动被加强，因此少数载流子的漂移运动大于多数载流子的扩散运动，此时流过 PN 结的电流是由少数载流子形成的。因此流过 PN 结的电流方向就是少数载流子运动的方向，即由 N 区流向 P 区，如图 6-6 所示。由于少数载流子的浓度很低，所以流过 PN 结的电流也很小，且几乎与外加电压无关，所以这个电流通常被称为反向饱和电流，记作 $I_s$。因为反向饱和电流 $I_s$ 很小，往往可以忽略不计，所以可以近似地认为 PN 结加反向电压时是截止的。

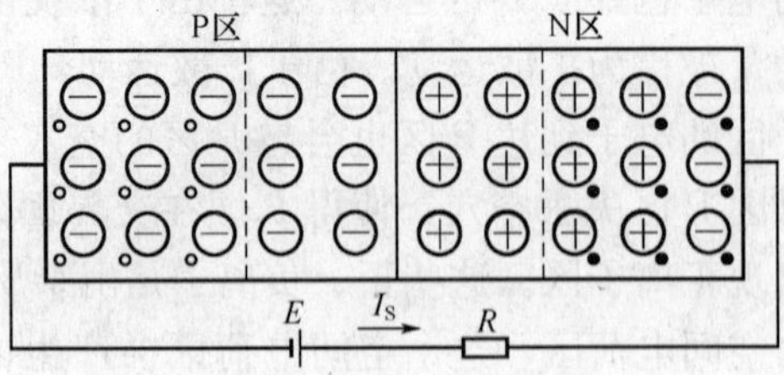


图 6-6　PN 结加反向电压

综上所述，PN 结加正向电压时导通，加反向电压时截止，这就是 PN 结的单向导电特性。

## 二、半导体二极管

### （一）二极管结构

把 PN 结用外壳封装起来再加上电极和引出线就构成了半导体二极管，简称二极管。P 区的引出线称为正极或阳极，记作“＋”；N 区的引出线称为负极或阴极，记作“－”。二极管的符号如图 6-7 所示。

图 6-7　二极管符号

二极管按所用的半导体材料可以分为硅二极管和锗二极管；按工艺结构可以分为点接触型二极管、面接触型二极管和平面型二极管。常见二极管的结构示意图如图 6-8 所示。

### （二）二极管伏安特性

二极管的伏安特性是指加到二极管两端的电压 $u_{VD}$ 与流过二极管中的电流 $i_{VD}$ 之间的函数关系，即。

$$i_{VD}=I_S(e^{\frac{u_{VD}}{U_T}}-1) \tag{6-1}$$

式中：$U_T$ 为温度电压当量，常温下（$T$＝300K），$U_T\approx$26mV。

实际上二极管的伏安特性与 PN 结的伏安特性基本相同。二极管的伏安特性是非线性的，它体现了 PN 结的单向导电特性，如图 6-9 所示。

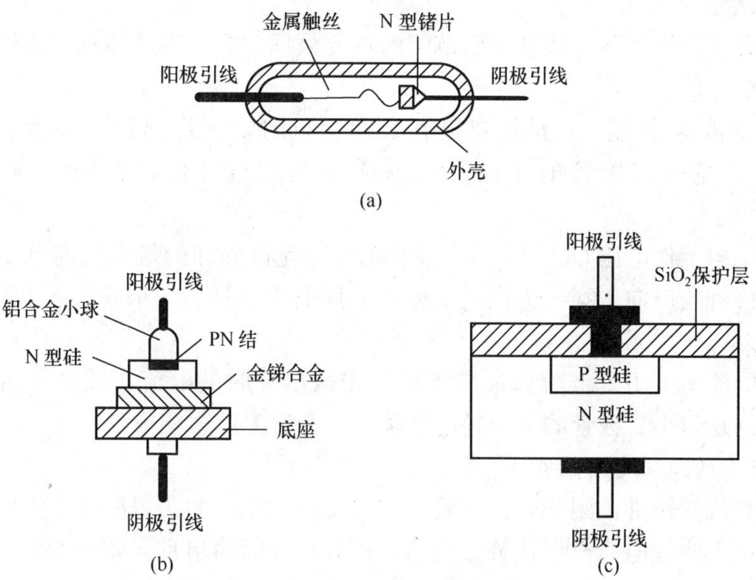


图 6-8 常见二极管的结构示意图

(a) 点接触型；(b) 面接触型；(c) 平面型

由二极管的伏安特性可见，当二极管加正向电压时，流过二极管的电流会随着所加电压的大小而变化，电压越大流过的电流就越大。但是当外加电压较小时，其正向电流几乎为零，这是由于外加电压太小所产生的电场不足以克服内电场，使扩散运动受阻所致。当正向电压大于某一个值时，二极管才开始导通，即流过二极管的正向电流才开始从零随所加电压按指数规律增大，使二极管开始导通的电压被称为开启电压，记作 $U_{th}$。硅二极管的开启电压在 0.5V 左右，锗二极管的开启电压在 0.1V 左右。

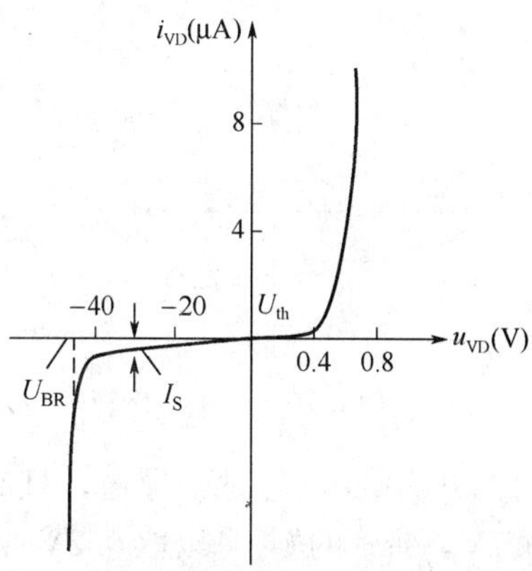


图 6-9 二极管伏安特性曲线

当二极管加反向电压时，流过二极管的电流很小，且当反向电压在较大范围内变化时，二极管的反向电流几乎不变，这是由于二极管的反向电流是由少数载流子的漂移运动形成的，而少数载流子的数量很少，因此这个电流被称为二极管的反向饱和电流。硅二极管的反向饱和电流在纳安数量级，锗二极管的反向饱和电流在微安数量级。但是当二极管的反向电压增大到某一值时，二极管的反向电流会突然急剧增大，这种现象被称为二极管的反向击穿，使二极管击穿的电压值 $U_{BR}$ 被称为二极管的击穿电压。实际上二极管的击穿就是 PN 结的击穿，当二极管仅仅产生电压击穿而没有产生热击穿时，如果把反向电压撤掉，其二极管不会损坏，但如果二极管因过热而产生热击穿，则二极管将造成永久性损坏。不同型号的二极管的击穿电压是不同的，其差别也很大，从几十伏到几千伏。

另外，二极管的伏安特性还受温度的影响，在同一电压作用下，温度升高，电流会增大，尤其是反向饱和电流会随温度的升高而增大很快。这是导致半导体器件性能不稳定的主要因素，其中锗管要比硅管受温度的影响更大。

（三）二极管主要参数

二极管的参数是描述其性能和工作范围的重要数据，是合理选择和正确使用二极管的主要依据。其主要参数如下：

(1) 最大整流电流 $I_F$。$I_F$是指二极管长期运行时，允许通过的最大正向平均电流。在实际应用时，流过二极管的正向平均电流不能超过此值，否则会因 PN 结过热而烧坏。

(2) 最大反向工作电压$U_R$。$U_R$是二极管工作时允许外加的最大反向电压，超过此值有可能会引起二极管的反向击穿。为保证二极管工作的可靠性，一般把$U_R$定义为反向击穿电压$U_{BR}$的一半。

(3) 反向电流 $I_R$。$I_R$是二极管反向工作且未被击穿时的电流，就是前面讲的二极管的反向饱和电流。$I_R$越小二极管的单向导电性越好。$I_R$受温度影响很大。

（四）二极管的简化电路模型

二极管是非线性器件，因此分析二极管电路比较困难。为了解决这个难题，通常是在一定的条件下用一个线性电路模型代替二极管，使分析变得简单且误差也不大，这个线性电路被称为二极管的等效电路模型，其中常用的是理想模型和恒压降模型。

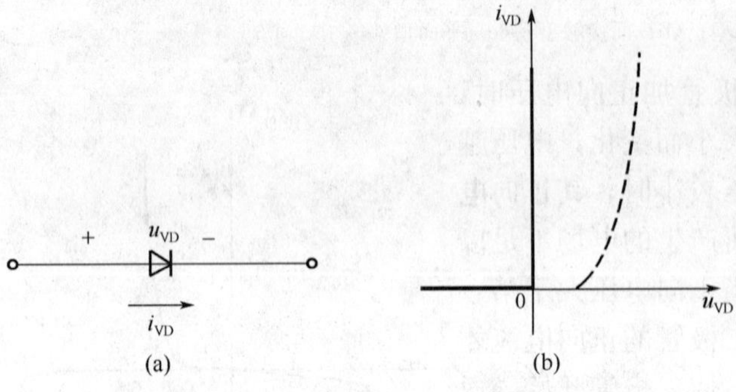

图 6-10 理想二极管模型和伏安特性曲线

(1) 二极管的理想模型。该模型是认为二极管加正向电压导通时其压降为零，加反向电压截止时其电流为零。这个模型会使二极管电路的分析变得极其简单，当输入信号较大时产生的误差也不是很大。该模型也称为理想二极管，它的等效模型和伏安特性如图 6-10 所示。

(2) 恒压降模型。该模型认为当二极管加的正向电压大于或等于二极管的开启电压$U_{th}$时就导通，且导通后的二极管两端的电压降为恒定值$U_T$（硅管的$U_T$取0.7V，锗管的$U_T$可以取0.2V）；当二极管加反向电压时或所加的正向电压小于$U_T$时就截止，且流过二极管的电流为零。显然，二极管的恒压降模型可以用一个二极管的理想模型串联一个其值为$U_T$的电压源组成，其等效模型和伏安特性如图 6-11 所示。

**【例 6-1】** 二极管电路如图 6-12 所示，试判断电路中的二极管是导通还是截止，并求出

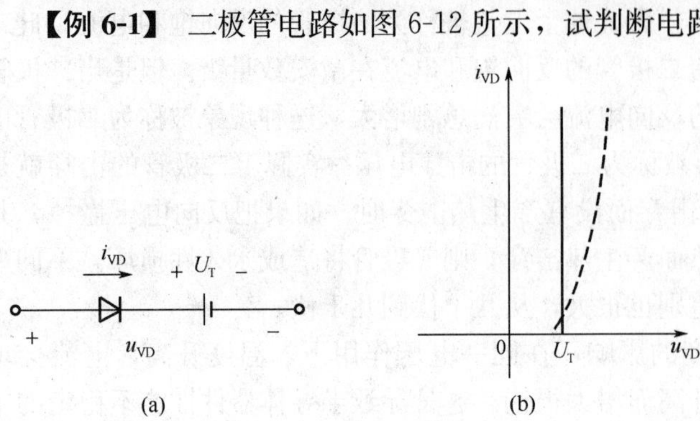

图 6-11 二极管恒压降模型和伏安特性曲线

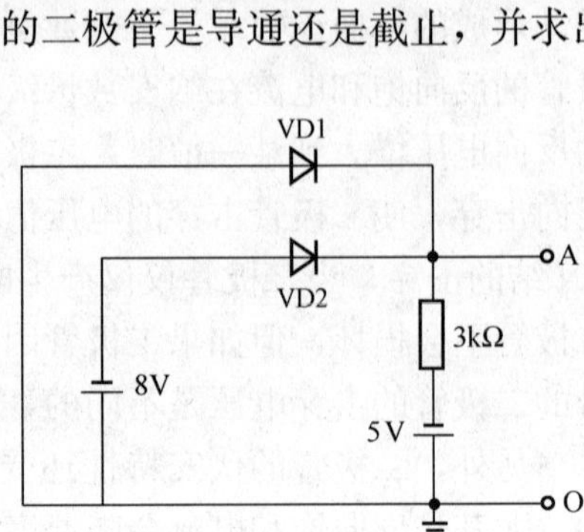

图 6-12 ［例 6-1］图

AO 两端的电压 $U_{AO}$的值。设二极管的管压降为 0.7V。

**解**：由于二极管 VD2 的阳极接 8V 电源的负极，而阴极通过电阻接 5V 电源的负极，显然，VD2 的阳极电位低于阴极电位，所以 VD2 管截止；而二极管 VD1 的阳极接地，阴极通过电阻接 5V 电源的负极，阳极电位高于阴极电位，所以 VD1 管导通。由于 VD1 管导通，而二极管的电压降是 0.7V，所以 $U_{AO}=-0.7V$。

**【例 6-2】** 如图 6-13（a）所示电路，其中输入电压 $U_i$的波形如图 6-13（b）所示，在 $0\leqslant t\leqslant 5ms$的时间内，试绘出输出电压 $U_o$的波形。设二极管是理想的。

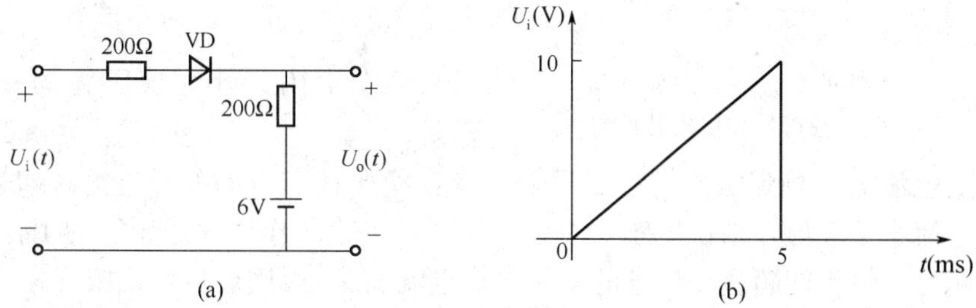


图 6-13 ［例 6-2］图

**解**：二极管的阴极通过电阻接 6V 电源的正极，而阳极通过电阻接输入信号的正极。

所以当输入电压 $U_i\leqslant 6V$ 时，二极管 VD 处于截止状态，$U_o=6V$。

当输入电压 $U_i>6V$ 时，二极管 VD 处于导通状态，此时输出电压为

$$U_o=\frac{U_i-6}{200+200}\times 200+6 \tag{6-2}$$

显然，当 $0<t\leqslant 3ms$ 时，$U_i\leqslant 6V$，$U_o(t)=6V$。

当 $3ms<t<5ms$ 时，$U_i\geqslant 6V$，$U_o$应满足式(6-2)。

当 $t=5ms$ 时，$U_i=10V$，代入式(6-2)得 $U_o=8V$。

所以输出电压 $U_o(t)$的波形如图 6-14 所示。

（五）特殊二极管

这里介绍的是具有特殊用途的二极管，包括稳压二极管、发光二极管和光电二极管。

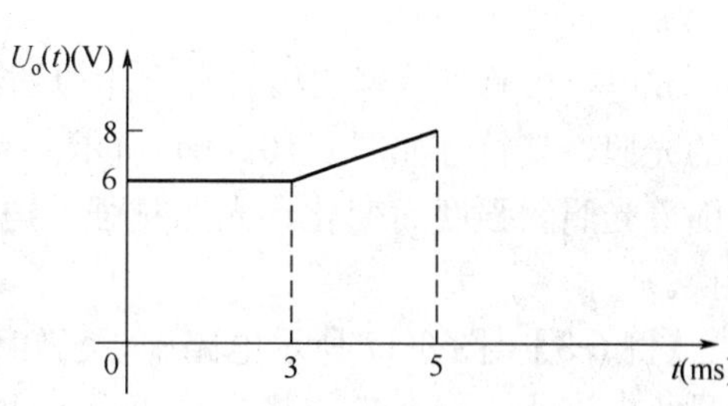


图 6-14 ［例 6-2］输出波形

1. 稳压二极管

稳压二极管又称为稳压管，它是一种特殊面接触型二极管，其符号如图 6-15（a）所示。稳压管的正向特性和反向特性与普通二极管基本相同，只是稳压管的反向击穿特性更陡一些，这说明当流过稳压管的击穿电流在较大范围变化时，其两端的电压变化很小，正是利用这一点才使得稳压管具有稳定电压的特性，所以稳压管正常工作时，要工作在反向击穿状态。普通二极管反向击穿后就损坏了，但稳压管反向击穿是可逆的，当撤掉反向电压后，稳压管可以恢复正常。但如果流过稳压管的电流过大，超过稳压管的最大允许电流，则稳压管也会烧坏。因此稳压管在使用时必须串联一个合适的限流电阻，以免烧坏。

稳压管的伏安特性曲线如图 6-15（b）所示。描述稳压管性能的主要参数有如下几个：

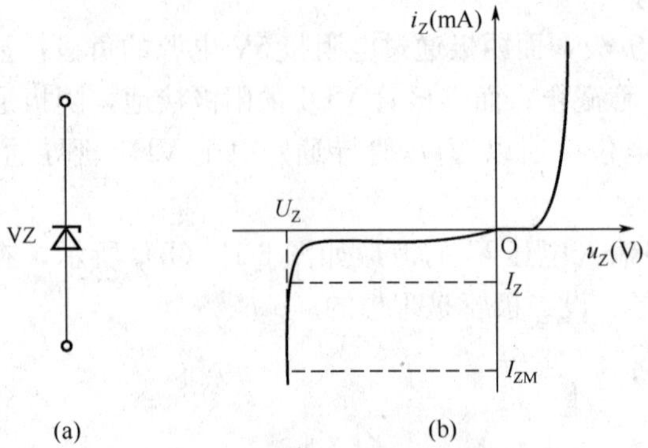


图 6-15　稳压管符号和伏安特性

（1）稳定电压 $U_Z$。稳定电压就是指稳压管在电路中工作在稳压状态下稳压管两端的电压。由于晶体管参数的离散性，所以即使同一型号的稳压管其稳压值也会有偏差的。

（2）动态电阻 $r_Z$。动态电阻定义为稳压管两端的电压变化量 $\Delta U_Z$ 与流过稳压管的电流变化量 $\Delta I_Z$ 之比，即

$$r_Z = \frac{\Delta U_Z}{\Delta I_Z}$$

动态电阻越小，稳压管的稳压性能就越好。

（3）稳定电流 $I_Z$。稳定电流是指稳压管工作在稳压状态下的参考电流。如果工作时流过稳压管的电流小于该值，则稳压效果不好，甚至没有稳压作用。稳压管的工作电流越大，其稳压效果越好，但不能超过稳压管的最大允许电流 $I_{ZM}$，否则会烧坏稳压管。

（4）额定功耗 $P_{ZM}$。稳压管的额定功耗定义为最大额定电流 $I_{ZM}$ 与稳定电压 $U_Z$ 之积。工作时稳压管的功耗超过此值就会因结温过高而烧坏。一般情况下不给出 $I_{ZM}$，需要时可根据 $P_{ZM}$ 和 $U_Z$ 算出。

2. 发光二极管

发光二极管是利用特殊半导体材料制成的二极管，常用的材料有砷化镓和磷砷化镓，外壳用透光的环氧树脂制成，其图形符号如图 6-16（a）所示。发光二极管也具有单向导电特性，当发光二极管两端加上正向电压时，电子和空穴在扩散中会复合，复合时产生的能量以光的形式释放，因此当发光二极管有电流流过时会发光。不同材料的发光二极管发出光的波长也不同，这就形成了不同颜色的发光二极管。

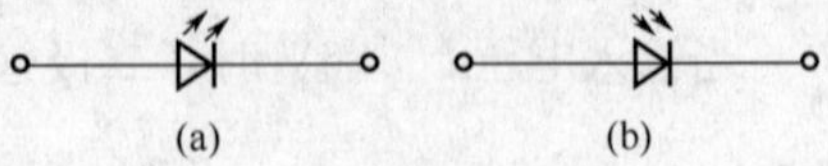


图 6-16　发光二极管和光电二极管图形符号

（a）发光二极管；（b）光电二极管

3. 光电二极管

光电二极管与普通二极管具有相似的结构，但其 PN 结能透过管壳上的玻璃窗口接收外部的光照，其符号如图 6-16（b）所示。光电二极管在反向偏置状态下工作，它的反向电流会随着光照的强度而变化，光照越强，电流越大。光电二极管可以用作光信号到电信号的转换。

**【例 6-3】**　图 6-17 所示电路中，已知稳压管的参数 $U_Z=6\text{V}$，稳压管工作在稳压状态下的最小电流 $I_{Z\min}=5\text{mA}$，输入电压 $U_i=12\text{V}$，限流电阻 $R=500\Omega$，负载电阻 $R_L=2\text{k}\Omega$。求负载两端的电压值 $U_o$ 和流过稳压管的电流值 $I_Z$，并据此判断稳压管能否工作在稳压状态。

**解：** 设稳压管工作在稳压状态下，则流过限流电阻的电流为

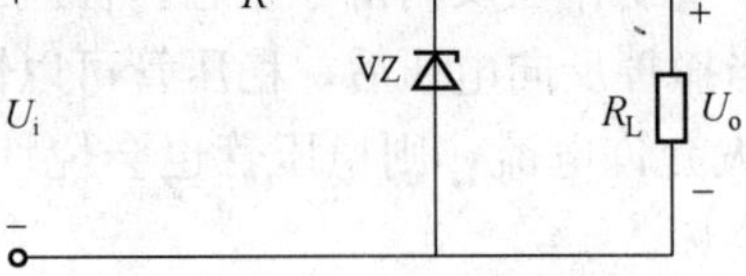


图 6-17　［例 6-3］图

$$I = \frac{U_i - U_Z}{R} = \frac{(12-6)\text{V}}{500\Omega} = 12\text{mA}$$

负载两端的电压为

$$U_o = U_Z = 6\text{V}$$

则流过稳压管的电流为

$$I_Z = I - \frac{U_Z}{R_L} = 12\text{mA} - \frac{6\text{V}}{2\text{k}\Omega} = 9\text{mA}$$

由于 $I_Z > I_{Zmin}$，所以稳压管工作在稳压状态下的假设是成立的，因此前面的计算值就是所求之值。

## 第三节 双极型晶体管

### 一、晶体管的基本结构

晶体管是通过一定的工艺把两个 PN 结集中在一起的半导体器件，其内部有两种载流子（电子和空穴）参与导电，故称为双极型晶体管，简称晶体管。又由于它有三个电极，所以又称为三极管。晶体管有三个区，分别是发射区、基区和集电区，从三个区引出三个电极分别是发射极、基极和集电极。晶体管按频率可分为高频管和低频管，按功率可分为高功率管、中功率管和低功率管，按半导体材料又分为硅管和锗管，按三个区的掺杂类型还可分为 NPN 型和 PNP 型三极管。晶体管的结构示意图和符号如图 6-18 所示。

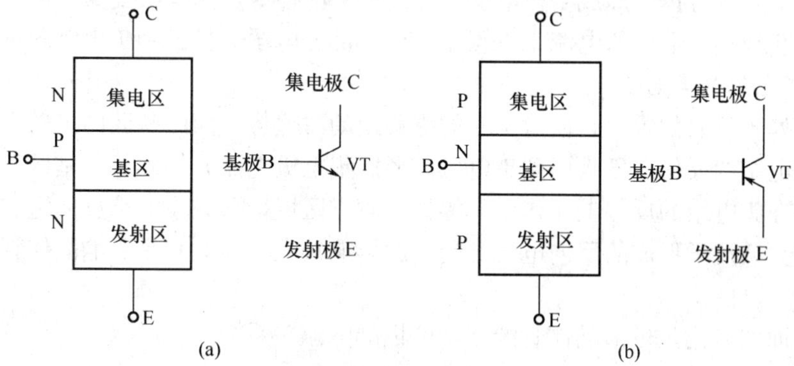


图 6-18 晶体管结构示意图及符号

（a）NPN 型；（b）PNP 型

晶体管在制作工艺上要求具有如下结构特点：发射区掺杂浓度高，而基区掺杂浓度很低，并且基区做的很薄，集电区体积较大。

### 二、晶体管的电流放大原理

为使晶体管具有放大作用，必须使晶体管的发射结加正向电压（正向偏置），集电结加反向电压（反向偏置），在这两个偏置电压的作用下，晶体管通过内部载流子的运动达到电流放大作用。现以 NPN 型晶体管为例讨论晶体管的放大原理。

图 6-19（a）所示为晶体管放大电路原理图，图 6-19（b）所示为晶体管放大电路图。为使发射结正偏，集电结反偏，要求 $E_C > E_B$。

#### （一）发射区向基区发射电子

由于发射结正偏，使得发射区的电子和基区的空穴的扩散运动占优势，因此发射区的电子会源源不断地越过发射结扩散到基区，基区的空穴也会扩散到发射区，二者形成的电流方向是一致的，这个电流被称为发射极电流 $i_E$。但由于基区的掺杂浓度很低，基区又很薄，所以基区空穴扩散所形成的电流远远小于发射区电子扩散形成的电流。

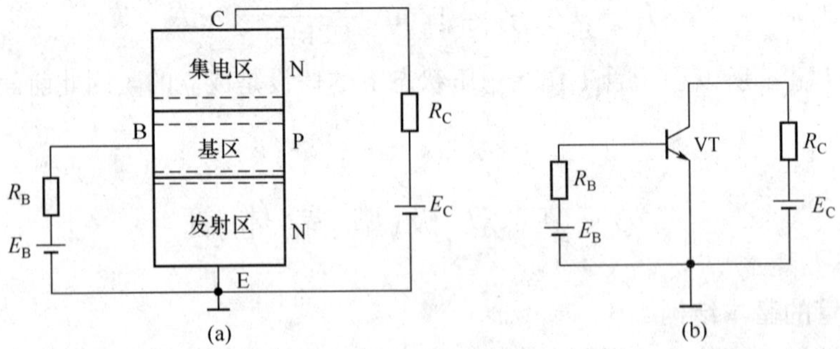


图 6-19　晶体管放大电路

(a) 原理图；(b) 电路图

（二）电子在基区的扩散与复合

发射区的电子扩散到基区后形成一定的浓度、梯度，靠近发射结浓度高，靠近集电结浓度低，所以电子将在基区继续向浓度低的方向扩散，在扩散的过程中，一些电子会与基区的多数载流子空穴复合掉，形成基极电流 $i_B$。由于基区很薄，掺杂浓度又很低，所以电子与空穴复合的机会较小，形成的电流 $i_B$也很小，而大部分电子会扩散到集电结附近。

（三）集电结收集电子

集电结处于反向偏置，它使得少子的漂移运动占优势，因此基区内扩散到集电结附近的电子会被集电结的反偏电压吸引到集电区，形成集电极电流 $i_C$。此外，基区和集电区的少数载流子也会在集电结的反偏电压作用下漂移到对方区域，形成集电结反向饱和电流 $I_{CBO}$，这个电流是少数载流子形成的反向电流，受温度影响较大，因此它是影响晶体管器件稳定性的主要因素。

通过前面的讨论，可知晶体管的三个电极的电流关系为

$$i_E = i_C + i_B$$

## 三、晶体管的特性曲线

晶体管的特性曲线是描述晶体管各极电流与各极间电压之间关系的曲线，它描述了晶体管的外部特性，是分析和应用晶体管的主要依据。晶体管在放大电路中可以有三种连接方法，即共射极放大电路、共基极放大电路和共集电极放大电路。每一种放大电路都有自己的输入特性和输出特性，但最常用的是晶体管共射极放大电路的输入和输出特性曲线。

图 6-20 所示为晶体管共射极放大电路。从图中可以看出，共射极放大电路是以发射极作为公共端，输入信号从基极输入，输出信号从集电极输出。下面将介绍该电路的输入与输出特性曲线。

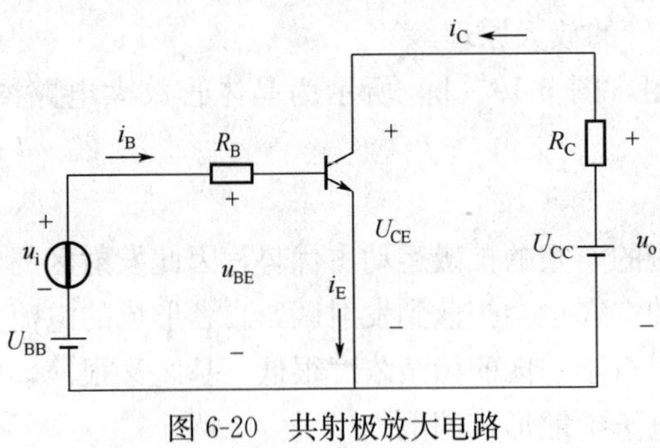


图 6-20　共射极放大电路

（一）输入特性曲线

晶体管的输入特性曲线是当集电极与发射极之间电压 $U_{CE}$为常数时，输入回路中的基极电流 $i_B$与发射结两端的电压 $u_{BE}$之间的关系曲线，即 $i_B = f(u_{BE})|_{U_{CE}=常数}$。

图 6-21（a）所示为某型号的晶体管的输入特性曲线。图中给出了 $U_{CE}=0$ 和 $U_{CE}=1V$

两条输入特性曲线。从图中可以看出当 $U_{CE}$ 增大时，输入特性曲线向右移动。

$U_{CE}=0$ 时，集电结处于平衡状态，没有收集电子的能力，基区的电子是靠浓度差异扩散到集电区的。此时晶体管的发射结与集电结处于并联状态，晶体管的输入特性曲线就是两个 PN 结并联时的伏安特性，它要比单一 PN 结的伏安特性曲线更陡一些。

$U_{CE}=1V$ 时，集电结反偏，这使基区的电子漂移到集电区的运动得到加强，即集电极具有了收集电子的能力。与 $U_{CE}=0$ 时相比，在相同的 $u_{BE}$ 作用下，$i_E$ 相同，但 $i_B$ 减小，$i_C$ 增大了，使得输入特性曲线相对于 $U_{CE}=0$ 时向右移动了。

$U_{CE}>1V$ 以后，集电结反偏电压增大，但其收集电子的能力与 $U_{CE}=1V$ 时相比却提高不多，所以 $U_{CE}>1V$ 以后，$U_{CE}$ 增加对输入特性曲线的影响很小，几乎与 $U_{CE}=1V$ 时重叠。在晶体管手册中常用 $U_{CE}=1V$ 时的输入特性曲线代替 $U_{CE}>1V$ 时的输入特性曲线。

晶体管的输入特性曲线与二极管的伏安特性曲线类似，也有一个开启电压 $U_{th}$，即只有在发射结的正偏电压 $u_{BE}$ 大于开启电压 $U_{th}$ 时，晶体管才开始导通，才能够形成基极电流 $i_B$。硅管的开启电压 $U_{th}$ 为 0.5V 左右，锗管的开启电压 $U_{th}$ 为 0.1V 左右。

当晶体管工作在放大状态和饱和状态时，硅管发射结的电压降在 0.6～0.7V 之间，锗管在 0.2～0.3V 之间。

（二）输出特性曲线

晶体管的输出特性曲线是当 $I_B$ 为常数时，输出回路中的集电极电流 $i_C$ 与管压降 $u_{CE}$ 之间的关系曲线，即 $i_C=f(u_{CE})|_{I_B=\text{常数}}$。

图 6-21（b）所示为 NPN 型晶体管组成的共射极放大电路的输出特性曲线。因为每对应一个 $I_B$，就有一个输出特性曲线，所以输出特性曲线是一组曲线，当 $I_B$ 增大时，$i_C$ 也增大，输出特性曲线向上移动。通常把输出特性曲线划分为三个区域，即放大区、截止区和饱和区。下面分别加以讨论。

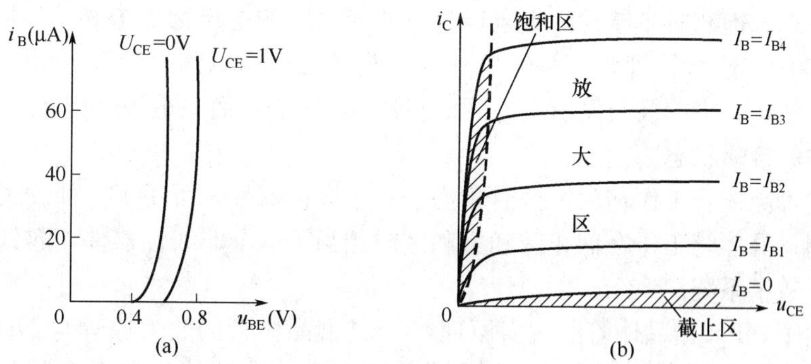


图 6-21　共射极放大电路的输入与输出特性

（a）输入特性曲线；（b）输出特性曲线

1. 放大区

当晶体管的发射结处于正向偏置且满足发射结电压 $U_{BE}$ 大于开启电压 $U_{th}$，集电结处于反向偏置时，晶体管工作在输出特性曲线的放大区，也称晶体管工作在放大状态。由输出特性曲线图可以看出，在这个区域中，当 $I_B$ 变化时就会引起 $i_C$ 很大的变化，这就是晶体管的电流放大作用。在放大区内，各条输出特性曲线几乎都是与横轴平行的，这说明在放大区，晶体管的集电极电流 $i_C$ 受 $u_{CE}$ 的影响非常小，几乎可以忽略不计。因此在放大区内可以近似地认为 $i_C$ 只与 $i_B$ 有关，且它们之间呈线性关系，因此也常将放大区称为线性区，将两个电流 $i_C$ 与 $i_B$ 之比定义为晶体管的共射极电流放大系数，即

$$\beta=\frac{i_C}{i_B} \tag{6-3}$$

事实上，共射极电流放大系数 $\beta$ 有交流与直流之分，交流的 $\beta$ 是指集电极电流 $i_C$ 的变化量 $\Delta i_C$ 与基极电流 $i_B$ 的变化量 $\Delta i_B$ 之比；而直流的 $\beta$ 是指某一点处集电极电流 $i_C$ 与基极电流 $i_B$ 之比。一般情况下，交流的 $\beta$ 与直流的 $\beta$ 是不相同的，且它们都不是常量，但由于在放大区内，二者数值相差较小，变化范围也不大，所以在实际应用中就不再区别交流的 $\beta$ 和直流的 $\beta$ 了，而认为二者相等，且在放大区内认为它是不变的常量。

晶体管共射极放大电路的电流放大系数 $\beta$，是衡量晶体管放大能力的主要指标。

2. 截止区

晶体管发射结处于反向偏置时的工作区域被定义为截止区，此时晶体管工作在截止状态。而通常把输出特性曲线中的 $I_B=0$ 的曲线及其以下的区域称为截止区。晶体管工作在截止区时，$i_B=0$，$i_C=I_{CEO}$（$I_{CEO}$ 被称为集电极—发射极之间的穿透电流），$I_{CEO}$ 的值很小，如果忽略 $I_{CEO}$ 的作用，则 $i_C=0$，因此晶体管工作在截止状态时，集电极与发射极之间、基极与发射极之间都相当于一个开关处于断开的状态。显然，在截止区内 $i_B$ 与 $i_C$ 之间已经不再是线性关系了。

3. 饱和区

晶体管的发射结和集电结都处于正向偏置时的工作区域被称为饱和区，此时晶体管工作在饱和状态。严格地讲 NPN 型晶体管工作在饱和区是指 $u_{BE}>U_{th}$、$u_{CE}\leqslant u_{BE}$。在饱和区内，由于集电结正偏或零偏，已经丧失了对扩散到基区的载流子的收集能力，所以工作在饱和状态下的晶体管基本上已经失去了电流的放大能力，$i_B$ 增大，$i_C$ 变化很小，$i_C\neq\beta i_B$，$i_B$ 与 $i_C$ 之间不再是线性关系了。因此晶体管工作在饱和区也处于一种非线性状态，此时称晶体管工作在饱和导通状态。饱和时晶体管的集电极与发射极之间的电压称为饱和管压降，记作 $U_{CES}$。对于硅管 $U_{CES}\approx0.3$V，锗管 $U_{CES}\approx0.1$V。各个电流需根据电路的参数进行计算得出，晶体管工作在饱和区，其集电极与发射极之间的电压 $u_{CE}$ 很小，而集电极的电流 $i_C$ 却较大，相当于工作在开关的接通状态。

综上所述，晶体管工作在放大区时相当于一个线性器件，可用于各种放大电路中，实现线性放大作用；晶体管工作在截止区和饱和区时相当于一个非线性器件，起到一个开关的作用，常应用于数字系统。

上面介绍了 NPN 型晶体管的放大原理，PNP 型晶体管的放大原理与 NPN 型晶体管完全相同，只是为使发射结正向偏置、集电结反向偏置，应该使集电极电源 $U_{CC}$ 和基极电源 $U_{BB}$ 的极性与 NPN 型晶体管放大电路中的极性相反。因此 PNP 型晶体管的各极电流和管压降的方向都与 NPN 型晶体管的方向相反。

## 四、晶体管的主要参数

晶体管的参数是用来表征晶体管性能优劣和使用范围的主要依据。

### （一）电流放大系数

1. 共射极电流放大系数 $\beta$

共射极电流放大系数 $\beta$ 就是集电极电流 $i_C$ 与基极电流 $i_B$ 之比，即

$$\beta = \frac{i_C}{i_B}$$

如前所述，$\beta$有交流与直流之分，但二者数值相差较小，所以应用时一般不加以区分。对于小功率晶体管，$\beta$值一般在 20～150 之间。相关手册中给出的$\beta$是在一定的测试条件下得到的，而实际应用时，由于受到制造工艺、原材料不同，以及应用时外界条件的限制，即使相同型号的晶体管，其$\beta$值也是有差异的。在应用时，集电极电流 $i_C$太大或者太小时，$\beta$都下降很快，所以应用时要选取合适的集电极电流值。

2. 共基极电流放大系数 $\alpha$

晶体管共基极电流放大系数$\alpha$是指晶体管共基极接法下的电流放大系数。晶体管共基极接法是指以基极为公共端、发射极作为输入端、集电极作为输出端，因此$\alpha$定义为集电极电流 $i_C$与发射极电流 $i_E$之比，即

$$\alpha = \frac{i_C}{i_E} \tag{6-4}$$

共基极电流放大系数$\alpha$也有交流与直流之分，但在实际应用时往往也用交流电流放大系数代替直流电流放大系数，在此就不详细加以区别了。

（二）极间反向饱和电流

1. 集电极—基极反向饱和电流 $I_{CBO}$

集电极—基极反向饱和电流 $I_{CBO}$定义为发射极开路、集电结加上一定的反向电压时，流过集电结的电流。该电流是由少数载流子形成的，所以其值受温度影响较大。测量 $I_{CBO}$的电路如图 6-22 所示。$I_{CBO}$是衡量晶体管工作稳定性的参数，其值越小晶体管的稳定性能越好。

2. 穿透电流 $I_{CEO}$

穿透电流 $I_{CEO}$定义为基极开路时，从集电极流到发射极的电流。它也是少数载流子形成的，其测量电路如图 6-23 所示。$I_{CEO}$与 $I_{CBO}$之间的关系为

$$I_{CEO} = (1+\beta) I_{CBO} \tag{6-5}$$

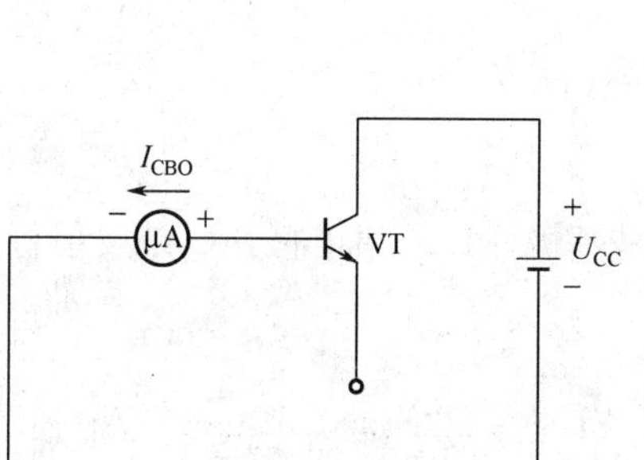


图 6-22　测量 $I_{CBO}$的电路

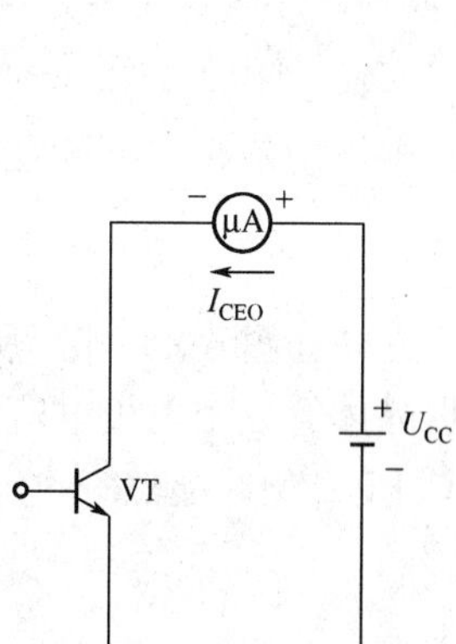


图 6-23　测量 $I_{CEO}$的电路

（三）极限参数

1. 集电极最大电流 $I_{CM}$

集电极电流在很大范围内变化时，其$\beta$值都变化很小，但当集电极电流增大到一定值时，$\beta$就会明显下降，晶体管的性能也会变坏，$I_{CM}$是使$\beta$明显减小时所对应的集电极电流。应用时集电极电流不要超过该值，否则虽然晶体管不一定会烧坏，但由于$\beta$将明显减小会影响电子电路的性能。

2. 集—射极反向击穿电压 $U_{(BR)CEO}$

集—射极反向击穿电压 $U_{(BR)CEO}$ 是指基极开路时，集电极与发射极之间的反向击穿电压，此时集电结处于反向偏置。$U_{(BR)CEO}$ 与参数 $I_{CM}$ 有直接关系，是集电极与发射极之间的最大允许反向电压，超过该值管子就可能因击穿而损坏。

3. 集电极最大耗散功率 $P_{CM}$

集电极最大耗散功率 $P_{CM}$ 是指集电结上允许损耗的功率最大值，超过此值晶体管的性能就会变坏，甚至会使管子因热击穿而烧坏。因为集电极上的损耗功率为 $P_{CM}=I_CU_{CE}$，所以在输出特性曲线上可以用一条曲线来描述晶体管的过损耗区，如图 6-24 所示。对于大功率管，常采用加散热片的方法以提高它的 $P_{CM}$ 值，否则大功率管的使用寿命将会很短。

**【例 6-4】** 已知某晶体管在放大电路中的两个电极的电流分别是 $I_A=10\mu A$，$I_B=1mA$，两个电流的实际方向如图 6-25（a）所示。(1) 试求另一个电极的电流 $I_C$ 的值，并标出它的实际方向。(2) 求出晶体管的共射极电流放大系数 $\beta$ 的值，判断该晶体管是 NPN 型还是 PNP 型，指出三个电极中哪一个是基极、哪一个是集电极、哪一个是发射极？

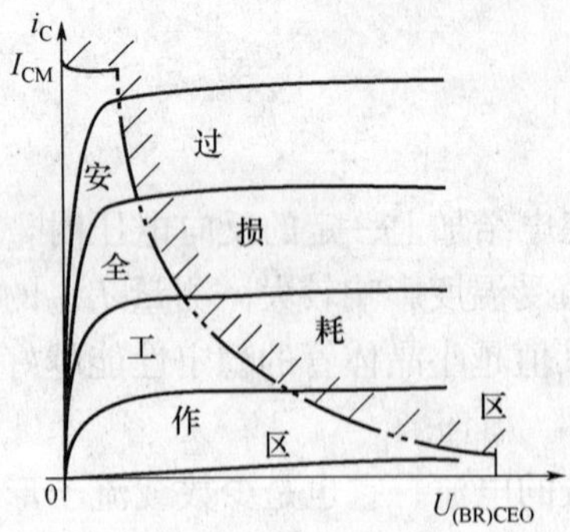

图 6-24　晶体管的极限参数

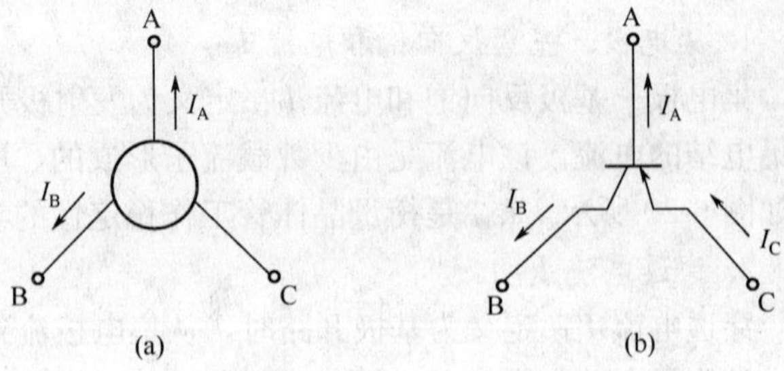

图 6-25　［例 6-4］图

**解：** 根据基尔霍夫电流定律可知

$$I_C=I_A+I_B=1.01mA$$

$I_C$ 的方向如图 6-25（b）所示。

根据晶体管三个电极电流之间的关系可知，A 是基极，B 是集电极，C 是发射极，且该晶体管是 PNP 型。显然

$$\beta=\frac{I_B}{I_A}=\frac{1mA}{10\mu A}=\frac{1mA}{0.01mA}=100$$

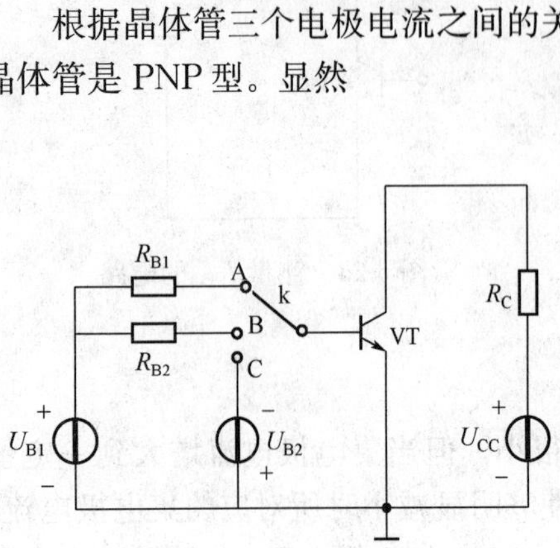

图 6-26　［例 6-5］图

**【例 6-5】** 在图 6-26 所示的电路中，晶体管的 $\beta=60$，$R_{B1}=200k\Omega$，$R_{B2}=20k\Omega$，$R_C=5k\Omega$，$U_{CC}=10V$，$U_{B1}=3V$，$U_{B2}=1V$，晶体管工作在放大和饱和状态下的 $U_{BE}=0.7V$，求当开关 k 分别合向 A、B、C 时晶体管的工作状态。

**解：** (1) 开关合向 A 时，设晶体管处于放大状态，则晶体管的基极电流为

$$I_B=\frac{U_{B1}-U_{BE}}{R_{B1}}=\frac{3-0.7}{200\times10^3}(A)=0.0115(mA)$$

集电极电流为

$$I_C=\beta I_B=60\times0.0115=0.69(mA)$$

集—射极间电压为

$$U_{CE}=10-I_CR_C=10-0.69\times5=6.55(V)$$

通过以上的分析运算可知，晶体管处于放大状态的假设成立，所以开关合向 A 时晶体管就工作在放大状态。

（2）开关合向 B 时，假设晶体管处于放大状态，则晶体管的基极电流为

$$I_B=\frac{U_{B1}-U_{BE}}{R_{B2}}=\frac{3-0.7}{20\times10^3}(A)=0.115(mA)$$

$$I_C=\beta I_B=60\times0.115=6.9(mA)$$

而集电极电源 $U_{CC}$ 能提供的最大集电极电流为

$$I_{CM}=\frac{U_{CC}}{R_C}=\frac{10}{5\times10^3}=2(mA)$$

由于 $I_C>I_{CM}$，所以假设晶体管处于放大状态不成立，又由于晶体管的发射结是正向偏置，$I_B\neq0$，所以晶体管一定工作在饱和状态。

（3）开关合向 C 时，因为晶体管的发射结处于反向偏置，使得 $I_B=0$、$I_C=0$，因此晶体管工作在截止状态。

## 第四节 场效应管

场效应管是利用半导体的电场效应进行工作的。它与晶体管的区别是，晶体管是利用输入电流来控制输出电流，有两种载流子参与导电，所以常被称为双极型晶体管；而场效应管是利用输入电压所产生的电场来控制输出电流的，只有一种载流子——多子参与导电，所以常被称为单极型晶体管。

场效应管分为结型场效应管和绝缘栅型场效应管，本节只介绍绝缘栅型场效应管。

绝缘栅型场效应管分为增强型和耗尽型两种，每一种又分为 N 沟道和 P 沟道。无论是增强型还是耗尽型绝缘栅场效应管，也无论是 N 沟道或是 P 沟道，其工作原理是相同的，只是工作时所加的电压极性及场效应管的导通压降不同。下面以 N 沟道增强型绝缘栅场效应管为例讨论其工作原理。

### 一、基本结构

N 沟道增强型绝缘栅场效应管的结构示意图如图 6-27 所示。它是以一块掺杂浓度较低的 P 型半导体做为衬底，在衬底的顶部形成两个掺杂浓度很高的 N 型区，分别称为漏区和源区，并引出两个金属电极——漏极 d 和源极 s，在漏极和源极之间的 P 型衬底上生成一层很薄的二氧化硅绝缘层，并在该绝缘层上引出一个电极作为栅极 g，显然栅极与另外两个电极之间是绝缘的，故称为绝缘栅型场效应管。又由于它是由金属、氧化物和半导体组成的，所以又称为金属—氧化物—半导体场效应管，即 MOS 管。其中 N 沟道又简称为 NMOS 管，P 沟道又简称为 PMOS 管，图形符号分别如图 6-28（a）、（b）所示。

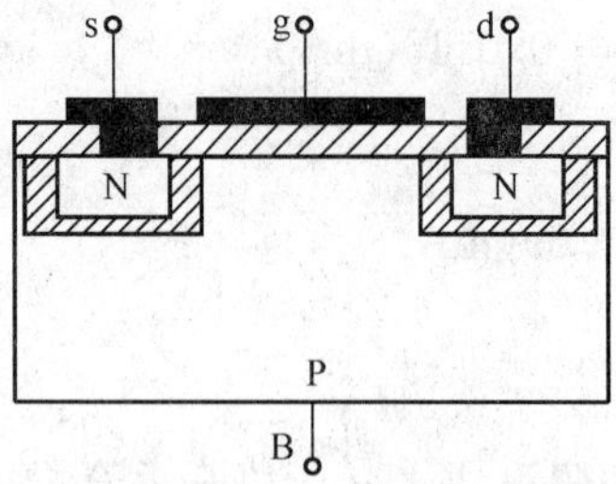


图 6-27　N 沟道增强型 MOS 管结构示意图

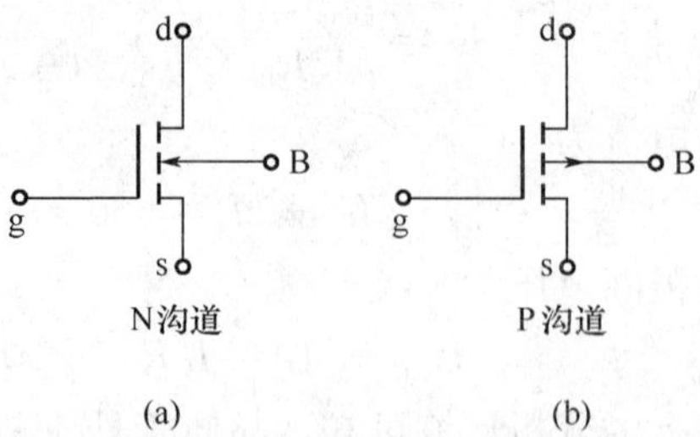


图 6-28　增强型 MOS 管的图形符号
(a) N 沟道；(b) P 沟道

## 二、工作原理

1. $u_{GS} \leqslant 0$ 时没有形成导电沟道

从 MOS 管的结构示意图中可以看出，漏区与源区之间存在 P 型衬底，因此漏极与源极之间就像两个背靠背串联的 PN 结一样。如果栅极与源极之间所加电压 $u_{GS}$ 等于零，即 $u_{GS}=0$ 时，漏极与源极之间将始终是绝缘的，无论在漏极与源极之间加哪一种极性的电压，漏极与源极都不会有电流流过，即当 $u_{GS}=0$ 时，$i_D=0$。同理，当 $u_{GS}<0$ 时，漏极与源极之间也是绝缘的，所以漏极也不会有电流流过，即 $i_D=0$。

2. $u_{GS} \geqslant U_{GS(th)}$ 时形成导电沟道

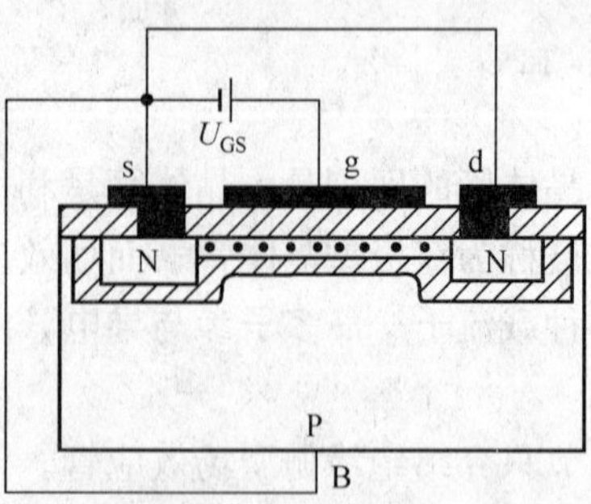


图 6-29　导电沟道的产生

当在栅极与源极之间引入一个正向电压，即 $u_{GS}>0$ 时，在 $u_{GS}$ 的作用下会产生一个电场穿过栅极下面的绝缘层，方向由栅极指向 P 型衬底。这个电场会向下排斥衬底中的空穴，而向上吸引电子，$u_{GS}$ 越大吸引到衬底表面上的电子越多，当 $u_{GS}$ 增大到一定值时，吸引上来的电子会在漏极与源极之间形成一个 N 型层，它与衬底的掺杂类型相反，故称它为反型层。这个反型层把漏区与源区连在了一起，使得漏区与源区之间能够导电，所以又把这个反型层称为 N 型导电沟道，具体情况如图 6-29 所示。由于形成了 N 型导电沟道，因此如果在漏极与源极之间加上一个电压 $u_{DS}$，就会有电流流过漏极和源极，这个电流就是漏极电流 $i_D$。显然，$u_{GS}$ 越大，这个沟道越宽，沟道电阻就越小，在 $u_{DS}$ 一定的前提下，$i_D$ 就越大。因此 $u_{GS}$ 对 $i_D$ 具有控制作用。在漏极与源极之间刚刚形成导电沟道时所对应的 $u_{GS}$ 称为开启电压，记作 $U_{GS(th)}$。也就是说，只有当 $u_{GS} \geqslant U_{GS(th)}$ 时，漏极与源极之间才会形成导电沟道，在 $u_{DS}$ 的作用下，才会有漏极电流 $i_D$ 产生。

3. $u_{DS}$ 对导电沟道的影响

在 $u_{GS} \geqslant U_{GS(th)}$ 的条件下，$u_{DS}=0$ 时，由 $u_{GS}$ 形成的导电沟道是均匀分布的；当 $u_{DS} \neq 0$ 时，由于有电流 $i_D$ 流过漏极和源极，在漏极与源极之间的沟道上就会产生电压降，使沟道上的各点与栅极之间的电压不再相等，因此沟道分布不再均匀，靠近源区沟道较宽，靠近漏区沟道较窄。$u_{DS}$ 对导电沟道分布的影响如图 6-30 所示。

显然，$u_{DS}$越大，漏极电流 $i_D$就越大，但 $u_{DS}$越大沟道分布就越不均匀，当 $u_{DS}$增大到一定数值后，会使得 $u_{GD}<U_{GS(th)}$，因此沟道在漏区附近就会消失，这个现象被称为沟道夹断。沟道夹断示意图如图 6-31 所示。沟道在漏区附近夹断后其沟道电阻会增大，因此当沟道夹断后，如果再增大 $u_{DS}$，那么 $u_{DS}$增大的部分几乎全部降落在因沟道夹断而增大的沟道电阻上了，使得 $i_D$几乎不再随 $u_{DS}$的增大而增大了。

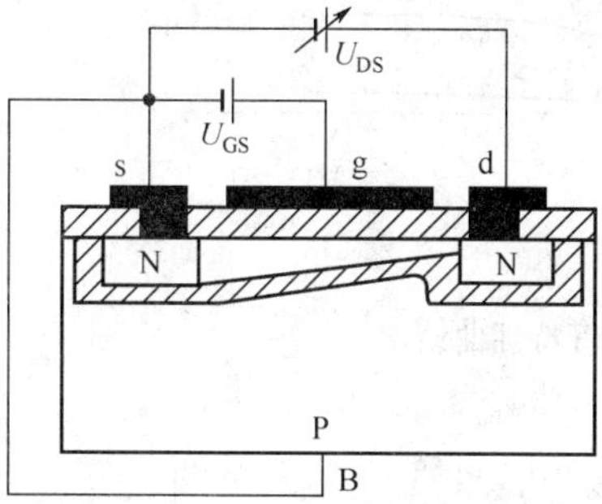


图 6-30　$U_{DS}$使导电沟道分布不均匀

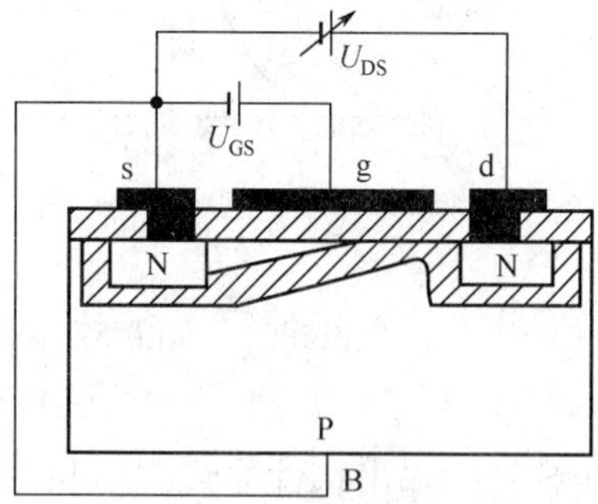


图 6-31　沟道夹断示意图

对于 P 沟道绝缘栅型场效应管而言，衬底是掺杂浓度很低的 N 型半导体，漏区和源区是掺杂浓度较高的 P 型半导体，因此 PMOS 管在工作时所加电压的极性应该与 NMOS 管刚好相反，漏极电流的方向及其管压降的极性也相反。在此就不多描述了。

耗尽型 NMOS 管是在二氧化硅绝缘层中掺入了大量的正电荷，这会使衬底中的空穴被向下排斥，而电子则被向上吸引，使之当 $U_{GS}=0$ 时在漏区和源区之间就已经产生了导电沟道。因此当 $U_{GS}>0$ 时，导电沟道变宽，沟道电阻减小，在相同的 $u_{DS}$作用下，漏极电流 $i_D$加大；而在 $U_{GS}<0$ 时，导电沟道变窄，沟道电阻增大，在相同的 $u_{DS}$作用下，漏极电流减小。只有当 $U_{GS}$减小到一定值时导电沟道才消失，这个电压值被称为耗尽型 NMOS 管的夹断电压，记作 $U_{GS(off)}$。显然，耗尽型 NMOS 管的夹断电压是负值，即 $U_{GS(off)}<0$。

## 三、特性曲线

### 1. 转移特性曲线

场效应管的栅极是绝缘的，栅极电流为零，因此其输入特性曲线没有意义，取而代之的是转移特性曲线。转移特性曲线是在一定的 $u_{DS}$作用下，漏极电流 $i_D$与栅—源极之间的电压 $u_{GS}$之间的函数关系，即 $i_D=f(u_{GS})$。对于增强型 NMOS 管，当 $u_{GS}<U_{GS(th)}$时，漏极与源极之间没有导电沟道产生，所以漏极电流为零；当 $u_{GS}\geqslant U_{GS(th)}$时，漏极与源极之间已经产生导电沟道，在 $u_{DS}$作用下，有漏极电流产生，此时漏极电流 $i_D$ 与栅—源极之间电压 $u_{GS}$之间的关系可表示为

$$i_D=I_{DO}\left[\frac{u_{GS}}{U_{GS(th)}}-1\right]^2 \tag{6-6}$$

式中：$I_{DO}$为 $u_{GS}=2U_{GS(th)}$时的漏极电流。

N 沟道增强型 MOS 管的转移特性曲线如图 6-32（a）所示。

### 2. 输出特性曲线

场效应管的输出特性曲线是指在一定的栅—源极之间电压 $u_{GS}$的作用下，漏极电流 $i_D$与漏—源极之间电压 $u_{DS}$之间的函数关系曲线，即 $i_D=f(u_{DS})$。图 6-32（b）所示为 N 沟道增

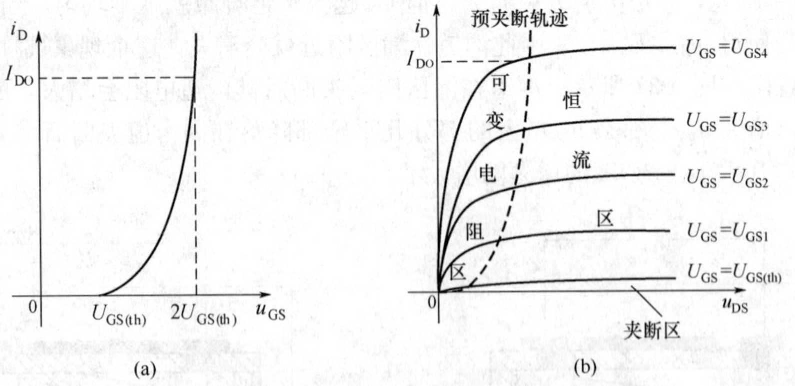


图 6-32 N 沟道增强型 MOS 管特性曲线
(a) 转移特性；(b) 输出特性

强型 MOS 管的输出特性曲线图。从图中可以看出，输出特性曲线是一个曲线族，当 $U_{GS}$ 增加时特性曲线向上移。在输出特性曲线上可以划分为三个区，分别是夹断区、可变电阻区和恒流区。夹断区是在 $u_{GS}<U_{GS(th)}$ 时，此时没有导电沟道产生，所以漏极电流为零，这个区相当于晶体管的截止区。可变电阻区是 $u_{GS}>U_{GS(th)}$ 时，此时已经产生了导电沟道，但在漏区附近没有出现沟道夹断，漏极与源极之间呈现一个受栅—源电压 $u_{GS}$ 控制的可变电阻，$u_{GS}$ 增大，沟道变宽，沟道电阻就减小，使得当漏—源极之间电压 $u_{DS}$ 变化时，漏极电流也会随之变化，这个区相当于晶体管的饱和区。恒流区是指 $u_{GS}>U_{GS(th)}$ 且漏—源极之间的电压 $u_{DS}$ 已经使沟道在漏极出现夹断时的工作状态，此时由于沟道夹断，使得当 $u_{DS}$ 变化时，漏极电流 $i_D$ 几乎不变，所以称为恒流区，相当于晶体管的放大区。显然，场效应管的恒流区是线性区，而夹断区和可变电阻区是非线性区，场效应管在放大电路中要工作在恒流区。

以上介绍的是增强型 NMOS 管的工作原理和特性曲线，此外还有增强型 PMOS 管、耗尽型 NMOS 管和耗尽型 PMOS 管，它们的工作原理与增强型 NMOS 管的原理都很相像，在此就不一一介绍了。现将各种 MOS 管的符号、转移特性和输出特性以及开启电压 $U_{GS(th)}$ 或夹断电压 $U_{GS(off)}$ 的比较列于表 6-1 中，可供大家在学习时参考。

**四、绝缘栅型场效应管的主要参数**

(1) 开启电压 $U_{GS(th)}$。$U_{GS(th)}$ 是增强型 MOS 管的参数，它是在 $U_{DS}$ 为一常量时，产生漏极电流所需 $|U_{GS}|$ 的最小值。

(2) 夹断电压 $U_{GS(off)}$。$U_{GS(off)}$ 是耗尽型 MOS 管的参数，它是在 $U_{DS}$ 为一常量时，使导电沟道消失、漏极电流为零时的 $|U_{GS}|$ 值。

(3) 跨导 $g_m$。$g_m$ 是当漏—源极之间电压 $U_{DS}$ 一定时，漏极电流的变化量 $\Delta I_D$ 与栅—源极之间电压的变化量 $\Delta U_{GS}$ 之比，即

$$g_m=\frac{\Delta I_D}{\Delta U_{GS}} \tag{6-7}$$

$g_m$ 是衡量场效应管放大能力的重要参数。

(4) 最大漏极耗散功率 $P_{DM}$。$P_{DM}$ 是场效应管的极限参数，是场效应管漏极所允许的最大功耗，场效应管正常工作时漏极消耗的功率要小于 $P_{DM}$，否则场效应管会因功耗过大导致温度过高而烧坏。

(5) 极间电容。场效应管的三个电极之间都存在电容效应，栅源极之间电容 $C_{GS}$和栅漏极之间电容 $C_{GD}$都在 1～3pF 之间，漏源极之间的电容 $C_{DS}$在 0.1～1pF 之间。场效应管的极间电容较大，所以其最高工作频率较低。

**表 6-1　　MOS 管图形符号及特性比较**

| 结构 | 图形符号 | 电压极性 | | | 转移特性 $i_D=f(u_{GS})$ | 输出特性 $i_D=f(u_{DS})$ |
|---|---|---|---|---|---|---|
| | | $U_{GS}$ | $U_{DS}$ | $U_{GS(th)}$ $U_{GS(off)}$ | | |
| 增强型 NMOS | 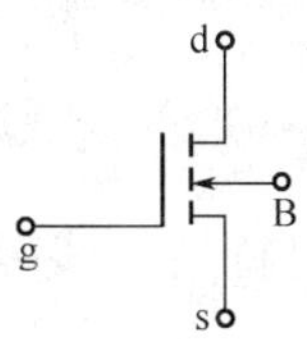 | + | + | + | 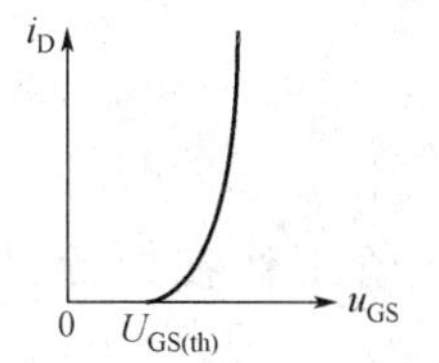 | 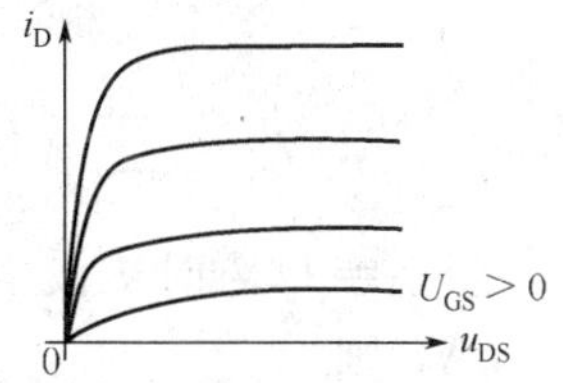 |
| 增强型 PMOS | 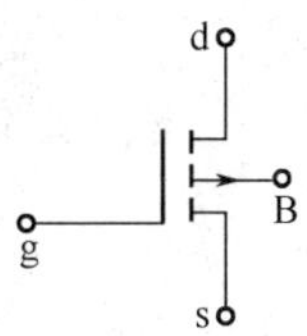 | − | − | − | 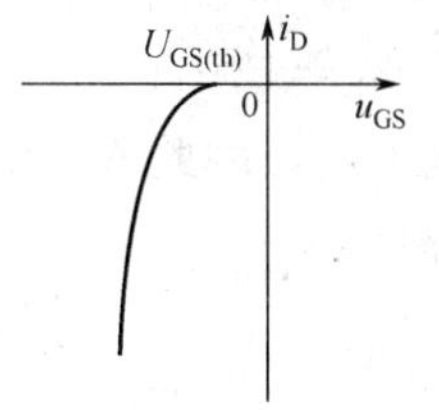 | 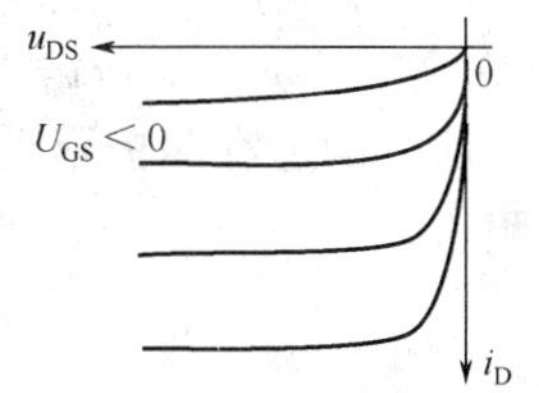 |
| 耗尽型 NMOS | 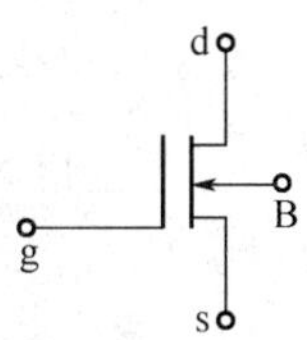 | ± | + | − | 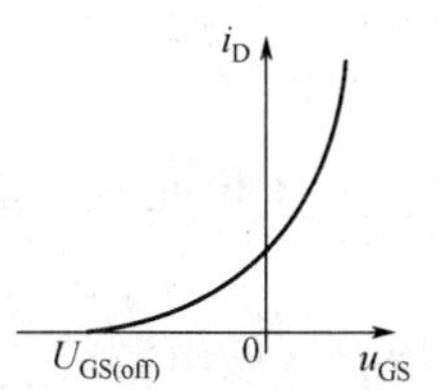 | 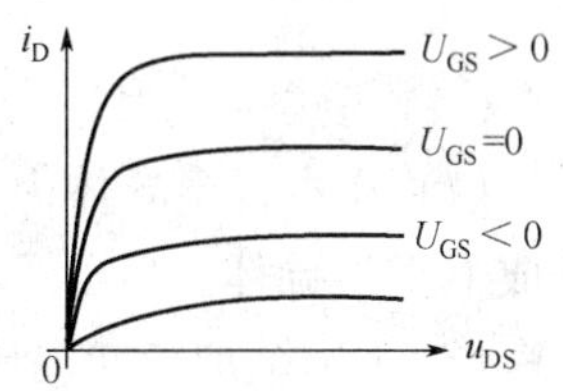 |
| 耗尽型 PMOS | 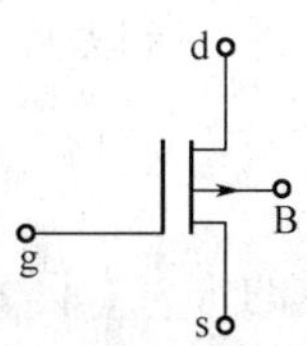 | ± | − | + | 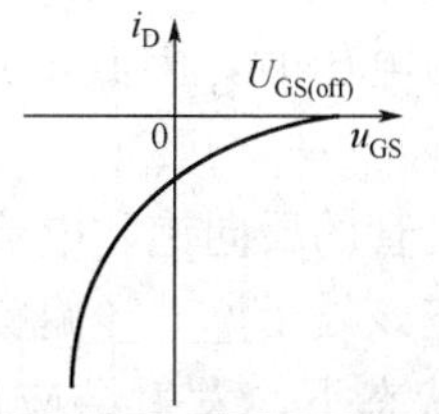 | 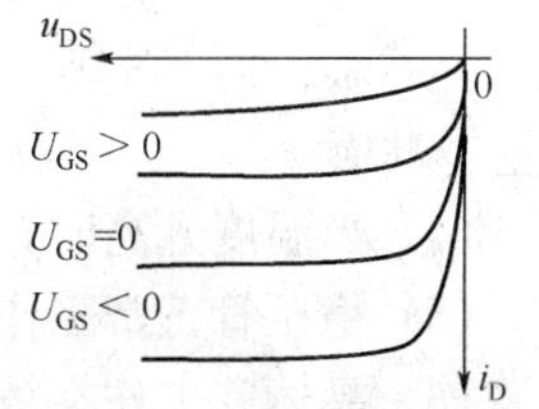 |

**【例 6-6】** 如图 6-33（a）所示电路，MOS 管的输出特性如图 6-33（b）所示。其中 $R_d=2k\Omega$，$U_{DD}=12V$，试分析当 $u_i=4$、8、12V 三种情况下场效应管分别工作在什么区域。

**解：** 根据图 6-33（b）所示 MOS 管的输出特性曲线可知，其开启电压为 5V。根据图 6-33（a）所示电路可知，$u_i=u_{GS}$。

当 $u_i=4V$ 时，$u_{GS}$小于开启电压，故 MOS 管截止。

当 $u_i=8V$ 时，$u_{GS}$大于开启电压，设 MOS 管工作在恒流区，根据输出特性可知 $i_D\approx0.6mA$，管压降 $u_{DS}\approx U_{DD}-i_DR_d\approx10.8V$，因此，$u_{GD}=u_{GS}-u_{DS}\approx-2.8V$，小于开启电压，说明在漏区附近沟道出现夹断现象，所以 MOS 管工作在恒流区的假设成立，即 MOS 管在 $u_i=8V$ 时工作在恒流区。

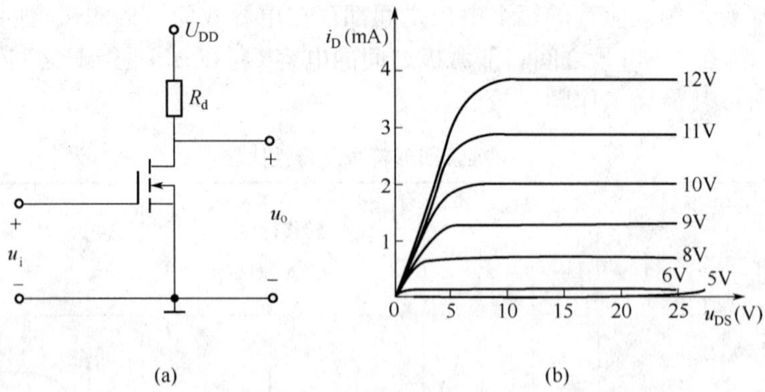


图 6-33 ［例 6-6］图

当 $u_I=12V$ 时，设 MOS 管工作在恒流区，根据 MOS 管的输出特性曲线可知 $i_D=3.8mA$，则

$$u_{DS}=U_{DD}-i_DR_d=12-3.8\times2\approx4.4\text{（V）}$$

$$u_{GD}=u_{GS}-u_{DS}=12-4.4=7.6\text{（V）}>U_{GS(th)}=5\text{（V）}$$

所以沟道在漏极附近不能夹断，因此 MOS 管不可能工作在恒流区，它必然工作在可变电阻区。

## 习　题

6-1　填空：

（1）在本征半导体中加入______价元素能够形成 N 型半导体，加入______价元素能够形成 P 型半导体。

（2）PN 结加正向电压是指 P 区接电源的______极、N 区接电源的______极。

（3）PN 结的单向导电特性是指 PN 结加正向电压时有电流流过，因此 PN 结处于______状态；而 PN 结加反向电压时，因其流过的电流很小，可以忽略，所以 PN 结处于______状态。

（4）当温度升高时，二极管的反向饱和电流将______。

（5）稳压管正常工作时应该处于______偏置，工作在伏安特性曲线的______区。

（6）晶体管工作在放大状态下，发射结应该处于______偏置，集电结应该处于______偏置。

（7）晶体管工作在饱和状态下，______放大作用。

（8）当 $u_{GS}=0$ 时，能够工作在恒流区的 MOS 管是______型，而工作在夹断区的 MOS 管是______型。

6-2　试判断如图 6-34 所示各电路中二极管的工作状态，如果二极管的正向导通压降为 0.7V，求出各电路输出端的电压值。

6-3　如图 6-35 所示电路，已知 $u_i=6\sin\omega t$V，设二极管是理想的。试画出 $u_i$ 与 $u_o$ 的波形图。

6-4　如图 6-36 所示电路，已知 $u_i=5\sin\omega t$V，设二极管的正向导通压降为 0.7V。试画

出 $u_i$ 与 $u_o$ 的波形图并标出幅值。

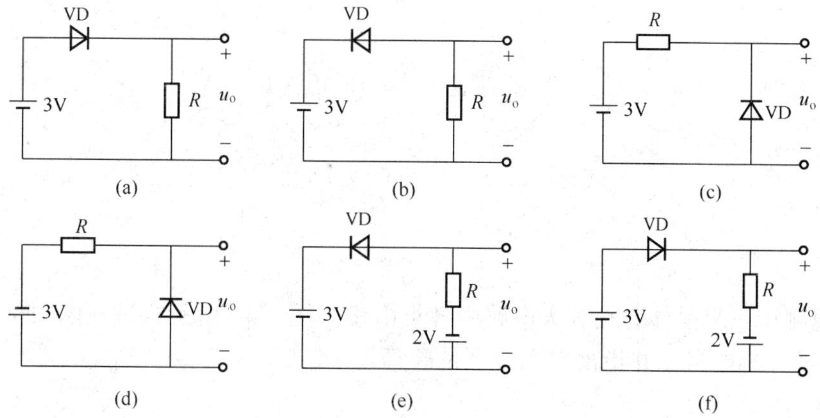


图 6-34 习题 6-2 图

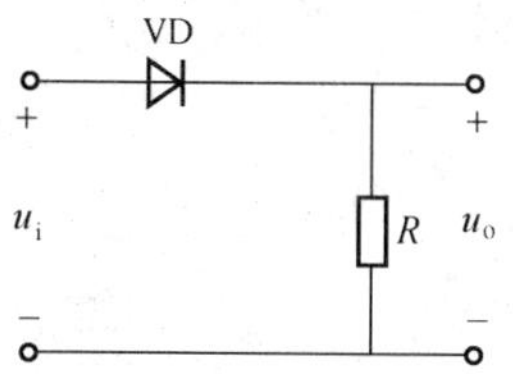


图 6-35 习题 6-3 图

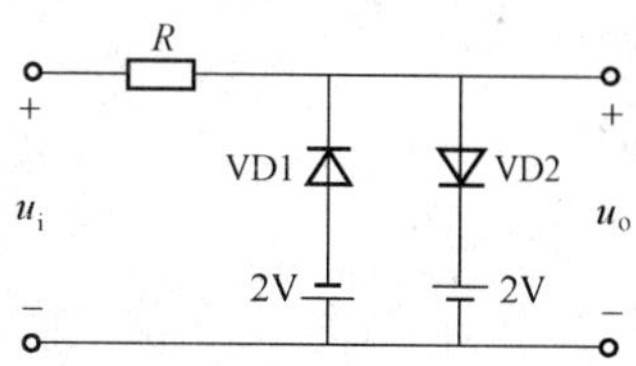


图 6-36 习题 6-4 图

6-5 在图 6-37 所示电路中，已知电源电压 $E=18\text{V}$，限流电阻 $R=3\text{k}\Omega$，稳压管的稳定电压 $U_Z=6\text{V}$，稳压管工作在稳压状态下的最小电流 $I_{Z\min}=3\text{mA}$、最大允许电流 $I_{ZM}=18\text{mA}$，求通过稳压管的电流 $I_Z$ 等于多少？限流电阻的阻值选得是否合适？

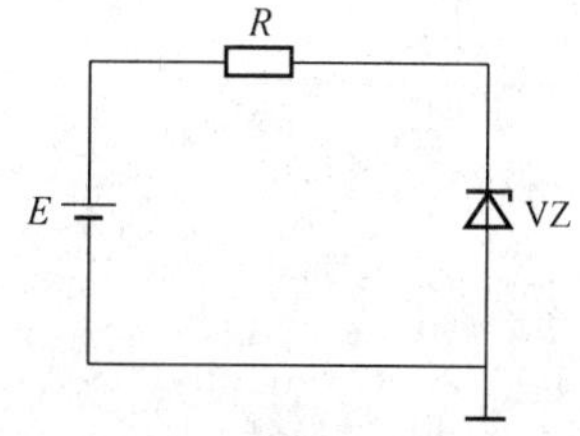


图 6-37 习题 6-5 图

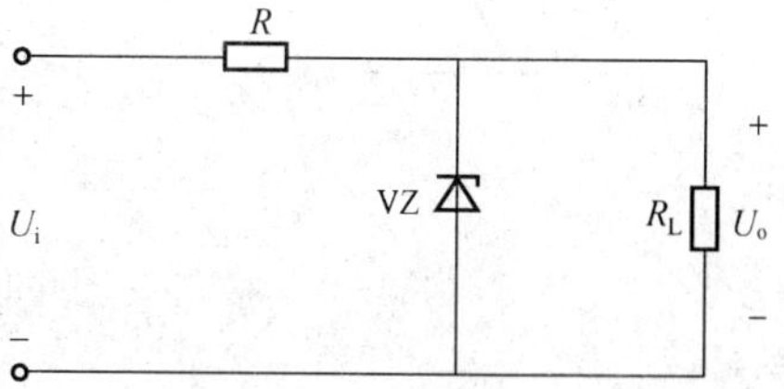


图 6-38 习题 6-6 图

6-6 在图 6-38 所示电路中，已知稳压管的参数 $U_Z=9\text{V}$，稳压管工作在稳压状态下的最小电流 $I_{Z\min}=3\text{mA}$，输入电压 $U_i=18\text{V}$，限流电阻 $R=2\text{k}\Omega$，负载电阻 $R_L=3\text{k}\Omega$。求流过稳压管的电流值 $I_Z$，并据此判断稳压管能否工作在稳压状态？如果不能工作在稳压状态，那么可以通过改变限流电阻的阻值使稳压管工作在稳压状态，请计算出限流电阻的最大值。

6-7 现测得两只晶体管在放大电路中的两个电极的电流大小及方向，如图 6-39 所示。试求晶体管的另一个电极的电流和方向，判断晶体管的基极、发射极和集电极，并指出它们分别是 NPN 型还是 PNP 型晶体管。

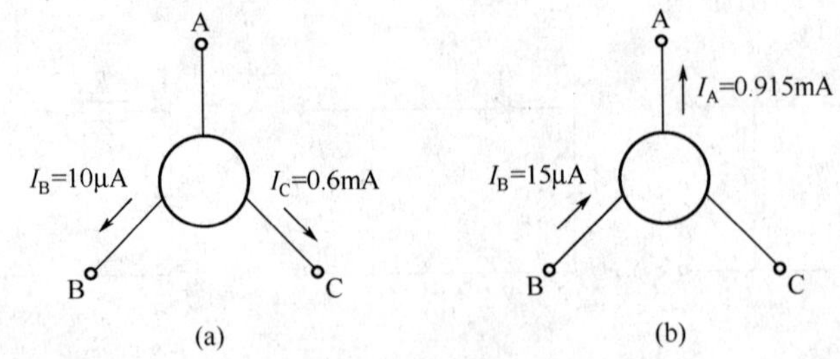


图 6-39 习题 6-7 图

6-8 现测得三只晶体管在放大电路中各点电位如图 6-40 所示，试在图中标出晶体管的基极、发射极和集电极，并指出它们分别是硅管还是锗管。

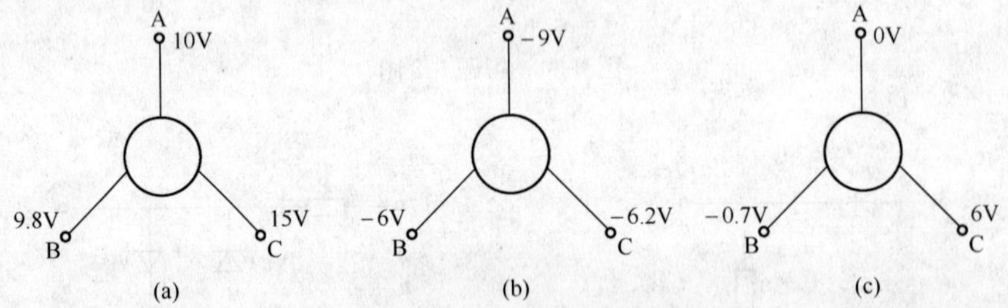


图 6-40 习题 6-8 图

6-9 图 6-41 所示分别是三个 MOS 管的转移特性曲线，试问三条特性曲线分别代表哪一种类型的 MOS 管？

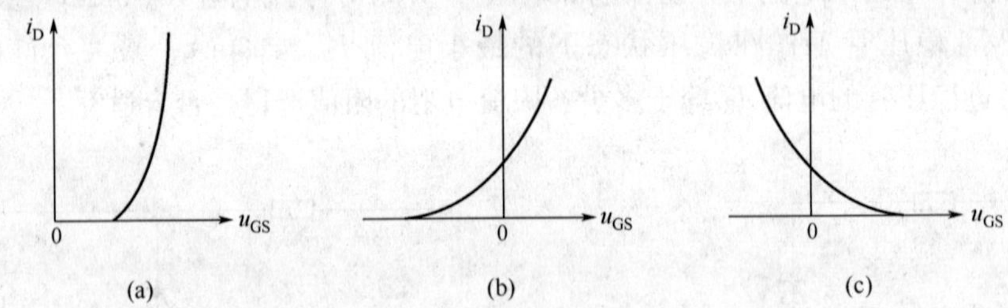


图 6-41 习题 6-9 图

# 第七章　基本放大电路

基本放大电路主要讨论由晶体管组成的分立元件放大电路。基本放大电路从所处理的信号角度主要可以划分为小信号放大电路和功率放大电路两大类。小信号放大电路主要讨论的是输入信号微弱、以放大电压为目的的放大电路，它分为共射极放大电路、共集电极放大电路和共基极放大电路。这类电路中的晶体管都工作在放大状态，一般可以用线性电路的分析方法进行分析。而功率放大电路则属于大信号放大电路，是以放大功率为目的，重点考虑的是效率问题和功率放大问题。在这种电路中，输入信号比较大，晶体管的动态工作范围也比较大，因此允许有较小的非线性失真，一般采用图解分析方法进行分析。

## 第一节　小信号放大电路的工作原理

### 一、小信号放大电路的组成

小信号放大电路的作用是把输入的微弱信号转换为较强的不失真的信号输出，以实现对信号的放大。为此要求放大电路具有如下的一些条件：

(1) 晶体管必须工作在放大区，即晶体管的发射结要正向偏置且大于开启电压，集电结要反向偏置。

(2) 合理地选择静态工作点，使晶体管在输入信号的整个周期内都工作在放大状态，以保证输出信号不失真。

(3) 放大电路要有合适的交流通路，使输入回路能把变化的输入电压转换为变化的基极电流；输出回路能把变化的集电极电流转换为变化的集—射极电压，使得负载能够得到放大了的变化的电压信号。

小信号放大电路又分为共射极放大电路、共集电极放大电路和共基极放大电路三种。下面以共射极放大电路为例来讨论放大电路的组成。

图 7-1 (a) 所示为一个双电源供电的共射极放大电路。在电路中晶体管是放大器件，在合理地选择 $U_{CC}$、$R_C$、$U_{BB}$ 和 $R_B$ 等参数的情况下，使晶体管处于发射结正偏、集电结反偏的

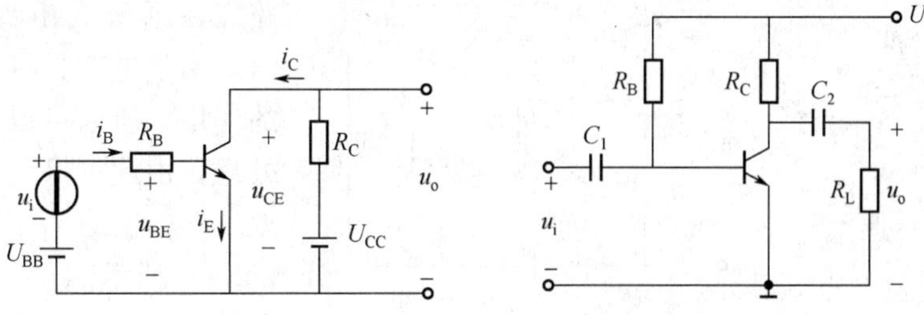


图 7-1　共射极放大电路
(a) 双电源供电；(b) 单电源供电

放大状态，并使得晶体管在输入信号的整个周期内都处于放大状态。晶体管通过输入信号 $u_i$ 的变化，使基极电流 $i_B$随输入信号 $u_i$而变化，从而控制集电极电流 $i_C$也随之变化，以实现电流的放大作用；基极电源$U_{BB}$与基极电阻 $R_B$的作用是使发射结正偏，为晶体管的输入回路提供一个合适的静态工作点；集电极电源 $U_{CC}$的作用是使集电结处于反向偏置，并为输出信号提供能量；集电极电阻 $R_C$的作用是将集电极电流的变化转变为集—射极间电压的变化，以实现输出回路中由电流变化到电压变化的转换。

图 7-1（a）所示的小信号放大电路是双电源供电的，这在实际应用时很不方便。在实际中一般都采用单电源供电，单电源供电的共射极放大电路如图 7-1（b）所示。

图 7-1（b）中，$U_{CC}$和 $R_B$为晶体管发射结提供正向偏置，$U_{CC}$、$R_C$和 $R_B$共同为集电结提供反向偏置。为确保集电结反向偏置，并且使晶体管在输出信号的整个周期内都处于放大状态，在参数的选取上往往要求 $R_B \gg R_C$。耦合电容 $C_1$ 和 $C_2$ 的作用是实现本级放大电路与前、后级放大电路之间的交流信号在传递过程中的联系，同时隔断本级放大电路与前、后级放大电路之间的直流联系，使各级放大电路之间的静态工作点彼此独立、不互相影响，这会给放大电路的设计和调试都带来许多方便。在电子技术中，常常把电路中的公共端定义为零电位点，称作“地”，以此作为电路中其他各点电位的参考点。另外，为了简化电路的画法，直流电源往往也只是在电源与电路相连的一端标出电源的极性和数值，而与公共端相连的电源的另一端则省略不画。如果是电源的正极与电路相连，则正号可以省略；反之电源的负极与电路相连，则须标出负号。

## 二、静态工作情况

放大电路的静态工作就是指在没有外加输入信号、只有直流电源作用于放大电路时的工作状态。通常称放大电路的直流工作状态为静态。静态下晶体管的基极电流、集电极电流、发射结电压和集—射极间电压在输入和输出特性曲线上刚好对应于一个点 Q，所以常把上述四个值称为放大电路的静态工作点，也称 Q 点，分别用 $I_{BQ}$、$I_{CQ}$、$U_{BEQ}$ 和 $U_{CEQ}$来表示。

放大电路在设计时要通过合理地选择参数 $R_B$和 $R_C$的大小，设置合适的静态工作点，以保证晶体管工作在放大状态，其中 $R_B$的大小对静态工作点的影响最大，所以当静态工作点设置不合适时，尤其是当静态电流 $I_{BQ}$和 $I_{CQ}$不合适时，一般都可以通过调整 $R_B$的大小进行重新设置。

当求放大电路的静态工作点时，可以用放大电路的直流等效电路进行分析，通常把放大电路的直流等效电路称为直流通路。在画放大电路的直流通路时，由于电容具有隔断直流信号的作用，所以可以把电容做开路处理，由此可得图 7-1（b）所示放大电路的直流通路，如图 7-2（a)所示。

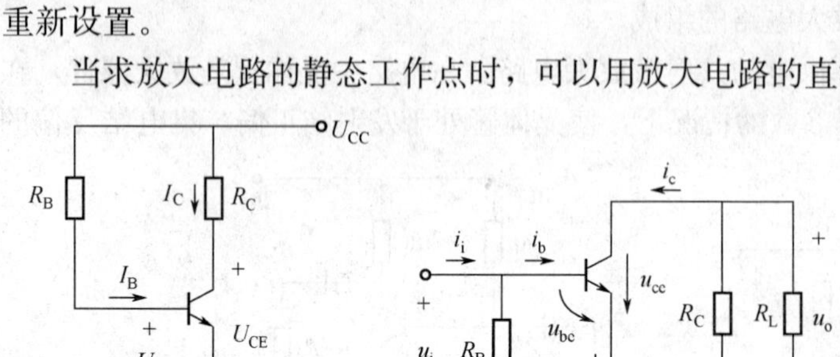


图 7-2　放大电路的直流通路与交流通路
（a）直流通路；（b）交流通路

## 三、动态工作情况

放大电路的作用是放大输入的交流信号，而交流信号被放大的前提是使晶体管有一个合适的静态工作点，以保证晶体管工作在放大状态。当晶体管处于放大状态时，可以近似地认为晶体管工作在线性状态，这样就可以应用小信号分析法进行分析，即可以分别求出放大电路中的直流分量和交流分量。求直流分量就是采用直流通路对放大电路进行直流分析，求出静态工作点；而求交流分量就是采用交流通路对放大电路进行交流分析，求出放大电路的交流参数。通常交流分析也叫做动态分析，所谓动态就是指只考虑放大电路中的交流信号传递情况，即只考虑放大电路中的交流成分。

进行动态分析时，要采用交流通路。求交流通路时，假设输入信号 $u_i$ 的频率是在中频范围内，耦合电容 $C_1$、$C_2$ 的参数一般选得比较大，交流容抗会很小，往往可以忽略不计，所以对于交流通路而言，电容可以近似地认为短路。由于直流电源 $U_{CC}$ 是恒定不变的物理量，它对交流信号而言也可以视为短路。由此可以得到图 7-1（b）所示放大电路的交流通路，如图 7-2（b）所示。

实际上在放大电路中既有直流成分又有交流成分，电路中的各个电压和电流可以近似地看成是直流量与交流量相加而成的。因此在对放大电路进行分析时，既要对它进行直流分析，又要对它进行交流分析。直流分析的目的是求静态工作点，以此判断晶体管是否工作在放大状态；交流分析的目的是求出放大电路对信号的放大情况。

下面以输入信号是正弦信号（设 $u_i = U_{im}\sin\omega t$）为例，对图 7-1（b）所示的放大电路中各个电流和电压的变化情况进行分析。

放大电路在直流电源 $U_{CC}$ 的作用下，晶体管的基极和集电极会有直流电流流过，发射结和集—射极间会有直流电压降产生，这使晶体管有一个合适的静态工作点分别是 $I_{BQ}$、$I_{CQ}$、$U_{BEQ}$ 和 $U_{CEQ}$，以保证在输入信号的整个周期内晶体管都工作在放大状态。在输入正弦信号 $u_i$ 的作用下，电路中同时会产生交流量，显然，此时晶体管中各个电流和电压都是直流量与交流量的叠加。例如，基极电流为 $i_B = I_{BQ} + i_b$，其中 $I_{BQ}$ 是基极电流的直流分量，即静态工作点中的基极电流，$i_b$ 是输入正弦信号 $u_i$ 在基极产生的交流电流。同理，集电极电流 $i_C$（$i_C = I_{CQ} + i_c$）和集—射极电压 $u_{CE}$（$u_{CE} = U_{CEQ} + u_{ce}$）都是既有直流量又有交流量。在输出端，由于耦合电容 $C_2$ 的作用，使电压 $u_{CE}$ 中的直流分量 $U_{CEQ}$ 被隔断，只有交流分量 $u_{ce}$ 被送到负载，所以负载上的输出电压 $u_o$ 只有交流分量，即 $u_o = u_{ce}$。放大电路中各个电流和电压在正弦输入信号 $u_i$ 作用下的变化情况如图 7-3 所示。

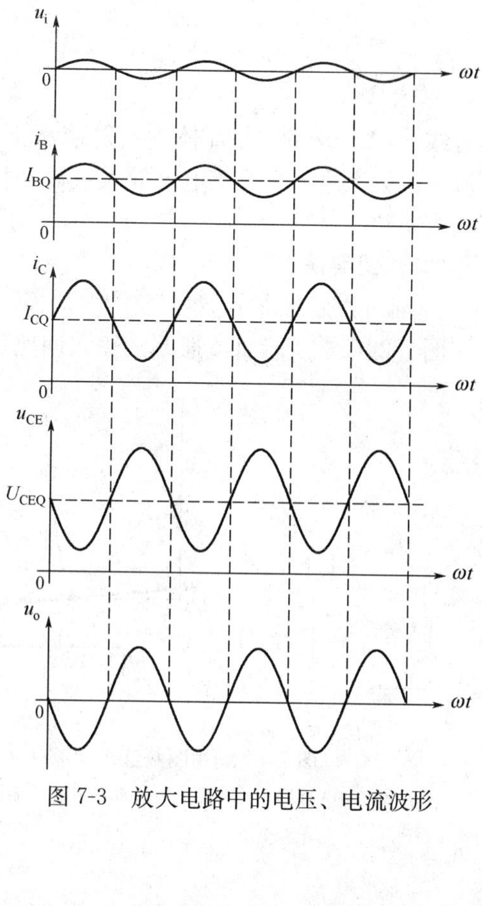

图 7-3　放大电路中的电压、电流波形

当 $u_i$ 增大时，$i_b$ 和 $i_c$ 都会随之增大，但由于 $i_c$ 增大，电阻 $R_C$ 上的电压降也增大，使得 $u_{ce}$（$u_o$）会随之减小，所以输出信号 $u_o$ 与输入信号 $u_i$ 在相位上相差 180°，即 $u_o$ 与 $u_i$ 在相位上是相反的。

## 第二节 小信号放大电路的分析方法

上节中通过讨论放大电路的工作原理了解到，在放大电路中晶体管的电流和电压都是直流量和交流量的叠加，其中直流量就是放大电路的静态工作点。合适的静态工作点能保证放大器件在信号的整个周期内都工作在放大状态，使输入信号能够得到不失真的放大。因此在分析放大电路时，首先要分析静态工作情况，求出静态工作点，然后再对放大电路进行交流分析。

### 一、放大电路的静态分析

对放大电路进行静态分析就是求静态工作点。求静态工作点有两种方法。一种是计算法，即通过放大电路的直流通路计算出 $I_{BQ}$、$I_{CQ}$和 $U_{CEQ}$，而 $U_{BEQ}$可根据电路的情况来处理，如果 $U_{CC}$很大，可以忽略 $U_{BEQ}$的作用，即令 $U_{BEQ}=0$；如果不能忽略 $U_{BEQ}$的作用，那么硅管取 $U_{BEQ}=0.6\sim0.7\text{V}$，而锗管取 $U_{BEQ}=0.2\sim0.3\text{V}$。所以计算法也常常被称作估算法。另一种方法是图解法，就是根据晶体管的输入、输出特性曲线和放大电路中偏置电路的参数，采用作图的方法求出静态工作点。

#### （一）计算法

图 7-1（b）所示放大电路的直流通路如图 7-2（a）所示，其静态工作点计算如下：

$$I_{BQ}=\frac{U_{CC}-U_{BEQ}}{R_B}\approx\frac{U_{CC}}{R_B} \tag{7-1}$$

$$I_{CQ}=\beta I_{BQ} \tag{7-2}$$

$$U_{CEQ}=U_{CC}-I_{CQ}R_C \tag{7-3}$$

式（7-2）中的 $\beta$ 是晶体管共射接法下的交流电流放大系数，但一般情况下可以认为：直流电流放大系数与交流电流放大系数是相等的，计算静态工作点时可以用 $\beta$ 来代替直流电流放大系数。

#### （二）图解法

1. 利用图解法求 $I_{BQ}$和 $U_{BEQ}$

图 7-2（a）所示直流通路的输入回路如图 7-4（a）所示。从图中可以看出，$I_B$和 $U_{BE}$一方面要满足晶体管的输入特性曲线，而晶体管的输入特性曲线是非线性的，如图 7-4（b）所示；另一方面 $I_B$和 $U_{BE}$还要满足方程

$$U_{BE}=U_{CC}-I_BR_B \tag{7-4}$$

显然式（7-4）是一个通过两点 $\left(U_{BE}=0, I_B=\dfrac{U_{CC}}{R_B}\right)$和 $(U_{BE}=U_{CC}, I_B=0)$ 的直线方程，可以在输入特性曲线的同一坐标内画出式（7-4）所表示的直线，这条直线被

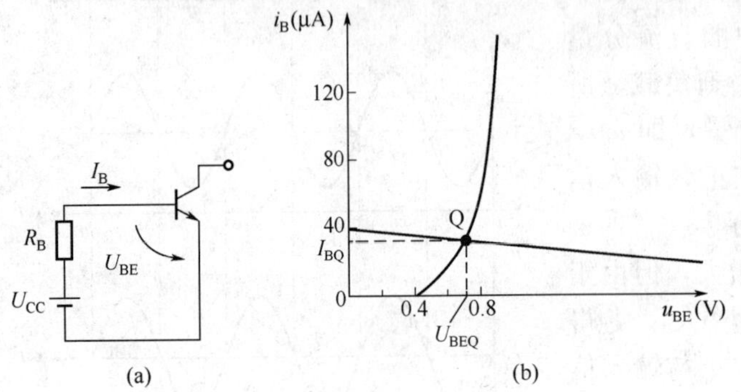


图 7-4 利用图解法求 $I_B$和 $U_{BE}$

（a）输入回路；（b）输入特性曲线和输入直流负载线

称为放大电路的直流输入负载线。直流输入负载线与晶体管的输入特性曲线的交点Q就是静态工作点，静态工作点所对应的坐标就是$I_{BQ}$和$U_{BEQ}$，如图7-4（b）所示。

2. 利用图解法求$I_C$和$U_{CE}$

放大电路直流通路的输出回路如图7-5（a）所示。从图中可以看出，$I_C$和$U_{CE}$一方面要遵循晶体管特性曲线的变化规律；另一方面还要遵循由$U_{CC}$和$R_C$所组成的线性电路的规律，其方程为

$$U_{CE}=U_{CC}-I_CR_C \qquad (7\text{-}5)$$

式（7-5）所代表的直线称为放大电路的输出直流负载线，直流负载线的斜率是$-1/R_C$。把直流负载线和晶体管输出特性曲线画在同一坐标下，如图7-5（b）所示，直流负载线与晶体管特性曲线的交点Q就是所求的静态工作点，Q点所对应的坐标就是$U_{CEQ}$和$I_{CEQ}$。

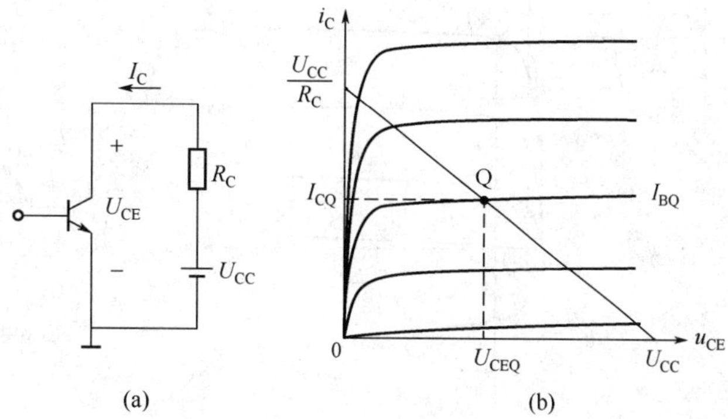


图7-5 利用图解法求$I_C$和$U_{CE}$

（a）输出回路；（b）输出特性曲线和输出直流负载线

**【例7-1】** 在图7-1（b）所示的共射极放大电路中，已知$U_{CC}=12V$，$R_B=300k\Omega$，$R_C=4k\Omega$，$\beta=37.5$，试求此放大电路的静态工作点。

**解：** 求静态工作点应该用直流通路，依据前面讨论的求直流通路的方法，可得该放大电路的直流通路如图7-2（a）所示。根据直流通路可以计算出静态工作点如下：

$$I_{BQ}=\frac{U_{CC}-U_{BE}}{R_B}\approx\frac{U_{CC}}{R_B}=\frac{12V}{300k\Omega}=0.04mA=40\mu A$$

$$I_{CQ}=\beta I_{BQ}=37.5\times0.04=1.5(mA)$$

$$U_{CEQ}=U_{CC}-I_{CQ}R_C=12V-1.5mA\times4k\Omega=6V$$

## 二、静态工作点对输出信号的影响

由于晶体管是非线性器件，静态工作点对放大电路的工作状态影响很大，这又会直接影响放大电路的输出信号。静态工作点偏高或偏低可以直接影响晶体管的工作状态，导致输出信号失真。

如前所述，如果静态工作点选择合适，使晶体管在输入信号的整个周期内都处于放大状态，则当输入信号$u_i$增大时，基极电流$i_b$和集电极电流$i_c$也同时增大，集—射极电压$u_{ce}$和输出电压$u_o$将会随之减小。如果输入信号$u_i$是正弦信号，则基极电流$i_b$、集电极电流$i_c$、集—射极电压$u_{ce}$和输出电压$u_o$也都是正弦信号，只是$u_{ce}$和$u_o$在相位上与$u_i$相反。

### （一）静态工作点偏高，输出信号易产生饱和失真

当静态工作点偏高时，即使在静态时晶体管工作在放大状态，但当输入信号$u_i$进入到正半周时，如果$u_i$增大，基极电流$i_b$将会随之增大，这将使晶体管进入到饱和状态，由于受到晶体管非线性的影响，集电极电流$i_c$将不会随之增大，$u_{ce}$也不能随之减小，就会使集电极电

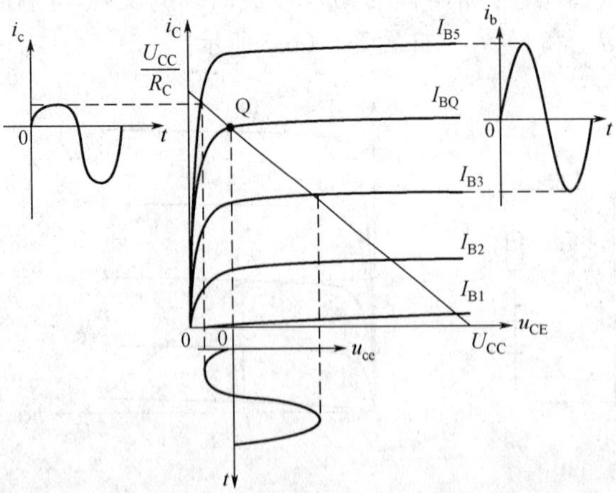


图 7-6　静态工作点偏高输出信号产生饱和失真

流 $i_c$ 出现顶部被削平，而 $u_{ce}$ 和 $u_o$ 随之出现底部被削平的情况，$u_{ce}$ 和 $u_o$ 的波形不再是正弦信号，如图 7-6 所示。因此在静态工作点偏高时，输出信号的负半周会产生失真，这种失真被称为饱和失真。为了避免输出信号产生饱和失真，需要使静态工作点降低，即增大基极偏置电阻 $R_B$ 的值，使静态基极电流 $I_B$ 减小，同时也会使静态集电极电流 $I_C$ 的值减小，使晶体管在输入信号的整个周期内都工作在放大状态。

（二）静态工作点偏低，输出信号易产生截止失真

如图 7-7 所示，当静态工作点设置过低时，在输入信号 $u_i$ 的负半周，当输入信号 $u_i$ 下降（绝对值增大）时，就会使晶体管进入到截止区，因受到晶体管非线性的影响，使得基极电流 $i_b$ 和集电极电流 $i_c$ 都不会随输入信号 $u_i$ 的减小而减小，使 $i_b$ 和 $i_c$ 底部被削平，集—射极电压 $u_{ce}$ 和输出信号 $u_o$ 也不会随之增大，导致集—射极电压 $u_{ce}$ 和输出信号 $u_o$ 出现顶部被削平的情况，因此输出信号 $u_o$ 也会产生失真，这种失真被称为截止失真。

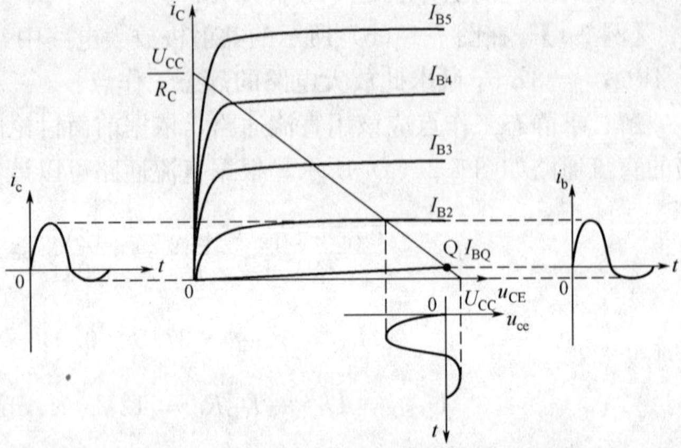


图 7-7　静态工作点偏低输出产生截止失真

由上面的讨论可见，放大电路的静态工作点选择的如果不合适，将直接使放大电路的输出信号产生饱和或截止失真。这两种失真都是由于晶体管的非线性引起的，所以把饱和失真和截止失真统称为非线性失真。因此在放大电路中，合理地选择偏置电阻的参数，使放大电路有一个合适的静态工作点是十分重要的。需要说明的是，在保证输入信号整个周期内晶体管都工作在放大状态的前提下，静态工作点的选择要尽量的低一些，因为静态工作点低，放大电路的功耗就会低。

## 三、放大电路的动态分析

### （一）放大电路的主要性能指标

在对放大电路进行分析时，静态分析的目的是判断放大电路中的静态工作点是否合适，在输入信号的作用下晶体管是否始终工作在放大状态；而动态分析的目的则是研究在晶体管始终工作在放大状态的前提下，放大电路对交流信号的放大能力、放大电路对输入信号的影响及放大电路的带负载能力等。放大电路交流性能的优劣主要由以下几个性能指标来衡量。

1. 电压放大倍数

电压放大倍数 $A_u$ 又称之为电压增益，定义为放大电路的输出电压变化量 $\Delta U_o$ 与输入电

压变化量 $\Delta U_i$之比，即

$$A_u = \frac{\Delta U_o}{\Delta U_i}$$

当输入为正弦交流信号时，电压放大倍数就是输出电压 $U_o$与输入电压 $U_i$的相量之比，即

$$A_u = \frac{\dot{U}_o}{\dot{U}_i} \tag{7-6}$$

电压放大倍数说明了放大电路的放大能力。小信号放大电路是以放大电压为目的，因此在满足电路中其他性能的前提下，其放大倍数应该是越大越好。

2. 输入电阻 $r_i$

输入电阻 $r_i$定义为输入电压变化量 $\Delta U_i$与输入电流变化量 $\Delta I_i$之比，即

$$r_i = \frac{\Delta U_i}{\Delta I_i}$$

当输入是正弦交流信号时，其输入电阻 $r_i$就是输入电压有效值$U_i$与输入电流的有效值 $I_i$之比，即

$$r_i = \frac{U_i}{I_i} \tag{7-7}$$

放大电路的输入信号是由信号源提供的，或者就是前一级放大电路提供的输出信号。因此对于输入信号而言，放大电路的输入电阻就相当于输入信号源的负载电阻，如图 7-8 所示。显然，输入电阻越大，它对信号源的负载效应就越小，放大电路对输入信号的放大能力就越强。所以在放大电路中，总是希望输入电阻越大越好。

3. 输出电阻 $r_o$

输出电阻 $r_o$是衡量放大电路带负载能力的指标，就是从放大电路的输出端看进去的等效电阻。它定义为输出端的开路电压 $\dot{U}_{oc}$与输出端的短路电流 $\dot{I}_{sc}$之比，即

$$r_o = \frac{\dot{U}_{oc}}{\dot{I}_{sc}}$$

如果输入是正弦交流信号，用$U'_o$表示空载时的输出电压有效值，用$U_o$表示带负载时的输出电压有效值，则 $U_o$ 与 $U'_o$ 之间的关系为

$$U_o = \frac{R_L}{r_o + R_L} U'_o$$

因此输出电阻为

$$r_o = \left(\frac{U'_o}{U_o} - 1\right) R_L \tag{7-8}$$

放大电路的输出信号要送给负载，因此放大电路的输出信号就是负载的信号源，而放大电路的输出电阻就是这个信号源的内阻，如图 7-8 所示。所以放大电路的输出电阻越小，送

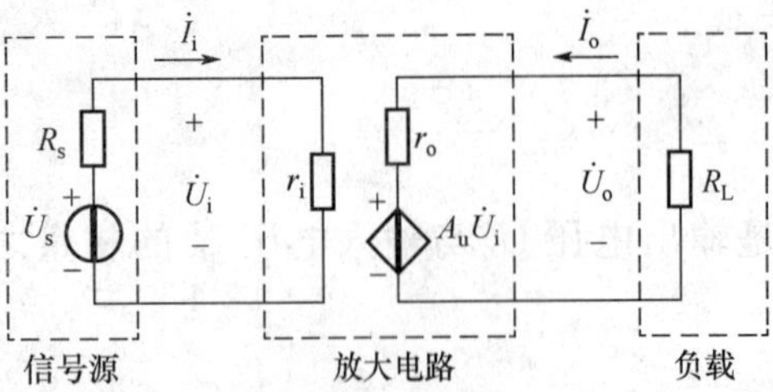


图 7-8 放大电路的输入电阻和输出电阻

到负载的信号就越大，同时当负载变化所引起的输出电压的变化就越小，因此带负载能力就越强。

4. 放大电路的通频率带

在对晶体管放大电路进行交流分析时，要考虑整个频率范围内放大电路对输入信号的放大能力。放大电路的电压放大倍数 $A_u$ 与频率 $f$ 之间的关系称为放大电路的频率特性；电压放大倍数的模 $|A_u|$ 与频率 $f$ 之间的关系称为放大电路的幅频特性；电压放大倍数的相位 $\varphi$ 与频率 $f$ 之间的关系称为放大电路的相频特性。其频率特性如图 7-9 所示。

从放大电路的幅频特性中可以看出，在中频范围内放大电路的电压放大倍数比较高，这是因为在中频段耦合电容可以忽略，晶体管的极间电容也可以不考虑。而在低频段和高频段电压放大倍数较中频段的放大倍数会降低，这是由于在低频段耦合电容的容抗不能忽略，它会使输入信号有一个衰减，因此放大倍数会降低；在高频段晶体管极间电容不能忽略，使晶体管的电流放大系数 $\beta$ 减小，这也会使放大倍数降低。由于电容的容抗是频率的函数，所以放大电路的放大倍数也是频率的函数。

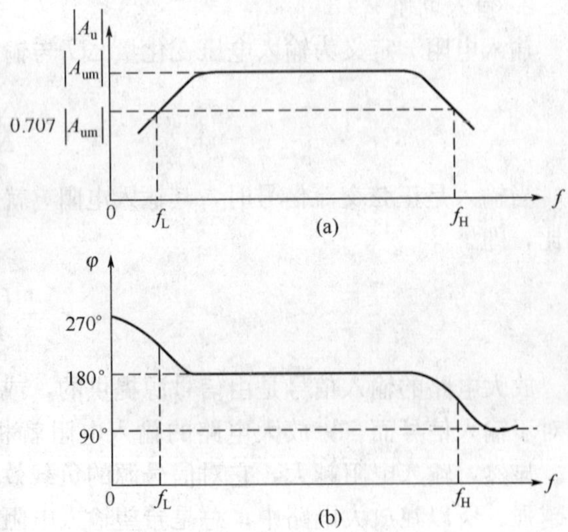


图 7-9 放大电路的频率特性

(a) 幅频特性；(b) 相频特性

通常将因频率变化而使电压放大倍数下降到中频电压放大倍数 $|A_{um}|$ 的 $1/\sqrt{2}$ 时所对应的频率称为截止频率。在低频段的截止频率叫做低频截止频率 $f_L$，也叫下限截止频率；在高频段的截止频率叫做高频截止频率 $f_H$，也叫上限截止频率，如图 7-9 所示。

（二）放大电路的交流小信号模型分析法

因为晶体管是非线性器件，从而使得对晶体管放大电路的分析变得复杂。在分析晶体管放大电路时，主要是处理好晶体管。晶体管放大电路的交流分析也有两种方法：一种是图解法；另一种是小信号模型法，也叫微变等效电路法。图解法一般用作放大电路的定性分析或对大信号放大电路的分析，而微变等效电路法主要用于小信号放大电路的分析。本节只介绍微变等效电路分析法。

1. 晶体管的简化小信号模型

晶体管是一个非线性器件，但从其输入和输出特性曲线可以看出，当晶体管的电流和电压变化很小时，就可以将特性曲线分段线性化。所以当放大电路的输入信号很小时，就可以把晶体管在静态工作点附近的变化近似地看作是一个线性器件，并由此给晶体管建立一个小信号模型，这样就可以用线性电路的分析方法进行分析了。

从晶体管的基极—发射极两端看，其基极电流 $i_B$ 与发射结电压 $u_{BE}$ 之间的关系就可以用晶体管的输入特性曲线来描述。当晶体管的基极电流 $i_B$ 和发射结电压 $u_{BE}$ 在静态工作点附近做微小的变化时，其变化量 $\Delta i_B$（即 $i_b$）与 $\Delta u_{BE}$（即 $u_{be}$）之间的关系就可以近似地看作是线性关系，如图 7-10（a）所示。因此基极与发射极之间就可以用一个交流电阻来代替，这个交流电阻被称作发射结电阻 $r_{be}$，如图 7-10（b）所示。其定义是

$$r_{be}=\frac{\Delta u_{BE}}{\Delta i_B}=\frac{u_{be}}{i_b}$$

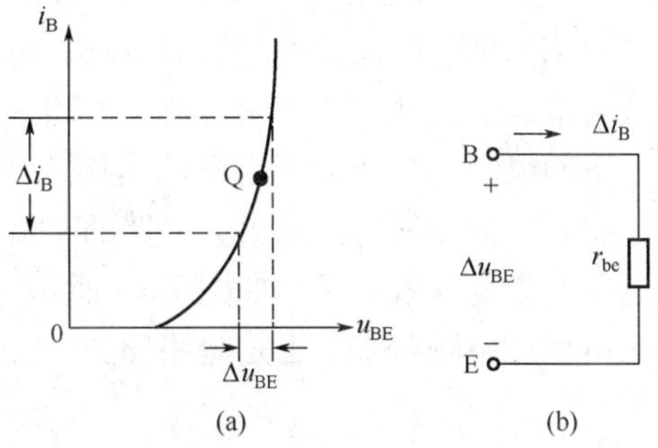


图 7-10 晶体管的输入特性曲线与等效电路

（a）输入特性曲线；（b）等效电路

可见，$r_{be}$ 的大小就等于晶体管输入特性曲线在静态工作点处的斜率的倒数。对于同一型号的晶体管，静态工作点不同，$r_{be}$ 的大小也不同。对于低频小功率晶体管而言，常用式（7-9）求 $r_{be}$ 的值，即

$$r_{be}=r_{bb'}+(1+\beta)\frac{U_T}{I_E} \tag{7-9}$$

式中：$r_{bb'}$ 为基区体电阻，其阻值为 200～300Ω；$U_T$ 为温度电压当量，常温下 $U_T=26\text{mV}$；$\beta$ 为晶体管的电流放大系数；$I_E$ 为晶体管的静态发射极电流。

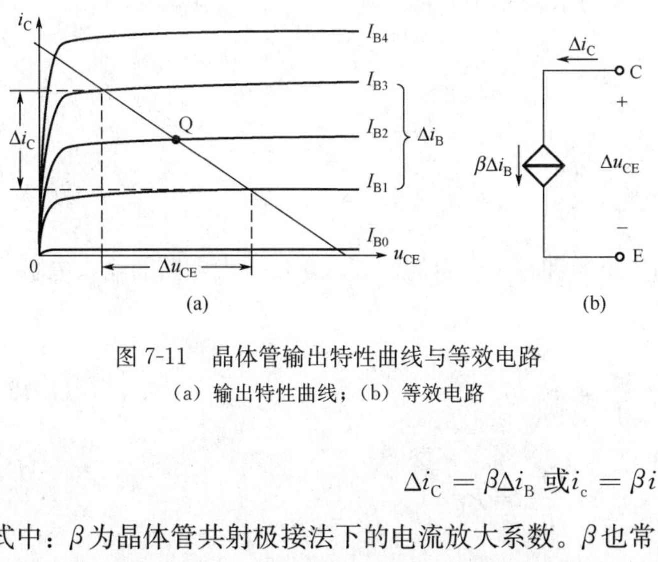


图 7-11 晶体管输出特性曲线与等效电路

（a）输出特性曲线；（b）等效电路

从晶体管的集电极—发射极两端看，集电极电流 $i_C$ 和集—射极电压 $u_{CE}$ 之间的关系可以用晶体管共射极状态下的输出特性来表示。如果晶体管工作在放大区，则输出特性曲线是一组与横轴近似平行的直线，这说明在静态工作点附近，$i_C$ 的变化量 $\Delta i_C$（即 $i_c$）几乎与 $u_{CE}$ 的变化量 $\Delta u_{CE}$（即 $u_{ce}$）没有关系，$\Delta i_C$ 仅仅与 $\Delta i_B$ 有关，如图 7-11（a）所示，且有

$$\Delta i_C=\beta\Delta i_B \text{ 或 } i_c=\beta i_b \tag{7-10}$$

式中：$\beta$ 为晶体管共射极接法下的电流放大系数。$\beta$ 也常常被表示为 $h_{fe}$，这是晶体管 h 参数等效电路的表示法，在晶体管手册中也用这种表示方法。

所以晶体管集电极—发射极两端的等效电路可以用一个受控电流源来表示，如图 7-11（b）所示。

把前面讨论的基极—发射极端口和集电极—发射极端口的等效电路综合到一起，就是晶体管的简化微变等效电路，如图 7-12 所示。需要说明的是，晶体管简化微变等效电路只适用于晶体管工作在放大区、输入是交流小信号的情况下，用于交流参数的分析与计算。用晶体管的简化微变等效电路代替晶体管，就可以用线性电路的分析方法来分析放大电路，这会使放大电路的分析变得简单。

2. 放大电路的交流小信号模型分析方法

利用晶体管的简化微变等效电路，可以很容易地画出放大电路的微变等效电路，然后利用放大电路的微变等效电路对放大电路进行交流分析，求出放大电路的交流参数。

下面以图 7-1（b）所示电路为例，介绍放大电路的交流小信号模型分析方法。

（1）根据前面讨论的放大电路的交流通路和晶体管的微变等效电路的画法，可以画出放大电路的微变等效电路，如图 7-13 所示，在画交流微变等效电路时，直流电源对地是短路的，电容在中频状态下也是短路的。

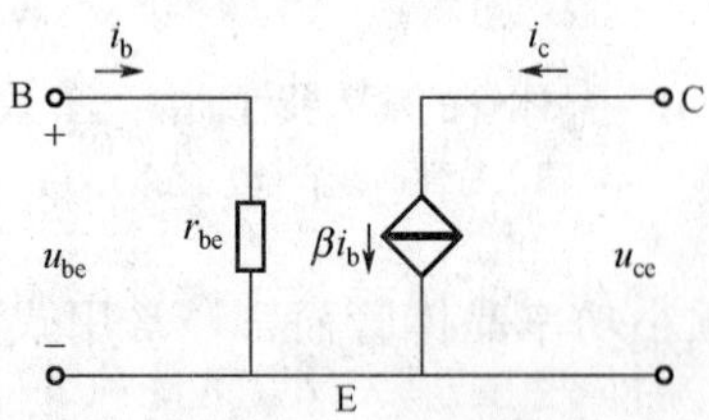


图 7-12 晶体管简化微变等效电路

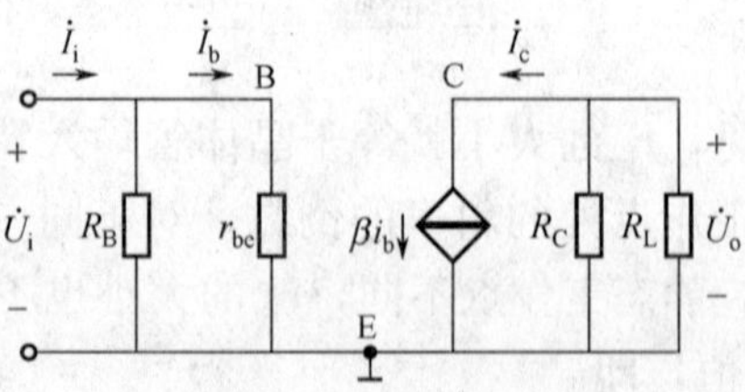


图 7-13 放大电路的微变等效电路

（2）利用放大电路的微变等效电路求电压放大倍数 $A_u$。因为

$$\dot{U}_i = \dot{I}_b r_{be}$$

$$\dot{U}_o = -\dot{I}_c R'_L = -\beta \dot{I}_b R'_L$$

$$R'_L = R_C \,//\, R_L$$

所以

$$A_u = \frac{\dot{U}_o}{\dot{U}_i} = -\beta \frac{R'_L}{r_{be}} \tag{7-11}$$

（3）根据前面讨论的放大电路输入电阻和输出电阻的定义，求出放大电路的输入电阻 $r_i$ 和输出电阻 $r_o$，即

$$r_i = \frac{\dot{U}_i}{\dot{I}_i} = R_B \,//\, r_{be} \approx r_{be} \tag{7-12}$$

$$r_o = \frac{\dot{U}_{oc}}{\dot{I}_{sc}} = R_C \tag{7-13}$$

式中：$\dot{U}_{oc}$ 为放大电路输出端的交流开路电压；$\dot{I}_{sc}$ 为放大电路中输出端的短路电流。

**【例 7-2】** 在图 7-1（b）所示放大电路中，已知 $U_{CC} = 12V$，$R_B = 300k\Omega$，$R_C = 4k\Omega$，$R_L = 4k\Omega$，$\beta = 37.5$，求此放大电路的电压放大倍数 $A_u$、输入电阻 $r_i$ 和输出电阻 $r_o$。

**解**：该放大电路的静态工作点已经在［例 7-1］中求出，其中 $I_C = 1.5mA \approx I_E$，所以

$$r_{be} = 300 + (1+\beta)\frac{U_T}{I_E} = 300 + (1+37.5)\times\frac{26}{1.5} = 967(\Omega) \approx 0.97(k\Omega)$$

$$R'_L = R_L \,//\, R_C = 2k\Omega$$

$$A_u = -\beta \frac{R'_L}{r_{be}} = -37.5 \times \frac{2}{0.97} = -77.3$$

$$r_i = R_B \mathbin{/\!/} r_{be} \approx r_{be} = 0.97\text{k}\Omega$$

$$r_o = R_C = 4\text{k}\Omega$$

## 第三节 静态工作点稳定电路

### 一、温度对静态工作点的影响

本章第二节介绍的基本共射极放大电路具有电路结构简单、电压放大倍数比较高的特点，但这种放大电路也有很大的缺点。例如，电路中的静态工作点受环境的影响很大，尤其当环境温度发生变化时，将会引起晶体管的参数发生变化，导致放大电路静态工作点的移动，这种现象叫做静态工作点的漂移。在图 7-1（b）所示的放大电路中，当温度升高时，晶体管的参数 $\beta$ 和 $I_{CEO}$ 都将增大，而 $U_{BE}$ 将减小，这些参数的变化都将使集电极电流 $I_C$ 增大，同时使 $U_{CE}$ 减小，静态工作点升高（如图 7-14 所示，静态工作点从 Q 点上升到 $Q_1$ 点）；反之，当温度降低，也会使静态工作点下降。温度的变化会导致放大电路静态工作点的变化，而静态工作点的变化就会直接影响放大电路参数发生变化，甚至会导致输出信号产生失真。当温度升高很多时，会使原来工作在放大状态的放大电路，因静态工作点的升高而进入到饱和状态或接近饱和状态，这样就会在输出信号的负半周使晶体管工作在饱和状态，从而导致输出信号产生失真。因此，稳定静态工作点，对于放大电路来讲是十分重要的。

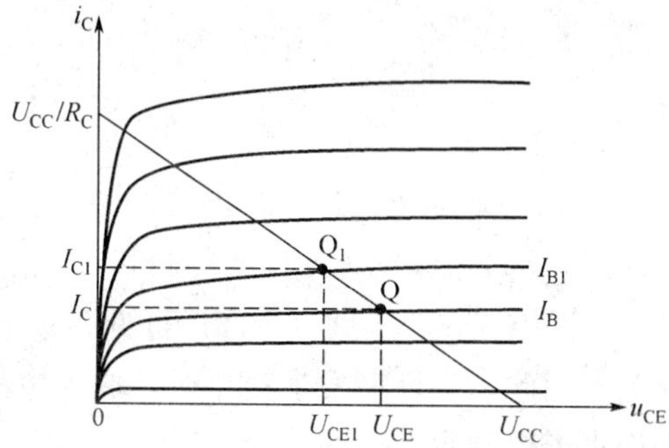

图 7-14 温度变化对静态工作点的影响

### 二、分压式偏置电路

稳定静态工作点关键是要使放大电路中的静态电流 $I_C$ 维持不变。常用的稳定静态工作点电路是如图 7-15 所示的分压式偏置电路。

1. 静态分析

图7-15 所示放大电路的直流通路如图 7-16 所示。从电路中可以看出，电阻 $R_{B1}$ 和 $R_{B2}$ 组成的是一个分压电路，如果适当地选取这两个电阻的阻值，以保证流过电阻 $R_{B1}$ 和 $R_{B2}$ 的电流都远远大于基极电流，那么，流过电阻 $R_{B1}$ 和 $R_{B2}$ 的电流就近似相等，于是基极电位 $V_B$ 为

$$V_B = \frac{R_{B2}}{R_{B1} + R_{B2}} U_{CC} \tag{7-14}$$

显然，基极电位 $V_B$ 与三极管的参数无关，不受外界环境的影响，是一个很稳定的电压。

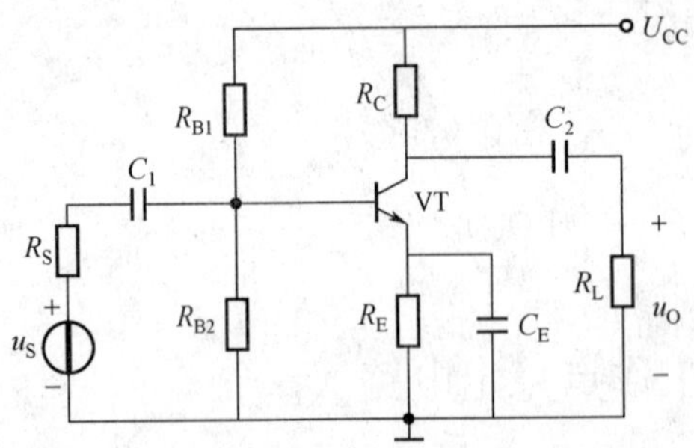

图 7-15　分压式偏置电路

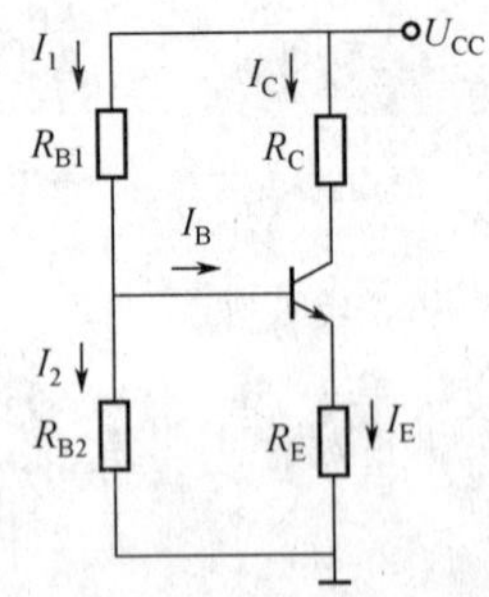

图 7-16　图 7-15 的直流通路

另外，放大电路在发射极又引入了一个电阻 $R_E$，适当地选取电路中的参数使 $V_B \gg U_{BE}$，则有

$$I_C \approx I_E = \frac{V_B - U_{BE}}{R_E} \approx \frac{V_B}{R_E} \tag{7-15}$$

$$U_{CE} \approx U_{CC} - I_C(R_C + R_E) \tag{7-16}$$

$$I_B = \frac{I_C}{\beta} \tag{7-17}$$

从式（7-15）～式（7-17）可见，集电极电流 $I_C$ 和集—射极电压 $U_{CE}$ 都与晶体管的参数无关，因此，在环境发生变化时，放大电路的静态工作点不会发生变化，从而使电路的静态工作点得以稳定。

2. 动态分析

在画交流微变等效电路时，由于旁路电容 $C_E$ 的值一般都很大（与耦合电容的值在同一个数量级），所以 $C_E$ 的交流容抗值很小，一般可以认为 $C_E$ 对交流短路。故图 7-15 所示放大电路的交流微变等效电路如图 7-17 所示。图中 $R_B = R_{B1} // R_{B2}$。

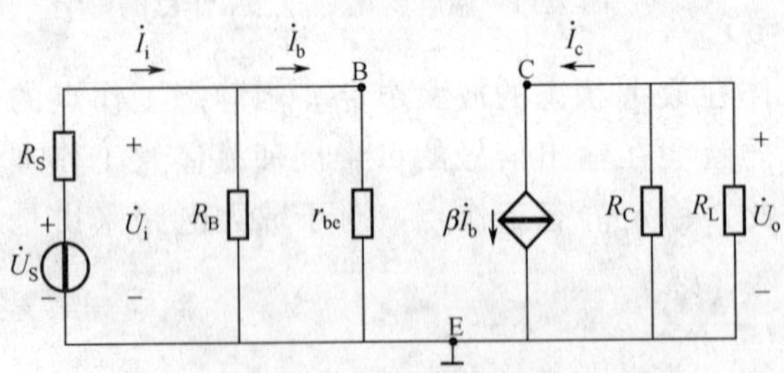

图 7-17　图 7-15 所示电路的微变等效电路

从图 7-17 所示交流微变等效电路可见，分压式偏置放大电路与基本共射极放大电路的微变等效电路是完全相同的（可以比较图 7-13 和图 7-17）。因此，图 7-15 所示分压偏置式放大电路的交流参数 $A_u$、$r_i$、$r_o$ 与基本共射极放大电路的相应参数完全相同，这里不再重复介绍。

**【例 7-3】** 图 7-15 所示电路中，$U_{CC} = 10\text{V}$，$R_{B1} = 39\text{k}\Omega$，$R_{B2} = 10\text{k}\Omega$，$R_C = 3\text{k}\Omega$，$R_E = 1\text{k}\Omega$，$R_L = 3\text{k}\Omega$，$\beta = 50$，试求：(1) 电路的静态工作点。(2) 电压放大倍数 $A_u$，输入电阻 $r_i$，输出电阻 $r_o$。(3) 设信号源内阻 $R_S = 600\Omega$，试求输出电压 $\dot{U}_o$ 对于信号源 $\dot{U}_S$ 的电压放大倍数 $A_{us}$。(4) 如果断开旁路电容 $C_E$，试画出交流小信号等效电路图，并求出电压放大倍数 $A_u$、输入电阻 $r_i$ 和输出电阻 $r_o$。

**解：**(1) 根据前面讨论的求解静态工作点的方法，可以求得该放大电路的静态工作点如下：

$$V_B = \frac{R_{B2}}{R_{B1}+R_{B2}}U_{CC} = \frac{10}{39+10}\times 10\text{V} = 2.04(\text{V})$$

$$I_C \approx I_E = \frac{V_B - U_{BE}}{R_E} = \frac{(2.04-0.7)\text{V}}{1\text{k}\Omega} = 1.34(\text{mA})$$

$$I_B = \frac{I_C}{\beta} = \frac{1.34\text{mA}}{50} = 26.8(\mu\text{A})$$

$$U_{CE} = U_{CC} - I_C(R_C+R_E) = 10 - 1.34\times(3+1) = 4.64(\text{V})$$

（2）该放大电路的微变等效电路如图 7-17 所示，其中 $R_B = R_{B1} /\!/ R_{B2}$，根据此图可求得放大电路的交流参数，即

$$r_{be} = 300 + (1+\beta)\frac{26}{I_E} = 300 + (1+50)\times\frac{26}{1.34} = 1.29(\text{k}\Omega)$$

$$A_u = \frac{\dot{U}_o}{\dot{U}_i} = -\frac{\beta R'_L}{r_{be}} = -\frac{50\times 1.5}{1.29} = -58$$

$$r_i = R_{B1} /\!/ R_{B2} /\!/ r_{be} = R_B /\!/ r_{be} \approx r_{be} = 1.29(\text{k}\Omega)$$

$$r_o = R_C = 3\text{k}\Omega$$

（3）如果放大电路的信号源内阻 $R_S$ 不能忽略，则输出电压对信号源电压的放大倍数为

$$A_{us} = \frac{\dot{U}_o}{\dot{U}_S} = \frac{\dot{U}_o}{\dot{U}_i}\times\frac{\dot{U}_i}{\dot{U}_S} = A_u\frac{r_i}{R_s+r_i} = -58\times\frac{1.29}{0.6+1.29} = -39.6$$

（4）如果断开旁路电容 $C_E$，则对放大电路的直流工作情况没有影响，因此该电路的静态工作点不变。但断开 $C_E$后，对放大电路的交流工作却有很大的影响，其放大电路的微变等效电路如图 7-18 所示。依据此图可求得断开 $C_E$后的交流参数为

$$\dot{U}_o = -\dot{I}_c(R_C /\!/ R_L) = -\beta\dot{I}_b R'_L$$

$$\dot{U}_i = \dot{I}_b r_{be} + \dot{I}_e R_E = \dot{I}_b r_{be} + (1+\beta)\dot{I}_b R_E$$

所以

$$A_u = \frac{\dot{U}_o}{\dot{U}_i} = -\frac{\beta R'_L}{r_{be}+(1+\beta)R_E} = -\frac{50\times 1.5}{1.29+51\times 1} = -1.43$$

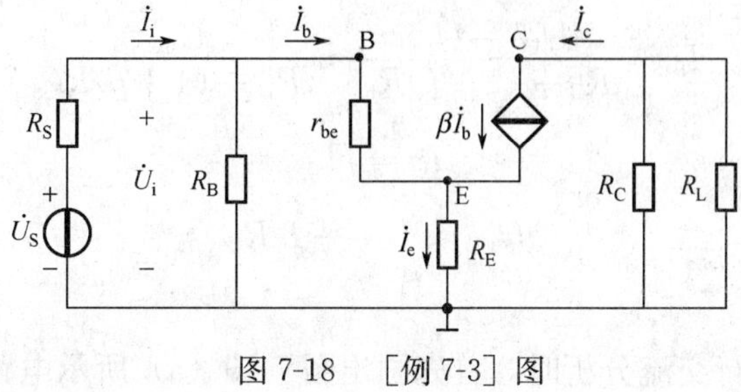


图 7-18　［例 7-3］图

$$r_i = R_B // [r_{be} + (1+\beta)R_E] = R_{B1} // R_{B2} // [r_{be} + (1+\beta)R_E]$$
$$= 39 // 10 // [1.29 + 51 \times 1] = 8 // 52.29 = 6.9(\text{k}\Omega)$$
$$r_o = R_C = 3\text{k}\Omega$$

由［例 7-3］可见，如果信号源内阻不能忽略，则电路的电压增益将会下降。如果断开旁路电容 $C_E$，则会使电压增益下降很多，同时也使输入电阻增大了许多，但对输出电阻没有影响。

## 第四节 射极输出器

第三节讨论的是晶体管共射极放大电路，因为它是以晶体管的发射极作为放大电路的交流公共端，所以被称为共射极放大电路。事实上，晶体管放大电路除了共射极放大电路以外，还有共集电极放大电路和共基极放大电路。本节讨论的射极输出器就是共集电极放大电路，在这种放大电路中，集电极是公共端，输入信号从基极加入，输出信号从发射极供给负载，所以又称为射极输出器。

（一）电路图

图 7-19（a）所示为射极输出器的原理电路图。

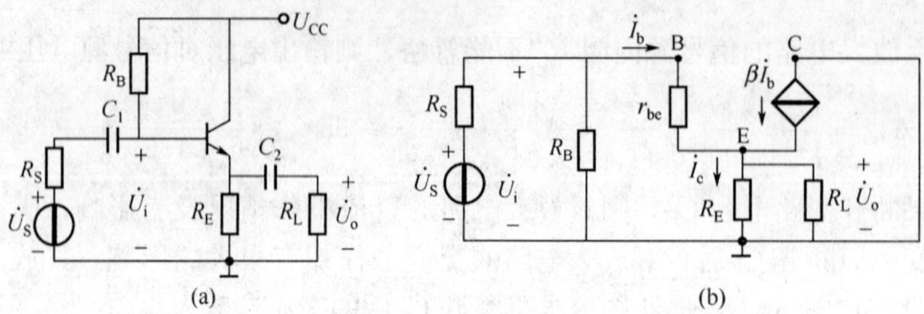

图 7-19 射极输出器的原理电路和微变等效电路

（二）静态分析

在对射极输出器进行直流分析时，令图 7-19（a）所示电路中的电容 $C_1$ 和 $C_2$ 断路，信号源 $\dot{U}_s$ 短路，于是根据 KVL 可得

$$U_{CC} = I_B R_B + U_{BE} + V_E$$

其中，$V_E$ 是晶体管发射极的电位，且 $V_E = I_E R_E = (1+\beta) I_B R_E$，所以求得射极输出器的静态工作点如下：

$$I_B = \frac{U_{CC} - U_{BE}}{R_B + (1+\beta)R_E} \approx \frac{U_{CC}}{R_B + (1+\beta)R_E} \tag{7-18}$$

$$I_C = \beta I_B$$

$$U_{CE} \approx U_{CC} - I_C R_E \tag{7-19}$$

（三）动态分析

在对射极输出器进行交流分析时，首先画出图 7-19（a）所示电路的交流微变等效电路，如图 7-19（b）所示。

1. 电压放大倍数 $A_u$

根据 KVL 可以得到输入回路的电压方程，即

$$\dot{U}_i = \dot{I}_b r_{be} + R'_L(\dot{I}_b + \beta\dot{I}_b)$$

其中，$R'_L = R_E \mathbin{/\!/} R_L$。

根据 KVL 可以得到输出回路的电压方程，即

$$\dot{U}_o = R'_L(\dot{I}_b + \beta\dot{I}_b) = R'_L(1+\beta)\dot{I}_b$$

于是可求出射极输出器的电压放大倍数为

$$A_u = \frac{\dot{U}_o}{\dot{U}_i} = \frac{(1+\beta)R'_L}{r_{be}+(1+\beta)R'_L} \tag{7-20}$$

在式（7-20）中，一般情况下总会满足 $(1+\beta)R'_L >> r_{be}$，所以

$$A_u \approx 1 \tag{7-21}$$

即

$$\dot{U}_o \approx \dot{U}_i \tag{7-22}$$

式（7-22）说明射极输出器的输出电压与输入电压在大小上近似相等、相位相同，因此射极输出器又常常被称为射极电压跟随器，表示这种电路的输出电压与输入电压相等。

2. 输入电阻 $r_i$

根据输入电阻的定义可得

$$r_i = \frac{\dot{U}_i}{\dot{I}_i} = R_B \mathbin{/\!/} [r_{be}+(1+\beta)R'_L]$$

由于 $(1+\beta)R'_L >> r_{be}$ 且 $\beta >> 1$，所以输入电阻为

$$r_i \approx R_B \mathbin{/\!/} \beta R'_L \tag{7-23}$$

从式（7-23）可见射极输出器与前面讨论的共射极放大电路和工作点稳定的放大电路相比，射极输出器的输入电阻要高得多。

3. 输出电阻 $r_o$

根据输出电阻的定义，可用图 7-20 所示电路图来求输出电阻。因为

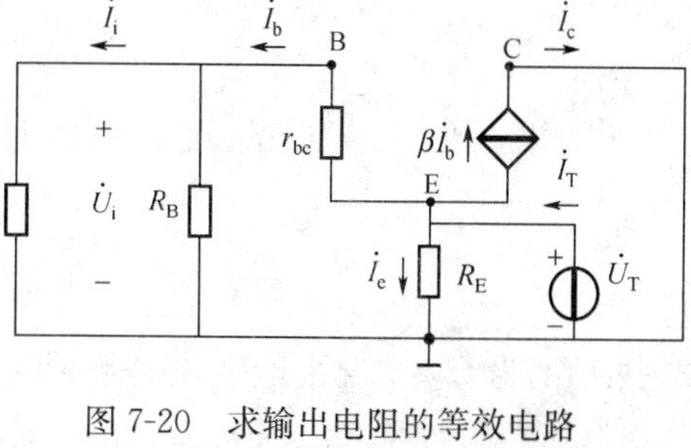


图 7-20 求输出电阻的等效电路

$$r_o = \frac{\dot{U}_T}{\dot{I}_T} = \frac{\dot{U}_T}{\dot{I}_e+\dot{I}_b+\dot{I}_c} = \frac{\dot{U}_T}{\dot{I}_e+(1+\beta)\dot{I}_b} = \frac{1}{\dfrac{\dot{I}_e}{\dot{U}_T}+\dfrac{(1+\beta)\dot{I}_b}{\dot{U}_T}} = \frac{1}{\dfrac{1}{R_E}+\dfrac{(1+\beta)}{r_{be}+R'_S}}$$

所以

$$r_o = R_E \mathbin{/\!/} \frac{r_{be}+R'_S}{1+\beta}$$

$$R'_S = R_S \mathbin{/\!/} R_B$$

一般情况下都会满足 $R_E \gg \dfrac{r_{be}+R'_S}{1+\beta}$，所以

$$r_o \approx \frac{r_{be}+R'_S}{1+\beta} \tag{7-24}$$

从式（7-24）可见，射极输出器的输出电阻很小，要远远小于共射极放大电路的输出电阻。由前面的讨论可知，射极电压跟随器的电压增益小于1但接近于1，输出电压与输入电压相位相同，且输入电阻很大，输出电阻很小；它还具有电流放大作用，输出电流 $\dot{I}_e$ 比输入电流 $\dot{I}_b$ 放大了 $1+\beta$ 倍，因此在实际中得到了广泛应用。由于具有输入电阻高、输出电阻低的优点，射极输出器常在多级放大电路中起到缓冲的作用，以便使它的前、后两级放大电路的信号得到有效地放大。

## 第五节 共源极放大电路

与晶体管相比场效应管具有输入电阻高、内部噪声低的优点，所以在集成运算电路中经常把由场效应管组成的放大电路作为第一级，以提高集成电路的性能。其中最常用的就是共源极放大电路。

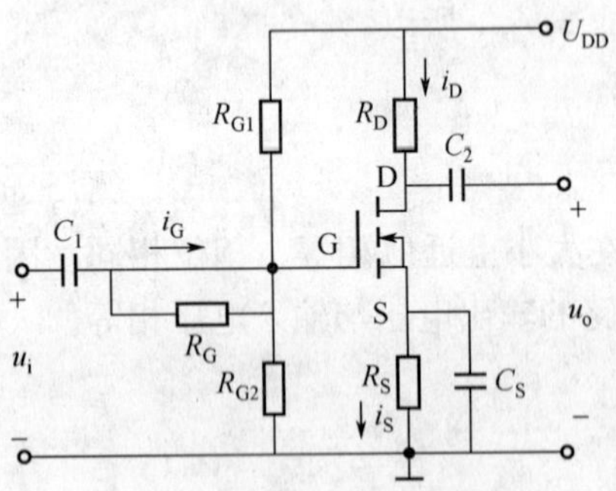

图 7-21 共源极放大电路

图 7-21 所示为由 NMOS 组成的共源极放大电路，下面通过对这个电路进行分析，使大家掌握场效应管放大电路的分析方法。

### 一、直流分析

与前面讨论的晶体管放大电路的分析方法一样，在进行直流分析时，把放大电路中的电容视为断路，于是可以通过式（7-25）～式（7-28）计算出该放大电路的静态工作点，即

$$V_G = \frac{R_{G2}}{R_{G1}+R_{G2}}U_{DD} \tag{7-25}$$

$$U_{GS} = V_G - I_D R_S = \frac{R_{G2}}{R_{G1}+R_{G2}}U_{DD} - I_D R_S \tag{7-26}$$

$$I_D = I_{DO}\left[\frac{U_{GS}}{U_{GS(th)}}-1\right]^2 \tag{7-27}$$

式中：$I_{DO}$ 为 $U_{GS}$ 情况下产生预夹断时的 $I_D$，称为饱和漏极电流。

$$U_{DS} = U_{DD} - I_D(R_D + R_S) \tag{7-28}$$

通过前面对放大电路静态工作点的讨论可知，改变放大电路中偏置电阻的阻值，就可以改变偏压 $U_{GS}$ 和 $U_{DS}$ 的值，因此就可以根据不同类型的场效应管来确定 $U_{GS}$ 的值为正或为负。

### 二、交流分析

在对放大电路进行交流分析时，要首先求出场效应管的简化微变模型。

1. 场效应管的简化微变模型

对于图 7-22 所示的场效应管，应首先确定场效应管的输入端等效电路。由于场效应管的栅极与源极之间是绝缘的，因此栅、源极之间的电阻很大，且栅极与源极之间的电容在低频状态下的容抗也很大，所以栅极与源极之间可以近似地认为是开路的。

然后确定场效应管的输出端等效电路。如前所述场效应管在恒流状态下工作时，其漏极电流是受控于栅极与源极之间电压 $u_{GS}$ 的，二者之间的关系为

$$i_D = I_{DO}\left[\frac{u_{GS}}{U_{GS(th)}} - 1\right]^2$$

如果场效应管工作在放大状态，可以忽略漏极与源极之间电压 $u_{DS}$ 对漏极电流 $i_D$ 的影响，则漏极与源极之间就可以用一个电压控制电流源代替，即漏极电流 $i_D$ 受控于栅极与源极之间电压 $u_{GS}$，其控制能力用参数跨导 $g_m$ 来表示。$g_m$ 定义为漏极电流 $i_D$ 的变化量与栅极与源极之间电压 $u_{GS}$ 的变化量之比，即

$$g_m = \frac{\Delta i_D}{\Delta u_{GS}} \tag{7-29}$$

事实上，跨导 $g_m$ 就是场效应管转移特性曲线在静态工作点附近的斜率，如图 7-22（b）所示。因此跨导 $g_m$ 就定义为

$$g_m = \frac{\partial i_D}{\partial u_{GS}} = \frac{2I_{DO}}{U_{GS(th)}}\left[\frac{u_{GS}}{U_{GS(th)}} - 1\right] = \frac{2}{U_{GS(th)}}\sqrt{I_{DO} i_D} \tag{7-30}$$

因为跨导 $g_m$ 是定义在静态工作点附近的斜率，所以在交流小信号的作用下，就可以近似地用静态工作点的漏极电流 $I_{DQ}$ 来代替 $i_D$，因此得出的表达式为

$$g_m = \frac{2}{U_{GS(th)}}\sqrt{I_{DO} I_{DQ}} \tag{7-31}$$

把前面讨论的栅极与源极、漏极与源极之间的关系综合在一起，就得到了场效应管的简化交流微变模型，如图 7-22（c）所示。

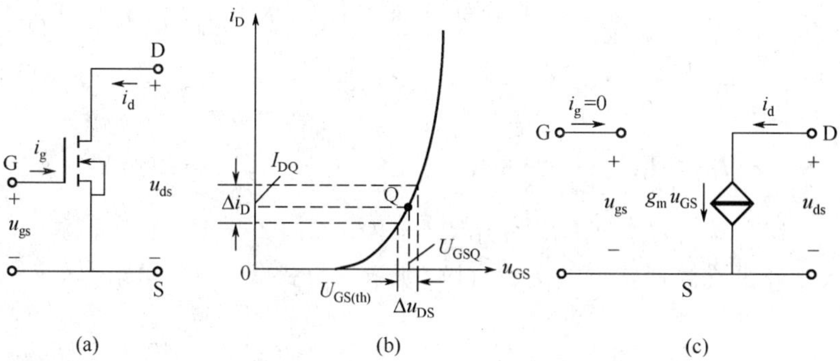


图 7-22 场效应管简化微变模型

2. 场效应管交流微变等效电路分析法

在对场效应管放大电路进行交流分析时，首先要根据前面讨论的求晶体管放大电路的交流等效电路的方法和场效应管交流微变模型，求出场效应管放大电路的交流等效电路，然后再对场效应管放大电路进行交流分析。

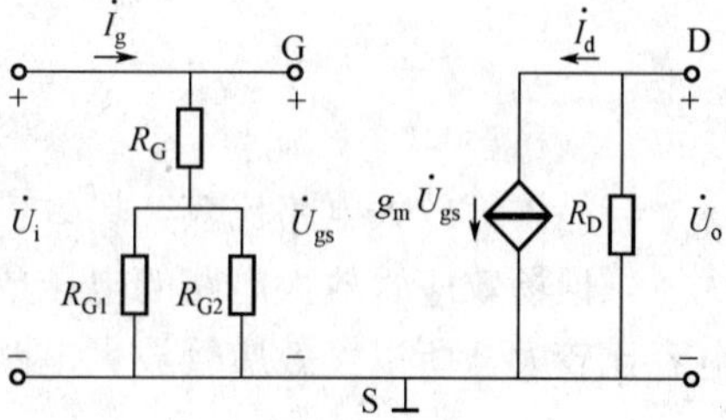


图 7-23 图 7-21 所示场放大电路的交流等效电路

图 7-21 所示场效应管放大电路的交流微变等效电路如图 7-23 所示。根据该微变等效电路可以求出场效应管放大电路的交流参数如下：

电压放大倍数

$$A_u = \frac{\dot{U}_o}{\dot{U}_i} = \frac{-\dot{I}_d R_D}{\dot{U}_{gs}} = -\frac{g_m \dot{U}_{gs} R_D}{\dot{U}_{gs}} = -g_m R_D \tag{7-32}$$

输入电阻

$$r_i=\frac{\dot{U}_i}{\dot{I}_g}=R_G+\frac{R_{G1}R_{G2}}{R_{G1}+R_{G2}} \tag{7-33}$$

输出电阻

$$r_o=\frac{\dot{U}_o}{\dot{I}_d}=R_D \tag{7-34}$$

**【例 7-4】** 场效应管放大电路如图 7-24（a）所示，已知 $I_{DO}=2mA,U_{GS(th)}=2V,U_{DD}=10V,R_{G1}=60k\Omega,R_{G2}=40k\Omega,R_D=3k\Omega$。(1) 试计算静态工作点 $I_{DQ}$、$U_{GSQ}$ 和 $U_{DSQ}$ 的值。(2) 进行交流分析，求出电压增益 $A_u$ 和输出电阻 $R_o$ 的值。

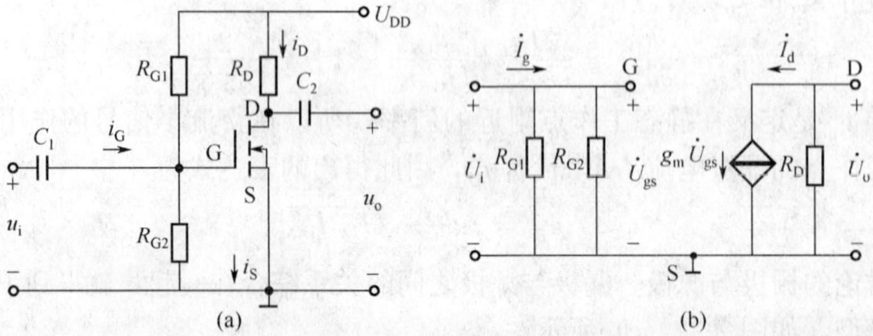


图 7-24 ［例 7-4］图

**解：**(1) $U_{GS}=\frac{R_{G2}}{R_{G1}+R_{G2}}U_{DD}=\frac{40}{40+60}\times10=4(V)$

$$I_D=I_{DO}\left[\frac{U_{GS}}{U_{GS(th)}}-1\right]^2=2\times\left(\frac{4}{2}-1\right)^2=2(mA)$$

$$U_{DS}=U_{DD}-I_DR_D=10-2\times3=4(V)$$

(2) 放大电路的交流通路如图 7-24（b）所示。由式（7-31）可求得

$$g_m=\frac{2}{U_{GS(th)}}\sqrt{I_{DO}I_{DQ}}=\frac{2}{2}\times\sqrt{2\times2}=2(ms)$$

$$A_u=\frac{\dot{U}_o}{\dot{U}_i}=-g_mR_D=-2\times3=-6$$

$$R_o=R_D=3k\Omega$$

与晶体管放大电路比较，场效应管放大电路具有输入电阻高、温度稳定性好和噪声低等优点，但场效应管放大电路的电压放大倍数低，只有几倍到十几倍，并且由于场效应管的结电容比较大，所以场效应管放大电路的高频响应不太好。

## 第六节 功 率 放 大 电 路

功率放大电路属于大信号放大电路，它一般位于多级放大电路的末级，使放大电路能够输出一定的功率，以利于驱动负载。

由于输入信号大，所以功率放大电路的动态工作范围比较大，容易产生失真，且功率放大电路的内部功耗也比较大，所以功率放大器要求在不失真的前提下输出尽可能大的功率，同时要提高放大电路的效率，即输出尽可能大的功率、减小功率放大电路的内部功耗。

## 一、功率放大电路的三种工作状态

功率放大电路的工作状态与静态工作点有关，如果静态工作点设置在放大区的中间段，使得晶体管在输出信号的整个周期内都导通，即晶体管的导通时间是一个周期，在一个周期内集电极电流 $i_C>0$，放大电路的这种工作状态被称作甲类工作状态，如图 7-25（a）所示。而如果把放大电路的静态工作点设置在晶体管的放大区的较低段，使得晶体管在正半周时导通，负半周时在信号较小时导通、信号较大时截止，即晶体管的导通时间超过半个周期、小于一个周期，这种工作状态被称作甲乙类工作状态，如图 7-25（b）所示。如果把放大电路的静态工作点设置在截止区，则在输入信号的正半周晶体管是导通的，而在输入信号的负半周晶体管是截止的，即晶体管的导通时间只有半个周期，这种工作状态被称作乙类工作状态，如图 7-25（c）所示。

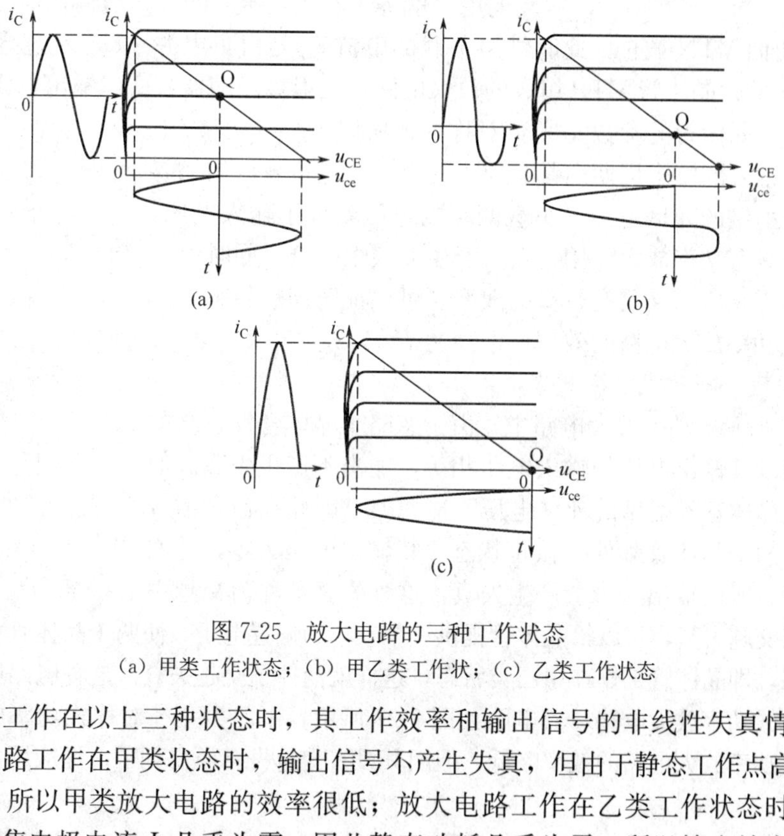


图 7-25 放大电路的三种工作状态

（a）甲类工作状态；（b）甲乙类工作状；（c）乙类工作状态

放大电路工作在以上三种状态时，其工作效率和输出信号的非线性失真情况是不相同的。当放大电路工作在甲类状态时，输出信号不产生失真，但由于静态工作点高，静态集电极电流 $I_C$大，所以甲类放大电路的效率很低；放大电路工作在乙类工作状态时，静态工作点低，静态时集电极电流 $I_C$几乎为零，因此静态功耗几乎为零，所以输出效率很高。可以证明，理想情况下乙类状态下放大电路的效率可达 78.5%，但放大电路的输出却产生了很大的失真。而工作在甲乙类状态时的放大电路，其效率比甲类高，但比乙类低，输出也会产生非线性失真。

## 二、互补对称式功率放大电路

通过前面的讨论可知，放大电路工作在乙类状态下，效率虽高，但输出却产生非线性失真，为解决这个矛盾，可以用 NPN 型晶体管和 PNP 型晶体管共同组成放大电路，这就是

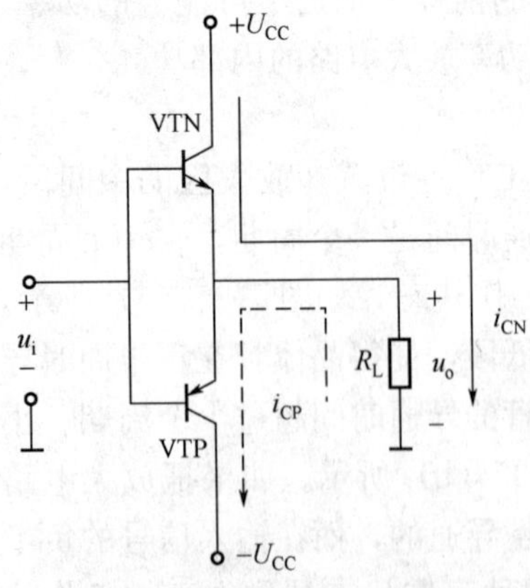


图 7-26 乙类互补对称式功率放大电路

互补对称式功率放大电路。

1. 乙类互补对称式功率放大电路

在图 7-26 所示的双电源乙类互补对称式功率放大电路中，通过选择使两个晶体管的参数完全对称（理想状态下），因此静态时两个晶体管的发射极电位为零，这使得两个晶体管在静态时都处于截止状态，其静态功耗为零。当输入信号 $u_i$ 为正半周时，NPN 型晶体管 VTN 的发射极处于正向偏置，而 PNP 型晶体管 VTP 的发射极电压处于反向偏置，所以在输入信号 $u_i$ 的正半周，VTN 导通而 VTP 截止，电流由正电源 $+U_{CC}$ 经过导通的晶体管 VTN 向负载 $R_L$ 供电，负载的电流就等于晶体管的集电极电流 $i_{CN}$，由于晶体管 VTN 组成的是射极跟随器，所以负载两端的电压就等于输入电压。同理，当输入信号 $u_i$ 为负半周时，VTP 导通而 VTN 截止，此时供给负载的电流 $i_{CP}$ 是由负电源 $-U_{CC}$ 经过导通的晶体管 VTP 流向负载的，晶体管 VTP 组成的放大电路也是射极跟随器，所以输出电压也等于输入电压。因为两个晶体管的参数是完全对称的，所以 $i_{CN}=i_{CP}$。综上所述，在输入信号的整个周期内都有放大的电流流过负载，如果忽略晶体管的发射结的死区电压，负载两端的电压就等于输入电压，因此该电路既具有功率放大作用，又不产生非线性失真，同时由于其静态功耗为零，所以又具有较高的效率。可以证明理想状态下乙类互补对称式功率放大电路的效率可以高达 78.5%。

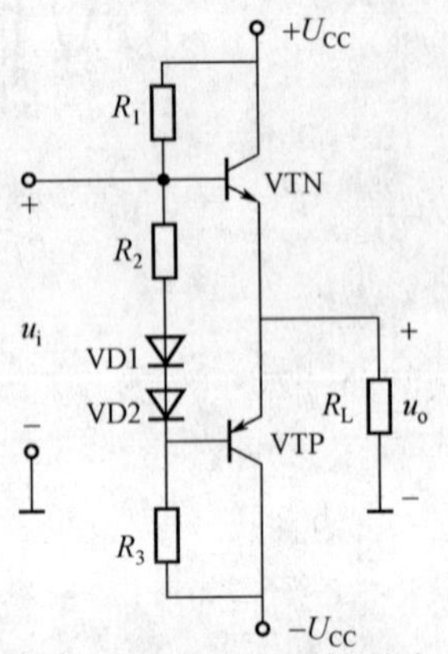


图 7-27 甲乙类互补对称式功率放大电路

2. 甲乙类互补对称式功率放大电路

在图 7-26 所示的功率放大电路中，由于忽略了晶体管发射结的死区电压，所以其输出电压与输入电压相等，输出不产生失真。但实际中，往往晶体管发射结的死区电压不能忽略，因此在输入信号较小时，由于两个晶体管都处于截止状态，其输出电压为零，并不等于输入电压，所以输出信号会产生失真，这种失真被称为交越失真。为了克服交越失真，可以给晶体管提供一个较小的偏置电压，使两个晶体管在静态时都处于微导通状态，即晶体管工作在甲乙类状态，这样就消掉了交越失真。这种电路叫做双电源甲乙类互补对称式功率放大电路，其电路如图 7-27 所示。甲乙类互补对称式功率放大电路比乙类互补对称式功率放大电路的效率略低，但因其没有交越失真而得到了广泛应用。

## 习 题

7-1 晶体管放大电路如图 7-28 所示，$U_{CC}=10V$，$R_C=3k\Omega$，$R_B=200k\Omega$，晶体管的 $\beta=30$。(1) 试用估算法求静态工作点 $I_B$、$I_C$、$U_{CE}$ 的值。(2) 如果通过改变电阻 $R_B$ 的阻值使静态值 $U_{CE}=3V$，求此时 $R_B$ 应该等于多少？

7-2 PNP 型晶体管放大电路如图 7-29 所示，晶体管工作在放大状态和饱和状态时的 $U_{BE}=-0.2V$，如果 $U_{CC}=-12V$，$R_C=3k\Omega$，晶体管的 $\beta=60$。(1) 若使 $I_C=1.5mA$，问 $R_B$

应该调到多大？（2）如果在调整静态工作点时不小心将 $R_B$ 调到零，问对放大电路有没有影响？应该采取怎样的措施预防此类事件的发生？

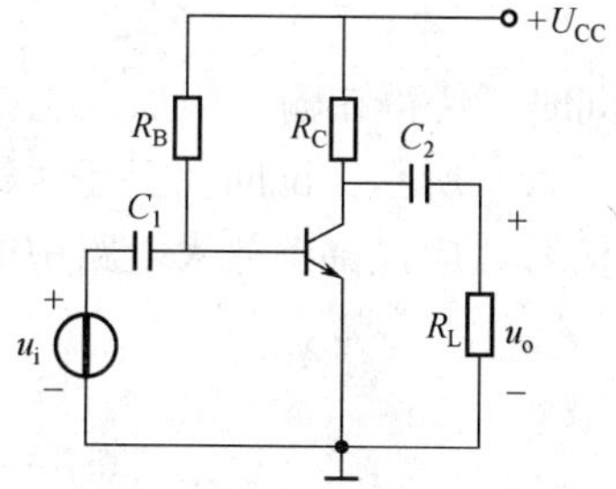

图 7-28 习题 7-1 图

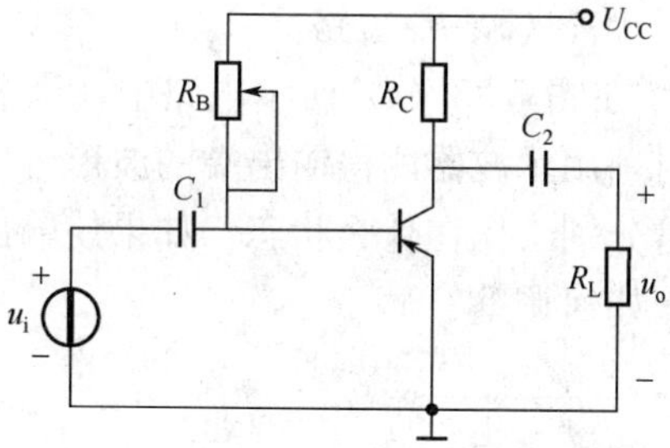

图 7-29 习题 7-2 图

7-3 试分析图 7-30 所示各电路是否能够放大正弦波交流信号，简述理由。

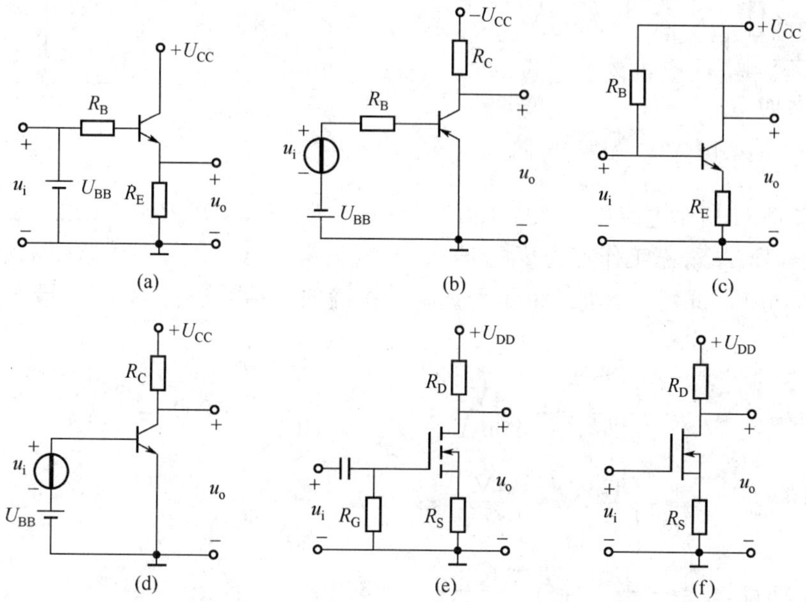

图 7-30 习题 7-3 图

7-4 在图 7-31 所示电路中，已知 $U_{BB}=1V$, $U_{CC}=12V$, $R_B=30k\Omega$, $R_C=3k\Omega$, $R_L=3k\Omega$，晶体管的 $\beta=60$，试求放大电路的静态工作点。

7-5 在图 7-32 所示电路中，已知 $U_{CC}=12V$, $R_{B1}=51k\Omega$, $R_{B2}=3.5k\Omega$, $R_C=5.1k\Omega$,

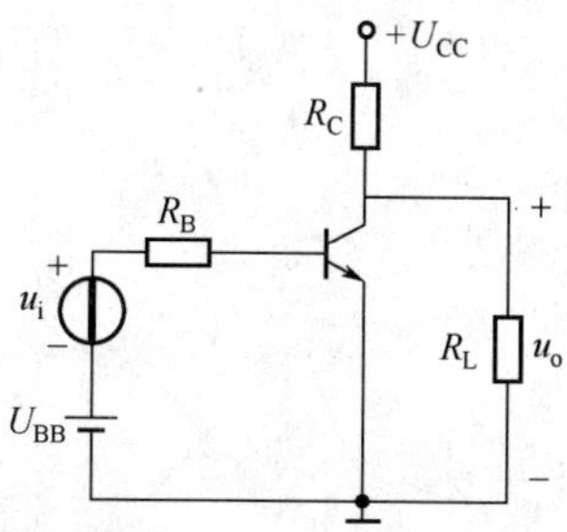

图 7-31 习题 7-4 图

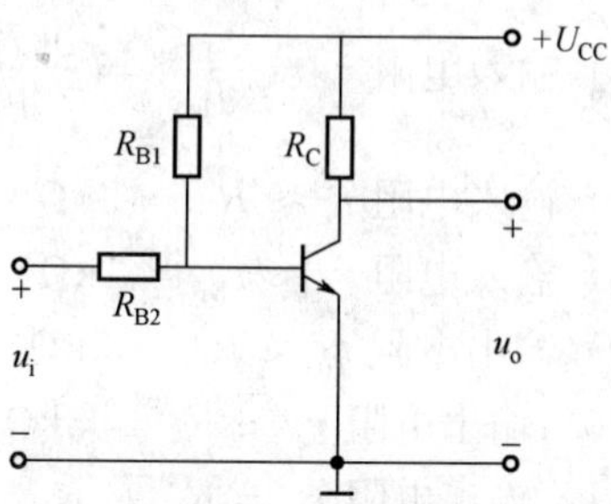

图 7-32 习题 7-5 图

晶体管的$\beta=50$，饱和管压降$U_{CES}=0.3V$。求在下列几种情况下，用直流电压表测量晶体管的集电极电位，其测量值分别是多少？（1）电路连接正常；（2）$R_{B1}$短路；（3）$R_{B1}$开路；（4）$R_{B2}$开路；（5）$R_C$短路。

7-6　在图 7-33（a）所示电路中，当电路中的参数不同时，使得在输入端加入正弦波交流信号时，用示波器测得输出端的波形分别如图 7-33（b）、（c）所示。试问在上述两种情况下晶体管分别工作在什么状态？如果使输出端也为正弦波信号，应该调整放大电路中的哪一个参数，如何调整？

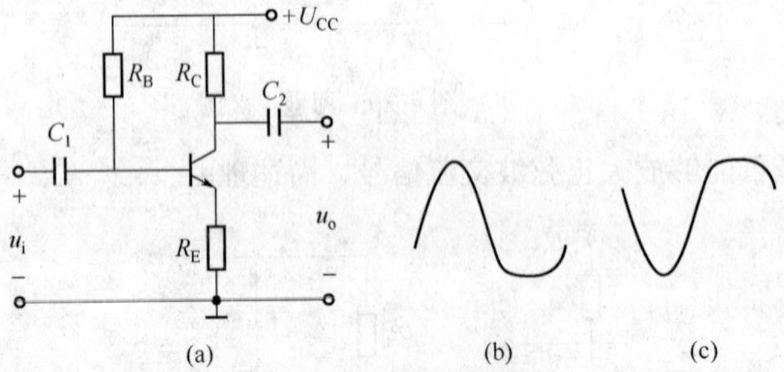


图 7-33　习题 7-6 图

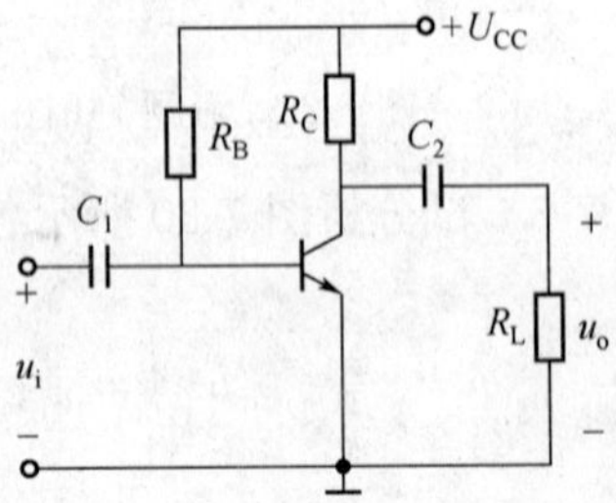


图 7-34　习题 7-7 图

7-7　在图 7-34 所示电路中，已知$R_B=470k\Omega$，$R_C=3k\Omega$，$R_L=3k\Omega$；如果晶体管的$\beta=100$，$r_{be}=1k\Omega$；静态工作点为$U_{BEQ}=0.7V$，$U_{CEQ}=4V$，$I_{BQ}=20\mu A$；输入交流正弦波有效值$U_i=20mV$。试判断下列结果是否正确，正确的在括号内打“√”，错误的在括号内打“×”。

（1）电压增益 $A_u=-\dfrac{U_{CEQ}}{U_i}=-\dfrac{4V}{20mV}=-\dfrac{4}{20\times10^{-3}}=-200$　（　）

（2）电压增益 $A_u=-\dfrac{U_{CEQ}}{U_{BEQ}}=-\dfrac{4V}{0.7V}\approx-5.7$　（　）

（3）电压增益 $A_u=-\dfrac{\beta R_C}{r_{be}}=-\dfrac{100\times3}{1}=-300$　（　）

（4）电压增益 $A_u=-\dfrac{\beta R'_L}{r_{be}}=-\dfrac{100\times1.5}{1}=-150$　（　）

（5）输入电阻 $r_i=\dfrac{U_i}{I_{BQ}}=\dfrac{20mV}{20\mu A}=1k\Omega$　（　）

（6）输入电阻 $r_i=\dfrac{U_{BEQ}}{I_{BQ}}=\dfrac{0.7V}{20\mu A}=35k\Omega$　（　）

（7）输入电阻 $r_i\approx R_B=3k\Omega$　（　）

（8）输入电阻 $r_i\approx r_{be}=1k\Omega$　（　）

（9）输出电阻 $r_o\approx R_C=3k\Omega$　（　）

（10）输出电阻 $r_o\approx R_L=3k\Omega$　（　）

（11）输出电阻 $r_o=R_C\ /\!/\ R_L=1.5k\Omega$　（　）

7-8　如图 7-35 所示电路，已知 $R_B=510\text{k}\Omega$，$R_C=5.1\text{k}\Omega$，$U_{CC}=12\text{V}$，晶体管的 $\beta=50$。试分别计算 $R_L=\infty$ 和 $R_L=5\text{k}\Omega$ 时的静态工作点以及交流电压增益 $A_u$、输入电阻 $r_i$ 和输出电阻 $r_o$ 的值。

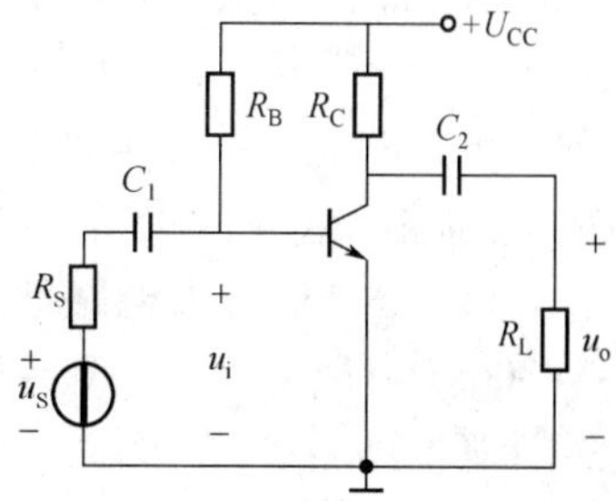

图 7-35　习题 7-8 图

7-9　晶体管放大电路如图 7-36 所示，已知 $U_{CC}=16\text{V}$，$R_{B1}=60\text{k}\Omega$，$R_{B2}=20\text{k}\Omega$，$R_C=3\text{k}\Omega$，$R_E=2\text{k}\Omega$，$\beta=60$。(1) 估算静态工作点 $I_{BQ}$、$I_{CQ}$、$U_{CEQ}$ 的值。(2) 画出放大电路的微变等效电路。(3) 计算电压放大倍数 $A_u$、输入电阻 $r_i$ 和输出电阻 $r_o$。(4) 如果输出波形出现顶部削平失真（示波器与放大电路共地），问晶体管工作在什么状态？为消除这个失真，应该调整电路中哪个参数，如何调整（增大还是减小）？

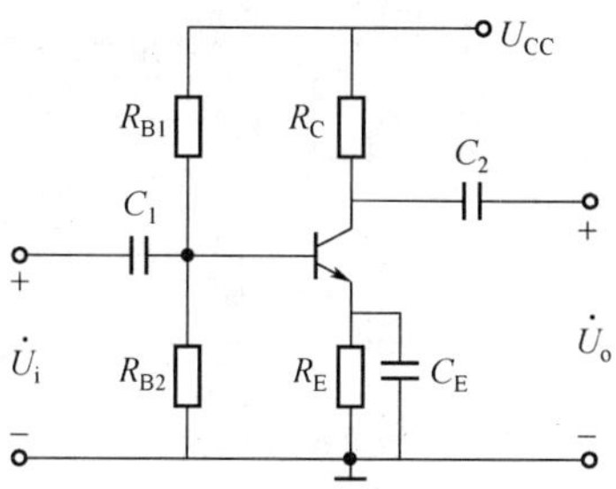

图 7-36　习题 7-9 图

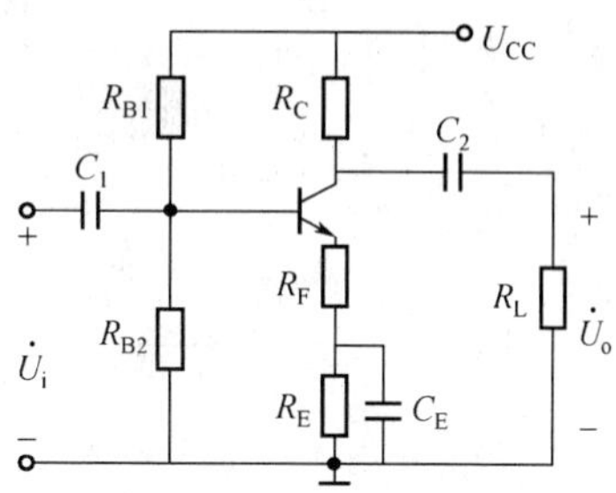

图 7-37　习题 7-10 图

7-10　在图 7-37 所示的晶体管放大电路中，晶体管的 $\beta=100$，$r_{bb'}=100\Omega$；电源电压 $U_{CC}=12\text{V}$；$R_{B1}=25\text{k}\Omega$，$R_{B2}=5\text{k}\Omega$，$R_C=5\text{k}\Omega$，$R_F=100\Omega$，$R_E=1.3\text{k}\Omega$，$R_L=5\text{k}\Omega$，设图中所有电容均可视为交流短路。(1) 估算静态工作点 $I_{BQ}$、$I_{CQ}$、$U_{CEQ}$ 的值（设 $U_{BEQ}=0.6\text{V}$）。(2) 画出放大电路的微变等效电路。(3) 计算电压放大倍数 $A_u$、输入电阻 $r_i$ 和输出电阻 $r_o$。(4) 如果电容 $C_E$ 开路，则将引起电路中的哪些交流参数发生变化？如何变化（增大还是减小）？

7-11　电路如图 7-38 所示，设晶体管的 $\beta=60$，已知 $R_{B1}=20\text{k}\Omega$，$R_{B2}=5\text{k}\Omega$，$R_C=3\text{k}\Omega$，$R_E=1\text{k}\Omega$，$U_{CC}=10\text{V}$。(1) 计算放大电路的静态工作点。(2) 计算电压增益 $A_{u1}=\dfrac{\dot{U}_{o1}}{\dot{U}_i}$ 和 $A_{u2}=\dfrac{\dot{U}_{o2}}{\dot{U}_i}$ 的值。(3) 计算输入电阻 $r_i$ 和输出电阻 $r_{o1}$、$r_{o2}$ 的值。

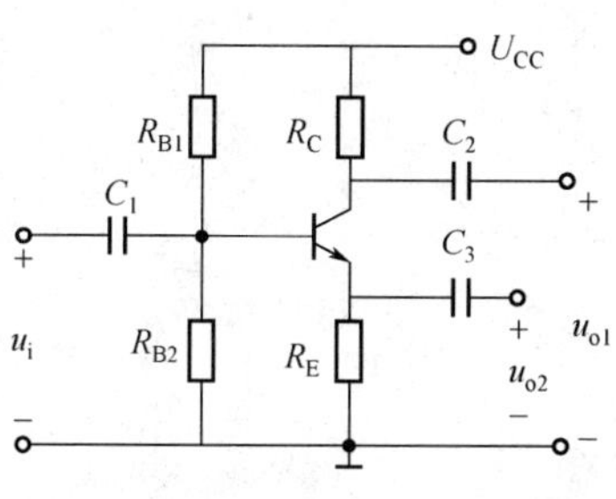

图 7-38　习题 7-11 图

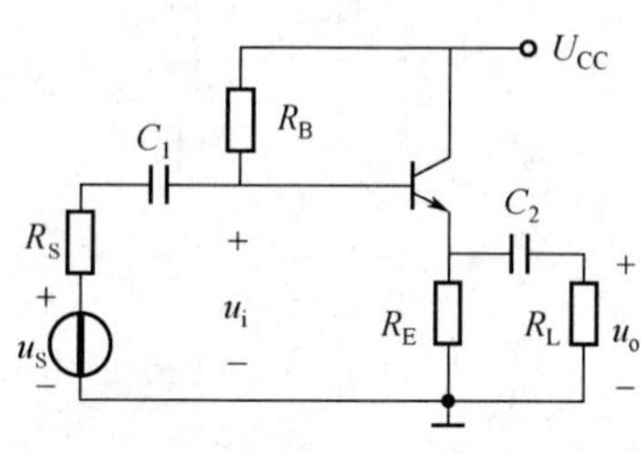

图 7-39　习题 7-12 图

7-12　晶体管共集电极放大电路如图 7-39 所示，已知 $U_{CC}=10V$，$R_B=200k\Omega$，$R_E=5k\Omega$，$R_L=5k\Omega$，$R_S=1k\Omega$。设晶体管的参数为 $\beta=50$，$r_{be}=1k\Omega$。(1) 求静态工作点。(2) 画出放大电路的简化微变等效电路图。(3) 求出电压增益 $A_u$ 的值。(4) 计算放大电路的输入电阻 $r_i$ 和输出电阻 $r_o$ 的值。

7-13　晶体管放大电路如图 7-40 所示，晶体管的 $\beta=60$，$r_{be}=1k\Omega$，已知 $U_{CC}=12V$，$R_B=300k\Omega$，$R_C=3k\Omega$，$R_E=1k\Omega$，$R_L=3k\Omega$，$R_S=1k\Omega$。(1) 求放大电路的静态工作点。(2) 计算电压增益 $A_u$ 及输入电阻 $r_i$ 和输出电阻 $r_o$。(3) 如果 $U_s=5mV$(交流有效值)，求 $U_i$ 和 $U_o$ 的值；如果断开电容 $C_E$，再求 $U_i$ 和 $U_o$ 的值。

7-14　电路如图 7-41 所示，$R_D=10k\Omega$，$R_S=0.5k\Omega$，$R_{G1}=150k\Omega$，$R_{G2}=47k\Omega$，$V_{DD}=10V$，$g_m=1ms$。试求放大电路的电压增益和输入、输出电阻。

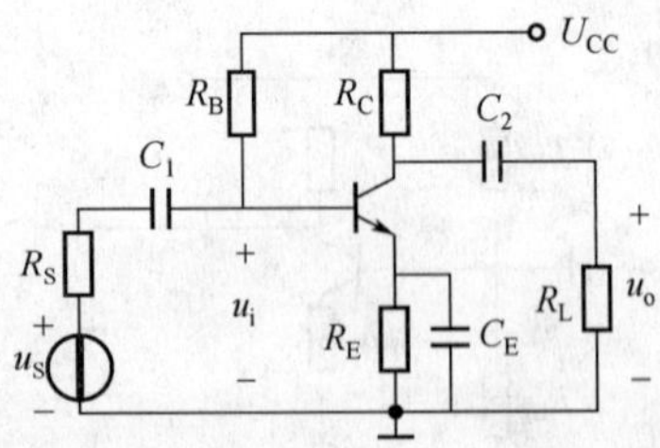

图 7-40　习题 7-13 图

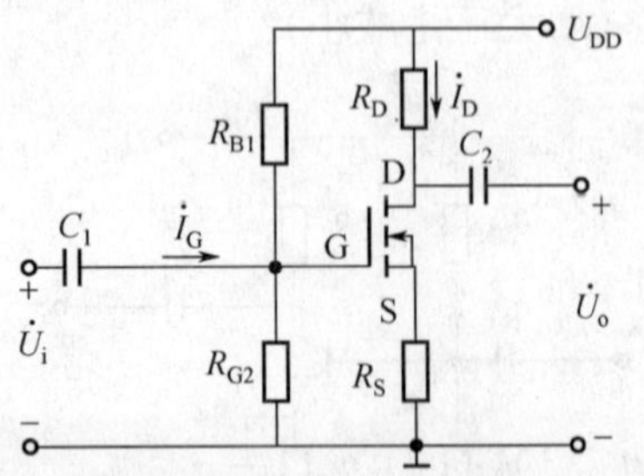

图 7-41　习题 7-14 图

7-15　请改正图 7-42 中由 MOS 管组成的共源极放大电路中的错误，使之能够放大正弦交流信号。

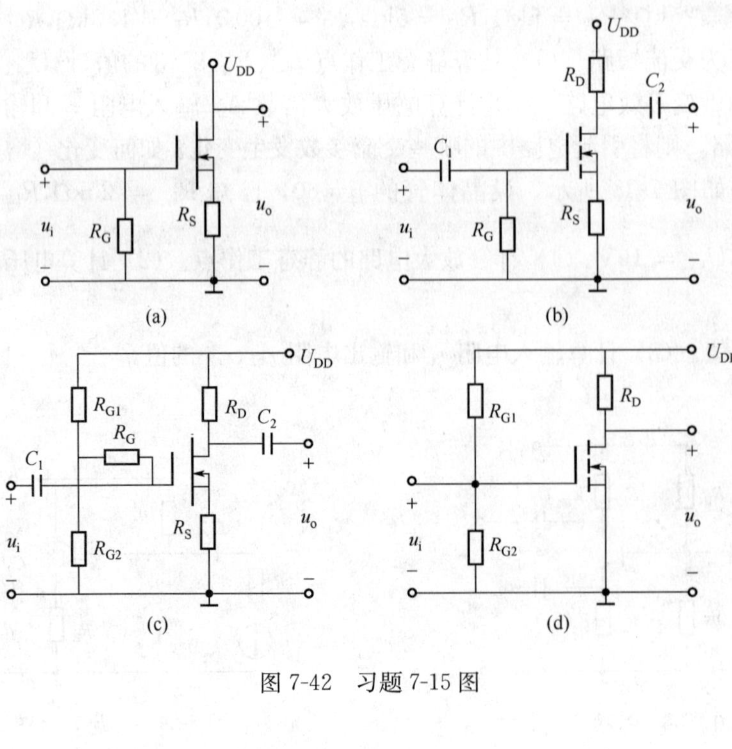

图 7-42　习题 7-15 图

7-16 耗尽型 MOS 管放大电路如图 7-43 所示，已知在工作点附近 MOS 管的互导为 $g_m=1ms$，电路中的其他参数为 $R_{G1}=300k\Omega$，$R_{G2}=100k\Omega$，$R_G=2M\Omega$，$R_D=10k\Omega$，$R_S=10k\Omega$。(1) 画出放大电路的交流小信号模型。(2) 求放大电路的电压增益。(3) 求放大电路的输入电阻和输出电阻。

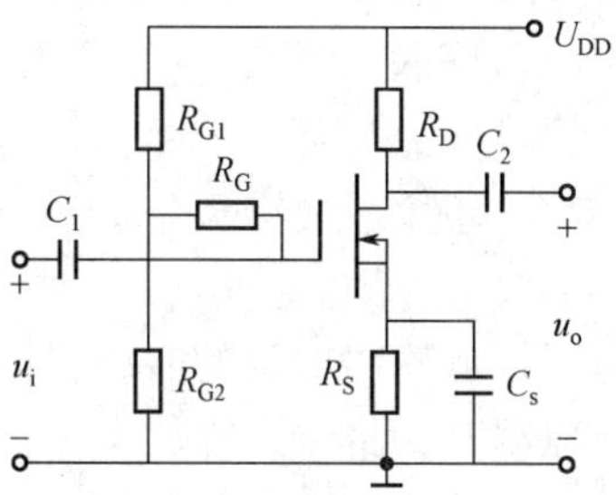


图 7-43 习题 7-16 图

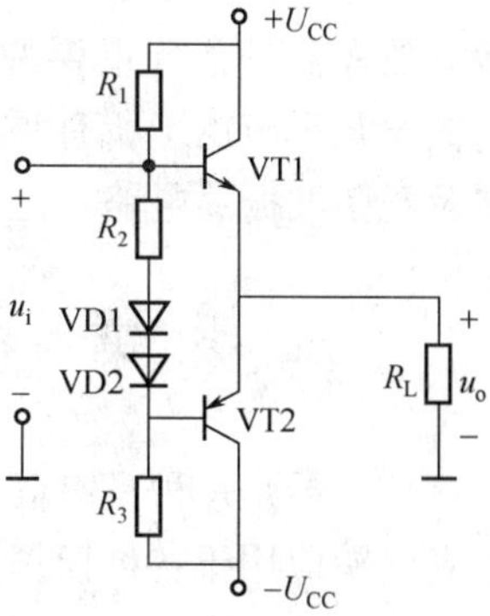


图 7-44 习题 7-17 图

7-17 一双电源互补对称式放大电路如图 7-44 所示，设 VT1 和 VT2 两管的参数完全对称，输入信号 $u_i$ 是正弦波。(1) 如果输出电压 $u_o$ 出现交越失真，应该调整电路中的哪个参数，如何调整？(2) 在电路中是否允许二极管 VD1 和 VD2 以及电阻 $R_2$ 开路，为什么？

7-18 在图 7-45 所示的双电源互补对称式功率放大电路中，设 VTN 和 VTP 两个管子的参数完全对称，请在下面的描述中选择正确答案填入空格内。

(1) 电路中二极管 VD1 和 VD2 的作用是______。

A. 减小非线性失真　　B. 减小交越失真　　C. 减小频率失真

(2) 静态时两个晶体管的发射极电位 $U_{EQ}$ ______。

A. $>0$　　B. $<0$　　C. $=0$

(3) 在输入电压 $u_i$ 是正弦波时，如果电阻 $R_1$ 虚焊（即开路），则输出电压 $u_o$ ______。

A. 是正弦波　　B. 仅有正半波　　C. 仅有负半波

(4) 如果二极管 VD1 虚焊，则晶体管 VTN 和 VTP 将________。

A. 可能因功耗过高而烧坏　　B. 始终截止　　C. 始终饱和

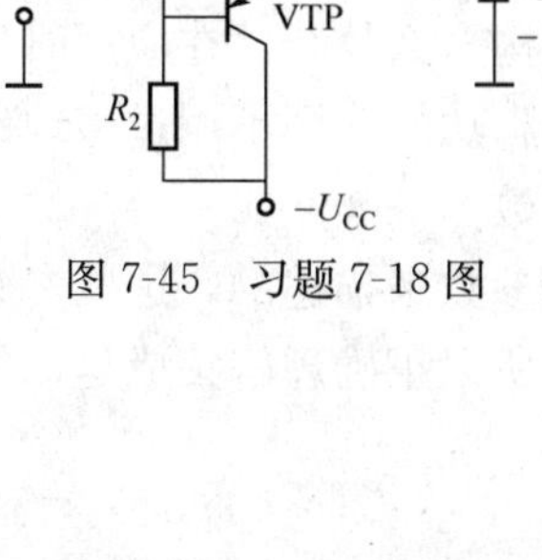


图 7-45 习题 7-18 图

# 第八章　集成运算放大器及其应用

集成运算放大器是十分重要的电子器件，它的应用极为广泛。反馈也是非常重要的概念，反馈的概念几乎应用于所有领域。本章将介绍集成运算放大器和由其组成的线性运算电路、比较器及正弦波振荡电路，还介绍反馈的概念及负反馈放大电路。

## 第一节　集成运算放大器简介

集成运算放大器是一种具有高电压增益、高输入电阻、低输出电阻的多级直接耦合放大电路。由于它最初应用于各种模拟信号的算术运算，所以称其为集成运算放大器，简称集成运放。

### 一、集成运算放大器的结构

集成运放的种类很多，但其内部结构都由图 8-1 所示的四个部分组成，下面分别介绍这四个组成部分。

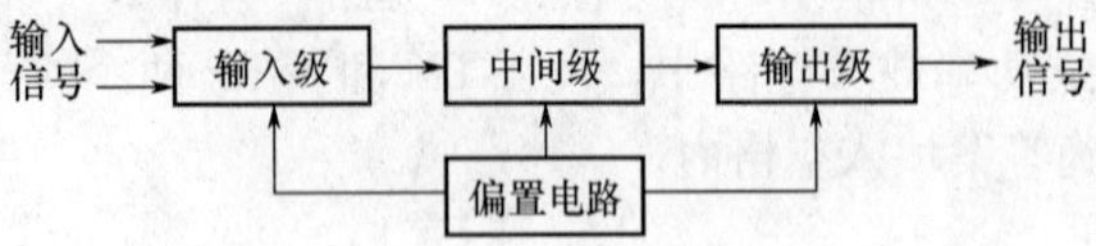

图 8-1　集成运放结构框图

1. 输入级

集成运放的输入级一般都采用双端输入的差分式放大电路，目的是为了提高运算放大器的输入电阻、抑制运算放大器的零点漂移、提高抗干扰能力、减小静态电流。如果集成运放的输入级采用场效应管组成的差分式放大电路，则上述性能会更好。

2. 中间级

集成运放中间级的作用主要是放大电压，它一般由多级共射极放大电路组成，为了提高放大能力，经常采用复合管作为放大管，且以恒流源作为集电极负载。

3. 输出级

输出级是以放大功率为目的，同时要求具有较小的输出电阻，以提高运算放大器的带负载能力。因此输出级多采用由射极输出器组成的互补对称式输出电路。

4. 偏置电路

偏置电路的作用是为集成运放的输入级、中间级和输出级设置合适的静态工作点。与分立元件放大电路不同，集成运放中各级电路的静态工作点是由各种恒流源电路提供合适的偏置电流，以保证晶体管工作在放大状态。

在实际中，为了提高集成运放的性能指标，还会增加一些特殊环节，使整个电路结构比较复杂。但无论集成运放的电路结构多么复杂，在应用时只把它作为一个单一的放大器件来处理，只需参考它的技术指标和引脚功能，而不用过多地研究它的内部结构。

### 二、集成运算放大器的主要参数

集成运放的各项性能指标是用参数来描述的，这些参数是工程技术人员合理地选用和正确地使用运算放大器的主要依据。所以正确理解集成运放的参数是十分重要的。

1. 开环电压放大倍数 $A_{uo}$

开环电压放大倍数 $A_{uo}$ 是指集成运放在没有外接其他元器件、输出端开路时的电压放大倍数。$A_{uo}$ 一般在 $10^4 \sim 10^7$ 倍（80～140dB），$A_{uo}$ 越大集成运放的电压放大能力就越强，性能越好。

2. 共模抑制比 $K_{CMRR}$

共模抑制比 $K_{CMRR}$ 是集成运放的差模电压放大倍数与共模电压放大倍数之比的绝对值，也可以理解为输入信号的放大倍数与干扰信号的放大倍数之比，常用分贝表示。其值越大，运算放大器的抗干扰能力越强，性能越好。

3. 输入失调电压 $U_{IO}$

由于集成运放的电压增益很高，以及集成运算放大器内部电路结构的不对称性，所以当输入电压 $u_i = 0$ 时，往往输出电压 $u_o \neq 0$。为使 $u_o = 0$，必须在输入端加一个补偿电压，这个补偿电压就被称为输入失调电压，记作 $U_{IO}$。显然 $U_{IO}$ 越小，运算放大器的对称性越好，性能就越好。

4. 输入失调电流 $I_{IO}$

输入失调电流 $I_{IO}$ 是指在输入信号 $u_i = 0$ 时，运放的两个输入端的电流之差，即 $I_{IO} = |I_{B1} - I_{B2}|$。$I_{IO}$ 越小，运算放大器的性能越好。

5. 输入偏置电流 $I_{IB}$

输入偏置电流 $I_{IB}$ 是指静态时两个输入端的电流平均值，即 $I_{IB} = \frac{1}{2}(I_{B1} + I_{B2})$。$I_{IB}$ 值越小，集成运放的性能就越好，且往往 $I_{IB}$ 越小，$I_{IO}$ 也会越小。

**三、理想运算放大器及其分析方法**

在分析由集成运放组成的线性电路时，一般都把集成运放的性能理想化，即把集成运放看成是理想的，这会使得由其组成的各种运算电路的分析与计算变得非常简单，同时产生的误差又不太大。

集成运放理想化的条件是：

(1) 开环差模电压增益 $A_{uo} = \infty$；

(2) 差模输入电阻 $r_{id} = \infty$；

(3) 差模输出电阻 $r_o = 0$；

(4) 共模抑制比 $K_{CMRR} = \infty$。

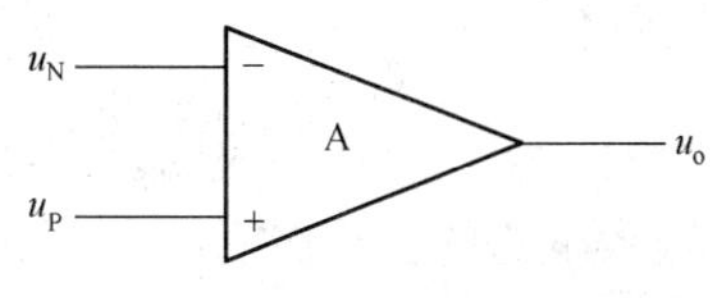

图 8-2　集成运算放大器的符号

实际集成运放的技术指标都是有限值，理想化后必然会带来误差，但在工程中这些误差都可以通过调整参数进行补偿。

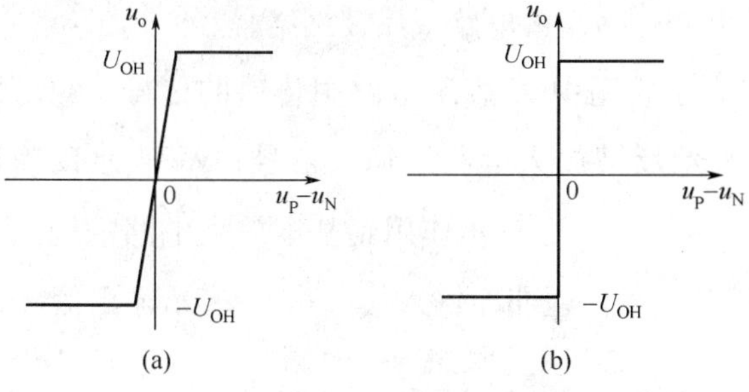

图 8-3　集成运放的电压传输特性曲线

(a) 实际；(b) 理想

1. 集成运算放大器的符号

图 8-2 所示为集成运放的符号，它有两个输入端 $u_P$、$u_N$，一个输出端 $u_o$。其中 $u_P$ 是同相输入端，$u_N$ 是反向输入端。$u_o$ 与 $u_P$ 的极性相同，但与 $u_N$ 的极性相反。

2. 集成运算放大器的传输特性

集成运放的传输特性是指其输出电压 $u_o$ 与输入电压 $(u_P - u_N)$ 之间的关系曲线。集成运放的实际传输特性如图 8-3（a）所示。图 8-3（b）所示为理想运放的传输特性。

集成运放的传输特性可以分为两个区，即线性区和非线性区。因此，集成运放的工作状态也有两种，即线性状态和非线性状态。当输入信号（$u_P - u_N$）较小时，运算放大器工作在线性区；在输入信号较大时，运算放大器就工作在非线性区。从理想运算放大器的传输特性可以看出，理想运算放大器只有在输入信号等于零（即 $u_P - u_N = 0$）时，运算放大器才工作在线性状态，否则运算放大器都工作在非线性状态。

3. 理想运算放大器的分析方法

集成运放工作在线性状态和非线性状态的分析方法是不一样的，下面分别介绍。

（1）理想运算放大器在线性状态下，$u_P = u_N$。因为 $u_o = A_{uo}(u_P - u_N)$，而理想运算放大器的 $A_{uo} = \infty$，$u_o$ 又是一个有限值，所以 $u_P - u_N = 0$，即 $u_P = u_N$。这说明理想运算放大器工作在线性状态下，两个输入端的电位相等。

（2）理想运算放大器的两个输入端的电流为零。由于理想运算放大器的输入电阻 $r_i = \infty$，所以可以认为两个输入端的电流为零。

以上两点是分析理想运算放大器工作在线性状态下的主要依据，根据这两点可以使理想运算放大器组成的放大电路的分析变得简单。

（3）理想运算放大器在非线性状态下的工作情况。当 $u_P \neq u_N$ 时，由于理想运算放大器的 $A_{UO} = \infty$，而运算放大器的输出电压 $u_o \neq \infty$，所以运算放大器必然工作在非线性状态。当 $u_P > u_N$ 时，$u_o = U_{OH}$，运算放大器工作在正向饱和状态；当 $u_P < u_N$ 时，$u_o = -U_{OH}$，运算放大器工作在负向饱和状态。

由于运算放大器的输入电阻 $r_i = \infty$，所以无论运算放大器工作在正向饱和状态或是负向饱和状态，其输入端的电流都等于零。

## 第二节 放大电路中的负反馈

反馈是一个十分重要的概念，在电子技术中反馈的应用十分广泛。例如在放大电路中为了改善放大电路的各种性能，常常要引入负反馈；在各种交流信号的产生电路中常常要引入正反馈。因此了解反馈的基本概念和基本作用是十分必要的。

### 一、反馈的基本概念

什么是电子技术中的反馈？反馈就是把放大电路中的输出信号（电压或电流）中的一部分或全部通过一个电路送回到输入端，用以影响输入信号对放大电路的作用程度而采取的措施。其中把能够使输出信号送回到输入端的电路叫做反馈电路或反馈网络。

反馈放大电路可以用图 8-4 所示的框图表示。图中 $\dot{X}$ 表示电路中传递的信号，它可以是电压信号，也可以是电流信号。其中 $\dot{X}_i$ 表示反馈放大电路的输入信号；$\dot{X}_f$ 表示反馈信号；$\dot{X}_{id}$表示作用到基本放大电路的输入信号，也叫净输入信号；$\dot{X}_o$ 表示输出信号。

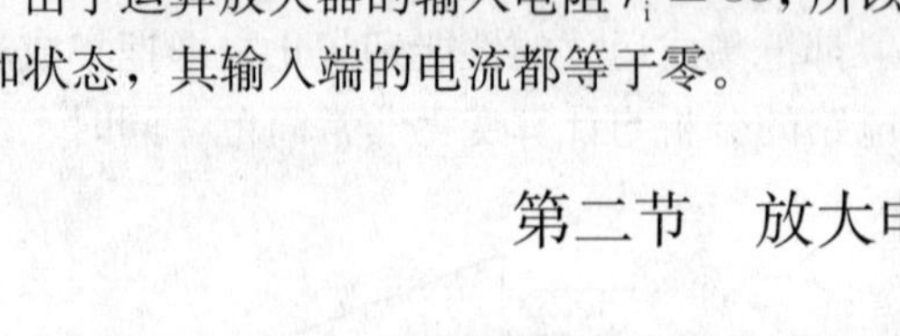

图 8-4 反馈放大电路框图

1. 负反馈与正反馈

反馈分为负反馈和正反馈。如果送回到放大电路输入端的反馈信号，能削弱输入信号对放大电路的作用，使放大电路的净输入信号减小，因而使放大倍数降低，这种反馈就是负反馈；反之，如果反馈能增强输入信号对放大电路的作用，使放大电路的净输入信号增大，因而提高了放大电路的放大倍数，就是正反馈。

判断放大电路中反馈的极性是正反馈还是负反馈，通常采用瞬时极性法。下面介绍该方法的步骤。首先假设输入端的输入信号对地电位的瞬时极性为正，用⊕表示。然后根据放大电路对信号放大时的相位关系，从输入端出发，逐级定出放大电路其他各点电位对地的瞬时极性，如果某点对地的瞬时极性为正，就用⊕表示；如果某点对地的瞬时极性为负，就用⊖表示。最后根据反馈到输入端的信号的瞬时极性来判断是正反馈还是负反馈，如果引入的反馈使作用到放大电路输入端的净输入信号减小了，这种反馈就是负反馈；如果引入的反馈使作用到放大电路输入端的净输入信号增大了，这种反馈就是正反馈。

在放大电路中引入的反馈一般都是负反馈，因为负反馈可以从某个方面来改善放大电路的性能。正反馈在电子技术中一般都用于非线性电路或振荡电路中。本节只介绍负反馈，在图 8-4 所示的框图中，如果 $\dot{X}_{id}=\dot{X}_i-\dot{X}_f$，则因为 $\dot{X}_{id}<\dot{X}_i$，所以引入的就是负反馈。

2. 直流反馈与交流反馈

在放大电路中引入的反馈还有交流反馈与直流反馈之分。如果反馈信号只含有直流成分，这种反馈就称为直流反馈；如果反馈信号中只含有交流成分，则称为交流反馈。换言之，只在直流通路中存在的反馈就是直流反馈，只在交流通路中存在的反馈就是交流反馈。直流负反馈一般只改善放大电路中的直流工作性能，而交流负反馈也只能改善放大电路中的交流工作性能。但大多数情况下，在放大电路中的反馈既含有直流成分又含有交流成分。

3. 交流负反馈的分类

对于含有反馈的电子电路，除了需要了解电路中的反馈是正反馈还是负反馈，是交流反馈还是直流反馈以外，如果是交流负反馈，还需要了解是什么类型的交流负反馈（即交流负反馈的组态）。

根据反馈网络在基本放大电路输出端的采样信号（电压或电流）的不同，可以把负反馈分为电压负反馈和电流负反馈。如果从输出端采样的信号是电压，则称为电压负反馈；如果从输出端采样的信号是电流，则称为电流负反馈。判断电路中的反馈是电压负反馈还是电流负反馈，可以假设输出电压为零，即令 $u_o=0$，在这种情况下，如果电路中的反馈信号不再存在，则电路中的反馈是电压反馈；反之，如果电路中的反馈信号仍然存在，则电路中的反馈就是电流反馈。

根据反馈信号与输入信号在基本放大电路输入端的连接方式的不同，又可以把负反馈分为串联负反馈和并联负反馈。如果反馈信号与输入信号在输入端以串联的方式连接，则称为串联负反馈；如果反馈信号与输入信号在输入端以并联的方式连接，则称为并联负反馈。判断电路中的反馈是串联反馈还是并联反馈，可以通过判断反馈信号是改变放大电路的净输入电压还是改变净输入电流来确定，如果反馈信号改变了放大电路的净输入电压，就是串联反馈；如果反馈信号改变了净输入电流，就是并联反馈。

把以上两种分类组合到一起，可以看出负反馈放大电路有四种组态（或称四种类型），即电压串联负反馈、电压并联负反馈、电流串联负反馈和电流并联负反馈。

4. 反馈极性与类型的判断

下面以图 8-5 所示的四种电路为例，讨论放大电路中反馈极性和反馈组态的判断方法。

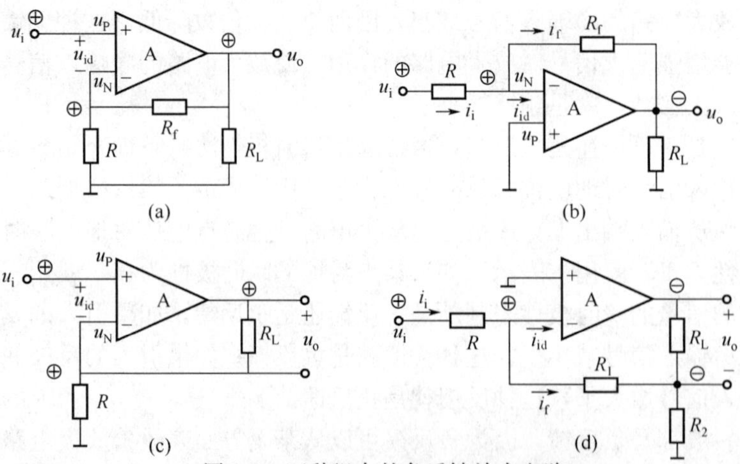

图 8-5 四种组态的负反馈放大电路

（a）电压串联负反馈；（b）电压并联负反馈；

（c）电流串联负反馈；（d）电流并联负反馈

在图 8-5（a）所示电路中，用瞬时极性法来判断反馈的极性，显然该电路中 $R_f$ 是反馈支路。设输入电压 $u_i(u_P)$ 的瞬时极性为正，则运算放大器的输出端 $u_o$ 的瞬时极性也为正。因电阻 $R_f$ 不能改变信号的极性，所以反馈使得运算放大器反相输入端 $u_N$ 的瞬时极性也为正，在电路图中都用⊕表示，而运算放大器的净输入信号为 $u_{id}=u_i-u_N$。因 $u_N$ 的瞬时极性是正，所以反馈使净输入电压 $u_{id}$ 减小，因此它是负反馈。再来判断反馈的组态，设输出电压为零，即把输出端短接到地，此时反馈支路不能把输出信号传递到输入端，也就是反馈信号不再存在，所以是电压反馈。而在判断反馈极性时，已经知道反馈信号改变了放大电路的净输入电压，所以是串联反馈，因此该电路引入的是电压串联负反馈。

在图 8-5（b）所示电路中，用瞬时极性法来判断反馈的极性，设 $u_i$（$u_N$）为正，则 $u_o$ 为负，这将使反馈支路的电流 $i_f$ 增大，因此集成运放的净输入电流 $i_{id}=i_i-i_f$ 将减小，由于反馈使得放大电路的净输入电流减小，因此是负反馈。判断反馈的组态，从输入端看，反馈信号改变了放大电路的净输入电流，所以是并联负反馈；从输出端看，如果输出电压 $u_o=0$，则输出信号不能传递到输入端，反馈就不存在了，所以是电压反馈。综合上面的讨论可知，该电路引入的反馈是电压并联负反馈。

在图 8-5（c）所示电路中，各点的瞬时极性已经标注在图中，可见引入反馈后，使放大电路中的净输入电压 $u_{id}$ 减小了（$u_{id}=u_P-u_N$），因此是负反馈。如果令输出电压 $u_o=0$，那么输出信号仍然能传递到输入端，即反馈仍然存在，所以是电流负反馈；又由于反馈信号改变了反馈放大电路的净输入电压，所以是串联负反馈。因此该电路是电流串联负反馈。

在图 8-5（d）所示电路中，各点的瞬时极性已经标注在图中，可见当输入电压增大时，会使反馈支路的电流 $i_f$ 增大，这会使放大电路的净输入电流 $i_{id}$ 减小（$i_{id}=i_i-i_f$），因此是负反馈。如果令输出电压 $u_o=0$，那么反馈信号仍然存在，所以是电流负反馈；又由于反馈信号减小了放大电路的输入电流，所以是并联负反馈。因此该电路引入的反馈组态是电流并联负反馈。

**二、负反馈对放大电路性能的影响**

在放大电路中引入负反馈后，可以改善放大电路的许多性能。负反馈放大电路的框图如图 8-6 所示，下面将用这个框图来讨论负反馈对放大电路性能的影响。

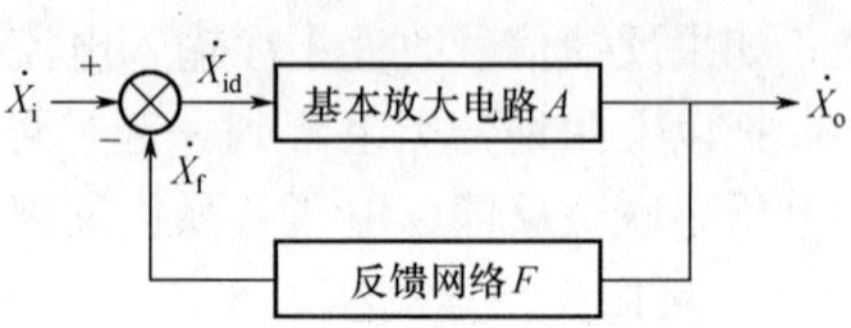


图 8-6 负反馈放大电路框图

1. 降低放大倍数

从图 8-6 所示负反馈放大电路框图可知，基本放大电路的开环放大倍数和反馈系数分别是

$$A=\frac{\dot{X}_o}{\dot{X}_{id}},F=\frac{\dot{X}_f}{\dot{X}_o}$$

基本放大电路的净输入信号为

$$\dot{X}_{id}=\dot{X}_i-\dot{X}_f$$

而反馈信号为

$$\dot{X}_f=F\dot{X}_o=AF\dot{X}_{id}$$

由此得到负反馈放大电路的放大倍数为

$$|A_f|=\left|\frac{\dot{X}_o}{\dot{X}_i}\right|=\left|\frac{\dot{X}_o}{\dot{X}_{id}+\dot{X}_f}\right|=\left|\frac{\dot{X}_o}{\dot{X}_{id}+AF\dot{X}_{id}}\right|=\left|\frac{A}{1+AF}\right|=\frac{|A|}{|1+AF|} \tag{8-1}$$

如果电路引入的是负反馈，则 $AF>0$，所以 $|1+AF|>1$，即 $|A_f|<|A|$，因此引入负反馈后的放大倍数 $|A_f|$ 比基本放大电路的放大倍数 $|A|$ 下降了 $|1+AF|$ 倍。如果放大电路工作在中频段，则 $A_f$、$A$ 和 $F$ 均为实数，因此在中频段有

$$A_f=\frac{A}{1+AF} \tag{8-2}$$

从下面的讨论可以看出，负反馈对放大电路性能的改善基本都与 $1+AF$ 有关，所以把 $1+AF$ 定义为反馈深度，其值越大，负反馈作用越强。当 $1+AF\gg1$ 时，$A_f\approx\frac{1}{F}$，通常把这种情况称为深度负反馈。这说明深度负反馈放大电路的放大倍数几乎与开环放大倍数无关，而近似与反馈系数成反比，所以深度负反馈放大电路的性能很稳定。

2. 提高放大倍数的稳定性

在放大电路中，在工作环境发生变化、电源电压波动或元器件老化等因素的影响下，即使输入信号不变，输出信号也会发生变化，也就是会引起放大倍数的变化。显然这个变化越小，说明放大倍数越稳定，也就是放大电路越稳定。

放大电路中的负反馈会提高放大电路的稳定性。对式（8-2）进行求导运算得

$$\frac{d|A_f|}{d|A|}=\frac{1+|A||F|-|A||F|}{(1+|A||F|)^2}=\frac{1}{(1+|A||F|)^2}=\frac{1}{1+|A||F|}\frac{|A_f|}{|A|}$$

所以

$$\frac{d|A_f|}{|A_f|}=\frac{1}{1+|A||F|}\frac{d|A|}{|A|} \tag{8-3}$$

根据导数的定义可知，$\frac{d|A_f|}{|A_f|}$ 就是负反馈放大电路放大倍数的相对变化率，而 $\frac{d|A|}{|A|}$ 就是基本放大电路放大倍数的相对变化率，因为在负反馈放大电路中，$(1+|A||F|)>1$，所以 $\frac{d|A_f|}{|A_f|}<\frac{d|A|}{|A|}$。由此可见，引入负反馈后，放大电路的稳定性得到了提高。

需要说明的是，不同组态的负反馈所稳定的放大倍数也是不同的。电压串联负反馈能稳定电压放大倍数，电流并联负反馈能稳定电流放大倍数，电压并联负反馈能稳定互阻增益，电流串联负反馈能稳定互导增益。实际上就是电压负反馈能稳定输出电压，而电流负反馈能稳定输出电流。

3. 减小非线性失真

如果在基本放大电路中，由于输入信号过大而使放大器进入到饱和与截止状态，从而引

起非线性失真。那么引入负反馈后，使放大电路的净输入信号减小，其输出也将减小，因此输出信号的非线性失真也必然减小。可以证明，引入负反馈后，可以使输出信号的非线性失真减小到基本放大器的 $1/(1+AF)$。

4. 展宽通频带

引入负反馈后，放大电路的增益下降了，同时也使放大电路的上限截止频率和下限截止频率发生了变化。可以证明，引入负反馈后，下限截止频率 $f_{fL}$ 减小到基本放大电路下限截止频率的 $1/(1+AF)$，而上限截止频率 $f_{fH}$ 增大到基本放大电路的上限截止频率的 $(1+AF)$ 倍。由于放大电路的通频带近似等于上限截止频率，所以放大电路引入负反馈后使通频带提高了 $(1+AF)$ 倍。

5. 改变输入电阻与输出电阻

负反馈可以改变输入电阻与输出电阻，不同组态的负反馈放大电路对输入电阻和输出电阻的改变情况是不同的。串联负反馈可以使输入电阻提高到基本放大电路的 $(1+AF)$ 倍，而并联负反馈可以使输入电阻减小到基本放大电路的 $1/(1+AF)$，因此串联负反馈适合用电压源作为驱动信号源，而并联负反馈适合用电流源作为驱动信号源。电压负反馈可以使输出电阻减小到基本放大电路的 $1/(1+AF)$，电流负反馈可以使输出电阻提高到基本放大电路的 $(1+AF)$ 倍，所以电压负反馈可以稳定输出电压，而电流负反馈可以稳定输出电流。

**【例 8-1】** 判断图 8-7 所示各电路引入的反馈是正反馈还是负反馈？如果是交流负反馈，请指出交流负反馈的组态。

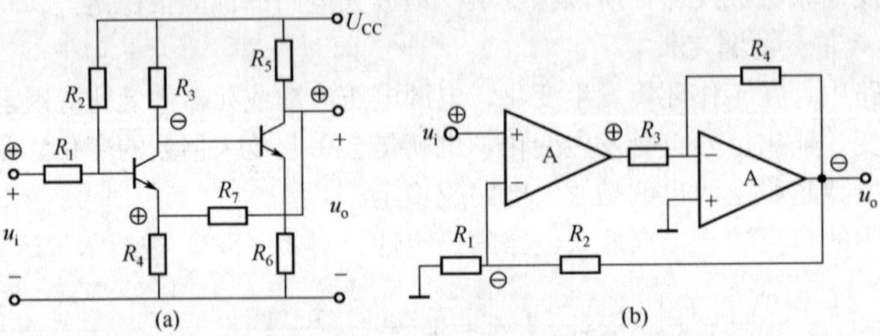


图 8-7 ［例 8-1］图

**解：**在图 8-7（a）所示电路中，根据瞬时极性法判断各点电位的极性，由此可见该电路引入的是负反馈。用短路法来判断输出端的采样信号，令输出电压 $u_o=0$，则反馈将消失，因此是电压反馈；从输入端看，输出信号送到输入端改变了输入电压，因此是串联反馈，所以该电路引入的是电压串联负反馈。

在图 8-7（b）所示电路中，利用瞬时极性法判断的各点电位的极性。由此可见，当某一时刻输入信号 $u_i$（即运放的同相输入端电位 $u_P$）增大时，输出反馈到输入端的结果是使运放的反相输入端电位 $u_N$ 下降，因此反馈使集成运放的净输入电压（$u_{id}=u_P-u_N$）增大，输出电压也将增大，故该电路引入的是正反馈。

## 第三节 集成运算放大器的应用

集成运放的应用分为线性应用和非线性应用。线性应用主要包括各种运算电路和信号处理电路，非线性应用主要包括比较器和各种波形的信号产生电路。本节将讨论由集成运放组成的简单运算电路、基本电压比较器和正弦波振荡电路。由于集成运放的电压放大倍数很高，输入电阻很大，输出电阻很小，所以在分析由集成运放组成的各种电路时，可以把它看作是理想运算放大器。

**一、集成运算放大器的线性应用**

集成运放工作在线性状态时，可以形成比例、求和、积分等运算电路。下面将对这几种常用的运算电路进行讨论。

（一）反相端输入的运算电路

反相输入端运算电路是指输入信号通过集成运放的反相输入端加入到电路中，包括反相比例运算电路和反相求和运算电路。

1. 反相比例运算电路

反相比例运算电路如图 8-8 所示，输入信号经电阻 $R_1$ 送到集成运算放大器的反相输入端，同相输入端经过电阻 $R_2$ 接地，反相输入端与输出端之间接入电阻 $R_f$。其中 $R_2$ 是平衡电阻，$R_2=R_1//R_f$。

由于理想运算放大器的输入电阻 $r_i=\infty$，所以净输入电流是零，因此电阻 $R_2$ 就没有电压降，$u_P=u_N=0$，称运放的反相输入端为虚地，$i_i=i_f$，有

$$i_i=\frac{u_i-u_N}{R_1},\ i_f=-\frac{u_o}{R_f}$$

所以

$$u_o=-\frac{R_f}{R_1}u_i \tag{8-4}$$

式（8-4）表明，图 8-8 所示电路中的输出电压与输入电压之间是比例运算关系，负号表示输出电压与输入电压的相位相反，故称为反相比例运算电路。

2. 反相加法运算电路

如果在集成运放的反相输入端加入多个输入信号，就组成了反相加法运算电路。图 8-9 所示电路就是三个输入端的反相加法运算电路。

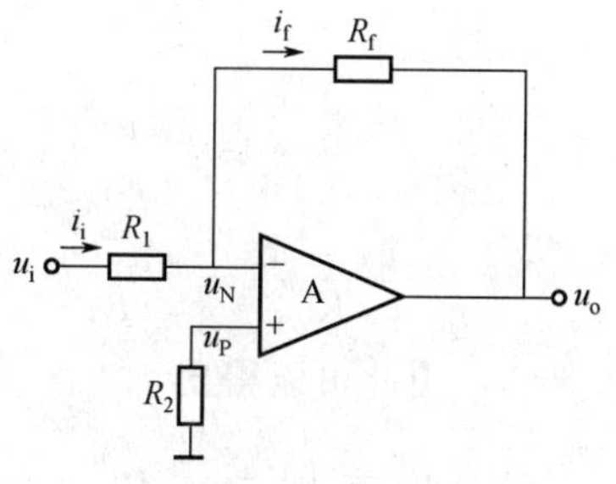


图 8-8　反相比例运算电路

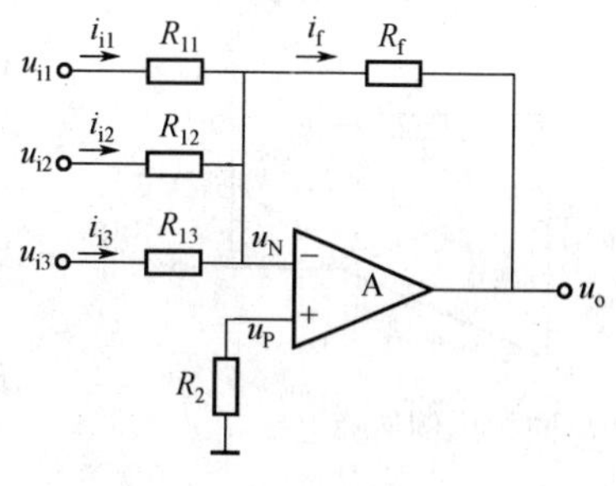


图 8-9　反相加法运算电路

在集成运放组成的线性电路中，为了使集成运放的两个输入端对称，在同相输入端常需接入一个电阻 $R_2$，这个电阻被称为平衡电阻，其表达式为

$$R_2=R_{11}//R_{12}//R_{13}//R_f$$

在图 8-9 所示电路中，由于集成运放是理想的，所以运放的反相输入端是虚地，即

$$u_P=u_N=0$$

$$i_{i1}+i_{i2}+i_{i3}=i_f$$

其中

$$i_{i1}=\frac{u_{i1}}{R_{11}},i_{i2}=\frac{u_{i2}}{R_{12}},i_{i3}=\frac{u_{i3}}{R_{13}}$$

所以

$$\frac{u_{i1}}{R_{11}}+\frac{u_{i2}}{R_{12}}+\frac{u_{i3}}{R_{13}}=-\frac{u_o}{R_f}$$

由此可得

$$u_o=-\left(\frac{R_f}{R_{11}}u_{i1}+\frac{R_f}{R_{12}}u_{i2}+\frac{R_f}{R_{13}}u_{i3}\right) \tag{8-5}$$

当 $R_{11}=R_{12}=R_{13}=R_1$ 时，式（8-5）就变为

$$u_o=-\frac{R_f}{R_1}(u_{i1}+u_{i2}+u_{i3}) \tag{8-6}$$

如果 $R_1=R_f$ 时，式（8-6）就变得更简单了，即

$$u_o=-(u_{i1}+u_{i2}+u_{i3}) \tag{8-7}$$

由式（8-7）可见，输出电压等于三个输入信号之和，由于输入信号都是从运算放大器的反相输入端加入的，所以输出与输入之间在相位上是相反的，式（8-7）的负号就说明了这一点。

从反相比例运算电路和反相加法运算电路的表达式中可以看出，只要集成运放是理想的，则输出信号就与集成运算放大器的参数无关，只与运算电路的电阻有关，这会保证运算电路的准确度和电路的稳定性。

（二）同相端输入的运算电路

1. 同相比例运算电路

同相比例运算电路如图 8-10 所示，输入信号经电阻 $R_2$ 送到运算放大器的同相输入端，运算放大器的反相输入端经电阻 $R_1$ 接地，反相输入端与输出端之间接入电阻 $R_f$。其中 $R_2$ 是平衡电阻，$R_2=R_1//R_f$。

由于理想集成运算放大器的输入电流为零，所以电阻 $R_2$ 上没有电压降，因此反相输入端与同相输入端的电位相等，即 $u_N=u_p=u_i$。

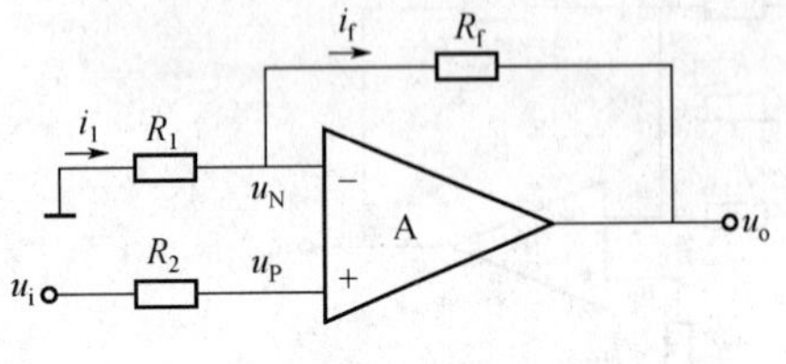


图 8-10　同相比例运算电路

由图 8-10 可得

$$i_1=-\frac{u_N}{R_1}=-\frac{u_i}{R_1}$$

$$i_f=\frac{u_N-u_o}{R_f}=\frac{u_i-u_o}{R_f}$$

由于 $i_1=i_f$，由此可以得出

$$u_o=\left(1+\frac{R_f}{R_1}\right)u_i \tag{8-8}$$

由式（8-8）可见，图 8-10 所示电路中的 $u_o$ 与 $u_i$ 之间成比例关系，比例系数是 $1+\frac{R_f}{R_1}$，其比例系数总是大于或等于 1，不会小于 1，且输出 $u_o$ 与输入 $u_i$ 之间相位相同，这些都与反相比例运算电路是不同的。

2. 电压跟随器

在图 8-10 所示的同相比例运算电路中，如果把电阻 $R_1$ 断开，且使电阻 $R_2$ 和 $R_f$ 的阻值相等，则此时输出电压 $u_o$与输入电压 $u_i$相等，即 $u_o=u_i$，通常把这个电路叫做电压跟随器，

如图 8-11（a）所示。同理可以分析，图 8-11（b）也是电压跟随器，其输出电压与输入电压也是相等的。

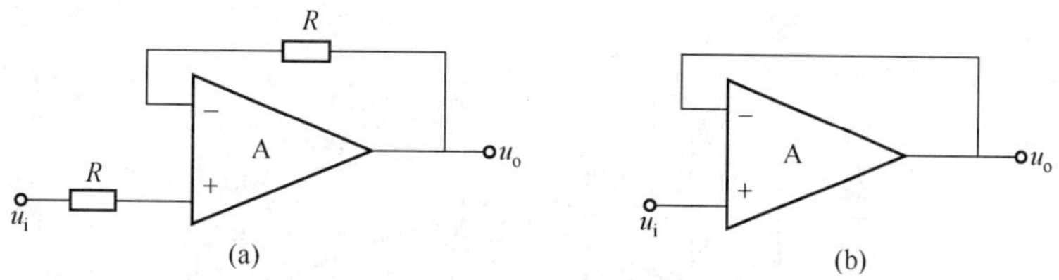


图 8-11　电压跟随器

由集成运算放大器组成的电压跟随器，其输出电压与输入电压之间的误差很小，输入电阻很高，输出电阻很小，在性能上比射极电压跟随器和源极电压跟随器要好得多。

（三）双端输入的减法运算电路

双端输入的减法运算电路如图 8-12 所示，两个输入信号分别经过输入电阻送到运算放大器的反相输入端和同相输入端，为使集成运算放大器的两个输入端保持平衡，常常要求 $R_1//R_f=R_2//R_3$。

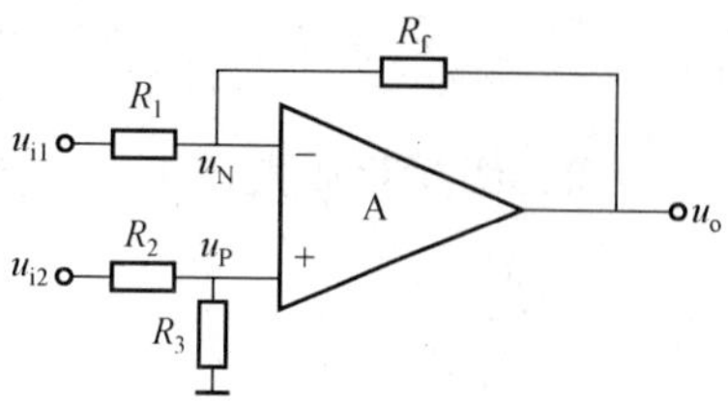


图 8-12　减法运算电路

由于集成运算放大器的输入电流为零，因此

$$u_P = u_N = \frac{R_3}{R_2 + R_3}u_{i2}$$

在反相输入端可以得到

$$\frac{u_{i1} - u_N}{R_1} = \frac{u_N - u_o}{R_f}$$

整理后得

$$u_o = \left(\frac{R_1 + R_f}{R_1}\right)\left(\frac{R_3}{R_2 + R_3}\right)u_{i2} - \frac{R_f}{R_1}u_{i1} \tag{8-9}$$

如果合理地选择以上各个电阻的阻值，使之满足条件 $\frac{R_f}{R_1}=\frac{R_3}{R_2}$，则式（8-9）可以简化为

$$u_o = \frac{R_f}{R_1}(u_{i2} - u_{i1}) \tag{8-10}$$

从式（8-10）可以看出，在图 8-12 所示的电路中，输出电压 $u_o$ 与两个输入电压之差 $u_{i2}-u_{i1}$ 成正比，所以被称为减法运算电路。

**【例 8-2】**　电路如图 8-13 所示，试求输出电压 $u_o$ 与输入电压 $u_s$ 之间关系的表达式。

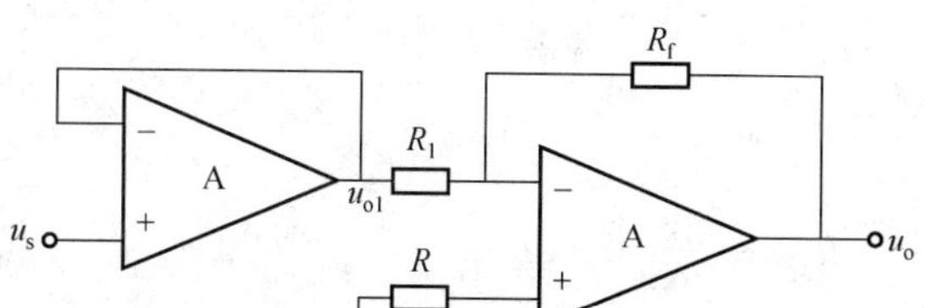


图 8-13　［例 8-2］图

**解：** 从电路中可以看出，第一级运算放大器所组成的是一个电压跟随器，其输出 $u_{o1}=u_s$；而第二级运算放大器所组成的是一个反相比例运算电路，其输出 $u_o$ 与 $u_{o1}$、$u_s$ 之间的关系为

$$u_o = -\frac{R_f}{R_1}u_{o1} = -\frac{R_f}{R_1}u_s$$

**【例 8-3】** 电路如图 8-14 所示，试推导出输出电压 $u_o$ 与输入电压 $u_{i1}$、$u_{i2}$ 之间的函数关系。如果合理地选择电阻的阻值，使之满足 $R_{f1}=\frac{R_1}{k}$、$R_{f2}=kR_2$。试说明该电路是一个什么运算电路？

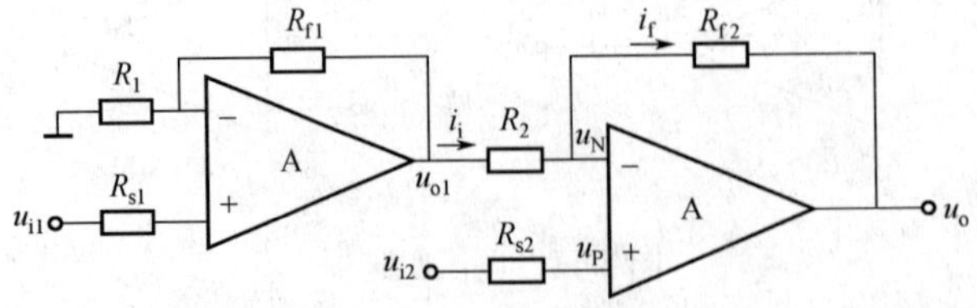


图 8-14　[例 8-3] 图

**解：** 第一级运算放大器所组成的是同相比例运算电路，其输出与输入之间的函数关系为

$$u_{o1}=\left(1+\frac{R_{f1}}{R_1}\right)u_{i1}$$

在第二级运算放大器中，由于运算放大器的输入电流为零，所以有

$$u_P=u_N=u_{i2},i_i=i_f$$

$$\frac{u_{o1}-u_{i2}}{R_2}=\frac{u_{i2}-u_o}{R_{f2}}$$

所以

$$u_o=\left(1+\frac{R_{f2}}{R_2}\right)u_{i2}-\frac{R_{f2}}{R_2}u_{o1}$$

$$u_o=\left(1+\frac{R_{f2}}{R_2}\right)u_{i2}-\left(1+\frac{R_{f1}}{R_1}\right)\frac{R_{f2}}{R_2}u_{i1}$$

如果电阻满足条件 $R_{f1}=\frac{R_1}{k}$、$R_{f2}=kR_2$，则上式就化简为

$$u_o=(1+k)(u_{i2}-u_{i1})$$

可见，当图 8-14 中的电阻满足条件 $R_{f1}=\frac{R_1}{k}$、$R_{f2}=kR_2$ 时，就可以实现减法运算，组成一个由两级集成运算放大器构成的减法运算电路。

### （四）积分运算电路

积分运算电路在自动控制系统中被广泛应用，其原理电路如图 8-15 所示。

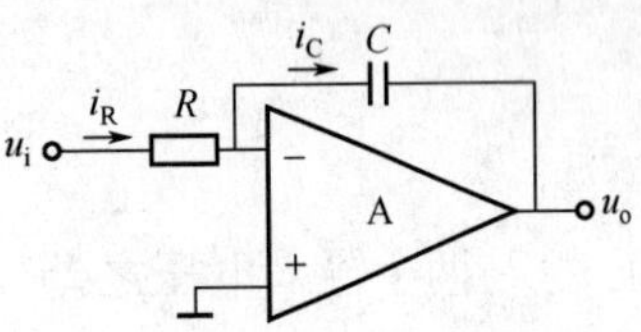


图 8-15　积分运算电路

由于 $u_P=u_N=0$，所以

$$i_R=i_C=\frac{u_i}{R}$$

输出电压 $u_o$ 与电容上的电压 $u_C$ 之间的关系为

$$u_o=-u_C$$

所以输出电压 $u_o$ 与输入电压 $u_i$ 之间的关系为

$$u_o=-u_C=-\frac{1}{C}\int i_C\mathrm{d}t=-\frac{1}{RC}\int u_i\mathrm{d}t$$

在求解从 $t_0$ 时刻到 $t$ 时刻之间的积分值时，输出电压应为

$$u_o = -\frac{1}{RC}\int_{t_0}^{t} u_i \mathrm{d}t + u_o(t_0) \tag{8-11}$$

当输入信号 $u_i$ 是常量时，则在 $t_0 \sim t$ 时间范围内，输出电压 $u_o$ 与输入电压 $u_i$ 之间的关系为

$$u_o = -\frac{1}{RC}u_i(t - t_0) + u_o(t_0) \tag{8-12}$$

式（8-12）中的 $u_o$（$t_0$）是输出电压在积分起始时刻的初始值，计算的结果是输出电压随时间变化的值。

**【例 8-4】** 在图 8-15 所示的积分电路中，$R=100\text{k}\Omega$，$C=0.1\mu\text{F}$，且当 $t=0$ 时 $u_o=0\text{V}$，输入电压 $u_i$ 的波形如图 8-16（a）所示。设运算放大器工作在理想状态，试画出输出电压的波形，并标出其幅值。

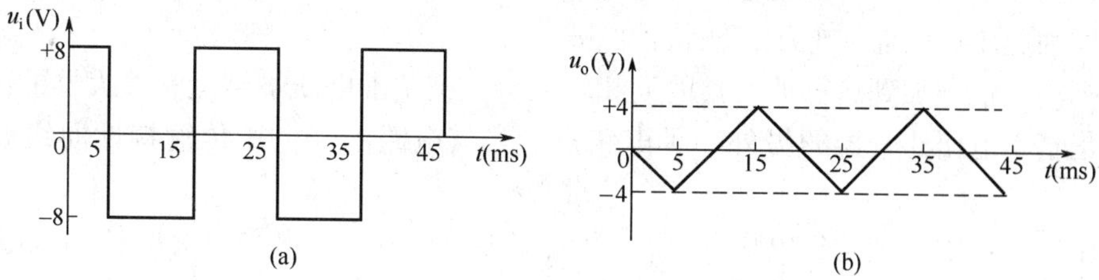


图 8-16 ［例 8-4］的输入和输出波形

**解：** 由式（8-11）得

$$u_o = -\frac{1}{RC}\int_{t_0}^{t} u_i \mathrm{d}t + u_o(t_0)$$

在 $t=0 \sim 5\text{ms}$（设 $t_0=0$）时，$u_o(t_0)=0$，则输出电压为

$$u_o = -\frac{1}{RC}\int_{t_0}^{t} 8\mathrm{d}t = -\frac{1}{RC}u_i(t - t_0) = \frac{1}{RC}u_i t$$

当 $t=5\text{ms}$ 时，其输出电压为

$$u_o = -\frac{1}{RC}u_i\, t = -\frac{8 \times (5-0) \times 10^{-3}}{100 \times 10^3 \times 0.1 \times 10^{-6}} = -4(\text{V})$$

在 $t=5 \sim 15\text{ms}$（设 $t_0=5\text{ms}$）时，输出电压为

$$u_o = -\frac{1}{RC}u_i(t - t_0) + u_o(t_0) = -\frac{1}{RC}u_i(t-5) - 4$$

在 $t=15\text{ms}$ 时，输出电压值是

$$u_o = -\frac{1}{RC}u_i(t - t_0) + u_o(t_0) = -\frac{-8 \times (15-5) \times 10^{-3}}{100 \times 10^3 \times 0.1 \times 10^{-6}} - 4 = 4(\text{V})$$

根据以上计算结果得到输出电压波形，如图 8-16（b）所示。

## 二、集成运算放大器组成的电压比较器

集成运放的非线性应用主要包括电压比较器、三角波信号发生器、矩形波信号发生器和锯齿波信号发生器等。在本节中只介绍电压比较器。电压比较器的基本功能是比较两个电压的大小。在电压比较器中，集成运算放大器工作在非线性状态。

### （一）基本电压比较器

只要把输入信号加到集成运放的反相或同相输入端的任何一端，而在另一端加入基准电

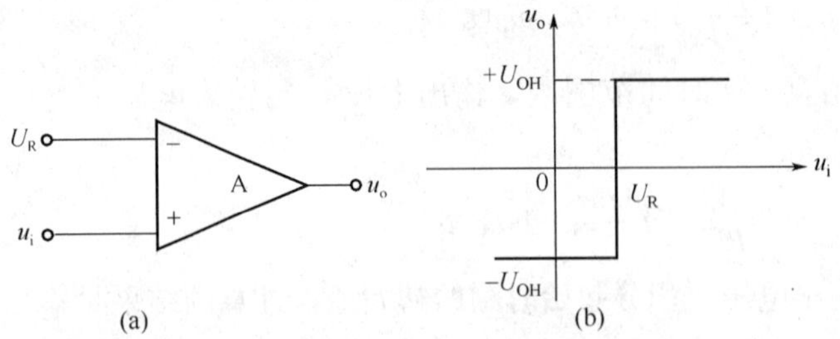


图 8-17　同相输入的基本电压比较器和电压传输特性曲线
（a）同相输入；（b）电压传输特性曲线

压，就构成了基本电压比较器。

在图 8-17（a）所示的电压比较器中，基准电压 $U_R$ 加到运算放大器的反相输入端，而输入电压 $u_i$ 加到运算放大器的同相输入端，于是可得出下列结果：

当 $u_i > U_R$ 时，$u_o = +U_{OH}$

当 $u_i < U_R$ 时，$u_o = -U_{OH}$

根据以上两个式子，可以把输入与输出之间的关系用图 8-17（b）所示的曲线来表示，这个曲线称为电压比较器的电压传输特性曲线。

如果把输入信号加到运算放大器的反相输入端，把基准电压加到运算放大器的同相输入端，这就是基本电压比较器的另外一种电路形式，其电路图和电压传输特性曲线如图 8-18 所示。

在电压比较器中，把输出电压 $u_o$ 从一个电平跳变到另一个电平所对应的输入电压 $u_i$ 的值称为门限电压或阈值电压，记作 $U_{th}$。显然，图 8-17（a）和图 8-18（a）所示的电压比较器的门限电压为

$$U_{th} = U_R \tag{8-13}$$

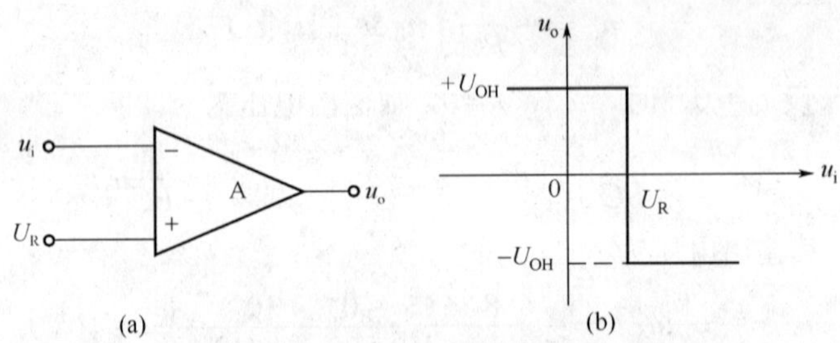


图 8-18　反相输入的基本电压比较器和电压传输特性曲线
（a）反相输入；（b）电压传输特性曲线

如果把基本电压比较器的基准电压改为零，即把接基准电压的一端改为接地，则称为过零比较器，显然过零比较器的门限电压 $U_{th}=0$。过零比较器和电压传输特性曲线如图8-19 所示。

基本电压比较器具有电路结构简单、灵敏度高的优点，但其抗干扰能力差，为了提高电压比较器的抗干扰能力，可以采用迟滞电压比较器。

（二）迟滞电压比较器

迟滞电压比较器是在基本电压比较器的基础之上，在输出端与同相输入端之间加入一个反馈电阻形成的。最简单的迟滞电压比较器如图 8-20（a）所示。

迟滞电压比较器有两个门限电压，当输入电压由小到大变化和输入电压由大到小变化所对应的门限电压是不同的。

在图 8-20（a）所示的迟滞电压比较器中，利用叠加原理可求得

$$u_P = U_{th} = \frac{U_R R_f}{R_2 + R_f} + \frac{u_o R_2}{R_2 + R_f} \tag{8-14}$$

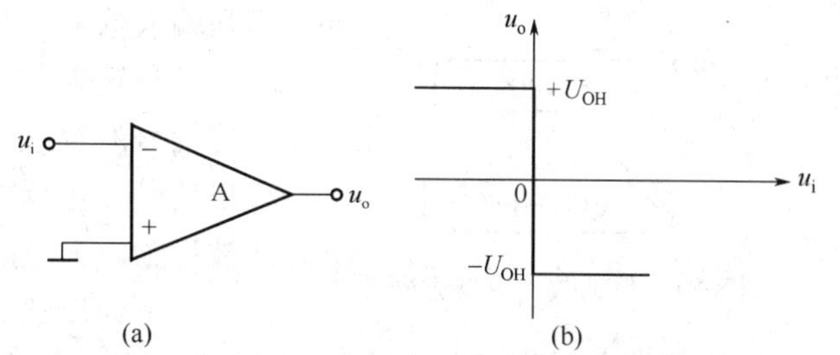


图 8-19 过零比较器电路和电压传输特性曲线
（a）过零比较器；（b）电压传输特性曲线

把输出电压 $u_o = U_{OH}$ 和 $u_o = -U_{OH}$ 两个值分别代入式（8-14）中，可求出两个门限电压值。可见迟滞电压比较器在运算放大器工作在不同的状态时，对应的门限电压也是不同的，分别被称为上门限电压 $U_{T+}$ 和下门限电压 $U_{T-}$，其值分别为

$$U_{T+} = \frac{U_R R_f}{R_2 + R_f} + \frac{U_{OH} R_2}{R_2 + R_f} \tag{8-15}$$

$$U_{T-} = \frac{U_R R_f}{R_2 + R_f} - \frac{U_{OH} R_2}{R_2 + R_f} \tag{8-16}$$

上门限电压与下门限电压之差被称为回差电压，记作 $\Delta U_T$。显然图 8-20（a）所示比较器的回差电压为

$$\Delta U_T = U_{T+} - U_{T-} = \frac{2R_2 U_{OH}}{R_2 + R_f} \tag{8-17}$$

运放工作在负向饱和状态 $u_o = -U_{OH}$ 时，要求 $u_i > u_p = U_{T-}$；运放工作在正向饱和状态 $u_o = U_{OH}$ 时，要求 $u_i < u_p = U_{T+}$。由此可得迟滞电压比较器的电压传输特性曲线如图 8-20（b）所示。输入信号从小到大变化，当输入信号 $u_i$ 上升到 $U_{T+}$ 时，输出信号 $u_o$ 由 $U_{OH}$ 下跳到 $-U_{OH}$；输入信号从大到小变化，当输入信号 $u_i$ 下降到 $U_{T-}$ 时，输出信号 $u_o$ 由 $-U_{OH}$ 上跳到 $U_{OH}$。

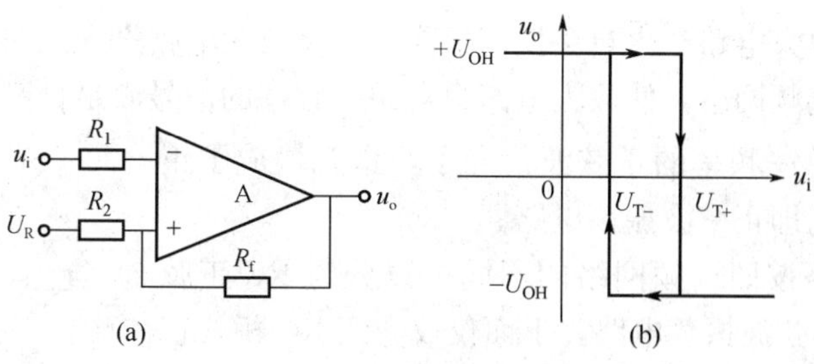


图 8-20 迟滞电压比较器和电压传输特性

## 三、集成运算放大器组成的正弦波振荡电路

正弦波振荡电路是在没有外加输入信号的情况下，依靠电路的自身反馈和选频网络而产生正弦波输出信号的电路。

### （一）产生自激振荡的条件

在讨论负反馈放大电路中，已经知道反馈分为正反馈和负反馈。在放大电路中，为了提高放大电路的稳定性，需要引入负反馈。但是如果在放大电路中引入正反馈，则正反馈会增

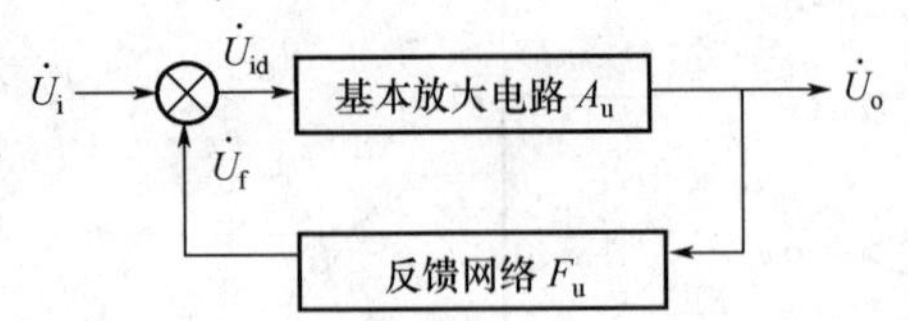


图 8-21 反馈放大电路方框图

强输入信号对放大电路的作用，并且即使放大电路在没有输入信号时，由于电路周围有微弱的电磁干扰信号的存在，也会使放大电路产生输出，这个输出信号在正反馈的作用下会被逐渐放大，这种现象被称为放大电路的自激振荡。

下面以图 8-21 所示的电压反馈放大电路框图为例，讨论反馈放大电路产生自激振荡的条件。如果该电路在没有外加输入信号的情况下，输出端却有输出电压产生，则需要满足条件

$$\dot{U}_f = \dot{U}_{id} \tag{8-18}$$

从图 8-21 还可以得出

$$\dot{U}_f = F_u\dot{U}_o = F_uA_u\dot{U}_{id} \tag{8-19}$$

综合式（8-18）和式（8-19）可得自激振荡的条件为

$$A_uF_u = 1 \tag{8-20}$$

即幅值条件为

$$|A_u||F_u| = 1 \tag{8-21}$$

相位条件为

$$\varphi_a + \varphi_f = 2n\pi \tag{8-22}$$

上面的讨论是假设在没有输入信号的前提下，输出端产生一个稳定的输出电压，因此式(8-21) 和式（8-22）是反馈放大电路稳定振荡的条件。在接通电源时，正反馈放大电路需要建立自激振荡，实际上电路的起振是在微弱的电信号（电磁干扰产生的）的激励下，经过放大产生输出，又经过正反馈输送到输入端再放大，然后再反馈再放大的过程，逐步建立起稳定的振荡输出。所以正弦波振荡电路在建立振荡时，要求其幅值条件满足

$$|A_u||F_u| > 1 \tag{8-23}$$

式（8-23）是正弦波振荡电路起振的幅值条件，其起振的相位条件仍然是式（8-22）。

（二）RC 正弦波振荡电路

普通的正反馈放大电路产生自激振荡后会很快使放大电路进入到非线性状态，但是如果在放大电路中引入选频网络，使放大电路只对单一频率的信号满足自激振荡的条件，则放大电路的输出就会是单一频率的正弦波信号了，这就构成了正弦波信号产生电路，即正弦波振荡电路。

正弦波振荡电路按照选频网络的不同可以分为 RC 正弦波振荡电路和 LC 正弦波振荡电路，下面仅仅介绍 RC 桥式正弦波振荡电路，其电路如图 8-22 所示。

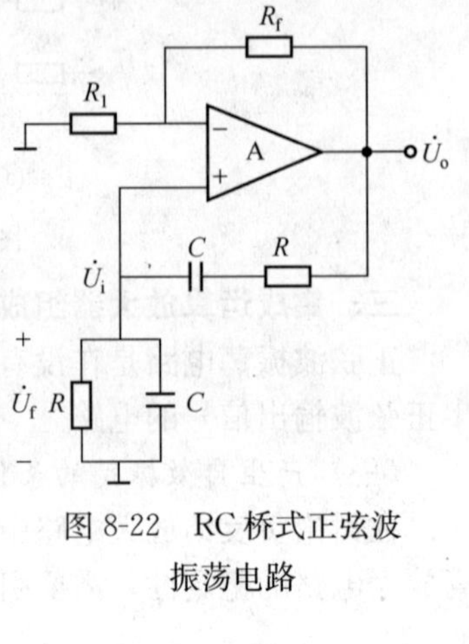


图 8-22 RC 桥式正弦波振荡电路

从图 8-22 可以看出，RC 桥式正弦波振荡电路是由两部分组成，一部分是由集成运算放大器组成的同相比例放大电路，这是一个由负反馈放大电路构成的正弦波振荡电路的基本放大电路；另一部分是由 RC 桥式电路所形成的选频网络，它构成了正弦波振荡电路的正反馈网络。

下面讨论 RC 正弦波振荡电路的振荡条件。

1. 基本放大电路的电压增益 $A_u$

由前面的讨论可知同相比例放大电路的电压增益为

$$A_u = \frac{\dot{U}_o}{\dot{U}_i} = 1 + \frac{R_f}{R_1}$$

即幅值为
$$A_u = 1 + \frac{R_f}{R_1}$$

相位为
$$\varphi_a = 0$$

2. 反馈网络的反馈系数 $F_u$

由 RC 桥式谐振电路组成的反馈网络的反馈系数为

$$F_u = \frac{\dot{U}_f}{\dot{U}_o} = \frac{\dfrac{R/j\omega C}{R + 1/j\omega C}}{R + \dfrac{1}{j\omega C} + \dfrac{R/j\omega C}{R + 1/j\omega C}} = \frac{1}{3 + j\left(\omega RC - \dfrac{1}{\omega RC}\right)} \tag{8-24}$$

如果令

$$\omega_0 = \frac{1}{RC} \text{或} f_0 = \frac{1}{2\pi RC} \tag{8-25}$$

将式（8-25）代入式（8-24），可得

$$F_u = \frac{1}{3 + j\left(\dfrac{f}{f_0} - \dfrac{f_0}{f}\right)} \tag{8-26}$$

其幅频特性为

$$|F_u| = \frac{1}{\sqrt{3^2 + \left(\dfrac{f}{f_0} - \dfrac{f_0}{f}\right)^2}} \tag{8-27}$$

相频特性为

$$\varphi_f = -\arctan \frac{1}{3}\left(\frac{f}{f_0} - \frac{f_0}{f}\right) \tag{8-28}$$

显然，当 $f = f_0$ 时

$$F_u = \frac{1}{3},\ \varphi_f = 0°$$

3. RC 桥式振荡电路的振荡条件

综合前面的讨论可知，当 $f = f_0$ 时，满足振荡的相位平衡条件，即 $\varphi_a + \varphi_f = 0°$。如果此时同相比例放大电路的电压增益为 $A_u = 3$，则 $A_u F_u = 1$，就会使 RC 桥式正弦波振荡电路满足稳幅振荡的条件。所以只要满足 $A_u = 1 + \frac{R_f}{R_1} = 3$，即满足 $R_f = 2R_1$，RC 正弦波振荡电路就会振荡。需要强调的是，只有在频率 $f = f_0$ 时，电路才能满足振荡的相位条件，对于其他频率电路不满足振荡的相位条件，因此 RC 振荡电路的振荡频率是 $f_0$。

如前所述，由于正弦波振荡电路在起振时要求振幅略大于 1，即要满足条件 $A_u F_u > 1$。所以该电路在起振时要求 $A_u > 3$，而起振后则要求 $A_u F_u = 1$，即 $A_u = 3$，这就要求放大电路的增益在起振后要逐渐地变小。为满足正弦波振荡电路的这一要求，反馈电阻 $R_f$ 可以采用

具有负温度系数的热敏电阻，这样在电路起振后，由于流过电阻 $R_f$ 的电流逐渐增大，使得其电阻 $R_f$ 的阻值逐渐减小，直到满足稳幅振荡的条件，使电路稳定振荡。

## 习 题

8-1 试判断图 8-23 所示各电路中引入的是直流反馈还是交流反馈，是正反馈还是负反馈；如果是交流负反馈，请指出反馈的组态。设图中所有电容对交流信号都可视为短路。

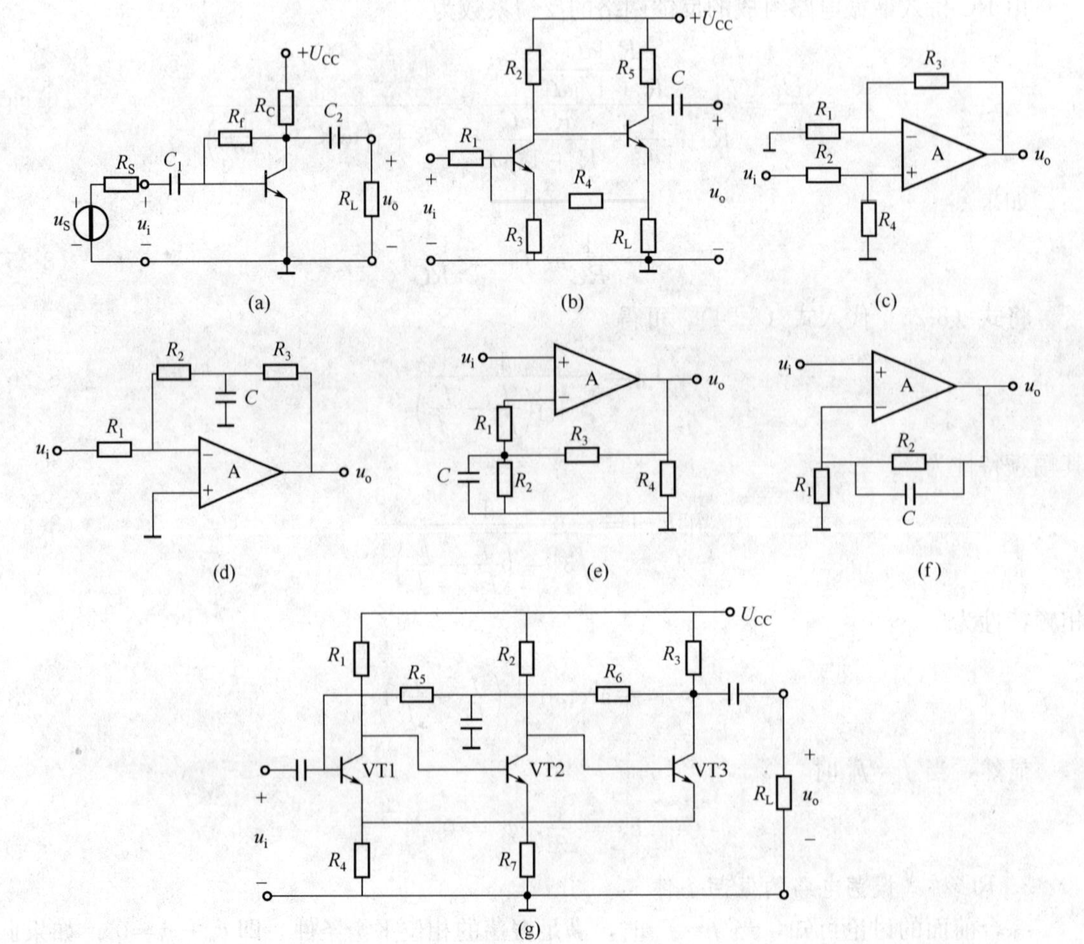


图 8-23 习题 8-1 图

8-2 填空：

(1) 为了稳定输出电压，应该在放大电路中引入________负反馈。

(2) 为了稳定输出电流，应该在放大电路中引入________负反馈。

(3) 为了提高放大电路的输入电阻，应该在放大电路中引入________负反馈。

(4) 为了减小放大电路的输入电阻，应该在放大电路中引入________负反馈。

(5) 为了提高放大电路的输电出阻，应该在放大电路中引入________负反馈。

（6）为了减小放大电路的输出电阻，应该在放大电路中引入________负反馈。

（7）为了稳定放大电路的静态工作点，应该在电路引入________负反馈。

（8）为了稳定放大电路的增益，应该引入________负反馈。

8-3　在图 8-24 所示电路的两个电路中，设运算放大器工作在理想状态，已知 $R=10\text{k}\Omega$，$R_f=100\text{k}\Omega$，试求输出电压与输入电压之间的函数关系。

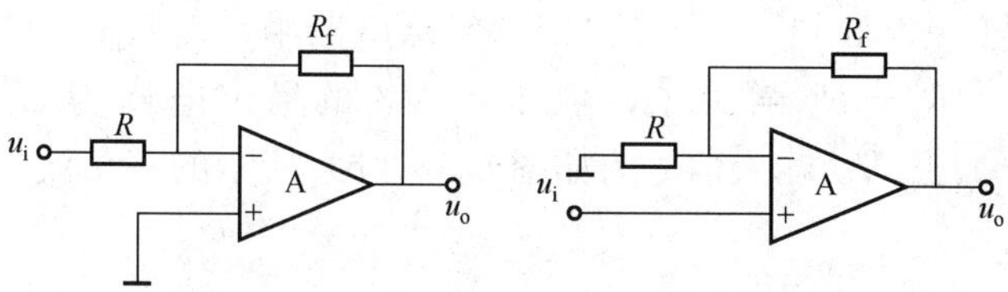

(a)　(b)

图 8-24　习题 8-3 图

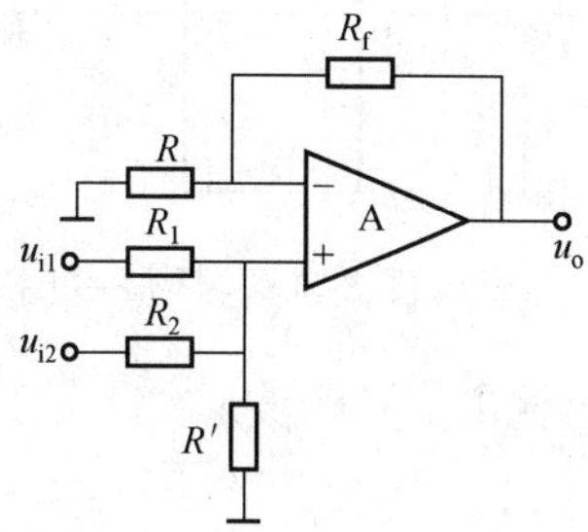

图 8-25　习题 8-4 图

8-4　在图 8-25 所示电路中，已知 $R=10\text{k}\Omega$，$R_f=R_1=R_2=R'=20\text{k}\Omega$，试求输出电压与输入电压之间的函数关系。设运算放大器是理想的。

8-5　在图 8-26 所示电路中，设运算放大器是理想的，已知 $R_1=R_2=20\text{k}\Omega$，$R_f=100\text{k}\Omega$，试求输出电压与输入电压之间的函数关系。

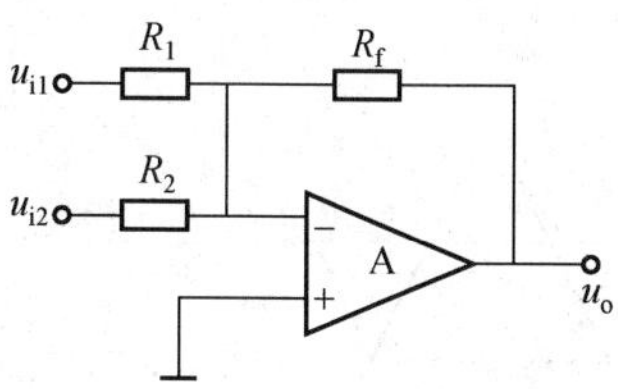

图 8-26　习题 8-5 图

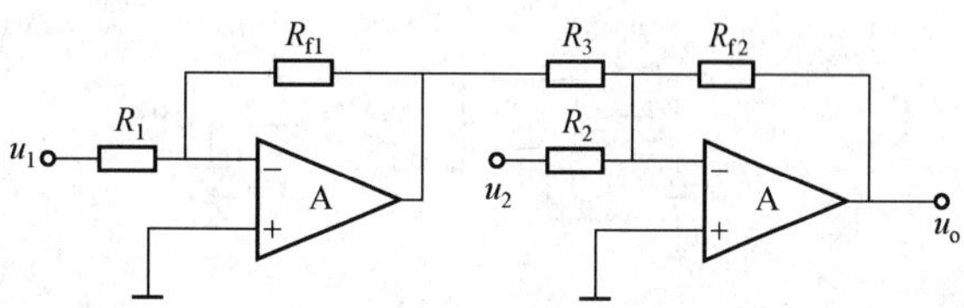

图 8-27　习题 8-6 图

8-6　图 8-27 所示电路中，设电路中的运算放大器工作在理想状态，已知 $R_1=R_{f1}=10\text{k}\Omega$，$R_2=R_3=20\text{k}\Omega$，$R_{f2}=100\text{k}\Omega$。试求输出电压与输入电压之间的函数关系。

8-7　如图 8-28 所示电路中，已知 $R_{f1}=5R_1$，$R_{f2}=2R_2$，试证明 $u_o=15u_i$。

8-8　在图 8-29 所示电路中，试求输出电流 $i_o$ 与输入电压 $u_i$ 之间的关系式，并判断这个电路中引入的是什么组态的负反馈。

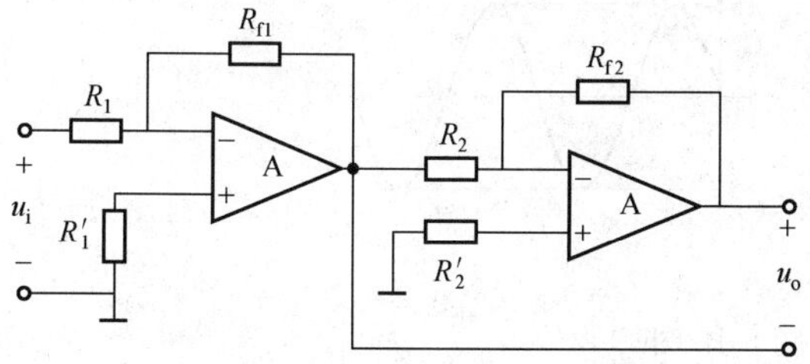

图 8-28　习题 8-7 图

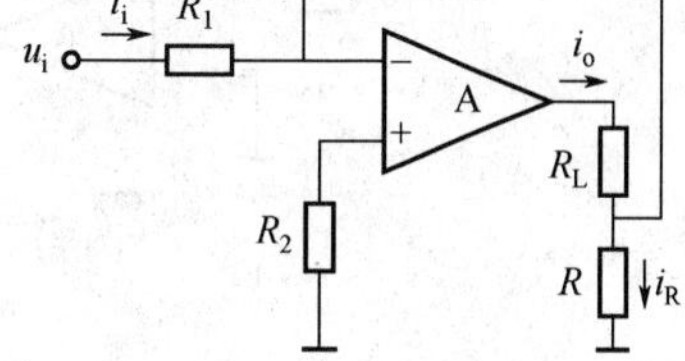

图 8-29　习题 8-8 图

8-9　在图 8-15 所示的积分电路中，已知 $R=100\text{k}\Omega$，$C=0.1\mu\text{F}$，且当 $t=0$ 时，$u_o=$

0V；输入电压 $u_i$ 的波形如图 8-30 所示。设运算放大器工作在理想状态，试画出输出电压的波形，并标出其幅值。

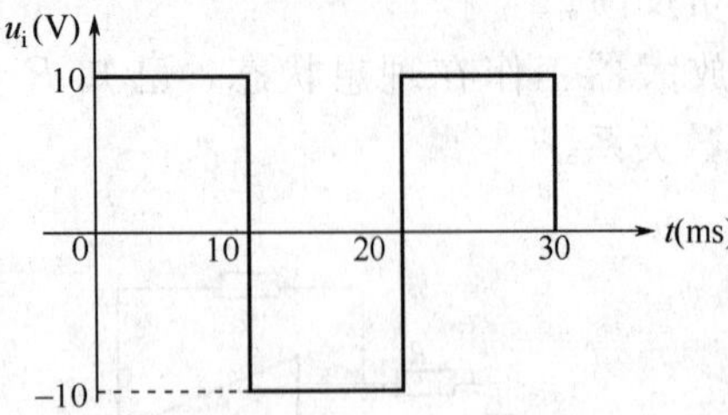


图 8-30 习题 8-9 图

8-10 如图 8-31（a）所示电路中，设运算放大器是理想的，其输出电压的最大值为 $u_o=\pm10V$，设基准电压 $U_{REF}=8V$，$R_1=15k\Omega$，$R_2=5k\Omega$，输入电压 $u_i$ 的波形如图 8-30（b）所示。试画出输出电压 $u_o$ 的波形，并标出主要点的电压值。

8-11 图 8-32（a）所示电路中，设 $U_{REF}=3V$，$R_1=R_2=10k\Omega$，稳压管 VZ 的稳定电压为 $U_Z=\pm6V$，输入信号为如图 8-32（b）所示的三角波。试画出输出信号的波形。

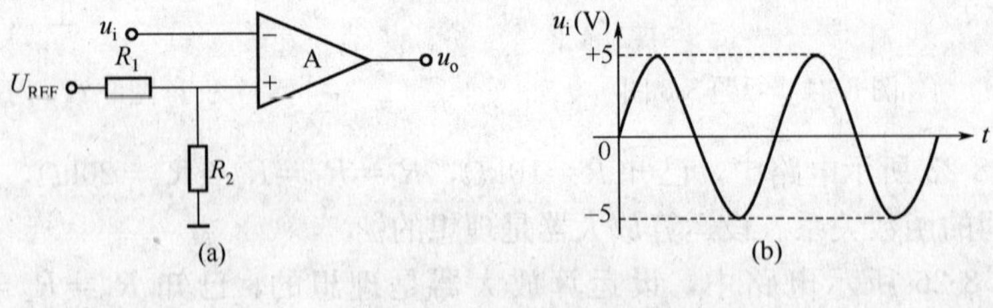


图 8-31 习题 8-10 电路图

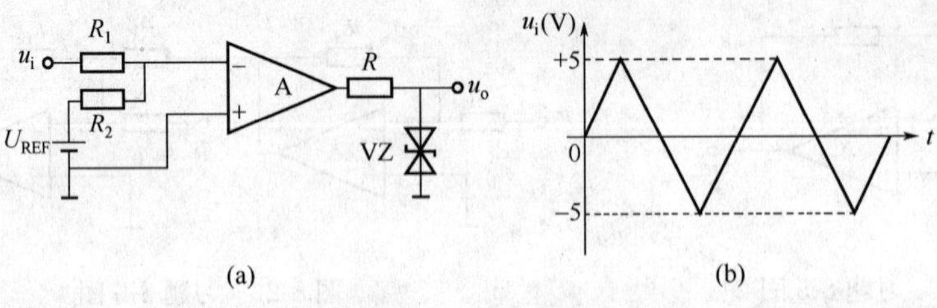


图 8-32 习题 8-11 图

8-12 电路如图 8-33（a）所示，设稳压管的稳压值为 $U_Z=\pm6V$，运算放大器的输出高、低电压分别为 $u_o=\pm12V$，输入信号是如图 8-33（b）所示的正弦波。试画出输出电压的波形图。

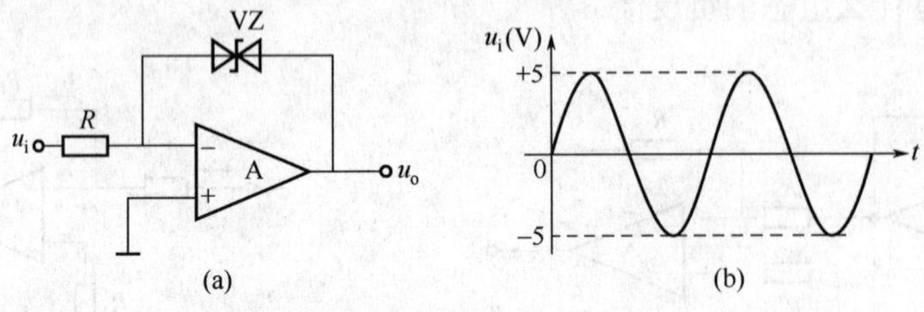


图 8-33 习题 8-12 图

8-13 电路如图 8-34（a）所示，设运算放大器是理想的，其中 $R_1=5k\Omega$，$R_2=10k\Omega$，稳压管的稳压值为 $U_Z=\pm6V$。试求此电压比较器的门限电压值，并对应图 8-34（b）所示的输入信号波形图，画出输出信号的波形图。

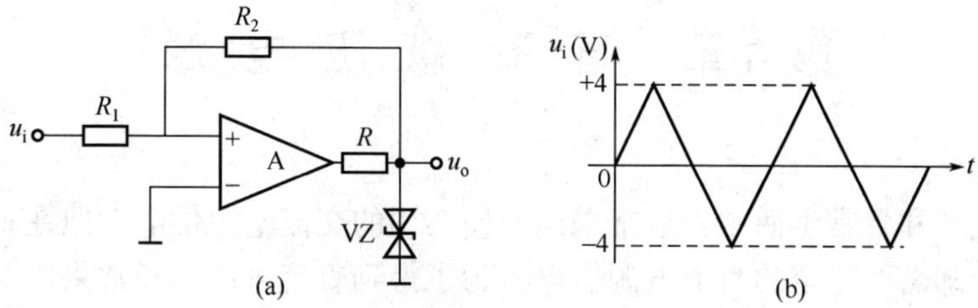


图 8-34　习题 8-13 图

# 第九章　直 流 稳 压 电 源

在工农业生产和日常生活中，通常采用方便实用的交流电源供电，但在一些电子设备和常用的电器中，却需要稳定的直流电源供电。为了得到直流电源，经常采用由半导体器件组成的直流稳压电源电路。

直流稳压电源就是把220V、50Hz的工频交流电转变为直流电的电路，它通常由变压环节、整流环节、滤波环节、稳压环节四部分组成，其原理框图如图9-1所示。

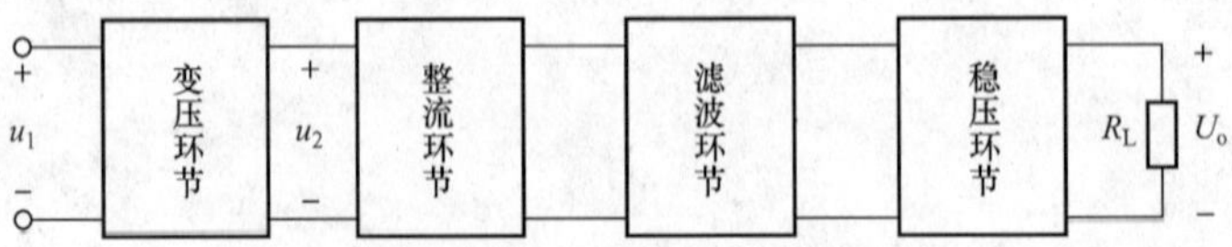


图9-1　直流稳压电源的原理框图

变压环节的作用就是把电网的交流电压变换为直流稳压电源输入端所需要的交流电压值。变压环节是由变压器组成的。

整流环节的作用就是把交流电压转换为直流电压。整流环节是由具有单向导电作用的二极管或晶闸管组成，经过整流环节转换的直流电压值是不稳定的，往往是含有多种交流谐波成分的单向脉动电压。

滤波环节就是把整流环节输出的含有脉动成分的直流电压转换为比较平滑的直流电压。滤波环节一般由电容和电感组成的滤波电路实现。

稳压环节的作用是当负载变化、电网波动时，使稳压电源的输出基本保持不变。稳压环节一般是由稳压管组成，或由集成电路组成。

本章将讨论整流环节、滤波环节和稳压环节的典型电路的工作原理及工作特性。

## 第一节　整　流　电　路

把交流电变换为直流电的过程叫做整流。能够完成整流作用的电路叫做整流电路。在小功率直流稳压电源中，一般被整流的交流电都是单相交流电压，通常由单相变压器供电，所以这种整流电路又称为单相整流电路。在一些场合需要大功率的整流电路，为了保证三相电网的工作平衡，确保供电质量，就需要采用三相整流电路，即由三相交流电为整流电路供电。本节只介绍单相整流电路。

### 一、单相半波整流电路

单相半波整流电路由变压器T、整流二极管VD和负载$R_L$组成。其电路如图9-2所示。

设变压器的二次侧输出电压为

$$u_2 = \sqrt{2}U_2 \sin \omega t$$

式中：$U_2$为变压器二次侧电压$u_2$的有效值，其波形如图9-3（a）所示。

二极管具有单向导电作用，当二极管为正向偏置时导通，二极管为反向偏置时截止。在图 9-2 所示的半波整流电路中，变压器的二次侧电压 $u_2$ 是按正弦规律变化的交流量［见图 9-3（a)］，设二极管工作在理想状态，因此，当 $u_2$ 为正半周时，二极管导通，此时电路中有电流流过负载，且负载 $R_L$ 两端的电压 $u_o$ 就等于变压器的二次侧电压 $u_2$，即

$$u_o = u_2 = \sqrt{2}U_2 \sin \omega t$$

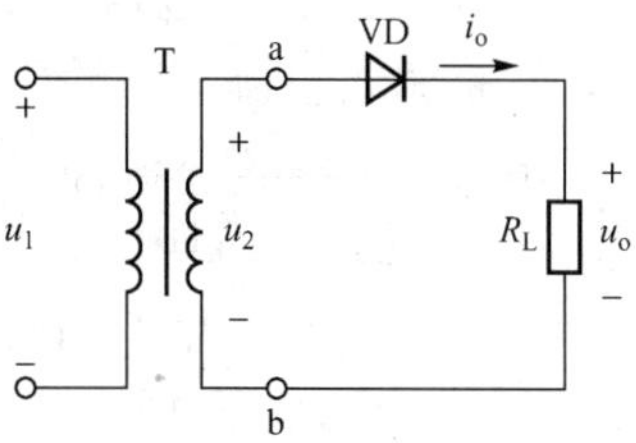


图 9-2　半波整流电路

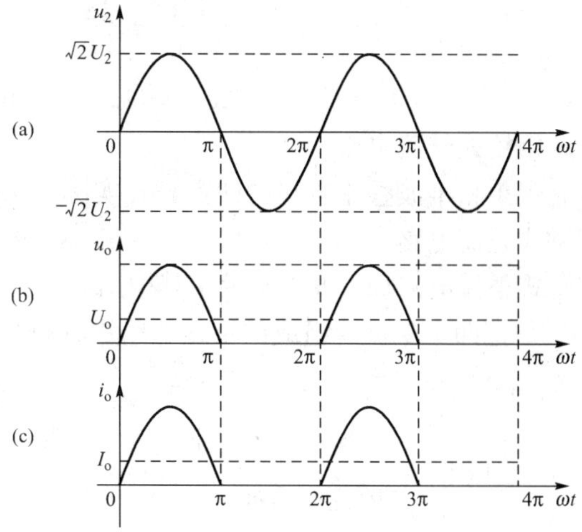


图 9-3　半波整流电压、电流波形图

当二极管工作在负半周时，二极管因反向偏置而截止，此时整流电路中没有电流流过，因此负载 $R_L$ 两端的电压为零，即

$$u_o = 0$$

由此可见，在变压器二次侧电压 $u_2$ 的一个周期内，二极管只有半个周期是导通的。通常用导通角来描述二极管的导通时间，显然半波整流电路中，二极管的导通角为 $\theta = \pi$。

负载 $R_L$ 两端的电压 $u_o$ 的波形如图 9-3（b）所示，可见 $u_o$ 是单一方向的直流电压，只是它的直流电压是随时间而变化的脉动电压。这种直流电压的大小常用它在一个周期内的平均值来表示，因此半波整流电路的整流电压的平均值为

$$U_o = \frac{1}{2\pi}\int_0^{\pi} \sqrt{2}U_2 \sin \omega t \,\mathrm{d}(\omega t) = \frac{\sqrt{2}U_2}{\pi} \approx 0.45U_2 \tag{9-1}$$

式（9-1）表明了半波整流电压的平均值与变压器二次侧电压有效值之间的关系。由此得到整流电流的平均值为

$$I_o = \frac{U_o}{R_L} = 0.45\,\frac{U_2}{R_L} \tag{9-2}$$

式（9-2）中 $I_o$ 也是流过二极管的平均电流值。

当二极管截止时所承受的最大反向电压就是变压器二次侧电压的最大值，即

$$U_{DRM} = \sqrt{2}U_2 \tag{9-3}$$

可以根据式（9-2）和式（9-3）来选择整流二极管。在选择二极管时，为了保证安全，二极管的最高反向工作电压和正向工作电流都要留有一定的裕量。

半波整流电路的优点是电路简单、元件少，缺点是输出电压低、脉动大、整流效率低，

因此只适用于整流电流小、对脉动要求不高的场合。

【例 9-1】 半波整流电路如图 9-2 所示，已知负载电阻 $R_L=200\Omega$，变压器二次侧电压 $U_2=40V$，试求整流电路输出的平均电压 $U_o$、平均电流 $I_o$ 及二极管所承受的最大反向电压 $U_{DRM}$。

**解：**

$$U_o = 0.45U_2 = 0.45 \times 40 = 18\,(\mathrm{V})$$

$$I_o = \frac{U_o}{R_L} = \frac{18}{200} = 0.09\,(\mathrm{A})$$

$$U_{DRM} = \sqrt{2}U_2 = 1.414 \times 40 = 56.6\,(\mathrm{V})$$

**二、单相桥式整流电路**

为了克服单相半波整流电路的缺点，在实际中都采用全波整流电路，其中应用最为普遍的是单相桥式整流电路。

单相桥式整流电路如图 9-4 所示。其中图 9-4（a）～（c）是桥式整流电路的不同画法；图 9-4（d）是把四个二极管组成的桥式电路用其符号代替，它是桥式整流电路的简化画法。

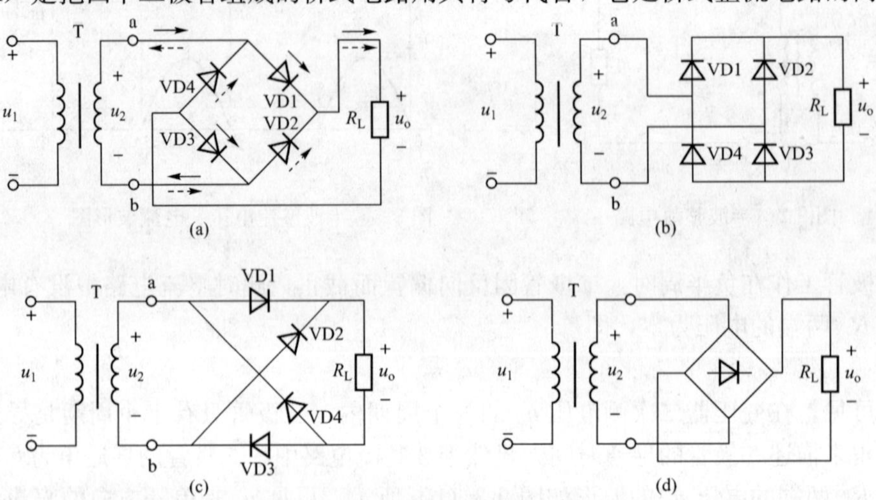


图 9-4 单相桥式整流电路

设变压器二次侧电压为

$$u_2 = \sqrt{2}U_2 \sin \omega t$$

式中：$U_2$ 为变压器二次侧电压 $u_2$ 的有效值，其波形如图 9-5（a）所示。

以图 9-4（a）所示电路为例，变压器二次侧电压 $u_2$ 工作在正半周时，其极性为上正下负，即 a 点电位高于 b 点电位，此时二极管 VD1 和 VD3 导通，VD2 和 VD4 截止，电流由变压器二次侧的 a 点出发，经过二极管 VD1、负载 $R_L$ 和二极管 VD3，最后流入变压器二次侧的 b 点，如图 9-4（a）所示电路中的实线箭头所示。如果二极管都工作在理想状态，则 VD1 和 VD3 的管压降为零，因此负载电阻 $R_L$ 上的电压就等于变压器二次侧电压，即 $u_o=u_2$，如图 9-5（c）中 0～π、2π～3π 段所示。此时二极管 VD2 和 VD4 所承受的反向电压均为 $-u_2$，如图 9-5（d）中 0～π、2π～3π 段所示。

在变压器二次侧电压 $u_2$ 工作在负半周时，其极性为上负下正，即 a 点电位低于 b 点电位，此时二极管 VD2 和 VD4 导通，VD1 和 VD3 截止，电流由变压器二次侧的 b 点出发，经过二极管 VD2、负载 $R_L$ 和二极管 VD4，最后流入变压器二次侧的 a 点，如图 9-4（a）所示电路中的虚线箭头所示。如果二极管都工作在理想状态，则 VD2 和 VD4 的管压降为零，因此负载电阻 $R_L$ 上电压 $u_0$ 在大小上就等于变压器二次侧电压 $u_2$，但方向却相反，即 $u_o=-u_2$，如图 9-5（c）中 π～2π、3π～4π 段所示。此时二极管 $VD_1$ 和 VD3 所承受的反向电压均为 $u_2$，如图 9-5（d）中 π～2π、3π～4π 段所示。

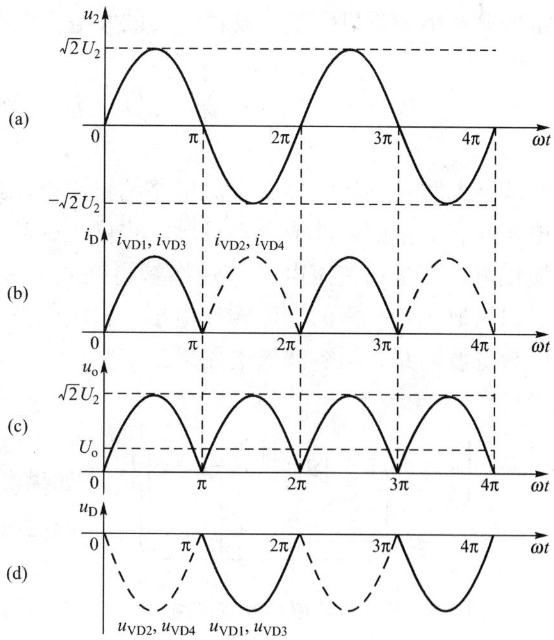


图 9-5 桥式全波整流电路电压、电流波形图

桥式整流电路利用了变压器二次侧电压 $u_2$ 的整个周期，因此又被称为全波整流电路。并且无论从输出电压的数值，还是整流的效率上，桥式整流电路都是半波整流电路的两倍。但桥式整流电路中，每个二极管的导通角仍然是 $\theta=\pi$。

显然，桥式整流电路的输出电压的平均值 $U_o$ 是半波整流时的两倍，即

$$U_o=2\times0.45U_2=0.9U_2 \tag{9-4}$$

输出电流（即流过负载电阻 $R_L$ 的电流）为

$$I_o=\frac{U_o}{R_L}=0.9\frac{U_2}{R_L} \tag{9-5}$$

每个二极管只有半个周期导通，因此流过二极管的平均电流是输出平均电流 $I_o$ 的一半，即

$$I_D=\frac{1}{2}I_o=\frac{U_o}{2R_L}=0.45\frac{U_2}{R_L} \tag{9-6}$$

而每个二极管在截止时所承受的最大反向电压仍然是变压器二次侧电压的最大值，即

$$U_{DRM}=\sqrt{2}U_2 \tag{9-7}$$

单相桥式整流电路克服了半波整流电路的缺点，且二极管的耐压数值也较低，变压器也无须有中间抽头，所以桥式整流电路在稳压电源中得到了广泛的应用。

**【例 9-2】** 有一单相桥式整流电路，要求输出电压为 90V，输出电流为 1A，试求流过二极管的平均电流和二极管所承受的最大反向电压，并据此选择能够满足该电路要求的二极管型号。

**解：** 二极管的平均电流为

$$I_{VD}=\frac{1}{2}I_o=0.5(\text{A})$$

变压器二次侧电压的有效值为

$$U_2=\frac{U_o}{0.9}=\frac{90}{0.9}=100(\text{V})$$

二极管所承受的最大反向电压为

$$U_{DRM}=\sqrt{2}U_2=141(\text{V})$$

查半导体手册，并为二极管的工作留有充分的裕量，以确保二极管安全可靠的工作，可

确定应该选用 2CZ11C 型二极管，其最大整流电流是 1A，最高反向工作电压是 300V。

## 第二节 滤 波 电 路

滤波电路又称滤波器。整流电路的输出电压虽然是单一方向变化的直流电，但是它的输出电压含有丰富的谐波成分，且脉动程度也很高，使得大多数情况下整流输出不能直接用于直流供电，而是在整流电路的输出端再接入滤波电路，滤除整流输出电压中的高次谐波成分，以获取比较平滑的直流输出电压。常用的滤波电路有电容滤波电路、电感滤波电路、电感电容滤波电路、阻容滤波电路等。

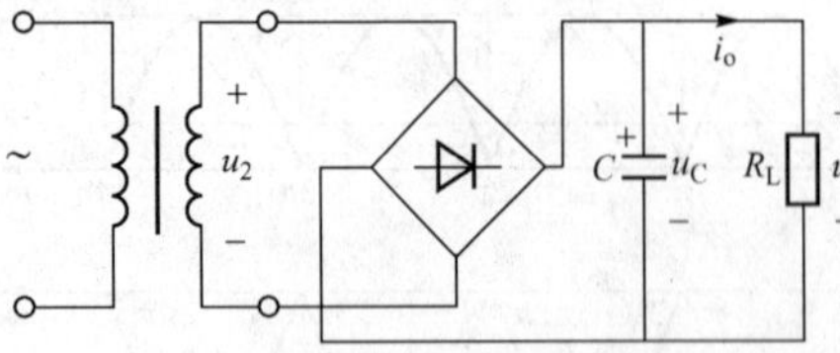

图 9-6 桥式整流电容滤波电路

### 一、电容滤波电路

电容滤波电路是最常用、最简单的滤波电路，如果参数选择得当，其滤波效果比较好。电容滤波电路就是在整流电路的输出端并联一个电容，图 9-6 所示就是常用的桥式整流电容滤波电路。电容滤波电路就是利用电容的充、放电过程，使输出电压的变化变得平滑。为了取得好的滤波效果，要求滤波电容的容量要比较大，通常选用电解电容。电解电容是有极性电容，其耐压值较高。在接线时要注意电容的极性不能接错，否则会因漏电过大导致滤波效果不佳。

在图 9-6 所示的桥式整流电容滤波电路中，如果没有接入滤波电容 $C$，则输出就是桥式全波整流输出，其负载 $R_L$ 两端的电压波形如图 9-7（a）所示。当接入滤波电容后，设电容的初始值为 0，且在 $\omega t=0$ 时刻接通电源，则在 $0\sim\omega t_1$ 期间，二极管 VD1、VD3 因承受变压器二次侧电压 $u_2$ 的正向作用而导通，VD2、VD4 因承受 $u_2$ 的反向作用而截止。在此期间变压器二次侧电压 $u_2$ 一方面通过导通的二极管 VD1、VD3 向负载 $R_L$ 供电，另一方面还要对电容 $C$ 进行充电。假设变压器为理想变压器，如果忽略二极管内阻的作用，则电容电压 $u_C$ 几乎与变压器二次侧电压 $u_2$ 相等。在 $\omega t_1=\dfrac{\pi}{2}$ 时，$u_C=u_2=\sqrt{2}U_2$，并达到最大值。在 $\omega t_1\sim\omega t_2$ 期间，电压 $u_2$ 按正弦规律下降，而 $u_C$ 按指数规律下降，当 $u_C<u_2$ 时，二极管 VD1、VD3 仍然导通，使得 $u_C=u_2$ 按正弦规律变化；当 $u_C>u_2$ 时，二极管 VD1、VD3 因反向偏置而截止，此时 $u_2$ 不再给负载 $R_L$ 供电，也不再给电容 $C$ 充电，流过负载 $R_L$ 的电流由电容 C 放电提供，使得电容电压 $u_C$ 按照指数规律下降。在 $\omega t_2\sim\omega t_3$ 期间，变压器二次侧电压 $u_2$ 工作在负半周，且 $u_C<|u_2|$，使得二极管 VD2、VD4 导通，VD1、VD3 截止，变压器二次侧电压 $u_2$ 再次向电容 $C$ 充电，同时也给负载 $R_L$ 供电，在忽略整流电路内阻的条件下，$u_C=|u_2|$ 按正弦规律变化。在 $\omega t_3\sim\omega t_4$ 期间，电路又会重复 $\omega t_1\sim\omega t_2$ 期间的工作过程，如此循环往复，其输出电压 $u_o$ 的变化规律如图 9-7（b）所示。可见经过电容滤波后，负载上的输出电压比整流输出电压要平滑

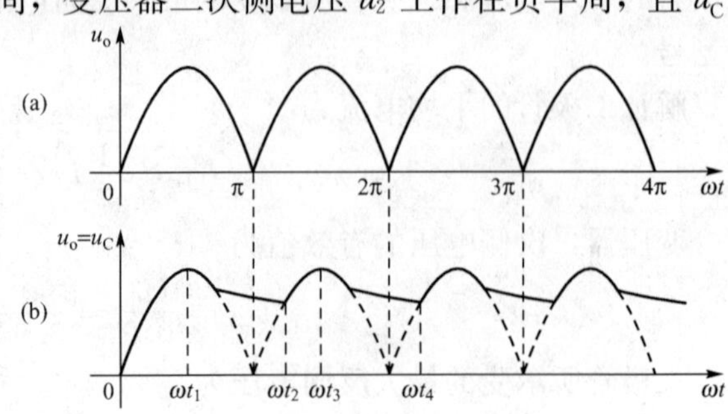

图 9-7 电容滤波电路波形图
（a）无电容时；（b）有电容时

得多。

由以上的讨论可见电容滤波器具有如下的特点：

(1) 与整流电路相比，电容滤波电路中二极管的导通时间变短，导通角$\theta<\pi$，且电容$C$值越大，负载$R_L$越大，导通角就越小。由于二极管的导通角变小，所以流过二极管的平均电流也变小，但是二极管的冲击电流却比较大，因此在选用二极管时要选择大于实际流过二极管平均电流两倍的二极管，才能保证二极管安全可靠的工作。

(2) 电容滤波电路的输出电压脉动变小了，输出电压平均值得到了提高，且时间常数$\tau = R_LC$越大，电容的放电速度越慢，其输出电压$u_o$越平滑，输出电压的平均值也就越高。当负载开路（$R_L=\infty$）时，理论上$u_o=\sqrt{2}U_2$。为了保证滤波输出电压的平滑性能较好，在选择参数时一般要满足

$$\tau = R_LC \geqslant (3 \sim 5)\frac{T}{2} \tag{9-8}$$

式（9-8）中的$T$是变压器二次侧电压$u_2$的周期。在满足式（9-8）的条件下，可以认为电容滤波电路输出电压的平均值为

$$U_o \approx 1.2U_2 \tag{9-9}$$

如果电容滤波电路前面接入的是半波整流电路，则在满足式（9-8）时，其输出电压的平均值为

$$U_o \approx 1.0U_2 \tag{9-10}$$

(3) 负载电阻$R_L$对滤波电路的输出影响较大。在电容$C$一定时，如果负载$R_L$的阻值变小，则时间常数$\tau=R_LC$将随之减小，放电速度会加快，使得输出电压的平均值下降很多；反之亦然。因此电容滤波电路的外特性较差，只适用于小负载（$R_L$值较大）的场合。

(4) 在电容滤波电路中，二极管承受的最大反向电压与整流电路的类型有关。在桥式整流电容滤波电路中，二极管承受的最大反向电压为

$$U_{DRM} = \sqrt{2}U_2 \tag{9-11}$$

在半波整流电容滤波电路中，二极管承受的最大反向电压为

$$U_{DRM} = 2\sqrt{2}U_2 \tag{9-12}$$

**【例 9-3】** 图 9-6 所示桥式整流电容滤波电路中，变压器二次侧电压$u_2$为 50Hz 的正弦交流电，要求负载上输出电压的平均值为$U_o = 20\text{V}$，流过负载的电流平均值为$I_o = 100\text{mA}$，在满足式（9-8）的前提下，求负载的阻值以及滤波电容的大小。

**解：**
$$R_L = \frac{U_o}{I_o} = \frac{20\text{V}}{100\text{mA}} = 200\Omega$$

由于$f = 50\text{Hz}$，所以

$$T = \frac{1}{f} = \frac{1}{50} = 0.02(\text{s})$$

$$R_LC = (3 \sim 5)\frac{T}{2}$$

$$C = (3 \sim 5)\frac{1}{R_L} \times \frac{T}{2} = (3 \sim 5)\frac{1}{200} \times \frac{0.02}{2} = 150 \sim 250(\mu\text{F})$$

## 二、π型滤波电路

为了使输出电压的脉动更小，经常采用π型滤波电路，如图 9-8 所示，其中图 9-8（a）所

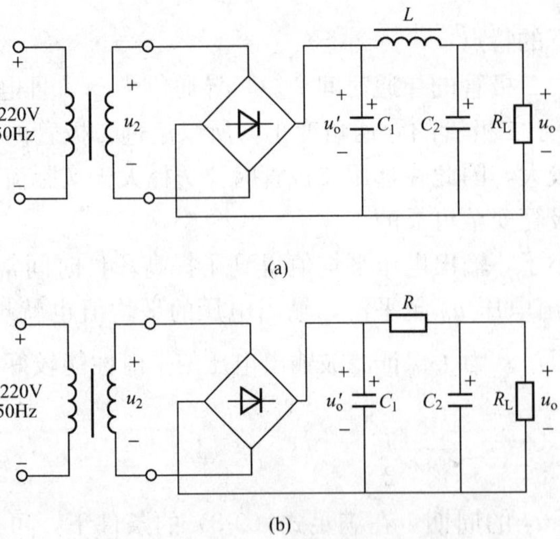


图 9-8 π 型滤波电路

(a) π 型 LC 滤波电路；(b) π 型 RC 滤波电路

示为桥式整流 π 型 LC 滤波电路，图 9-8（b）所示为桥式整流 π 型 RC 滤波电路。

π 型 LC 滤波电路的优点是滤波效果好，但因为电感线圈都带有铁芯，使得电感的体积大而笨重，成本也高，并且这种滤波电路中二极管承受的冲击电流要比电容滤波电路中的冲击电流更大，其应用范围也还是小电流负载。因此在实际中，一般都用电阻代替电感，这就形成了图 9-8（b）所示的 π 型 RC 滤波电路。π 型 RC 滤波电路的滤波效果要比电容滤波电路的效果更好，并且电阻 $R$ 的阻值和电容 $C_2$ 的参数越大，滤波效果就越好，因此 π 型 RC 滤波电路得到了较为广泛的应用。

## 第三节 稳 压 电 路

前面讨论的整流滤波电路的输出已经是一个比较平滑的直流电了，但是整流滤波输出的电压与变压器二次侧电压有效值直接相关，所以当电网电压发生波动时，会影响整流滤波电路的输出电压值；另外整流滤波电路的充、放电时间都与负载电阻有关，当负载变化时会直接影响到输出直流电压的值。这些问题的存在，导致了整流滤波电路不能向一些要求准确度较高的电子设备直接供电，为此要引入稳压电路，以提高直流稳压电源的带负载能力。

### 一、稳压管稳压电路

由稳压二极管组成的稳压电路如图 9-9 所示。图中 VZ 是稳压二极管，电阻 $R$ 是限流电阻。稳压二极管 VZ 与限流电阻 $R$ 配合起到稳定负载电压的作用。

从稳压电路中可以得到如下两个关系式

$$U_I = U_R + U_O \tag{9-13}$$

$$I_R = I_Z + I_O \tag{9-14}$$

当电网电压波动时，稳压电路能够使负载电压保持基本稳定。假设电网电压升高，则变压器二次侧电压 $u_2$ 和滤波电压 $U_I$ 都将随之升高，使得限流电阻的端电压 $U_R$ 和负载端电压 $U_O$ 都有升高的趋势。由于稳压管并联在负载电阻两端，稳压管的伏安特性如图 9-10 所示，当负

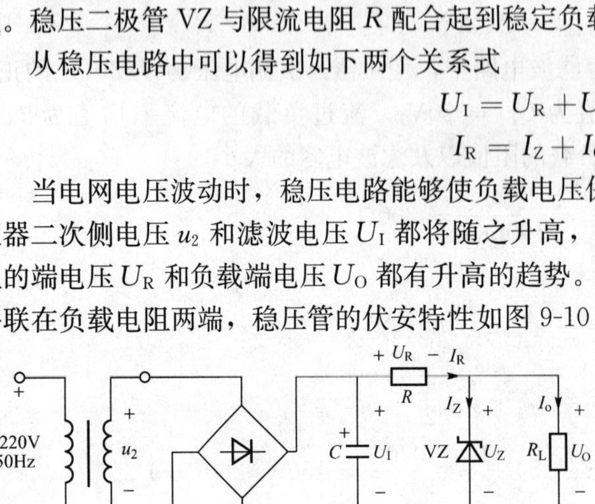


图 9-9 稳压管稳压电路

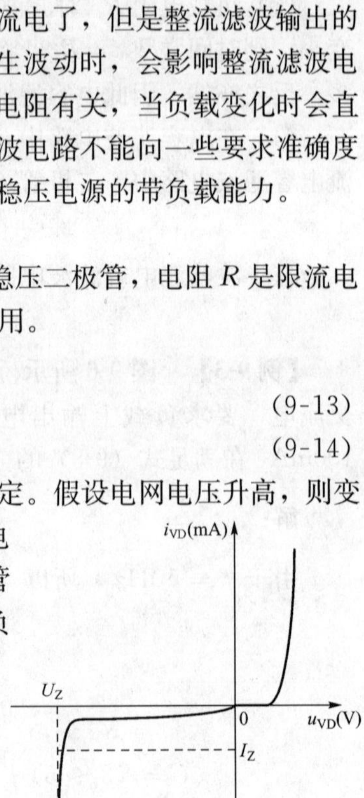


图 9-10 稳压管伏安特性

载电压 $U_O$ 稍有升高，流过稳压管的电流 $I_Z$ 都将有比较明显的增大，使得流过限流电阻 $R$ 的电流 $I_R$ 也有明显增大，因此使电阻 $R$ 上的电压 $U_R$ 也明显变大，从而使电网电压升高而导致的电压 $U_C$ 的变化基本上都降落到限流电阻 $R$ 上。负载电压 $U_O$ 的变化很小，基本上可以认为 $U_O$ 保持近似不变。

当负载变化使得负载电流变化时，稳压电路仍能保证负载电压 $U_O$ 基本稳定。假设负载电阻 $R_L$ 减小，使得负载电流 $I_O$ 增大，流过电阻 $R$ 的电流 $I_R$ 也会随之增大，因而使得 $U_R$ 增大、$U_O$ 减小。但由于稳压二极管与负载电阻并联，因此 $U_O$ 的微小下降都会引起流过稳压二极管的电流 $I_Z$急剧减小，从而维持流过电阻 $R$ 的电流 $I_R$ 基本不变，使得 $U_R$ 也维持基本不变，因而负载电阻上的输出电压 $U_O$ 保持基本稳定。

选择稳压管时一般取

$$U_Z = U_O \tag{9-15}$$

$$I_{ZM} = (1.5 \sim 3) I_{OM} \tag{9-16}$$

$$U_I = (2 \sim 3) U_O \tag{9-17}$$

**【例 9-4】** 在图 9-9 所示的稳压管稳压电路中，已知 $U_I = 15V$，电网电压允许波动范围在±10%之间，稳压管的稳定电压 $U_Z = 6V$、最小稳定电流为 $I_{Zmin} = 6mA$，最大稳定电流 $I_{ZM} = 30mA$，负载电阻 $R_L$ 在 300～400Ω 范围变化，试求限流电阻 $R$ 的取值范围以及变压器二次侧电压的有效值 $U_2$（假设滤波电容足够大）。

**解**：根据题意可以求出负载电流的变化范围是

$$I_L = \frac{U_Z}{R_{Lmax}} \sim \frac{U_Z}{R_{Lmin}} = \frac{6}{400} \sim \frac{6}{300} = 0.015 \sim 0.02(A)$$

$U_I$ 的变化范围是

$$U_I = 15 \times 0.9 \sim 15 \times 1.1 = 13.5 \sim 16.5(V)$$

限流电阻 $R$ 的变化范围是

$$R_{min} = \frac{U_{Imax} - U_Z}{I_{Zmax} + I_{Lmin}} = \frac{16.5 - 6}{0.03 + 0.015} = 233.3\ (\Omega)$$

$$R_{max} = \frac{U_{Imin} - U_Z}{I_{Zmin} + I_{Lmax}} = \frac{13.5 - 6}{0.006 + 0.02} = 288.4\ (\Omega)$$

因此限流电阻 $R$ 的取值范围在 233.3～288.4Ω 之间。如果滤波电容 $C$ 足够大，则变压器二次侧电压近似为

$$U_2 = \frac{U_I}{1.2} = \frac{15}{1.2} = 12.5(V)$$

**二、集成稳压电源**

集成稳压电源种类繁多，从大的方面可以分为线性稳压电源和开关电源两大类。线性稳压电源又分为标准线性稳压器和低压差线性稳压器。其中标准线性稳压器分为固定式线性稳压器和可调式线性稳压器两类，前者可以输出固定电压，后者的输出电压可以在一定范围内调节。标准线性稳压电源的优点是结构简单、使用方便，缺点是电源的效率比较低，大约在45%左右。低压差线性稳压器属于高效线性稳压电源，电源效率一般在 80%～95%之间。其中低压差线性稳压器的输入—输出压差在 500mV 左右，而超低压差线性稳压器的输入—输出压差在 45～150mV。开关电源又称为低损耗电源，其内部器件工作在高频开关状态，因此电源本身消耗的能量很低。开关电源具有集成度高、性价比高、性能指标好、外围电路

简单等优点，已经得到了广泛的应用。

在集成稳压电源中，最常应用的是三端固定式线性稳压器（简称三端稳压器），因此本节只介绍该稳压器的应用。

三端稳压器只有输入端、输出端和公共端三个引出端，故也称为三端集成稳压器，它分为 78 和 79 两个系列。其中 78 系列输出电压为正极性，1 管脚为输入端，2 管脚为输出端，3 管脚为公共端；79 系列输出电压为负极性，1 管脚为公共端，2 管脚为输出端，3 管脚为输入端。三端稳压器的输出电压有 5、6、9、12、15、18、24V 七个档次；输出电流分为 1.5、0.5、0.1A 三个档次。三端稳压器的图形符号如图 9-11 所示。

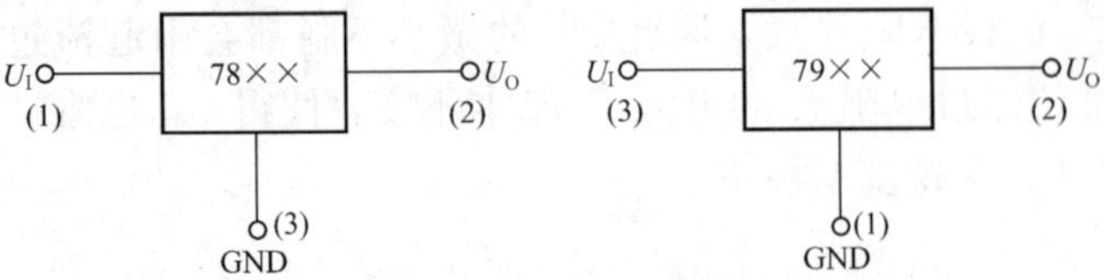

图 9-11 三端稳压器图形符号

下面介绍由三端稳压器组成的常用稳压电路。

1. 三端稳压器的基本应用电路

图 9-12 所示为由三端稳压器组成的基本稳压电路。图中 $C_I$ 是输入电容，其作用是滤除输入中的高频纹波，以抵消输入端接线较长时的电感效应，防止电路产生自激振荡。$C_I$ 一般选择 0.1～1μF 之间的电容器，如果输入端连线不长，则可以不接此电容。$C_O$ 是输出电容，利用其两端电压不能跃变的特性，改善负载的瞬态响应，使得负载变化时输出电压不会有太大的波动。$C_O$ 一般可选择 1μF 的电容器。

2. 正、负输出稳压电路

图 9-13 所示为可以同时输出正、负两个电压的电源电路，它由输出正电压的 78 系列稳压器和输出负电压的 79 系列稳压器共同组成。图中的两只二极管起保护作用，正常工作时均处于截止状态。但如果 79××的输入端没有接入输入电压，则 78××的输出电压将通过负载电阻 $R_L$ 接到 79××的输出端，使得 VD2 导通，使 79××的输出端被钳位在 0.7V 左右，从而保护其不会被损坏。同理，VD1 的作用是保护 78××在没有输入电压作用时不被损坏。

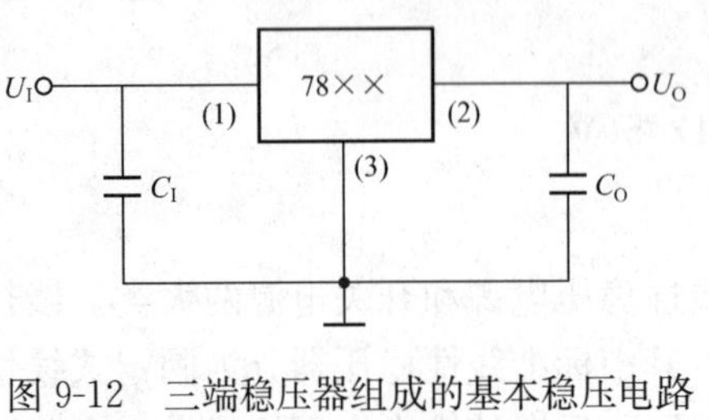

图 9-12 三端稳压器组成的基本稳压电路

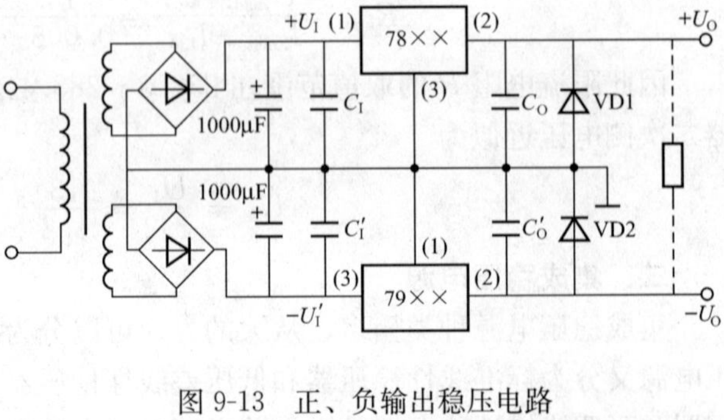

图 9-13 正、负输出稳压电路

3. 输出电压可调的稳压电路

图 9-14 所示为输出电压可调的稳压电路，它与基本稳压电路相比，只是在输出端与公共端之间加入了一个分压电路。其中分压电阻 $R_1$ 两端的电压 $U'_O$ 就是三端稳压器的输出电压，分压电阻 $R_2$ 是可调电阻。

根据基尔霍夫电压定律可以得到该稳压电路输出电压 $U_O$ 与三端稳压器输出电压 $U'_O$ 之

间的关系为

$$\begin{aligned}U_O &= U'_O + I_{R2}R_2\\ &= U'_O + (I_3 + I_{R1})R_2\\ &= U'_O + \left(I_3 + \frac{U'_O}{R_1}\right)R_2\\ &= \left(1+\frac{R_2}{R_1}\right)U'_O + I_3R_2\end{aligned}$$

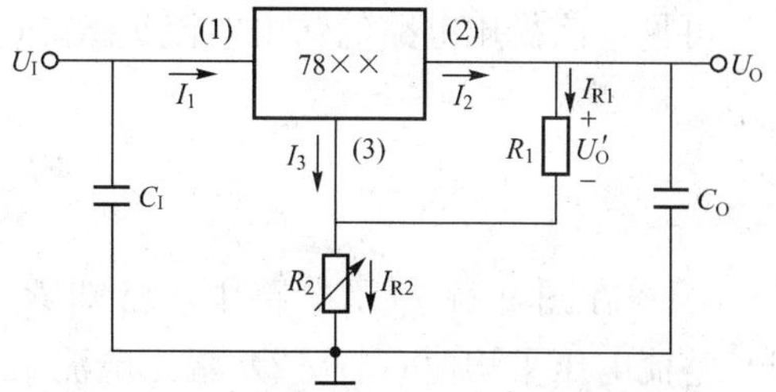


图 9-14 输出电压可调的稳压电路

式中：$I_3$ 为流过三端稳压器公共端的电流，其值很小，往往可以忽略不计。可见只要改变电阻 $R_2$ 的值，就可以改变稳压电路的输出电压。

4. 提高输出电压的稳压电路

图 9-15 所示为提高输出电压的稳压电路，这种电路只是在输出可调稳压电路的基础之上，用稳压管取代了电阻 $R_2$ 从而达到提高输出电压的目的。

设三端稳压器的输出电压为 $U'_O$，则该稳压电路的输出电压为

$$U_O = U'_O + U_Z$$

可见输出电压得到了提高，同时通过选择稳压管，还可以得到三端稳压器系列规格之外的稳压值输出。

5. 提高输出电流的稳压电路

当负载所需电流较大，三端稳压器不能满足要求时，可以采用外接功率管的方法来提高稳压电路的输出电流。图 9-16 所示为能够提高输出电流的稳压电路。图中 PNP 型三极管 VT 是功率管，它的基极电流为 $I_B$，集电极电流为 $I_C$；$I_2$ 是三端稳压器的输出电流；$I_3$ 是它的公共端电流，其值很小，往往可以忽略不计。

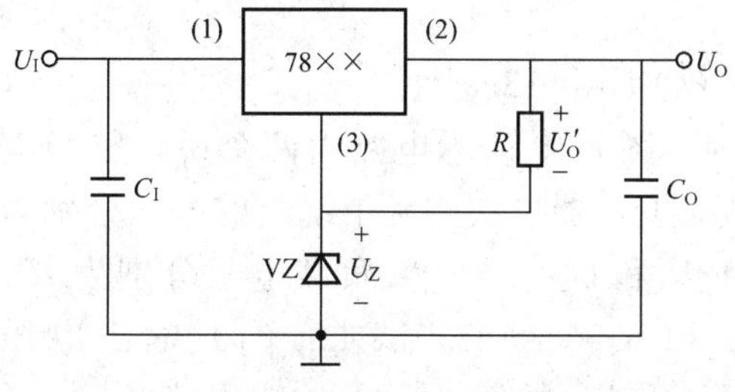


图 9-15 提高输出电压的稳压电路

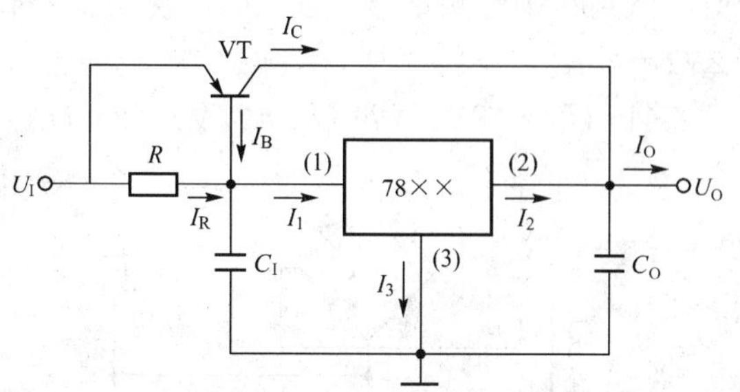


图 9-16 提高输出电流的稳压电路

由此可以得到如下的电流关系

$$I_2 = I_1 - I_3 \approx I_1 = I_R + I_B = -\frac{U_{BE}}{R} + \frac{I_C}{\beta}$$

所以

$$I_C = \beta\left(I_2 + \frac{U_{BE}}{R}\right)$$

$$I_O = I_2 + I_C = I_2 + \beta\left(I_2 + \frac{U_{BE}}{R}\right) = (1+\beta)I_2 + \beta\frac{U_{BE}}{R}$$

式中：$\beta$ 为功率管 VT 的电流放大系数。

可见，该稳压电路的输出电流 $I_O$ 远远大于三端稳压器的输出电流 $I_2$。

## 习　题

9-1　在图 9-17 所示电路中，已知 $R_L=300\Omega$，变压器二次侧电压 $U_2=18V$。试求：(1) 整流电压平均值 $U_O$；(2) 输出电流平均值 $I_O$；(3) 流过二极管中的平均电流 $I_{VD}$ 和二极管承受的最大反向电压 $U_{DRM}$；(4) 在负载 $R_L$ 两端并联一个足够大的电容时，$U_O$、$I_O$ 和 $U_{DRM}$ 的值。

9-2　在图 9-18 所示的单相桥式整流电容滤波电路中，已知负载电阻 $R_L=200\Omega$，要求输出直流电压 $U_O=24V$。试求：(1) 变压器二次侧电压的有效值 $U_2$；(2) 输出电流 $I_O$；(3) 流过二极管的平均电流 $I_{VD}$；(4) 二极管承受的最大反向工作电压 $U_{DRM}$；(5) 滤波电容的容量。

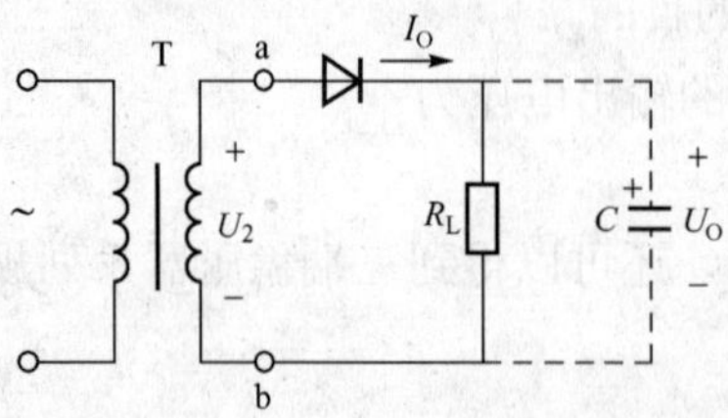


图 9-17　习题 9-1 图

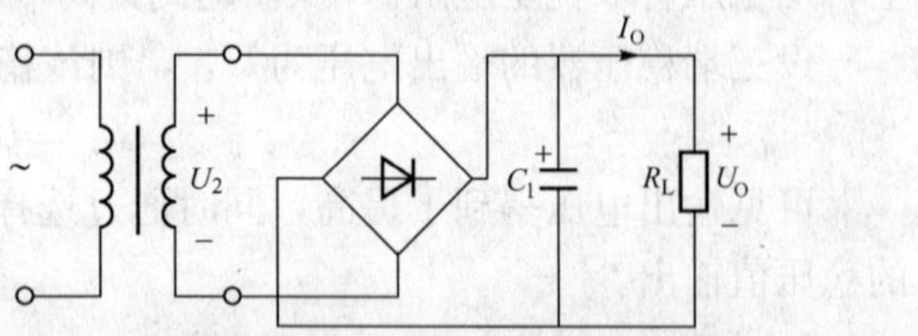


图 9-18　习题 9-2 和习题 9-3 图

9-3　在图 9-18 所示的单相桥式整流电容滤波电路中，用交流电压表测得变压器二次侧电压为 $U_2=30V$。再用直流电压表测量负载电阻两端电压 $U_O$ 时，如果出现下列几种测量值，试判断哪些测量值合理，哪些测量值不合理？如果测量值不合理，试说明电路出现了什么故障？

(1) $U_O=42V$；(2) $U_O=27V$；(3) $U_O=36V$；(4) $U_O=13.5V$。

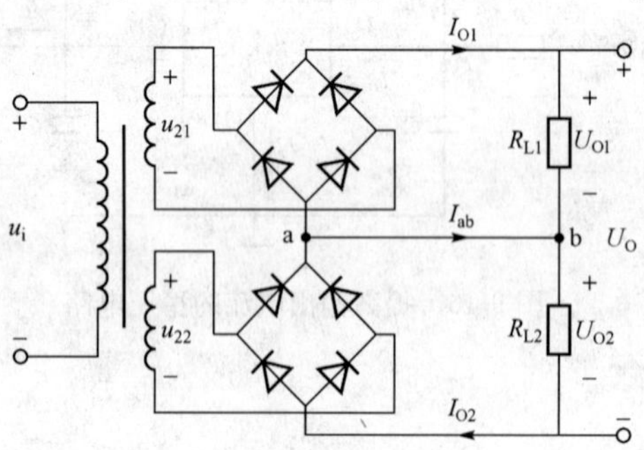


图 9-19　习题 9-4 图

9-4　图 9-19 所示电路由两个桥式整流电路组成，变压器二次侧两个绕组的电压分别为 $U_{21}=12V$ 和 $U_{22}=30V$，负载电阻分别为 $R_{L1}=30\Omega$ 和 $R_{L2}=90\Omega$。试求：(1) 输出电压 $U_{O1}$、$U_{O2}$ 和 $U_O$ 的值。(2) 输出电流 $I_{O1}$、$I_{O2}$ 以及流过 a、b 两点的电流 $I_{ab}$ 的值。

9-5　图 9-20 所示稳压管组成的电路中，已知调节电阻 $R=3k\Omega$，$C_1=C_2=50\mu F$，稳压管 VZ 的稳压值为 $U_Z=12V$。试求：(1) 输出电压 $U_O$ 的值；(2) 标出电容 $C_1$ 和 $C_2$ 的极性。

9-6　图 9-21 所示为由集成稳压器 W7818 组成的稳压电路，其中 A 是理想运算放大器。试求输出电压 $U_{O1}$ 和 $U_{O2}$ 的值，并标示出电容 $C_1$ 和 $C_2$ 的极性。

9-7　图 9-22 所示电路为由三端稳压器 W7809 组成的输出电压可调的稳压电源，试求输出电压 $U_O$ 的调节范围。

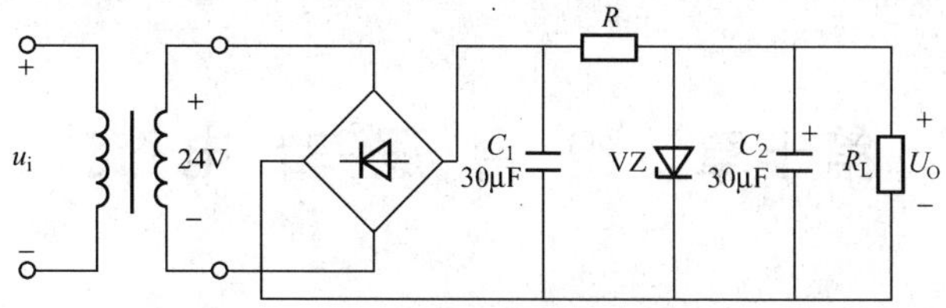


图 9-20 习题 9-5 图

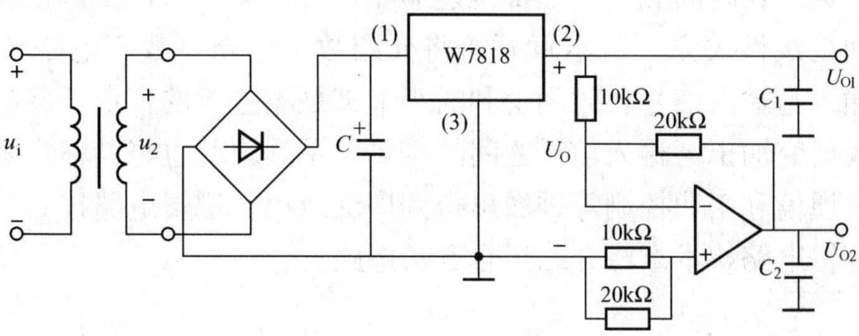


图 9-21 习题 9-6 图

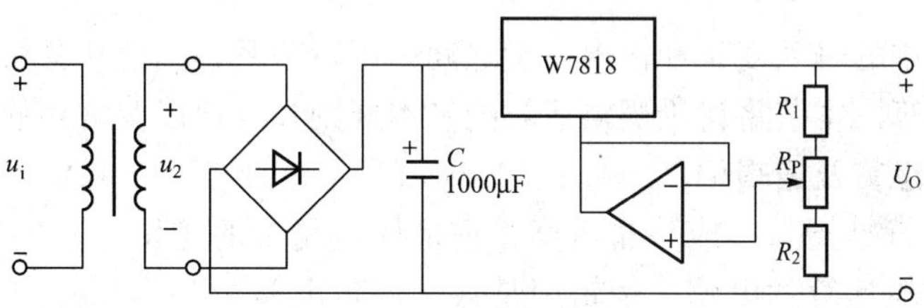


图 9-22 习题 9-7 图

# 第十章 组合逻辑电路

前面讨论的基本放大电路和集成运算放大电路都属于模拟电子电路。模拟电子电路的特点是：输入和输出信号在时间和大小上都是连续变化的，电子器件工作在线性状态，输出信号与输入信号之间呈线性关系。从本章开始将介绍数字电路，数字电路与模拟电路是不同的，其特点是：输入与输出信号在时间上和大小上都是不连续的，电子器件工作在非线性状态。数字电路主要研究输出与输入信号之间的逻辑关系，因此也将其称为逻辑电路。逻辑电路在电子计算机、通信和工业控制等领域里得到广泛应用。逻辑电路按其功能可以分为组合逻辑电路和时序逻辑电路，本章将介绍组合逻辑电路。

## 第一节 逻辑运算与逻辑门

数字逻辑电路中的输入变量和输出变量之间是逻辑关系，因此在分析与设计数字逻辑电路时要用到逻辑运算。本节将讨论逻辑运算的基本规则和定律以及常用的逻辑门。

### 一、基本逻辑运算及逻辑门

基本逻辑运算就是指与、或、非运算，它是任何复杂的逻辑运算的基础。逻辑门是指能够完成简单的逻辑运算的电路。逻辑门是数字逻辑电路的基本部件，它可以由半导体二极管和三极管组成，也可以由集成门电路组成。前者电路简单，但工作性能较差；后者因具有工作速度快、可靠性高等诸多优点而得到广泛应用。集成门电路产品种类很多，一般情况下，在应用时把它看作单一的具有某一逻辑功能的器件，而不注重研究逻辑门电路的内部结构。

#### （一）与运算及与门电路

有一类事件，当决定该事件发生的诸多条件中，只有当所有的条件都具备时，这件事才会发生，这样的因果关系称为与逻辑关系。例如图 10-1（a）所示的电路，只有开关 $A$ 和 $B$ 同时闭合时，灯 $F$ 才会亮。这里开关的状态和灯的状态之间的关系为与逻辑关系。通常把 $A$ 和 $B$ 称为输入逻辑变量，简称逻辑变量或变量；把 $F$ 称为输出逻辑函数，简称逻辑函数或函数。

实现与逻辑关系的逻辑电路称为与门电路，简称与门。研究逻辑关系所关心的问题是，条件是否具备以及事件是否发生，在逻辑电路中是用高电位和低电位来表示的，习惯上把电位的高与低称为高电平和低电平，在逻辑电路中分别用 1 和 0 来表示。若规定高电平为 1，低电平为 0，这种逻辑关系称为正逻辑；反之，则称为负逻辑。本书采用正逻辑。与门的逻辑符号如图 10-2（a）所示，$F$ 是输出端，$A$ 和 $B$ 是输入端。输入和输出都只有高电平 1 和低电平 0 两种状态。与门反映的逻辑关系是：只有输入都为高电平 1 时，输出才是高电平 1。

描述与逻辑的运算称为与运算，又称逻辑乘，描述它们之间的逻辑关系可以用逻辑函数表达式表示为

$$F = A \cdot B \tag{10-1}$$

读作“$F$ 等于 $A$ 与 $B$”，或者“$F$ 等于 $A$ 乘 $B$”。

表示输入变量与输出函数之间的逻辑关系，还可以用真值表来表示。真值表的定义是：把变量值和函数值对应地列在同一个表中，这样的表就被称为真值表。两个逻辑变量 $A$ 和 $B$ 的状态共有四种组合，根据逻辑与的定义可以列出逻辑与的真值表，见表 10-1。

与门的输入端可以有两个，也可以有两个以上，说明决定事件是否发生，可以有两个以上的条件。

**表 10-1　逻辑与真值表**

| 变量 | | 逻辑与 |
|---|---|---|
| $A$ | $B$ | $F=AB$ |
| 0 | 0 | 0 |
| 0 | 1 | 0 |
| 1 | 0 | 0 |
| 1 | 1 | 1 |

从真值表中可以得出逻辑与运算的运算规则：$0 \cdot 0=0$，$0 \cdot 1=0$，$1 \cdot 0=0$，$1 \cdot 1=1$。如果用变量表示，逻辑与运算的规则为

$$A \cdot 0 = 0$$

$$A \cdot 1 = A$$

$$A \cdot A = A$$

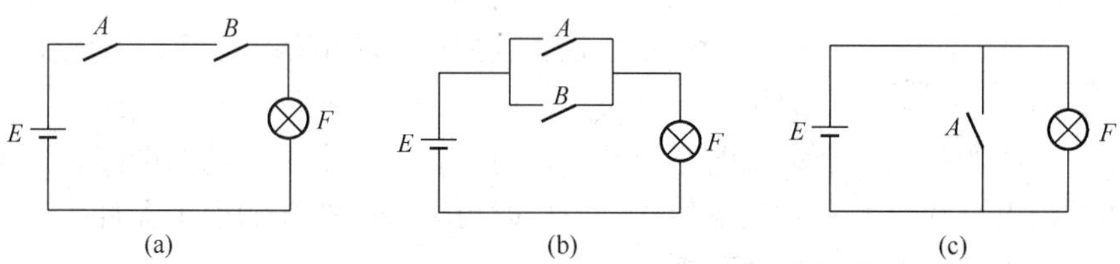


图 10-1　三种基本逻辑运算的开关模拟电路

（a）逻辑与运算；（b）逻辑或运算；（c）逻辑非运算

（二）或运算及或门电路

有一类事件，当决定该事件的诸多条件中，只要具备一个或一个以上的条件，这个事件就会发生，这样的因果关系称为逻辑或关系。例如在图 10-1（b）所示电路中，只要开关 $A$ 和 $B$ 中有一个或一个以上闭合，灯就会亮。这里开关的状态和灯的状态之间的关系是逻辑或关系。

实现逻辑或关系的逻辑电路称为或门电路，简称或门。或门的逻辑符号如图 10-2（b）所示，输入端可以是两个，也可以是两个以上。或门反映的逻辑关系是：只要输入中有一个或一个以上为高电平 1，输出便为高电平 1；只有输入全部为低电平 0 时，输出才为低电平 0。

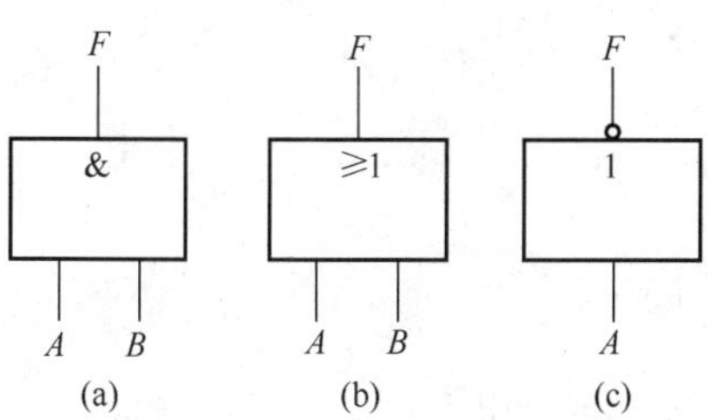


图 10-2　基本逻辑门的符号

（a）与门；（b）或门；（c）非门

反映或逻辑的运算称为或运算，又称逻辑加，其逻辑函数表达式为

$$F = A + B \tag{10-2}$$

读作“$F$ 等于 $A$ 或 $B$”，或“$F$ 等于 $A$ 加 $B$”。

根据逻辑或的定义可以列出逻辑或的真值表，见表 10-2。从真值表可以得出逻辑或的运算规则：$0+0=0$，$0+1=1$，$1+0=1$，$1+1=1$。如果用变量表示，逻辑或运算的规则为

$$A+0=A$$
$$A+1=1$$
$$A+A=A$$

表 10-2　　逻辑或真值表

| 变量 | | 逻辑或 |
|---|---|---|
| $A$ | $B$ | $F=A+B$ |
| 0 | 0 | 0 |
| 0 | 1 | 1 |
| 1 | 0 | 1 |
| 1 | 1 | 1 |

（三）非运算及非门电路

当一个事件的的条件满足时，这件事不会发生；条件不满足时，事件才会发生，事件的发生与条件处于对立状态，这样的因果关系称为逻辑非关系。在如图 10-1（c）所示电路中，只有在开关 $A$ 不闭合时灯 $F$ 才会亮，开关 $A$ 闭合时灯 $F$ 却不会亮。这里开关的状态和灯的状态之间的关系是逻辑非关系。

反映非逻辑的运算称为非运算，又称逻辑非或逻辑反，其函数表达式为

$$F=\overline{A} \tag{10-3}$$

表 10-3　逻辑非真值表

| 变量 | 逻辑非 |
|---|---|
| $A$ | $F=\overline{A}$ |
| 0 | 1 |
| 1 | 0 |

实现非逻辑关系的电路称为非门电路，简称非门。非门的逻辑符号如图 10-2（c）所示，它只有一个输入端，输出端的小圆圈表示“非”的意思。非门反映的逻辑关系是：输出与输入的逻辑相反。根据逻辑非的定义可以列出逻辑非的真值表，见表 10-3。从真值表可以得出逻辑非的运算规则：$\overline{0}=1$，$\overline{1}=0$。由于非门的输出与输入的状态相反，因此又称反相器或倒相器。

与门、或门和非门的每个集成电路产品中，通常含有多个独立的门电路，而且型号不同时，与门和或门电路的输入端数也不相同，应用时可以查阅有关的电子器件手册。

## 二、逻辑运算的基本定律和运算规则

在对逻辑电路进行分析和设计时，常常要对逻辑函数进行化简和变换，因此要用到逻辑代数的一些基本定律和运算规则。

（一）逻辑代数的基本定律

（1）0—1 律：$\begin{cases}A+0=A\\A\cdot 1=A\end{cases}$，$\begin{cases}A+1=1\\A\cdot 0=0\end{cases}$

（2）互补律：$A+\overline{A}=1$，$A\cdot\overline{A}=0$

（3）等幂律：$A+A=A$，$A\cdot A=A$

（4）双重否定律：$\overline{\overline{A}}=A$

（5）交换律：$\begin{cases}A\cdot B=B\cdot A\\A+B=B+A\end{cases}$

（6）结合律：$\begin{cases}(A\cdot B)\cdot C=A\cdot(B\cdot C)\\(A+B)+C=A+(B+C)\end{cases}$

（7）分配律：$\begin{cases}A\cdot(B+C)=A\cdot B+A\cdot C\\A+B\cdot C=(A+B)\cdot(A+C)\end{cases}$

（8）反演律（摩根定律）：$\begin{cases}\overline{A\cdot B\cdot C\cdots}=\overline{A}+\overline{B}+\overline{C}\cdots\\\overline{A+B+C\cdots}=\overline{A}\cdot\overline{B}\cdot\overline{C}\cdots\end{cases}$

（9）吸收律：$\begin{cases}A+\overline{A}B=A+B\\A+AB=A\end{cases}$

(10) 冗余律：$\begin{cases} AB+\overline{A}C+BC=AB+\overline{A}C \\ AB+\overline{A}C+BCD=AB+\overline{A}C \end{cases}$

(二) 逻辑代数的基本运算规则

在对逻辑函数进行变换和化简的过程中，要遵循逻辑代数的运算规则，常用的运算规则有代入规则和反演规则。

1. 代入规则

在任何一个含有变量 $A$ 的等式中，如果将所有出现 $A$ 的位置都用同一个逻辑函数代替，则等式仍然成立。这个规则称为代入规则。

例如，已知 $A+\overline{A}B=A+B$，则根据代入规则等式 $X+Y+\overline{X+Y}B=X+Y+B$ 也成立。

2. 反演规则

对于任何一个逻辑表达式 $Y$，如果将表达式中的所有“·”换成“+”，“+”换成“·”，“0”换成“1”，“1”换成“0”，原变量换成反变量，反变量换成原变量，那么所得到的表达式就是函数 $Y$ 的反函数 $\overline{Y}$（或称非函数）。这个规则称为反演规则。

例如，如果 $Y=A\overline{B}+C\overline{D}E$，则根据反演规则可得

$$\overline{Y}=(\overline{A}+B)(\overline{C}+D+\overline{E})$$

(三) 逻辑函数的表示方法

从前面的讨论可以看出，逻辑变量分为两种，即输入逻辑变量和输出逻辑变量。描述输入逻辑变量与输出逻辑变量之间的因果关系被称为逻辑函数。常用的逻辑函数的表示方法有四种，即函数表达式、真值表、逻辑图和波形图。逻辑函数四种表示方法之间可以互相转换，下面通过例题讲解四种表示方法之间的转换。

**【例 10-1】** 试求逻辑函数 $F=AB+\overline{B}C$ 的真值表，并画出 $F$ 和 $A$、$B$、$C$ 之间的波形图。

**解：** 通过运用与、或、非的运算规则，可以列出 $F=AB+\overline{B}C$ 的真值表见表 10-4。根据真值表可以确定输入信号在不同状态下输出函数的状态，如果输入变量和输出函数的 1 状态用高电平表示，0 状态用低电平表示，则可以画出输出与输入之间的波形图（也叫时序图），如图 10-3 所示。

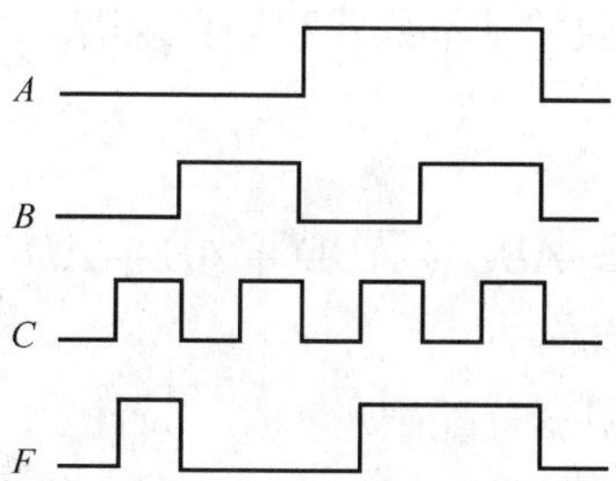


图 10-3 [例 10-1] 图

**表 10-4 [例 10-1] 真值表**

| 输入变量 | | | 输出函数 |
|---|---|---|---|
| $A$ | $B$ | $C$ | $F$ |
| 0 | 0 | 0 | 0 |
| 0 | 0 | 1 | 1 |
| 0 | 1 | 0 | 0 |
| 0 | 1 | 1 | 0 |
| 1 | 0 | 0 | 0 |
| 1 | 0 | 1 | 1 |
| 1 | 1 | 0 | 1 |
| 1 | 1 | 1 | 1 |

**【例 10-2】** 已知输出逻辑函数 $F$ 与输入逻辑变量 $A$、$B$、$C$ 的波形图如图 10-4 所示，试列出该函数的真值表，写出函数表达式，画出逻辑图。

**解：** (1) 根据波形图求真值表。根据波形图中逻辑函数和输入变量之间的状态关系，可以列出真值表，见表 10-5。

(2) 根据真值表写出函数表达式。从真值表写函数表达式的方法如下：

1) 真值表中每一个函数值 $F=1$ 所对应的变量组合就是一个乘积项，如果变量值是 1，

则该变量用原变量表示；如果变量值是 0，就用反变量表示。把这样写出的变量相乘，就是所对应的乘积项。

2）把按照这一方法写出的全部乘积项相加，就是所求的函数表达式。

由此可以写出函数表达式为

$$F=\overline{A}\,\overline{B}\,\overline{C}+ABC$$

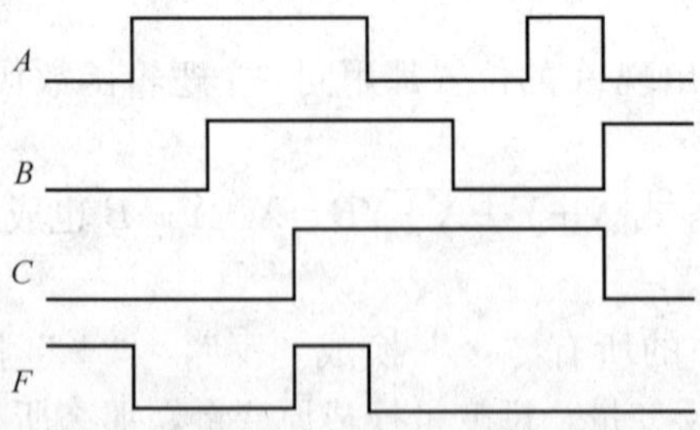


图 10-4　[例 10-2] 图

表 10-5　　[例 10-2] 真值表

| 输入变量 | | | 输出函数 |
|---|---|---|---|
| A | B | C | F |
| 0 | 0 | 0 | 1 |
| 0 | 0 | 1 | 0 |
| 0 | 1 | 0 | 0 |
| 0 | 1 | 1 | 0 |
| 1 | 0 | 0 | 0 |
| 1 | 0 | 1 | 0 |
| 1 | 1 | 0 | 0 |
| 1 | 1 | 1 | 1 |

（3）根据函数表达式画出逻辑图。由前面求出的函数表达式可见，实现其逻辑功能可用与门、或门和非门，也可以全部用与非门。图 10-5 所示为用与门、或门和非门实现的逻辑图。

（四）逻辑函数的化简

表示同一逻辑功能的函数表达式不是唯一的，为了充分地利用电子器件和提高电路的可靠性，需要对逻辑函数进行化简。在对逻辑函数进行化简时，一般是首先把逻辑函数化为最简与或式，然后再将其转化为其他形式的最简式，这是由于从最简与或表达式可以方便地转化为其他形式的最简式。

逻辑函数的最简与或表达式是指包含乘积项数最少，且每个乘积项中变量的个数也最少的与或表达式。

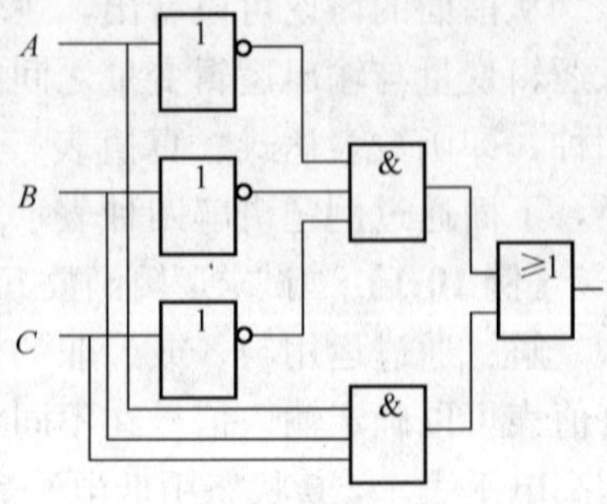


图 10-5　[例 10-2] 逻辑图

在对逻辑函数化简时，主要应用前面讨论的逻辑代数的基本公式和运算规则。下面举例说明。

**【例 10-3】**　把下列逻辑函数化为最简与或式：

(1) $F_1=\overline{A}BC+\overline{A}B\overline{C}+\overline{B}C+\overline{A}C$　　　(2) $F_2=AB\overline{C}+\overline{A}BD+A\overline{B}+A\overline{D}+\overline{A}\,\overline{B}D$

**解：**

$$\begin{aligned}F_1&=\overline{A}BC+\overline{A}B\overline{C}+\overline{B}C+\overline{A}C\\&=\overline{A}B(C+\overline{C})+\overline{B}C+\overline{A}C \quad \text{（根据分配律）}\\&=\overline{A}B+\overline{B}C+\overline{A}C \quad \text{（根据互补律）}\\&=\overline{A}B+\overline{B}C \quad \text{（根据冗余律）}\end{aligned}$$

$$\begin{aligned}F_2&=AB\overline{C}+\overline{A}BD+A\overline{B}+A\overline{D}+\overline{A}\,\overline{B}D\\&=A(B\overline{C}+\overline{B})+\overline{A}D(B+\overline{B})+A\overline{D} \quad \text{（根据分配律）}\\&=A\overline{C}+A\overline{B}+\overline{A}D+A\overline{D} \quad \text{（根据吸收律和互补律）}\end{aligned}$$

**三、其他逻辑门电路**

将基本逻辑运算进行变换，可以获得与非、或非、与或非、异或、同或等逻辑运算。它们的逻辑功能也都有对应的集成逻辑门电路，如与非门、或非门、异或门和同或门等。其中与非门是应用较多的门电路。

(一) 与非门电路

与非逻辑关系就是先“与”后“非”，逻辑表达式为

$$F=\overline{A\cdot B} \tag{10-4}$$

能够实现“与非”运算的电路叫做与非门，其逻辑符号如图 10-6(a)所示，真值表见表 10-6。

(二) 或非门电路

或非逻辑关系就是先“或”后“非”，逻辑表达式为

$$F=\overline{A+B} \tag{10-5}$$

能实现“或非”运算的电路叫做或非门，其逻辑符号如图 10-6（b）所示，真值表见表 10-6。

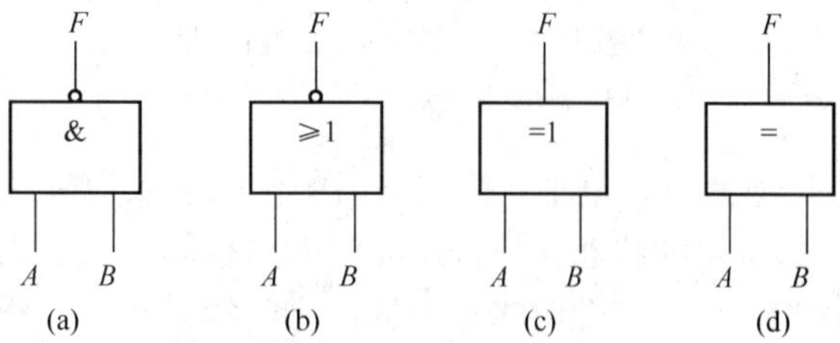


图 10-6 常用逻辑门符号

(a)与非门；(b)或非门；(c)异或门；(d)同或门

(三) 异或门电路

异或运算就是当两个变量不同时，函数值就为 1；反之，当两个变量相同时，函数值就为 0。

根据异或的定义，可以写出异或逻辑表达式为

$$F=A\oplus B=\overline{A}B+A\overline{B} \tag{10-6}$$

异或逻辑运算只有两个输入变量，在进行多个变量的异或运算时，必须将其拆分为两个变量分别进行。能够实现异或功能的电路叫做异或门，其逻辑符号如图 10-6（c）所示，真值表见表 10-6。

(四) 同或门电路

同或运算就是当两个变量相同时，函数值就是 1；当两个变量不相同时，函数值就是 0。由同或的定义可见，同或运算和异或运算是互为相反的，即同或逻辑运算就是“异或非”运算。

根据定义，可以写出同或逻辑表达式为

$$F=A\odot B=\overline{A}\ \overline{B}+AB=\overline{A\oplus B} \tag{10-7}$$

把能够实现同或运算的电路叫做同或门，其逻辑符号如图 10-6(d)所示，真值表见表 10-6。

**表 10-6 几种逻辑运算的真值表**

| 变量 | | 与非 | 或非 | 异或 | 同或 |
|---|---|---|---|---|---|
| $A$ | $B$ | $\overline{AB}$ | $\overline{A+B}$ | $A\oplus B$ | $A\odot B$ |
| 0 | 0 | 1 | 1 | 0 | 1 |
| 0 | 1 | 1 | 0 | 1 | 0 |
| 1 | 0 | 1 | 0 | 1 | 0 |
| 1 | 1 | 0 | 0 | 0 | 1 |

(五) 三态输出门

三态输出门与一般的逻辑门不同，它的输出端除了具有高电平、低电平两种状态之外，还有第三种状态——高阻状态，或称禁止状态。

在一些复杂的数字系统中，为了减少各个单元电路之间的连线数目，希望能在同一个导线上分时传递若干个门电路的输出信号，这就需要把这些门电路的输出端并联在同一个公共

信号传输线（信号总线）上，并对门电路实行控制，使每个门的输出轮流送到总线上，而不会造成总线上数据的混乱。前面讨论的逻辑门电路的输出端是不能将若干个门的输出线并联在总线上的，否则当一些门的输出为高电平，而另一些的输出是低电平时，就会有很大的电流通过门电路的输出端，门电路会因过载而烧坏。三态门就可以解决以上问题。

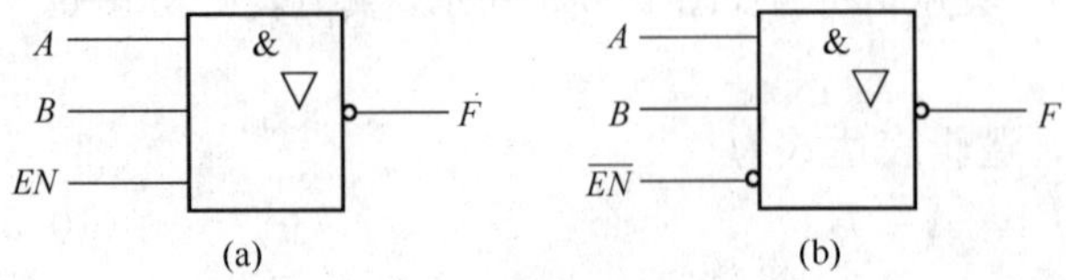


图 10-7　三态与非门逻辑符号
(a) 高电平有效；(b) 低电平有效

以三态与非门为例说明其工作原理。三态与非门除了具有逻辑输入信号以外，还有一个控制输入端——使能控制端 $EN$（或$\overline{EN}$），其逻辑符号如图 10-7 所示。其中图10-7（a）是使能高电平有效，即$EN=1$是有效电平；图10-7（b）是使能低电平有效，即$\overline{EN}=0$是有效电平。当三态门的使能输入为有效状态时，$F=\overline{AB}$，输出 $F$ 的状态取决于输入$A$ 和$B$ 的状态。与普通的门电路相同，当三态门的输入为无效电平时，三态门的输出是"高阻"状态，此时输入与输出之间等效于一个很大的电阻，使输入逻辑信号不能传递到输出端，因此高阻状态也被称为禁止状态。

**【例 10-4】**　试利用或非门实现非门、或门和与门的逻辑功能。

**解：**(1) 用或非门组成非门，只要将或非门的各个输入端并接在一起作为一个输入端 $A$ 就可以实现，如图 10-8（a）所示。由于 $A=0$ 时，或非门各个输入端都为 0，故 $F=1$；当$A=1$时，或非门各输入端都为 1，故 $F=0$。所以可以实现非运算。

用或非门实现非门的另一种方法是：将或非门中的任意一个输入端作为非门的输入，将其他输入端（被称为闲置端）都接地。

(2) 由于或逻辑表达式可以写成

$$F=A+B=\overline{\overline{A+B}}$$

所以由或非门组成或门，可以在一个或非门后面再接一个由或非门组成的非门来实现，如图 10-8（b）所示。

(3) 根据反演律，与逻辑表达式可以写成

$$F=A\cdot B=\overline{\overline{A}+\overline{B}}$$

所以，由或非门组成与门的逻辑图如图 10-8（c）所示。

通过［例 10-4］可以看出，不同逻辑功能的门电路可以通过外部接线进行相互转换。

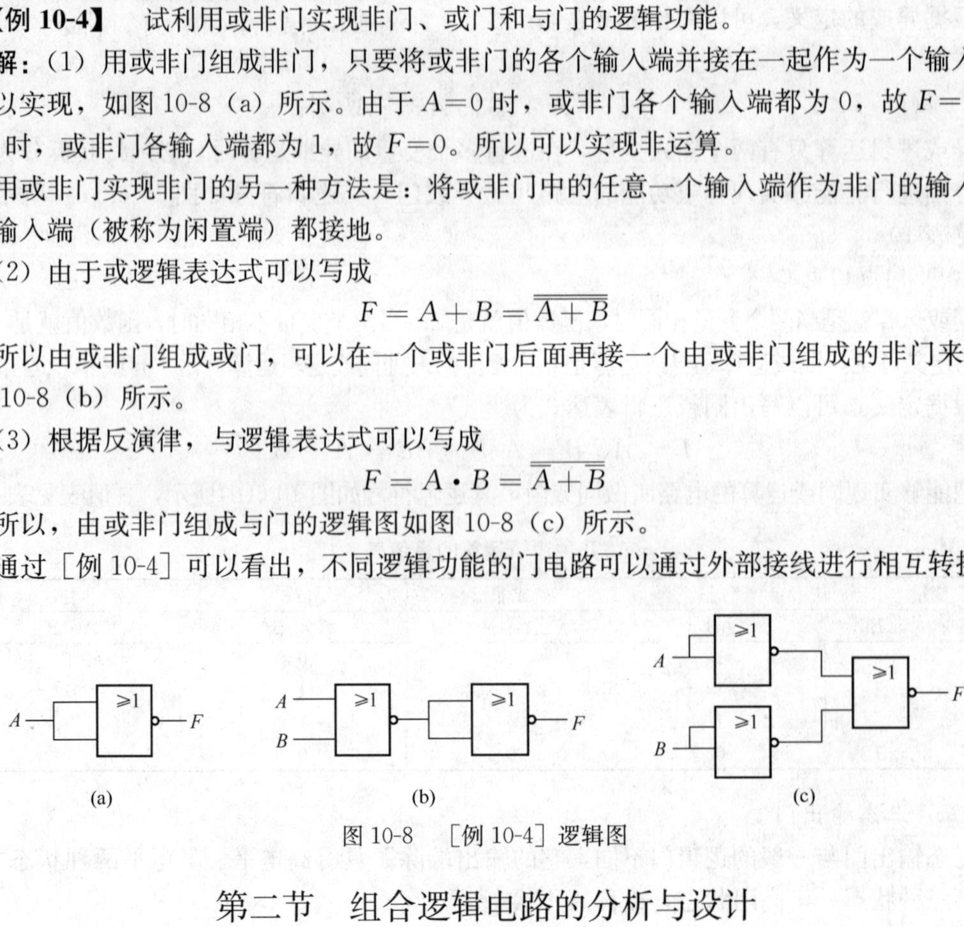


图 10-8　［例 10-4］逻辑图

## 第二节　组合逻辑电路的分析与设计

数字系统是由具有各种功能的逻辑部件组成的，这些逻辑部件按其结构可分为组合逻辑

电路和时序逻辑电路两大类。组合逻辑电路是指把门电路按一定规律组合起来，完成一定逻辑功能的电路，简称组合电路。由于门电路的输出状态仅仅取决于同一时刻输入信号的状态，与电路原来的状态无关，因此组合电路是一种没有记忆功能的逻辑部件。本节将介绍组合逻辑电路的分析方法与设计方法。

## 一、组合逻辑电路的分析

分析组合逻辑电路的目的是根据组合逻辑电路图，研究其输出与输入之间的逻辑关系，确定电路的逻辑功能。分析的一般步骤是：

（1）根据逻辑电路，写出每个输出端的逻辑函数表达式；

（2）将每个输出函数表达式进行变换和化简，写出其最简表达式；

（3）根据输出的最简表达式，列出真值表；

（4）根据真值表和逻辑表达式，对逻辑电路的功能进行分析，确定其逻辑功能。

下面通过例题来讲解组合逻辑电路的分析方法。

**【例 10-5】** 试分析图 10-9 所示的逻辑电路，写出输出与输入之间的函数关系式，列出真值表，指出电路的逻辑功能。

**解：** 根据逻辑图，可以分别写出 G1～G5 各个逻辑门的输出表达式如下：

门 G1 的输出

$$X_1 = \overline{A}$$

门 G2 的输出

$$X_2 = \overline{B}$$

门 G3 的输出

$$Y_1 = \overline{\overline{A} + B} = A\overline{B}$$

门 G4 的输出

$$Y_2 = \overline{A + \overline{B}} = \overline{A}B$$

门 G5 的输出

$$Y_3 = \overline{Y_1 + Y_2} = \overline{A\overline{B} + \overline{A}B} = \overline{A \oplus B} = \overline{A}\,\overline{B} + AB$$

根据 $Y_1$～$Y_3$ 的逻辑表达式可以列出真值表，见表 10-7。通过分析真值表可以看出，该电路是一个数值比较器，能够实现两个一位数值的比较。$Y_1=1$ 表示两个输入数值之间是 $A>B$，$Y_2=1$ 表示两个输入数值是 $A<B$，$Y_3=1$ 表示两个输入数值是 $A=B$。

**表 10-7　［例 10-5］真值表**

| $A$ | $B$ | $Y_1$ | $Y_2$ | $Y_3$ |
|---|---|---|---|---|
| 0 | 0 | 0 | 0 | 1 |
| 0 | 1 | 0 | 1 | 0 |
| 1 | 0 | 1 | 0 | 0 |
| 1 | 1 | 0 | 0 | 1 |

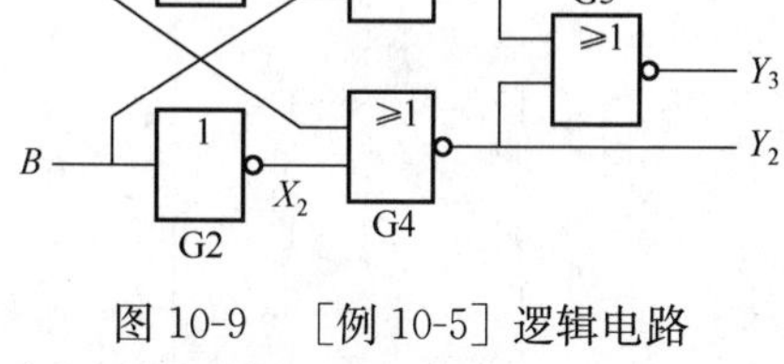


图 10-9　［例 10-5］逻辑电路

**【例 10-6】** 已知逻辑电路如图 10-10 所示，试分析该电路的逻辑功能。

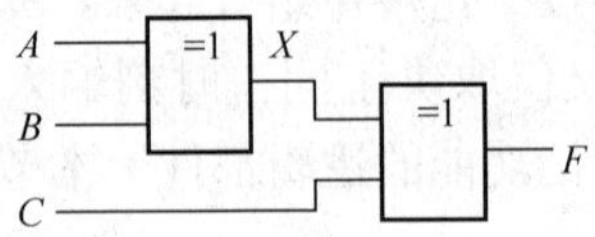


图 10-10　［例 10-6］逻辑电路

表 10-8　［例 10-6］真值表

| A | B | C | F |
|---|---|---|---|
| 0 | 0 | 0 | 0 |
| 0 | 0 | 1 | 1 |
| 0 | 1 | 0 | 1 |
| 0 | 1 | 1 | 0 |
| 1 | 0 | 0 | 1 |
| 1 | 0 | 1 | 0 |
| 1 | 1 | 0 | 0 |
| 1 | 1 | 1 | 1 |

**解：** 根据图 10-10 所示的逻辑图可以分别写出两个门电路的输出函数表达式，即

$$X=A\oplus B$$

$$F=X\oplus C=(A\oplus B)\oplus C=A\oplus B\oplus C$$

在写输出函数表达式时，考虑到异或运算符合结合率，所以在三个输入变量进行异或运算时，不用考虑运算顺序，因此可以把输出函数表达式中的括号去掉。

根据函数表达式可以列出逻辑电路的真值表见表 10-8。通过分析真值表确定逻辑功能，该电路在输入变量 $A$、$B$、$C$ 中，如果有奇数个 1 时，输出 $F=1$；否则，$F=0$。因此该电路是一个判奇校验电路。

**二、组合逻辑电路的设计**

组合逻辑电路的设计与分析刚好是相反的过程。在进行设计时，要根据实际的逻辑问题和给出的逻辑器件，并使电路设计的尽量简单，就是使设计的逻辑电路所用器件的种类和数量要尽可能达到最少，且每个器件所用输入端的个数也能最少。

组合逻辑电路的设计步骤如下：

（1）分析题意，明确实际问题的逻辑功能，确定输入与输出逻辑变量及其表示的符号；

（2）根据实际逻辑问题的要求，列出真值表；

（3）根据真值表写出函数表达式；

（4）简化或变换表达式，从而用相应的逻辑器件实现电路，画出逻辑电路图。

下面通过例题进一步讲解组合逻辑电路的设计步骤和方法。

**【例 10-7】**　试设计一个举重裁判电路，设有一个主裁判和两个副裁判对举重项目进行裁判。要求当主裁判和至少一个副裁判裁定运动员的举重合格时，运动员的举重才有效，否则，运动员的举重无效。

**解：** 第一步，根据题意确定输入与输出变量。根据对题意的分析，三名裁判作为输入变量，设主裁判为 $A$，副裁判分别为 $B$ 和 $C$；裁判的结果作为输出逻辑函数，用 $F$ 表示。当裁判认为运动员的举重合格时为 1，否则为 0。$F=1$ 表示裁判的结果认为运动员举重有效，$F=0$ 表示运动员举重无效。

第二步，列出真值表。依据题中给定的条件，可以列出真值表，见表 10-9。

表 10-9　［例 10-7］真值表

| A | B | C | Y |
|---|---|---|---|
| 0 | 0 | 0 | 0 |
| 0 | 0 | 1 | 0 |
| 0 | 1 | 0 | 0 |
| 0 | 1 | 1 | 0 |
| 1 | 0 | 0 | 0 |
| 1 | 0 | 1 | 1 |
| 1 | 1 | 0 | 1 |
| 1 | 1 | 1 | 1 |

第三步，写出函数表达式。按照从真值表写函数表达式的方法，从表 10-9 所示真值表可以看出，该逻辑函数应该有三个乘积项，分别是 $A\overline{B}C$、$AB\overline{C}$、$ABC$。因此，逻辑函数表达式为

$$F=A\overline{B}C+AB\overline{C}+ABC$$

第四步，应用逻辑代数公式对逻辑函数进行化简。

$$\begin{aligned}F&=A\overline{B}C+AB\overline{C}+ABC\\&=A\overline{B}C+AB(\overline{C}+C)\\&=A\overline{B}C+AB\\&=AC+AB\end{aligned}$$

第五步，根据函数表达式，画出逻辑图。

（1）用与门和或门实现其逻辑功能，如图 10-11（a）所示。

（2）用与非门实现其逻辑功能，可以根据反演律对逻辑函数进行如下的变换，即

$$F=AC+AB=\overline{\overline{AC}\cdot\overline{AB}}$$

依据上式可以画出用与非门实现的逻辑电路，如图 10-11（b）所示。

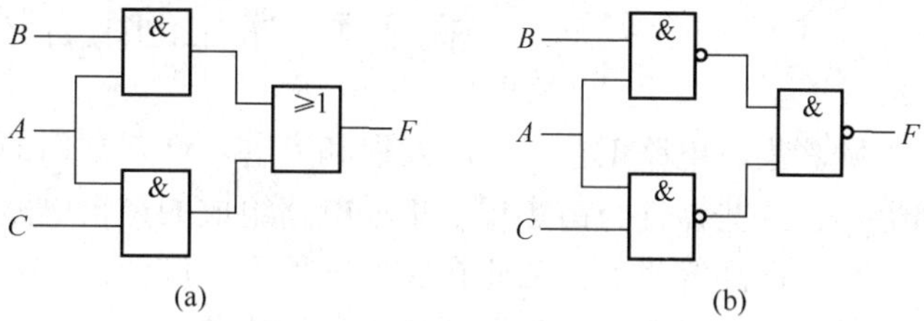


图 10-11 ［例 10-7］逻辑电路

**【例 10-8】** 已知输出逻辑函数 $F_1$ 和 $F_2$ 与输入逻辑变量之间的波形图如图 10-12 所示，试用与非门和异或门实现其逻辑功能。

**解：**（1）列真值表。分析图 10-12 所示的波形图，可以列出输出函数 $F_1$ 和 $F_2$ 与输入变量 $A$、$B$、$C$ 之间的真值表，见表 10-10。

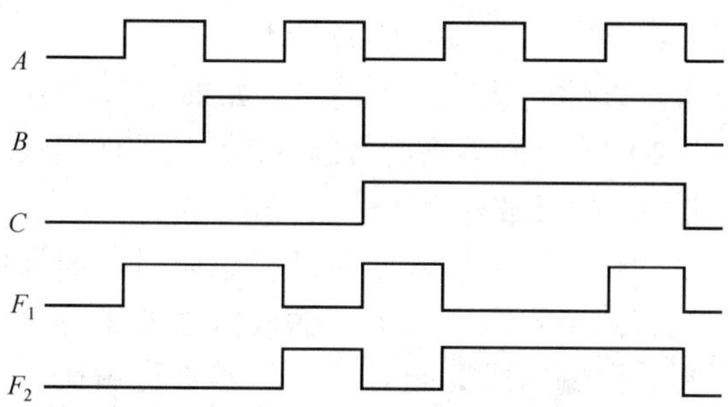


图 10-12 ［例 10-8］波形图

（2）写出函数表达式。根据［例 10-5］所讲述的由真值表写表达式的方法，写出函数关系，即

$$F_1=\overline{A}\,\overline{B}C+\overline{A}B\overline{C}+A\overline{B}\,\overline{C}+ABC$$

$$F_2=\overline{A}BC+A\overline{B}C+AB\overline{C}+ABC$$

（3）对函数表达式进行变换和化简。本题要求用与非门和异或门实现，因此对函数表达式进行化简和变换，则有

$$\begin{aligned}F_1&=\overline{A}(\overline{B}C+B\overline{C})+A(\overline{B}\,\overline{C}+BC)\\&=\overline{A}(B\oplus C)+A\cdot(B\odot C)\\&=\overline{A}(B\oplus C)+A(\overline{B\oplus C})\\&=A\oplus B\oplus C\end{aligned}$$

$$\begin{aligned}F_2&=\overline{A}BC+A\overline{B}C+AB\overline{C}+ABC\\&=(\overline{A}B+A\overline{B})C+AB(C+\overline{C})\\&=(A\oplus B)C+AB\\&=\overline{\overline{(A\oplus B)\cdot C}\cdot\overline{AB}}\end{aligned}$$

（4）用所给的逻辑门实现其逻辑功能。根据函数表达式可以画出逻辑图，如图 10-13 所示。

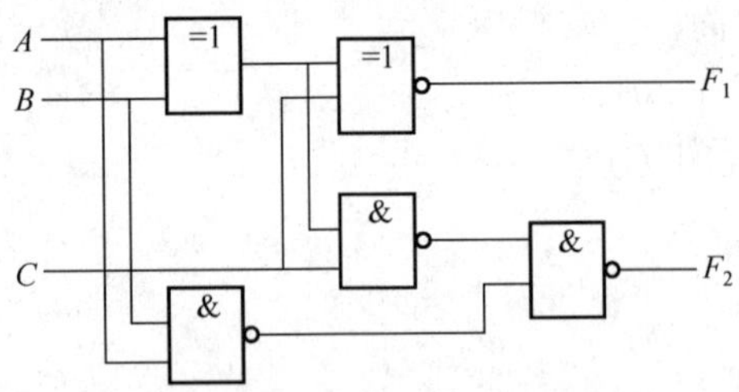


图 10-13 [例 10-8] 逻辑电路

表 10-10 [例 10-8] 真值表

| 输入变量 | | | 输出函数 | |
|---|---|---|---|---|
| $A$ | $B$ | $C$ | $F_1$ | $F_2$ |
| 0 | 0 | 0 | 0 | 0 |
| 0 | 0 | 1 | 1 | 0 |
| 0 | 1 | 0 | 1 | 0 |
| 0 | 1 | 1 | 0 | 1 |
| 1 | 0 | 0 | 1 | 0 |
| 1 | 0 | 1 | 0 | 1 |
| 1 | 1 | 0 | 0 | 1 |
| 1 | 1 | 1 | 1 | 1 |

## 第三节 常用的组合逻辑电路

随着集成电路工艺的不断发展和完善，许多常用的组合逻辑电路被制成了中规模集成电路器件。这些器件与由小规模集成电路组成的逻辑电路相比，具有体积小、功耗低、通用性强和可靠性高等优点，因此在实际中得到了广泛的应用。本节将介绍常用的组合逻辑器件，包括编码器、译码器、数据选择器和加法器。

### 一、编码器

编码器是数字系统中常用的组合逻辑器件之一，在数字系统中所处理的信息都是用二进制代码表示的。用二进制代码来表示某一特定含义的信息被称为编码。能够完成编码功能的逻辑电路称为编码器。

#### （一）编码器工作原理

编码器是以代表某一特定的电信号作为输入，以编码状态作为输出。如果有 $N$ 个输入信号，则输出端的个数 $n$ 要满足 $N=2^n$。下面以 2 位二进制编码器为例讨论编码器的组成原理。这种编码器因为具有四个输入端和两个输出端，故又被称为 4—2 线编码器。

表 10-11 4—2 线优先编码器真值表

| 输入 | | | | 输出 | |
|---|---|---|---|---|---|
| $I_0$ | $I_1$ | $I_2$ | $I_3$ | $F_1$ | $F_2$ |
| 1 | 0 | 0 | 0 | 0 | 0 |
| × | 1 | 0 | 0 | 0 | 1 |
| × | × | 1 | 0 | 1 | 0 |
| × | × | × | 1 | 1 | 1 |

在对四个输入信号进行编码时，如果同时有两个或两个以上的输入信号处于有效电平，但编码器只能对一个信号进行编码，因此就要对编码器的输入信号进行优先级别排队。假设四个输入信号的优先级别从高到低依次为 $I_3$、$I_2$、$I_1$、$I_0$，当有几个输入信号同时处于有效电平时，输出只对其中优先级别最高的输入信号进行编码，这样的编码器被称为优先编码器。

依据优先编码器的规定，4—2 线优先编码器的真值表见表 10-11，表中符号“×”表示 1 或 0 的任意状态。依据真值表可以写出输出函数表达式，化简后得到

$$F_1=I_2\overline{I_3}+I_3=I_2+I_3$$

$$F_2=I_1\overline{I_2}\,\overline{I_3}+I_3=I_1\overline{I_2}+I_3$$

由以上两个表达式，可以画出 4—2 线优先编码器逻辑电路，如图 10-14 所示。

在这个电路中，输入信号 $I_0$ 并没有输入到电路中，这就存在一个问题，当输入 $I_3 \sim I_1$ 均为 0 时，无论 $I_0$ 是 0 或 1，输出 $F_2$ 和 $F_1$ 都是 0，但 $I_0$ 是 0 或 1 所对应的输入和输出信号的意义却是不一样的。当 $I_0=1$ 时，$F_2=F_1=0$ 表示对输入信号 $I_0$ 的编码输出；当 $I_0=0$ 时，$F_2=F_1=0$ 表示输入 $I_3 \sim I_0$ 没有编码输入。为此，在集成电路中往往设置一个状态标志输出端，以区别上面的两种情况。同时为了能使集成电路应用灵活，还设置了其他的控制端。

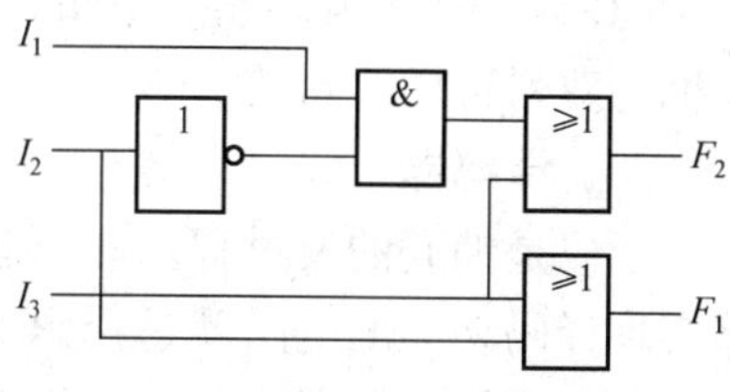


图 10-14 4—2 线优先编码器

（二）集成电路编码器

下面介绍集成优先编码器 CD4532 的逻辑功能及使用方法。

8—3 线优先编码器 CD4532 的功能表见表 10-12。从功能表可以看出，CD4532 有八个电平输入端，三个二进制编码输出端；输入与输出都以高电平作为有效电平，且输入信号的优先级别由高到低依次为 $I_7$、$I_6$、…、$I_0$；$EI$ 是输入使能控制端，高电平有效。$EI=1$ 时，编码器工作；$EI=0$ 时，编码器处于禁止状态，此时无论八个输入信号是什么状态，输出均为无效电平，即低电平。

表 10-12 **8—3 线优先编码器 CD4532 功能表**

| 输入 | | | | | | | | | 输出 | | | | |
|---|---|---|---|---|---|---|---|---|---|---|---|---|---|
| $EI$ | $I_7$ | $I_6$ | $I_5$ | $I_4$ | $I_3$ | $I_2$ | $I_1$ | $I_0$ | $Y_2$ | $Y_1$ | $Y_0$ | $GS$ | $EO$ |
| L | × | × | × | × | × | × | × | × | L | L | L | L | L |
| H | L | L | L | L | L | L | L | L | L | L | L | L | H |
| H | H | × | × | × | × | × | × | × | H | H | H | H | L |
| H | L | H | × | × | × | × | × | × | H | H | L | H | L |
| H | L | L | H | × | × | × | × | × | H | L | H | H | L |
| H | L | L | L | H | × | × | × | × | H | L | L | H | L |
| H | L | L | L | L | H | × | × | × | L | H | H | H | L |
| H | L | L | L | L | L | H | × | × | L | H | L | H | L |
| H | L | L | L | L | L | L | H | × | L | L | H | H | L |
| H | L | L | L | L | L | L | L | H | L | L | L | H | L |

$EO$ 是输出使能端，只有在 $EI=1$ 且八个输入信号均为 0 时，才能使输出使能端 $EO=1$；否则任何情况下 $EO=0$。所以 $EO=1$ 是编码器处于工作状态下，但没有编码输入的情况，此时编码器的输出不是编码状态。设置输出使能端 $EO$ 的目的是为了扩展编码器的功能，它与另一片编码器的 $EI$ 端相连接，可以组成更多输入端的编码器。

$GS$ 是工作状态标志端，它只有在 $EI=1$ 且八个输入信号至少有一个是有效电平 1 时，才能使 $GS=1$，否则 $GS=0$。因此 $GS=1$ 说明编码器的输出是编码状态。

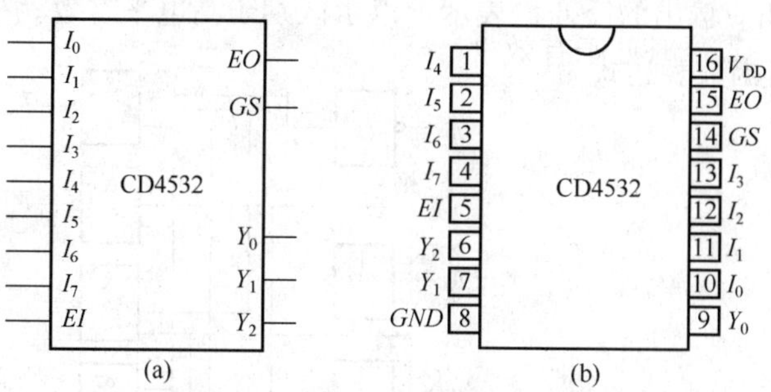


图 10-15 优先编码器 CD4532 逻辑符号和引脚图

(a) 逻辑符号；(b) 引脚图

CD4532 优先编码器的逻辑符号和引脚图如图 10-15 所示。集成芯片引脚的这种排列方式称为双列直插式封装。

## 二、译码器

译码是编码的反过程。译码就是把具有特定含义的二进制码转换成相应的输出电平。能够实现译码功能的电路就是译码器。在数字系统中，把能够完成由一种代码转换成另一种代码功能的逻辑电路叫做代码转换器。译码器和编码器都是代码转换器。

### （一）译码器的工作原理

译码器可以分为两种类型：一种是唯一地址译码器，它是把输入的一系列二进制代码，直接转换成与之对应的输出电平，常用于数字系统中对存储器单元地址的译码，即把每一组二进制代码转换成一个有效电平，使之选中对应的唯一存储单元，以实现信息的传递；另一种译码器是把一种二进制代码转换成另一种二进制代码，所以也称为代码转换器，常用的就是七段字符显示译码器。

下面介绍唯一地址译码器的组成原理。

图 10-16 所示为一个二进制译码器的结构示意图。图中 $I_0 I_1 \cdots I_{n-1}$ 是 $n$ 个二进制代码输入，$F_0 F_1 \cdots F_N$ 是 $N$ 个电平输出（其中 $N=2^n$），故又称为 $n-N$ 线译码器。当输入一组二进制代码时，输出只有一个是有效电平，其余的输出都是无效电平，输入和输出可以是高电平有效，也可以是低电平有效。

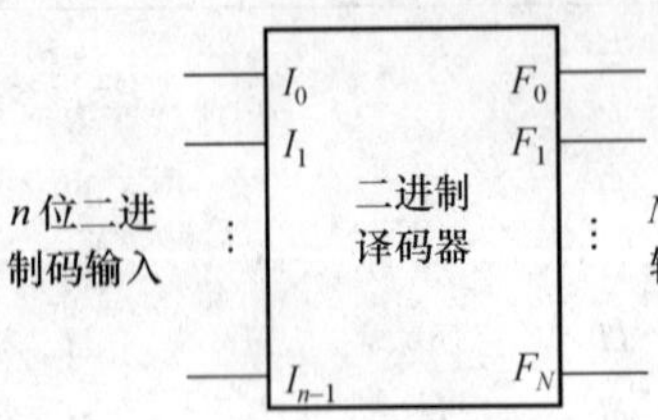


图 10-16 二进制译码器结构示意图

**表 10-13 2—4 线译码器真值表**

| 输入 | | | 输出 | | | |
|---|---|---|---|---|---|---|
| $\overline{E}$ | $A_1$ | $A_0$ | $\overline{F}_3$ | $\overline{F}_2$ | $\overline{F}_1$ | $\overline{F}_0$ |
| 1 | × | × | 1 | 1 | 1 | 1 |
| 0 | 0 | 0 | 1 | 1 | 1 | 0 |
| 0 | 0 | 1 | 1 | 1 | 0 | 1 |
| 0 | 1 | 0 | 1 | 0 | 1 | 1 |
| 0 | 1 | 1 | 0 | 1 | 1 | 1 |

下面以 2—4 线译码器为例介绍译码器的组成原理。根据译码器的定义，可以列出 2—4 线译码器的真值表见表 10-13。其中 $\overline{E}$ 是输入使能控制信号，低电平有效，即 $\overline{E}=0$ 时，译码器工作；$\overline{E}=1$ 时，译码器处于禁止状态，此时输出均为无效电平。译码器的输入是高电平有效，而输出则是低电平有效，譬如，当 $A_1A_0=00$ 时，输出 $\overline{F}_0=0$ 是有效电平，其余三个输出均为无效电平 1。低电平有效常用相应输出的反变量表示，以示区别于高电平有效。根据 2—4 线译码器的功能表可以写出输出函数表达式为

$$\overline{F}_0 = \overline{\overline{E}\,\overline{A}_1\,\overline{A}_0}$$

$$\overline{F}_1 = \overline{\overline{E}\,\overline{A}_1 A_0}$$

$$\overline{F}_2 = \overline{\overline{E} A_1\,\overline{A}_0}$$

$$\overline{F}_3 = \overline{\overline{E} A_1 A_0}$$

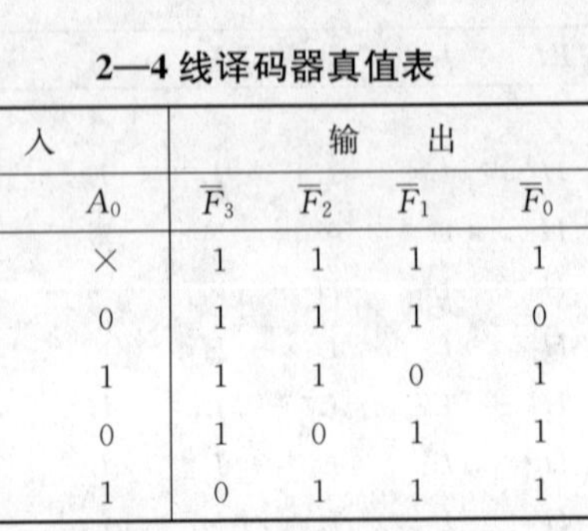


图 10-17 2—4 线译码器逻辑图

根据表达式可以画出 2—4 线译码器的逻辑图，如图

10-17所示。

**表 10-14　　　　　译码器 74HC138 功能表**

| 输入 | | | | | | 输出 | | | | | | | |
|---|---|---|---|---|---|---|---|---|---|---|---|---|---|
| $E_3$ | $\overline{E}_2$ | $\overline{E}_1$ | $A_2$ | $A_1$ | $A_0$ | $\overline{Y}_7$ | $\overline{Y}_6$ | $\overline{Y}_5$ | $\overline{Y}_4$ | $\overline{Y}_3$ | $\overline{Y}_2$ | $\overline{Y}_1$ | $\overline{Y}_0$ |
| × | H | × | × | × | × | H | H | H | H | H | H | H | H |
| × | × | H | × | × | × | H | H | H | H | H | H | H | H |
| L | × | × | × | × | × | H | H | H | H | H | H | H | H |
| H | L | L | L | L | L | H | H | H | H | H | H | H | L |
| H | L | L | L | L | H | H | H | H | H | H | H | L | H |
| H | L | L | L | H | L | H | H | H | H | H | L | H | H |
| H | L | L | L | H | H | H | H | H | H | L | H | H | H |
| H | L | L | H | L | L | H | H | H | L | H | H | H | H |
| H | L | L | H | L | H | H | H | L | H | H | H | H | H |
| H | L | L | H | H | L | H | L | H | H | H | H | H | H |
| H | L | L | H | H | H | L | H | H | H | H | H | H | H |

### （二）集成电路译码器 74HC138

74HC138 是一种集成 3—8 线译码器，其引脚图如图 10-18 所示。$A_2$、$A_1$、$A_0$ 是 3 位二进制输入，在数字系统中也叫地址输入。3 个输入共可以形成八种状态，因此共可以译出八个输出信号$\overline{F}_0$～$\overline{F}_7$，显然输出是低电平有效。$E_3$、$\overline{E}_2$、$\overline{E}_1$ 是三个使能控制输入端，其中 $E_3$ 是高电平有效，$\overline{E}_2$ 和$\overline{E}_1$ 是低电平有效。当 $E_3=1$、$\overline{E}_2=0$、$\overline{E}_1=0$ 时，译码器处于工作状态，否则译码器都处于禁止状态，8 个输出将均为无效电平，即高电平。3—8 线译码器 74HC138 的功能表见表 10-14。由功能表可以写出输出函数表达式为

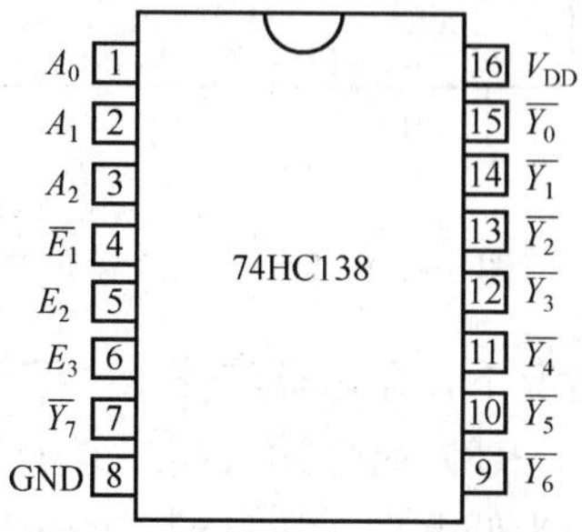


图 10-18　74HC138 引脚图

$$\begin{cases} \overline{Y}_0 = \overline{E_3 \cdot \overline{\overline{E}}_2 \cdot \overline{\overline{E}}_1 \cdot \overline{A}_2 \cdot \overline{A}_1 \cdot \overline{A}_0} \\ \overline{Y}_1 = \overline{E_3 \cdot \overline{\overline{E}}_2 \cdot \overline{\overline{E}}_1 \cdot \overline{A}_2 \cdot \overline{A}_1 \cdot A_0} \\ \vdots \\ \overline{Y}_7 = \overline{E_3 \cdot \overline{\overline{E}}_2 \cdot \overline{\overline{E}}_1 \cdot A_2 \cdot A_1 \cdot A_0} \end{cases} \tag{10-8}$$

根据表达式就可以画出逻辑图。

### （三）七段显示译码器

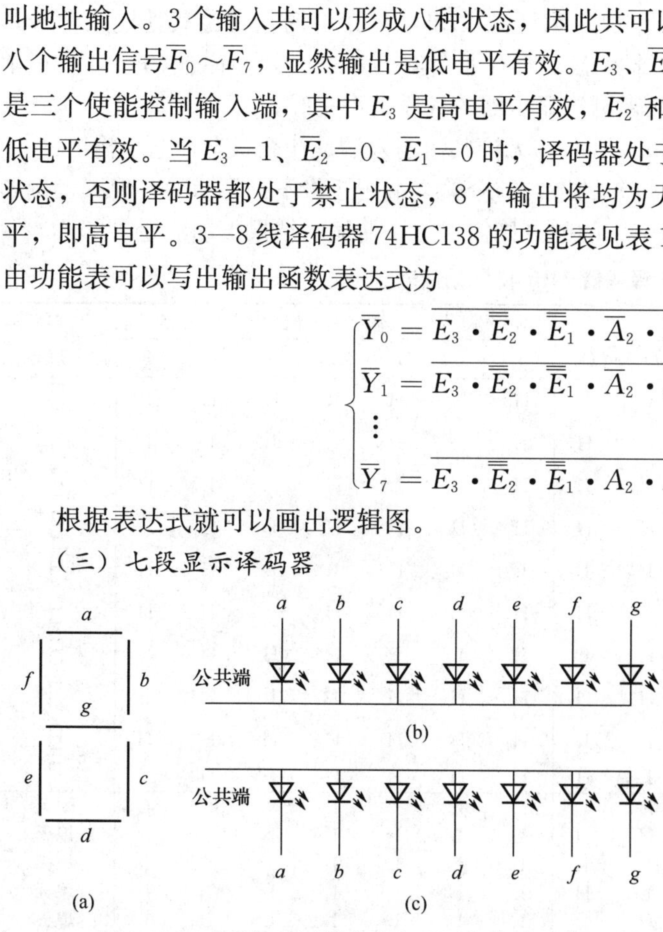


图 10-19　半导体显示器分段布置图和等效电路

在数字测量仪表中，需要把测量的数字量直接显示出来，这就需要数字显示器。数字显示器就是用来显示数字、字符或符号的器件，通常是由译码驱动器和字符显示器组成。七段数字显示器是最常用的显示器件。其分段布置图如图 10-19 所示。

常用七段数字显示器有液晶显

示器（LCD）和半导体（LED）显示器等。不同的显示器对译码器有不同的要求。下面以应用较多的半导体显示器为例简单地介绍其工作原理。

七段半导体显示器也叫半导体数码管，它是由七个发光二极管组成的，分为两种：一种是把组成各段的发光二极管的阴极连在一起作为公共端接地，阳极作为驱动端，这种被称之为共阴极半导体显示器，如图 10-19（b）所示；另一种是共阳极半导体显示器，是把组成各段的发光二极管的阳极连在一起作为公共端接正电源，阴极作为驱动端，如图 10-19（c）所示。两种显示器对译码驱动电路的要求是不同的，共阴极显示器要求译码驱动电路的输出是高电平有效，这样才能使显示器正确地显示数字。而共阳极显示器则要求译码驱动电路的输出是低电平有效。

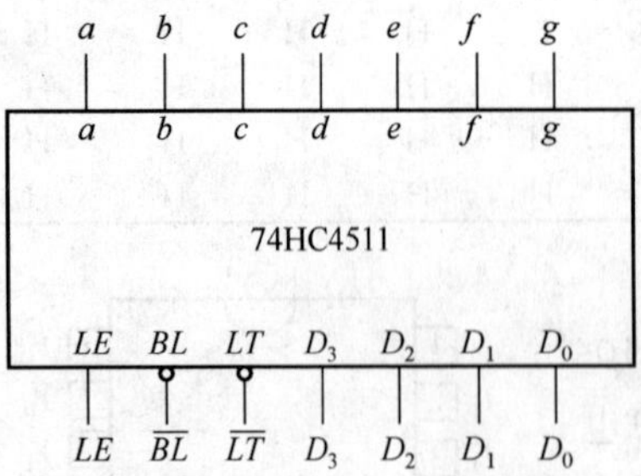


图 10-20　74HC4511 逻辑符号

下面介绍常用的七段 CMOS 显示译码器 74HC4511。其功能表见表 10-15，逻辑符号如图 10-20 所示。

从功能表可以看出，当输入二进制代码 $D_3$ $D_2$ $D_1$ $D_0$ 为 0000～1001 时，输出高电平有效，因此显示译码器 74HC4511 驱动共阴极显示器。当输入为 1010～1111 时，输出全为低电平，使显示器无显示。同时它还设有三个控制输入端$\overline{LT}$、$\overline{BL}$和$LE$，下面将简单地介绍其作用。

（1）测灯输入$\overline{LT}$。$\overline{LT}=0$ 时，无论其他输入信号是什么状态，所有七个输出 $a$～$g$ 均为有效电平 1，故正常情况下，显示器将显示“8”字，以此来测试显示器的各段是否完好。

（2）灭灯输入$\overline{BL}$。当$\overline{LT}=1$ 且$\overline{BL}=0$ 时，无论其他输入端是什么状态，七个输出 $a$～$g$ 均为低电平，故显示器处于熄灭（灭灯）状态。这个输入端用于将不必显示的 0 熄灭，例如将首位或小数点末位的 0 熄灭，而数字中间的 0 则需保留，使显示结果更加清楚。

**表 10-15　　显示译码器 74HC4511 功能表**

| 十进制数或功能 | 输入 | | | | | | | 输出 | | | | | | | 字形 |
|---|---|---|---|---|---|---|---|---|---|---|---|---|---|---|---|
| | $LE$ | $\overline{BL}$ | $\overline{LT}$ | $D_3$ | $D_2$ | $D_1$ | $D_0$ | $a$ | $b$ | $c$ | $d$ | $e$ | $f$ | $g$ | |
| 0 | L | H | H | L | L | L | L | H | H | H | H | H | H | L | 0 |
| 1 | L | H | H | L | L | L | H | L | H | H | L | L | L | L | 1 |
| 2 | L | H | H | L | L | H | L | H | H | L | H | H | L | H | 2 |
| 3 | L | H | H | L | L | H | H | H | H | H | H | L | L | H | 3 |
| 4 | L | H | H | L | H | L | L | L | H | H | L | L | H | H | 4 |
| 5 | L | H | H | L | H | L | H | H | L | H | H | L | H | H | 5 |
| 6 | L | H | H | L | H | H | L | H | L | H | H | H | H | H | 6 |
| 7 | L | H | H | L | H | H | H | H | H | H | L | L | L | L | 7 |
| 8 | L | H | H | H | L | L | L | H | H | H | H | H | H | H | 8 |
| 9 | L | H | H | H | L | L | H | H | H | H | H | L | H | H | 9 |
| 10 | L | H | H | H | L | H | L | L | L | L | L | L | L | L | 熄灭 |
| 11 | L | H | H | H | L | H | H | L | L | L | L | L | L | L | 熄灭 |
| 12 | L | H | H | H | H | L | L | L | L | L | L | L | L | L | 熄灭 |
| 13 | L | H | H | H | H | L | H | L | L | L | L | L | L | L | 熄灭 |
| 14 | L | H | H | H | H | H | L | L | L | L | L | L | L | L | 熄灭 |
| 15 | L | H | H | H | H | H | H | L | L | L | L | L | L | L | 熄灭 |

续表

| 十进制数或功能 | 输入 | | | | | | | 输出 | | | | | | | 字形 |
|---|---|---|---|---|---|---|---|---|---|---|---|---|---|---|---|
| | $LE$ | $\overline{BL}$ | $\overline{LT}$ | $D_3$ | $D_2$ | $D_1$ | $D_0$ | $a$ | $b$ | $c$ | $d$ | $e$ | $f$ | $g$ | |
| 灯测试 | × | × | L | × | × | × | × | H | H | H | H | H | H | H | 8 |
| 灭灯 | × | L | H | × | × | × | × | L | L | L | L | L | L | L | 熄灭 |
| 锁存 | H | H | H | × | × | × | × | 锁存器的状态 | | | | | | | |

(3) 锁存使能输入 $LE$。在$\overline{LT}=1$，$\overline{BL}=1$ 时，如果 $LE=0$，锁存器不工作，输出状态取决于输入二进制代码 $D_3\,D_2\,D_1\,D_0$，显示译码器处于正常工作状态。但如果 $LE=1$，锁存器工作，显示译码器的输出取决于锁存器的状态，而与输入二进制码无关。

### (四) 数据分配器

数据分配是指能够把公共数据线上的数据，根据地址输入而送到不同的通道上去，能够完成这一功能的电路叫做数据分配器。数据分配器的作用相当于一个单刀多掷开关，如图 10-21 (a) 所示。

一个唯一地址译码器就是一个数据分配器。如果把译码器的地址输入作为数据分配器的地址输入，译码器的使能输入端作为数据输入端，那么译码器就是一个数据分配器。用 74HC138 所组成的数据分配器如图 10-21 (b) 所示，它实现的是把一个数据根据地址分配给八个输出端中的一个。

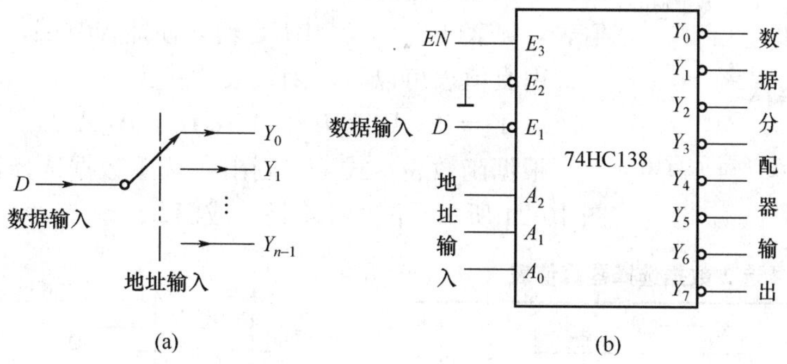


图 10-21 数据分配器

(a) 原理图；(b) 74HC138 组成的数据分配器

**【例 10-9】** 试用一片集成译码器 74HC138 和两个四输入与非门实现下面两个逻辑函数，画出逻辑图。

$$F_1=A\overline{B}C+B\overline{C}+\overline{A}\,\overline{C}$$

$$F_2=\overline{A}BC+ABC+\overline{B}C$$

**解：** 首先把逻辑函数表达式展开为

$$F_1=A\overline{B}C+(\overline{A}+A)B\overline{C}+\overline{A}(\overline{B}+B)\overline{C}=\overline{A}\,\overline{B}\,\overline{C}+\overline{A}B\overline{C}+A\overline{B}C+AB\overline{C}$$

$$F_2=\overline{A}BC+ABC+(\overline{A}+A)\overline{B}C=\overline{A}\,\overline{B}C+\overline{A}BC+A\overline{B}C+ABC$$

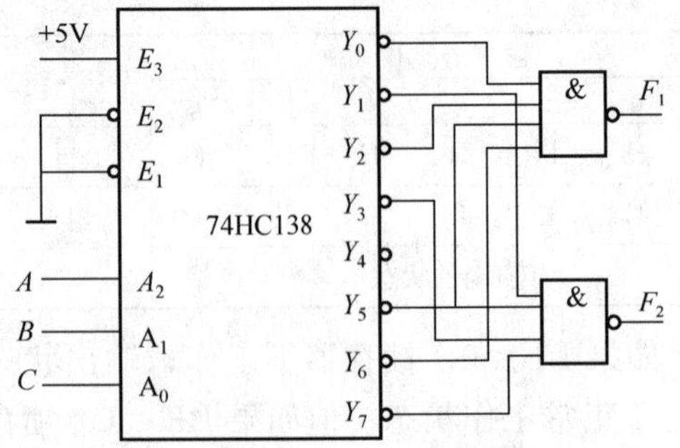


图 10-22 ［例 10-9］逻辑图

利用反演律把函数表达式变换为

$$F_1=\overline{\overline{\overline{A}\,\overline{B}\,\overline{C}}\cdot\overline{\overline{A}B\overline{C}}\cdot\overline{A\overline{B}C}\cdot\overline{AB\overline{C}}}$$

$$F_2=\overline{\overline{\overline{A}\,\overline{B}C}\cdot\overline{\overline{A}BC}\cdot\overline{A\overline{B}C}\cdot\overline{ABC}}$$

把 $F_1$ 和 $F_2$ 的函数表达式与 74HC138 的输出函数表达式对比，可得表达式为

$$F_1=\overline{\overline{Y_0}\cdot\overline{Y_2}\cdot\overline{Y_5}\cdot\overline{Y_6}}$$

$$F_2=\overline{\overline{Y_1}\cdot\overline{Y_3}\cdot\overline{Y_5}\cdot\overline{Y_7}}$$

根据上式可以画出逻辑图，如图 10-22 所示。

## 三、数据选择器

数据选择是指根据地址输入，选择多个输入数据中的某一个数据送到输出端的公共数据线上。能够实现数据选择功能的逻辑电路叫做数据选择器。数据选择器的作用相当于一个多输入、单输出的单刀多掷开关，如图 10-23 所示。

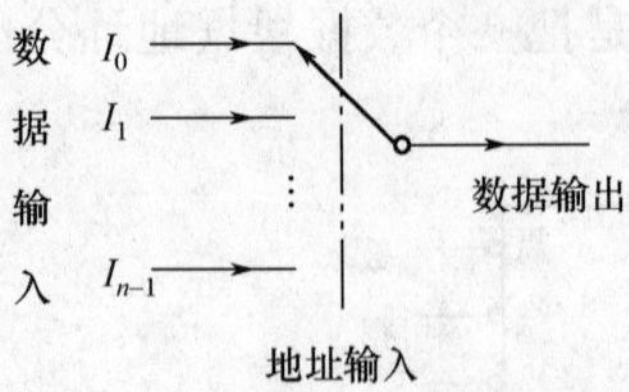


图 10-23 数据选择器示意图

### （一）数据选择器工作原理

下面以 4 选 1 数据选择器为例介绍数据选择器的工作原理。根据数据选择器的定义，可以列出 4 选 1 数据选择器的真值表，见表 10-16，其中$\overline{E}$是输入使能控制端，低电平有效。

由真值表可以写出函数表达式为

$$Y=\overline{E}(\overline{A}_1\,\overline{A}_0I_0+\overline{A}_1A_0I_1+A_1\,\overline{A}_0I_2+A_1A_0I_3)$$

根据函数表达式可以画出 4 选 1 数据选择器的逻辑图，如图 10-24 所示。图中 G4 是与或门。

**表 10-16　　4 选 1 数据选择器真值表**

| 输入 | | | 输出 |
|---|---|---|---|
| 使能 | 地址 | | |
| $\overline{E}$ | $A_1$ | $A_0$ | $Y$ |
| 1 | × | × | 0 |
| 0 | 0 | 0 | $I_0$ |
| 0 | 0 | 1 | $I_1$ |
| 0 | 1 | 0 | $I_2$ |
| 0 | 1 | 1 | $I_3$ |

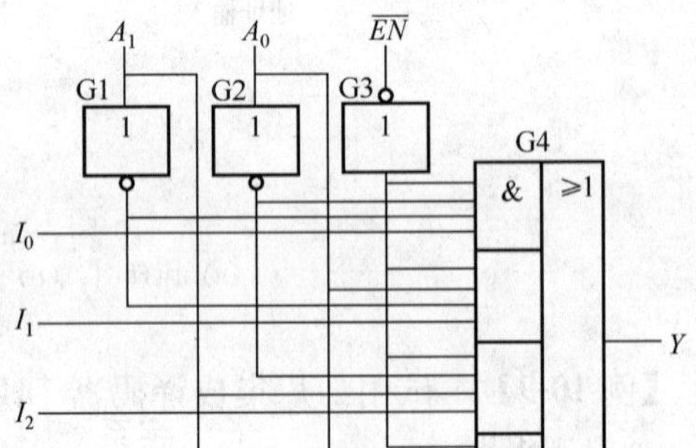


图 10-24 4 选 1 数据选择器逻辑图

### （二）集成电路数据选择器 74HC151

74HC151 是一种应用比较普遍的 CMOS 集成电路 8 选 1 数据选择器，其引脚图如图 10-25 所示。$\overline{E}$是使能控制端，低电平有效。74HC151 有三个地址输入 $A_2$、$A_1$、$A_0$，8 个数据源 $D_0\sim D_7$，两个互补输出端，即同相输出端 $Y$ 和反相输出端$\overline{Y}$。74HC151 的功能表见表 10-17。由真值表可以得到 74HC151 输出函数表达式为

$$Y=\overline{E}(\overline{A}_2\,\overline{A}_1\,\overline{A}_0D_0+\overline{A}_2\,\overline{A}_1A_0D_1+\overline{A}_2A_1\,\overline{A}_0D_2+\overline{A}_2A_1A_0D_3$$
$$+A_2\,\overline{A}_1\,\overline{A}_0D_4+A_2\,\overline{A}_1A_0D_5+A_2A_1\,\overline{A}_0D_6+A_2A_1A_0D_7) \qquad (10\text{-}9)$$

**表 10-17　　74HC151 真值表**

| 输入 | | | | 输出 | |
|---|---|---|---|---|---|
| 使能 | 地址 | | | | |
| $\overline{E}$ | $A_2$ | $A_1$ | $A_0$ | Y | $\overline{Y}$ |
| H | × | × | × | L | H |
| L | L | L | L | $D_0$ | $\overline{D}_0$ |
| L | L | L | H | $D_1$ | $\overline{D}_1$ |
| L | L | H | L | $D_2$ | $\overline{D}_2$ |
| L | L | H | H | $D_3$ | $\overline{D}_3$ |
| L | H | L | L | $D_4$ | $\overline{D}_4$ |
| L | H | L | H | $D_5$ | $\overline{D}_5$ |
| L | H | H | L | $D_6$ | $\overline{D}_6$ |
| L | H | H | H | $D_7$ | $\overline{D}_7$ |

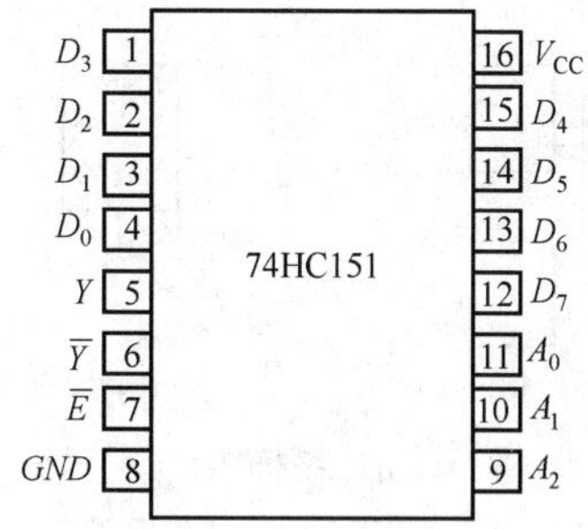


图 10-25　74HC151 引脚图

还有一些数据选择器的输出端采用了三态门，使得它的应用更加灵活。利用数据选择器可以实现一个任意函数的组合逻辑电路。

**【例 10-10】**　试用 8 选 1 数据选择器 74HC151 实现逻辑函数 $F=\overline{A}\,\overline{B}+A\,\overline{B}+AB\overline{C}$。

**解：**把函数表达式展开为

$$F=\overline{A}\,\overline{B}(\overline{C}+C)+A\,\overline{B}(\overline{C}+C)+AB\,\overline{C}$$
$$=\overline{A}\,\overline{B}\,\overline{C}+\overline{A}\,\overline{B}C+A\,\overline{B}\,\overline{C}+A\overline{B}C+AB\,\overline{C}$$

如果将 74HC151 的使能端$\overline{E}$接低电平，即$\overline{E}=0$，再把上面展开的函数表达式与式(10-9)比较可以得到

$$D_0=D_1=D_4=D_5=D_6=1$$
$$D_2=D_3=D_7=0$$

据此可以画出逻辑图，如图 10-26 所示。

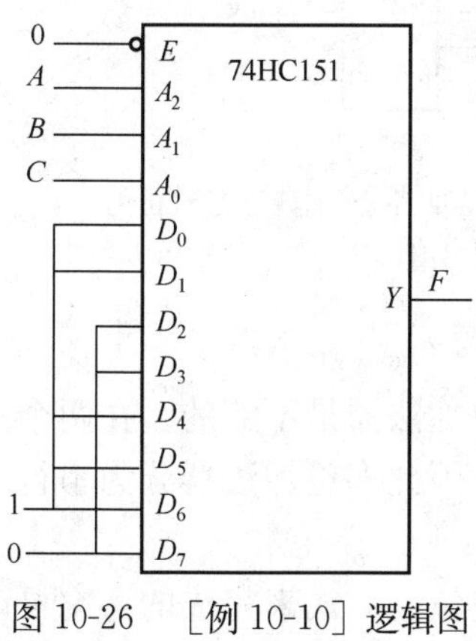


图 10-26　［例 10-10］逻辑图

## 四、加法器

加法器是构成数字系统算术运算的基本单元电路，因为在数字系统中，许多算术运算都是转化为加法运算进行的。

### （一）一位加法器

首先讨论两个一位数相加的加法电路。一位加法器分为半加器和全加器，它们都是算术逻辑运算中的基本单元电路。

1. 半加器

半加器是不考虑来自低位进位、只考虑两个加数本身相加的 1 位加法运算电路。如果设 $A$ 和 $B$ 是两个加数，$S$ 是相加的和，$C$ 是向高位的进位输出，根据半加器的定义和二进制加法运算规则，可以列出半加器的真值表，见表 10-18。由真值

表可以写出半加器的输出函数表达式

$$\begin{cases} S = \overline{A}B + A\overline{B} = A \oplus B \\ C = AB \end{cases} \tag{10-10}$$

从式（10-10）可以看出，半加器只需用一个异或门和一个与门即可实现其功能，其逻辑电路图如图 10-27（a）所示。半加器的逻辑符号如图 10-27（b）所示。

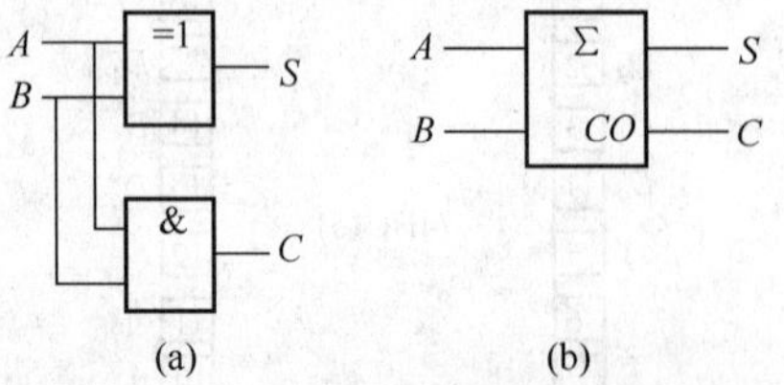


图 10-27　半加器逻辑图与逻辑符号

（a）逻辑图；（b）逻辑符号

表 10-18　　半加器真值表

| 输入 | | 输出 | |
|---|---|---|---|
| $A$ | $B$ | $S$ | $C$ |
| 0 | 0 | 0 | 0 |
| 0 | 1 | 1 | 0 |
| 1 | 0 | 1 | 0 |
| 1 | 1 | 0 | 1 |

2. 全加器

全加器是对两个加数和来自低位进位的信号进行加法运算的逻辑电路。设 $A$ 和 $B$ 是两个加数，$C_i$是来自低位的进位输入，$S$ 是相加的和，$C_O$是向高位的进位输出，根据全加器的定义和二进制的加法运算规则，可以列出全加器的真值表，见表 10-19 。由真值表可以写出全加器的输出函数表达式为

$$\begin{cases} S = A \oplus B \oplus C_i \\ C_O = AB + (A \oplus B)C_i \end{cases} \tag{10-11}$$

从式（10-11）可以看出，全加器可以用两个半加器和一个或门来实现其逻辑功能，如图 10-28（a）所示。全加器的逻辑符号如图 10-28（b）所示。

表 10-19　　全加器真值表

| 输入 | | | 输出 | |
|---|---|---|---|---|
| $A$ | $B$ | $C_i$ | $S$ | $C_o$ |
| 0 | 0 | 0 | 0 | 0 |
| 0 | 0 | 1 | 1 | 0 |
| 0 | 1 | 0 | 1 | 0 |
| 0 | 1 | 1 | 0 | 1 |
| 1 | 0 | 0 | 1 | 0 |
| 1 | 0 | 1 | 0 | 1 |
| 1 | 1 | 0 | 0 | 1 |
| 1 | 1 | 1 | 1 | 1 |

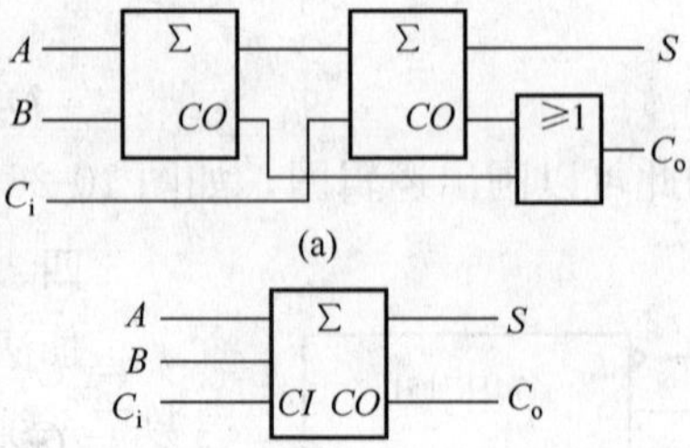


图 10-28　全加器逻辑图与逻辑符号

（a）逻辑图；（b）逻辑符号

（二）多位加法器

在数字系统中经常要进行多位数的加法运算，因此仅有一位加法器是不够的。在两个多位数相加时，每一位都带进位相加，这就存在进位方式的问题，因此多位加法器分为串行进位加法器和并行进位加法器。

串行进位加法器实际上就是采用两个加数并行相加、串行进位的方式来完成的，它可以

用全加器来实现，只要把低位全加器的进位输出端 $C_o$ 依次接到高位全加器的进位输入端 $C_i$，就构成了串行进位加法器。例如，在进行两个 4 位二进制数 $A_3A_2A_1A_0$ 和 $B_3B_2B_1B_0$ 相加时，可以采用四个全加器来实现，如图 10-29 所示。

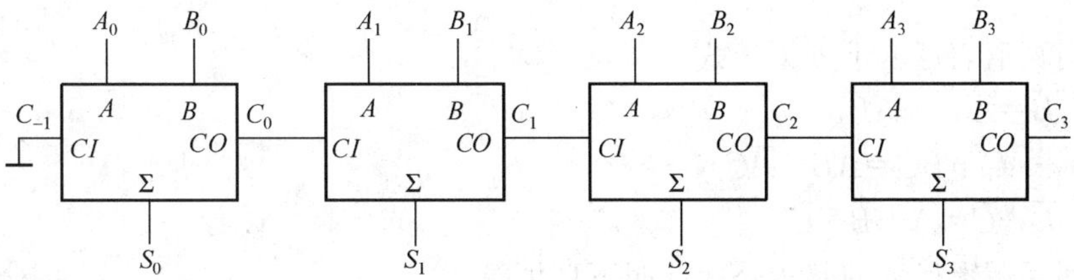


图 10-29 4 位串行进位加法器

从串行进位加法器的组成原理可以看出，每一位加法运算都需要等到低位运算结束后才能进行，因此其工作速度受到限制。为此可以采用提前进位加法器，其原理是在进行多位数加法运算时，每一位的进位输出都由两个加数直接产生，而无须等到低位运算结束后。因此这种加法器就要有进位产生电路，其原理如下。

从前面的讨论可知，每一位的求和输出 $S_i$ 和进位输出 $C_i$ 的逻辑表达式为

$$S_i = A_i \oplus B_i \oplus C_{i-1}$$

$$C_i = A_iB_i + (A_i \oplus B_i)C_{i-1}$$

定义两个中间变量，即

$$\begin{cases} G_i = A_iB_i \\ P_i = A_i \oplus B_i \end{cases} \tag{10-12}$$

当 $A_i = B_i = 1$ 时，使得 $G_i = 1$，就产生进位信号使得 $C_i = 1$，所以 $G_i$ 被称为进位产生变量。而如果 $P_i = 1$，则 $A_iB_i = 0$，使得 $C_i = C_{i-1}$，使低位进位信号能直接传递到高位进位端，所以 $P_i$ 被称为进位传输变量。

从式（10-12）可以看出，进位产生变量 $G_i$ 和进位传输变量 $P_i$ 都只取决于两个加数。于是

$$\begin{cases} S_i = P_i \oplus C_{i-1} \\ C_i = G_i + P_iC_{i-1} \end{cases} \tag{10-13}$$

依据式（10-13）可以得到每一位的进位输出信号的逻辑表达式

$$\begin{cases} C_0 = G_0 + P_0C_{-1} \\ C_1 = G_1 + P_1C_0 = G_1 + P_1G_0 + P_1P_0C_{-1} \\ C_2 = G_2 + P_2C_1 = G_2 + P_2G_1 + P_2P_1G_0 + P_2P_1P_0C_{-1} \\ C_3 = G_3 + P_3CI_2 = G_3 + P_3G_2 + P_3P_2G_1 + P_3P_2P_1G_0 + P_3P_2P_1P_0C_{-1} \end{cases} \tag{10-14}$$

依此类推，可以得到更高位的进位输出。从以上各位进位输出表达式可以看出，每一个进位输出信号都仅仅与进位产生变量和进位传输变量有关，实际上就是进位输出信号仅仅与两个加数有关，而与低位进位信号无关。因此当两个加数确定后，其向高位发出的进位信号就已经被确定了，故称该电路为提前进位加法器。这种加法器的进位信号与每位的求和信号同时产生，其工作速度比串行进位加法器要快得多，但电路也比串行进位加法器复杂得多。尤其是当加法器的位数增多时，其电路将变得越来越复杂。

集成电路 74HC283 就是依据上述原理设计的 4 位提前进位加法器。

## 习 题

10-1 用真值表证明下列恒等式：

(1) $\overline{A \oplus B}=\overline{A}\,\overline{B}+AB$

(2) $AB+\overline{A}C+BC=AB+\overline{A}C$

(3) $\overline{A+B+C}=\overline{A}+\overline{B}+\overline{C}$

10-2 利用逻辑代数的基本公式证明下列恒等式：

(1) $\overline{\overline{A}BC}(B+\overline{C})=AB+\overline{C}$

(2) $\overline{B}+ABC+\overline{AC}+\overline{AB}=1$

(3) $\overline{A}\,\overline{B}\,\overline{C}+A\overline{B}C+ABC+A+B\overline{C}=A+\overline{C}$

(4) $(A+\overline{C})(B+\overline{D})(B+D)=AB+B\overline{C}$

10-3 利用逻辑代数公式把下列逻辑函数化为最简与或式：

(1) $Y=AB+\overline{B}C+\overline{A}C$

(2) $Y=A\overline{B}CD+AB\overline{C}D+A\overline{B}+A\overline{D}+A\overline{B}C$

(3) $Y=\overline{A}BC+\overline{A}B\,\overline{C}+\overline{B}C+\overline{A}C$

(4) $Y=AB\overline{C}+\overline{A}BD+A\overline{B}+A\overline{D}+\overline{A}\,\overline{B}D$

(5) $Y=A\overline{B}C+A\overline{C}+BC$

(6) $Y=\overline{A}B\,\overline{C}D+AB\overline{C}D+A\overline{B}+A\overline{D}+ABCD$

(7) $Y=\overline{A}B\,\overline{D}+\overline{A}BC+B\overline{C}D$

(8) $Y=A\overline{B}\,\overline{C}+\overline{A}\,\overline{B}+\overline{A}D+C+BD$

10-4 试用与非门实现下列逻辑函数，画出逻辑图：

(1) $Y=A\overline{C}+A\overline{B}+\overline{B}\,\overline{C}$

(2) $Y=AB\overline{C}+ABC+\overline{A}\,\overline{B}\,\overline{C}+A\overline{B}C$

(3) $Y=\overline{(A+B)(C+D)}$

(4) $Y=\overline{\overline{AB}+ABD}(B+\overline{C}D)$

10-5 如图 10-30 所示为两个门电路的各输入端和输出端随时间变化的波形，试用真值表分析它们分别是什么门电路。

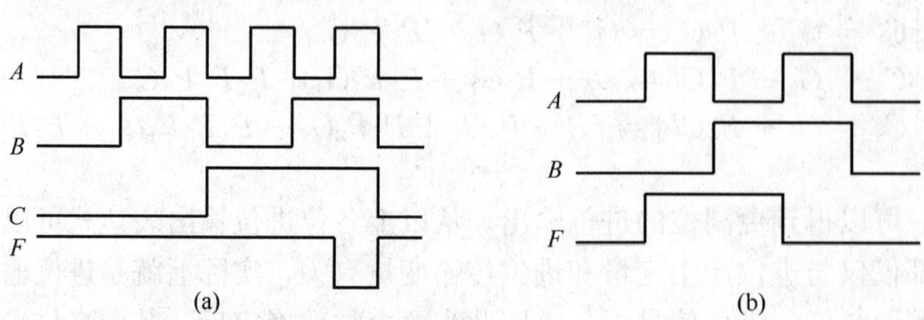


图 10-30 习题 10-5 图

10-6 如图 10-31（a）所示是与或非门，试对应图 10-31（b）所示的各输入端和输出端随时间变化的波形图，列出与或非门的真值表。

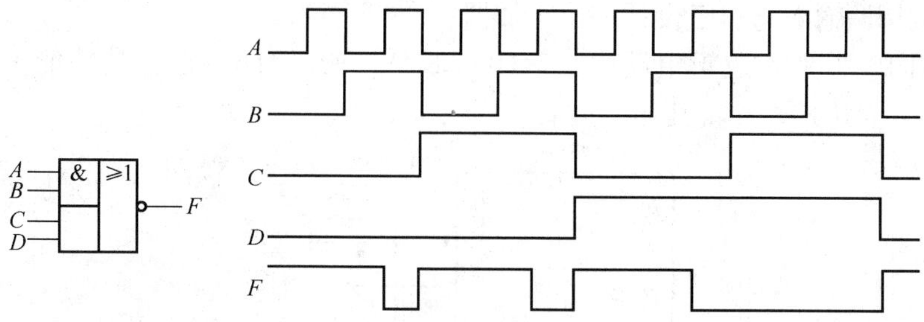

(a)　(b)

图 10-31　习题 10-6 图

10-7　分析如图 10-32 所示的逻辑电路，写出输出与输入之间的函数关系式，列出真值表，判断电路的逻辑功能。

10-8　分析如图 10-33 所示的逻辑电路，写出输出与输入之间的函数关系式，列出真值表。

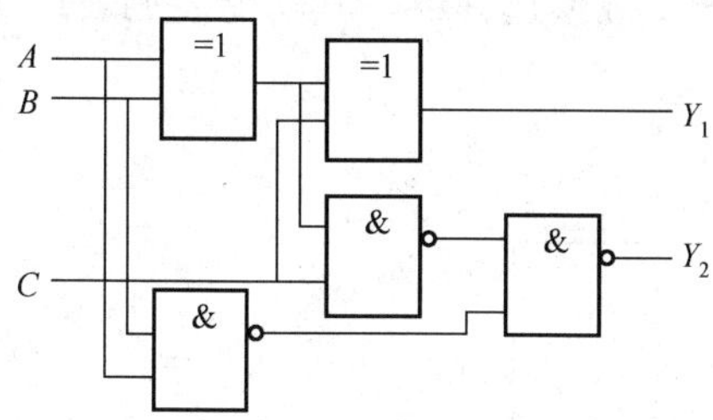

图 10-32　习题 10-7 图

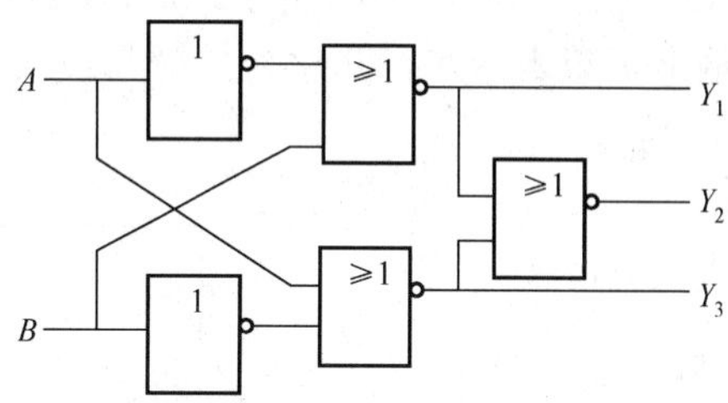

图 10-33　习题 10-8 图

10-9　写出如图 10-34（a）所示逻辑电路的输出函数表达式，并对应图 10-34（b）给定的各输入端随时间变化的波形图，画出输出端的波形图。

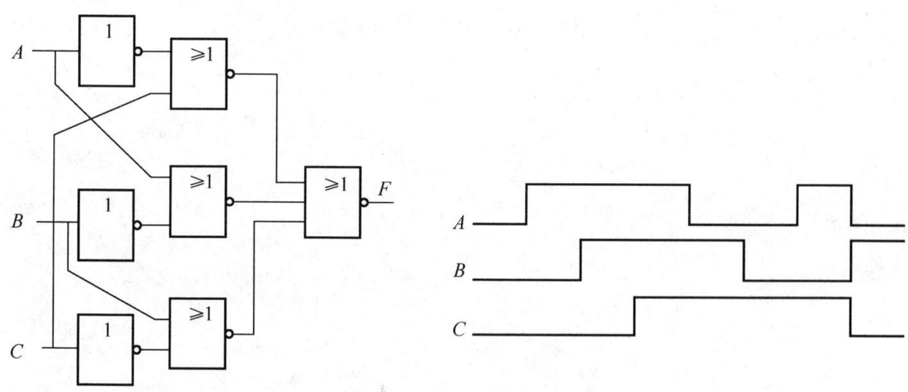

(a)　(b)

图 10-34　习题 10-9 图

（a）逻辑图；（b）波形图

10-10　试设计一个具有三个输入端、一个输出端的组合逻辑电路，要求当输入的二进制代码小于十进制数 3 时，输出为 0，否则输出为 1。

10-11　试设计一个一位数值比较器，要求：当 $A>B$ 时，$F_1=1$，$F_2=F_3=0$；当 $A<B$ 时，$F_2=1$，$F_1=F_3=0$；当 $A=B$ 时，$F_3=1$，$F_1=F_2=0$。

10-12 试用两输入与非门设计一个半加器。

10-13 图 10-35 所示逻辑电路中，74HC138 是 3—8 线译码器，其功能表见表 10-14。试写出输出函数表达式，并将其化为最简与或式。

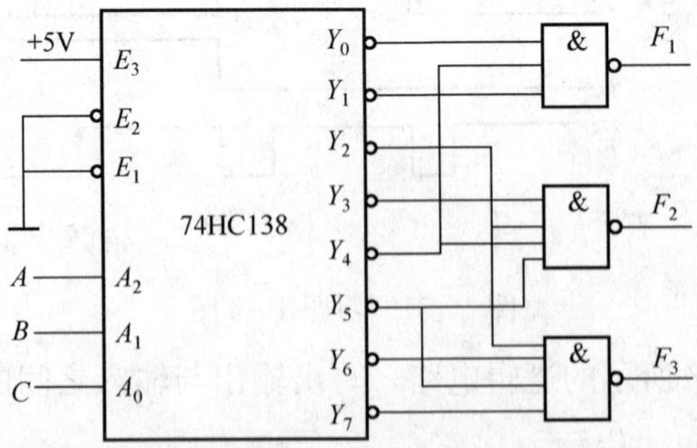


图 10-35 习题 10-13 图

10-14 图 10-36 所示电路中，74HC151 是 8 选 1 数据选择器，其功能表见表10-17。试写出其输出函数表达式，并化为最简与或式。

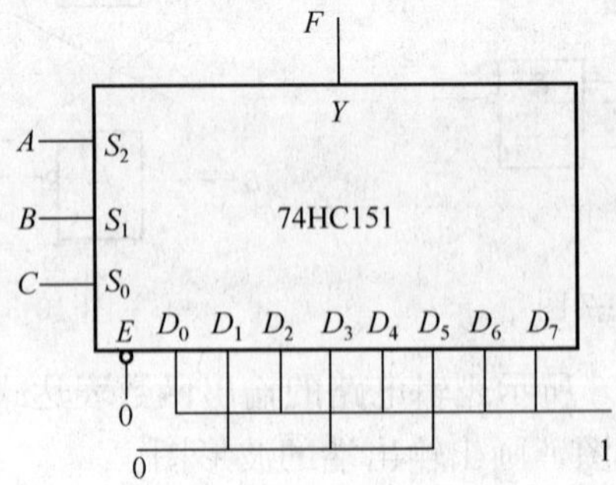


图 10-36 习题 10-14 图

# 第十一章 时序逻辑电路

在第十章已经讲过，数字逻辑电路分为组合逻辑电路和时序逻辑电路两大类。时序逻辑电路是由组合逻辑电路和触发器组成的，触发器是具有存储功能的基本单元电路。因此，时序逻辑电路的输出不仅与该时刻的输入信号有关，而且还与电路前一时刻的状态有关。

## 第一节 触 发 器

在各种复杂的数字系统中，不仅要对输入的数字信号进行运算和处理，还要把一些信号存储起来。把能够存储一位数字信号的基本单元电路称为触发器。触发器是构成各种时序逻辑电路的基本存储单元电路。因此触发器必须具备如下特点：

（1）触发器必须具有两个稳定的状态，用来表示“0”和“1”。通常用 $Q=0$、$\overline{Q}=1$ 表示“0”状态，而用 $Q=1$、$\overline{Q}=0$ 表示“1”状态。

（2）触发器要能够接收、存储和输出信号。

触发器按电路结构可以分为基本 RS 触发器、主从结构触发器、边沿结构触发器和维持阻塞结构触发器；按逻辑功能触发器分为 RS 触发器、JK 触发器、D 触发器和 T 触发器。触发器的电路结构决定了触发器的动作特点，而触发器的逻辑功能决定了触发器动作后的状态。在触发器的学习中，要重点掌握触发器的逻辑功能和动作特点，对其内部的电路结构做一些了解就可以了。

### 一、RS 触发器

#### （一）基本 RS 触发器

基本 RS 触发器（又称 RS 锁存器）是最简单的触发器，也是各种复杂触发器的基本组成部分。基本 RS 触发器可以由两个与非门或两个或非门组成。图 11-1（a）所示为由两个与非门组成的基本 RS 触发器的逻辑图和逻辑符号。其中 $\overline{S}_D$ 是直接置 1 输入端，也叫直接置位端；$\overline{R}_D$ 是直接置 0 输入端，也叫直接复位端。输入信号 $\overline{S}_D$ 和 $\overline{R}_D$ 都是低电平有效，因此逻辑符号中的输入端前都有一个小圆圈用来表示低电平有效，两个与非门的输出交叉反馈到另一个与非门的输入端，G1 门的输出作为 $Q$ 端，G2 门的输出是 $\overline{Q}$ 端。图 11-1（b）所示为由两个或非门组成的基本 RS 触发器的逻辑图和逻辑符号。其中 $S_D$ 是直接置 1 输入端，$R_D$ 是直接置 0 输入端，输入信号是高电平有效。两个基本 RS 触发器的工作原理相同，下面以图 11-1（a）为例讨论基本 RS 触发器的工作原理和逻辑功能。

从图 11-1（a）所示的逻辑图中可以得到两个输出函数表达式为

$$Q=\overline{\overline{S}_D\cdot\overline{Q}} \tag{11-1}$$

$$\overline{Q}=\overline{\overline{R}_D\cdot Q} \tag{11-2}$$

下面对式（11-1）和式（11-2）进行分析。当 $\overline{S}_D=0$、$\overline{R}_D=1$ 时，$Q=1$、$\overline{Q}=0$，输出处

于“1”态，即触发器处于“置 1”功能。当$\overline{S}_D=1$、$\overline{R}_D=0$时，$Q=0$、$\overline{Q}=1$，输出处于“0”态，即触发器处于“置 0”功能。当$\overline{S}_D=\overline{R}_D=1$时，$Q$与$\overline{Q}$的状态将保持不变，即触发器处于“保持”功能。当$\overline{S}_D=\overline{R}_D=0$时，$Q=\overline{Q}=1$，这个状态既不是“0”态，也不是“1”态，并且在$\overline{S}_D$和$\overline{R}_D$的输入信号同时消失时，两个输出端的状态将取决于门 G1 和 G2 的传输时间，触发器输出端的状态既可能是“0”态，也可能是“1”态，是不能确定的，因此一般情况下是不允许出现这种状态的。触发器的逻辑功能可以用功能表来表示。这里所说的功能表是指触发器的状态 $Q$ 与输入信号$\overline{S}_D$和$\overline{R}_D$之间的真值表。根据上面的分析，可以列出基本 RS 触发器的功能表，见表 11-1。

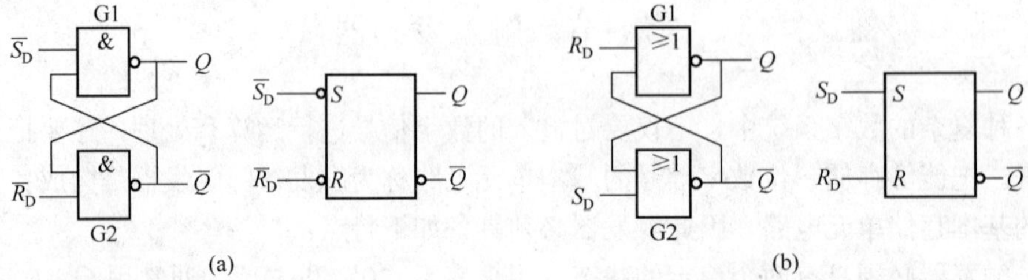

图 11-1　基本 RS 触发器和逻辑符号

**表 11-1　　基本 RS 触发器功能表**

| $\overline{S}_D$ | $\overline{R}_D$ | $Q$ | $\overline{Q}$ | 触发器功能 |
|---|---|---|---|---|
| 0 | 0 | × | × | 不确定 |
| 0 | 1 | 0 | 1 | 1 |
| 1 | 0 | 1 | 0 | 0 |
| 1 | 1 | 不变 | 不变 | 保持 |

从以上分析可以看出，这种触发器的输入信号直接控制输出，所以其输入端$\overline{S}_D$和$\overline{R}_D$叫做直接置 1 输入端和直接置 0 输入端。基本 RS 触发器具有“置 0”、“置 1”和“保持”功能，并且要求两个输入信号不能同时处于有效电平。

基本 RS 触发器的优点是电路结构简单；缺点是输入信号直接控制输出，只要输入信号变化输出就会随之发生变化，因此抗干扰能力较差。

（二）同步 RS 触发器

在数字系统中，一般要求各个触发器在同一时刻动作，以便整个系统协调工作。因此要在基本 RS 触发器中引入一个同步控制信号，通常把这个同步控制信号叫做时钟信号，或称为时钟脉冲，简称时钟，用 $CP$ 来表示。图 11-2（a）所示同步 RS 触发器是最简单的带有时钟控制信号的触发器，其逻辑符号如图 11-2（b）所示。

1. 工作原理

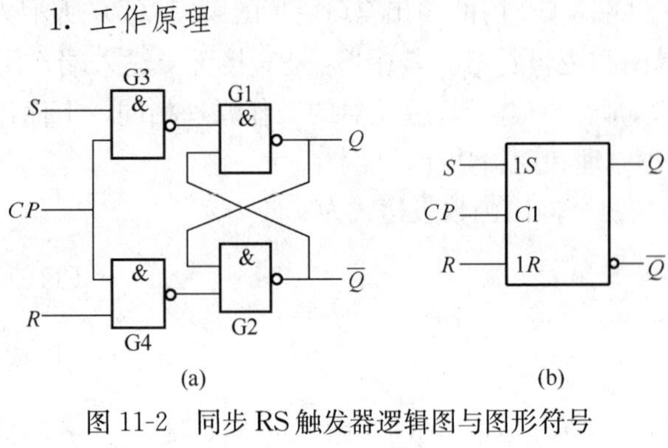

图 11-2　同步 RS 触发器逻辑图与图形符号

从图 11-2（a）所示的逻辑图可以看出，当 $CP=1$ 时，其逻辑功能与图 11-1（a）所示的基本 RS 触发器相同。输出信号直接受控于输入信号，但由于输入信号要通过与非门 G3 和 G4，再作用到基本 RS 触发器的输入端，因此输入信号是高电平有效。而在 $CP=0$ 时，由于门 G3 和 G4 被禁止，所以输入信号不能传递到输出端，因此此时无论输入信号是什么状态，输出状态都将保持不变。由于输入信号不再直接控制触发器的输出端，而是在时钟控制下工作，所以其输入信号 $S$ 和 $R$ 分别被称为置 1 输入端（置位端）和置 0 输入端（复位端）。

2. 状态表

时钟信号 $CP=1$ 作用之前的触发器的状态称为“原态”或“现态”，记作 $Q^n$；而在 $CP=1$ 作用下触发器按照输入信号更新之后的状态称为“次态”，记作 $Q^{n+1}$。由于触发器具有存储功能，所以其逻辑功能一般用触发器的次态与输入信号和原态之间的真值表来表示，并把这个真值表称为状态表。状态表是表示时序逻辑电路逻辑功能的主要方法之一。

通过前面的分析，在 $CP=1$ 期间，当 $S=R=0$ 时，如果触发器的原态是 0，则其次态也是 0，如果原态是 1，则其次态也是 1，所以触发器处于“保持”功能。当 $S=0$、$R=1$ 时，无论触发器的原态是 0 还是 1，其次态都将变为 0，所以触发器处于“置 0”功能。当 $S=1$、$R=0$ 时，无论触发器的原态是 0 还是 1，其次态都将变为 1，所以触发器处于“置 1”功能，当 $S=R=1$ 时，触发器的次态既非 0 态，也非 1 态，所以该状态是不确定的。由此可以得到同步 RS 触发器的状态表，见表 11-2。

**表 11-2 同步 RS 触发器状态表**

| $CP$ | $S$ | $R$ | $Q^n$ | $Q^{n+1}$ | 功能 |
|---|---|---|---|---|---|
| 0 | × | × | 0 | 0 | 保持 |
| 0 | × | × | 1 | 1 | 保持 |
| 1 | 0 | 0 | 0 | 0 | 保持 |
| 1 | 0 | 0 | 1 | 1 | 保持 |
| 1 | 0 | 1 | 0 | 0 | 置 0 |
| 1 | 0 | 1 | 1 | 0 | 置 0 |
| 1 | 1 | 0 | 0 | 1 | 置 1 |
| 1 | 1 | 0 | 1 | 1 | 置 1 |
| 1 | 1 | 1 | 0 | × | 不定 |
| 1 | 1 | 1 | 1 | × | 不定 |

3. 特性方程

从前面的讨论可以看出，触发器的次态不仅与触发器的输入信号有关，而且还与触发器的原态有关。因此，触发器的次态是输入信号和原态的函数。描绘触发器的次态与输入信号以及原态之间关系的函数表达式被称为触发器的特性方程（或称状态方程）。从表 11-2 所示的状态表，可以求出同步 RS 触发器的特性方程为

$$Q^{n+1}=S+\overline{R}Q^n \tag{11-3}$$

又由于当触发器的输入信号同时为有效电平 1 时，触发器的次态不能确定。所以要求 RS 触发器不能使输入信号 $R$ 和 $S$ 同时为 1，即

$$R\cdot S=0 \tag{11-4}$$

式（11-4）是输入信号之间的制约关系，所以称式（11-4）为触发器的约束条件，或约束方程。

式（11-3）和式（11-4）能够完整地描述同步 RS 触发器的逻辑功能。

（三）主从 RS 触发器

在同步 RS 触发器中，当 $CP=1$ 时，输入信号仍然直接作用于输出端。在数字系统中，为了提高触发器工作的可靠性，希望只在时钟信号的边沿（上升沿或下降沿）作用下，触发器的状态才能更新一次，而在其他时刻触发器的状态都保持不变。为此在同步 RS 触发器的基础之上又设计出主从 RS 触发器。

1. 工作原理

主从 RS 触发器是由两个同步 RS 触发器组成的，其逻辑图和逻辑符号如图 11-3 所示。其

中 G5～G8 组成的是主触发器，而 G1～G4 组成的是从触发器。主触发器和从触发器的时钟控制信号是互为相反的。

表 11-3 主从 RS 触发器状态表

| $CP$ | $S$ | $R$ | $Q^n$ | $Q^{n+1}$ | 功 能 |
|---|---|---|---|---|---|
| ↓ | 0 | 0 | 0 | 0 | 保持 |
| ↓ | 0 | 0 | 1 | 1 | 保持 |
| ↓ | 0 | 1 | 0 | 0 | 置 0 |
| ↓ | 0 | 1 | 1 | 0 | 置 0 |
| ↓ | 1 | 0 | 0 | 1 | 置 1 |
| ↓ | 1 | 0 | 1 | 1 | 置 1 |
| ↓ | 1 | 1 | 0 | × | 不定 |
| ↓ | 1 | 1 | 1 | × | 不定 |

在 $CP=1$、$\overline{CP}=0$ 时，主触发器处于工作状态，$R$ 和 $S$ 的输入信号被接收到主触发器的输出端，使 $Q'$、$\overline{Q}'$ 的状态按照 $R$、$S$ 的状态改变；从触发器处于禁止状态，所以触发器输出端的状态 $Q$ 和 $\overline{Q}$ 将保持不变。当 $CP$ 的下降沿到来时，$CP=0$，$\overline{CP}=1$，主触发器被禁止，输入信号不能传递到 $Q'$ 和 $\overline{Q}'$ 端，但从触发器处于工作状态，使得在 $CP=1$ 期间 $Q'$ 和 $\overline{Q}'$ 的状态被传递到触发器的输出端，$Q$ 和 $\overline{Q}$ 的状态在 $CP$ 下降沿到来时更新为 $CP=1$ 时的 $Q'$ 和 $\overline{Q}'$ 的状态。下降沿到来后，在 $CP=0$ 期间内，由于主触发器被禁止，割断了输入信号与触发器输出端之间的联系，所以无论输入信号是否变化，其触发器的状态都将保持不变。因此这种触发器只有在 $CP$ 下降沿时，输出信号才能更新，所以被称为下降沿触发。在逻辑符号中，用时钟 $CP$ 端前面的小圆圈表示下降沿触发，如图 11-3（b）所示。

需要强调的是，为了保证触发器工作的可靠性，主从结构的触发器，要求在 $CP=1$ 期间，触发器的输入信号要保持不变，否则可能会引起触发器输出状态出现多次变化。

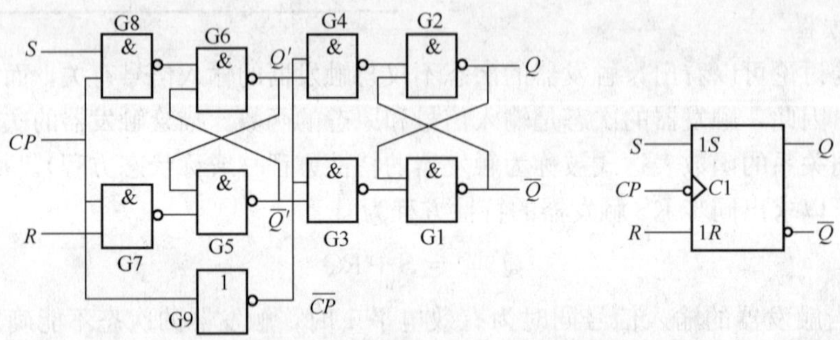


图 11-3 主从 RS 触发器逻辑图和图形符号

（a）逻辑图；（b）图形符号

2. 状态表

根据前面的讨论，可以列出主从结构 RS 触发器的状态表，见表 11-3。表中 $CP$ 的向下箭头表示触发器是下降沿触发，次态的更新发生在时钟的下降沿。其状态方程仍为式(11-3)所示；输入信号仍然具有约束条件，其约束方程仍如式(11-4)所示。

3. 状态图

触发器的逻辑功能还经常用状态图来形象地表示。触发器的状态图可以由状态表推导出来。主从 RS 触发器的状态图如图 11-4 所示。其中两个圆圈内标有 0 和 1，分别表示触发器的 0 态和 1 态；箭头方向表示状态转换的方向；

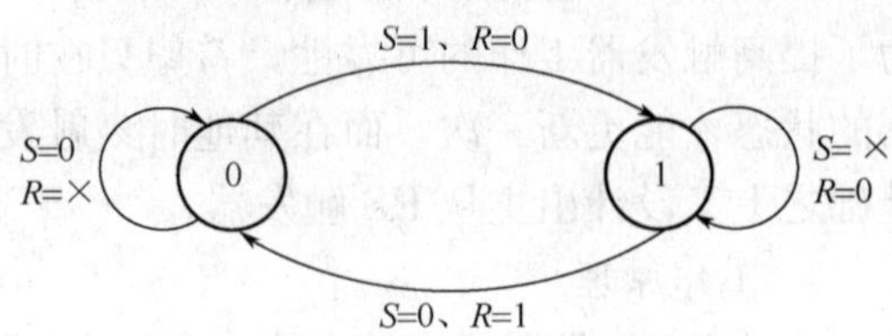


图 11-4 RS 触发器状态图

旁边标示的输入信号是状态转换的条件。

**【例 11-1】** 在图 11-3 所示的主从 RS 触发器中，各输入端随时间变化的波形如图 11-5 所示。设触发器的初始状态为 0，试画出输出 $Q$ 端的波形图。

**解：** 由于每一时刻输入 $S$ 和 $R$ 的状态已由波形图给出，且在 $CP=1$ 期间 $S$、$R$ 的状态保持不变。所以只需按照 $CP$ 下降沿到来时 $S$ 和 $R$ 的状态，就可以根据 RS 触发器的状态表画出输出 $Q$ 端的波形图，如图 11-5 所示。

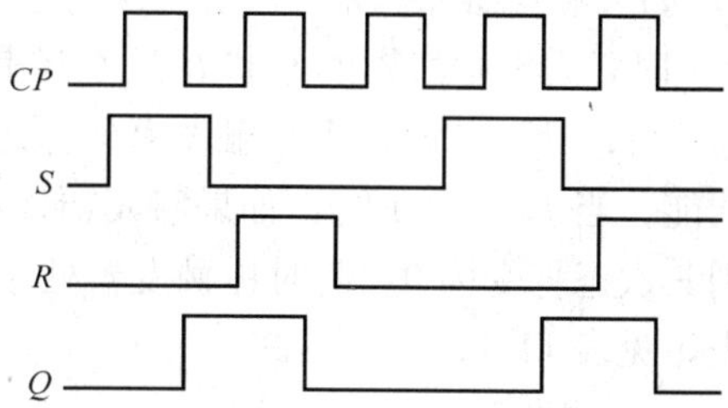


图 11-5 ［例 11-1］波形图

**二、主从 JK 触发器**

在前面讨论的 RS 触发器中，输入信号 $R$ 和 $S$ 之间存在互相约束的关系，这给应用带来许多不便。为了消除这个约束关系，便设计出了主从 JK 触发器。

1. 工作原理

主从 JK 触发器的逻辑图和逻辑符号如图 11-6 所示。在逻辑符号中，时钟 $CP$ 端前面的小圆圈表示触发器是时钟的下降沿触发。主从 JK 触发器是在主从 RS 触发器的基础之上改进而来的，为了消除 RS 触发器的约束条件，把输出的两个互补状态 $Q$ 和$\overline{Q}$分别反馈到输入端，使触发器在 $J=K=1$ 时 $Q'$和$\overline{Q}'$的状态仍然不会同时为 1，这就消除了触发器对输入信号的约束条件，使触发器的应用更加灵活。

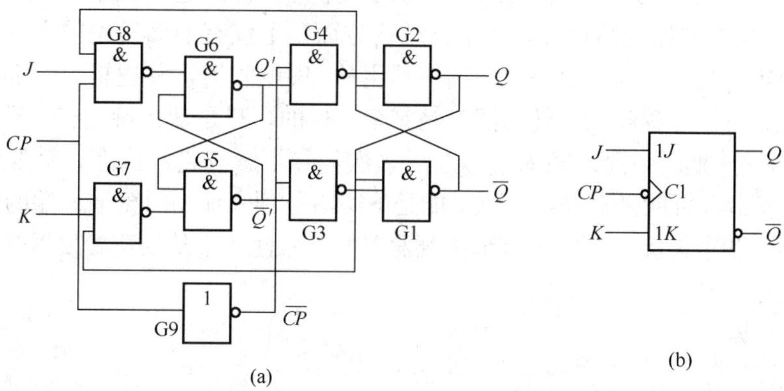


图 11-6 主从 JK 触发器逻辑图和逻辑符号

（a）逻辑图；（b）逻辑符号

2. 特性方程

从逻辑图可以看出，主从 JK 触发器与 RS 触发器输入端之间的关系为

$$\begin{cases} S = J\overline{Q}^n \\ R = KQ^n \end{cases} \tag{11-5}$$

将式（11-5）代入式（11-3）中，可以得到主从 JK 触发器的特性方程为

$$Q^{n+1} = J\overline{Q}^n + \overline{K}Q^n \tag{11-6}$$

在主从 JK 触发器中，对输入信号没有约束要求，所以没有约束方程。

3. 状态表

通过对式（11-6）分析可知，当 $J=K=0$ 时，如果触发器原状态是 0，则其次态也是

0，如果触发器原态是 1，则其次态也是 1，因此，触发器处于“保持”功能；当 $J=0$、$K=1$ 时，无论触发器的原状态是 0 还是 1，其次态都将变为 0，所以触发器处于置 0 功能；当 $J=1$、$K=0$ 时，无论触发器的原态是 0 还是 1，其次态都将变为 1，所以触发器处于置 1 功能；当 $J=K=1$ 时，如果触发器原状态是 0，则其次态将变为 1，而如果触发器原态是 1，则其次态将变为 0，此时称触发器处于“翻转”功能。由此可以得出主从 JK 触发器的状态表，见表 11-4。

4. 状态图

根据状态表可以画出主从 JK 触发器的状态图，如图 11-7 所示。

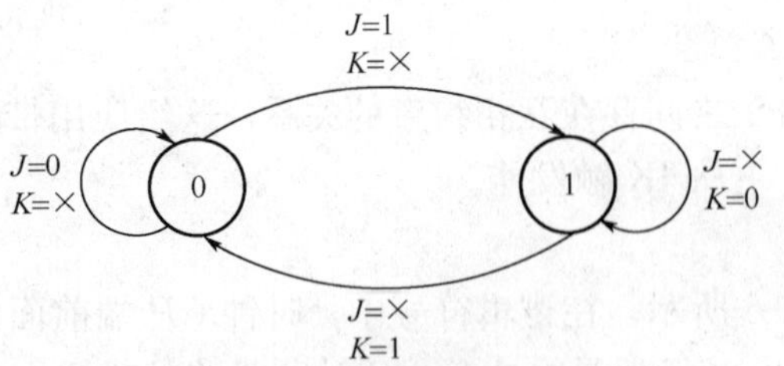


图 11-7 主从 JK 触发器状态图

表 11-4 主从 JK 触发器状态表

| $CP$ | $J$ | $K$ | $Q^n$ | $Q^{n+1}$ | 功能 |
|---|---|---|---|---|---|
| ↓ | 0 | 0 | 0 | 0 | 保持 |
| ↓ | 0 | 0 | 1 | 1 | 保持 |
| ↓ | 0 | 1 | 0 | 0 | 置 0 |
| ↓ | 0 | 1 | 1 | 0 | 置 0 |
| ↓ | 1 | 0 | 0 | 1 | 置 1 |
| ↓ | 1 | 0 | 1 | 1 | 置 1 |
| ↓ | 1 | 1 | 0 | 1 | 翻转 |
| ↓ | 1 | 1 | 1 | 0 | 翻转 |

主从 JK 触发器是功能最全面的触发器。由前面的分析可见，主从 JK 触发器具有置 0、置 1、保持和翻转功能，并且对输入信号没有约束条件，使得它的应用非常灵活、方便。主从 JK 触发器的集成电路产品很多，在电路结构方面，不仅有前面讨论的主从结构，而且还有性能更好的边沿结构。但无论是什么结构的主从 JK 触发器，其逻辑功能都是相同的，即它们的状态表、特性方程和状态转换图都是完全一样的，只是动作特点有差异。边沿结构的触发器，在 $CP=1$ 期间，允许输入信号改变多次，并不影响它的次态，触发器的次态仅仅取决于 $CP$ 触发沿（可能是上升沿，也可能是下降沿）到来那一时刻输入端的状态，而与其他时刻输入端的状态无关。因此边沿结构触发器的可靠性比主从结构触发器要高，也得到了更为广泛的应用。

**三、T 触发器**

1. 工作原理

T 触发器是具有保持和翻转功能的触发器，它可以由 JK 触发器转换而来。其逻辑图和逻辑符号如图 11-8 所示。

由图 11-8 可见，T 触发器的输入信号与 JK 触发器输入信号之间的关系为

$$T=J=K$$

所以当 $T=0$ 时，相当于 JK 触发器的 $J=K=0$，使得触发器的次态 $Q^{n+1}=Q^n$，触发器处于“保持”功能；当 $T=1$ 时，

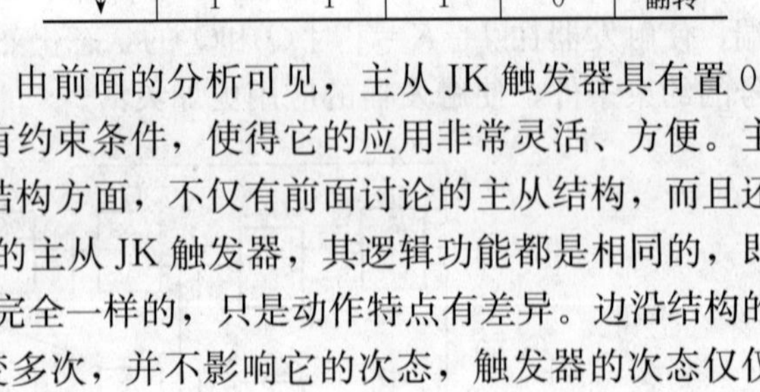


图 11-8 T 触发器逻辑图和逻辑符号

相当于 JK 触发器的 $J=K=1$，使得触发器的次态 $Q^{n+1}=\overline{Q^n}$，触发器处于翻转功能。

2. 特性方程

T 触发器的特性方程可以由 JK 触发器推导出来。在式（11-6）中令 $J=K=T$，可得到

T 触发器的特性方程

$$Q^{n+1} = T\overline{Q}^n + \overline{T}Q^n \tag{11-7}$$

3. 状态表

根据式（11-7）可以得到 T 触发器的状态表，见表 11-5，*CP* 向下的箭头表示下降沿触发。由此可见，T 触发器只具有保持和翻转功能。

**表 11-5　　T 触发器状态表**

| *CP* | *T* | $Q^n$ | $Q^{n+1}$ | 功能 |
|---|---|---|---|---|
| ↓ | 0 | 0 | 0 | 保持 |
| ↓ | 0 | 1 | 1 | 保持 |
| ↓ | 1 | 0 | 1 | 翻转 |
| ↓ | 1 | 1 | 0 | 翻转 |

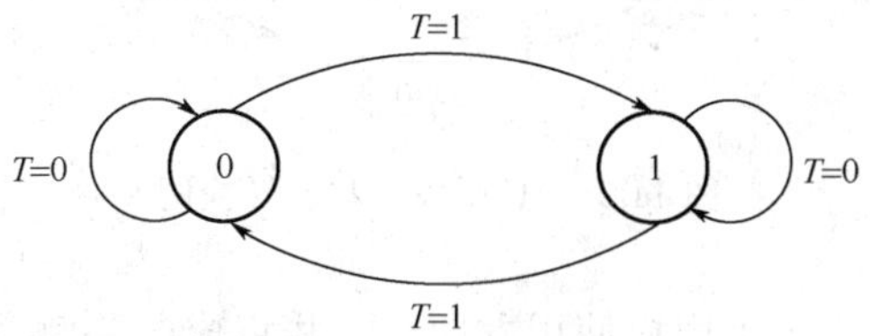


图 11-9　T 触发器状态转换图

4. 状态图

根据表 11-5 所示的 T 触发器的状态表，可以求出 T 触发器的状态转换图，如图 11-9 所示。

如果把 T 触发器的输入端接高电平 1，即令 $T=1$，则此时触发器只具有翻转功能。当 *CP* 的下降沿到来时，如果触发器原态是 1，则次态就翻转到 0；而如果原态是 0，则触发器的次态就翻转到 1。把这种触发器定义为 T′触发器。事实上，T′触发器就是一种特定工作状态下的 T 触发器。

**四、D 触发器**

在实际应用中，经常需要一种只具有置 0 和置 1 功能的触发器，这种触发器被称为 D 触发器。

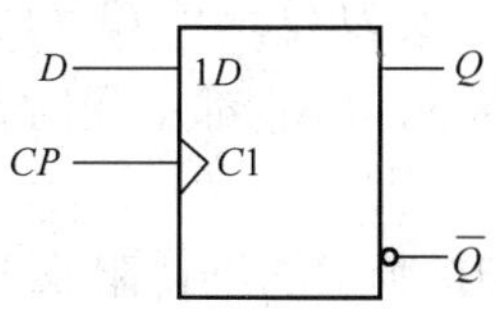


图 11-10　D 触发器逻辑符号

D 触发器的集成电路品种很多，常用的结构是维持阻塞结构。这种结构的触发器是脉冲的上升沿触发，即在 *CP* 的上升沿到来时，触发器才按照输入信号进行状态更新；而在 $CP=0$、$CP=1$ 或下降沿到来时，触发器的状态都将保持不变。D 触发器的逻辑符号如图 11-10所示。图中 *CP* 前面没有小圆圈，表示触发器是 *CP* 脉冲上升沿触发。维持阻塞结构的触发器，其输出端的状态仅仅取决于 *CP* 上升沿到来时刻输入端 *D* 的状态，而与其他时刻输入端的状态无关。所以这种结构的触发器，其可靠性比主从结构的触发器更高。

D 触发器在输入信号 $D=0$ 时，无论原态是 0 还是 1，其次态都将变为 0；而在输入信号 $D=1$ 时，无论原态是 0 还是 1，其次态都将变为 1。因此 *D* 触发器的特性方程为

$$Q^{n+1} = D \tag{11-8}$$

由式（11-8）可以推导出 D 触发器的状态表，见表 11-6，表中 *CP* 向上的箭头表示触发器是时钟的上升沿触发。由此可见，D 触发器只具有置 0 和置 1 的功能。D 触发器的状态图如图 11-11 所示。

各种功能的触发器，其电路结构可以是多种多样的，但是同一功能的触发器，无论是什么样的电路结构，所完成的逻辑功能都是一样的。而不同结构的触发器其动作特点是不同的，所以触发器的逻辑功能和电路结构是两个不同的概念，它们是从两个不同的角度描述触发器。另外，不同功能的触发器可以相互转换，集成电路产品中，JK 和 D 触发器较多，当

在实际中需要T触发器或RS触发器时，可以用集成JK触发器或D触发器通过外部连线改接成所需要的触发器。

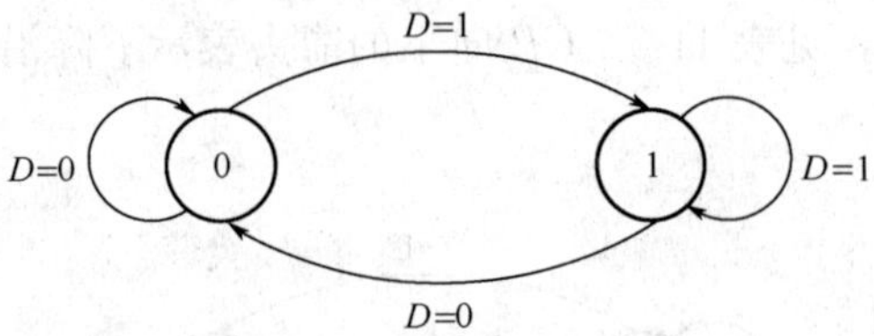


图 11-11　D触发器状态转换图

表 11-6　　D触发器状态表

| $CP$ | $D$ | $Q^n$ | $Q^{n+1}$ | 功能 |
|---|---|---|---|---|
| ↑ | 0 | 0 | 0 | 置0 |
| ↑ | 0 | 1 | 0 | 置0 |
| ↑ | 1 | 0 | 1 | 置1 |
| ↑ | 1 | 1 | 1 | 置1 |

为了用户使用方便，一些集成电路触发器的输入端还带有与门，在分析时只需把与门的输入信号先“与”之后，再作为触发器的输入信号。例如在图 11-12 所示电路中，对于图 11-12（a），只需在式（11-8）的D触发器特性方程中令 $D=D_1\cdot D_2$ 即可；对于图 11-12（b），也只需在式（11-6）的JK触发器的特性方程中令 $J=J_1\cdot J_2$、$K=K_1\cdot K_2$ 即可。一些触发器还设置了直接复位端和直接置位端，如图 11-12 所示两个触发器的$\overline{R}_D$ 和 $\overline{S}_D$ 端，在这类触发器中$\overline{R}_D$ 和$\overline{S}_D$ 都是低电平有效。当$\overline{R}_D=0$ 时，无论输入信号和触发器的原态如何，也无论时钟 $CP$ 的触发沿是否到来，触发器会按直接置位端$\overline{R}_D=0$ 的控制信号动作，使触发器的状态变为 $Q=0$、$\overline{Q}=1$。同理，当$\overline{S}_D=0$ 时，触发器的状态会立刻随之变为 $Q=1$、$\overline{Q}=0$。由于$\overline{S}_D$ 和$\overline{R}_D$ 都不受时钟信号的控制，所以叫做直接置位端和直接复位端。

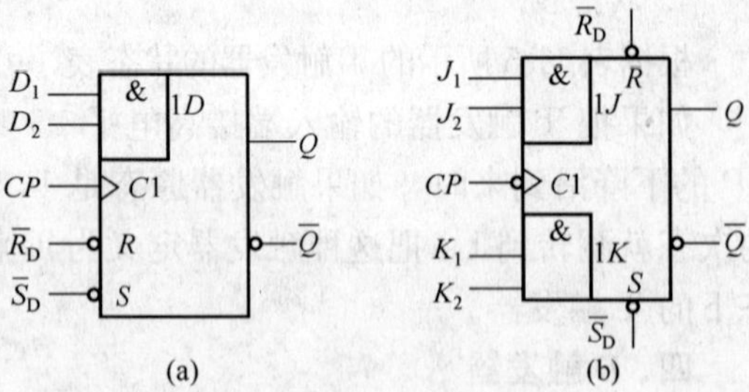


图 11-12　带有直接置位端和复位端的触发器符号

**【例 11-2】**　在如图 11-10 所示的维持阻塞D触发器中，如果时钟脉冲 $CP$ 和输入信号 $D$ 随时间变化的波形如图 11-13 所示，试画出触发器输出端 $Q$ 的波形，设触发器的初始状态为 0。

**解：** 由于维持阻塞结构触发器的输出仅仅取决于 $CP$ 上升沿到来时刻的输入端D的状态，而与其他时刻D端的状态无关，所以按照图 11-13 所示各输入端的状态，再根据D触发器的状态表，可以画出D触发器 $Q$ 端随时间变化的波形如图 11-13 所示。

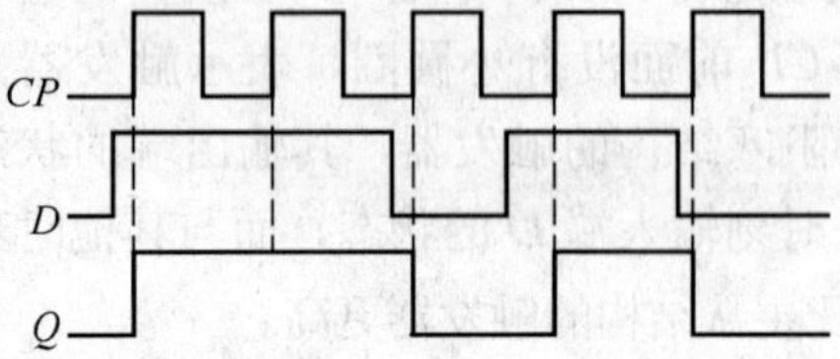


图 11-13　［例 11-2］波形图

## 第二节　时序逻辑电路的分析

时序逻辑电路的输出不仅与该时刻的输入信号有关，而且还与电路前一时刻的状态有关。因此分析时序逻辑电路要比分析组合逻辑电路复杂。

### 一、时序逻辑电路逻辑功能的表示方法

常用的时序电路逻辑功能的表示方法有逻辑方程、状态表、状态图、波形图及逻辑图。

1. 逻辑方程

逻辑方程就是指用时序逻辑电路的输出方程和逻辑电路中触发器的次态方程来表示其逻辑功能。

2. 状态表

状态表是把触发器的次态和输出与触发器的原态和输入之间的逻辑值一一对应列出的真值表。

3. 状态图

状态图是把时序逻辑电路中的全部状态，用箭头表示出转换方向，并且在箭头旁注明状态转换时的输入变量值和输出变量值，输入变量值和输出变量值用斜线分开。一般情况下把输入变量值写在斜线以上，而把输出变量值写在斜线以下。

4. 波形图

波形图也叫时序图，是把输入信号、输出信号及各个触发器的输出状态随时间变化的逻辑值画在二维坐标内。用这种方法表示时序逻辑电路的功能比较直观。

5. 逻辑图

逻辑图也称逻辑电路图，就是把时序逻辑电路用相应的触发器和组合逻辑电路的逻辑符号表示出来。

**二、分析时序逻辑电路的步骤**

时序逻辑电路按照其动作特点的不同，可以分为同步时序逻辑电路和异步时序逻辑电路两类。在同步时序逻辑电路中，组成时序逻辑电路的触发器共用一个时钟控制信号，因此所有的触发器的状态变化，都是在同一个时钟信号的控制下进行的，即在同步时序逻辑电路中，触发器的动作是同步的。而异步时序逻辑电路中的触发器不是受同一个时钟信号的控制，因此触发器的状态变化不是同时完成的，即在异步时序逻辑电路中，触发器的动作不是同步的。本节只介绍同步时序逻辑电路的分析方法。

分析同步时序逻辑电路的一般步骤是：

第一步，根据时序逻辑电路写出方程组，包括输出方程组、驱动方程组和状态方程组；

第二步，根据输出方程组和状态方程组列出电路的状态表，画出状态转换图或时序图；

第三步，确定电路的逻辑功能。

下面举例说明时序逻辑电路的分析方法。

**三、分析举例**

**【例 11-3】** 分析图 11-14 所示时序逻辑电路的逻辑功能。

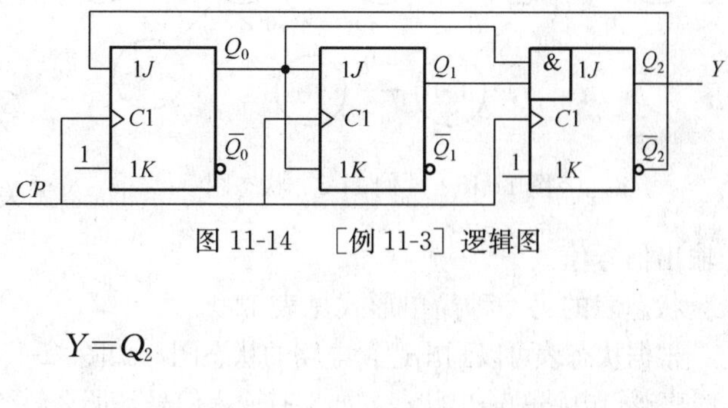


图 11-14 ［例 11-3］逻辑图

**解：**第一步，写出输出方程

$$Y=Q_2$$

写出驱动方程

$$J_0=\overline{Q}_2^n，K_0=1$$

$$J_1=K_1=\overline{Q}_0^n$$

$$J_2=Q_1^n\cdot\overline{Q}_0^n，K_2=1$$

从 $CP$ 上升沿到触发器的状态更新是需要一定时间的，因此触发器反馈到驱动端的状态都是在时钟作用之前的状态，即原态。所以在驱动方程中，所有送到触发器驱动端的状态都应该是触发器的原态。

根据JK触发器状态方程，写出时序逻辑电路的状态方程为

$$Q_0^{n+1}=\overline{Q}_2^n\,\overline{Q}_0^n$$

$$Q_1^{n+1}=\overline{Q}_0^n\,\overline{Q}_1^n+Q_0^nQ_1^n$$

$$Q_2^{n+1}=Q_1^nQ_0^n\overline{Q}_2^n$$

第二步，列出状态表。按照把输入信号（本例没有输入信号）和触发器的原态列在表的左侧，把输出和触发器的次态列在表的右侧的方法，并设触发器的初始状态为 $Q_2Q_1Q_0=000$，列出状态表见表11-7。

在表11-7中，对于第一个 $CP$，时序逻辑电路的初始状态就是触发器的原态，根据电路的状态方程，计算出它们的次态，填入表中。因为 $CP$ 信号是连续的，所以对于第二个 $CP$，触发器的原态就是第一个 $CP$ 的次态，再根据逻辑电路的状态方程计算出次态，填入表中。以后依此类推。

**表11-7　［例11-3］状态表**

| $CP$ | $Q_2^n$ | $Q_1^n$ | $Q_0^n$ | $Q_2^{n+1}$ | $Q_1^{n+1}$ | $Q_0^{n+1}$ | $Y$ |
|---|---|---|---|---|---|---|---|
| 1 | 0 | 0 | 0 | 0 | 0 | 1 | 0 |
| 2 | 0 | 0 | 1 | 0 | 1 | 0 | 0 |
| 3 | 0 | 1 | 0 | 0 | 1 | 1 | 0 |
| 4 | 0 | 1 | 1 | 1 | 0 | 0 | 1 |
| 5 | 1 | 0 | 0 | 0 | 0 | 0 | 0 |
| 1 | 1 | 0 | 1 | 0 | 1 | 0 | 1 |
| 1 | 1 | 1 | 0 | 0 | 1 | 0 | 1 |
| 1 | 1 | 1 | 1 | 0 | 0 | 0 | 1 |

**表11-8　［表11-7］的另一种简单形式**

| $CP$ | $Q_2$ | $Q_1$ | $Q_0$ | $Y$ |
|---|---|---|---|---|
| 0 | 0 | 0 | 0 | 0 |
| 1 | 0 | 0 | 1 | 0 |
| 2 | 0 | 1 | 0 | 0 |
| 3 | 0 | 1 | 1 | 0 |
| 4 | 1 | 0 | 0 | 1 |
| 5 | 0 | 0 | 0 | 0 |
| 0 | 1 | 0 | 1 | 1 |
| 1 | 0 | 1 | 0 | 0 |
| 0 | 1 | 1 | 0 | 1 |
| 1 | 0 | 1 | 0 | 0 |
| 0 | 1 | 1 | 1 | 1 |
| 1 | 0 | 0 | 0 | 0 |

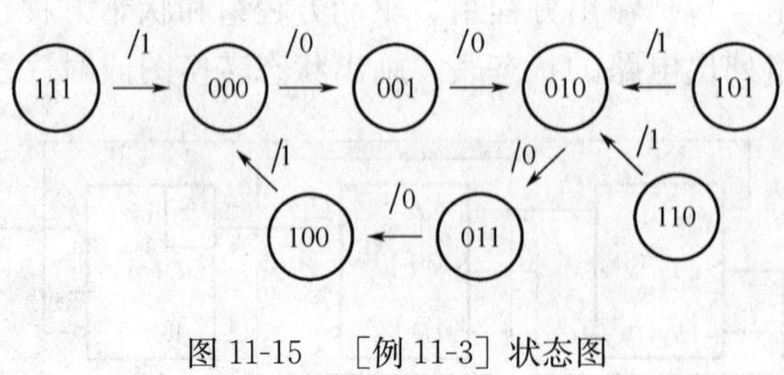


图11-15　［例11-3］状态图

当逻辑电路的状态在 $Q_2^nQ_1^nQ_0^n=100$ 时，其次态为 $Q_2^{n+1}Q_1^{n+1}Q_0^{n+1}=000$，返回到了初始状态，即逻辑电路的状态在 $CP$ 的作用下是循环变化的。但循环内只有五个状态，仍有三个状态不在循环内，所以要根据状态方程和输出方程单独地计算出它们的次态和输出信号值。

状态表的另一种简单形式见表11-8。

根据状态表可以画出逻辑电路的状态图，如图11-15所示。在状态图中，斜线下方的数字表示时序逻辑电路的输出状态，如果有输入信号，那么斜线上方的数字表示输入信号的状态。

第三步，确定电路的逻辑功能。由表11-7可见，在时钟脉冲 $CP$ 的控制下，逻辑电路的状态变化是循环的，每经过五个 $CP$，逻辑电路的状态就循环一次，所以这个电路具有对时钟脉冲进行计数的功能。这种逻辑电路被称为计数器。计数器的状态每完成一个循环，输出 $Y$ 就产生一个高电平，所以输出端 $Y$ 是进位输出。

# 第三节 常用的时序逻辑电路

本节将介绍常用的集成时序逻辑器件——寄存器和计数器。在数字系统中这两种器件的应用及其广泛，其集成电路产品种类也很多，本书只介绍其中常用的器件。

## 一、移位寄存器

寄存器是数字系统中用来存储二进制数据的逻辑部件。由于寄存器必须有记忆功能，因此触发器是组成寄存器的基本单元电路。一个触发器可以存储1位二进制数，因此一个触发器就是一个1位寄存器，$n$位寄存器就需要由$n$个触发器组成。寄存器应该具备接收数据、存储数据和输出数据的功能。

寄存器的数据输入有两种方式，即并行输入方式和串行输入方式；输出也有两种方式，即并行输出方式和串行输出方式。并行输入或并行输出是指在控制信号的作用下，所有的数据同时输入或输出；而串行输入或串行输出是指数据在控制信号的作用下，一个一个地输入或输出。寄存器按照其输入和输出方式可以划分为串行输入、串行输出，串行输入、并行输出，并行输入、串行输出，并行输入、并行输出等四种。具有串行输入或串行输出方式的寄存器叫做移位寄存器。

由于组成寄存器的触发器只需要具有置1和置0的功能，所以寄存器可以由D、JK和RS等任何一种触发器组成。图11-16所示为由四个D触发器组成的4位移位寄存器的原理电路。

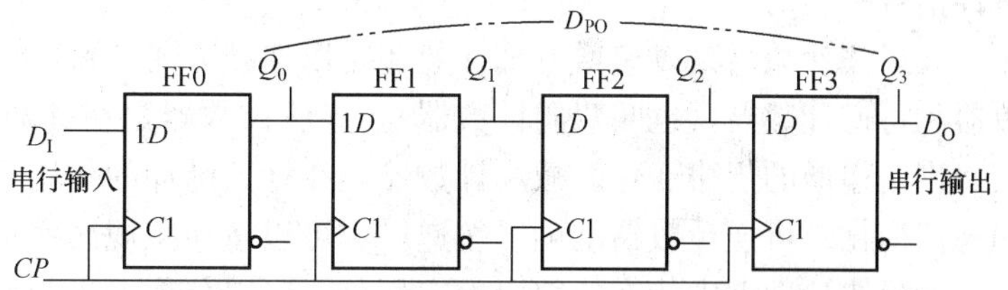


图11-16 四个D触发器组成的4位移位寄存器

在图11-16所示移位寄存器中，输入信号$D_I$被送到最低位触发器FF 0的输入端，其余触发器的输入端都与前边触发器的状态输出$Q$端相连；寄存器的输出可以从$Q_3$、$Q_2$、$Q_1$、$Q_0$端并行输出，也可以从最高位触发器的输出$Q_3$端串行输出。

因为从$CP$的上升沿到触发器输出端建立新的状态，是需要经过一段传输时间的，所以当$CP$的上升沿作用于寄存器时，每个触发器的状态都还没有改变（都处于原态）。因此在每一个$CP$的作用下，FF0的次态都将按照输入的数据更新，而FF1的次态都将按FF0的原态更新，FF2的次态将按FF1的原态更新，FF3的次态将按FF2的原态更新。

显然这种寄存器是从低位向高位移位。因此输入数据时要从高位开始输入，即先输入$D_3$，再输入$D_2$，然后输入$D_1$，最后输入$D_0$。这种由低位向高位移位的寄存器被称为右移移位寄存器。其状态表见表11-9。

**表11-9** **移位寄存器状态表**

| 移位脉冲 | 串行输入 | 状态输出 | | | | 移位脉冲 | 串行输入 | 状态输出 | | | |
|---|---|---|---|---|---|---|---|---|---|---|---|
| $CP$ | $D_I$ | $Q_0$ | $Q_1$ | $Q_2$ | $Q_3$ | $CP$ | $D_I$ | $Q_0$ | $Q_1$ | $Q_2$ | $Q_3$ |
| 0 | × | × | × | × | × | 3 | $D_1$ | $D_1$ | $D_2$ | $D_3$ | × |
| 1 | $D_3$ | $D_3$ | × | × | × | 4 | $D_0$ | $D_0$ | $D_1$ | $D_2$ | $D_3$ |
| 2 | $D_2$ | $D_2$ | $D_3$ | × | × | | | | | | |

这种移位寄存器需要在四个移位脉冲的作用下，才能够把 4 位二进制数据全部接收进来，同时可以以并行方式输出。如果是 $N$ 位移位寄存器，则需要在 $N$ 个移位脉冲作用下，才能完成接收和并行输出。如果需要串行输出，则还需要三个移位脉冲，才能把全部数据从 $Q_3$ 端输出。

还有一种移位寄存器，其输入数据从寄存器的高位输入，在移位脉冲的作用下，寄存器中的数据从高位向低位移动，这种寄存器被称为左移移位寄存器。

在集成双向移位寄存器中，既具有右移功能，也具有左移功能，还具有并行输入和并行输出功能。

## 二、计数器

通俗地说，计数器就是能够记录脉冲个数的逻辑电路。数字系统中计数器是应用最多的器件，它除了可以对脉冲计数以外，还具有分频、定时、产生节拍脉冲等功能，所以集成计数器产品非常多。

计数器可以从几个方面分类，如果按计数器中的触发器是否同时受控于一个时钟脉冲，可以分为同步计数器和异步计数器。同步计数器中的全部触发器都受同一个时钟信号的控制，因此触发器的状态更新是在同一时刻完成的；而异步计数器中的触发器却不是受同一个时钟信号控制的。

如果按计数器是以递增方式计数还是以递减方式计数，又可以分为加法计数器、减法计数器和可逆计数器（也叫双向计数器）。加法计数器是在计数脉冲的作用下，计数器的状态按二进制递增的规律变化。减法计数器是在计数脉冲的作用下，计数器的状态按二进制递减的规律变化。可逆计数器既可以按递增也可以按递减规律变化。

如果按计数器中状态的编码方案划分，可以分为二进制计数器、二—十进制计数器、任意进制计数器、循环码计数器和寄存器型计数器。

### （一）二进制计数器

#### 1. 异步二进制计数器

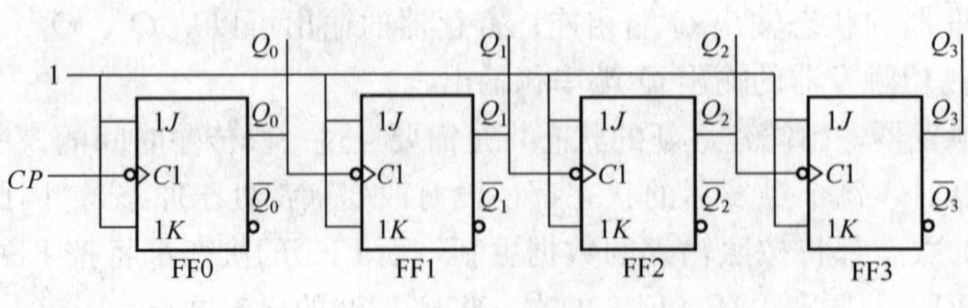


图 11-17 异步 4 位二进制加法计数器

异步二进制计数器可以由 T′ 触发器构成，其电路极其简单。图 11-17 所示就是 4 位异步二进制加法计数器的逻辑图。图中四个触发器都是由 JK 触发器组成的 T′触发器，计数脉冲 $CP$ 加到第一个触发器 FF0 的时钟输入端，其余三个触发器 FF1～FF3 的时钟信号都由前一级触发器的状态输出 $Q$ 端引入，四个触发器 FF0～FF3 的状态输出 $Q$ 作为计数器的状态输出端。

由图 11-17 所示异步二进制计数器可见，计数脉冲只为触发器 FF0 提供时钟信号，触发器 FF1 的时钟信号是由 FF0 的状态输出 $Q$ 端提供的，而 FF2 的时钟信号是由 FF1 的 $Q$ 端提供的，以后每一级触发器的时钟信号都是由前一级触发器的 $Q$ 端输出提供的。因此，每个触发器的 $Q$ 端有下降沿时，它所控制的下一级触发器的状态就会翻转。这种电路结构简单，但是也存在一些问题。首先，由于触发器的触发脉冲要等到前一级触发器状态更新之后才能提供，所以异步计数器的工作速度慢，尤其当位数增多时工作速度会更慢，在对速度要求较高的数字系统中就会受到限制。再者，由于触发器的状态更新不是在同一时刻完成的，所以计数器在状态转换时会出现一些过渡状态。比如当计数器的状态 $Q_3Q_2Q_1Q_0$ 从 0001 到 0010 的状态转换过程中，由于 $Q_0$ 先从 1 变到 0，而后需要经过一个触发器的传输时间 $Q_1$ 才能从 0 变到 1，在两个状态的转换过程中，就会短暂地出现 0000 的过渡状态。因此在一些对脉冲敏感的电路中，也会限制异步计数器的使用。

图 11-17 所示电路中的四个触发器都是时钟的下降沿触发，构成的是 4 位异步加法计数器，如果触发器是时钟的上升沿触发，则构成的就是减法计数器；而如果上述电路中的触发器仍是下降沿触发，但触发器 FF1～FF3 的时钟信号都接到前一级的 $\overline{Q}$ 端，则构成的计数器也是减法计数器；同理如果是上升沿触发，且触发器的时钟接到前一级的 $\overline{Q}$ 端，则构成的就是加法计数器。

2. 同步二进制计数器

同步二进制计数器是应用最多的计数器。图 11-18 所示为同步 4 位二进制加法计数器的逻辑图。该加法计数器中共有四个触发器，每个触发器都是由 JK 触发器组成的 T 触发器。由图 11-18 可以得到其进位输出方程为

$$Y = Q_3Q_2Q_1Q_0 \tag{11-9}$$

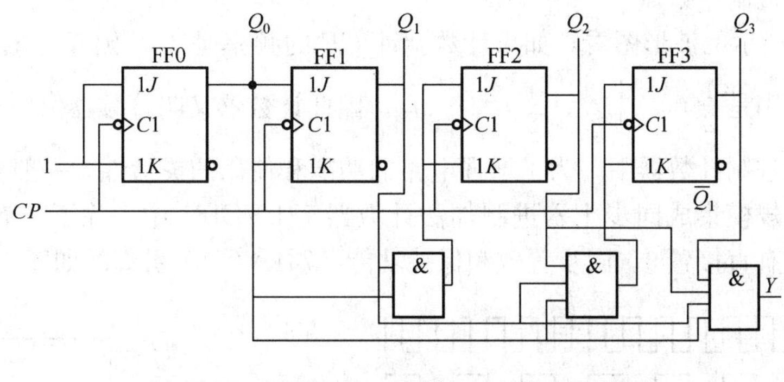


图 11-18 同步 4 位二进制加法计数器逻辑图

从图 11-18 还可以得到计数器的驱动方程为

$$\begin{cases} T_0 = 1 \\ T_1 = Q_0 \\ T_2 = Q_1Q_0 \\ T_3 = Q_2Q_1Q_0 \end{cases} \tag{11-10}$$

根据触发器的状态方程，可以得到计数器的状态方程为

$$\begin{cases} Q_0^{n+1} = \overline{Q}_0^n \\ Q_1^{n+1} = \overline{Q}_1^n Q_0^n + Q_1^n \overline{Q}_0^n \\ Q_2^{n+1} = \overline{Q}_2^n Q_1^n Q_0^n + Q_2^n \overline{Q_1^n Q_0^n} \\ Q_3^{n+1} = \overline{Q}_3^n Q_2^n Q_1^n Q_0^n + Q_3^n \overline{Q_2^n Q_1^n Q_0^n} \end{cases} \tag{11-11}$$

由式（11-9）～式（11-11）可以得到同步 4 位二进制加法计数器的状态表，见表 11-10。由表 11-10 可以画出其状态转换图（见图 11-19）和波形图（见图 11-20）。

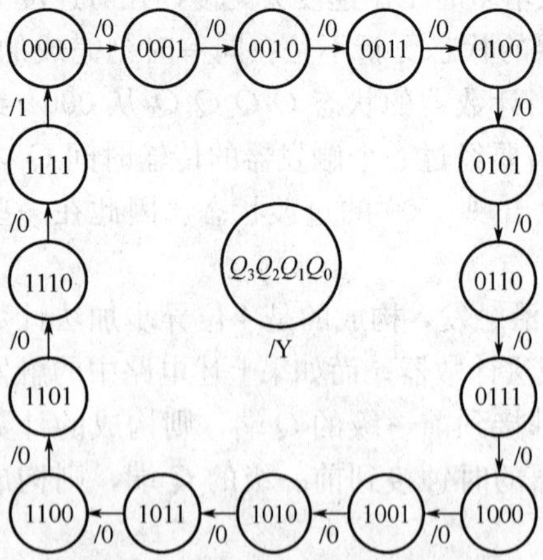


图 11-19 同步 4 位二进制加法计数器状态转换图

表 11-10 4 位同步二进制加法计数器状态表

| 计数顺序 | 电路状态 | | | | 进位输出 |
|---|---|---|---|---|---|
| $CP$ | $Q_3$ | $Q_2$ | $Q_1$ | $Q_0$ | $Y$ |
| 0 | 0 | 0 | 0 | 0 | 0 |
| 1 | 0 | 0 | 0 | 1 | 0 |
| 2 | 0 | 0 | 1 | 0 | 0 |
| 3 | 0 | 0 | 1 | 1 | 0 |
| 4 | 0 | 1 | 0 | 0 | 0 |
| 5 | 0 | 1 | 0 | 1 | 0 |
| 6 | 0 | 1 | 1 | 0 | 0 |
| 7 | 0 | 1 | 1 | 1 | 0 |
| 8 | 1 | 0 | 0 | 0 | 0 |
| 9 | 1 | 0 | 0 | 1 | 0 |
| 10 | 1 | 0 | 1 | 0 | 0 |
| 11 | 1 | 0 | 1 | 1 | 0 |
| 12 | 1 | 1 | 0 | 0 | 0 |
| 13 | 1 | 1 | 0 | 1 | 0 |
| 14 | 1 | 1 | 1 | 0 | 0 |
| 15 | | | | | |
| 16 | 1 | 1 | 1 | 1 | 1 |

从以上分析可见，同步 4 位二进制加法计数器每输入 16 个计数脉冲，计数器就完成一个状态循环，同时产生一个进位输出脉冲，因此从计数长度（或计数容量）来讲，又把这种计数器称为十六进制计数器。

从图 11-20 所示的波形图看，如果计数脉冲 $CP$ 的频率是 $f_0$，则 $Q_0$、$Q_1$、$Q_2$、$Q_3$ 端输出脉冲的频率分别是$\frac{1}{2}f_0$、$\frac{1}{4}f_0$、$\frac{1}{8}f_0$、$\frac{1}{16}f_0$。因此计数器又叫分频器。

在集成十六进制计数器中，为了增强电路的功能和使用的灵活性，一般要附加一些控制电路。例如在中规模集成同步十六进制加法计数器 74LVC161 中，除了具有十六进制计数功能之外，还具有直接置 0、同步置数和保持功能。74LVC161 引脚图如图 11-21 所示。

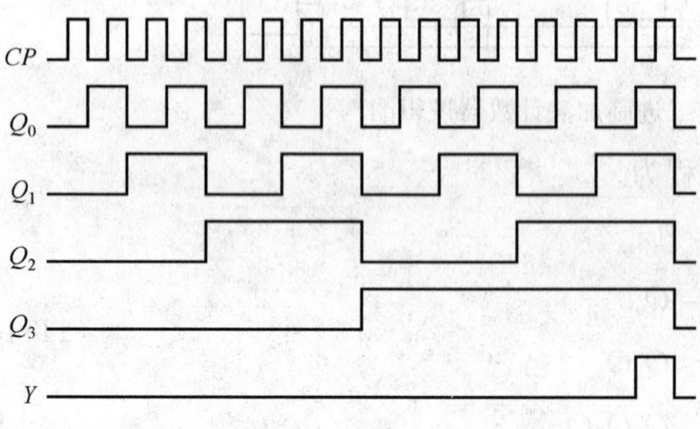


图 11-20 同步 4 位二进制加法计数器波形图

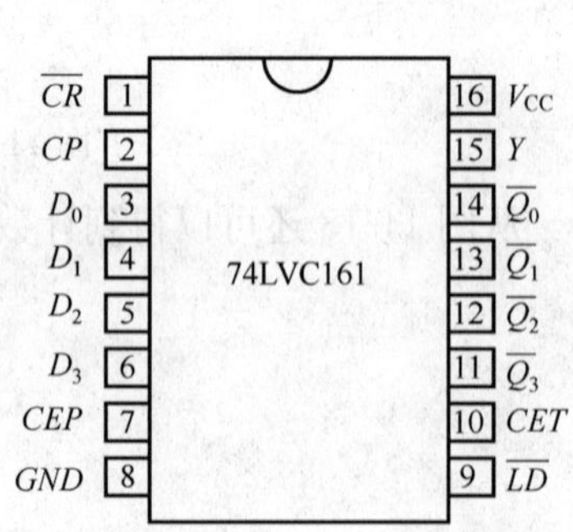


图 11-21 74LVC161 引脚图

$\overline{CR}$是直接置 0 控制端，也叫清 0 端。当$\overline{CR}=0$ 时，无论其他输入端的状态如何，触发器都将变为 $Q_3Q_2Q_1Q_0=0000$ 的状态。

$\overline{LD}$是预置控制端。当$\overline{LD}=0$ 时，在时钟 CP 触发沿的作用下，计数器的次态将变为 $Q_3^{n+1}Q_2^{n+1}Q_1^{n+1}Q_0^{n+1}=D_3D_2D_1D_0$，以实现对计数器预置状态的目的。

$CEP$ 和 $CET$ 是工作状态控制端，当它们处于不同的状态，计数器也将工作在不同的功能。当$\overline{CR}=1$、$\overline{LD}=1$ 时，如果 $CEP=0$、$CET=1$，则计数器处于保持功能，并且其进位

输出 $Y$ 的状态也被保持下来；当$\overline{CR}=1$、$\overline{LD}=1$时，如果 $CET=0$，计数器也处于保持功能，但其进位输出 $Y$ 的状态将被清零，即此时 $Y=0$。

$D_3$、$D_2$、$D_1$、$D_0$是并行数据输入端，它们与预置控制端$\overline{LD}$配合使用，可以给计数器预置到 0000～1111 中的任意一个状态。

十六进制计数器 74LVC161 的功能表见表 11-11。

**表 11-11　　74LVC161 功能表**

| 计数脉冲 $CP$ | 直接置 0 $\overline{CR}$ | 预置控制 $\overline{LD}$ | 并行数据输入 $D_3D_2D_1D_0$ | 工作状态控制 $CEP$ | $CET$ | 工作状态 |
|---|---|---|---|---|---|---|
| × | 0 | × | ×××× | × | × | 置 0 |
| ↑ | 1 | 0 | $D_3D_2D_1D_0$ | × | × | 预置数 |
| × | 1 | 1 | ×××× | 0 | 1 | 保持 |
| × | 1 | 1 | ×××× | × | 0 | 保持（但 $Y=0$） |
| ↑ | 1 | 1 | ×××× | 1 | 1 | 计数 |

（二）十进制计数器

1. 异步十进制计数器

异步十进制计数器是在异步十六进制计数器的基础之上修改而来的，其修改的目的是要使计数器跳过 1010～1111 的六个状态，因此要在每个 JK 触发器的驱动端加一些控制，使之达到目的。图 11-22 所示为异步十进制计数器的逻辑图。它是由四个 JK 触发器组成的，其中 FF0 和 FF2 被接成 T′触发器。由图 11-22 可得计数器的时钟方程为

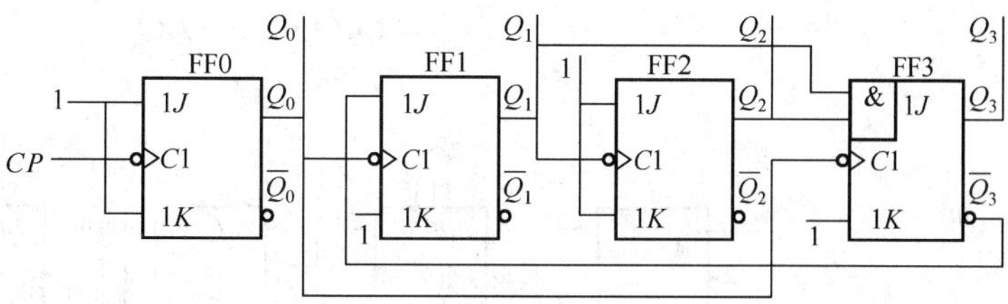

图 11-22　异步十进制加法计数器

$$\begin{cases} CP_0 = CP \\ CP_1 = Q_0 \\ CP_2 = Q_1 \\ CP_3 = Q_0 \end{cases} \tag{11-12}$$

由图 11-22 还可以得到计数器的驱动方程为

$$\begin{cases} J_0 = K_0 = 1 \\ J_1 = \overline{Q}_3,\ K_1 = 1 \\ J_2 = K_2 = 1 \\ J_3 = Q_2Q_1,\ K_3 = 1 \end{cases} \tag{11-13}$$

由式（11-13）可以得到计数器的状态方程为

$$\begin{cases} Q_0^{n+1} = \overline{Q}_0^n \\ Q_1^{n+1} = \overline{Q}_3^n\overline{Q}_1^n \\ Q_2^{n+1} = \overline{Q}_2^n \\ Q_3^{n+1} = \overline{Q}_3^n Q_2^n Q_1^n \end{cases} \tag{11-14}$$

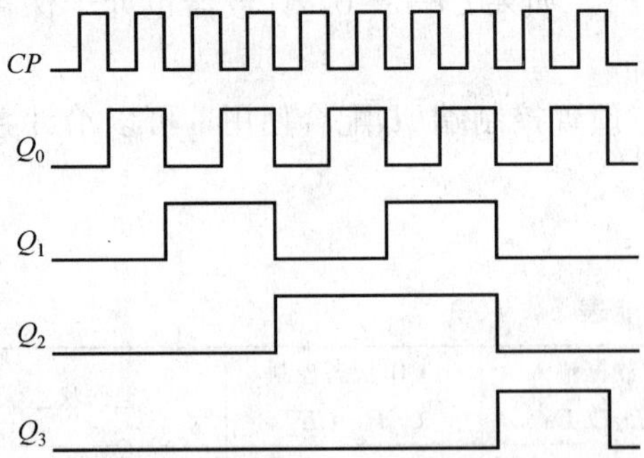


图 11-23　异步十进制加法计数器波形图

需要说明的是，因为图 11-22 所示为异步计数器，所以每个触发器的状态是在各自的时钟信号控制下，才能按照式（11-14）所示的状态方程更新状态，并不是每一个触发器在计数脉冲 $CP$ 的控制下都进行状态更新。

综合式（11-12）和式（11-14），可以得到异步十进制加法计数器的波形图，如图 11-23所示。

十进制异步加法计数器与异步二进制加法计数器具有相同的优缺点。

2. 同步十进制计数器

十进制计数器也是应用最多的计数器之一，市场上的集成电路产品种类繁多。图 11-24 所示为由 T 触发器组成的同步十进制加法计数器的逻辑图。

分析图 11-24，可以得到十进制计数器的驱动方程和进位输出方程为

$$\begin{cases} T_0 = 1 \\ T_1 = Q_0\overline{Q}_3 \\ T_2 = Q_1Q_0 \\ T_3 = Q_2Q_1Q_0 + Q_3Q_0 \end{cases} \tag{11-15}$$

$$Y = Q_3Q_0 \tag{11-16}$$

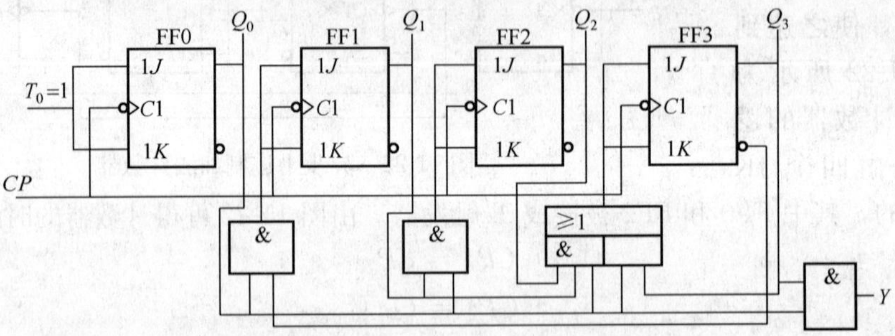


图 11-24　同步十进制加法计数器逻辑图

把驱动方程代入 T 触发器的状态方程，由于触发器在 $CP$ 作用下，需要经过一定的传输时间，才能使触发器的次态更新，所以驱动方程中触发器的状态都应该是触发器的原态。因此可以求得十进制计数器的状态方程为

$$\begin{cases} Q_0^{n+1} = \overline{Q}_0^n \\ Q_1^{n+1} = \overline{Q}_3^n\overline{Q}_1^nQ_0^n + \overline{\overline{Q}_3^nQ_0^n}Q_1^n \\ Q_2^{n+1} = \overline{Q}_2^nQ_1^nQ_0^n + Q_2^n\overline{Q_1^nQ_0^n} \\ Q_3^{n+1} = \overline{Q}_3^n(Q_2^nQ_1^nQ_0^n + Q_3^nQ_0^n) + Q_3^n\overline{(Q_2^nQ_1^nQ_0^n + Q_3^nQ_0^n)} \end{cases} \tag{11-17}$$

根据式（11-16）和式（11-17）可以得到同步十进制加法计数器的状态图，如图 11-25 所示。在状态图中，计数循环中有十个状态，说明计数器的计数长度（或计数容量）是 10，因此叫做十进制计数器；此外的六个状态，可以分别代入式（11-16）和式（11-17）计算出

次态和输出，然后填入状态图中。

74LVC160 就是依据图 11-24 所示逻辑图设计而成的。这种计数器也是除具有计数功能而外，还具有直接置 0、同步预置和保持等功能。其逻辑功能表和引脚排列与 74LVC161 完全相同，所不同的就是计数长度为十个脉冲。因此 74LVC160 的功能表也如表 11-11 所示，引脚排列也如图 11-21 所示。

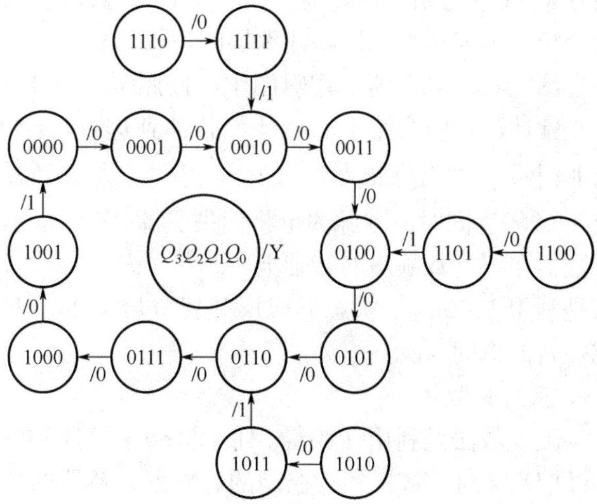


图 11-25　同步十进制加法计数器状态图

（三）任意进制计数器

二进制和十进制以外的计数器统称为任意进制计数器。从生产成本考虑，目前集成计数器仅限于二进制和十进制两类产品，如果需要任意进制计数器，可以用这两类计数器通过外电路的控制来实现。

对于不同的集成计数器，由于其功能和控制端的工作方式不同，因此在实现任意进制计数器时所采用的控制方法也是不同的。下面将以 74LVC160 和 74LVC161 为例，讲解实现任意进制计数器的控制方法。

用 74LVC160 和 74LVC161 实现任意进制计数器的方法有两种：一种方法是反馈清零法，就是利用集成计数器的直接置 0 控制端$\overline{CR}$，加以合适的反馈控制，实现任意进制计数器；另一种方法是反馈置数法，就是利用集成计数器的同步预置控制端$\overline{LD}$和并行数据输入端 $D_3$、$D_2$、$D_1$、$D_0$，通过反馈控制实现任意进制计数器。

1. 反馈清零法

74LVC160 和 74LVC161 都具有直接置 0 控制端$\overline{CR}$，根据它们的功能表可知，计数器在计数的过程中无论处在什么状态，只要$\overline{CR}=0$，计数器会立即置 0，使计数器进入到 0000 的状态；当$\overline{CR}=0$ 的控制信号消失后，计数器又会从 0000 的状态开始重新计数。下面举例说明。

**【例 11-4】**　试利用反馈清零法，把 74LVC161 转换为十二进制计数器。

**解：** 十二进制计数器的状态图如图 11-26（a）所示。它要求计数器进入 1011 状态时，在计数脉冲的作用下，其次态应返回到 0000 的状态。因此要对 74LVC161 进行控制，使计

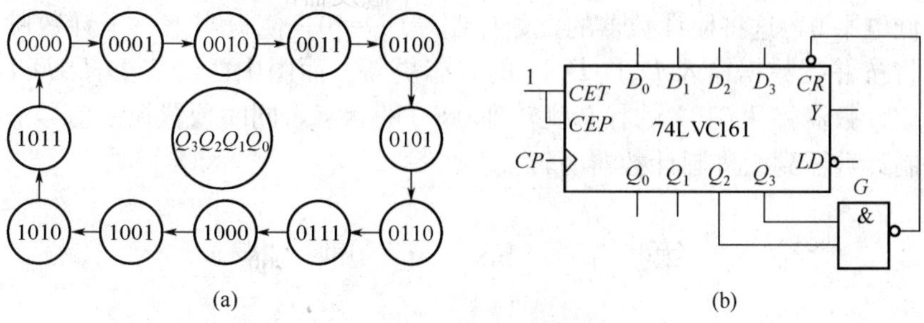


图 11-26　［例 11-4］图

（a）状态图；（b）逻辑图

数器在1011状态结束后，能产生一个置0脉冲进入到0000的状态。图11-23（b）所示为按照这个想法组成的十二进制计数器的逻辑图。

在图11-23（b）所示逻辑图中，按照74LVC161的功能，计数器在0000～1011状态下都会正常计数。但当第十二个计数脉冲到达时，计数器的状态将变为$Q_3Q_2Q_1Q_0=1100$，此时与非门$G$的输出将变为0，使$\overline{CR}=0$，于是计数器在清零脉冲的作用下将立即变为$Q_3Q_2Q_1Q_0=0000$，同时清零脉冲也将消失，即$\overline{CR}\neq 0$，计数器将从0000开始重新计数。这就使得计数器在原计数顺序的基础上，跳过了从1100～1111的四个状态。需要说明的是，这种方法是利用1100这个状态形成反馈置0脉冲的，并且这个状态会在计数器的状态跳转时，出现短暂的瞬间。

2. 反馈置数法

反馈置数法是利用计数器74LVC160和74LVC161的预置控制端$\overline{LD}$和并行数据输入端的$D_3D_2D_1D_0$对计数器实行控制的。根据计数器的功能表，在计数器计数的过程中，如果计数器的预置控制端$\overline{LD}=0$，则在计数脉冲$CP$的控制下，其次态将变为$D_3D_2D_1D_0$的状态。因此只要合理地设置$D_3D_2D_1D_0$的状态和$\overline{LD}$的状态，就会实现任意计数器的转换。

**【例11-5】** 试利用反馈置数法将74LVC160转换成六进制计数器。

**解：**六进制计数器的状态图如图11-27（a）所示。从状态图可见，当计数器74LVC160正常计数到0101时，在$CP$的作用下，其次态应该脱离原来的计数循环，跳转到0000的状态。因此在计数器处在0101状态时，要产生一个预置控制信号，同时把并行数据输入设置为$D_3D_2D_1D_0=0000$。

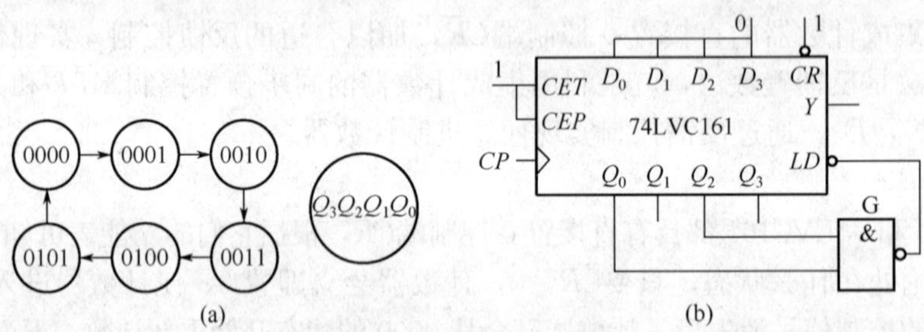


图11-27 ［例11-5］图

（a）状态图；（b）逻辑图

按照以上的想法产生的六进制计数器的逻辑图如图11-27（b）所示。显然，在0000～0101状态中，计数器74LVC160都能正常计数，但当计数器到达0101状态时，与非门G的输出将变为低电平0，这将使计数器的置数控制端$\overline{LD}=0$，使得当下一个计数脉冲$CP$触发时，计数器将按并行数据输入$D_3D_2D_1D_0$的状态更新。而图中已经将$D_3D_2D_1D_0$接成0000的状态，因此计数器将从0101的状态跳转到0000的状态，同时预置控制信号消失。这就实现了从十进制计数器到六进制计数器的转换。

## 第四节 555 定 时 器

555定时器是一种集模拟和数字为一体的集成电路。它具有使用灵活、方便，带负载能力较强的特点，因此在波形的产生与变换、测量与控制、家用电器和电子玩具等许多领域都得到了广泛的应用。尽管集成555定时器的产品型号繁多，但所有的双极型集成定时器型号的最后3位数码都是555，而所有CMOS产品的最后4位数码一定是7555。并且无论是什么型号的集成定时器，它们的引脚排列是完全相同的。这些都是其他类型的集成电路所不具备的，给集成555定时器的应用带来许多便利。

**一、555定时器电路结构**

555定时器是由分压器、电压比较器、基本RS触发器和一个开关管等几部分组成。图11-28（a）所示为双极型555定时器的电路图。

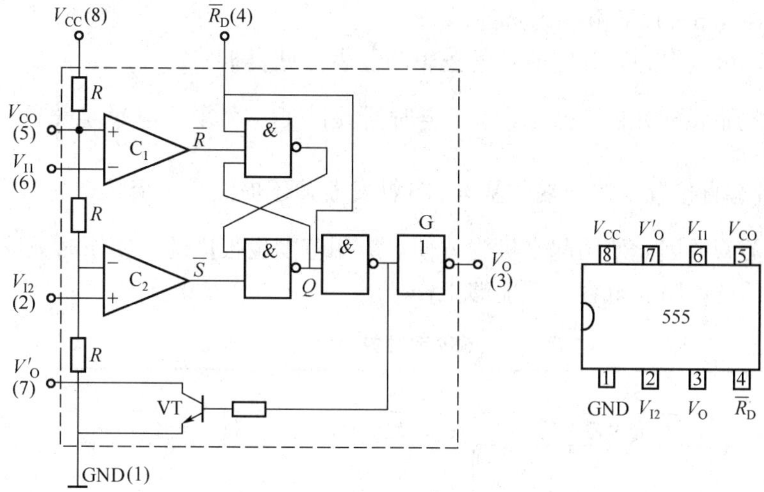


(a) (b)

图11-28 555定时器电路图和引脚图

（a）电路图；（b）引脚图

分压器是由三个阻值相等的电阻$R$组成，为两个电压比较器C1和C2提供基准电压；两个电压比较器是由工作在开环状态下的集成运放组成，它的输出作为基本RS触发器的触发输入信号；基本RS触发器是由两个与非门组成，其输出一方面经过缓冲器G作为555定时器的输出，另一方面作为开关管VT的输入信号，控制开关管的工作状态。

**二、555定时器工作原理**

555定时器共有八个引出端，其引脚图如图11-28（b）所示。下面分别介绍八个引出端的作用及555定时器的工作原理。

（1）GND是接地端，是555定时器的参考电位端。

（2）$V_{I2}$是触发输入端。它作为比较器C2的同相输入信号，当$V_{I2}>\frac{1}{3}V_{CC}$时，比较器C2的输出为高电平1；当$V_{I2}<\frac{1}{3}V_{CC}$时，比较器C2的输出为低电平0。

（3）$V_O$是定时器的输出端。它的状态是与基本RS触发器的$Q$端状态相同。

（4）$\overline{R}_D$是复位端。当$\overline{R}_D=0$时，无论定时器的各个输入端处于什么状态，定时器的输出都是低电平。

（5）$V_{CO}$是控制电压输入端。当从$V_{CO}$端外接一个电压时，可以改变两个电压比较器的基准电压。不用时可以将该端开路或通过0.01μF的电容接地，以防止干扰信号影响电路的工作。

(6) $V_{I1}$是阈值输入端。它作为比较器 C1 的反相输入信号，当 $V_{I1} > \frac{2}{3}V_{CC}$时，比较器 C1 的输出为低电平 0；当 $V_{I1} < \frac{2}{3}V_{CC}$时，比较器 C1 的输出为高电平 1。

(7) $V'_O$ 是放电端。它从作为开关管的双极型晶体管 VT 的集电极引出。VT 基极受基本 RS 触发器的 $Q$ 端控制，当 $Q=0$ 时，VT 导通，为外接电容元件提供放电通路；当 $Q=1$ 时，VT 截止。

(8) $V_{CC}$是电源端。双极型 555 定时器电源电压范围在 5～16V，而 CMOS 型 7555 定时器电源电压可在 4.5～18V 范围内选择。

综上所述，可以得到 555 定时器的逻辑功能表，见表 11-12。

从表 11-12 所示的功能表可见，555 定时器提供了一个复位电平是$\frac{2}{3}V_{CC}$、置位电平是$\frac{1}{3}V_{CC}$，以及带有直接置 0 控制端的基本 RS 触发器，还提供了一个状态受基本 RS 触发器控制的晶体管开关管，因此使用起来极为方便，应用范围也很广泛。使用时只需从外部适当地连线和接入合适的电阻、电容，就能够工作。

**表 11-12　　555 定时器功能表**

| 输　入 | | | 输　出 | |
|---|---|---|---|---|
| 阈值输入 $V_{I1}$ | 触发输入 $V_{I2}$ | 复位 $\overline{R}_D$ | 输出 $V_O$ | 开关管 V |
| × | × | 0 | 0 | 导通 |
| $<\frac{2}{3}V_{CC}$ | $<\frac{1}{3}V_{CC}$ | 1 | 1 | 截止 |
| $>\frac{2}{3}V_{CC}$ | $>\frac{1}{3}V_{CC}$ | 1 | 0 | 导通 |
| $<\frac{2}{3}V_{CC}$ | $>\frac{1}{3}V_{CC}$ | 1 | 不变 | 不变 |

## 三、555 定时器应用举例

555 定时器在波形的产生和整形中应用非常方便，下面以用 555 定时器形成的施密特触发器为例，介绍它在这方面的应用。

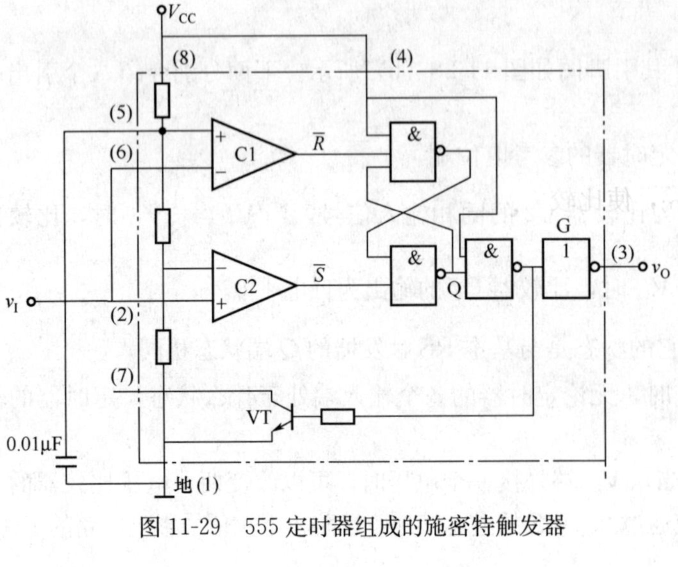


图 11-29　555 定时器组成的施密特触发器

施密特触发器是脉冲波形变换中经常使用的一种电路，它能把变化缓慢的输入电压变换为边沿非常陡峭的矩形波输出电压。

1. 电路结构

由 555 定时器组成的施密特触发器电路如图 11-29 所示。电路中 0.01μF 的电容器起滤波作用，防止干扰信号侵入，触发输入端 $V_{I2}$ 和阈值输入 $V_{I1}$ 连在一起作为施密特触

发器的输入信号。用555定时器组成的施密特触发器的逻辑图如图11-30所示。

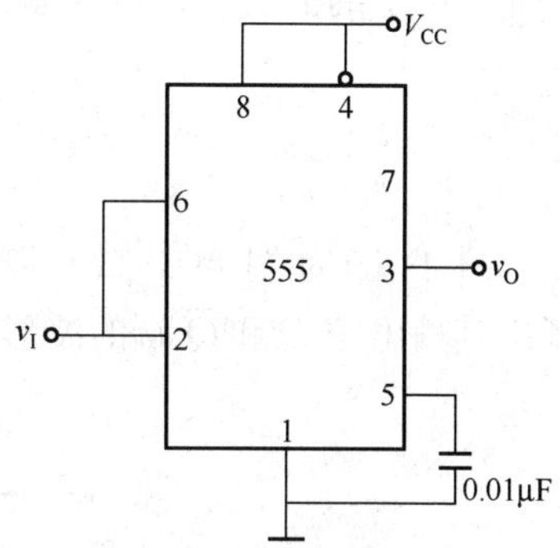


图11-30 555定时器组成施密特触发器逻辑图

2. 工作原理

下面介绍555定时器组成的施密特触发器的工作原理。

设输入信号 $v_I$ 是正弦波电压。在 $t=0$ 时，$v_I=0$，此时比较器C1工作在正向饱和状态，其输出为高电平1，而比较器C2工作在负向饱和状态，其输出为低电平0。所以基本RS触发器的输入信号是 $\overline{S}=0$、$\overline{R}=1$，因此基本RS触发器的输出 $Q=1$，使得输出电压为高电平1，即 $v_o=V_{OH}$。

在 $0\sim t_1$ 时间内，由于输入电压 $v_I<\frac{1}{3}V_{CC}$，所以两个比较器和基本RS触发器的状态都与 $t=0$ 时刻一样，因此输出电压仍为高电平1，即 $v_o=V_{OH}$。

在 $t_1\sim t_2$ 时间内，输入变压的变化范围在 $\frac{1}{3}V_{CC}\leqslant v_I<\frac{2}{3}V_{CC}$，使得比较器C1仍工作在正向饱和状态，其输出为高电平1，比较器C2也工作在正向饱和状态，其输出也为高电平1。基本RS触发器的输入信号是 $\overline{S}=1$、$\overline{R}=1$，触发器工作在保持状态，它的输出仍为 $Q=1$，因此输出电压还是高电平1，即 $v_o=V_{OH}$。

在 $t_2$ 时刻，输入电压 $v_I=\frac{2}{3}V_{CC}$，使得比较器C1跳变到负向饱和状态，其输出为低电平0，比较器C2继续工作在正向饱和状态，其输出仍为高电平1。基本RS触发器的输入信号是 $\overline{S}=1$、$\overline{R}=0$，触发器工作在“置0”状态，其输出将变为 $Q=0$，因此输出电压将变为低电平0，即 $v_o=V_{OL}$。

在 $t_2\sim t_3$ 时间内，$v_I>\frac{2}{3}V_{CC}$，因此电路的工作状态与 $t_2$ 时刻相同，输出电压仍保持低电平，即 $v_o=V_{OL}$。

在 $t_3\sim t_4$ 时间内，输入电压的变化范围在 $\frac{1}{3}V_{CC}\leqslant v_I<\frac{2}{3}V_{CC}$，比较器C1和C2都工作在正向饱和状态，所以基本RS触发器的输入信号是 $\overline{S}=1$、$\overline{R}=1$，触发器工作在保持状态，输出仍为 $Q=0$，因此输出电压还是低电平0，即 $v_o=V_{OL}$。

在 $t_4$ 时刻，输入电压 $v_I=\frac{1}{3}V_{CC}$，使比较器 $C_2$ 工作在负向饱和状态，基本RS触发器工作在置1状态，它的输出将变为 $Q=1$，因此输出电压将变为高电平1，即 $v_o=V_{OH}$。

在 $t_4\sim t_5$ 时刻，电路将保持 $t_4$ 时刻的状态，因此输出仍为高电平，即 $v_o=V_{OH}$。

在 $t_5$ 时刻之后，电路将重复 $t_1$ 时刻之后的状态。

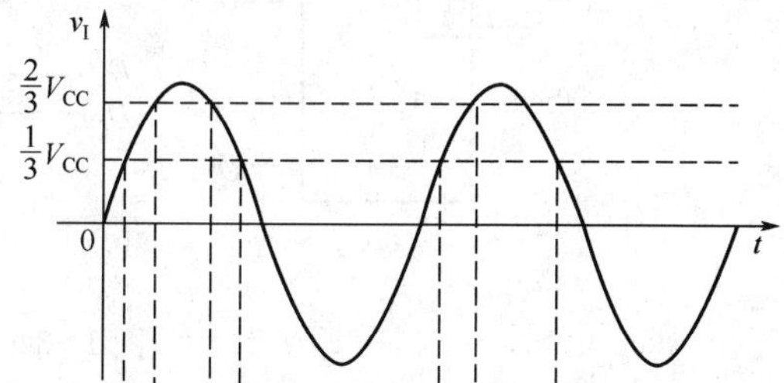


图11-31 施密特触发器输入和输出波形

从以上的分析可以得到输出电压与输入电压随时间变化的波形图，如图 11-31 所示。

## 习　　题

11-1　在如图 11-1（b）所示的基本 RS 触发器中，其输入端的波形如图 11-32 所示，试画出其输出端 $Q$ 和 $\overline{Q}$ 端的波形图。

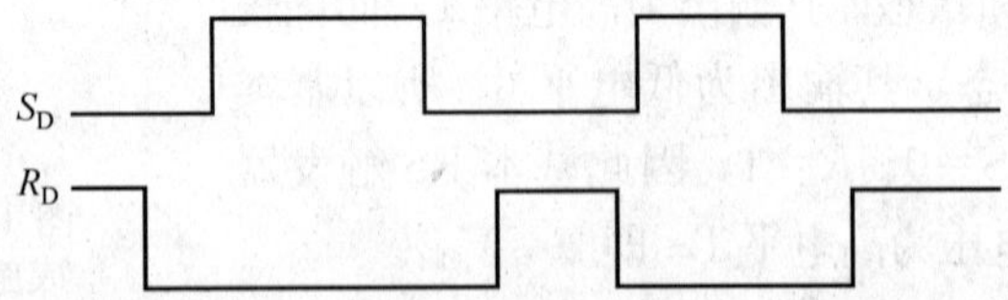


图 11-32　习题 11-1 图

11-2　电路如图 11-33（a）～（c）所示，设触发器的初始状态均为 0，试画出每个触发器在图 11-33（d）所示计数脉冲 $CP$ 的作用下 $Q$ 端的波形。

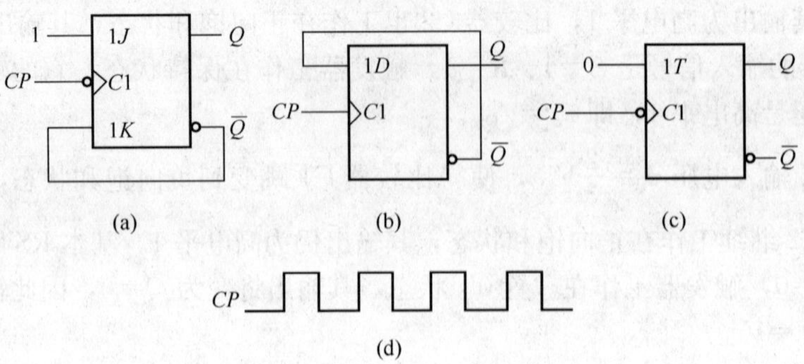


图 11-33　习题 11-2 图

11-3　维持阻塞结构 D 触发器的逻辑符号和输入端波形如图 11-34 所示。设 D 触发器的初始状态为 0，试对应给出的各个输入端的波形图，画出触发器输出端 $Q$ 的波形图。

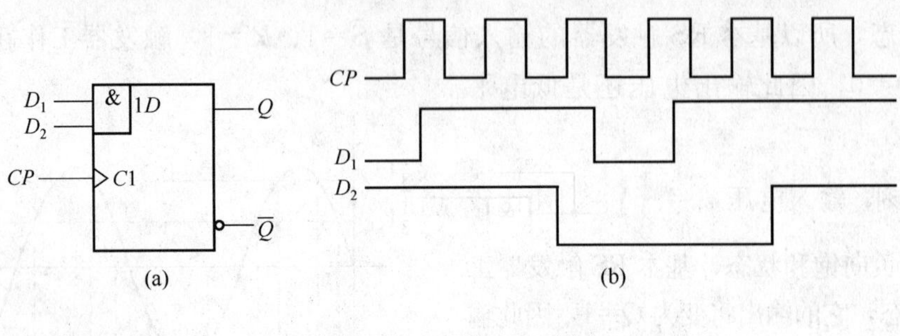


图 11-34　习题 11-3 图

11-4　边沿结构 JK 触发器的逻辑图和输入端的波形如图 11-35 所示，设 JK 触发器的初始状态为 0。试对应输入端的波形图，画出 $Q$ 端的时序图。

11-5　电路如图 11-36（a）、（b）所示，试写出各触发器的状态方程，并画出在图 11-36（c）所示输入信号作用下的 $Q$ 端波形。设触发器的初始状态均为 0。

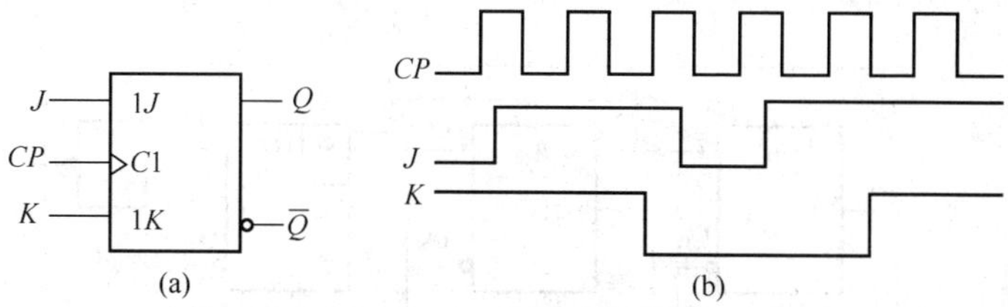


图 11-35 习题 11-4 图

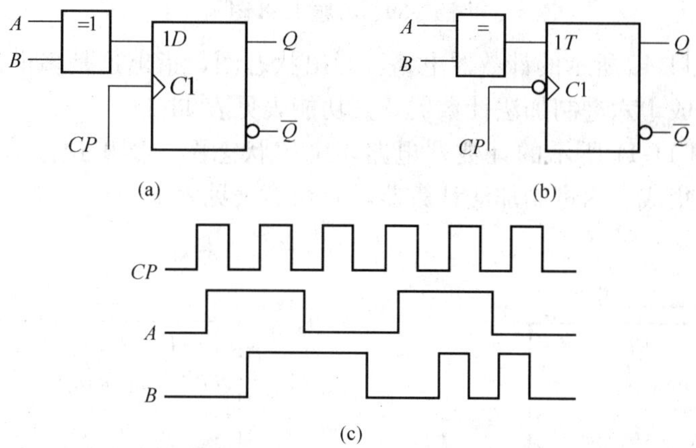


图 11-36 习题 11-5 图

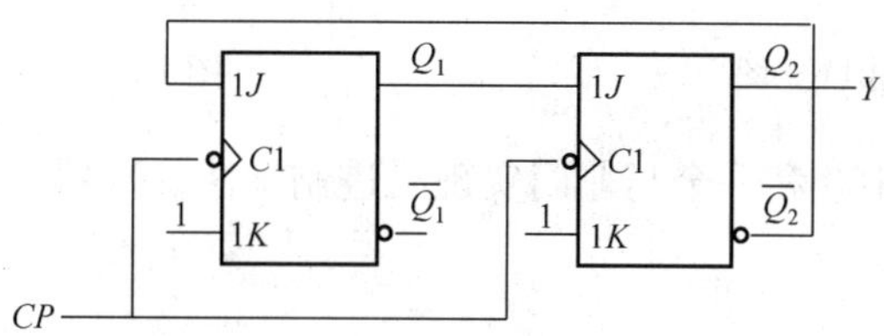


图 11-37 习题 11-6 图

11-6 分析图 11-37 所示的时序逻辑电路，写出电路的驱动方程、输出方程和状态方程，并画出状态转换图。

11-7 分析图 11-38 所示的时序逻辑电路，写出电路的驱动方程、输出方程和状态方程，并画出状态图和波形图。

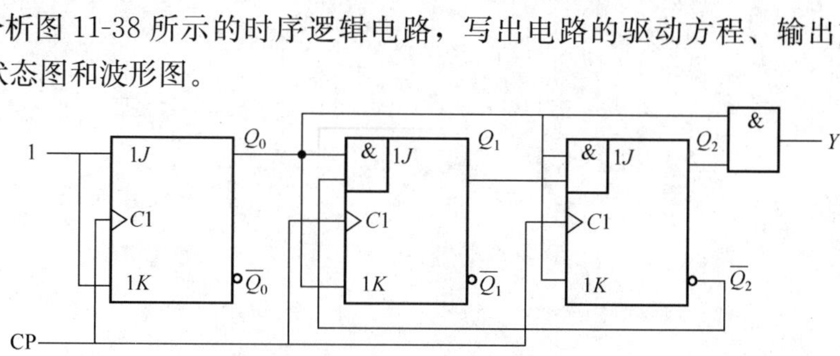


图 11-38 习题 11-7 图

11-8 分析图 11-39 所示的时序逻辑电路，写出电路的驱动方程、输出方程和状态方程，并画出状态图。

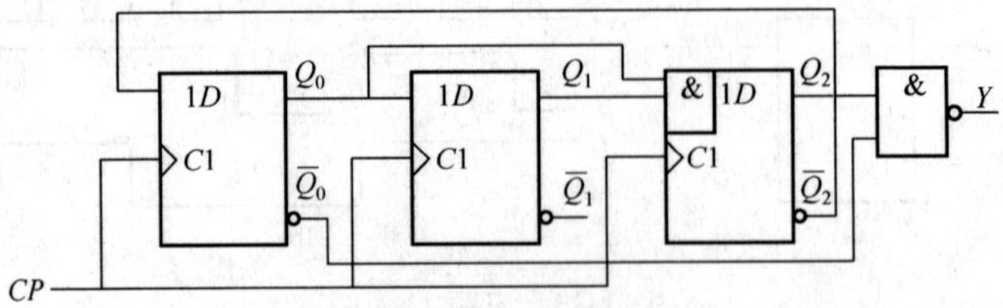


图 11-39　习题 11-8 图

11-9　分析图 11-40 所示的计数器电路，画出状态图，指出这是多少进制的计数器。其中 74LVC161 是集成十六进制加法计数器，其功能表见表 11-11。

11-10　分析图 11-41 所示的计数器电路，画出状态图，指出这是多少进制的计数器。其中 74LVC161 是集成十六进制加法计数器，其功能表见表 11-11。

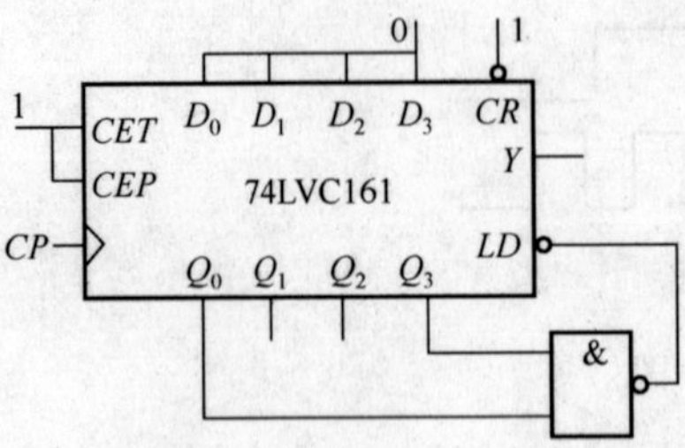


图 11-40　习题 11-9 图

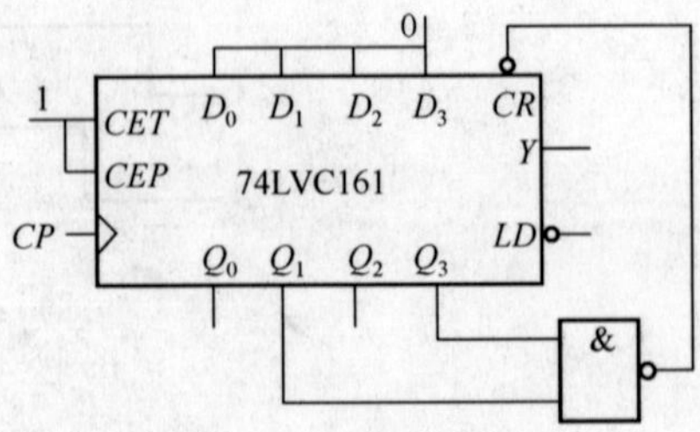


图 11-41　习题 11-10 图

11-11　试用 74LVC160 和一个与非门实现五进制加法计数器，画出逻辑图。74LVC160 的功能表见表 11-11。

# 附录 A EWB 5.0 仿真软件介绍

## 一、EWB 仿真软件概述

在进行电子电路设计时，通常需要制作一块实验板来进行调试，以测试所设计的电路是否达到设计要求。但是，设计的电路往往不能一次性通过，要反复经过许多次调试，才能符合设计要求。这样既费时费力，又增加了产品的成本。另外，受工作场所、仪器设备等因素的限制，许多实验不能进行。为了解决上述一系列问题，加拿大 Interactive Image Technologies 公司于 20 世纪 80 年代末、90 年代初推出了专门用于电子电路仿真和设计的“虚拟电子工作平台”（Electronics Workbench，EWB)，这是一种在电子技术界广为应用的优秀计算机仿真设计软件，被誉为“虚拟电子实验室”。电子产品设计人员利用这个软件对所设计的电路进行仿真和调试。一方面可以验证所设计的电路是否能达到设计要求的技术指标；另一方面，又可以通过改变电路中元器件的参数，使整个电路性能达到最佳。EWB 仿真软件的特点是图形界面操作易学、易用，快捷、方便，真实、准确，可实现大部分硬件电路实验的功能。

EWB 仿真软件的设计实验工作区好像一块“面包板”，在上面可建立各种电路进行仿真实验。EWB 仿真软件的元器件库可为用户提供 350 多种常用的模拟和数字器件，可供设计和实验时任意调用。虚拟器件在仿真时可设定为理想模式和实际模式，有的虚拟器件还可直观显示，如发光二极管可以发出红、绿、蓝光，逻辑探头像逻辑笔那样可直接显示电路节点的高低电平，继电器和开关的触点可以分合动作，熔断器可以烧断，灯泡可以烧坏，蜂鸣器可以发出不同音调的声音，电位器的触点可以按比例移动改变阻值。电子工作平台的虚拟仪器库存放着数字万用表、双通道 1000MHz 数字存储示波器、999MHz 数字函数发生器、可直接显示电路频率响应的波特图仪、16 路数字信号逻辑分析仪、16 位数字信号发生器等。这些虚拟仪器可以随时拖放到工作区对电路进行测试，并直接显示有关数据或波形。EWB 仿真软件还具有强大的分析功能，可进行直流工作点分析、暂态和稳态分析、傅里叶变换分析、噪声及失真度分析、零极点和蒙特卡罗分析等多项功能。

## 二、EWB 5.0 仿真软件的使用

### （一）EWB 5.0 的安装和启动

EWB 5.0 的安装是基于 Windows 操作界面的，至于安装盘是软盘还是 CD 光盘，操作系统是 Windows 98 还是 Windows XP，其安装情况略有差异，但基本步骤大致相同。下面介绍的是以安装盘为光盘，在 Windows XP 操作系统下的安装步骤。

EWB 5.0 的安装步骤如下：

（1）点击光盘驱动器，找到安装盘的启动文件“setup. exe”，并双击鼠标运行该文件；

（2）根据屏幕提示信息进行安装，确定程序的安装位置、工作目录，输入用户信息和序列号；

（3）选择安装硬盘位置时，应考虑磁盘空间是否能满足程序运行时临时性文件所要求的磁盘空间大小。

(二) EWB 5.0仿真软件操作的基本步骤

下面介绍使用EWB 5.0对电路进行设计和实验仿真的基本步骤。

1. 在工作区调入虚拟器件

图A-1所示为EWB 5.0电子工作平台。在工作区内调入所需的器件，如选择一个电阻(或其他元器件)，则先用鼠标单击电阻所在的基本元件库图标，下方会弹出一个小图标菜单，在该菜单中选择所需要的电阻，按住鼠标左键，拖动至工作区后释放左键，电阻即出现在工作区。用类似的方法可以选择电路中所需要的所有元器件。

图A-1 EWB 5.0电子工作平台

2. 选定元器件的参数值和标号

当需要对元器件的参数值和标号进行设定时，用鼠标双击该电阻器件，则出现一个电阻属性的对话框，如图A-2所示。可以改变电阻的数值和单位，单击电阻属性对话框中的Lable标签，填上元器件的标号，如电阻$R_1$，单击确定按钮，就完成了对元器件的参数值和标号的设定。

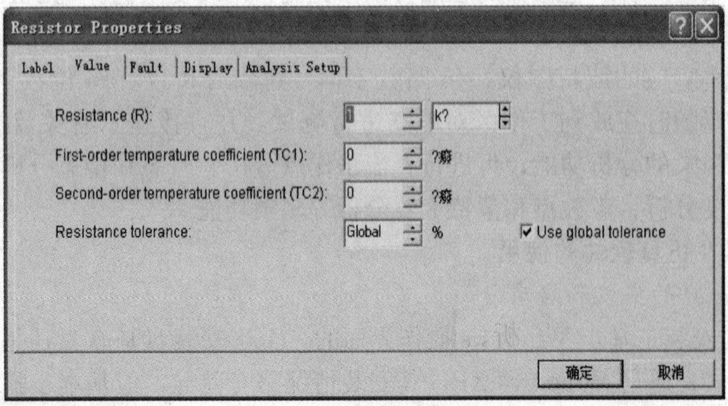


图A-2 电阻属性对话框

3. 调整元器件在电路中的位置和方向

为使电路图绘制整齐美观，可以适当调整有关元器件在电路中的位置和方向。调整位置的方法是：用鼠标单击元器件并把它拖到合适的位置。调整器件的方向（即横放或竖放、顺放或倒放）的方法是：选定要调整的元器件，单击电路菜单中的Circuit，即出现下拉菜单，单击菜单中的旋转命令Rotate，每单击一次Rotate，元器件旋转90°；或者用工具栏上的旋转按钮来进行方向调整。

4. 连接电路

连接电路的基本方法是：将光标指向元器件的连接端，这时出现一个小黑点，按住鼠标左键，移动鼠标，使光标指向另一个元器件的连线端，此时又出现一个小黑点，放开鼠标左键，两个器件的接线端就连接起来了。

值得注意的是，如果为了排列电路而移动其中的一个元器件，连接线不断开。若要断开连接线，可用光标指向元器件的连接点，这时出现一个小黑点，按下鼠标左键，拖动鼠标，连接线脱离连接点，放开鼠标左键，完成操作。

5. 连接信号源等虚拟仪器

如在电路中加上一个交流信号源，在任务栏中的元器件库中找到信号源库，单击信号源图标打开电源库（Sources），如图 A-3 所示，用鼠标单击并拖动元器件库中的交流信号源放到电子工作平台上。

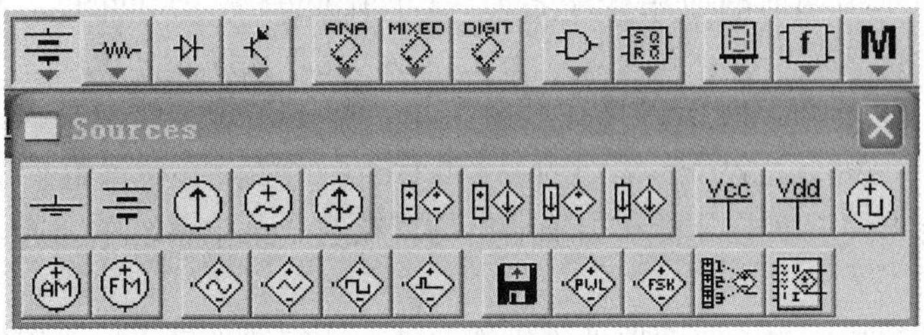


图 A-3　电源库图标

双击信号源图标，这时出现一个交流信号源的设置对话框（AC Voltage Source），如图 A-4 所示，调整电压（Voltage）、频率（Frequency）及相位（Phase）的数值和单位，再单击确定按钮。

6. 选择分析功能和参数

EWB 5.0 提供了多种对电路的分析方法。除了能分析电路的常规参数（如直流参数、交流参数、瞬态分析以及噪声分析、失真分析和傅里叶分析），还提供了参数扫描分析、温度扫描分析、零-极点分析、传递函数分析、灵敏度分析、最坏情况分析、蒙特卡罗（Monte Carlo）分析七种电路的高级分析方法。根据设计电路的要求和技术指标设置合适的电路参数，选择电路的分析功能。

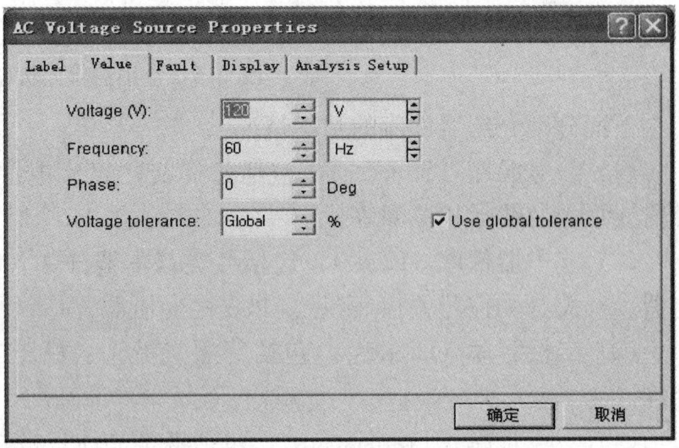


图 A-4　交流信号源设置对话框

7. 激活电路进行仿真

根据电路的设计要求和技术指标连接好各种测试仪表；双击有关仪器的图标打开其面板，准备观察被测试点的波形；然后按下电路启动/停止开关，仿真实验开始。如果要使实验过程暂停，可单击右上角的 Pause（暂停）按钮，再次单击 Pause 按钮，实验恢复运行。如果测试仪表显示不正常，需要调整测试仪表的功能，或者重新设置电路的参数、检测测试仪表连接是否正确。

8. 实验结果的输出

实验结果的输出主要是指：最终测试电路的保存，输出电路图或仪器面板（包括显示的波形）到其他文字或图形编辑软件（主要用于实验报告的编写）。该操作可通过选择“Edit/Copy as Bitamp”命令来完成，具体操作方法请参阅 EWB 5.0 的帮助文件。

（三）EWB 5.0 的工作界面

1. 工作平台界面

EWB 5.0 与其他 Windows 应用程序一样，有一个标准的工作界面，它的窗口由标题条、菜单条、常用工具栏、虚拟仪器、器件库图标条、仿真电源开关、工作区及滚动条等部分组成，如图 A-1 所示。

标题条中，显示出当前的应用程序名为“Electronics Workbench”，即电子工作平台。标题条左端有一个控制菜单框，右边是最小化、最大化（还原）和关闭三个按钮。菜单条位于标题条的下方，如图 A-1 所示，共有六组菜单，即 File（文件）、Edie（编辑）、Circuit（电路）、Analysis（分析）、Window（窗口）和 Help（帮助）。在每组菜单里，包含有一些命令和选项，建立电路、实验分析和结果输出均可在这个菜单系统中完成。

2. 常用器件库

常用器件库按钮栏中包含电源器件、模拟器件、数字器件等十二个按钮，单击按钮可打开相应器件库，用鼠标可将其中的器件拖放到工作区，以完成电路的连接。图 A-5 即为常用器件库按钮栏，它收录了几千种元器件，分别在不同的器件库中。如需要添加信号源，单击信号源图标，出现相应的下拉菜单，从中选择所需的信号源。

图 A-5 常用器件库按钮栏

下面分别介绍器件库的基本情况：

（1）信号源库（Sources），包括各类交、直流电源，受控源，调幅、调频源，时钟源，分段线形源及线形相关源等。

（2）基本器件库（Basic），包括各类基本器件如各种固定或可调电阻、电容、电感、继电器、开关（受控开关）、磁芯、非线性变压器等。

（3）二极管库（Diodes），包括普通二极管、稳压二极管等各类二极管及几种常用的晶闸管。

（4）三极管库（Transistors），包括各类晶体三极管和场效应管。

（5）模拟集成电路库（Analog ICS），包括各类模拟集成运放、电压比较器、锁相环等。

（6）混合集成电路库（Mixed ICS），包括各类集成 A/D、D/A 转换器、555 电路、单稳态触发器等。

（7）数字集成电路库（Digital ICS），包括各类数字集成电路，如 74 系列、4000 系列等。

（8）逻辑门电路库（Logic Gates），包括各类逻辑门、缓冲器、施密特触发器等。

（9）数字器件库（Digital），包括各类数字器件，如各类加法器、触发器、计数器、编码器、分配器、选择器及寄存器等。

（10）指示器件库（Indicators），包括电压表、电流表、各类数码管、蜂鸣器、条形光柱等。

（11）控制器件库（Controls），包括微分器、积分器、乘法器、除法器、函数传递模块、各类限幅器等。

（12）其他器件库（Miscellaneous），包括熔断器、数据写入器、SPICE 子电路、直流电机、真空三极管、开关电源升/降压转换器、均匀传输线和石英晶体等。

3. 常用虚拟仪器库

EWB 5.0 提供了一些虚拟仪器供用户使用，单击虚拟仪器按钮可以打开虚拟仪器库，其中从左到右排列的仪器图标分别是数字万用表、函数信号发生器、示波器、波特图仪、数字信号发生器、逻辑分析仪和逻辑转换器，如图 A-6 所示。可用鼠标将虚拟仪器拖放到工作区，并对电路参数进行测试。下面介绍常用仪器的使用方法：

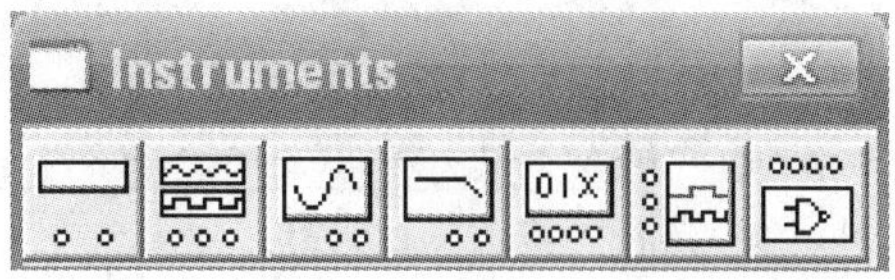


图 A-6　虚拟仪器库的虚拟仪器按钮

（1）数字万用表（Multimeter）。将数字万用表从仪器栏上取出时，显示为小图标，双击数字万用表图标，弹出万用表的虚拟面板如图 A-7 所示。

万用表面板上有一个数字显示窗口和七个按钮，它们分别为 A、V、Ω、dB、～、—和 Settings，单击这些按钮便可以进行相应的转换。

EWB 5.0 平台上的万用表具有自动量程转换功能，因此不用设定测量范围。

（2）函数信号发生器（Function Generator）。将函数信号发生器从仪器栏上取出时，显示为小图标，双击所示函数发生器的图标，弹出函数信号发生器的虚拟面板，如图 A-8 所示。

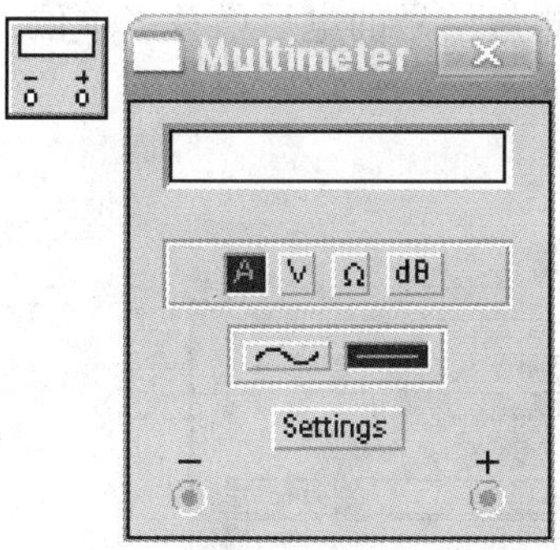


图 A-7　数字万用表虚拟面板

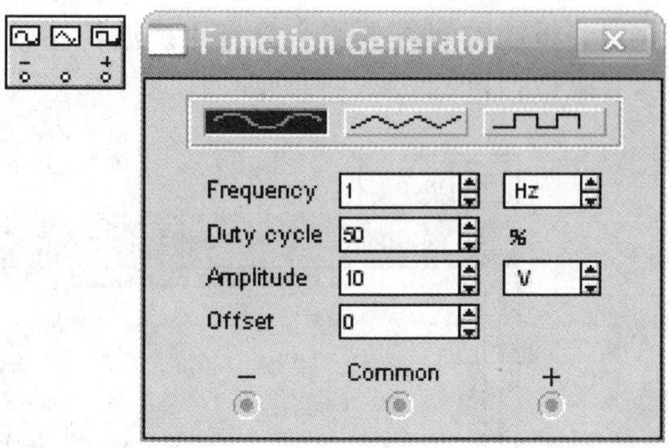


图 A-8　函数信号发生器虚拟面板

函数信号发生器是一种能提供正弦波、三角波或方波信号的电压源，可方便的向电路提供信号。可调整的参数有 Frequency、Duty cycle、Amplitude、Offset。

函数信号发生器有三个输出端，即“－”端、“Com”端、“＋”端。使用方法与实际信号发生器基本相同。

（3）示波器（Oscilloscope）。将示波器从仪器栏上取出时，显示为小图标，双击示波器的图标，弹出示波器的虚拟面板如图 A-9 所示。

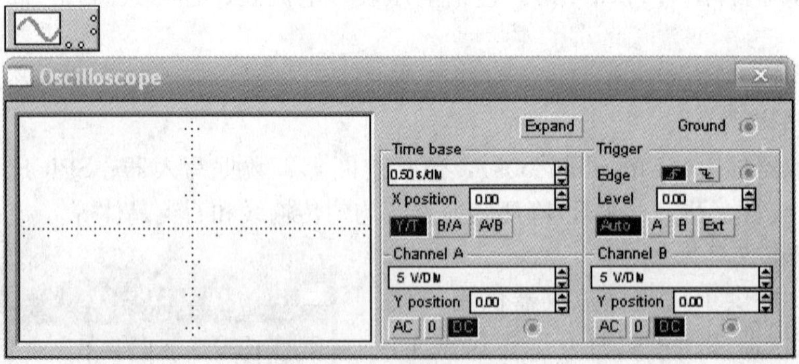


图 A-9　示波器虚拟面板

这是一种可用黑、红、绿、蓝、青、紫六种颜色显示波形的 1000MHz 示波器。

这种双通道仿真示波器的工作与真实的仪器一样，可用正边沿或负边沿进行内触发或外触发，并可在 s（秒）～ns（纳秒）的范围内进行调整。为了提高准确度，可卷动时间轴，用数显游标可对电压进行精确测量。

此示波器可显示被测信号的幅值和频率，只要单击仿真开关，示波器便可立即显示波形。

*X* 轴可以左右移动。当 *X* 轴为时间轴时，时基可在 0.01ns/div～1s/div 的范围内调整。*Y* 轴的范围为 0.01mV/div～5kV/div。

虚拟仪器不一定要接地，但电路中必须有接地元件。单击示波器面板上的 Expand 按钮，可放大屏幕显示的波形。

（4）波特图仪（Bode Plotter）。EWB 5.0 提供了一个用来测量和显示电路幅频特性与相频特性的波特图仪，其虚拟面板如图 A-10 所示。波特图仪能显示电路的频率响应特性曲线，这对分析滤波器等电路十分有用。波特图仪还可用来测量信号的电压增益（单位：dB）或相移（单位：度）。

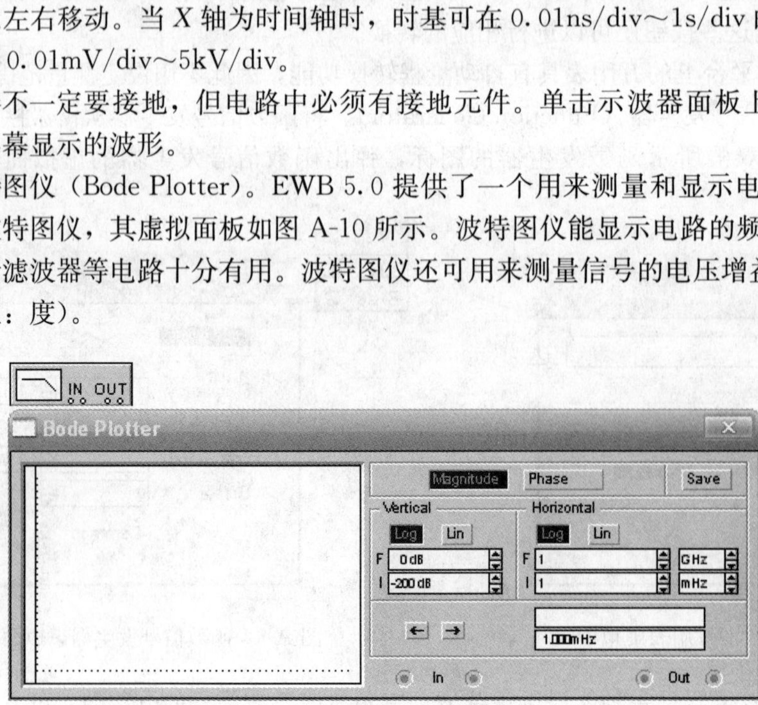


图 A-10　波特图仪虚拟面板

将波特图仪从仪器栏中取出时，显示为小图标，用鼠标双击后出现面板。波特图仪有

IN和OUT两对端口，其中IN端口的＋V端和－V端分别接电路输入端的正端和负端；OUT端口的＋V端和－V端分别接电路输出端的正端和负端。在电路的输入端接入AC（交流）信号源，其信号频率无需特别设定，频率测量的范围由波特图仪的参数设置决定。波特图仪的参数设置可以在电路启动后修改，但一般修改以后需要重新启动电路。

（5）数字信号发生器（Word Generator）。将数字信号发生器从仪器栏上取出时，显示为小图标，双击数字信号发生器的图标，弹出数字信号发生器的虚拟面板，如图A-11所示。数字信号发生器可将数字信号送入电路，用来驱动或测试电路。仪器面板的左侧为数据存储区，激活仪器后便可将这些数据一次送入电路。仪器面板上有一些可调整的项目。

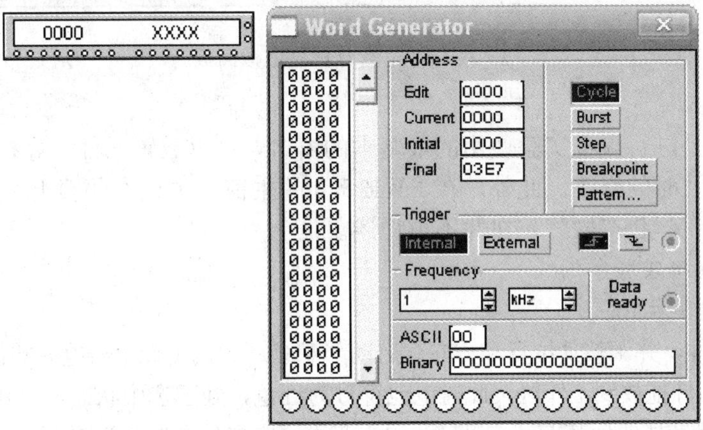


图A-11　数字信号发生器虚拟面板

（6）逻辑转换仪（Logic Converter）。将逻辑转换仪从仪器栏上取出时，显示为小图标，双击逻辑转换仪的图标，弹出逻辑转换仪的虚拟面板如图A-12所示。

目前世界上还没有与逻辑转换仪相类似的物理仪器。将逻辑电路连接在逻辑转换仪上，即可导出与逻辑电路相应的真值表或逻辑表达式，电子工作平台会为其建立相应的逻辑电路，还可以完成逻辑代数的几种表达方式之间的任意两种之间的转换。

（7）逻辑分析仪（Logic Analyzer）。将逻辑分析仪从仪器栏上取出时，显示为小图标，双击逻辑分析仪的图标，弹出逻辑分析仪的虚拟面板如图A-13所示。

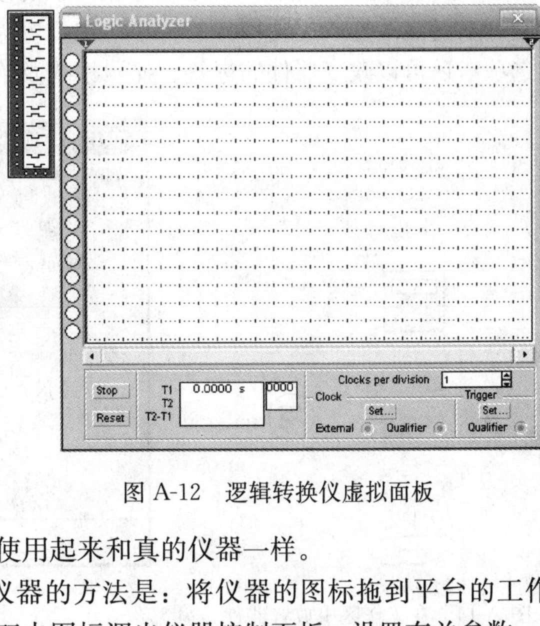


图A-12　逻辑转换仪虚拟面板

逻辑分析仪能显示16路数字信号的逻辑电平。像示波器一样可调整时基，使用起来和真的仪器一样。

总之，在EWB 5.0平台上使用虚拟仪器的方法是：将仪器的图标拖到平台的工作区；把仪器的接线端与相应的电路连接起来；双击图标调出仪器控制面板，设置有关参数；打开

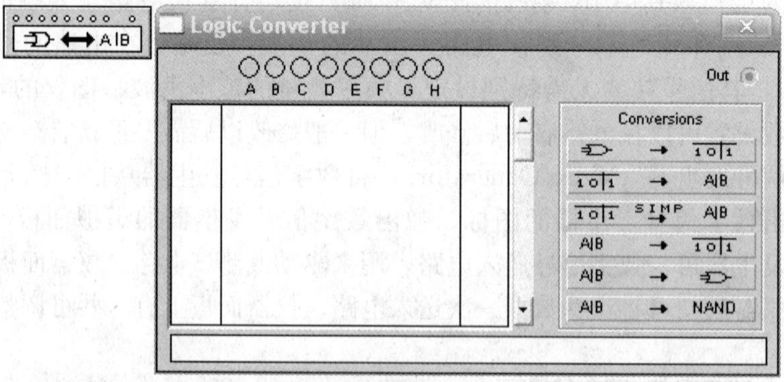


图 A-13 逻辑分析仪虚拟面板

仿真开关。

工作区窗口是进行虚拟实验使用的最基本的窗口，可以放置元件、虚拟仪器，连接电路以及对电路进行及时的修改。此外，在 EWB 5.0 的主窗口中还有仿真开关、暂停按钮、用户扩展器件库按钮、状态栏等，在此不再详述。

（四）仿真电路实验举例

1. 电路的仿真示例一

（1）放置器件，并调整其位置和方向。启动 EWB 5.0，用鼠标单击电源器件库按钮打开电源器件库，将电池器件拖放到工作区，此时电池符号为红色，处于选中状态，可用鼠标拖动改变其位置，用旋转或翻转按钮使其旋转或翻转，单击工作区空白处可取消选择，单击元件符号可重新选定该元件，对选定的元件可进行剪切、复制、删除等操作。用同样方法在工作区中再放置接地端（电源器件）、小灯泡（指示器件）和万用表（虚拟仪器）各一个，如图 A-14 所示。

（2）设置器件属性。双击电池符号，弹出电池属性设置对话框，如图 A-15 所示，将 Value（参数值）选项卡中 Voltage（电压）项的参数改为 10V，单击确定按钮，工作区中元件旁的标示随之改变，用同样方法将小灯泡设置为 1W/10V。通过器件属性设置对话框中的其他选项卡还可以改变器件的标签、显示模式及给器件设置故障等。

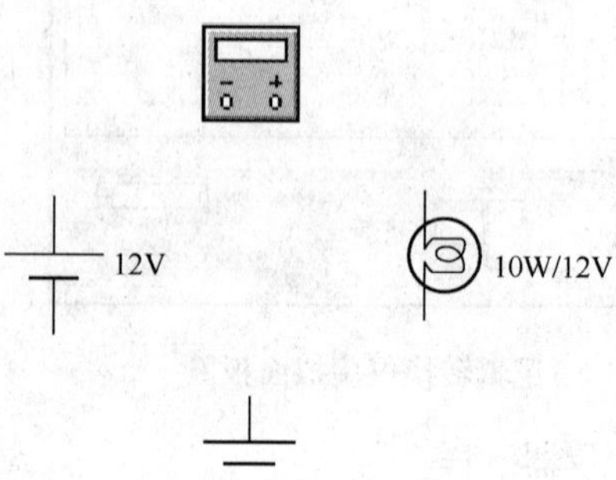


图 A-14 在工作区中放置器件

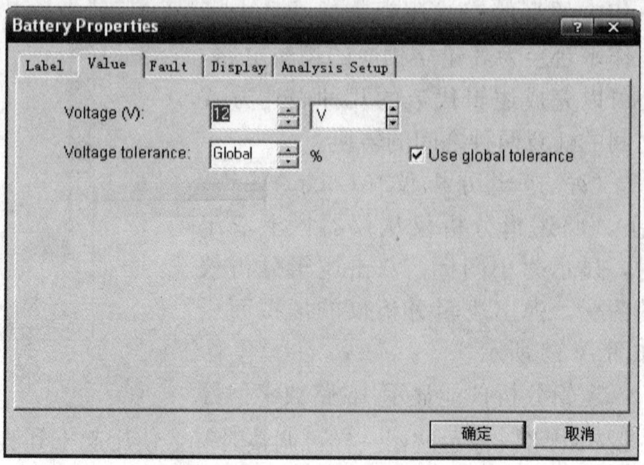


图 A-15 器件属性设置对话框

（3）连接电路。把鼠标指向一个器件的接线端，这时会出现一个小黑点，拖动鼠标（按住左键，移动鼠标）使光标指向另一器件的接线端，这时又出现一个黑点，放开鼠标键，这两个器件的接线端就连接起来了。按此将工作区中的器件连成如图 A-16 所示的电路。值得注意的是，这时如果为了排列电路而移动其中一个器件，接线是不断开的。要断开连接线，可用鼠标指向器件的连接点，这时出现一个小黑点，拖动鼠标，连线即脱离连接点。

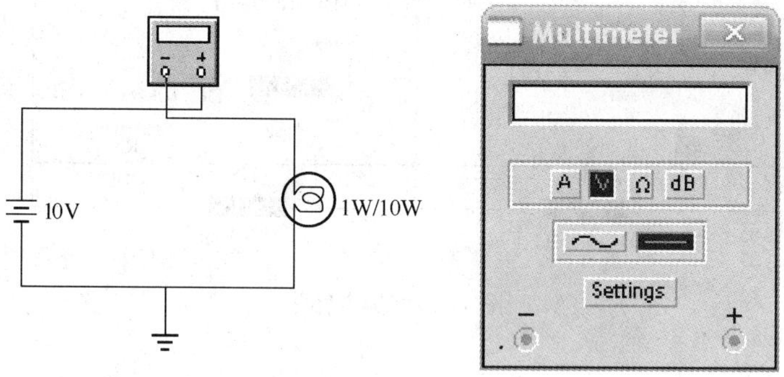


图 A-16　在工作区中连接电路

（4）观察实验现象，保存电路及仿真结果。双击万用表符号，会弹出万用表面板，如图 A-16 所示，用万用表来测电流，单击万用表面板上的“A”按钮，使其切换到电流挡。单击仿真开关，电路即被激活，开始仿真，可以看到小灯泡“亮”了，万用表显示屏中显示出电流测量结果，如图 A-17 所示。

单击工具栏中的保存按钮会弹出保存文件对话框，选择路径并输入文件名，单击确定可将电路保存为“＊.EWB”文件。

2. 电路的仿真示例二

仿真电路如图 A-18 所示，其中 $R_1=R_3=R_4=510\Omega, R_2=1\text{k}\Omega, R_5=330\Omega, E_1=6\text{V}$，$E_2=12\text{V}$。

对于节点 a 有：$I_1+I_2=I_3$

对于左网孔有：$U_1+U_3+U_4=E_1$

对于右网孔有：$U_2+U_3+U_5=E_2$

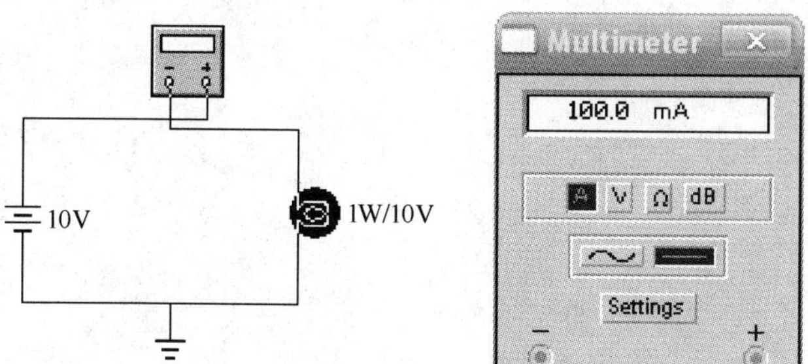


图 A-17　用万用表测电流的仿真结果

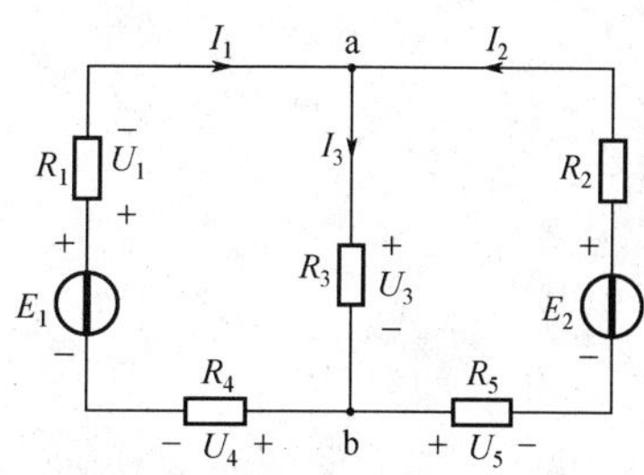


图 A-18　仿真电路

电路仿真原理图及测试结果如图 A-19 所示。可以尝试改变元件参数或仪器设置，观察不同的效果。

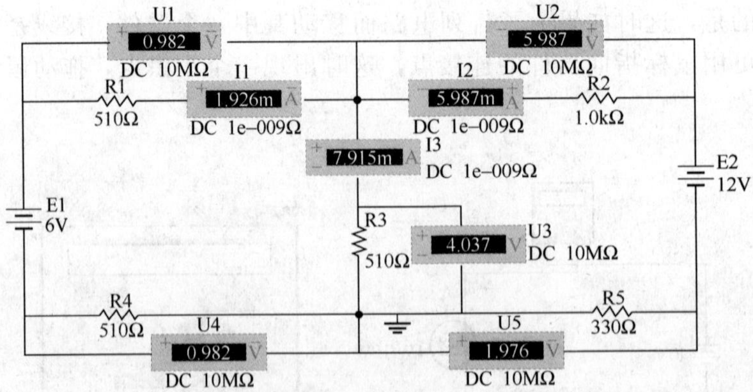


图 A-19 仿真结果

# 附录B 部分习题参考答案

## 第一章

1-1 2A

1-2 −1V

1-3 (1)−8V，−3V；(2)8V，5V

1-4 10V

1-5 (1)0V，−4V，0V；(2)2V，−4V，6V

1-6 $P_{Us1}=15W$（发出功率），$P_{Us2}=10W$（吸收功率），$P_{Is}=15W$（发出功率），$P_R=20W$（吸收功率）

1-7 1.2V

1-8 1.5A

1-9 8V

1-10 $I_1=7.5A$，$I_2=2.5A$，$I_3=5A$，$I_4=2.5A$，$I_5=-2.5A$

1-11 $I_1=5A$，$I_2=25A$，$I_3=20A$

1-12 $I_1=-4A$，$I_2=1.9A$，$I_3=5.9A$，$R=28/1.9\Omega$

1-13 $U_1=-12V$，$U_2=42V$，$I_1=-4A$，$I_2=6A$

1-14 $U=10V$

1-15 0.5V

1-16 83/13A

1-17 $U=10V$

1-18 $U=6V$

## 第二章

2-1 (1)50Hz，0.02s，200A；(2) $100\sqrt{2}$ A，60°；(3) $i'=200\sin(100\pi t-120°)$

2-2 (1) 15°，$u$超前；$i$滞后；(2)略

2-3 (1)20A，$10\sqrt{2}$ A，50Hz，20ms，$\frac{\pi}{3}$；(2) $i=20\sin\left(100\pi t+\frac{\pi}{3}\right)$

2-4 (1)−10°；(2)−30°

2-6 $\dot{U}_{1m}=20\sqrt{2}\angle-60°$，$\dot{U}_{2m}=10\sqrt{2}\angle-50°$，$\dot{U}_1=20\angle-60°$，$\dot{U}_2=10\angle-50°$，相量图略

2-7 $i_3=5\sqrt{2}\sin(314t+23°)$，PA1～PA3的读数分别为3、4、5A

2-8 (1) $i=22\sqrt{2}\sin 100\pi t$；(2) $100\angle-60°$

2-9 (1) $314\sqrt{2}\sin(100\pi t+90°)$；(2)$3.2\angle-150°$

2-10 (1)×；(2)×；(3)√；(4)√；(5)×；(6)×；(7)√

2-11 (1) $6.9\sqrt{2}\sin(100\pi t+90°)$；(2) $31.9\angle-30°$

2-12 (a)1+j4；(b)1−j10；(c)3−j4

2-13 $I_R = 11$ A, $I_L = 17.5$A, $I_C = 3.5$A, $I = 17.8$A，相量图略

2-15 PV1～PV3 的读数为 10V，PV4～PV6 的读数分别为 14.14、0、10V

2-16 $\dot{U}_2=127\angle-10°$V，$\dot{U}_3=45\angle-145°$V，$\dot{U}=126.5\angle-24.6°$V，相量图略

2-19 $R=30\Omega$，$L=0.127$H

2-20 $R_2=15.6\Omega$，$X_L=22.8\Omega$

2-21 (1)667A；(2)5408$\mu$F；(3)444A；(4)略

2-22 (1)略；(2)32.4$\mu$F

2-23 $U_{A'B}=220$V, $U_{BC}=380$V, $U_{CA'}=220$V

2-24 (1)无关；(2)220V，380V，44A，44A

2-25 (1)380V，380V，7.6A，13.2A，相量图略；(2)1732.8W，2310.4var

2-26 (1)4.4A，4.4A，580.8W；(2)4.4A，7.6A，580.8W

2-27 1∶3，1∶3

## 第三章

3-1 初始值：$u_C(0_+) = 18$V，$i_1(0_+) = 3$A，$i_2(0_+) = 6$A，$i_C(0_+) = -6$A；稳态值：$u_C(\infty) = 2$V，$i_1(\infty) = 1$A，$i_2(\infty) = 2$A，$i_C(\infty) = 0$A

3-2 初始值：$i_L(0_+) = 3$A，$u_L(0_+) = 2$V；稳态值：$i_L(\infty) = 4$A，$u_L(\infty) = 0$V

3-3 $u_C = u_C(0_+)e^{-\frac{t}{\tau}} = 10e^{-\frac{t}{0.25}} = 10e^{-4}$V, $i_C = C\dfrac{du_C}{dt} = -\dfrac{10}{10\times10^3}e^{-4} = -e^{-4}$(mA)

3-4 $u_C = -u_C(\infty)e^{-\frac{t}{\tau}} + u_C(\infty) = u_C(\infty)(1-e^{-\frac{t}{\tau}}) = 10(1-e^{-\frac{t}{20}})$, $i_C = C\dfrac{du_C}{dt} = e^{-\frac{t}{20}}$A

3-5 $u_C = -10e^{-100t} + 20$ V，$i_C = C\dfrac{du_C}{dt} = 0.1e^{-100t}$A

3-6 $u_C = u_C(\infty) + [u_C(0_+) - u_C(\infty)]e^{-\frac{t}{\tau}} = 3 + (6-3)e^{-\frac{t}{4}} = 3 + 3e^{-\frac{t}{4}}$(V), $i_C = i_C(\infty) + [i_C(0_+) - i_C(\infty)]e^{-\frac{t}{\tau}} = 0 + (-\dfrac{3}{2} - 0)e^{-\frac{t}{4}} = -\dfrac{3}{2}e^{-\frac{t}{4}}$(A)

3-7 $u_C = u_C(\infty) + [u_C(0_+) - u_C(\infty)]e^{-\frac{t}{\tau}} = 6 + (4-6)e^{-\frac{t}{2}} = 6 - 2e^{-\frac{t}{2}}$(V), $i_C = i_C(\infty) + [i_C(0_+) - i_C(\infty)]e^{-\frac{t}{\tau}} = 0 + (1-0)e^{-\frac{t}{4}} = 1e^{-\frac{t}{2}}$(A), $i = i(\infty) + [i(0_+) - i(\infty)]e^{-\frac{t}{\tau}} = 1.5 + (1-1.5)e^{-\frac{t}{2}} = 1.5 - 0.5e^{-\frac{t}{2}}$(A)

3-8 $i_L = i_L(\infty) + [i_L(0_+) - i_L(\infty)]e^{-\frac{t}{\tau}} = 0 + (1-0)e^{-\frac{t}{0.1}} = e^{-10t}$A, $u_L = u_L(\infty) + [u_L(0_+) - u_L(\infty)]e^{-\frac{t}{\tau}} = 0 + (-10-0)e^{-\frac{t}{0.1}} = -10e^{-10t}$V

3-9 $i_L = i_L(\infty) + [i_L(0_+) - i_L(\infty)]e^{-\frac{t}{\tau}} = 0.5 + (0-0.5)e^{-\frac{t}{0.1}} = 0.5 - 0.5e^{-10t}$(A), $u_L = u_L(\infty) + [u_L(0_+) - u_L(\infty)]e^{-\frac{t}{\tau}} = 0 + (6-0)e^{-\frac{t}{0.1}} = 6e^{-10t}$V

3-10 $i_L = i_L(\infty) + [i_L(0_+) - i_L(\infty)]e^{-\frac{t}{\tau}} = 2 + (1-2)e^{-\frac{t}{1}} = 2 - e^{-t}$(A), $u_L = u_L(\infty) + [u_L(0_+) - u_L(\infty)]e^{-\frac{t}{\tau}} = 0 + (3-0)e^{-\frac{t}{1}} = 3e^{-1t}$V

3-11 $u_{o2} = 2 + e^{-t}$(V)

## 第四章

4-1 350A，0.35A

4-3 (1)0.48A；(2)2.08A

4-4 94W，0.23

4-5 10

4-6 (1)3A，45A；(2)250；(3)110盏；(4)66盏

## 第五章

5-1 $n_0$=3000r/min，$n$=2970r/min，$f_2$=0.5Hz

5-2 (1)3000r/min；(2)2955r/min；(3)97N·m

5-3 (1)0.02；(2)24.4A；(3)24.7kW；(4)89%

5-4 (1)$I_{ph}=I_l$=5A，$T_N$=14.8N·m；(2)$s_N$=0.053，$f_2$=2.67Hz

5-5 $s_N$ = 0.04，$I_N$ = 12.9A，$T_N$ = 36.5N·m，$I_{st}$ = 90A，$T_{st}$ = 69.3N·m，$T_{max}$=80.3N·m

5-6 (1)247.9A，411.4N·m，484N·m；(2)198.4A，263.3N·m，309.8N·m

5-7 (1)略；(2)18.186kW，82.48%，0.03；(3)147.68N·m

## 第六章

6-1 (1)5价，3价；(2)正，负；(3)导通，截止；(4)增大；(5)反向，反向击穿；(6)正向，反向；(7)不具有；(8)耗尽型，增强型

6-2 (a)VD导通，$u_o$=2.3V；(b)VD截止，$u_o$=0V；(c)VD截止，$u_o$=3V；(d)VD导通，$u_o$=−0.7V；(e)VD截止，$u_o$=−2V；(f)VD导通，$u_o$=2.3V

6-5 $I_Z$=4mA，合适

6-6 $I_Z$=1.5mA，不能工作在稳压状态，$R_{max}$=1.5kΩ

6-7 (a)$I_A$=0.61mA，A是发射极，B是基极，C是集电极，PNP型晶体管；(b)$I_C$=0.9mA，A是发射极，B是基极，C是集电极，NPN型晶体管

6-8 (a)A是基极，B是发射极，C是集电极，锗管；(b)A是集电极，B是发射极，C是基极，锗管；(c)A是基极，B是发射极，C是集电极，硅管

6-9 (a)增强型NMOS管；(b)耗尽型NMOS管；(a)耗尽型PMOS管

## 第七章

7-1 $I_B$=50μA，$I_C$=1.5mA，$U_{CE}$=5.5V，$R_B$=128kΩ

7-2 (1)$R_B$=480kΩ；(2)如果$R_B$=0，则晶体管将烧坏，使用时应在电位器$R_B$的支路串联一个电阻就可以避免此类事件的发生

7-3 (a)不能；(b)可能；(c)不能；(d)不能；(e)不能；(f)可能

7-4 $I_B$=33μA；$I_C$=2mA；$U_{CE}$=6V

7-5 (1) $I_B = \frac{V_{CC}-U_{BE}}{R_{b2}} - \frac{U_{BE}}{R_{b1}} \approx 0.022\text{mA}, U_C = V_{CC} - I_C R_c \approx 6.4\text{V}$；(2)由于

$U_{BE}=0V$；T 截止；$U_C=12V$；(3) VT 饱和；$U_C=U_{CES}=0.5V$；(4) VT 截止；$U_C=12V$；(5) $U_C=U_{CC}=12V$

7-6 (a)晶体管工作在饱和状态；应该调大电阻 $R_B$ 的值；(b)晶体管工作在截止状态；应该调小电组 $R_B$ 的值

7-7 (1)×；(2)×；(3)×；(4)√；(5)×；(6)×；(7)×；(8)√；(9)√；(10)×；(11)×

7-8 静态工作点为 $I_{BQ}\approx 23.5\mu A$，$I_{CQ}\approx 1.175mA$，$U_{CE}\approx 6V$。$R_L=\infty$ 时，$\dot{A}_u=-196$，$r_i\approx r_{be}\approx 1.3k\Omega$，$r_o\approx R_C\approx 5k\Omega$；$R_L=5k\Omega$ 时，$\dot{A}_u=-98$，$r_i\approx r_{be}\approx 1.1k\Omega$，$r_c\approx R_C\approx 5k\Omega$

7-9 (1)$I_{CQ}=2mA$，$U_{CE}=6V$；(3)$A_u=-180$，$r_i\approx r_{be}\approx 0.98k\Omega$，$r_c\approx R_C\approx 3k\Omega$；(4)晶体管工作在截止状态，应该调小电阻 $R_B$ 的阻值

7-10 (1) $I_{BQ}=10\mu A$，$I_{CQ}=1mA$，$U_{CE}=7V$；(3) $\dot{A}_u\approx -20$，$r_i=12.7k\Omega$，$r_o\approx R_C=5k\Omega$；(4)$C_E$ 开路；将使 $A_u$ 减小、$r_i$ 增大

7-11 (1) $I_{BQ}=21\mu A$，$I_{CQ}=1.3mA$，$U_{CE}=4.8V$；(2) $\dot{A}_{u1}\approx -2.9$，$\dot{A}_{u2}\approx 0.97$；(3)$r_i=62.4k\Omega$，$r_{o1}\approx R_C=3k\Omega$，$r_{o2}\approx 90\Omega$

7-12 (1)$I_B=20\mu A$，$I_C=1mA$，$U_{CE}=5V$；(3)$\dot{A}_u=0.99$；(4)$r_i=78.2k\Omega$，$r_o=39\Omega$

7-13 (1)$I_B=31\mu A$，$I_C=1.86mA$，$U_{CE}=4.56V$。(2)$\dot{A}_u=-90$，$r_i\approx 1k\Omega$，$r_o\approx 3k\Omega$。(3)$U_i\approx 2.5mV$，$U_o\approx 225mV$；当 $C_E$ 断路时，$U_i\approx 5mV$，$U_o\approx 7.25mV$

7-14 $\dot{A}_u=-\dfrac{g_m R_D}{1+g_m R_S}=-6.67$，$r_i=R_{G1}//R_{G2}\approx 35.79k\Omega$，$r_o=R_D=10k\Omega$

7-16 (2) $\dot{A}_u=-g_m R_D=-10$；(3)$r_i=R_G+R_{G1}//R_{G2}=2.075M\Omega$，$r_o=R_D=10k\Omega$

7-17 (1)调大 $R_2$ 的阻值；(2)因为该支路开路，流过 VT1 和 VT2 两个晶体管的电流将急剧增大；会烧坏这两个晶体管。

7-18 (1)B；(2)C；(3)C；(4)A

## 第八章

8-1 (1)电压；(2)电流；(3)串联；(4)并联；(5)电流；(6)电压；(7)直流；(8)交流

8-2 (a)交、直流负反馈；电压并联；(b)交、直流负反馈；电流并联；(c)交、直流负反馈；电压串联；(d)直流负反馈；(e)直流负反馈；(f)交、直流负反馈；电压串联；(g)$R_5$ 和 $R_6$ 支路引起的是直流负反馈，$R_4$ 支路引起的是交、直流负反馈显为电流串联

8-3 (a)$u_o=-10u_i$；(b)$u_o=11u_i$

8-4 $u_o=u_{i1}+u_{i2}$

8-5 $u_o=-5(u_{i1}+u_{i2})$

8-6 $u_o=5(u_1-u_2)$

8-8 $i_o=\left(\dfrac{R_f}{R}-1\right)\dfrac{u_i}{R_1}$，电流并联负反馈

## 第九章

9-1 (1)$U_o=8.1V$；(2)$I_o=27mA$；(3)$I_o=I_{VD}=27mA$、$U_{DRM}=25.2V$；(4)$U_o=$

18V，$I_o=60mA$，$U_{DRM}=50.4V$

9-2 (1)$U_2=20V$；(2)$I_o=0.12A$；(3)$I_{VD}=0.06A$；(4)$U_{DRM}=28V$；(5)$C\geqslant 15\sim 25\mu F$

9-3 (3)合理，其余不合理；(1)负载 $R_L$ 断路，(2)滤波电容 $C$ 断路，(4)滤波电容断路且四个整流二极管中有一个断路

9-4 (1) $U_{o1}=10.8V$，$U_{o2}=27V$，$U_o=37.8V$；(2) $I_{o1}=0.36A$、$I_{o2}=0.3A$、$I_{ab}=-0.06A$

9-5 (1)$U_o=-12V$；(2)$C_1$、$C_2$ 的极性均为上正下负

9-6 $U_{o1}=U_o=18V$，$U_{o2}=-36V$，$C_1$ 的极性为上正下负，$C_2$ 的极性为上负下正

9-7 最大值为$\frac{9}{R_1+R_P}(R_1+R_P+R_2)$，最小值为$\frac{9}{R_1}(R_1+R_2)$

## 第十章

10-3 (1) $Y=AB+C$；(2)$Y=A\overline{B}+A\overline{C}+A\overline{D}$；(3)$Y=\overline{A}B+\overline{B}C$；(4)$Y=A\overline{B}+A\overline{C}+A\overline{D}+\overline{A}D$；(5)$Y=A+BC$；(6)$Y=A+B\overline{C}D$；(7)$Y=\overline{A}B+B\overline{C}D$；(8)$Y=\overline{B}+C+D$

10-7 $Y_1=A\oplus B\oplus C, Y_2=(A\oplus B)C+AB$，该逻辑电路的逻辑功能是全加器

10-8 $Y_1=\overline{\overline{A}+B}=A\overline{B}; Y_3=\overline{A+\overline{B}}=\overline{A}B; Y_2=\overline{Y_1+Y_3}=\overline{A\overline{B}+\overline{A}B}=\overline{A}\,\overline{B}+AB$

10-9 $Y=\overline{\overline{\overline{A}+C}+\overline{A+\overline{B}}+\overline{B+\overline{C}}}=\overline{A}\,\overline{B}\,\overline{C}+ABC$

10-10 $Y=A+BC$，其中 $A$、$B$、$C$ 是输入逻辑变量，$Y$ 是输出逻辑函数

10-13 $F_1=\overline{A}\,\overline{B}+\overline{B}\,\overline{C}, F_2=A\overline{C}+\overline{A}C, F_3=AB+\overline{B}C$

10-14 $Y=AB+\overline{C}$

## 第十一章

11-5 (a) $Q^{n+1}=A\oplus B$；(b) $Q^{n+1}=\overline{A\oplus B}\oplus Q^n$

11-6 $J_1=\overline{Q_2}, K_1=1, J_2=Q_1, K_2=1; Y=Q_2; Q_1=\overline{Q}_2^n\,\overline{Q}_1^n, Q_2^{n+1}=Q_1^n\,\overline{Q}_2^n$

11-7 $J_0=K_0=1, J_1=Q_0\overline{Q}_2, K_1=Q_0, J_2=Q_0Q_1, K_2=Q_0; Y=Q_0Q_2; Q_0^{n+1}=\overline{Q}_0^n, Q_1^{n+1}=Q_0^n\overline{Q}_1^n\overline{Q}_2^n+\overline{Q}_0^nQ_1^n, Q_2^{n+1}=Q_0^nQ_1^n\overline{Q}_2^n+\overline{Q}_0^nQ_2^n$

11-8 $D_0=\overline{Q}_2, D_1=Q_0, D_2=Q_0Q_1; Y=\overline{Q}_0Q_2; Q_0^{n+1}=\overline{Q}_2^n, Q_1^{n+1}=Q_0^n, Q_2^{n+1}=Q_0^nQ_1^n$

11-9 十进制计数器

11-10 十进制计数器

# 参 考 文 献

[1] 秦曾煌. 电工学. 5版. 北京：高等教育出版社，1999.
[2] 唐介. 电工学(少学时). 2版. 北京：高等教育出版社，1999.
[3] 孙骆生. 电工学基本教程. 2版. 北京：高等教育出版社，1984.
[4] 邱关源. 电路. 4版. 北京：高等教育出版社，1999.
[5] 康华光. 电子技术基础. 4版. 北京：高等教育出版社，1999.
[6] 童诗白. 模拟电子技术基础. 3版. 北京：高等教育出版社，2001.
[7] 阎石. 数字电子技术基础. 4版. 北京：高等教育出版社，2001.
[8] 袁宏，李忠波，等. 电子设计与仿真技术. 北京：机械工业出版社，2010.
[9] 崔建明. 电工电子DA仿真技术. 北京：高等教育出版社，2004.